注册公用设备工程师考试辅导教材
专业基础 精讲精练

暖通空调及动力专业

赵静野 ● 主编

中国电力出版社
CHINA ELECTRIC POWER PRESS

内 容 提 要

注册公用设备工程师（暖通空调及动力专业）执业资格考试基础考试大纲内容分为公共基础和专业基础两部分，本书紧扣专业基础部分考试大纲，由北京建筑大学有相关课程教学和实践经验丰富的教师编写，具有较强的指导性和实用性。本书包括工程热力学、传热学、工程流体力学及泵与风机、自动控制、热工测试技术和机械基础共6章内容，并附有相应的复习题及复习题答案与提示，以提高考生复习备考的效率。在书的最后，还附两套模拟试题及答案，以帮助考生检验复习效果。

本书适用于参加2023年度公用设备工程师执业资格考试专业基础课暖通空调及动力专业的人员。

图书在版编目(CIP)数据

2023注册公用设备工程师考试辅导教材专业基础精讲精练．暖通空调及动力专业/赵静野主编．—北京：中国电力出版社，2023.3
ISBN 978-7-5198-7625-8

Ⅰ.①2… Ⅱ.①赵… Ⅲ.①城市公用设施－资格考试－自学参考资料②采暖设备－资格考试－自学参考资料③通风设备－资格考试－自学参考资料④空气调节设备－资格考试－自学参考资料 Ⅳ.①TU99

中国国家版本馆CIP数据核字(2023)第040576号

出版发行：中国电力出版社
地　　址：北京市东城区北京站西街19号（邮政编码100005）
网　　址：http://www.cepp.sgcc.com.cn
责任编辑：未翠霞（010-63412611）
责任校对：黄　蓓　李　楠　郝军燕
装帧设计：张俊霞
责任印制：杨晓东

印　　刷：北京雁林吉兆印刷有限公司
版　　次：2023年3月第一版
印　　次：2023年3月北京第一次印刷
开　　本：787毫米×1092毫米　16开本
印　　张：27
字　　数：597千字
定　　价：88.00元

版 权 专 有　侵 权 必 究

本书如有印装质量问题，我社营销中心负责退换

前　　言

本书是按照2003年5月开始实行的《注册公用设备工程师执业资格制度暂行规定》和《勘察设计注册公用设备工程师制度总体框架实施规划》的规定，以最新的全国勘察设计注册公用设备工程师暖通空调及动力专业基础考试大纲的专业基础部分为依据，组织长年从事相关课程教学、富有注册公用设备工程师考试培训经验的教师编写的。

本书内容包含工程热力学、传热学、工程流体力学及泵与风机、自动控制、热工测试技术和机械基础共6章内容。考试大纲要求的职业法规部分，因为有具体的法律、规范和标准文件，无须再作为精讲内容，故未包含在本书中。参加本书编写的人员及分工如下：

第1章　工程热力学　　　　　　　邱林
第2章　传热学　　　　　　　　　许淑惠
第3章　工程流体力学及泵与风机　赵静野
第4章　自动控制　　　　　　　　马鸿雁
第5章　热工测试技术　　　　　　郝学军
第6章　机械基础　　　　　　　　王跃进

考虑到考生要在有限的时间内既要有覆盖面又要有重点地复习多门课程，从应试的角度，本书对相关大学教材中的内容进行了提炼、归纳并总结，精选重要复习题并附有解题指导，注重精炼、够用和高效。本书中的模拟试题是基于近年来的考试真题进行改编，两套模拟试题均进行了详细讲解，以供读者参考。

本书可作为注册公用设备工程师暖通空调及动力专业基础考试的复习资料，也可作为高等院校建筑环境与设备工程及相关专业师生的参考用书。

本书在编写过程中，得到了北京建筑大学相关教师们的大力支持，王幼新、黄厚坤、王偲、高宇欣、高小钠、周玉芝、任少博、何承福、李贤妮、周明连、张玉梅、王硕、刘铜、李旸等老师和同学也对本书的编写工作提供了帮助。在此表示感谢！

出于时间仓促，本书在编写过程中难免有疏漏之处，恳请读者指正。有关本书的任何疑问、意见及建议，欢迎添加QQ号2805229902进行讨论。

编　者
2023年3月

目 录

前言

第1章 工程热力学 ····· 1

考试大纲 ····· 1
1.1 基本概念 ····· 1
    1.1.1 热力学系统 ····· 1
    1.1.2 状态 ····· 2
    1.1.3 平衡（平衡状态） ····· 2
    1.1.4 状态参数 ····· 2
    1.1.5 状态公理 ····· 2
    1.1.6 状态方程式 ····· 2
    1.1.7 热力参数及坐标图 ····· 2
    1.1.8 功和热量 ····· 3
    1.1.9 热力过程 ····· 4
    1.1.10 热力循环 ····· 4
    1.1.11 单位制 ····· 4
1.2 准静态过程、可逆过程和不可逆过程 ····· 4
    1.2.1 准静态过程 ····· 5
    1.2.2 可逆过程与不可逆过程 ····· 5
1.3 热力学第一定律 ····· 5
    1.3.1 热力学第一定律的实质 ····· 5
    1.3.2 内能 ····· 5
    1.3.3 焓 ····· 6
    1.3.4 热力学第一定律在闭口系统和开口系统的表达式 ····· 6
    1.3.5 系统的储存能 ····· 6
    1.3.6 稳定流动能量方程及其应用 ····· 7
1.4 气体性质 ····· 9
    1.4.1 理想气体模型及其状态方程 ····· 9
    1.4.2 实际气体模型及其状态方程 ····· 11
    1.4.3 压缩因子 ····· 11
    1.4.4 临界参数 ····· 11
    1.4.5 对比态定律 ····· 11
    1.4.6 理想气体的比热容、内能及焓 ····· 12
    1.4.7 混合气体 ····· 13
1.5 理想气体基本热力过程及气体压缩 ····· 14
    1.5.1 定压、定容、定温和定熵过程 ····· 14

1.5.2 多变过程	15
1.5.3 压气机的压缩轴功	17
1.5.4 多级压缩及中间冷却	19
1.5.5 余隙	19
1.6 热力学第二定律	19
1.6.1 热力学第二定律的实质及表述	20
1.6.2 卡诺循环和卡诺定理	20
1.6.3 熵	22
1.6.4 孤立系统熵增原理	22
1.7 水蒸气和湿空气	24
1.7.1 蒸发、冷凝、沸腾和汽化	24
1.7.2 水蒸气的定压发生过程	25
1.7.3 水蒸气图表	26
1.7.4 水蒸气的基本热力过程	27
1.7.5 湿空气的性质	27
1.7.6 湿空气的焓湿图	29
1.7.7 湿空气的基本热力过程	30
1.8 气体和蒸汽的流动	31
1.8.1 稳定流动基本方程	31
1.8.2 定熵流动的基本特性	33
1.8.3 喷管中流速及流量计算	33
1.8.4 绝热节流	35
1.9 动力循环	36
1.9.1 蒸汽动力基本循环——朗肯循环（Rankine Cycle）	36
1.9.2 回热、再热循环	37
1.9.3 热电循环	38
1.9.4 内燃机循环	38
1.10 制冷循环	39
1.10.1 空气压缩制冷循环	40
1.10.2 蒸汽压缩制冷循环	40
1.10.3 吸收式制冷循环	42
1.10.4 热泵	43
1.10.5 气体的液化	44
复习题	44
复习题答案与提示	49

第2章 传热学 ... 54

考试大纲 ... 54

2.1 导热理论基础 ... 54

  2.1.1 导热基本概念 ··········· 54
  2.1.2 傅里叶定律 ············ 55
  2.1.3 热导率 ·············· 55
  2.1.4 导热微分方程 ··········· 56
  2.1.5 导热过程的单值性条件 ······· 57
  2.1.6 小结 ··············· 58
 2.2 稳态导热 ················ 58
  2.2.1 通过平壁的导热 ·········· 59
  2.2.2 通过圆筒壁的导热 ········· 60
  2.2.3 临界热绝缘直径 ·········· 61
  2.2.4 通过肋壁的导热 ·········· 62
  2.2.5 通过接触面的导热 ········· 63
  2.2.6 二维稳态导热问题 ········· 64
  2.2.7 小结 ··············· 64
 2.3 非稳态导热 ··············· 64
  2.3.1 非稳态导热的特点 ········· 64
  2.3.2 对流换热边界条件下非稳态导热 ··· 65
  2.3.3 常热流密度边界条件下非稳态导热 ·· 67
  2.3.4 小结 ··············· 67
 2.4 导热问题数值解 ············· 67
  2.4.1 有限差分法原理 ·········· 67
  2.4.2 建立离散方程的方法 ········ 68
  2.4.3 稳态导热问题的数值计算 ······ 68
  2.4.4 非稳态导热问题的数值计算 ····· 70
  2.4.5 小结 ··············· 71
 2.5 对流换热分析 ·············· 71
  2.5.1 影响对流换热的一般因素 ······ 72
  2.5.2 对流换热过程微分方程式 ······ 72
  2.5.3 对流换热微分方程组 ········ 72
  2.5.4 流动边界层和热边界层 ······· 72
  2.5.5 层流边界层换热微分方程组及其求解 · 73
  2.5.6 边界层换热积分方程组及其求解 ··· 74
  2.5.7 动量传热和热量传递的类比 ····· 75
  2.5.8 外掠平板紊流换热 ········· 76
  2.5.9 对流换热无量纲准数及其意义 ···· 76
  2.5.10 相似理论基础 ··········· 76
  2.5.11 小结 ·············· 78
 2.6 单相流体对流换热及准则关系式 ····· 78
  2.6.1 管内受迫流动对流换热 ······· 78

	2.6.2	管内受迫对流换热计算	80
	2.6.3	外掠圆管流动换热	81
	2.6.4	自然对流换热	81
	2.6.5	自然对流与受迫对流并存的混合对流换热	82
	2.6.6	小结	82
2.7	凝结与沸腾换热	84
	2.7.1	凝结换热	84
	2.7.2	沸腾换热	84
	2.7.3	小结	86
2.8	热辐射的基本定律	86
	2.8.1	热辐射基本概念	86
	2.8.2	普朗克定律	87
	2.8.3	斯特藩-玻耳兹曼定律	87
	2.8.4	兰贝特余弦定律	87
	2.8.5	基尔霍夫定律	88
	2.8.6	小结	88
2.9	辐射换热计算	89
	2.9.1	角系数	89
	2.9.2	黑表面间的辐射换热	89
	2.9.3	灰表面间的辐射换热	90
	2.9.4	气体辐射	92
	2.9.5	气体与外壳间的辐射换热	93
	2.9.6	太阳辐射	93
	2.9.7	小结	94
2.10	传热与换热器	94
	2.10.1	通过肋壁的传热	94
	2.10.2	复合换热时的传热计算	95
	2.10.3	传热的增强与削弱	95
	2.10.4	平均温度差	96
	2.10.5	换热器计算	97
	2.10.6	小结	98
复习题			98
复习题答案与提示		109

第3章 工程流体力学及泵与风机 119

考试大纲 119

3.1 流体动力学基础 119
    3.1.1 描述流体运动的两种方法 119
    3.1.2 恒定流动和非恒定流动 120

    3.1.3 恒定元流能量方程 ……………………………………………… 120
    3.1.4 恒定总流能量方程 ……………………………………………… 123
3.2 相似性原理和因次分析 ……………………………………………… 124
    3.2.1 力学相似 ……………………………………………………… 125
    3.2.2 相似准数 ……………………………………………………… 125
    3.2.3 因次分析法 …………………………………………………… 126
    3.2.4 模型实验 ……………………………………………………… 129
3.3 流动阻力和能量损失 ………………………………………………… 130
    3.3.1 流动阻力和能量损失的分类 …………………………………… 130
    3.3.2 层流和紊流现象 ……………………………………………… 131
    3.3.3 均匀流方程 …………………………………………………… 132
    3.3.4 圆管中的层流 ………………………………………………… 132
    3.3.5 紊流运动 ……………………………………………………… 133
    3.3.6 沿程阻力的计算 ……………………………………………… 134
    3.3.7 非圆管的沿程损失 …………………………………………… 135
    3.3.8 局部水头损失 ………………………………………………… 136
    3.3.9 减少阻力的措施 ……………………………………………… 137
3.4 管路计算 …………………………………………………………… 137
    3.4.1 简单管路的计算 ……………………………………………… 137
    3.4.2 串联管路的计算 ……………………………………………… 140
    3.4.3 并联管路的计算 ……………………………………………… 140
3.5 特定流动分析 ……………………………………………………… 141
    3.5.1 势函数和流函数概念 ………………………………………… 141
    3.5.2 几种简单的平面无旋流动 …………………………………… 142
    3.5.3 圆柱形测速管原理 …………………………………………… 143
    3.5.4 紊流射流的一般特性 ………………………………………… 144
    3.5.5 特殊射流 ……………………………………………………… 146
3.6 气体动力学基础 …………………………………………………… 148
    3.6.1 理想气体一元恒定流动的运动方程 ………………………… 148
    3.6.2 声速、滞止参数、马赫数 …………………………………… 148
    3.6.3 气体速度与断面的关系 ……………………………………… 149
3.7 泵与风机 …………………………………………………………… 150
    3.7.1 泵与风机的性能曲线 ………………………………………… 151
    3.7.2 管路性能曲线及工作点 ……………………………………… 152
    3.7.3 泵或风机的联合运行 ………………………………………… 153
    3.7.4 离心式泵或风机的工况调节 ………………………………… 154
    3.7.5 泵的气蚀与安装高度 ………………………………………… 155
    3.7.6 泵或风机的选择 ……………………………………………… 156
复习题 …………………………………………………………………… 156

复习题答案与提示 …… 168

第4章 自动控制 …… 177

考试大纲 …… 177

4.1 自动控制与自动控制系统的一般概念 …… 177
4.1.1 控制工程的基本含义 …… 177
4.1.2 信息的传递 …… 177
4.1.3 反馈及反馈控制 …… 178
4.1.4 开环及闭环控制系统的构成 …… 179
4.1.5 控制系统的分类及基本要求 …… 182

4.2 控制系统的数学模型 …… 184
4.2.1 控制系统各环节的特性 …… 184
4.2.2 控制系统微分方程的拟定与求解 …… 189
4.2.3 拉普拉斯变换与反变换 …… 190
4.2.4 传递函数及其框图 …… 194

4.3 线性系统的分析与设计 …… 201
4.3.1 基本调节规律及实现方法 …… 201
4.3.2 控制系统的一阶瞬态响应 …… 205
4.3.3 二阶瞬态响应 …… 207
4.3.4 频率特性基本概念 …… 210
4.3.5 频率特性表示方法 …… 212
4.3.6 调节器的特性对调节质量的影响 …… 224
4.3.7 二阶系统的设计方法 …… 226

4.4 控制系统的稳定性与对象的调节性能 …… 229
4.4.1 稳定性基本概念 …… 229
4.4.2 稳定性与特征方程根的关系 …… 229
4.4.3 代数稳定判据 …… 230
4.4.4 对象的调节性能指标 …… 232

4.5 控制系统的误差分析 …… 232
4.5.1 误差及稳态误差 …… 232
4.5.2 系统类型及误差度 …… 233
4.5.3 静态（稳态）误差系数 …… 233

4.6 控制系统的综合和校正 …… 235
4.6.1 校正的概念 …… 235
4.6.2 串联校正装置的形式及其特性 …… 237
4.6.3 继电器调节系统（非线性系统）及校正 …… 240

复习题 …… 245

复习题答案与提示 …… 257

第5章 热工测试技术 ... 269

考试大纲 ... 269
5.1 测量技术的基本知识 ... 269
  - 5.1.1 测量 ... 269
  - 5.1.2 测量精度与测量误差 ... 270
  - 5.1.3 常见测量方法 ... 272
  - 5.1.4 仪表的测量范围与测量精度 ... 273
  - 5.1.5 仪表的稳定性 ... 273
  - 5.1.6 静态特性和动态特性 ... 274
  - 5.1.7 传感器 ... 275
  - 5.1.8 传输通道 ... 275
  - 5.1.9 变换器 ... 275
5.2 温度的测量 ... 275
  - 5.2.1 温度与温标 ... 275
  - 5.2.2 热电材料 ... 277
  - 5.2.3 热电效应测温原理 ... 278
  - 5.2.4 膨胀效应测温原理及其应用 ... 279
  - 5.2.5 热电回路性质及理论 ... 279
  - 5.2.6 热电偶结构及使用方法 ... 280
  - 5.2.7 热电阻测温原理及常用材料、常用组件的使用方法 ... 280
  - 5.2.8 辐射温度计 ... 281
  - 5.2.9 温度变送器 ... 283
  - 5.2.10 测温布置技术 ... 284
5.3 湿度的测量 ... 284
  - 5.3.1 干湿球温度计测量原理 ... 284
  - 5.3.2 干湿球温度电学测量和信号传送传感器 ... 285
  - 5.3.3 露点仪 ... 285
  - 5.3.4 露点仪测湿布置技术 ... 287
5.4 压力的测量 ... 287
  - 5.4.1 压力计 ... 288
  - 5.4.2 压力传感器 ... 289
  - 5.4.3 压力仪表的选用和安装 ... 290
5.5 流速的测量 ... 292
  - 5.5.1 流速测量原理 ... 292
  - 5.5.2 机械风速仪的测量及结构 ... 292
  - 5.5.3 热线风速仪的测量原理及结构 ... 293
  - 5.5.4 L形动压管（毕托管） ... 293
  - 5.5.5 测速仪 ... 294

5.5.6 流速测量布置技术 294
5.6 流量的测量 295
5.6.1 节流法和容积法测流量 295
5.6.2 流量计 296
5.6.3 流量测量的布置技术 300
5.7 液位的测量 301
5.7.1 常见测液位方法 301
5.7.2 液位测量的布置及误差消除方法 302
5.8 热流量的测量 302
5.8.1 热流计的分类 302
5.8.2 热阻式热流计 302
5.8.3 热流计的布置及使用 303
5.8.4 热水热量的测量 304
5.9 误差与数据处理 304
5.9.1 误差函数的分布规律 305
5.9.2 直接测量的平均值、方差、标准误差、有效数字和测量结果表达 306
5.9.3 测量结果表达 307
5.9.4 间接测量最优值、标准误差、误差传播理论、微小误差原则、误差分配 307
5.9.5 组合测量原理 309
5.9.6 最小二乘法原理 309
5.9.7 经验公式法 310
5.9.8 相关系数 310
5.9.9 回归分析 310
5.9.10 显著性检验及分析 310
5.9.11 过失误差处理 311
5.9.12 系统误差处理方法及消除方法 311
5.9.13 误差的合成定律 311
复习题 313
复习题答案与提示 319

第6章 机械基础 322

考试大纲 322
6.1 概述 322
6.1.1 机械设计的一般原则和程序 322
6.1.2 机械零件的设计准则 325
6.1.3 许用应力和安全系数 326
6.2 平面机构的自由度 328
6.2.1 运动副及其分类 329
6.2.2 平面机构运动简图 329

  6.2.3 机构具有确定运动的条件及平面机构自由度 ·· 331
6.3 平面连杆机构 ·· 333
  6.3.1 铰链四杆机构的基本形式和特性 ·· 333
  6.3.2 曲柄存在的条件 ·· 333
  6.3.3 铰链四杆机构的演化 ·· 334
6.4 凸轮机构 ·· 337
  6.4.1 凸轮机构的应用和类型 ·· 337
  6.4.2 从动件的基本运动规律 ·· 338
  6.4.3 直动从动件盘形凸轮机构的轮廓曲线的绘制 ··· 340
6.5 螺纹连接 ·· 342
  6.5.1 螺纹的常用类型和主要参数 ··· 342
  6.5.2 螺旋副的受力分析、效率和自锁 ·· 343
  6.5.3 螺纹连接的基本类型 ·· 344
  6.5.4 螺纹连接的强度计算 ·· 345
  6.5.5 螺纹连接设计时应注意的问题 ·· 346
6.6 带传动 ··· 347
  6.6.1 带传动的工作情况分析 ·· 347
  6.6.2 普通 V 带传动的主要参数和选择计算 ··· 349
  6.6.3 带轮的材料和结构 ··· 354
  6.6.4 带传动的张紧与维护 ·· 355
6.7 齿轮机构 ·· 355
  6.7.1 齿轮机构的特点与类型 ·· 356
  6.7.2 直齿圆柱齿轮各部分名称和尺寸 ·· 356
  6.7.3 渐开线直齿圆柱齿轮的正确啮合条件和连续传动条件 ··· 357
  6.7.4 齿轮的失效 ·· 358
  6.7.5 直齿圆柱齿轮的强度计算 ··· 359
  6.7.6 斜齿圆柱齿轮传动及其受力分析 ·· 363
  6.7.7 齿轮的结构 ·· 363
  6.7.8 蜗杆传动 ·· 364
6.8 轮系 ·· 366
  6.8.1 定轴轮系及其传动比 ·· 366
  6.8.2 周转轮系及其传动比 ·· 367
6.9 轴 ·· 368
  6.9.1 轴的分类 ·· 368
  6.9.2 轴的材料 ·· 369
  6.9.3 轴的结构 ·· 369
  6.9.4 轴的强度计算 ·· 370
  6.9.5 轴毂连接类型 ·· 372
6.10 滚动轴承 ·· 374

6.10.1 滚动轴承的分类 ·· 375
　　6.10.2 滚动轴承的代号 ·· 377
　　6.10.3 滚动轴承的选择计算 ·· 378
　复习题 ··· 380
　复习题答案与提示 ··· 388

模拟试题（一） ·· 393
　模拟试题（一）答案 ··· 399
模拟试题（二） ·· 405
　模拟试题（二）答案 ··· 412

参考文献 ··· 417

第1章 工程热力学

考试大纲

1.1 基本概念：热力学系统 状态 平衡 状态参数 状态公理 状态方程式 热力参数及坐标图 功和热量 热力过程 热力循环 单位制

1.2 准静态过程、可逆过程和不可逆过程

1.3 热力学第一定律：热力学第一定律的实质 内能 焓 热力学第一定律在开口系统和闭口系统的表达式 储存能 稳定流动能量方程及其应用

1.4 气体性质：理想气体模型及其状态方程 实际气体模型及其状态方程 压缩因子 临界参数 对比态及其定律 理想气体比热 混合气体的性质

1.5 理想气体基本热力过程及气体压缩：定压 定容 定温和绝热过程 多变过程 气体压缩轴功 余隙 多级压缩和中间冷却

1.6 热力学第二定律：热力学第二定律的实质及表述 卡诺循环和卡诺定理 熵 孤立系统 熵增原理

1.7 水蒸气和湿空气：蒸发 冷凝 沸腾 汽化 定压发生过程 水蒸气图表 水蒸气基本热力过程 湿空气性质 湿空气焓湿图 湿空气基本热力过程

1.8 气体和蒸汽的流动：喷管和扩压管 流动的基本特性和基本方程 流速 音速 流量 临界状态 绝热节流

1.9 动力循环：朗肯循环 回热和再热循环 热电循环 内燃机循环

1.10 制冷循环：空气压缩制冷循环 蒸汽压缩制冷循环 吸收式制冷循环 热泵 气体的液化

1.1 基本概念

正确理解能量传递与转换涉及的一些术语、概念和分析方法，并要结合实际研究对象去分析，注重热力状态参数的特征。

1.1.1 热力学系统

(1) 定义：根据研究问题的需要，人为地选取一定范围内的物质作为研究对象，称其为热力学系统，简称为系统。热力学系统以外的物质称为外界。热力学系统与外界的交界面称为边界。边界面的选取可以是假想的、实际的、固定的、运动的、变形的。

(2) 分类：按系统与外界的质量和能量交换情况的不同，热力学系统可分为：

1) 闭口系统：热力学系统与外界无质量交换的系统。闭口系统所包含的物质质量保持不变，又称为控制质量系统。对于闭口系统，常用控制质量法来研究。

2) 开口系统：热力学系统与外界有物质交换的系统。开口系统通常取一相对固定的空间，又称为控制容积系统。对于开口系统，常用控制容积法来研究。

3) 绝热系统：热力学系统与外界无热量交换的系统。

4) 孤立系统：热力学系统与外界无任何能量和物质交换的系统。

1.1.2 状态

热力学系统在某一瞬间所呈现的宏观物理状况称为系统的状态。热力状态反映着工质大量分子热运动的平均特点,系统与外界之间能够进行能量交换的根本原因在于两者之间的热力状态存在差异。从热力学的观点出发,状态可分为平衡和非平衡两种。

1.1.3 平衡（平衡状态）

（1）定义：平衡态是指在没有外界影响（重力场除外）的条件下,系统的宏观性质不随时间变化的状态。

（2）实现平衡的充要条件：系统内部及系统与外界之间不存在各种不平衡势差（力差、温差、化学势差等）。

在平衡状态时,参数不随时间改变只是现象,不能作为判断系统是否平衡的条件,只有系统内部及系统与外界之间的一切不平衡势差消失,才是实现平衡的本质,也是实现平衡的首要条件。例如,在稳态导热中,系统的状态参数不随时间改变,此时在外界的作用下,系统有内外势差存在,该系统的状态只能称为稳态,而不是平衡态。可见,平衡必稳定,反之,稳定未必平衡。

平衡状态具有确定的状态参数,这是平衡状态的特点。

1.1.4 状态参数

用以描述热力系统状态的某些宏观物理量称为热力状态参数,简称状态参数。

状态参数的数学特性

$$\int_1^2 dx = x_2 - x_1 \tag{1-1}$$

式（1-1）表明：状态参数的路径积分仅与初、终态有关,与状态变化的途径无关。

$$\oint dx = 0 \tag{1-2}$$

表明：状态函数的循环积分为零。

1.1.5 状态公理

状态公理提供了确定热力系统平衡状态所需的独立参数数目的经验规则,即对于组成一定的物质系统,若存在着 n 种可逆功（系统进行可逆过程时和外界交换的功量）的作用,则决定该系统平衡状态的独立状态参数有 $n+1$ 个,其中"1"是系统与外界的热交换作用。

根据状态公理,简单可压缩系统平衡状态的独立参数只有两个。可以选取可测量参数 p、v 和 T 及其余参数（u、h、s 等）中的任意两个。

1.1.6 状态方程式

平衡状态下基本状态参数之间的关系,可以写成 $v = v(p,T)$ 或 $f(p,v,T) = 0$,称为状态方程式。状态方程式的具体形式取决于工质的性质。

1.1.7 热力参数及坐标图

在热力学中,常用的状态参数有压力（p）、温度（T）、比体积（v）、内能（U）、焓（H）和熵（S）等。

描述系统状态特性的各种参数,按其与物质数量的关系,可分为两类：一类是与热力系的质量无关,且不可相加的状态参数,称为强度状态参数,简称强度参数,如 p、T 等。强度参数在热力过程中起着推动力的作用,称为广义力或势。另一类是与热力系的质量成正比,且可相加的状态参数,称为广延状态参数,简称广延参数,如 U、H、S 等。在热力过程中,广延参数的变化起着类似力学中位移的作用,称为广义位移。单位质量的广延参数具有强度参数的性质,称为比参数,如 u、h、s 等。

在常用的状态参数中,压力、比体积和温度可以直接用仪表测定,称为基本状态参数。其他的状态参数可依据这些基本状态参数之间的关系间接导出。

(1) 比体积 v:比体积是单位质量的工质所占有的体积,单位为 "m^3/kg"。

(2) 压力 p:压力是指单位面积上承受的垂直作用力。对于气体,实质上是气体分子运动撞击容器壁面、在单位面积的容器壁面上所呈现的平均作用力。压力的国际单位是帕(Pa),即 N/m^2,有时也用千帕(kPa)和兆帕(MPa)。

工质的真实压力 p 称为绝对压力。流体的压力常用压力表或真空表来测量。压力表测量的压力为表压 p_g,真空表测量的压力为真空度 H,表压和真空度又称为相对压力,相对压力是绝对压力与外界大气压力 B 的差值。

1) 当 $p > B$ 时 $\qquad p = B + p_g$ \hfill (1-3)

2) 当 $p < B$ 时 $\qquad p = B - H$ \hfill (1-4)

(3) 温度 T:温度是确定一个系统是否与其他系统处于热平衡的状态函数。温度是热平衡的唯一判据。温度的数量表示法称为温标。温标的建立一般需要选定测温物质及其某一物理性质,规定基准点及分度方法。

热力学温标是建立在热力学第二定律基础上而且完全不依赖测温物质性质的温标。它采用开尔文(K)作为度量温度的单位,规定水的汽、液、固三相平衡共存的状态点(三相点)为基准点,并规定此点的温度为 273.16K。与热力学温度并用的有摄氏温度 t,其单位为摄氏度(°C),两者关系为:$t = T - 273.15K$。显然,摄氏温度的零点相当于热力学温度的 273.15K,而且这两种温标的温度间隔完全相同。

对于只有两个独立参数的热力系统,可以任选两个参数组成二维平面坐标图来描述被确定的平衡状态,这种坐标图称为状态参数坐标图。显然,不平衡状态由于没有确定的参数,所以在坐标图上无法表示。经常应用的状态参数坐标图有压容图($p-v$ 图)和温熵图($T-S$ 图)等。利用坐标图进行热力分析,既直观清晰,又简单明了。

1.1.8 功和热量

热力过程中,系统与外界在不平衡势差的作用下会发生能量转换。能量转换方式有两种——做功和传热。

功是系统与外界之间在力差的推动下,通过宏观的有序运动(有规则运动)方式传递的能量。换言之,借做功来传递能量总是和物体的宏观位移有关。

热量是系统与外界之间在温差的推动下,通过微观粒子的无序运动(无规则运动)方式传递的能量,也就是说,借传热来传递能量,不需要有物体的宏观移动。

功和热量不是状态参数,它们都是系统与外界所传递的能量,其大小不仅与过程的初、终状态有关,而且与过程的性质有关,它们是过程量。

可逆过程的功量和热量分别用 $p-v$ 图和 $T-S$ 图上的相应面积表示。

热力学中规定:系统对外做功时功为正,外界对系统做功时功为负;系统吸热时热量为正,放热时为负。

1.1.9 热力过程

热力过程是指工质从一个状态向另一个状态变化时所经历的全部状态的总和。

1.1.10 热力循环

工质由某一初态出发,经历一系列热力状态变化后,又回到原来初态的封闭热力过程称为热力循环,简称循环。系统实施热力循环的目的是实现预期连续的能量转换。

循环按照性质来分,有可逆循环(全部由可逆过程组成的循环)和不可逆循环(含有不可逆过程的循环)。按照目的来分,有正向循环(即动力循环)和逆向循环(即制冷循环或热泵循环)。正循环的效果是使热能转变为机械能。在循环过程中,工质从热源吸取热量 q_1,向冷源放出热量 q_2,循环净功为 ω,由能量守恒,净功等于净热量。逆循环的效果是消耗机械能来迫使热量从低温传向高温,制冷装置和热泵都是利用逆循环工作的。

(1) 循环热效率 η_t 为工质在循环中对外界做的净功与工质从外界吸收的热量之比,即

$$\eta_t = \frac{\omega}{q_1} = \frac{q_1 - q_2}{q_1} = 1 - \frac{q_2}{q_1} \tag{1-5}$$

(2) 制冷系数 ε 为工质在循环中从低温热源吸收的热量与消耗的功之比,即

$$\varepsilon = \frac{q_2}{\omega} = \frac{q_2}{q_1 - q_2} \tag{1-6}$$

(3) 供热系数 ε' 为工质在循环中向高温热源放出的热量与消耗的功之比,即

$$\varepsilon' = \frac{q_1}{\omega} = \frac{q_1}{q_1 - q_2} \tag{1-7}$$

1.1.11 单位制

热力学中涉及的物理量比较多,采用的单位制有工程单位制、国际单位制等。本书均统一采用国际单位制(SI)。工程热力学中常用量的国际单位见表1-1。

表1-1 工程热力学中常用量的国际单位

量的名称	单位名称	单位符号
长度	米	m
质量	千克(公斤)	kg
时间	秒	s
热力学温度	开[尔文]	K
物质的量	摩[尔]	mol
力	牛[顿]	$N(kg \cdot m/s^2)$
压力,压强	帕[斯卡]	$Pa(N/m^2)$
能[量],功,热量	焦[耳]	$J(N \cdot m)$
功率	瓦[特]	$W(J/s)$
热流密度	瓦[特]每平方米	W/m^2
比热容,比熵	焦[耳]每千克开[尔文]	$J/(kg \cdot K)$
热容,熵	焦[耳]每开[尔文]	J/K
比内能,比焓	焦[耳]每千克	J/kg

1.2 准静态过程、可逆过程和不可逆过程

理解准静态过程、可逆过程概念引入的意义,准静态过程与可逆过程的区别与联系,实

现可逆过程的充分必要条件。

1.2.1 准静态过程

（1）定义：由一系列连续的平衡态组成的过程称为准静态过程。

（2）实现条件：推动过程进行的系统与外界的势差无限小，以保证系统内部在任意时刻皆无限接近于平衡态。

准静态过程的条件仅限于系统内部力和热的平衡，并未涉及系统和外界能量交换的关系问题，即便系统与外界存在势差，只要系统内部能及时恢复均匀一致，还是可以实现准静态的。

（3）特点：准静态过程是实际过程进行得足够缓慢的极限情况。

工程上的大多数过程，由于热力学系统恢复平衡的速度很快，可以作为准静态过程分析。建立准静态过程概念的意义：

（1）可以用确定的状态参数变化描述过程。

（2）可以在参数坐标图上用一条连续曲线表示过程。

1.2.2 可逆过程与不可逆过程

定义：如果系统完成某一热力过程后，再沿原来路径逆向进行时，能使系统和外界都返回原来状态而不留下任何变化，则这一过程为可逆过程，否则为不可逆过程。如气体向没有阻力空间的自由膨胀过程就是不可逆过程。

可逆过程的实现条件：应为准静态过程且过程中无任何耗散效应（通过摩擦、电阻、磁阻等使功变成热的效应），这是实现可逆过程的充要条件。也就是说，无耗散的准静态过程为可逆过程。

准静态过程与可逆过程的差别就在于有无耗散损失。一个可逆过程必须同时也是一个准静态过程，但准静态过程则不一定是可逆的。

1.3 热力学第一定律

掌握热力学第一定律的实质及其应用、各种形式的能量状态及其性质，熟悉常用热工设备的能量平衡方程并掌握解题方法与步骤。

1.3.1 热力学第一定律的实质

热力学第一定律是能量转换与守恒定律在热力学中的应用，它确定了热力过程中各种能量在数量上的相互关系。热力学第一定律是人类从长期的生产和生活实践中总结得到的基本定律，它自始至终贯穿工程热力学的全部内容。

热力学第一定律表述为：当热能与其他形式的能量相互转换时，能的总量保持不变。

热力学第一定律是热力学的基本定律，它适用于一切工质和一切热力过程。当用于分析具体问题时，需要将它表述为数学解析式，根据能量守恒的原则，列出参与过程的各种能量的平衡方程式。

对于任何系统，各项能量之间的平衡关系一般表示为

进入系统的能量 − 离开系统的能量 = 系统储存能的变化

1.3.2 内能

储存于系统内部的能量称为内能，它与系统内工质的内部粒子的微观运动和粒子的空间位置有关，是下列各种能量的总和：

（1）分子热运动形成内动能。它是温度的函数。

（2）分子间相互作用形成内势能。

（3）其他形式的能量是维持一定分子结构的化学能、原子核内部的原子能及电磁场作用下的电磁能等。

应牢牢记住内能是状态参数，也就是说，若工质从初态1变化到终态2，其内能的变化ΔU只与初态、终态有关，而与过程路径无关。工质经循环变化后，内能的变化为零。

1.3.3 焓

在流动过程中，工质携带的能量除内能外，总伴有推动功，所以为工程应用方便起见，把U和pV组合起来，引入焓H的概念。焓的定义式为$H = U + pV$，焓是状态参数。焓的物理意义为：对于流动工质，它表示流动工质向流动方向传递的总能量中取决于热力状态的那部分能量；对于不流动工质，焓只是一个复合状态参数，无明确的物理意义。

1.3.4 热力学第一定律在闭口系统和开口系统的表达式

热力学第一定律在闭口系统能量方程的表达式的几种形式：

（1）1kg 工质经过有限过程　　　　$q = \Delta u + w$

（2）1kg 工质经过微元过程　　　　$\delta q = du + \delta w$

（3）$m$kg 工质经过有限过程　　　$Q = \Delta U + W$

（4）$m$kg 工质经过微元过程　　　$\delta Q = dU + \delta W$

$$(1-8)$$

以上各式，对闭口系统各种过程（可逆过程或不可逆过程）及各种工质都适用。

对于可逆过程，因$\delta w = pdv$，1-2过程所做的容积功$w = \int_1^2 pdv$，则以上各式又可表达为

$$\left. \begin{array}{l} q = \Delta u + \int_1^2 pdv \\ \delta q = du + pdv \\ Q = \Delta U + \int_1^2 pdV \\ \delta Q = dU + pdV \end{array} \right\} \quad (1-9)$$

闭口系统经历一个循环时，由于$\oint dU = 0$，所以

$$\oint \delta Q = \oint \delta W$$

1.3.5 系统的储存能

能量是物质运动的量度，运动有各种不同的形式，相应地就有各种不同的能量。系统储存的能量称为储存能E，它为系统的内部储存能U和外部储存能$(E_k + E_p)$之和，即

$$E = U + E_k + E_p \quad (1-10)$$

内能包括分子动能和分子势能以及与分子结构有关的化学能和原子核内的原子能等；外储存能包括重力势能和宏观动能。

功的种类很多，主要的功有以下几种：

1. 体积变化功 W（或称容积功）

系统体积变化所完成的膨胀功或压缩功统称为体积变化功。由于热能和机械能的可逆转换总是和工质的膨胀或压缩联系在一起的，所以体积变化功是热变功的源泉，而体积变化功和其他能量形式间的关系，则属于机械能的转换。

2. 轴功 W_s

系统通过轴与外界交换的功量称为轴功。

3. 推动功或流动功 W_f

开口系统因工质流动而传递的功称为推动功。相当于一个假想的活塞把前方的工质推进（或推出）系统所做的功 pV，此量随工质进入（或离开）系统而成为带入（或带出）系统的能量。推动功只有在工质流动时才有，当工质不流动时，虽然工质也具有一定的状态参数 p 和 V，但这时的乘积并不代表推动功。

工质在流动时，总是从后面获得推动功，而对前面做出推动功，进出质量的推动功之差称为流动功。它可理解为在流动过程中，系统与外界由于物质的进出而传递的机械功。

4. 技术功 W_t

工程中将技术上可被直接利用来做功的能量统称。对于开口系统来讲包括轴功、进出口的宏观动能差和宏观势能差。

即

$$W_t = \frac{1}{2}m\Delta c^2 + mg\Delta z + W_s \tag{1-11}$$

同时可以导出，技术功等于体积变化功（容积功）与流动功的代数和。特别对于稳态稳流的可逆过程，技术功为

$$W_t = -\int_1^2 V\mathrm{d}p \tag{1-12}$$

注意：技术功是过程量。

各种功的计算见表 1-2。

表 1-2　　　　　各 种 功 的 计 算

名　称	含　义	说　明
体积变化功（或容积功）W	系统体积变化所完成的功	（1）当过程可逆时，$W = \int_1^2 p\mathrm{d}V$； （2）容积功是简单可压缩系热功的源泉； （3）容积功往往对应闭口系统所求的功
轴功 W_s	系统通过轴与外界交换的功	（1）轴功是开口系统所求的功； （2）当工质进出口间的动能、势能差被忽略时 $W_t = W_s$，所以，此时开口系统所求的功也是技术功
推动功或流动功 W_f	开口系统付诸质量迁移所做的功	流动功是进出口推动功之差，即 $W_f = \Delta(pV) = p_2V_2 - p_1V_1$
技术功 W_t	技术上可以利用的功	（1）W_t 与 W_s 的关系 $W_t = \frac{1}{2}m\Delta c^2 + mg\Delta z + W_s$； （2）$W_t$ 与 W、W_f 的关系 $W_t = W - W_f = W - \Delta(pV)$； （3）当过程可逆时，$W_t = -\int_1^2 V\mathrm{d}p$，这也是动能、势能差不计时的最大轴功

1.3.6　稳定流动能量方程及其应用

稳定流动（又称稳态稳流）：在流动过程中，热力系内部及热力系界面上每一点的所有特征参数都不随时间而变化，则该流动过程称为稳定流动。实现稳定流动的必要条件是，系统与外界进行物质和能量的交换不随时间而变：①进、出口截面的参数不随时间而

变；②系统与外界交换的功量和热量不随时间而变；③工质的质量流量不随时间而变，且进、出口处的质量流量相等。

稳定流动能量方程的表达式的几种形式：

(1) 1kg 工质有限过程或微元过程时

$$\left.\begin{array}{l} q = \Delta h + \dfrac{1}{2}\Delta c^2 + g\Delta z + w_s = \Delta h + w_t \\ \delta q = dh + \dfrac{1}{2}dc^2 + gdz + \delta w_s = dh + \delta w_t \end{array}\right\}$$

(2) mkg 工质有限过程或微元过程时

$$\left.\begin{array}{l} Q = \Delta H + \dfrac{1}{2}m\Delta c^2 + mg\Delta z + W_s = \Delta H + W_t \\ \delta Q = dH + \dfrac{1}{2}mdc^2 + mgdz + \delta W_s = dH + \delta W_t \end{array}\right\} \quad (1-13)$$

对于可逆过程，因 $\delta w_t = -vdp$，上式又可表示成

$$\left.\begin{array}{l} q = \Delta h - \int_1^2 vdp \\ \delta q = dh - vdp \\ Q = \Delta H - \int_1^2 Vdp \\ \delta Q = dH - Vdp \end{array}\right\} \quad (1-14)$$

稳态稳流能量方程在工程上有着广泛的应用，在不同条件下可适当简化为不同的形式，下面列举几种工程应用实例：

(1) 动力机。利用工质在机器中膨胀获得机械功的设备，如汽轮机。因进出口的高度差一般很小，进出口的流速变化也不大，工质在汽轮机中停留的时间很短，系统与外界的热交换可忽略，由稳态稳流能量方程得 $w_s = h_1 - h_2$，即在汽轮机中所做的轴功等于工质的焓降。

(2) 压气机。消耗轴功使气体压缩以升高其压力的设备称为压气机。同样得到能量方程为 $-w_s = h_2 - h_1$，即压气机绝热压缩消耗的轴功等于压缩气体焓的增加。

(3) 热交换器。应用稳态稳流能量方程式，可以解决如锅炉、空气加热（或冷却）器、蒸发器、冷凝器等各种热交换器在正常运行时的热量计算问题。在热交换器中，系统与外界没有功量交换，由稳态稳流能量方程得 $q = h_2 - h_1$，即在锅炉等热交换设备中，工质所吸收的热量等于焓的增加。

(4) 喷管。喷管是一种使气流加速的设备。工质流经喷管时与外界没有功量交换，势能差很小可以忽略，又因为工质流过喷管时速度很快，与外界的热交换也可不考虑，由稳态稳流能量方程得

$$\dfrac{1}{2}(c_2^2 - c_1^2) = h_1 - h_2 \quad (1-15)$$

即在喷管中气流动能之增量等于工质的焓降。

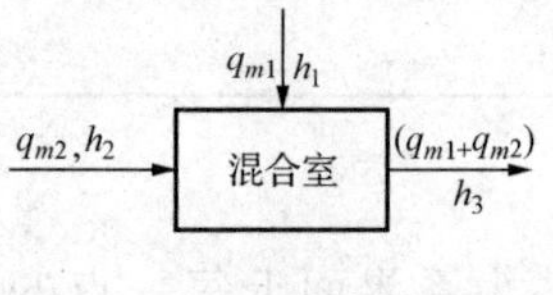

(5) 流体的混合。两股流体的混合，如图 1-1 所示。取混合室为控制体，混合为稳态稳流工况，在绝热条件下进行，且忽略流体动能、势能变化，则控制体的能量方程为

图 1-1 两股流体的混合

$$q_{m1}h_1 + q_{m2}h_2 = (q_{m1} + q_{m2})h_3 \tag{1-16}$$

(6) 绝热节流。流体在管道内流动，遇到突然变窄的断面，由于存在阻力使流体压力降低的现象称为节流。稳态稳流的流体快速流过狭窄断面，来不及与外界换热也没有功量的传递，可理想化为绝热节流。若忽略流体进、出口界面的动能、势能变化，则控制体能量方程可简化为：$h_1 = h_2$。这表明绝热节流前、后焓相等，但不能把整个节流过程看作定焓过程。

一般开口系统是指控制体积可胀缩的、空间各点参数随时间而变的非稳定流动系统，是最普遍的热力系统。闭口系统和稳定流动系统是它的特殊情况，工程上的充气、抽气、容器泄漏以及热机启动和停机阶段，都是一般开口系统。各种情况下的能量方程见表1-3。

表1-3　　　　　　　　　各种情况下的能量方程

$Q = \Delta E + W$	一般表达式
$q = \Delta u + w$	适用于控制质量系统的任何工质、任何过程（一般用于闭口系统）
$q = \Delta u + \int_1^2 p dv$	适用于控制质量系统的任何工质、可逆过程（一般用于闭口系统）
$q = \Delta h + \frac{1}{2}\Delta c^2 + g\Delta z + w_s$ $= \Delta h + w_t$	适用于稳定流动系统的任何工质、任何过程
$q = \Delta h - \int_1^2 v dp$	适用于稳定流动系统的任何工质、可逆过程
$Q = \frac{dE_{CV}}{\delta\tau} + q_{m,\text{out}}\left(h + \frac{1}{2}\Delta c^2 + g\Delta z\right)_{\text{out}}$ $+ q_{m,\text{in}}\left(h + \frac{1}{2}\Delta c^2 + g\Delta z\right)_{\text{in}} + W_{\text{net}}$	适用于一般开口系统的任何工质、任何过程

1.4　气体性质

掌握理想气体的状态方程，比热容、内能、焓和熵的计算。注意理想气体的内能和焓是温度的单值函数，而理想气体的熵却不仅与温度有关，还与压力等其他参数有关。注意混合气体分压力、分容积定义的先决条件以及混合气体的气体常数，分子量的确定方法。对于实际气体，应注意一些理想气体的简明公式在实际气体的系统内不能应用，实际气体有其特定的状态方程。注意实际气体与理想气体的偏差。

1.4.1　理想气体模型及其状态方程

能量的转换和传递必定伴随工质状态的变化，所以研究热能转变为机械能或其他形式能量形式的转换必定要涉及工质的性质。工程热力学研究的工质是气态和液态物质，主要是气态。不同的物质有其共性也有个性，这些个性常常造成能量转换的设备、过程的不同，所以要分清所讨论的工质的性质。工程热力学常把气体工质分为理想气体和实际气体。

理想气体是一种假想的气体，即气体分子是一些弹性的、忽略分子相互作用力，不占有体积的质点；当实际气体 $p \to 0$、$v \to \infty$ 的极限状态时的气体称为理想气体。它是远离液态的实际气体的近似模型，在实际中，有许多气体，如常温常压下的 H_2、O_2、N_2、CO_2、CO、He 及其混合物空气、燃气、烟气等，计算时可作为理想气体处理。

(1) 理想气体有最简单形式的状态方程式。

1）1kg 质量理想气体的状态方程式

$$pv = RT \tag{1-17a}$$

式中 p——绝对压力，Pa；
　　 v——比体积，m³/kg；
　　 T——热力学温度，K；
　　 R——气体常数，J/(kg·K)。

2）$m$kg 质量理想气体状态方程式

$$pV = mRT \tag{1-17b}$$

式中 V——质量为 m(kg) 气体所占有体积。

3）1kmol 物质的量的理想气体状态方程式

$$pV_m = R_0 T \tag{1-17c}$$
$$V_m = Mv$$

式中 V_m——气体的摩尔容积，m³/kmol；
　　 M——气体的摩尔质量（分子量）；
　　 R_0——通用气体常数，J/(mol·K)。

4）$n$kmol 物质的量的理想气体状态方程式

$$pV = nR_0 T \tag{1-17d}$$

式中 V——$n$kmol 气体所占有的容积，m³；
　　 n——气体的摩尔数，$n = \dfrac{m}{M}$，kmol。

（2）气体常数与通用气体常数。气体常数与气体所处状态无关，但随气体种类而异，如常用的几种气体常数：$R_{氢气} = 4124.0$ J/(kg·K)，$R_{氮气} = 296.8$ J/(kg·K)，$R_{氧气} = 259.8$ J/(kg·K)，$R_{空气} = 287.0$ J/(kg·K)，$R_{水蒸气} = 461.5$ J/(kg·K) 等。

通用气体常数与气体的状态及种类均无关。当采用国际单位制时，可计算得出 $R_0 = 8314$ J/(kmol·K)。

通用气体常数与气体常数之间的关系为 $R_0 = RM$。

说明：

（1）状态方程是反映平衡状态参数之间数量关系的方程，它只能用于平衡态。

（2）方程式必须采用绝对压力和热力学温度。

通常把压力为 0.101325MPa、温度为 273.15K（0℃）的气体状态规定为气体的标准状态。此状态下的压力、温度、比体积分别记作 p_0、T_0、v_0。

【例 1-1】某蒸汽锅炉需要空气量 $q_{V0} = 66\,000$ N·m³/h，若鼓风机送入的热空气温度为 $t_1 = 250$℃，压力为 $p_{g1} = 20$ kPa。当地大气压力为 $p_b = 101.325$ kPa，求实际的送风量 q_{V1}。

解：此题涉及标准体积与实际体积之间的换算。按照理想气体的状态方程可得

$$q_{V1} = q_{V0} \frac{p_0 T_1}{p_1 T_0}$$

而　　　　$p_1 = p_{g1} + p_b = (20.0 + 101.325)$ kPa $= 121.325$ kPa

故　　　　$q_{V1} = 66\,000$ m³/h $\times \dfrac{101.325\text{kPa} \times (273.15 + 250)\text{K}}{121.325\text{kPa} \times 273.15\text{K}} = 105\,569$ m³/h

1.4.2 实际气体模型及其状态方程

实际气体是真实气体,在工程使用范围内离液态较近,其分子间作用力及分子本身体积不可忽略,因此热力性质复杂,工程计算主要靠图表。

按照理想气体状态方程式,在给定温度下,一定质量的气体,pV = 常数而与压力无关。实际气体则或多或少有偏差,即在定温下,$pV \neq$ 常数,而随压力变化。

实际气体对理想气体的偏差,主要在于实际气体分子之间相互作用力与分子本身体积的影响。如在一定温度下,气体被压缩,分子间的平均距离缩短,分子间引力作用变大,气体体积就会在分子引力作用下进一步缩小,气体的实际体积要比按理想气体计算所得的值小;但当气体被压缩到一定程度,气体分子本身的体积不能忽略不计时,分子间的斥力作用不断增强,把气体压缩到一定容积所需的压力就要大于按理想气体计算之值。

一个形式简单而又有理论考虑的实际气体状态方程——范德瓦尔斯(Van der Waals)方程为

$$p = \frac{RT}{v-b} - \frac{a}{v^2} \tag{1-18}$$

式中 a——气体分子间作用力强弱的特性常数;

b——气体分子体积影响的修正值。当气体比体积 v 足够大时,两个修正项都可忽略,式(1-18)就与理想气体状态方程式相同了,说明实际气体在压力越低、温度越高的情况下,越接近于理想气体性质。

1.4.3 压缩因子

工程上,在近似计算时常采用对理想气体性质引入修正项而得到实际气体性质的简便方法。实际气体的体积与同温度下理想气体的体积之比,称为压缩因子,表明实际气体偏离理想气体的程度,用符号 z 表示。

$$z = \frac{v}{v_{id}} = \frac{pv}{RT} \tag{1-19a}$$

引用压缩因子 z,实际气体方程为

$$pv = zRT \tag{1-19b}$$

对于理想气体 $z=1$,对于实际气体 z 是状态的函数,可能大于或小于1。压缩因子是气体温度和压力的函数,通常采用根据对比态(也称对应态)定律建立的通用性图表——压缩因子图来确定。

1.4.4 临界参数

自然界绝大多数物质都有气、液、固三态,而在气、液相变时都存在临界状态。实验表明,各种气体在临界状态附近都一定程度上显示出热力学相似的性质。我们把各状态参数与临界状态的同名参数的比值称为对比参数,如对比温度、对比压力和对比比容。对比参数都是无因次量,它表明物质所处状态偏离其本身临界状态的程度。

1.4.5 对比态定律

用对比参数表示的状态方程称为对比状态方程。凡是含有两个常数(不包括气体常数 R)的实际气体状态方程式,根据物质特性常数与临界参数之间的关系,可以消去方程中的常数项而转换成具有通用性的对比状态方程式。

如果不同气体所处状态的对比状态参数都各自相同，则可称这些气体处于对应状态。例如在临界状态，各种物质的对比参数都相同，且都等于1，即处在对应状态。由对比态方程式可以推得：对于满足同一对比态方程式的各种气体，对比参数中若有两个相等，则第三个对比参数就一定相等，物质也就处于对应状态中，这一规律称为对比态定律。范德瓦尔斯对比态方程为

$$p_r = \frac{8T_r}{3v_r - 1} - \frac{3}{v_r^2} \tag{1-20}$$

1.4.6 理想气体的比热容、内能及焓

比热容（比热）：单位物量的物体，当其温度变化1K（或1℃）时，物体和外界交换的热量。

根据所采用的物质量单位的不同，比热容可以有质量比热容 c，单位为 $J/(kg \cdot K)$；摩尔比热容 c_m，单位为 $J/(mol \cdot K)$ 和容积比热容 c'，单位为 $J/(m^3 \cdot K)$。它们之间的关系为

$$c_m = Mc = 22.41c' \tag{1-21}$$

比热与物质经历的过程有关，每种比热又有定压比热 c_p、定容比热 c_V 等之分。对于理想气体，定压比热与定容比热之间的关系称为迈耶公式

$$c_p - c_V = R$$
$$c_{p,m} - c_{V,m} = R_0 \tag{1-22}$$

定压比热与定容比热之比，称为比热比（绝热指数）k，$k = \frac{c_p}{c_V}$。

比热容的处理有如下几种方法：

（1）真实比热容：将实验测得的不同气体的比热容随温度的变化关系，表示为多项式形式，称为真实比热容。

（2）平均比热容：平均比热容表示 $t_1 \sim t_2$ 间隔内比热容的积分平均值。

（3）定值比热容：当气体温度不太高且变化范围不大，或计算精度要求不高时，可将比热容近似看作不随温度而变的定值，称为定值比热容，见表1-4。

表1-4　　　　　　　　定　值　比　热　容

气体种类	$c_V/[J/(kg \cdot K)]$	$c_p/[J/(kg \cdot K)]$	比热比 $k = c_p/c_V$
单原子	$3R/2$	$5R/2$	1.67
双原子	$5R/2$	$7R/2$	1.40
多原子	$7R/2$	$9R/2$	1.30

1）理想气体内能变化的计算：

由 $\delta q_V = du_V = c_V dT$ 得

$$du = c_V dT, \Delta u = \int_1^2 c_V dT \tag{1-23a}$$

若按定值比热计算
$$\Delta u = c_V(T_2 - T_1) \tag{1-23b}$$

适用于理想气体一切热力过程或者实际气体定容过程。

2）理想气体焓变化的计算：

对于理想气体
$$h = u + RT = f(T)$$

$$dh = c_p dT, \quad \Delta h = \int_1^2 c_p dT \tag{1-24a}$$

若按定值比热计算
$$\Delta h = c_p(T_2 - T_1) \tag{1-24b}$$

适用于理想气体的一切热力过程或者实际气体的定压过程。

1.4.7 混合气体

热力过程中常用到由几种气体组成的混合物，即混合气体。例如，燃料燃烧生成的烟气，主要是由 N_2、CO_2、H_2O 和 O_2 等组成的混合气体。空气也是常见的混合气体，由 N_2、O_2、惰性气体及少量水蒸气等气体组成。这些混合气体成分稳定，不发生化学反应且远离液态，因此可视为理想气体。

1. 混合气体的分压力和分容积

体积为 V 的容器中盛有压力为 p、温度为 T 的混合气体，若将每一种组成气体分离出来后，且具有与混合气体相同的温度和体积时，给予容器壁的压力称为组成气体的分压力，用 p_i 表示。根据道尔顿分压定律，混合气体的总压力 p 应等于每一组成气体分压力 p_i 之和，即

$$p = p_1 + p_2 + \cdots + p_n = \sum_{i=1}^n p_i \tag{1-25}$$

若将混合气体中每一组成气体分离出来，并且具有与混合气体相同的温度和压力时，所占据的体积称为组成气体的分体积，根据阿密盖特分体积定律，混合气体的总体积应等于每一组成气体的分体积 V_i 之和，即

$$V = V_1 + V_2 + \cdots + V_n = \sum_{i=1}^n V_i \tag{1-26}$$

2. 混合气体的成分及其换算关系

混合气体的成分指各组成气体的含量占混合气体总量的百分数。按物理量单位的不同通常有三种表示方法：质量分数、体积分数和摩尔分数。

（1）质量分数：混合气体中各组成气体的质量与混合气体总质量的比值，用 g_i 表示。

（2）体积分数：混合气体中各组成气体的分体积与混合气体总体积的比值，用 r_i 表示。

（3）摩尔分数：混合气体中各组成气体的摩尔数与混合气体总摩尔数的比值，用 x_i 表示，即

$$\left.\begin{aligned} g_i &= \frac{m_i}{m} \\ r_i &= \frac{V_i}{V} \\ x_i &= \frac{n_i}{n} \end{aligned}\right\} \tag{1-27}$$

并且，混合气体中各组成气体的质量分数之和、体积分数之和及摩尔分数之和均等于1。三者的换算关系为

$$\left.\begin{aligned} r_i &= x_i \\ x_i &= \frac{M}{M_i} g_i = \frac{R_i}{R_g} g_i \end{aligned}\right\} \tag{1-28}$$

3. 混合气体的折合摩尔质量与折合气体常数

由于混合气体不是单一气体，因而无法用一个分子式来表示其化学组成，可以假设某种

单一气体，某分子数和总质量恰好与混合气体的相等，这种假设单一气体的摩尔质量和气体常数即为混合气体的折合摩尔质量 M 和折合气体常数 R_g。

$$R_g = \frac{R_0}{M} = \frac{nR_0}{m} = \frac{\sum_{i=1}^{n} n_i R_0}{m} = \frac{\sum_{i=1}^{n} m_i \frac{R_0}{M_i}}{m} = \sum_{i=1}^{n} g_i R_i$$

$$M = \frac{R_0}{R_g} = \frac{8.314}{R_g} \tag{1-29}$$

或

$$M = \frac{m}{n} = \frac{\sum_{i=1}^{n} n_i M_i}{n} = \sum_{i=1}^{n} x_i M_i = \sum_{i=1}^{n} r_i M_i$$

$$R_g = \frac{R_0}{M} = \frac{8.314}{M} \tag{1-30}$$

【例 1-2】 混合气体的质量成分为空气 $g_1 = 95\%$，煤气 $g_2 = 5\%$。已知空气的气体常数 $R_1 = 287 \text{J}/(\text{kg} \cdot \text{K})$，煤气的气体常数 $R_2 = 400 \text{J}/(\text{kg} \cdot \text{K})$。试求混合气体的折合气体常数及折合摩尔质量。

解： $R_g = \sum_{i=1}^{n} g_i R_i = 0.95 \times 287 \text{J}/(\text{kg} \cdot \text{K}) + 0.05 \times 400 \text{J}/(\text{kg} \cdot \text{K}) = 292.7 \text{J}/(\text{kg} \cdot \text{K})$

$$M = \frac{R_0}{R_g} = \frac{8314}{292.7} = 28.4$$

1.5 理想气体基本热力过程及气体压缩

掌握理想气体定容、定压、定温、绝热四种基本热力过程以及多变过程初、终状态参数间关系，基本热力过程中系统的功和热量与工质状态参数变化之间的关系，系统与外界交换的热量与功量的计算方法；注意在状态图上表示上述过程和分析过程的特点，并判断功量及热量的正负。要注意理论压缩功与膨胀功的区别，理解余隙容积对耗功量的影响。

工质能量转换必须在外界条件的诱导下，才能朝向预期的目标变化，不同的外部条件工质的状态变化过程不同，能量转换的效果也随之而异，工质的热力过程是外部作用的结果。本节是通过工质状态变化的过程来分析外部条件的影响，研究热力过程实质就是研究外部条件对能量转换的影响。选择各种热力过程，从而实现预期的能量转换效果。

理想气体基本热力过程一般分析法：

(1) 建立过程方程 $p = f(v)$。

(2) 确定初、终状态参数：依据状态方程 $\frac{p_1 v_1}{T_1} = \frac{p_2 v_2}{T_2}$。

(3) 作 $p-v$ 图与 $T-s$ 图进行分析。

(4) 依据能量方程 $Q - W = \Delta U$ 求传递能量。

1.5.1 定压、定容、定温和定熵过程

理想气体在闭口系统中进行的四个基本可逆过程为定压过程、定容过程、定温过程和可逆绝热过程（亦即定熵过程），它们有一个共同的特征，就是过程进行中有一个状态参数（p、v、T 或 s）保持不变。因此，保持一个参数不变的过程仅有上述四种，这四种过程称为基本过程。

1. 定容过程

工质比体积保持不变的过程称为定容过程。气体在刚性容器内进行的加热（或放热）过程即为定容过程。定容过程中加给气体的热量并未转变为机械能，而是全部用于增加气体的内能。

2. 定压过程

工质压力保持不变的过程称为定压过程。定压过程中加入（或放出）的热量等于初、终状态的焓差。

3. 定温过程

工质温度保持不变的过程称为定温过程。定温膨胀时吸热量全部转换为膨胀功；定温压缩时消耗的压缩功全部转换为放热量。

4. 定熵过程

工质与外界没有热交换的过程称为绝热过程，可逆绝热过程即为定熵过程。绝热过程中工质与外界无热量交换。绝热膨胀时，膨胀功等于工质内能的减量；绝热压缩时，消耗的压缩功等于工质内能的增量。

1.5.2 多变过程

多变过程比四种基本热力过程更为一般化，是按一定规律变化的热力过程。

1. 多变过程方程式

通过实验测定可得多变过程方程式 pv^n = 定值。式中，n 是常数，称为多变指数，它可以是 $-\infty \sim +\infty$ 之间的任意数值。

当 n 取不同的值时，则代表不同的热力过程，如图 1-2 所示。

(1) $n=0$ 时，$p=$ 定值，即定压过程；$n=1$ 时，$T=$ 定值，即定温过程。

(2) $n=k$ 时，$q=$ 定值，即定熵过程；$n=\pm\infty$ 时，$v=$ 定值，即定容过程。

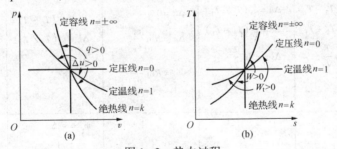

图 1-2 热力过程

可见，上述四个基本热力过程是多变过程的特例。多变指数 n 的计算

$$n = \frac{\ln(p_2/p_1)}{\ln(v_1/v_2)} \tag{1-31}$$

2. 多变过程中 q、w、Δu 的判断（图 1-2）

(1) q 的判断：以绝热线为基准。

(2) w 的判断：以定容线为基准。

(3) Δu 的判断：以定温线为基准。

3. 多变过程比热

多变过程热量根据 $q = \Delta u + w$ 计算，对于理想气体

$$q_n = c_V(T_2 - T_1) + \frac{R}{n-1}(T_1 - T_2) = c_V(T_2 - T_1) - \frac{k-1}{n-1}c_V(T_2 - T_1)$$

$$= \frac{n-k}{n-1}c_V(T_2 - T_1) = c_n(T_2 - T_1) \tag{1-32}$$

式中 c_n——多变比热容。

$$c_n = \frac{n-k}{n-1}c_V \tag{1-33}$$

注意：当 $1 < n < k$ 时，c_n 为负值。比热容为负的物理意义可理解为：当气体膨胀做功时，对外做的功大于加入的热量，故气体的内能减小而温度降低；压缩时，外界对气体做的功大于气体向外界放出的热量，故其内能增加而温度升高。

为应用方便，将常用的基本热力过程的主要计算公式汇总在表 1-5 中。

表 1-5　　　　　　　　　　基本热力过程主要计算公式汇总

项目	定容过程	定压过程	定温过程	定熵过程	多变过程
多变指数 n	$\pm\infty$	0	1	k	n
过程方程式	$v =$ 常数	$p =$ 常数	$pv =$ 常数	$pv^k =$ 常数	$pv^n =$ 常数
p、v、T 关系式	$\dfrac{T_2}{T_1} = \dfrac{p_2}{p_1}$	$\dfrac{T_2}{T_1} = \dfrac{v_2}{v_1}$	$p_1 v_1 = p_2 v_2$	$p_1 v_1^k = p_2 v_2^k$ $\dfrac{T_2}{T_1} = \left(\dfrac{v_1}{v_2}\right)^{k-1}$ $\dfrac{T_2}{T_1} = \left(\dfrac{p_2}{p_1}\right)^{\frac{k-1}{k}}$	$p_1 v_1^n = p_2 v_2^n$ $\dfrac{T_2}{T_1} = \left(\dfrac{v_1}{v_2}\right)^{n-1}$ $\dfrac{T_2}{T_1} = \left(\dfrac{p_2}{p_1}\right)^{\frac{n-1}{n}}$
Δu、Δh、Δs 计算式	$\Delta u = c_V(T_2 - T_1)$ $\Delta h = c_p(T_2 - T_1)$ $\Delta s = c_V \ln \dfrac{T_2}{T_1}$	$\Delta u = c_V(T_2 - T_1)$ $\Delta h = c_p(T_2 - T_1)$ $\Delta s = c_p \ln \dfrac{T_2}{T_1}$	$\Delta u = 0$ $\Delta h = 0$ $\Delta s = R\ln\dfrac{v_2}{v_1}$ $= R\ln\dfrac{p_1}{p_2}$	$\Delta u = c_V(T_2 - T_1)$ $\Delta h = c_p(T_2 - T_1)$ $\Delta s = 0$	$\Delta u = c_V(T_2 - T_1)$ $\Delta h = c_p(T_2 - T_1)$ $\Delta s = c_V \ln\dfrac{T_2}{T_1} + R\ln\dfrac{v_2}{v_1}$ $= c_p \ln\dfrac{T_2}{T_1} - R\ln\dfrac{p_2}{p_1}$ $= c_p \ln\dfrac{v_2}{v_1} + c_V \ln\dfrac{p_2}{p_1}$
体积变化功 $w = \int_1^2 p\,dv$	$w_V = 0$	$w_p = p(v_2 - v_1)$ $= R(T_2 - T_1)$	$w_T = RT_1 \ln\dfrac{v_2}{v_1}$ $= RT_1 \ln\dfrac{p_1}{p_2}$	$w_s = -\Delta u$ $= \dfrac{1}{k-1}(p_1 v_1 - p_2 v_2)$ $= \dfrac{RT_1}{k-1}\left[1 - \left(\dfrac{p_2}{p_1}\right)^{\frac{k-1}{k}}\right]$	$w_n = \dfrac{1}{n-1}(p_1 v_1 - p_2 v_2)$ $= \dfrac{p_1 v_1}{n-1}\left[1 - \left(\dfrac{p_2}{p_1}\right)^{\frac{n-1}{n}}\right]$ $(n \neq 1)$
热量 $q = \int_1^2 c\,dT$ $= \int_1^2 T\,ds$ $= \Delta u + w$	$q_V = \Delta u$ $= c_V(T_2 - T_1)$	$q_p = \Delta h$ $= c_p(T_2 - T_1)$	$q_T = T\Delta s$ $= w$	$\delta q = 0$ $q = 0$	$q_n = c_n(T_2 - T_1)$ $= \dfrac{n-k}{n-1}c_V(T_2 - T_1)$ $(n \neq 1)$
比热容	c_V	c_p	$\pm\infty$	0	$c_n = \dfrac{n-k}{n-1}c_V$

【例1-3】 有1kg空气，初始状态为 $p_1=0.5\text{MPa}$，$v_1=0.24\text{m}^3/\text{kg}$，经过一个可逆多变过程后状态变化为 $p_2=0.1\text{MPa}$，$v_2=0.82\text{m}^3/\text{kg}$，试求该过程的多变指数、气体所做的功、所吸收的热量以及内能、焓和熵的变化。

解：(1) 多变指数

$$n = \frac{\ln(p_2/p_1)}{\ln(v_1/v_2)} = \frac{\ln(0.1/0.5)}{\ln(0.24/0.82)} = 1.31$$

(2) 气体所做的膨胀功

$$w = \frac{1}{n-1}(p_1 v_1 - p_2 v_2)$$

$$= \frac{1}{1:31-1} \times (0.5 \times 10^3 \times 0.24 - 0.1 \times 10^3 \times 0.82)\text{kJ/kg} = 122.58\text{kJ/kg}$$

(3) 初、终状态温度

$$T_1 = \frac{p_1 v_1}{R} = \frac{0.5 \times 10^6 \times 0.24}{0.287 \times 10^3} = 418(\text{K}),\quad T_2 = \frac{p_2 v_2}{R} = \frac{0.1 \times 10^6 \times 0.82}{0.287 \times 10^3}\text{K} = 286\text{K}$$

(4) Δu、Δh、Δs

$$\Delta u = c_V(T_2 - T_1) = 0.717 \times (286 - 418)\text{kJ/kg} = -94.64\text{kJ/kg}$$

$$\Delta h = c_p(T_2 - T_1) = 1.004 \times (286 - 418)\text{kJ/kg} = -132.53\text{kJ/kg}$$

$$\Delta s = c_V \ln\frac{p_2}{p_1} + c_p \ln\frac{v_2}{v_1} = 0.717 \times \ln\frac{0.1}{0.5}\text{kJ/(kg·K)} + 1.004 \times \ln\frac{0.82}{0.24}\text{kJ/(kg·K)}$$

$$= 0.08\text{kJ/(kg·K)}$$

(5) 气体吸收的热量

$$q = w + \Delta u = 122.58\text{kJ/kg} - 94.64\text{kJ/kg} = 27.94\text{kJ/kg}$$

1.5.3 压气机的压缩轴功

用来压缩气体的设备称为压气机。压气机按其工作原理及构造形式可分为活塞式、叶轮式（离心式、轴流式、回转容积式）及引射式压缩器等。压气机以其产生压缩气体压力的高低大致可分为通风机（<115kPa）、鼓风机（115~350kPa）和压气机（>350kPa）三类。

压缩过程可能出现三种情况：第一种是过程中对气体未采取冷却措施，过程可视为绝热压缩；第二种是气体被充分冷却，过程接近定温压缩；第三种是压气机的实际压缩过程，虽采用了一定的冷却措施，但气体又未能充分冷却，所以压缩过程为定温与绝热之间的多变过程，如图1-3所示。

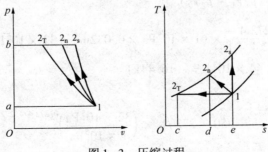

图1-3 压缩过程

压气机消耗的功为轴功,压气过程中当工质在进出口处的宏观动能变化与重力势能变化忽略不计时,轴功就等于技术功。对于可逆压缩有

$$\omega_s = -\int_1^2 v dp$$

不同压缩过程的排气温度的计算。

$$\left.\begin{aligned} \text{定熵过程} \quad & T_{2s} = T_1 \left(\frac{p_2}{p_1}\right)^{(k-1)/k} \\ \text{多变过程} \quad & T_{2n} = T_1 \left(\frac{p_2}{p_1}\right)^{(n-1)/n} \\ \text{定温压缩} \quad & T_{2T} = T_1 \end{aligned}\right\} \quad (1-34)$$

不同压缩过程的压气机耗功的计算。

$$\left.\begin{aligned} \text{定熵过程} \quad & w_{t,s} = \frac{k}{k-1} RT_1 \left[1 - \left(\frac{p_2}{p_1}\right)^{(k-1)/k}\right] \\ \text{多变过程} \quad & w_{t,n} = \frac{n}{n-1} RT_1 \left[1 - \left(\frac{p_2}{p_1}\right)^{(n-1)/n}\right] \\ \text{定温过程} \quad & w_{t,T} = RT_1 \ln \frac{v_2}{v_1} = -RT_1 \ln \frac{p_2}{p_1} \end{aligned}\right\} \quad (1-35)$$

由此得出,从同一初态压缩到某一预定压力,定温过程的耗功量最省,压缩终了的排气温度也最低,所以定温过程最好,绝热过程最差,多变过程介于两者之间。

【例 1-4】 空气为 $p_1 = 1 \times 10^5$ Pa,$t_1 = 50$℃,$V_1 = 0.032$m³,进入压气机按多变过程压缩至 $p_2 = 32 \times 10^5$ Pa,$V_2 = 0.0021$m³。试求:(1)多变指数 n;(2)压气机的耗功;(3)压缩终了空气温度。

解:(1)多变指数

$$\frac{p_2}{p_1} = \left(\frac{V_1}{V_2}\right)^n$$

$$n = \frac{\ln \frac{p_2}{p_1}}{\ln \frac{V_1}{V_2}} = \frac{\ln \frac{32 \times 10^5 \text{Pa}}{1 \times 10^5 \text{Pa}}}{\ln \frac{0.032 \text{m}^3}{0.0021 \text{m}^3}} = 1.2724$$

(2)压气机的耗功

$$\begin{aligned} W_t &= \frac{n}{n-1}(p_1 V_1 - p_2 V_2) \\ &= \frac{1.2724}{1.2724 - 1} \times (1 \times 10^5 \text{Pa} \times 0.032 \text{m}^3 - 32 \times 10^5 \text{Pa} \times 0.0021 \text{m}^3) \\ &= -16.44 \times 10^3 \text{J} = -16.44 \text{kJ} \end{aligned}$$

(3)压缩终温

$$T_2 = T_1 \left(\frac{p_2}{p_1}\right)^{\frac{n-1}{n}} = (50 + 273)\text{K} \times \left(\frac{32 \times 10^5 \text{Pa}}{1 \times 10^5 \text{Pa}}\right)^{0.2724/1.2724} = 677.6\text{K}$$

1.5.4 多级压缩及中间冷却

由
$$\frac{T_2}{T_1} = \left(\frac{p_2}{p_1}\right)^{\frac{k-1}{k}} \tag{1-36}$$

即压力比越大,其压缩终了温度越高,气体压缩终了温度过高将影响气缸润滑油的性能,并可能造成运行事故。因此,各种气体的压气机对气体压缩终了温度都有限定数值。例如,空气压缩机的排气温度一般不允许超过 160~180℃。另外,压缩终了温度过高还会影响压气机的容积效率。因此,要获得较高压力的压缩气体时,常采用具有中间冷却设备的多级压气机。

多级压气机是将气体依次在几个气缸中连续压缩,同时,为了避免过高的温度和减小气体的比容,以降低下一级所消耗的压缩功,在前一级压缩之后,将气体引入一个中间冷却器进行定压冷却,然后再进入下一级气缸继续压缩直至达到所要求的压力。

采用多级压缩和中间冷却具有降低排气温度和节省功耗的优点。多级压缩用中间冷却器的目的是,对从低压气缸出来的压缩气体及时进行冷却,让其温度降低到被压缩前的温度,然后再进入高压气缸,以少消耗压缩功。如果不用中间冷却器,让从低压气缸出来的压缩气体直接进入高压气缸,就达不到少消耗压缩功的目的。

级间压力不同,所需的总轴功也不同。最有利的级间压力的确定原则应为使所需的总轴功最小。

压气机的增压比:压气机的出口压力与进口压力之比,称为压气机的增压比。

最佳增压比:使多级压缩中间冷却压气机耗功最小时,各级的增压比称为最佳增压比。以两级压缩为例,得到:$p_2/p_1 = p_3/p_2$。

结论:两级压力比相等,耗功最小。

推广为 z 级压缩,即
$$\beta_1 = \beta_2 = \cdots = \sqrt[z]{p_{z+1}/p_1} \tag{1-37}$$

推论:
(1) 每级进口、出口温度相等。
(2) 各级压气机消耗功相等。
(3) 各级气缸及各中间冷却放出和吸收热量相等。

1.5.5 余隙

实际的活塞式压气机,为了运转平稳,避免活塞与气缸盖撞击以及便于安装进气阀和排气阀等,当活塞处于左死点时,活塞顶面与缸盖之间必须留有一定的空隙,称为余隙(余隙容积)。由于余隙容积的存在,活塞不可能将高压气体全部排出,因此,活塞在下一个吸气行程中,必须等待余隙容积中残留的高压气体膨胀到进气压力时,才能从外界吸入新气,余隙使一部分气缸容积不能被有效利用,压力比越大越不利。

不论压气机有无余隙,压缩每千克气体所需的理论压气轴功相同。然而,有余隙容积时,进气量减小,气缸容积不能充分利用。将有效吸气容积与活塞排量之比称为容积效率 η_V。计算得出,相同的余隙比时,提高增压比,将减少容积效率。因此,单级压缩增压比受余隙容积的影响而有一定限制,当需要获得较高压力时,必须采用多级压缩,同时可提高容积效率。

1.6 热力学第二定律

理解卡诺循环和卡诺定理的意义,注意卡诺定理、熵和孤立系统熵增原理之间的内在联系。"熵"是本节的难点。要掌握熵的意义、计算和应用。注重在应用热力学第二定律分析研究工程实际问题时,加深对熵和熵方程的理解。孤立系统的熵增原理是判别过程能否进行的基本准则。

1.6.1 热力学第二定律的实质及表述

热力学第一定律揭示在热力过程中,参与转换与传递的各种能量在数量上的守恒。但满足能量守恒的过程是否都能实现,热力过程方向、条件与限度是热力学第二定律给出的。只有同时满足热力学第一定律和热力学第二定律的过程才是能实现的过程。热力学第二定律与热力学第一定律共同组成了热力学的理论基础。

热力过程具有方向性这一客观规律,归根结底是由于不同类型或不同状态下的能量具有质的差别,而过程的方向性正缘于较高势能质向较低势能质的转化。例如,热量由高温传至低温。机械能转化为热能,按热力学第一定律能量的数量保持不变,但是,以作功能力为标志的能质却降低了,称之为能质的退化或贬值。因此,热力学第二定律的实质便是论述热力过程的方向性及能质退化或贬值的客观规律。所谓过程的方向性,除指明自发过程进行的方向外,还包括实现非自发过程所需要的条件,以及过程进行的最大限度等内容。热力学第二定律告诫我们,自然界的物质和能量只能沿着一个方向转换,即从可利用到不可利用,从有效到无效,这说明了节能与节物的必要性。

热力学第二定律的两种经典表述:

克劳修斯从热量传递方向性的角度表述为:"不可能把热从低温物体传到高温物体而不引起其他变化。"

开尔文从热功转换的角度表述为:"不可能从单一热源取热,使之完全变为功而不引起其他变化。"

应当指出,自发过程的反向过程是可以实现的,但必须有另外的补偿过程存在,例如使热量由低温物体传向高温物体就可以通过制冷机,消耗一定量的机械能来实现。

1.6.2 卡诺循环和卡诺定理

意义:解决了热变功最大限度的转换效率的问题。

1. 卡诺循环

(1) 正循环组成:两个可逆定温过程、两个可逆绝热过程,如图 1-4 所示。

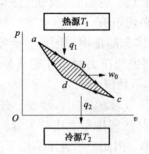 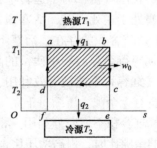

图 1-4 卡诺正循环

1) 过程 $a-b$:工质从热源(T_1)可逆定温吸热。

$b-c$:工质可逆绝热(定熵)膨胀。

$c-d$：工质向冷源（T_2）可逆定温放热。

$d-a$：工质可逆绝热（定熵）压缩回复到初始状态。

2）循环热效率

$$\eta_t = \frac{w_0}{q_1} = 1 - \frac{q_2}{q_1}$$

$$q_1 = T_1(s_b - s_a) = 面积\ abefa$$

$$q_2 = T_2(s_c - s_d) = 面积\ cdfec$$

因为

$$s_b - s_a = s_c - s_d$$

得到

$$\eta_{tc} = 1 - \frac{T_2}{T_1} \tag{1-38}$$

分析：

① 卡诺循环热效率仅取决于两热源温度 T_1 和 T_2，与工质性质无关。

② 由于 $T_1 \neq \infty$，$T_2 \neq 0$，因此热效率不能为 1。

③ 若 $T_1 = T_2$，热效率为零，即单一热源，热机不能实现。

（2）逆循环：卡诺循环是可逆循环，如果使循环沿相反方向进行，就成为逆卡诺循环。由于使用的目的不同，分为制冷循环和热泵循环。循环由四个可逆过程组成：绝热压缩、定温放热，定温吸热和绝热膨胀。

制冷系数

$$\varepsilon_c = \frac{q_2}{w_0} = \frac{q_2}{q_1 - q_2} = \frac{T_2}{T_1 - T_2} \tag{1-39}$$

供热系数

$$\varepsilon_c' = \frac{q_1}{w_0} = \frac{q_1}{q_1 - q_2} = \frac{T_1}{T_1 - T_2} \tag{1-40}$$

两者关系

$$\varepsilon_c' = \varepsilon_c + 1 \tag{1-41}$$

分析：

（1）ε_c' 永远大于 1；

（2）ε_c 可大于 1、等于 1 或小于 1。当 $T_2 > T_1 - T_2$ 时，$\varepsilon_c > 1$。

2. 卡诺定理

所有工作于同温热源、同温冷源之间的一切热机，以可逆热机的热效率为最高。

在同温热源与同温冷源之间的一切可逆热机，其热效率均相等。

卡诺定理有重要的实用价值和理论价值，主要是：

（1）卡诺定理指出了热效率的极限值，这一极限值仅与热源及冷源的温度有关。热机的热效率恒小于 1。

（2）提高热效率的根本途径在于提高热源温度 T_1，降低冷源温度 T_2，以及尽可能减少不可逆因素。

（3）由于不花代价的低温热源的温度以大气环境温度 T_0 为限，而 T_0 比较稳定，视为定值，那么温度为 T 的热源放出的热量 Q 最多只能有部分可以转变为功，揭示了热变功的极限。

【例 1-5】某热机在高温热源 1000K 和低温热源 300K 之间工作。问能否实现对外做功 1000kJ，向低温热源放热 200kJ。

解：计算该热机从高温热源吸热量 $Q_1 = Q_2 + W = 1200$kJ。

该热机的热效率

$$\eta_t = \frac{W}{Q_1} = \frac{1000}{1200} = 0.833$$

在相同条件下工作的可逆热机的热效率

$$\eta_{tc} = 1 - \frac{T_2}{T_1} = 1 - \frac{300}{1000} = 0.7$$

显然违反了卡诺定理，因此是不能实现的。

【例1-6】 冬季利用热泵为房屋供暖，使室内温度保持20℃，需向室内供热3000W，室外环境温度为-5℃，试求带动该热泵工作需要的最小功耗是多少？

解： 热泵按逆卡诺循环工作时耗功最小，此时供热系数

$$\varepsilon'_c = \frac{T_1}{T_1 - T_2} = \frac{20 + 273}{(273 + 20) - (273 - 5)} = \frac{293}{25} = 11.72$$

带动热泵的最小耗功

$$W_{min} = \frac{Q_1}{\varepsilon'_c} = \frac{3000}{11.72}W = 255.97W$$

1.6.3 熵

熵是表征系统微观粒子无序程度的一个宏观状态参数。

熵的变化量
$$\Delta s = s_2 - s_1 = \int_1^2 \left(\frac{\delta q}{T}\right)_{re} \tag{1-42}$$

对于微元可逆过程的熵变化
$$ds = \left(\frac{\delta q}{T}\right)_{re} \tag{1-43}$$

不可逆过程熵变化
$$s_2 - s_1 > \int_1^2 \left(\frac{\delta q}{T}\right)_{irr}$$

因此有
$$\Delta s = s_2 - s_1 \geq \int_1^2 \frac{\delta q}{T} \tag{1-44}$$

对于微元过程，则
$$ds \geq \frac{\delta q}{T} \tag{1-45}$$

式中，等号适用于可逆过程，不等号适用于不可逆过程。

工质在完成一个循环后熵变为零，
$$\oint ds = 0 \tag{1-46}$$

（1）固体或液体熵变的计算：
$$\Delta S = mc\ln\frac{T_2}{T_1}$$

式中 c——固体或液体的比热，对于固体或液体通常 $c_V = c_p = c$。

（2）热源熵变计算：

恒温热源
$$\Delta S = \frac{Q}{T} \tag{1-47}$$

变温热源
$$\Delta S = \int \frac{\delta Q}{T} \tag{1-48}$$

孤立系统熵变
$$\Delta S = \sum_i \Delta S_i \tag{1-49}$$

1.6.4 孤立系统熵增原理

孤立系统熵增原理：若孤立系统所有的内部以及彼此间的作用都经历可逆变化，则孤立

系统的总熵保持不变；若在任何一部分内发生不可逆过程或各部分间的相互作用中伴有不可逆性，则其总熵必定增加。即

$$\Delta S_{iso} \geq 0 \tag{1-50}$$

意义：
(1) 可判断过程进行的方向。
(2) 熵达到最大时，系统处于平衡态。
(3) 系统不可逆程度越大，熵增越大。
(4) 可作为热力学第二定律的数学表达式。

引起系统熵变化的因素有两类：一是由于与外界发生热交换由热流引起的熵流，记为 ΔS_f；二是由于不可逆因素的存在，而引起的熵的增加 ΔS_g，称为熵产。$\Delta S_f = \int \frac{\delta Q}{T}$，可为正、负或为零，应视热流方向和情况而定（系统吸热为正，系统放热为负，绝热为零）；ΔS_g 大于等于零（不可逆过程为正，可逆过程为0），不可逆性越大，熵产越大。若过程中熵产为零，则不可逆性消失，即成为可逆过程。据此，不可逆过程的熵产可作为过程不可逆性大小的度量。

熵方程的一般形式为：（输入熵 − 输出熵）+ 熵产 = 系统熵变
得到：

$$\Delta S_{sys} = \Delta S_f + \Delta S_g \tag{1-51}$$

开口系统熵方程：

$$(s_1 \delta m_1 - s_2 \delta m_2) + \delta s_f + \delta s_g = ds_{cv} \tag{1-52}$$

因此，热力学系统熵的变化都可以用熵流与熵产的代数和表示，即

$$\Delta S = \Delta S_f + \Delta S_g$$

其微分式表示为：

$$dS = dS_f + dS_g$$

对于孤立系统，$dS_f = 0$，因此有：

$$dS_{iso} = dS_g \geq 0$$
$$\Delta S_{iso} = \Delta S_g \geq 0 \tag{1-53}$$

式中，不等号适用于不可逆过程，等号适用于可逆过程。说明在孤立系内，一切实际过程（不可逆过程）都朝着使系统熵增加的方向进行，在极限情况下（可逆过程）维持系统的熵不变，而任何使系统熵减少的过程是不可能发生的。这一原理即为孤立系统熵增原理。孤立系统熵增原理同样揭示了自然过程方向性的客观规律。任何自发的过程都是使孤立系统熵增加的过程。

【例1-7】 刚性容器中储有空气 2kg，初态参数 $p_1 = 0.1$MPa，$T_1 = 293$K，内装搅拌器，输入轴功率 $P = 0.2$kW，而通过容器壁向环境放热速率为 $Q = 0.1$kW。求：工作1h后孤立系统熵增。[设环境温度为20℃，$R = 0.287$kJ/(kg·K)]

解：取刚性容器中空气为系统，按定值比热容计算，$c_V = \frac{5}{2}R = \frac{5}{2} \times 0.287$kJ/(kg·K) $= 0.7175$kJ/(kg·K)。由闭口系统能量方程：$P = Q + \Delta U$。

经1h，$3600P = 3600Q + mc_V(T_2 - T_1)$

得

$$T_2 = T_1 + \frac{3600(P-Q)}{mc_V} = 293\text{K} + \frac{3600 \times (0.2 - 0.1)}{2 \times 0.7175}\text{K} = 544\text{K}$$

定容过程：$\dfrac{p_2}{p_1} = \dfrac{T_2}{T_1}$，$p_2 = p_1 \dfrac{T_2}{T_1} = 0.1 \times \dfrac{544}{293}$MPa = 0.186MPa。

取以上系统及相关外界构成孤立系统：

$$\Delta S_{iso} = \Delta S_{sys} + \Delta S_{sur}$$

由 $\Delta S_{sys} = m\left(c_p \ln \dfrac{T_2}{T_1} - R\ln \dfrac{p_2}{p_1}\right)$ 计算得出 $\Delta S_{sys} = 0.8906$ kJ/K

$$\Delta S_{sur} = \dfrac{Q}{T_1} = \dfrac{3600 \times 0.1}{293} \text{kJ/K} = 1.2287 \text{kJ/K}$$

$$\Delta S_{iso} = 0.8906 \text{kJ/K} + 1.2287 \text{kJ/K} = 2.12 \text{kJ/K}$$

【例1-8】1kg 的理想气体 [$R = 0.287$ kJ/(kg·K)] 由初态 $p_1 = 10^5$Pa、$T_1 = 400$K 被等温压缩到终态 $p_2 = 10^6$Pa、$T_2 = 400$K。①经历一可逆过程；②经历一不可逆过程。试计算：在这两种情况下的气体熵变、环境熵变、过程熵产。已知不可逆过程实际耗功比可逆过程多耗20%，环境温度为300K。

解：（1）经历一可逆过程。

$$\Delta S_{sys} = -mR\ln \dfrac{p_2}{p_1} = -1\text{kg} \times 287\text{J/(kg·K)} \ln \dfrac{10^6 \text{Pa}}{10^5 \text{Pa}} = -660.8 \text{J/K}$$

$$\Delta S_{sur} = -\Delta S_{sys} = 660.8 \text{J/K}; \quad \Delta S_g = 0$$

（2）经历一不可逆过程。熵是状态参数，只取决于状态，与过程无关。于是有

$$\Delta S_{sys} = -660.8 \text{J/K}$$

$$W = 1.2 W_{re} = 1.2 mRT \ln \dfrac{p_1}{p_2} = 1.2 \times 1\text{kg} \times 287\text{J/(kg·K)} \times 400\text{K} \times \ln \dfrac{10^5 \text{Pa}}{10^6 \text{Pa}}$$

$$= -317.2 \times 10^3 \text{J} = -317.2 \text{kJ}$$

根据热力学第一定律，等温过程 $Q = W = -317.2$ kJ（系统放热）

$$\Delta S_{sur} = \dfrac{|Q|}{T_0} = \dfrac{317.2}{300} \text{kJ/K} = 1.0573 \text{kJ/K}$$

$$\Delta S_g = \Delta S_{iso} = \Delta S_{sys} + \Delta S_{sur} = (-660.8 + 1057.3) \text{J/K} = 396.5 \text{J/K}$$

1.7 水蒸气和湿空气

掌握水蒸气的各种术语及其意义，理解水蒸气的定压发生过程及其在参数坐标图上的表示特点与分析。掌握水蒸气热力性质表和图的构架及结构，水蒸气热力过程在 $h-s$ 图上的表示及其热量和功量计算。

理解湿空气的基本性质，湿空气状态参数的定义及其计算方法，掌握湿空气的未饱和空气和饱和空气的含义，未饱和空气变为饱和空气的途径；注意区分独立状态参数和非独立状态参数；掌握利用计算法和图解法分析和求解湿空气的热力过程。

1.7.1 蒸发、冷凝、沸腾和汽化

水蒸气是由液态水经汽化而来的一种气体，离液态较近，不是理想气体，是实际气体。水蒸气不能作为理想气体来处理，因此理想气体的计算公式不适用于水蒸气，只能通过查热力学性质图表进行各种热力过程的计算。工程应用水蒸气的热力计算通常使用水蒸气热力性质表和图确定其热物性。

（1）汽化：使水由液相转变为气相的过程，相反的过程叫作冷凝。

汽化有蒸发和沸腾两种形式。①蒸发是指液体表面的汽化过程，通常在任何温度下都可以发生；②沸腾是指液体内部的汽化过程，它只能在达到沸点温度时才会发生。

（2）饱和状态：汽化和凝结的动态平衡状况。

饱和压力与饱和温度：饱和状态的压力称为饱和压力，温度称为饱和温度。

处于饱和状态下的蒸汽和液体分别称为饱和蒸汽和饱和液。饱和蒸汽和饱和液的混合物称为湿饱和蒸汽，简称湿蒸汽；不含饱和液的饱和蒸汽称为干饱和蒸汽。饱和温度和饱和压力必存在单值的对应关系。饱和压力与饱和温度关系为 $t_s = f(p_s)$。

1.7.2 水蒸气的定压发生过程

水蒸气的产生过程可分为预热、汽化和过热三个阶段。在一定压力下的未饱和液态工质，受外界加热温度升高到该压力所对应的饱和温度时，称为饱和液体。工质继续吸热，饱和液开始沸腾，在定温下，产生水蒸气而形成饱和液和饱和水蒸气的混合物，称为湿饱和蒸汽，简称湿蒸汽。继续吸热直至液体全部汽化为水蒸气，这时称为干饱和蒸汽。对干饱和蒸汽继续加热，水蒸气的温度超过相应压力下的饱和温度，称为过热蒸汽，如图1-5所示。在某一压力下，过热蒸汽的温度与压力下饱和温度的差值称为过热蒸汽的过热度。

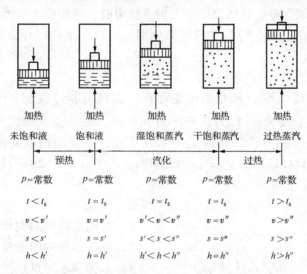

图1-5 水蒸气定压发生过程示意图

水蒸气的定压发生过程在热力状态图上（图1-6）所表示的特征归纳起来为：

一点：临界点 C：在状态参数坐标图上，饱和液线与干饱和蒸汽线相交的点，称为临界点。临界温度和压力是液相与气相能够平衡共存时的最高值。当温度超过临界点后，液相就不可能存在，而只能是气相。

两线：饱和液体线、饱和蒸汽线。

三区：未饱和液体区、湿饱和蒸汽区、过热蒸汽区。

五种状态：未饱和水状态、饱和水状态、湿饱和蒸汽状

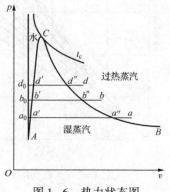

图1-6 热力状态图

态、干饱和蒸汽状态和过热蒸汽状态。

在湿饱和蒸汽区,湿蒸汽的成分用干度 x 表示,即

$$x = \frac{湿蒸汽中含干蒸汽的质量}{湿蒸汽的总质量} \tag{1-54}$$

则每千克质量的湿蒸汽中应有 x kg 的干饱和蒸汽和 $(1-x)$ kg 的饱和液。故湿蒸汽参数可表示为(以 h 为例):

$$h_x = xh'' + (1-x)h' = h' + x(h'' - h')$$

饱和液体线为 $x=0$ 的定干度线,饱和蒸汽线为 $x=1$ 的定干度线。

在一定温度下将 1kg 液体转化成同温度下的干饱和蒸汽所吸收的热量称为汽化潜热。汽化潜热随压力的升高而降低,在临界压力时,汽化潜热为零。

1.7.3 水蒸气图表

在工程计算中,水和水蒸气的状态参数可根据水蒸气表和图查得。

1. 零点的规定

物质气、液、固三相共存的状态点,称为该物质的三相点。

以水在三相(纯水的冰、水和汽)平衡共存状态下的饱和水作为基准点。规定在三相态时饱和水的内能和熵为零。当压力低于三相点压力时,液相也不可能存在,而只可能是气相或固相。各种物质在三相点的温度和压力分别为定值。水的三相点温度和压力值为 $t_0 = 0.01℃$,$p_0 = 611.2$ Pa。

2. 临界点

当温度超过一定值 t_c 时,液相不可能存在,而只可能是气相。t_c 称为临界温度,与临界温度相对应的饱和压力 p_c 称为临界压力。所以,临界温度和压力是液相与气相能够平衡共存时的最高值。临界参数是物质的固有常数,不同的物质其值是不同的。水的临界参数值为:$t_c = 374.15℃$,$p_c = 22.129$ MPa,$v_c = 0.003\ 26$ m³/kg,$h_c = 2100$ kJ/kg,$s_c = 4.429$ kJ/(kg·K)。

水蒸气表有三种:

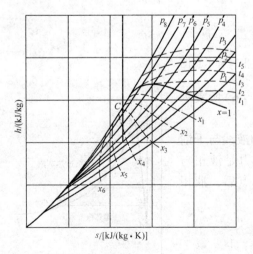

图 1-7 水蒸气的 $h-s$ 图

(1)按温度排列的饱和水与干饱和蒸汽表。

(2)按压力排列的饱和水与干饱和蒸汽表。

(3)未饱和水与过热蒸汽表。已知压力和温度这两个独立参数,可从表中查出 v、h、s(表中参数角标为"'"表示饱和水的参数,角标为即"''"表示干饱和蒸汽的参数)。

水蒸气的 $h-s$ 图如图 1-7 所示,以 h 为纵坐标,s 为横坐标。图中 C 为临界点,粗线为界限曲线,其下方为湿蒸汽区,其右上方为过热蒸汽区,图中共有六种线簇:

(1)定压线簇。在湿蒸汽区内,定压线是一组倾斜的直线。由于饱和温度与压力是对应关系,所以定压线也是定温线。在过热蒸汽区内,

定压线为一组倾斜向上的曲线，其斜率随温度的升高而增大。

（2）定温线簇。在湿蒸汽区内，定温线即定压线。在过热蒸汽区内，定温线是一组比较平坦地自左向右延伸的曲线，且越往右越平坦，接近水平线。

（3）定干度线簇。定干度线只在湿蒸汽区内才有，是一组自临界点 C 起向右下方发散的曲线。

（4）定容线簇。定容线的延伸方向与定压线一致，只是比定压线稍陡的倾斜线。为了便于识别，常用红线标出。

（5）定焓线簇。定焓线是一组水平线。

（6）定熵线簇。定熵线是一组垂直线。

应用水蒸气的 $h-s$ 图，可根据已知的两个独立的状态参数确定状态点在图上的位置，然后查出其余的状态参数，并进行水蒸气热力过程的分析计算。

1.7.4 水蒸气的基本热力过程

水蒸气的基本热力过程为定温、定压、定容、定熵过程。

根据已求得的初、终态参数，应用热力学第一、第二定律的基本方程及参数定义式计算：

定容过程，$v=$ 定值

$$w = \int p dv = 0, q = \Delta u = \Delta h - v\Delta p$$

定压过程，$p=$ 定值

$$w = \int p dv = p(v_2 - v_1), q = \Delta h, \Delta u = \Delta h - p\Delta v$$

定温过程，$T=$ 定值

$$q = \int T ds = T(s_2 - s_1), w = q - \Delta u, \Delta u = \Delta h - \Delta(pv)$$

定熵过程（可逆绝热过程），$s=$ 定值

$$q = 0, w = -\Delta u, w_t = -\Delta h \quad \Delta u = \Delta h - \Delta(pv) \tag{1-55}$$

注意：水蒸气不是理想气体，其内能和焓不再是温度的单值函数。

1.7.5 湿空气的性质

自然界中的空气是一种混合气体，它是由干空气和水蒸气所组成，也称为湿空气。其中干空气主要是由 N_2、O_2、CO_2 和微量的稀有气体所组成。在常温常压下，大气中的水蒸气分压力很低，且远离液态，可以视为理想气体。

湿空气是定组元、变成分的混合气体。由于水蒸气份额很少，故湿空气中的水蒸气可以作为理想气体对待，但同时水蒸气又具有饱和、过热、冷凝等水蒸气特征，因此湿空气中的水蒸气具有两重性。由于湿空气中的水蒸气会随状态变化而增加或减少，故湿空气的成分会随状态变化而改变，水蒸气的状态变化是湿空气问题讨论的要点。

1. 湿空气成分及压力

$$湿空气 = 干空气 + 水蒸气$$

$$B = p = p_a + p_v \tag{1-56}$$

湿空气的总压力 p 等于干空气分压力 p_a 与水蒸气分压力 p_v 之和。

2. 饱和空气与未饱和空气

$$\text{未饱和空气} = \text{干空气} + \text{过热水蒸气}$$
$$\text{饱和空气} = \text{干空气} + \text{饱和水蒸气}$$

注意：由未饱和空气到饱和空气的途径：

(1) 等压降温。

(2) 等温加压。

露点温度：维持水蒸气含量不变，冷却使未饱和湿空气的温度降至水蒸气的饱和状态所对应的温度。

3. 湿空气的分子量及气体常数（湿空气的折合摩尔质量和折合气体常数）

$$M = r_a M_a + r_v M_v = 28.97 - 10.95 \frac{p_v}{B}$$

$$R = \frac{8314}{M} = \frac{287}{1 - 0.378 \frac{p_v}{B}} \tag{1-57}$$

结论：湿空气的气体常数随水蒸气分压力的提高而增大。

4. 绝对湿度、相对湿度和湿空气密度

(1) 绝对湿度：每立方米湿空气中所含水蒸气的质量，其数值等于水蒸气在其分压力与温度下的密度 ρ_v。

(2) 相对湿度：湿空气的绝对湿度与同温度下饱和空气的饱和绝对湿度的比值。

$$\varphi = \frac{\rho_v}{\rho_s} \tag{1-58a}$$

相对湿度反映湿空气中水蒸气含量接近饱和的程度。相对湿度的范围：$0 < \varphi < 1$。应用理想气体状态方程，相对湿度又可表示为：

$$\varphi = \frac{p_v}{p_s} \tag{1-58b}$$

湿空气中可容纳水蒸气的数量是有限度的。在一定的温度下，水蒸气分压力越大，则湿空气中水蒸气数量越多，湿空气越潮湿。所以，湿空气中水蒸气分压力的大小直接反映了湿空气的干湿程度。

φ 值越小，表明湿空气越干燥，吸收水蒸气的能力越强；φ 值越大，表明湿空气越潮湿，吸收水蒸气的能力越弱。当 $\varphi = 0$ 时，即为干空气；当 $\varphi = 1$ 时，即为饱和湿空气；φ 介于 $0 \sim 1$ 之间的湿空气都是未饱和湿空气。

(3) 湿空气密度。湿空气密度是指 $1 m^3$ 湿空气中含干空气和水蒸气质量的总和。即

$$\rho = \rho_a + \rho_v \tag{1-59a}$$

经推导得

$$\rho = \frac{B}{287T} - 0.001315 \frac{\varphi p_s}{T} \quad (kg/m^3) \tag{1-59b}$$

可以看出，在大气压 B 和温度 T 不变的情况下，湿空气的密度将永远小于干空气的密度，即湿空气比干空气轻。同时，湿空气的密度还将随相对湿度 φ 的增大而减小。

5. 含湿量

湿空气中只有干空气的质量不会随湿空气的温度和湿度而改变。含湿量（或称比湿度）

是指在含有 1kg 干空气的湿空气中，所混有的水蒸气质量。

$$d = 622 \times \frac{p_v}{B - p_v} \ [\text{g/kg(a)}] \tag{1-60}$$

6. 焓

湿空气的焓是 1kg 干空气的焓和 0.001$d$kg 水蒸气的焓的总和。即

$$h = h_a + 0.001 d h_v \tag{1-61}$$

湿空气的焓值以 0℃ 的干空气和水为基准点，以定值比热容计算时：

干空气的比焓为　　　　$h_a = c_p t = 1.01 t (\text{kJ/kg})$

水蒸气的比焓由经验公式为

$$h_v = 2501 + 1.85 t (\text{kJ/kg})$$

式中　2501——0℃时饱和水的汽化潜热，kJ/kg；

　　　1.85——常温下水蒸气的平均比定压热容 [kJ/(kg·K)]。

代入得　　　　$h = 1.01 t + 0.001 d (2501 + 1.85 t) [\text{kJ/kg(a)}]$ (1-62)

7. 湿球温度

用湿纱布包裹温度计的水银头部，由于空气是未饱和空气，湿球纱布上的水分将蒸发，水分蒸发所需的热量来自两部分：

（1）降低湿布上水分本身的温度而放出热量。

（2）由于空气温度 t 高于湿纱布表面温度，通过对流换热空气将热量传给湿球。

当达到热湿平衡时，湿纱布上水分蒸发的热量全部来自空气的对流换热，纱布上水分温度不再降低，此时湿球温度计的读数就是湿球温度。

湿球加湿过程中的热平衡关系式

$$h_1 + c_p t_w (d_2 - d_1) \times 10^{-3} = h_2$$

由于湿纱布上水分蒸发量只有几克，而湿球温度计的读数又较低，在一般的通风空调工程中可以忽略不计。

因此　　　　　　　　　　$h_1 = h_2$ (1-63)

结论：①通过湿球的湿空气在加湿过程中，湿空气是一个等焓过程。

②干湿球温度差越大，说明空气越干燥。当空气达到饱和状态，则湿球温度等于干球温度。

1.7.6　湿空气的焓湿图

湿空气的 h-d 图如图 1-8 所示，是以 1kg 干空气量的湿空气为基准，在 0.1MPa 的大气压力下，以焓（h）为纵坐标，含湿量（d）为横坐标绘制而成的。利用 h-d 图不仅可以确定湿空气的状态，查出其状态参数，还可以用来分析湿空气的热力过程。为使图面展开，采用了两坐标系夹角为 135°的坐标系，图中共有下列五种线簇：

1. 定焓线

定焓线是一组与纵坐标轴成 135°的平行直线。湿空气的湿球温度 t_w 是定焓冷却至饱和湿空气（$\varphi = 100\%$）时的温度。因此，不同状态的湿空气只要其 h 相同，则具有相同的湿球温度。

2. 定含湿量线

定含湿量线是一组与纵坐标轴平行的直线。露点 t_d 是湿空气定湿冷却至饱和湿空气

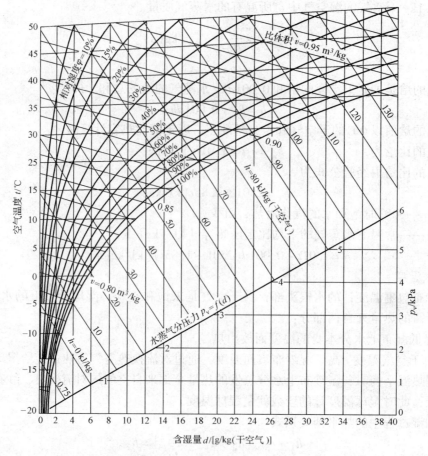

图 1-8 湿空气的 h-d 图

（$\varphi=100\%$）时的温度。因此不同状态的湿空气，只要其含湿量 d 相同，则具有相同的露点。

3. 定温线

定温线是一组互不平行的直线，随着 t 的增高，定温线的斜率增大。

4. 定相对湿度线

定 φ 线是一组曲线。$\varphi=0$ 线就是干空气线，此时，$d=0$，即与纵坐标轴重合。$\varphi=100\%$ 线是饱和空气线，它将图面分成两部分。左上部是未饱和空气，$\varphi<1$，其中水蒸气为过热状态；右下部无实用意义，湿空气中多余的水蒸气会以水滴的形式析出，湿空气本身仍保持饱和状态（$\varphi=100\%$）。

5. 水蒸气分压力线

一个 d 值就可得到相应的 p_v 值，所以可绘出 d 与 p_v 的变换线，在 $\varphi=100\%$ 曲线下方，把与 d 相对应的 p_v 值表示在图右下方的纵坐标轴上，也有的表示在图的正上方。

图 1-8 中还绘出了一组定比体积（v）线。

1.7.7 湿空气的基本热力过程

1. 加热过程

加热过程是干燥工程中不可缺少的组成过程之一。其状态参数的变化是 $t_2>t_1$，$h_2>h_1$，

$\varphi_2 < \varphi_1$ 和 $\Delta d = 0$。

则
$$q = h_2 - h_1 \quad [\text{kJ/kg (a)}] \tag{1-64}$$

2. 冷却过程

若冷源温度高于露点温度，为等含湿量冷却。
$$t_2 < t_1 \quad h_2 < h_1 \quad \varphi_2 > \varphi_1 \quad \Delta d = 0$$
$$q = h_2 - h_1 \quad (\text{负值}) \quad [\text{kJ/kg (a)}] \tag{1-65}$$

若冷源温度低于露点温度则为去湿冷却。
$$t_2' < t_1 \quad h_2' < h_1 \quad \varphi_2' > \varphi_1$$
$$q = h_2' - h_1 \quad (\text{负值}) \quad [\text{kJ/kg(a)}]$$
$$\Delta d = d_2' - d_1 \quad (\text{负值}) \quad [\text{g/kg(a)}]$$

3. 绝热加湿过程

在绝热条件下，向湿空气中加入水分以增加其含湿量称为绝热加湿过程。一般是在喷淋室中通过喷入循环水来完成的。在此过程中，湿空气的 h 值基本不变，可视为定焓过程。绝热加湿后，湿空气的 d 增加，φ 提高，而 t 降低了，这是由于绝热过程水分蒸发所吸收的汽化潜热取自空气本身的原因。

$$t_2 < t_1 \quad h_2 = h_1 \quad \varphi_2 > \varphi_1 \quad d_2 > d_1$$

每千克干空气吸收水蒸气（绝热加湿过程中的喷水量）
$$\Delta d = d_2 - d_1 \quad [\text{g/kg (a)}] \tag{1-66}$$

4. 定温加湿过程
$$t_2 = t_1 \quad h_2 > h_1 \quad \varphi_2 > \varphi_1 \quad d_2 > d_1$$
$$q = h_2 - h_1 = 0.001\Delta d h_v \quad [\text{kJ/kg (a)}] \tag{1-67}$$

5. 湿空气的混合

混合后的状态点
$$h_c = \frac{m_{a1}h_1 + m_{a2}h_2}{m_{a1} + m_{a2}} \tag{1-68}$$

$$d_c = \frac{m_{a1}d_1 + m_{a2}d_2}{m_{a1} + m_{a2}} \tag{1-69}$$

6. 湿空气的蒸发冷却过程
$$\left.\begin{array}{l} m_a(h_2 - h_1) = m_{w3}h_{w3} - m_{w4}h_{w4} \\ m_{w3} - m_{w4} = m_a(d_2 - d_1) \times 10^{-3} \end{array}\right\} \tag{1-70}$$

1.8 气体和蒸汽的流动

理解可逆绝热流动也即等熵流动的基本方程以及气体稳定流动特性的内涵；会应用流动特性公式分析喷管、扩压管的特性，掌握各种情况下喷管的流速、流量分析计算。注意临界截面、临界参数的概念。弄清促使流速改变的力学条件、几何条件以及它们对流速的影响；掌握喷管中流速及流量的计算，并会进行喷管外形的选择和尺寸的计算。同时注意绝热节流过程是典型的不可逆过程，一定有熵的增加和做功能力的降低。

1.8.1 稳定流动基本方程

1. 稳态稳流

工质以恒定的流量连续不断地进出系统，系统内部及界面上各点工质的状态参数和宏观运动参数都保持一定，不随时间变化。

2. 稳定流动基本方程

气体和蒸汽在管道中的一维稳定流动可通过以下三个基本方程来描述。

（1）连续性方程。

由稳态稳流特点
$$q_{m1} = q_{m2} = \cdots = q_m = \text{const} \tag{1-71}$$

而
$$q_m = \frac{fc}{v} \tag{1-72}$$

式中 q_{m1}，q_{m2}，$\cdots$，q_m——表示各截面处的质量流量，kg/s；

f——表示截面处的面积，m²；

c——表示截面处的气流速度，m/s；

v——表示截面处的气体的比容，m³/kg。

将式（1-72）两边微分得微元稳定流动过程
$$\frac{dc}{c} + \frac{df}{f} - \frac{dv}{v} = 0 \tag{1-73}$$

该式适用于任何工质可逆与不可逆过程。

（2）绝热稳定流动能量方程。

由稳定流动的能量方法
$$dh = \delta q - \frac{1}{2}dc^2 - gdz - \delta w_s \tag{1-74}$$

对绝热、不做功、忽略势能变化的稳定流动过程，有
$$d\frac{c^2}{2} = -dh \tag{1-75}$$

式（1-75）适用于任何工质的可逆与不可逆的绝热稳定流动过程。

说明：增速以降低本身储能为代价。

（3）定熵过程方程。

由可逆绝热过程方程
$$pv^k = \text{const}$$

对于微元定熵过程得
$$\frac{dp}{p} + \kappa \frac{dv}{v} = 0 \tag{1-76}$$

3. 音速与马赫数

音速：微小扰动在流体中的传播速度。

定义式
$$a = \sqrt{\left(\frac{\partial p}{\partial \rho}\right)_s} \tag{1-77}$$

注意：压力波的传播过程做定熵过程处理。

特别的，对理想气体：$a = \sqrt{kRT}$ 只随绝对温度而变。

马赫数（无因次量）：流速与当地音速的比值。

$$Ma = \frac{c}{a} \begin{cases} Ma > 1, \text{超音速} \\ Ma = 1, \text{临界音速} \\ Ma < 1, \text{亚音速} \end{cases} \tag{1-78}$$

1.8.2 定熵流动的基本特性

1. 气体流速变化与状态参数间的关系

对定熵过程,由热力学第一定律 $\delta q = dh - vdp$,因为定熵流动,$\delta q = 0$,得 $dh = vdp$,代入式(1-75)得到:$cdc = -vdp$,适用于定熵流动过程。

分析:(1) 气流速度增加($dc > 0$),必导致气体的压力下降($dp < 0$)。

(2) 气体速度下降($dc < 0$),则将导致气体压力的升高($dp > 0$)。

2. 管道截面变化的规律

联立 $cdc = -vdp$、连续性方程、可逆绝热过程方程,得到

$$\frac{df}{f} = (Ma^2 - 1)\frac{dc}{c} \qquad (1-79)$$

工程装置中为了改变流体流动,获取高速气流或者降低气流流速,通常是采用改变其流动截面积的手段来实现的。

喷管是一种使流动工质加速从而增加其动能的管道。在喷管中,气流速度是增大($dc > 0$)的。

扩压管是一种使工质沿流动方向增压的管道。在扩压管中,气流速度是减小的($dc < 0$)。

依据式(1-79),对喷管:当 $Ma < 1$,因为 $dc > 0$,则喷管截面缩小 $df < 0$,称渐缩喷管;通过 $Ma > 1$ 的超音速气流时,必须 $df > 0$,称渐扩喷管;若将 $Ma < 1$ 增大到 $Ma > 1$,则喷管截面积由 $df < 0$ 转变为 $df > 0$,称为渐缩渐扩喷管,又称拉伐尔(Laval)喷管。称 $Ma = 1$、$df = 0$ 的部位为喉部,此处的截面称临界截面。对扩压管反之。

喷管和扩压管的种类见表1-6。

表1-6 喷管和扩压管的种类

管道种类	流动状态		
	$Ma < 1$	$Ma > 1$	渐缩渐扩喷管 $Ma < 1$ 转 $Ma > 1$;渐缩渐扩扩压管 $Ma > 1$ 转 $Ma < 1$
喷管($dc > 0$, $dp < 0$)	$p_2 < p_1$ $df < 0$	$p_2 < p_1$ $df > 0$	$p_2 < p_1$
扩压管($dc < 0$, $dp > 0$)	$p_2 > p_1$ $df > 0$	$p_2 > p_1$ $df < 0$	$p_2 > p_1$

1.8.3 喷管中流速及流量计算

1. 定熵滞止参数

绝热滞止:工质在绝热流动中,因遇着障碍物或某种原因而受阻,使速度降低直至变为零,这种过程称为绝热滞止。

将具有一定速度的气流在定熵条件下扩压,使其流速降低为零。

由
$$h_0 = h_1 + \frac{c_1^2}{2}$$
$$T_0 = T_1 + \frac{c_1^2}{2c_p}$$
(1-80)

应用等熵过程参数间的关系式

$$\frac{p_0}{p_1} = \left(\frac{T_0}{T_1}\right)^{\frac{k}{k-1}} \quad 得 \quad p_0 = p_1 \left(\frac{T_0}{T_1}\right)^{\frac{k}{k-1}}$$

2. 喷管的出口流速

对理想气体
$$c_2 = \sqrt{\frac{2k}{k-1} RT_0 \left[1 - \left(\frac{p_2}{p_0}\right)^{\frac{k-1}{k}}\right]} \tag{1-81a}$$

对实际气体
$$c_2 = 44.72 \sqrt{c_p(T_0 - T_2)} \tag{1-81b}$$

3. 临界压力比及临界流速

临界状态：工质在喷管中流动时，在喷管的最小截面处，若工质的流动速度等于当地音速，则此时工质所处的状态称为临界状态。临界压力比：临界状态时工质压力与滞止压力之比称为临界压力比。

$$\beta = \frac{p_c}{p_0} = \left(\frac{2}{k+1}\right)^{\frac{k}{k-1}} \tag{1-82}$$

式中 k——气体的绝热指数。

对双原子理想气体，k 取 1.4，$\beta = 0.528$；对三原子理想气体，k 取 1.3，$\beta = 0.546$。对过热水蒸气，k 取 1.3，$\beta = 0.546$；对干饱和蒸汽，k 取 1.135，$\beta = 0.577$。

4. 流量与临界流量

将式（1-82）代入式（1-81a），则可得理想气体临界流速为

$$c_c = \sqrt{2 \frac{k}{k+1} pv_o} = \sqrt{2 \frac{k}{k+1} RT_o} \tag{1-83a}$$

也可从能量方程直接导出

$$c_c = 44.72 \sqrt{h_o - h_c} \tag{1-83b}$$

此式适用于理想气体及实际气体的可逆与不可逆绝热过程。

根据连续性方程，气体通过某一喷管任何截面的质量流量均相同，所以一般都按最小截面积来计算质量流量。

（1）对渐缩喷管按出口截面积 f_2 计算，有

$$q_m = \frac{f_2 c_2}{v_2} \quad (\text{kg/s}) \tag{1-84}$$

（2）对渐缩渐扩喷管按喉部截面积 $f_{\min}$ 计算，有

$$q_m = \frac{f_{\min} c_c}{v_c} = q_{m\max} \tag{1-85}$$

5. 喷管的计算

（1）喷管的设计计算。出发点：$p_2 = p_b$，当流体流过喷管，已知系统的初参数（p_0，t_0）、流量和背压。

1) 当 $\dfrac{p_b}{p_0} \geq \beta = \dfrac{p_c}{p_0}$，即 $p_b \geq p_c$。采用渐缩喷管。

2) 当 $\dfrac{p_b}{p_0} < \beta = \dfrac{p_c}{p_0}$，即 $p_b < p_c$。采用渐缩渐扩喷管。

（2）渐缩喷管的校核计算。当流体流过渐缩喷管，已知喷管的初参数及形状、尺寸。

1) 当 $\dfrac{p_b}{p_0} > \beta = \dfrac{p_c}{p_0}$，即 $p_b > p_c$，$p_2 = p_b$。

2) 当 $\dfrac{p_b}{p_0} \leq \beta = \dfrac{p_c}{p_0}$，即 $p_b \leq p_c$，$p_2 = p_c$。

【例 1-9】 有压力 $p_1 = 2\text{MPa}$、温度 $t_1 = 300\text{℃}$ 的水蒸气经过渐缩渐扩喷管流入压力为 0.1MPa 的大空间中，喷管的喉部截面面积 $f_{\min} = 25\text{cm}^2$。试求临界速度、出口速度、质量流量及出口截面面积。

解： 由 $p_1 = 2\text{MPa}$、$t_1 = 300\text{℃}$ 在水蒸气的 $h-s$ 图上可确定其初态为过热蒸汽，查得 $h_1 = 3024\text{kJ/kg}$。由过热蒸汽 $k = 1.3$，得临界压力比 $\beta = \dfrac{p_c}{p_1} = \left(\dfrac{2}{k+1}\right)^{\frac{k}{k-1}} = \left(\dfrac{2}{1.3+1}\right)^{\frac{1.3}{1.3-1}} = 0.546$。因此 $p_c = \beta p_1 = 0.546 \times 2\text{MPa} = 1.092\text{MPa}$。由定压线 p_c 与过初态点 1 的垂线相交得临界状态点，如图 1-9 所示。查得 $h_c = 2864\text{kJ/kg}$，$v_c = 0.22\text{m}^3/\text{kg}$。由 $p_2 = p_b = 0.1\text{MPa}$ 同理可确定出口状态点 2，查得 $h_2 = 2419\text{kJ/kg}$，$v_2 = 1.54\text{m}^3/\text{kg}$。故临界速度为

$$c_c = \sqrt{2(h_1 - h_c)} = \sqrt{2 \times (3024 - 2864) \times 10^3}\,\text{m/s} = 565.69\text{m/s}$$

出口速度为

$$c_2 = \sqrt{2(h_1 - h_2)} = \sqrt{2 \times (3024 - 2419) \times 10^3}\,\text{m/s} = 1100\text{m/s}$$

质量流量为

$$q_m = \dfrac{A_{\min} c_c}{v_c} = \dfrac{25 \times 10^{-4} \times 565.69}{0.22}\,\text{kg/s} = 6.43\text{kg/s}$$

出口截面面积为

$$f_2 = \dfrac{q_m v_2}{c_2} = \dfrac{6.43 \times 1.54}{1100}\,\text{m}^2 = 9.0 \times 10^{-3}\,\text{m}^2 = 90\text{cm}^2$$

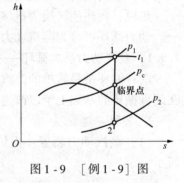

图 1-9 [例 1-9] 图

1.8.4 绝热节流

工质在管内绝热流动时，由于通道截面突然缩小，使工质压力降低，这种现象称为绝热节流。

特点： 绝热节流过程的焓相等，但不是等焓过程，如图 1-10 所示。

因为在缩孔附近，由于流速增加，焓是下降的，流体在通过缩孔时动能增加，压力下降并产生强烈扰动和摩擦。扰动和摩擦的不可逆性，使节流后的压力不能恢复到节流前。绝热节

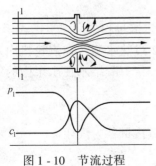

图 1-10 节流过程

流前后状态参数的变化:

对理想气体: $h_1 = h_2$、$T_1 = T_2$、$p_1 > p_2$、$v_1 < v_2$、$s_2 > s_1$。

对于实际气体,节流后,焓值不变,压力下降,比体积增大,比熵增大,但其温度是可以变化的。若节流后温度升高,称为热效应。若节流后的温度不变,称为零效应。若节流后温度降低,则称为冷效应。大多数气体节流后温度是降低的,因此利用这一特性可使气体通过节流获得低温和使气体液化。

1.9 动力循环

掌握朗肯循环、再热循环、回热循环、热电合供循环各自的优势以及这些循环的主要组成设备、工作流程及在热力学图上的表示,各种循环过程的吸热量、放热量、做功量和热效率的计算;理解蒸汽参数对循环热效率的影响,学会分析影响各种循环热效率的主要因素和提高能量利用经济性的途径。

热机:将热能转换为机械能的设备叫作热力原动机。热机的工作循环称为动力循环。

动力循环可分为蒸汽动力循环和燃气动力循环两大类。

1.9.1 蒸汽动力基本循环——朗肯循环 (Rankine Cycle)

朗肯循环是最简单的蒸汽动力理想循环,热力发电厂的各种较复杂的蒸汽动力循环都是在朗肯循环的基础上予以改进而得到的。

1. 装置与流程

(1) 蒸汽动力装置:锅炉、汽轮机、凝汽器和给水泵等四部分主要设备,如图 1-11 所示。

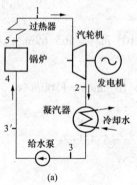
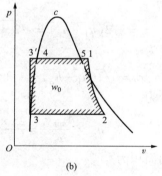

图 1-11 蒸汽动力装置
(a) 工作原理图;(b) $p-v$ 图

(2) 工作原理:朗肯循环可理想化为:两个定压过程和两个定熵过程。

3'-4-5-1 水在蒸汽锅炉中定压加热变为过热水蒸气,1-2 过热水蒸气在汽轮机内定熵膨胀,2-3 湿蒸汽在凝汽器内定压(也定温)冷却凝结放热,3-3' 凝结水在水泵中定熵压缩。

2. 朗肯循环的能量分析及热效率

汽耗率:蒸汽动力循环装置每输出 1kW·h 功量时所消耗的蒸汽量称为汽耗率。

朗肯循环的能量分析与计算如下:

循环吸热量
$$q_1 = h_1 - h_3' \tag{1-86}$$

循环放热量 $q_2 = h_2 - h_3$ (1-87)

水蒸气流经汽轮机时，对外做功为 $w_t = h_1 - h_2$ (1-88)

水在水泵中升压所消耗的功为 $w_p = h_3' - h_3$ (1-89)

由于水泵耗功相对于汽轮机做出的功极小，可忽略不计，因此 $h_3 = h_3'$，这样热效率可简化表示为

$$\eta = \frac{h_1 - h_2}{h_1 - h_3} \quad (1-90)$$

能量分析看出，朗肯循环中的蒸汽凝结过程是能量损失最大的过程。由于进入锅炉的水温偏低，导致整体平均吸热温度低，热效率不高。

3. 提高朗肯循环热效率的基本途径

依据：卡诺循环热效率。

（1）提高平均吸热温度。直接方法是提高蒸汽压力和温度。

（2）降低排气温度。

1.9.2 回热、再热循环

目的：提高等效卡诺循环的平均吸热温度。

1. 回热循环

具有回热过程的热力循环称为回热循环。这里，回热是指在热力循环中不同温度水平的工质之间产生的内部传热过程。蒸汽动力的回热循环是指分次从汽轮机中抽出的一些做过功的蒸汽。用其逐级对锅炉给水加热的热力循环。这样的回热循环也称为分级抽汽回热循环。蒸汽动力循环采用回热后，由于锅炉给水可从回热器中吸收一部分热量，使给水温度提高，这样可提高循环平均加热温度，从而提高循环的热效率。

抽气回热循环：用分级抽汽来加热给水的实际回热循环。利用一部分做过功的蒸汽来加热给水，消除或减少平均吸热温度不高导致朗肯循环热效率不高这一不利因素的影响，即采用抽汽回热的办法回热给水。一级抽汽、混合式给水加热器的回热循环，如图1-12所示。由于采用了抽汽回热，工质在热源（锅炉）中吸热使平均吸热温度得到了提高。

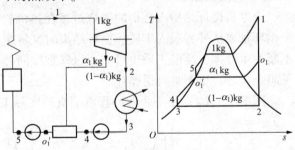

图1-12 一级抽汽、混合式给水加热器的回热循环

2. 再热循环

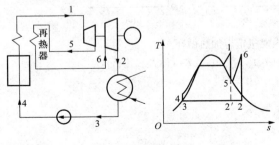

图1-13 再热循环

（1）再热的目的：克服汽轮机尾部蒸汽湿度太大造成的危害。

（2）再热循环：将汽轮机高压段中膨胀到一定压力的蒸汽重新引到锅炉的中间加热器（称为再热器）加热升温，然后再送入汽轮机使之继续膨胀做功。如图1-13所示。选择合适的再热压力，不仅可以使乏汽干度得到提高，而且由于附加循环提

高了整个循环的平均吸热温度，因此还可以使循环热效率得到提高。

1.9.3 热电循环

热电循环的实质：利用汽轮机中间抽汽来供热。蒸汽动力循环，通过凝汽器冷却水带走而排放到大气中去的能量约占总能量的50%以上。这部分热能数量很大，但温度不高（例如排汽压力为4kPa时，其饱和温度仅为29℃）难以利用。利用发电厂中做了一定数量功的蒸汽做供热热源，用于房屋采暖和生活用热，可大大提高利用率，这种既发电又供热的动力循环称为热电循环，如图1-14所示。

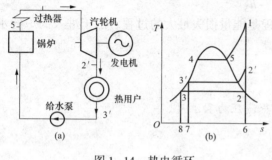

图1-14　热电循环
(a) 工作原理图；(b) $T-s$ 图

背压式热电循环：排汽压力高于大气压力的汽轮机称为背压式汽轮机。这种系统没有凝汽器，蒸汽在汽轮机内做功后仍具有一定的压力，通过管路送给热用户作为热源，放热后，全部或部分凝结水再回到热电厂。由于提高了汽轮机的排汽压力，蒸汽中用于做功（发电）的热能相应减少，所以背压式热电循环的循环热效率比单纯供电的凝汽式朗肯循环有所降低。由于热电循环中乏汽的热量得到了利用，所以热能利用率 K（所利用的能量与外热源提供的总能量的比值）提高了。背压式热电循环，热能利用率最高 $K=1$（普通朗肯循环热能利用率最低，调节抽汽式热电循环的热能利用率介于两者之间）。

缺点：热负荷和电负荷不能调节。

1.9.4 内燃机循环

内燃机循环是指内燃机的燃烧过程在热机的气缸中进行。内燃机是一个开口系统，每一个循环都要从外界吸入工质、循环结束时又将废气排于外界。同时，活塞在移动时与气缸壁不断发生摩擦，高温工质也可能通过气缸壁向外界少量放热，因此，实际的汽油机循环并不是闭合循环，也不是可逆循环。

图1-15(a) 是一个四冲程汽油机的实际工作循环图。实际循环可简化为理想化情况：

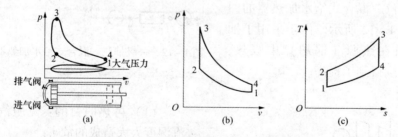

图1-15　四冲程内燃机定容加热循环
(a) 实际工作循环图；(b) $p-v$ 图；(c) $T-s$ 图
1, 2, 3, 4—循环流程

(1) 空气与燃气理想化为定比热容的理想气体。
(2) 开式循环理想化为闭式循环。
(3) 燃烧、排气过程理想化为工质的吸、放热过程。

(4) 压缩与膨胀过程理想化为可逆绝热过程。

在对内燃机理论循环进行分析之前，首先引入三个特性参数：

(1) 压缩比 $\varepsilon = \dfrac{v_1}{v_2}$，表示压缩过程中工质体积被压缩的程度。

(2) 定容升压比 $\lambda = \dfrac{p_3}{p_2}$，表示定容加热过程中工质压力升高的程度。

(3) 定压预胀比 $\rho = \dfrac{v_4}{v_3}$，表示定压加热时工质体积膨胀的程度。

理想循环如图 1-15 (b)、(c) 所示。工质首先被定熵压缩（过程 1-2），接着从热源定容吸热（过程 2-3），然后进行定熵膨胀做功（过程 3-4），最后向冷源定容放热（过程 4-1），完成一个可逆循环。经过上述抽象和概括，汽油机的实际循环被理想化为定容加热循环，也即奥托循环。

定容加热理论循环的计算：

吸热量 $\qquad q_1 = c_V(T_3 - T_2)$

放热量 $\qquad q_2 = c_V(T_4 - T_1)$

循环净功 $\qquad w_0 = q_1 - q_2$

循环热效率 $\qquad \eta_t = \dfrac{w_0}{q_1} = 1 - \dfrac{q_2}{q_1} = 1 - \dfrac{c_V(T_4 - T_1)}{c_V(T_3 - T_2)} = 1 - \dfrac{T_1(T_4/T_1 - 1)}{T_2(T_3/T_2 - 1)}$

因 $\Delta s_{23} = \Delta s_{14}$，即 $c_V \ln \dfrac{T_3}{T_2} = c_V \ln \dfrac{T_4}{T_1}$。有 $\dfrac{T_3}{T_2} = \dfrac{T_4}{T_1}$。

代入上式 $\qquad \eta_{tv} = 1 - \dfrac{T_1}{T_2} = 1 - \dfrac{1}{T_2/T_1} = 1 - \dfrac{1}{(v_1/v_2)^{k-1}}$

得 $\qquad \eta_{tv} = 1 - \dfrac{1}{\varepsilon^{k-1}}$ （1-91）

式中 ε——压缩比，是个大于 1 的数，表示工质在燃烧前被压缩的程度。

可知，压缩比越高，内燃机的热效率也越高。但是 ε 值并不能任意提高，因为压缩比过大，压缩终了温度过高，容易产生爆燃，对活塞和气缸造成损害。压缩比要根据所用燃料的性质而定。对于一般的汽油机，$\varepsilon = 7 \sim 9$。

1.10 制冷循环

掌握空气压缩式制冷循环，蒸汽压缩式制冷循环，吸收式、喷射式制冷循环和热泵循环的组成及其在热力学图上的表示，学会分析影响制冷系数的因素和提高途径。

制冷：对物体进行冷却，使其温度低于周围环境的温度，并维持这个低温。为了保持或获得低温，必须从物体或制冷空间把热量带走，制冷装置便是以消耗能量（功量或热量）为代价来实现这一目标的设备。制冷装置针对不同的应用场合，有不同的装备组合特点。为完成从低温取热移至高温物体，采用的压缩过程将工质的状态由低温低压升至高温高压，从而向高温热源放热，注意压缩过程可采用压缩机或热源供热方式的"热压缩"等实现，不同的压缩过程形成不同原理的制冷循环。各种制冷装置循环获得的收益都是移出的热量，花费的代价是消耗压缩功或消耗一定的热量，均是希望有最佳的经济性指标。

最消耗功的制冷循环有空气压缩制冷循环与蒸汽压缩制冷循环。

1.10.1 空气压缩制冷循环

空气压缩式制冷原理：将常温下较高压力的空气进行绝热膨胀，会获得低温低压的空气。原则是实现逆卡诺循环。

低温低压的空气（制冷剂）在冷室的盘管中定压吸热升温后进入压缩机，被绝热压缩提高压力，同时温度也升高，然后进入冷却器，被大气或水冷却到接近常温（即大气环境温度）后再进入膨胀机。压缩空气在膨胀机内进行绝热膨胀，压力降低同时温度也降低。将低温空气引入冷室的换热器，在换热器盘管内定压吸热，从而降低冷室的温度。空气吸热升温后又被吸入压缩机进行新的循环。

上述简单空气压缩制冷循环又称为布雷顿制冷循环，如图1-16所示。其中：

1-2 是空气在压缩机内定熵压缩过程。

2-3 是空气在冷却器中定压放热过程。

3-4 是空气在膨胀机中定熵膨胀过程。

4-1 是空气在冷室换热器中定压吸热过程。

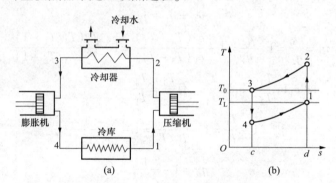

图1-16 布雷顿制冷循环
（a）工作原理示意图；（b）$T-s$图

注意：空气的热物性决定了空气压缩制冷循环的制冷系数低和单位工质的制冷能力小。

制冷系数

$$\varepsilon_1 = \frac{1}{\dfrac{T_2}{T_1} - 1} = \frac{1}{\left(\dfrac{p_2}{p_1}\right)^{\frac{k-1}{k}} - 1} \tag{1-92}$$

或

$$\varepsilon_1 = \frac{T_1}{T_2 - T_1} \tag{1-93}$$

式（1-92）中$\dfrac{p_2}{p_1}$为压缩比。减小压缩比可提高制冷系数。

比较相同温度范围内的制冷系数，空气压缩制冷循环的制冷系数要比逆卡诺循环的制冷系数小。

1.10.2 蒸汽压缩制冷循环

1. 实际压缩式制冷循环

（1）蒸汽压缩制冷装置由压缩机、冷凝器、膨胀阀和蒸发器组成。

(2) 原理：由蒸发器出来的制冷剂的干饱和蒸汽被吸入压缩机，绝热压缩后成为过热蒸汽（过程1-2），蒸汽进入冷凝器，在定压下冷却（过程2-3），进一步在定压定温下凝结成饱和液体（过程3-4）。饱和液体继而通过一个膨胀阀（又称节流阀或减压阀）经绝热节流降压降温而变成低干度的湿蒸汽，（过程4-5）。湿蒸汽被引入蒸发器，在定压定温下吸热汽化为干饱和蒸汽（过程5-1），完成一个循环，如图1-17所示。

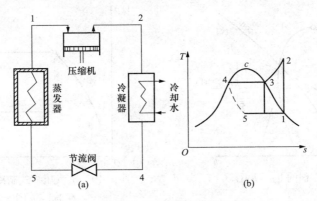

图1-17 蒸汽压缩制冷循环
(a) 工作原理图；(b) $T-s$图

注意：蒸汽压缩制冷采用节流阀降压降温，是因为被节流的工质处在饱和区域内，由于饱和温度和饱和压力互为函数，因此在节流降压的同时可以降温；而空气压缩制冷中的制冷工质空气，在一般使用温度范围内可视为理想气体，而理想气体进入节流后，尽管其压力降低，但温度保持不变，所以不能通过节流达到降压降温的目的，因而，对空气压缩制冷必须用膨胀机而不能用节流阀。

2. 制冷剂的压焓图（$\lg p - h$图）

(1) 原理：以制冷剂焓作为横坐标，以压力对数为纵坐标，共绘出制冷剂的六种状态参数线簇：定焓（h）、定压力（p）、定温度（T）、定比容（v）、定熵（S）及定干度（x）线。

(2) 在$\lg p - h$图（图1-18）中，饱和液体线（$x=0$）与干饱和蒸汽线（$x=1$）相交于临界点c。整个图面分成三个区，下界线（$x=0$）左侧为过冷液体（或未饱和液体）区；下界线与上界线（$x=1$）之间是湿蒸汽区；上界线右侧是过热蒸汽区。图中共绘有六组等状态参数线簇：

1) 定压线簇：定压线是一组水平线。
2) 定焓线簇：定焓线是一组垂直线。
3) 定温线簇：定温线在过冷液体区是一组近似垂直线，在湿蒸汽区是一组水平线，与相应的定压线重合，在过热蒸汽区是一组斜向下的曲线。
4) 定比体积线簇：定比体积线在湿蒸汽区是一组向右上方倾斜的曲线；在过热蒸汽区，向右上方倾斜的幅度更大。
5) 定熵线簇：定熵线是一组向右上方倾斜的曲线，其斜率比定比体积线的斜率大。
6) 定干度线簇：定干度只在湿蒸汽区内绘出，是一组自临界点向下发散的曲线，由$x=0$线逐渐增大至$x=1$线。

蒸汽压缩式制冷循环各热力过程在 $\lg p - h$ 图上的表示如图 1-19 所示。状态点 1 为压缩机的吸汽状态点，状态点 2 为压缩机的排汽状态点，状态点 4 为冷凝器的出口状态点，状态点 5 为蒸发器进口状态点。

1-2 表示压缩机中的绝热压缩过程、2-3-4 是冷凝器中的定压冷却过程、4-5 为膨胀阀中的绝热节流过程、5-1 表示蒸发器内的定压蒸发过程。

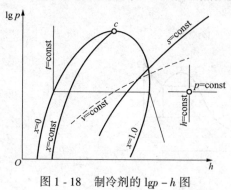

图 1-18 制冷剂的 $\lg p - h$ 图

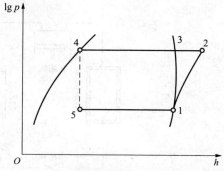

图 1-19 蒸汽压缩式制冷循环各热力过程在 $\lg p - h$ 图上的表示

3. 制冷循环能量分析及制冷系数

（1）制冷剂在蒸发器内吸收低温物体的热量为：
$$q_2 = h_1 - h_5 \tag{1-94}$$

（2）制冷剂在冷凝器内向外界排出的热量为：
$$q_1 = h_2 - h_4 \tag{1-95}$$

（3）循环净功为：
$$w_0 = h_2 - h_1 \tag{1-96}$$

（4）制冷系数为：
$$\varepsilon_1 = \frac{q_2}{w_0} = \frac{h_1 - h_5}{h_2 - h_1} = 收获/消耗 \tag{1-97}$$

制冷剂质量流量
$$q_m = \frac{Q_2}{q_2} \tag{1-98}$$

压缩机所需功率
$$P = \frac{q_m w_0}{3600} \tag{1-99}$$

冷凝器热负荷
$$Q_1 = q_m (h_2 - h_4) \tag{1-100}$$

4. 影响制冷系数的主要因素

（1）降低制冷剂的冷凝温度（即热源温度）。

（2）提高蒸发温度（冷源温度）。

1.10.3 吸收式制冷循环

吸收式制冷是利用制冷剂液体汽化吸热实现制冷，它是直接利用热能驱动，以消耗热能为补偿，将热量从低温物体转移到高温物体中去。吸收式制冷采用的工质是两种沸点相差较大的物质组成的二元溶液，其中沸点低的物质为制冷剂，沸点高的物质为吸收剂。

目前常用两种吸收制冷机：一种是溴化锂吸收式制冷，水为制冷剂，溴化锂为吸收剂；另一种是氨吸收制冷，氨为制冷剂，水为吸收剂。

以氨吸收式制冷循环为例，如图1-20所示，其中氨用作制冷剂、水为吸收剂。冷凝器、膨胀阀和蒸发器与蒸汽压缩制冷完全相同，区别是用吸收器、发生器、溶液泵及减压阀取代了压缩机。

吸收式制冷循环是利用溶液在不同温度下具有不同溶解的特性，使制冷剂（氨）在较低温度下被吸收剂（水）吸收，并在较高温度下蒸发起到升压的作用。因此，吸收器相当于压缩机的低压吸气侧，而发生器则相当于压缩机的高压排气侧，其中吸收剂（水）充当了将制冷剂（氨）从低压侧输运到高压侧的运载液体的角色。所以，吸收式制冷机中为实现制冷目的的工质进行了两个循环，即制冷剂循环和溶液循环。

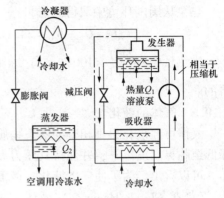

图1-20 氨吸收式制冷循环

1.10.4 热泵

将热量由大气送至高温暖室所用的机械装置称为热泵。热泵实质上是一种能源采掘机械，它以消耗一部分高质能（机械能、电能或高温热能等）为补偿，通过热力循环，把环境介质（水、空气、土地）中储存的低质能量加以发掘进行利用。在每一次供热循环中，1kg工质放给暖室的热量称为供热量。它的工作原理与制冷机相同，都按逆循环工作，所不同的是它们工作的温度范围和要求的效果不同。

制冷装置是将低温物体的热量传给自然环境，以造成低温环境；热泵则是从自然环境中吸取热量，并将它输送到人们所需要温度较高的物体中去。

在蒸发器中制冷剂蒸发吸取自然水源或环境大气中的热能，经压缩后的制冷剂在冷凝器中放出热量加热供热系统的回水，然后由循环泵送到热用户用作采暖或热水供应等；在冷凝器中，制冷剂凝结成饱和液体，经节流降压降温进入蒸发器，蒸发吸热，汽化为干饱和蒸汽，从而完成一个循环。

热泵循环的经济性以消耗单位功量所得到的供热量来衡量，称为供热系数。循环制冷系数越高，供热系数也越高。

注意：热泵供热循环与制冷循环的异同。热泵循环是通过消耗机械功，从大气中吸收热量，然后将其送入温度高于大气温度的暖室；而制冷循环是通过消耗机械功，从冷藏室吸收热量，然后将其送入大气环境，两者的相同之处在于都是消耗机械功的循环，不同之处在于热泵循环是从大气环境吸收热量，而制冷循环是把热量排入大气环境。热泵是将环境作为低温热源；而制冷是将环境作为高温热源。

【例1-10】 一热泵功率为10kW，从温度为-13℃的周围环境向用户供热，用户要求供热温度为95℃。如热泵按逆卡诺循环工作，求供热量。

解：设热泵按逆卡诺循环运行，根据题意：$t_1 = 95℃$，$t_2 = -13℃$。

供热系数：

$$\varepsilon_2 = \frac{T_1}{T_1 - T_2} = \frac{273 + 95}{(273 + 95) - (273 - 13)} = 3.41$$

供热量为：

$$Q_1 = \varepsilon_2 W_0 = 3.41 \times 10 \text{kJ/s} = 34.1 \text{kJ/s} = 1.227 \times 10^5 \text{kJ/h}$$

热泵从周围环境中取得的热量：
$$Q_2 = Q_1 - W_0 = 34.1 \text{kJ/s} - 10 \text{kJ/s} = 24.1 \text{kJ/s} = 86\,760 \text{kJ/h}$$

供热量中有 $\frac{24.1}{34.1} \times 100\% = 70.7\%$ 是热泵从周围环境中所提取，可见这种供热方式是经济的。

1.10.5 气体的液化

气体可经液化得到相应的液态物质。任何气体只要使其经历适当的热力过程，将其温度降低至临界温度以下，并保持其压力大于对应温度下的饱和压力，便都可以从气体转化为液体。可以看出，为了使气体液化，最重要的是解决降温问题。最基本的气体液化循环——林德-汉普森（Linde-Hampson）循环。林德-汉普森系统工作原理主要是利用焦耳-汤姆逊效应，使气体通过节流阀而降温液化。

被液化的气体进入定温压气机压缩，然后进入换热器，在其中被定压冷却，使温度降低至最大回转温度以下。这时，使气体通过节流阀，由于焦耳-汤姆逊效应，气体的压力和温度均大大降低，节流后为湿蒸汽，流入分离器中使空气的饱和液体和饱和蒸汽分离开来，液体空气留在分离器中而饱和蒸汽被引入换热器去冷却从压气机出来的高压气体而自身被加热升温到状态点，然后与补充的新鲜空气混合，再进入压气机重新进行液化循环。

复 习 题

1. 无热交换的热力系统称为（　　）。
   A. 孤立系统　　　　B. 闭口系统　　　　C. 绝热系统　　　　D. 开口系统
2. 某容器中气体的表压力为 0.04MPa，当地大气压力为 0.1MPa，则该气体的绝对压力（　　）MPa。
   A. 0.06　　　　　　B. 0.04　　　　　　C. 0.14　　　　　　D. 0.05
3. 若工质经历一可逆过程和一不可逆过程，且其初态和终态相同，则两过程中工质与外界交换的热量（　　）。
   A. 相同　　　　　　B. 不相同　　　　　C. 不确定　　　　　D. 与状态无关
4. 判断后选择正确答案是（　　）。
   A. 无约束的自由膨胀为一可逆过程　　　B. 混合过程是一不可逆过程
   C. 准平衡过程就是可逆过程　　　　　　D. 可逆过程是不可实现过程
5. 压力表测量的压力是（　　）。
   A. 绝对压力　　　　B. 标准大气压　　　C. 真空度　　　　　D. 相对压力
6. 绝对零度指的是（　　）℃。
   A. 0　　　　　　　　B. 273　　　　　　C. -273　　　　　　D. 无法确定
7. 压强的国际单位是（　　）。
   A. bar　　　　　　　B. kgf/m^2　　　　C. mmHg　　　　　　D. N/m^2
8. 熵是（　　）量。
   A. 广延状态参数　　B. 强度状态参数　　C. 过程量　　　　　D. 无法确定
9. 工质经历了不可逆的热力循环，则工质熵的变化（　　）。
   A. 大于零　　　　　B. 等于零　　　　　C. 小于零　　　　　D. 不确定

10. 某装置在完成一循环中从单一热源吸收 100kJ 热量，同时做功 100kJ，则为（   ）。

A. 违反热力学第一定律，不违反热力学第二定律

B. 不违反热力学第一定律，违反热力学第二定律

C. 两个定律均违反

D. 两个定律均不违反

11. 在冬季，室内开动一台没装任何东西的电冰箱，若运行稳定，电冰箱内部温度不变，则开动冰箱取暖与用电炉取暖，从耗电的角度来比较（   ）。

A. 用电冰箱省电   B. 用电炉省电   C. 两者相同   D. 无法比较

12. 制冷机的工作系数为（   ）。

A. $E = \dfrac{q_2}{w_0}$ B. $E = \dfrac{q_1}{w_0}$ C. $E = \dfrac{w_0}{q_1}$ D. $E = \dfrac{w_0}{q_2}$

13. 判断后选择正确答案是（   ）。

A. 孤立系统熵增越大，说明不可逆性越严重

B. 孤立系统熵只能增加不能减少

C. 绝热过程的熵变一定为零

D. 不可逆热力循环中熵变大于零

14. 某热机，在温度为 t_1 的热源和温度为 t_2 的冷源间进行卡诺循环，其热效率为（   ）。

A. $\eta_t = 1 - \dfrac{q_2}{q_1}$ B. $\eta_t = 1 - \dfrac{T_2}{T_1}$ C. $\eta_t = 1 - \dfrac{t_2}{t_1}$ D. $\eta_t = 1 - \dfrac{T_1}{T_2}$

15. 道尔顿分压定律 $p = \sum\limits_{i=1}^{n} p_i$ 适用于（   ）。

A. 理想气体   B. 非理想气体   C. 所有气体   D. 实际气体

16. 某理想气体比热容 $c_p = 1.000 \text{kJ}/(\text{kg} \cdot \text{K})$，$c_V = 760 \text{J}/(\text{kg} \cdot \text{K})$，该气体的气体常数为（   ）。

A. $R = 0.24 \text{kJ}/(\text{kg} \cdot \text{K})$ B. $R = 240 \text{kJ}/(\text{kg} \cdot \text{K})$

C. $R = 8314.4 \text{J}/(\text{kmol} \cdot \text{K})$ D. $R = 240 \text{J}/(\text{kmol} \cdot \text{K})$

17. 理想气体状态方程式为（   ）。

A. $p_1 v_1 = p_2 v_2$ B. $pv = RT$ C. $\dfrac{p_1}{T_1} = \dfrac{p_2}{T_2}$ D. $\dfrac{p_1 v_1}{T_1} = \dfrac{p_2 v_2}{T_2}$

18. 某理想气体经历了一个内能不变的热力过程，则该过程中工质的焓变（   ）。

A. 大于零   B. 等于零   C. 小于零   D. 不确定

19. 准静态过程中，系统经过的所有的状态都接近（   ）。

A. 相邻状态   B. 初状态   C. 低能级状态   D. 平衡状态

20. 对于理想气体，下列参数中（   ）不是温度的单值函数。

A. 内能   B. 焓   C. 比热   D. 熵

21. 理想气体定温膨胀，必然有（   ）。

A. $Q = W$ B. $Q > W$ C. $Q < W$ D. Q 与 W 无关

22. 某理想气体由初始态 1（p_1, v_1），经可逆变化到状态 2（p_2, v_2），其中 $p_2 = 2p_1$，

$v_2 = 2v_1$。则该过程的多变指数 n 为（　　）。

A. $n > 0$　　　　B. $n = 0$　　　　C. $n < 0$　　　　D. $n \to \infty$

23. 可逆定温过程中，理想气体与外界交换的热量为（　　）。

A. $q = w$　　　B. $q = -\int vdp$　　　C. $q = RT\ln\dfrac{v_2}{v_1}$　　　D. $q = 0$

24. 工质经历任意绝热过程，则工质所做的技术功为（　　）。

A. $w_t = h_1 - h_2$　　B. $w_t = -\int_1^2 vdp$　　C. $w_t = kw$　　D. $w_t = 0$

25. 理想气体经绝热节流，节流前的温度比（与）节流后的温度（　　）。

A. 大　　　　B. 小　　　　C. 相等　　　　D. 无关

26. 一卡诺机，当它被作为热机使用时，两热源的温差越大对热变功就越有利。当被作为制冷机使用时，两热源的温差越大，则制冷系数（　　）。

A. 越大　　　　B. 越小　　　　C. 不变　　　　D. 不确定

27. 可逆定压稳定流动过程中，系统的（　　）。

A. 焓不变　　　　　　　　　　B. 系统与外界交换的热量为零

C. 技术功为零　　　　　　　　D. 熵不变

28. 绝热真空刚性容器内充入理想气体后，容器内气体的温度比充气前气体的温度（　　）。

A. 低　　　　B. 高　　　　C. 不确定　　　　D. 相同

29. 某制冷循环中，工质从温度为 $-73\,℃$ 的冷源吸热 100kJ，并将热量 220kJ 传给温度为 $27\,℃$ 的热源，则此循环为（　　）。

A. 可逆循环　　B. 不可逆循环　　C. 不能实现的循环　　D. 均有可能

30. 两股质量相同、压力相同的空气绝热混合，混合前一股气流温度为 $200\,℃$，另一股气流的温度为 $100\,℃$，则混合空气的温度为（　　）℃。

A. 200　　　　B. 100　　　　C. 150　　　　D. 300

31. 一绝热刚体容器用隔板分成两部分。左边盛有高压理想气体，右边为真空。抽去隔板后，容器内的气体温度将（　　）。

A. 升高　　　　B. 降低　　　　C. 不变　　　　D. 无法确定

32. 气体在某一过程中吸入了 100kJ 的热量，同时内能增加了 150kJ，该过程是（　　）。

A. 膨胀过程　　B. 压缩过程　　C. 定容过程　　D. 均不是

33. 一热机按某种循环工作，自热力学温度为 $T_1 = 2000\text{K}$ 的热源吸收热量 1000kJ，向热力学温度为 $T_2 = 300\text{K}$ 的冷源放出热量 100kJ。则该热机是（　　）。

A. 可逆热机　　B. 不可逆热机　　C. 不可能热机　　D. 三者均可

34. 某封闭热力系统，经历了一个可逆过程，热力系统对外做功 20kJ，外界对热力系统加热 5kJ，热力系统的熵变为（　　）。

A. 零　　　　B. 正　　　　C. 负　　　　D. 无法确定

35. 绝热过程中的技术功等于过程初态和终态的焓差。这个结论仅适用于（　　）。

A. 理想气体　　B. 水蒸气　　C. 所有工质　　D. 实际气体

36. 工质进行了一个吸热、升温、压力下降的多变过程，则多变指数（　　）。

A. $0 < n < 1$ B. $1 < n < k$ C. $n > k$ D. $n \to \infty$

37. 内燃机理论循环中（　　）。
A. 压缩比越大，理论热效率越高
B. 压缩比越大，理论热效率越低
C. 理论热效率与压缩比无关
D. 理论热效率是常量

38. 可逆压缩时压气机的耗功为（　　）。
A. $\oint p\mathrm{d}v$ B. $\int_1^2 \mathrm{d}(pv)$ C. $\int_1^2 p\mathrm{d}v$ D. $-\int_1^2 v\mathrm{d}p$

39. 在相同增压比条件下，压气机可逆绝热压缩时消耗功为 W_s，则实际绝热压缩消耗的功 W^* 为（　　）。
A. $W_s > W_s^*$ B. $W_s < W_s^*$ C. $W_s = W_s^*$ D. 三种情况均可能

40. 活塞式压气机余隙的存在会使（　　）。
A. 容积效率降低，单位质量工质所消耗的理论功减小
B. 容积效率不变，单位质量工质所消耗的理论功减小
C. 容积效率降低，单位质量工质所消耗的理论功不变
D. 容积效率不变，单位质量工质所消耗的理论功也不变

41. 压气机采用三级压缩，p_1 是压气机第一级进口压力，p_4 是最后一级的出口压力，则最佳的压力比 π 为（　　）。
A. $\pi = \dfrac{1}{3}p_4$ B. $\pi = \sqrt[3]{\dfrac{p_4}{p_1}}$ C. $\pi = \sqrt{\dfrac{p_4}{p_1}}$ D. $\pi = \sqrt[4]{\dfrac{p_4}{p_1}}$

42. 理想气体流过阀门（绝热节流），前后参数变化为（　　）。
A. $\Delta T = 0$，$\Delta S = 0$ B. $\Delta T \neq 0$，$\Delta S > 0$ C. $\Delta T < 0$，$\Delta S = 0$ D. $\Delta S > 0$，$\Delta T = 0$

43. 在汽液两相共存区内，定压比热容（　　）。
A. $c_p = 0$ B. $0 < c_p < \infty$ C. $c_p \to \infty$ D. c_p 不存在

44. 某理想气体在高温热源 T_1 和低温热源 T_2 之间进行卡诺循环，若 $T_1 = nT_2$，则此循环放给低温热源的热量是从高温热源吸热量的（　　）。
A. n 倍   B. $n-1$ 倍   C. $(n+1)/n$ 倍   D. $1/n$ 倍

45. 水蒸气在定压汽化过程中，其内能的变化 Δu 为（　　）。
A. $\Delta u = 0$
B. $\Delta u = h_2 - h_1$
C. $\Delta u = h_2 - h_1 - p(v_2 - v_1)$
D. $\Delta u = c_V \Delta T$

46. 氨吸收式制冷装置中（　　）。
A. 水作为制冷剂，氨作为冷却剂
B. 水作为冷却剂，氨作为制冷剂
C. 水作为制冷剂，氨作为吸收剂
D. 水作为吸收剂，氨作为制冷剂

47. 未饱和湿空气的湿球温度为 t_v，干球温度为 t，露点温度为 t_d，它们之间的关系为（　　）。
A. $t_v > t > t_d$ B. $t_v = t = t_d$ C. $t > t_v > t_d$ D. $t_v > t_d > t$

48. 干饱和蒸汽被定熵压缩将变为（　　）。
A. 饱和水   B. 湿蒸汽   C. 过热蒸汽   D. 干饱和气体

49. 湿空气的含湿量相同时，温度越高，则其吸湿能力（　　）。
A. 越强   B. 越弱   C. 相等   D. 无法确定

50. 湿空气压力一定时，其中水蒸气的分压力取决于（　　）。
   A. 含湿量　　　　　B. 相对湿度　　　　C. 干球温度　　　　D. 露点温度
51. 对未饱和湿空气，露点为（　　）。
   A. 干球温度　　　　　　　　　　　　　B. 湿球温度
   C. 水蒸气分压力对应的水的饱和温度　　D. 0℃
52. 确定湿蒸汽状态的条件是（　　）。
   A. 压力与温度　　B. 压力或温度　　　C. 压力与比容　　　D. 温度或比容
53. 一热泵从温度为 –13℃ 的周围环境向用户提供 95℃ 的热水，其最大供热系数为（　　）。
   A. 1.16　　　　　B. 2.41　　　　　　C. 2.16　　　　　　D. 3.41
54. 湿空气在总压力不变，干球温度不变的条件下，湿球温度越低，其含湿量（　　）。
   A. 不变　　　　　B. 不确定　　　　　C. 越大　　　　　　D. 越小
55. 工质在喷管中进行等熵流动，如出口压力大于临界压力，则应采用（　　）。
   A. 渐缩喷管　　　B. 渐缩放喷管　　　C. 缩放喷管　　　　D. 哪种都行
56. 超音速气流进入截面积渐缩的管子，其出口流速比（与）进口流速（　　）。
   A. 大　　　　　　B. 小　　　　　　　C. 相等　　　　　　D. 无关
57. 喷管中工质参数的变化为（　　）。
   A. $dp<0$，$dv>0$，$dc>0$　　　　　B. $dp<0$，$dv<0$，$dc<0$
   C. $dp<0$，$dv<0$，$dc>0$　　　　　D. $dp>0$，$dv<0$，$dc<0$
58. 采用蒸汽再热循环的主要目的在于（　　）。
   A. 降低乏汽干度，提高循环热效率　　B. 提高热循环的最高温度，提高循环热效率
   C. 提高乏汽干度，提高循环热效率　　D. 提高循环的最高压力，提高循环热效率
59. 朗肯循环热效率不高的原因是（　　）。
   A. 放热量大　　　　　　　　　　　　B. 平均加热温度较低
   C. 新蒸汽温度不高　　　　　　　　　D. 新蒸汽的压力不高
60. 空气压缩制冷循环中（　　）。
   A. 压力比 p_2/p_1 越大，制冷系数 ε 越大　　B. 压力比 p_2/p_1 越大，制冷系数 ε 越小
   C. 制冷系数 ε 与压力比 p_2/p_1 无关　　　　D. 制冷系数是不变的
61. 大气压力为 B，系统中工质真空表压力读数为 p_1 时，系统的真实压力为（　　）。
   A. p_1　　　　　B. $B+p_1$　　　　C. $B-p_1$　　　　D. p_1-B
62. 准静态是一种热力参数和作用力都有变化的过程，具有特性（　　）。
   A. 内部和边界一起快速变化　　　　　B. 边界上已经达到平衡
   C. 内部状态参数随时处于均匀　　　　D. 内部参数变化远快于外部作用力变化
63. 热力学第一定律是关于热能与其他形式的能量相互转换的定律，适用于（　　）。
   A. 一切工质和一切热力过程　　　　　B. 量子级微观粒子的运动过程
   C. 工质的可逆或准静态过程　　　　　D. 热机循环的一切过程
64. z 压缩因子法是依据理想气体计算参数修正后得出实际气体近似参数，下列说法中不正确的是（　　）。
   A. $z=f(p,T)$
   B. z 是状态的函数，可能大于 1 或小于 1

C. z 表明实际气体偏离理想气体的程度

D. z 是同样压力下实际气体体积与理想气体体积的比值

65. 把空气作为理想气体，当其中 O_2 的质量分数为 21%，N_2 的质量分数为 78%，其他气体的质量分数为 1%，则其定压比热容 c_p 为（   ）。

　　A. 707J/(kg·K)　　B. 910J/(kg·K)　　C. 1010J/(kg·K)　　D. 1023J/(kg·K)

66. 空气进行可逆绝热压缩，压缩比为 6.5，初始温度为 27℃，则终了时气体温度可达（   ）。

　　A. 512K　　　　B. 450K　　　　C. 168℃　　　　D. 46℃

67. 卡诺循环由两个等温过程和两个绝热过程组成，过程的条件是（   ）。

　　A. 绝热过程必须可逆，而等温过程可以任意

　　B. 所有过程均是可逆的

　　C. 所有过程均可以是不可逆的

　　D. 等温过程必须可逆，而绝热过程可以任意

68. 确定水蒸气两相区域焓熵等热力参数需要给定参数（   ）。

　　A. x　　　　B. p 和 T　　　　C. p 和 v　　　　D. p 和 x

69. 理想气体绝热节流过程中节流热效应为（   ）。

　　A. 零　　　　　　　　　　　　　B. 热效应

　　C. 冷效应　　　　　　　　　　　D. 热效应和冷效应均可能有

70. 对于空气压缩式制冷理想循环，由两个可逆定压过程和两个可逆绝热过程组成，提高该循环制冷系数的有效措施是（   ）。

　　A. 增加压缩机功率　　　　　　　B. 增大压缩比 p_2/p_1

　　C. 增加膨胀机功率　　　　　　　D. 提高冷却器和吸收换热器的传热能力

复习题答案与提示

1. C。提示：绝热系统是指与外界没有热交换的热力系统。

2. C。提示：压力表测量的是表压 p_g，它表示此时气体的绝对压力大于当地大气压力 B，绝对压力 $p=B+p_g$。此题 $p=0.1\text{MPa}+0.04\text{MPa}=0.14\text{MPa}$。

3. C。提示：工质与外界交换的热量是过程量，即热量不仅与初态和终态的位置有关，还与中间经历的路径有关。尽管此题可逆与不可逆两过程的初态和终态相同，但没有给出两者的具体过程，所以无法确定两者交换的热量的大小。

4. B。提示：不论是否有约束，自由膨胀均为不可过程，所以 A 叙述错；可逆过程即为准平衡（准静态）过程，反之准静态过程不一定是可逆过程，C 叙述错；可逆过程在一定条件下是可以实现的，D 叙述错；混合过程是不可逆过程，所以 B 叙述正确。

5. D。提示：压力表测量的压力是气体的绝对压力与当地压力之间的差值，是相对压力。

6. C。提示：绝对零度是指热力学温度 $T=0\text{K}$，热力学温度与摄氏温度之间的关系为 $T=t+273℃$，所以 $T=0\text{K}$ 对应的就是 $-273℃$。

7. D。提示：压强 p 的国际单位是"N/m^2"。

8. A。提示：熵是状态参数，并且与系统所含工质的数量有关，它的总和等于系统各部

分量之和，即：$S = \sum S_i$，这样具有可加性的状态参数称广延性状态参数。

9. B。提示：熵为状态参数，状态参数的变化只取决于给定的初、终状态，与变化过程所经历的路径无关。所以当工质不论经历何种循环，熵的变化均为0。

10. B。提示：热力循环中不可能从单一热源取热，使之完全变为功而不引起其他变化，这是违反热力学第二定律的，但并不违反能量守恒的热力学第一定律。

11. A。提示：电冰箱内工质的循环属于逆循环，即从低温热源（冷藏室）吸热，加上外界输入的功，一并放给高温热源（室内），所以放出的热量是大于输入的功；而用电炉取暖，不计损失时，放出的热量等于输入的电量，因此从耗电的角度，用冰箱取暖省电。

12. A。提示：制冷机的工作系数定义为制冷量 q_2 与输入的电功量 W 之比，即 $E = q_2/W$。

13. A。提示：孤立系统由于无热量交换，所以熵流为零，因此孤立系统的熵增就等于熵产。熵产是不可逆性的量度，不可逆性越严重，熵产越大，也即孤立系统熵增越大。如果孤立系统内进行的是可逆过程，系统熵不变，没有增加，所以 B 叙述不完全；不可逆绝热过程熵变等于熵产，是大于零的，所以 C 叙述不完全；循环过程的熵变永远等于零，不论是可逆还是不可逆循环，所以 D 叙述错。

14. B。提示：卡诺循环的效率只与高温热源和低温热源的热力学温度（T_1、T_2）有关，即 $\eta = 1 - (T_2/T_1)$。

15. A。提示：道尔顿分压定律适用于理想气体。

16. A。提示：理想气体的比定压热容 c_p、比定容热容 c_V 与气体常数 R 之间的关系为 $c_p - c_V = R$。

17. B。提示：1kg 理想气体的状态方程为：$pv = RT$，其他三个方程均为过程方程和两个状态点之间的关系式。状态方程是 p、v、T 三者之间的函数关系式。

18. B。提示：理想气体的内能和焓均是温度的单值函数，内能不变的热力过程即为温度不变的热力过程，所以该过程焓变为零。或由理想气体 $\Delta H = \Delta U + R\Delta T$ 也可导出。

19. D。提示：准静态过程中，系统经过的所有状态都接近于平衡状态。

20. D。提示：理想气体内能、焓、比热容均是温度的单值函数，只有熵不是，它与其他状态量 p、v 及 T 均有关系。

21. A。提示：理想气体内能仅与温度有关，所以定温膨胀，内能变化为零，由热力学第一定律：$Q = W + \Delta U$，则 $Q = W$。

22. C。提示：理想气体多变过程指数的求法为 $n = -\ln(p_2/p_1)/\ln(V_2/V_1)$。已知 $p_2 > p_1$，$V_2 > V_1$，代入求 n 公式，所以 n 为负值。

23. B。提示：理想气体可逆过程与外界交换的热量为 $q = \Delta h + w_t = c_p \Delta T - \int v dp$，由于是定温过程，所以理想气体焓变为零，则 $q = -\int v dp$。

24. A。提示：绝热过程 $q = 0$，因为任意过程不一定是可逆过程，所以技术功不一定为 $w_t = -\int v dp$；由热力学第一定律 $q = \Delta h + w_t = 0$ 即 $w_t = h_1 - h_2$。

25. C。提示：绝热节流前、后焓不变。理想气体焓是温度的单值函数，所以理想气体绝热节流前后温度相等。

26. B。提示：卡诺机效率为 $\eta = 1 - (T_2/T_1)$，制冷系数为 $E = T_2/(T_1 - T_2)$。两热源温度差越大，即 T_2/T_1 越小，所以 η_t 越大；T_1/T_2 则越大，则 E 越小。

27. C。提示：可逆过程中系统的流动功 $w_t = -\int vdp$，对于定压过程，则 $w_t = 0$。

28. B。提示：绝热真空刚性容器内充入理想气体后，由于是封闭系统，绝热，没有气体进出容器，且控制体内动能与势能没有变化，因此整个充气过程中进入控制体的能量等于控制体中内能的增量，也即充入容器内气体的焓，转变为容器内气体的内能，因而气体内能升高，理想气体内能是温度的单值函数，所以气体温度升高。

29. B。提示：工质在 -73℃ 和 27℃ 之间逆循环的最高性能参数 $E_c = T_2/(T_1 - T_2) = 200K/(300K - 200K) = 2$，此循环的性能系数 $E = q_2/(q_1 - q_2) = 100kJ/(220kJ - 100kJ) = 100/120 = 5/6 < 2$，所以此循环为不可逆循环。

30. C。提示：两股空气绝热混合有 $m_1 h_1 + m_2 h_2 = (m_1 + m_2) h$。因为 $m_1 = m_2$，所以混合后空气的焓为 $h = (h_1 + h_2)/2$。又因为空气视为理想气体 $h = c_p T$，所以 $T = (T_1 + T_2)/2 = 150℃$。

31. C。提示：此过程为自由膨胀过程。因为绝热，与外界无功量交换，所以由热力学第一定律，$\Delta U = 0$。即抽去隔板前后状态总内能不变，又因为理想气体内能只是温度的函数，所以容器内气体温度不变。

32. B。提示：由热力学第一定律，此过程膨胀功为 $W = Q - \Delta U = 100 - 150 = -50 < 0$，说明此过程为压缩过程。

33. C。提示：工作在 $T_1 = 2000K$，$T_2 = 300K$ 之间的热机循环最高效率 $\eta_{max} = 1 - T_2/T_1 = 1 - 300/2000 = 0.85$，此循环效率 $\eta = 1 - q_2/q_1 = 0.9 > 0.85$，所以是不可实现的。

34. B。提示：因为是可逆过程，所以热力系统的熵变等于熵流，由于此过程外界对系统加热，所以热量为正，则熵变大于零。

35. C。提示：绝热过程中技术功等于过程初态和终态的焓差。

36. A。提示：工质进行了一个吸热、升温、压力下降的多变过程，即 $q > 0$，$\Delta U > 0$，并且压力变小，所以由多变过程的热力状态图可判断出 n 在 $0 \sim 1$ 之间。

37. A。提示：由内燃机理论定容加热循环的热效率公式可知，压缩比 $\varepsilon = v_1/v_2$ 越大，理论热效率越高。

38. D。提示：可逆压缩时压气机的功耗，即为轴功，在不计宏观势能和动能变化时就等于技术功 $-\int vdp$。

39. B。提示：在相同增压比条件下实际绝热压缩耗功大于可逆绝热压缩时消耗的功。

40. C。提示：活塞式压气机余隙的存在使进气量减少，气缸容积不能充分利用，故容积效率降低，但单位容积消耗的理论功不变。

41. B。提示：多级压缩最佳压缩比是各级间压力比相等，当压缩机采用 z 级压缩时，这个压力比 $\beta = \sqrt[z]{\dfrac{p_{z+1}}{p_1}}$，所以三级压缩时，$\beta = \sqrt[3]{\dfrac{p_4}{p_1}}$。

42. D。提示：理想气体流过阀门的绝热节流属于不可逆过程，所以绝热节流后熵增加，但理想气体节流前后温度不变。

43. C。提示：在汽液两相共存区，定压过程也是定温过程。根据比热容的定义，因为 $\Delta T = 0$ 而 $q \neq 0$，所以 $c_p \to \infty$。

44. D。提示：卡诺循环热效率为 $\eta_c = 1 - (T_2/T_1)$，因为 $T_1 = nT_2$ 而 η_c 又等于 $(Q_1 - Q_2)/Q_1$，也即 $Q_2/Q_1 = T_2/T_1 = 1/n$。

45. C。提示：水蒸气不是理想气体，所以内能不是温度的单值函数，根据 $\Delta u = \Delta h - \Delta(pv) = \Delta h - p\Delta v - v\Delta p$，水蒸气在定压汽化过程中，内能变化为 $\Delta u = h_2 - h_1 - p(v_2 - v_1)$。

46. D。提示：氨吸收式制冷装置中，水作为吸收剂，氨作为制冷剂。因为氨的沸点低于水的沸点，沸点低的物质作为制冷剂，沸点高的作为吸收剂。

47. C。提示：未饱和湿空气的温度为干球温度 t，从该状态点经等焓降温达到的饱和温度为湿球温度 t_w，经等湿过程降温达到的饱和温度为露点温度 t_d，三者关系为 $t > t_w > t_d$。

48. C。提示：从水蒸气的 $h-s$ 图可知，干饱和蒸汽定熵压缩是沿着等熵线垂直向上的过程，从而使干饱和状态进入过热蒸汽状态。

49. A。提示：从湿空气的 $h-d$ 图可知，当含湿量一定时，温度升高，相对湿度 φ 减小，吸湿能力增强。

50. A。提示：湿空气压力一定时，水蒸气的分压力取决于含湿量 d。$d = 622 \times p_v/(B - p_v)$。

51. C。提示：确定湿蒸汽状态需要两个状态参数，由于在饱和区内饱和温度与饱和压力只有一个是独立的，所以只能取压力与比容或温度与比容两个状态参数。

52. C。提示：露点温度为水蒸气分压力对应的饱和温度。

53. D。提示：热泵从温度为 T_2 的低温环境吸热，向温度为 T_1 的高温环境供热时，最大供热系数为卡诺逆循环供热系数 $\varepsilon_c = T_1/(T_1 - T_2)$，在此题条件下，$\varepsilon_{max} = 3.41$。

54. D。提示：湿空气在总压力不变、干球温度不变的条件下，由 $h-d$ 图可知，湿球温度越低，含湿量越小。

55. A。提示：工质在喷管中进行等熵流动，如出口压力大于临界压力，则应采用渐缩喷管。

56. B。提示：超声速气体进入截面积渐缩的管子，是增压减速，所以出口速度比进口速度小。

57. A。提示：喷管的作用是增速，通过压力下降来实现，由于气体在喷管中是绝热过程，对于理想气体，由等熵过程状态量之间的关系可知，压力下降则比容增加。

58. C。提示：再热循环没有提高初蒸汽的温度和压力，它的主要目的是提高膨胀终了蒸汽的干度，以克服轮机尾部蒸汽湿度过大造成的危害，再热循环同时也提高了循环热效率。

59. B。提示：朗肯循环热效率不高的原因是进入锅炉的水温偏低，导致整体平均吸热温度低，也是造成朗肯循环热效率不高的主要原因。

60. B。提示：由空气压缩制冷循环制冷系数 ε 的计算公式可知，压力比 p_2/p_1 越大，制冷系数 ε 越小。

61. C。提示：系统的真实压力 p 称为绝对压力。系统中工质用仪表测得的压力称为相对压力，绝对压力是相对压力与大气压力的代数和。用压力表测得的压力意味着系统中工质的真实压力大于大气压力；用真空表测得的压力意味着系统中工质的真实压力小于大气压力。

62. C。提示：准静态过程：在系统与外界的压力差、温度差等势差无限小的条件下，系统变化足够缓慢，系统经历一系列无限接近于平衡状态的过程。

63. A。提示：热力学第一定律是热力学的基本定律，它适用于一切工质和一切热力过程。

64. D。提示：同温度下实际气体的体积与理想气体的体积之比，称为压缩因子。

65. C。提示：空气视为双原子理想气体，定压比热可用定值比热容 $c_p = 7R/2$ 近似来求，空气的气体常数取 $R = 0.287 \text{kJ}/(\text{kg} \cdot \text{K})$。

66. D。提示：空气可逆绝热压缩视为理想气体等熵过程，终了时气体温度 T_2 可用公式 $\dfrac{T_2}{T_1} = \left(\dfrac{p_2}{p_1}\right)^{(k-1)/k}$ 来求，对于空气 k 取 1.4，式中 p_2/p_1 为压缩比。

67. B。提示：卡诺循环由两个可逆的等温过程和两个可逆的绝热过程组成。

68. D。提示：确定水蒸气两相区域焓、熵等热力参数需要 2 个给定参数，即 T、p 和 v 中的任意一个以及干度 x。

69. A。提示：理想气体绝热节流前后温度相等，节流为零效应。

70. C。提示：该空气压缩式制冷循环的制冷系数为 $\varepsilon = \dfrac{q_2}{W_0}$，其中 W_0 为循环净功，$W_0 = W_{压缩} - W_{膨胀}$ 增加膨胀机功率则可减少净功，提高制冷系数。

第 2 章 传 热 学

考试大纲

2.1 导热理论基础：导热基本概念 温度场 温度梯度 傅里叶定律 热导率 导热微分方程 导热过程的单值性条件

2.2 稳态导热：通过单平壁和复合平壁的导热 通过单圆筒壁和复合圆筒壁的导热 临界热绝缘直径 通过肋壁的导热 肋片效率 通过接触面的导热 二维稳态导热问题

2.3 非稳态导热：非稳态导热过程的特点 对流换热边界条件下非稳态导热 诺模图集总参数法 常热流密度边界条件下非稳态导热

2.4 导热问题数值解：有限差分法原理 导热问题的数值计算 节点方程建立 节点方程组求解 非稳态导热问题的数值计算 显式差分格式及其稳定性 隐式差分格式

2.5 对流换热分析：对流换热过程和影响对流换热的因素 对流换热过程微分方程 对流换热微分方程组 流动边界层 热边界层 边界层换热微分方程组及其求解 边界层换热积分方程组及其求解 动量传递和热量传递的类比 物理相似的基本概念 相似原理 实验数据整理方法

2.6 单相流体对流换热及准则关系式：管内受迫流动换热 外掠圆管流动换热 自然对流换热 自然对流与受迫对流并存的混合流动换热

2.7 凝结与沸腾换热：凝结换热基本特性 膜状凝结换热及计算 影响膜状凝结换热的因素及增强换热的措施 沸腾换热 饱和沸腾过程曲线 大空间泡态沸腾换热及计算 泡态沸腾换热的增强

2.8 热辐射的基本定律：辐射强度和辐射力 普朗克定律 斯特藩-玻耳兹曼定律 兰贝特余弦定律 基尔霍夫定律

2.9 辐射换热计算：黑表面间的辐射换热 角系数的确定方法 角系数及空间热阻 灰表面间的辐射换热 有效辐射 表面热阻 遮热板 气体辐射的特点 气体吸收定律 气体的发射率和吸收率 气体与外壳间的辐射换热 太阳辐射

2.10 传热与换热器：通过肋壁的传热 复合换热时的传热计算 传热的削弱和增强 平均温度差 效能—传热单元数 换热器计算

传热学是研究温差存在时热量传递规律的科学。基本的传热方式有导热、对流和辐射。传热学中最主要的是确定由于温差在单位时间传递的热量，即热流量 Φ（W），或单位面积的热流量，即热流密度 q（W/m²）。

2.1 导热理论基础

2.1.1 导热基本概念

导热又称热传导，是指物体各部分无相对位移或不同物体直接接触时依靠分子、原子及自由电子等微观粒子热运动而进行的热量传递现象。导热是一种基本的传热方式。导热是物质的属性，可在固体、液体及气体中发生；单纯的导热只发生在固体中。导热基本概念包括温度场、等温线、等温面、温度梯度、温度降度、热流量、热流密度等，热流量、热流密度前面已有介绍，下面主要介绍两个概念。

1. 温度场

温度场指某一时刻空间所有各点温度分布的总称。它是时间和空间的函数，即

$$t = (x,y,z,\tau) \tag{2-1a}$$

稳态温度场指温度不随时间变化，只是空间位置的函数，温度场表示为

$$t = (x,y,z) \tag{2-1b}$$

一维稳态温度场

$$t = (x) \tag{2-1c}$$

2. 温度梯度

自等温面上某点沿温度增加到另一个等温面，以该点法线方向为方向，数值等于该点法线方向的温度变化率的向量，称为温度梯度（K/m），用 grad$t$ 表示，正向朝着温度增加的方向。

$$\mathrm{grad}t = \frac{\partial t}{\partial n}\boldsymbol{n} \tag{2-2}$$

温度梯度在直角坐标系中表示，即

$$\mathrm{grad}t = \frac{\partial t}{\partial x}\boldsymbol{i} + \frac{\partial t}{\partial y}\boldsymbol{j} + \frac{\partial t}{\partial z}\boldsymbol{k} \tag{2-3}$$

2.1.2 傅里叶定律

傅里叶（J. Fourier）在 1822 年提出傅里叶定律，表达式为

$$\boldsymbol{q} = -\lambda\,\mathrm{grad}t \tag{2-4}$$

式中 $-\mathrm{grad}t$——温度降度，它是与温度梯度数值相等而方向相反的向量。

上式说明物体热流密度矢量与该点的温度梯度成正比，且热流密度的方向指向温度降低的方向。

傅里叶定律在直角坐标系中表示为

$$q_x = -\lambda\frac{\partial t}{\partial x}$$

$$q_y = -\lambda\frac{\partial t}{\partial y}$$

$$q_z = -\lambda\frac{\partial t}{\partial z}$$

注意：傅里叶定律只适合于各向同性材料。

2.1.3 热导率

热导率 [W/(m·K)] 的定义式为

$$\lambda = \frac{|\boldsymbol{q}|}{|-\mathrm{grad}t|} \tag{2-5}$$

热导率是物质的一个重要热物性参数，数值表征物质导热能力的大小。工程计算采用的热导率值一般是由实验测定的。导热物体种类不同，其热导率不同。物体的热导率的主要影响因素有温度、湿度等。

在一定温度范围内，热导率可以认为是温度的线性函数，即

$$\lambda = \lambda_0(1 + bt) \tag{2-6}$$

1. 气体的热导率

气体的导热是分子热运动和相互碰撞时所实现的能量传递。气体的热导率一般在 0.006~0.6W/(m·K) 范围内。根据气体分子运动理论分析得到，除非压力很高或很低，气体的热导率与压力无关；温度升高，气体的热导率增大。混合气体的热导率，只能用实验方法确定。

2. 液体的热导率

液体的热导率在 0.07~0.7W/(m·K) 范围内。液体导热是通过晶格的振动来实现的。非缔合液体或弱缔合液体，温度升高，热导率下降；强缔合液体，温度升高，热导率先增大，当达到最大值后下降。

3. 金属的热导率

金属的导热主要是通过自由电子相互作用和碰撞来实现的能量传递。金属的热导率一般在 12~418W/(m·K) 范围内。金属的导热与导电机理一致；银、铜、金、铝的热导率依次下降；纯金属，温度升高，热导率减小；金属中掺入杂质后热导率下降；大部分合金，温度升高，热导率增大。

4. 非金属（介电体）的热导率

在介电体中，导热是通过晶格的振动来实现的能量传递。建筑材料和隔热保温材料，其热导率一般在 0.025~3.0W/(m·K) 的范围内。根据《工业设备及管道绝热工程设计规范》（GB 50264—2013）规定，保温材料在平均温度为70℃时，其热导率不得大于 0.080W/(m·K)；用于保冷的泡沫塑料及其制品在平均温度为25℃时的热导率不应大于 0.044W/(m·K)；泡沫橡塑制品在平均温度为0℃时的热导率不应大于 0.036W/(m·K)。

多孔材料的热导率受湿度影响很大。由于水分的渗入，替代了相当一部分空气，而且水分将从高温区向低温区迁移而传递热量。例如：干燥实心砖的热导率为 0.39~0.42W/(m·K)，水的热导率为 0.6W/(m·K)，而湿砖的热导率可高达 1.0~1.4W/(m·K)。所以对建筑物的围护结构，特别是冷、热设备的保温层，都应采取防潮措施。

5. 纳米流体的热导率

纳米流体就是以一定的方式和比例在液体中加入纳米级金属或金属氧化物粒子，形成一类新的传热介质。纳米流体可显著增大纯液体的热导率，使液体内部的传热过程增强：由于纳米粒子的表面积远大于毫米或微米级粒子的表面积，相同粒子体积下，纳米流体的有效热导率大于毫米或微米级的两相混合液的热导率；另外更重要的是纳米材料的小尺寸效应，其行为接近于液体分子，纳米粒子自身强烈的布朗运动有利于保持稳定悬浮而不沉淀。

纳米流体在能量传递领域具有广阔的应用前景。

在常压下，当温度为20℃时，四种典型物质的热导率分别为：纯铜 $\lambda=399W/(m·K)$；碳钢 $\lambda=35~40W/(m·K)$；水 $\lambda=0.599W/(m·K)$；干空气 $\lambda=0.025\ 9W/(m·K)$。

2.1.4 导热微分方程

导热微分方程是根据能量守恒定律建立的导热问题温度场求解的方程。解决导热问题，应首先建立关于导热问题的导热微分方程，其次求解出温度场，再应用傅里叶定律求解热流密度。

导热微分方程在直角坐标系中的基本表达式为

$$\rho c \frac{\partial t}{\partial \tau} = \frac{\partial}{\partial x}\left(\lambda \frac{\partial t}{\partial x}\right) + \frac{\partial}{\partial y}\left(\lambda \frac{\partial t}{\partial y}\right) + \frac{\partial}{\partial z}\left(\lambda \frac{\partial t}{\partial z}\right) + q_v \tag{2-7}$$

上式的使用条件是导热物体为各向同性；λ、c、ρ 均为已知；内热源强度为 $q_V(\mathrm{W/m^3})$。

当物性参数 λ 为常数时，式（2-7）简化为

$$\frac{\partial t}{\partial \tau} = a\left(\frac{\partial^2 t}{\partial x^2} + \frac{\partial^2 t}{\partial y^2} + \frac{\partial^2 t}{\partial z^2}\right) + \frac{q_V}{\rho c} \tag{2-8}$$

式中　a——热扩散率或导温系数，单位是 $\mathrm{m^2/s}$，它表征物体被加热或冷却时，物体内温度趋于均匀一致的能力，$a = \lambda/(\rho c)$。

常用的导热微分表达式，有

（1）无内热源一维非稳态导热：$\frac{\partial t}{\partial \tau} = a\frac{\partial^2 t}{\partial x^2}$。

（2）有内热源一维稳态导热：$\frac{\mathrm{d}^2 t}{\mathrm{d}x^2} + \frac{q_V}{\lambda} = 0$。

（3）无内热源一维稳态导热：$\frac{\mathrm{d}^2 t}{\mathrm{d}x^2} = 0$。

（4）无内热源二维稳态导热：$\frac{\partial^2 t}{\partial x^2} + \frac{\partial^2 t}{\partial y^2} = 0$。

（5）柱坐标下无内热源一维非稳态导热：$\rho c \frac{\partial t}{\partial \tau} = \frac{1}{r}\frac{\partial}{\partial r}\left(\lambda r \frac{\partial t}{\partial r}\right)$。

（6）球坐标下无内热源一维非稳态导热：$\rho c \frac{\partial t}{\partial \tau} = \frac{1}{r^2}\frac{\partial}{\partial r}\left(\lambda r^2 \frac{\partial t}{\partial r}\right)$。

2.1.5　导热过程的单值性条件

单值性条件是导热微分方程式确定唯一解的附加补充说明条件。导热过程的完整数学描述包括导热微分方程式和单值性条件两部分。

单值性条件有以下四项。

1. 几何条件

几何条件说明参与导热过程的物体的几何形状与大小。

2. 物理条件

物理条件说明参与导热过程的物体的物理特征。例如，给出参与导热过程物体的物性参数值，是否随温度发生变化，是否有内热源，以及分布情况。

3. 时间条件

时间条件又称为初始条件，说明在时间上过程进行的特点。稳态导热无时间条件。非稳态导热过程，说明过程开始时刻物体内的温度分布，表示为

$$t|_{\tau=0} = f(x,y,z) \tag{2-9}$$

4. 边界条件

边界条件说明物体边界上过程进行的特点，反映过程与周围环境相互作用的条件。

（1）第一类边界条件。已知任何时刻物体边界上的温度值，即

$$t|_s = t_w \tag{2-10}$$

式中　s——边界面；

　　　t_w——边界面 s 的给定温度值。

稳态导热过程，$t_w = \text{const}$；非稳态导热过程，$t_w = f(\tau)$。

（2）第二类边界条件。已知任何时刻物体边界面上的热流密度值，或已知任何时刻物体边界面 s 法向的温度变化律的值，表示为：

$$q|_s = q_w$$

或

$$-\frac{\partial t}{\partial n}\bigg|_s = \frac{q_w}{\lambda} \tag{2-11}$$

式中 q_w——给定的通过边界面 s 的热流密度。

稳态导热过程，$q_w = \text{const}$；非稳态导热过程，$q_w = f(\tau)$。边界面 s 绝热，第二类边界条件为：

$$\frac{\partial t}{\partial n}\bigg|_s = 0 \tag{2-12}$$

（3）第三类边界条件。已知边界面周围流体的温度 t_f 和对流换热表面传热系数 $h[\text{W}/(\text{m}^2 \cdot \text{K})]$，表示为：

$$q = h(t|_s - t_f)$$

或

$$-\lambda \frac{\partial t}{\partial n}\bigg|_s = h(t|_s - t_f) \tag{2-13}$$

稳态导热过程，t_f 和 h 不随时间变化；非稳态导热过程，t_f 和 h 是时间的函数，给出随时间变化的具体函数。

（4）第四类边界条件或称接触面边界条件。已知两物体表面紧密接触时的情形，表示为：

$$t_1|_s = t_2|_s, \lambda_1 \frac{\partial t_1}{\partial n}\bigg|_s = \lambda_2 \frac{\partial t_2}{\partial n}\bigg|_s$$

在确定某一边界面的边界条件时，应根据物理现象本身在边界面的特点给定，不能对同一界面同时给出两种边界条件。

2.1.6 小结

分析导热问题的思路：导热的问题是求导热量 Φ 或热流密度 q→傅里叶定律→求温度梯度→求温度场→建立导热问题的数学描述。解决导热问题的步骤则是按照以上思路的逆向顺序来进行的。

对导热问题求解方法要求学会理论分析法和数值分析法。在2.2节和2.3节采用理论分析法对导热问题分析求解；在2.4节中用数值分析法对导热问题求解。

学习的重点：①温度场、温度梯度、热导率、热扩散率的概念及意义。②傅里叶定律及其适用条件。③常温下常见物质（水、空气、金属、保温材料等）的热导率的大小及随温度、湿度变化的规律。④导热问题的数学描述：包括导热微分方程和单值性条件。

2.2 稳态导热

稳态导热，$\frac{\partial t}{\partial \tau} = 0$，微分方程为 $\frac{\partial^2 t}{\partial x^2} + \frac{\partial^2 t}{\partial y^2} + \frac{\partial^2 t}{\partial z^2} + \frac{q_V}{\lambda} = 0$。

2.2.1 通过平壁的导热

已知无限大平壁：厚度为 δ，λ 为常数，无内热源。

1. 第一类边界条件

已知大平壁两侧壁温分别为 t_{w_1} 和 t_{w_2}。

(1) 数学描述

$$\frac{d^2 t}{dx^2} = 0 \qquad (0 < x < \delta)$$

$$t\big|_{x=0} = t_{w_1}$$

$$t\big|_{x=\delta} = t_{w_2}$$

(2) 温度分布和热流密度。

求解数学描述得温度分布

$$t = t_{w_1} - \frac{t_{w_1} - t_{w_2}}{\delta} x \tag{2-14}$$

温度分布为线性，如图 2-1 中 $b=0$ 的直线所示。

热流密度（W/m²）

$$q = -\lambda \frac{dt}{dx} = \lambda \frac{t_{w_1} - t_{w_2}}{\delta} \tag{2-15}$$

热流量（W）

$$\Phi = Aq = A\lambda \frac{t_{w_1} - t_{w_2}}{\delta} \tag{2-16}$$

(3) 热导率是温度函数。

$\lambda = \lambda_0 (1 + bt)$ 温度分布为二次曲线，图 2-1 中 $b<0$ 和 $b>0$ 的曲线所示。

热流密度（W/m²）

$$q = \overline{\lambda} \frac{t_{w_1} - t_{w_2}}{\delta} \tag{2-17}$$

$$\overline{\lambda} = \lambda_0 \left(1 + b \frac{t_{w_1} + t_{w_2}}{2}\right)$$

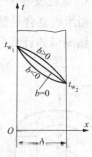

图 2-1 大平壁温度分布

(4) 热阻概念。类比电学欧姆定律，热流密度式 (2-15) 可写为

$$q = \frac{t_{w_1} - t_{w_2}}{\frac{\delta}{\lambda}} = \frac{\Delta t}{R_\lambda} \tag{2-18}$$

同理

$$\Phi = \frac{t_{w_1} - t_{w_2}}{\frac{\delta}{\lambda A}} = \frac{\Delta t}{R_{\lambda A}}$$

式中 R_λ ——单位平壁面积上的导热热阻，K·m²/W，$R_\lambda = \frac{\delta}{\lambda}$；

$R_{\lambda A}$ ——A 壁面积上的导热热阻，K/W，$R_{\lambda A} = \delta/(\lambda A)$。

(5) 多层平壁的导热

$$q = \frac{t_{w_1} - t_{w_{n+1}}}{\sum_{i=1}^{n} R_{\lambda,i}} \tag{2-19}$$

$$t_{w_{i+1}} = t_{w_1} - q(R_{\lambda,1} + R_{\lambda,2} + \cdots + R_{\lambda,i}) \tag{2-20}$$

2. 第三类边界条件

已知无限大平壁两侧流体的表面传热系数、温度分别为 h_1、t_{f_1} 和 h_2、t_{f_2}。

（1）数学描述

$$\frac{d^2 t}{dx^2} = 0 \qquad 0 < x < \delta$$

$$-\lambda \frac{dt}{dx}\bigg|_{x=0} = h_1 \left(t_{f_1} - t \big|_{x=0} \right)$$

$$-\lambda \frac{dt}{dx}\bigg|_{x=\delta} = h_2 \left(t \big|_{x=\delta} - t_{f_2} \right)$$

（2）热流密度

$$q = \frac{1}{\dfrac{1}{h_1} + \dfrac{\delta}{\lambda} + \dfrac{1}{h_2}} (t_{f_1} - t_{f_2}) \tag{2-21}$$

多层平壁

$$q = \frac{t_{f_1} - t_{f_2}}{\dfrac{1}{h_1} + \sum_{i=1}^{n} \dfrac{\delta_i}{\lambda_i} + \dfrac{1}{h_2}} \tag{2-22}$$

3. 通过复合平壁的导热

当组成复合平壁的各种不同材料的热导率相差不很大时，可当作一维导热问题处理。热流量的计算公式为

$$\Phi = \frac{\Delta t}{\sum R_\lambda} \tag{2-23}$$

2.2.2 通过圆筒壁的导热

如图 2-2 所示，圆筒壁，内半径为 r_1，外半径为 r_2，长度为 l，λ 为常数，无内热源。

1. 第一类边界条件

内壁温度为 t_{w_1}，外壁温度为 t_{w_2}，$t_{w_1} > t_{w_2}$。

（1）数学描述

$$\frac{d}{dr}\left(r \frac{dt}{dr} \right) = 0 \qquad r_1 < r < r_2$$

$$t \big|_{r=r_1} = t_{w_1}$$

$$t \big|_{r=r_2} = t_{w_2}$$

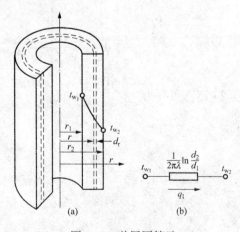

图 2-2 单层圆筒壁

（2）温度分布和热流量

求解得到温度分布为向下弯的曲线，即

$$t = t_{w_1} - (t_{w_1} - t_{w_2})\frac{\ln\frac{d}{d_1}}{\ln\frac{d_2}{d_1}} \tag{2-24}$$

热流量（W）

$$\Phi = \frac{t_{w_1} - t_{w_2}}{\frac{1}{2\pi\lambda l}\ln\frac{d_2}{d_1}} = l\frac{t_{w_1} - t_{w_2}}{R_{\lambda l}} \tag{2-25}$$

单位长度热流量（W/m）

$$q_l = \frac{\Phi}{l} = \frac{t_{w_1} - t_{w_2}}{R_{\lambda l}} = \frac{t_{w_1} - t_{w_2}}{\frac{1}{2\pi\lambda}\ln\frac{d_2}{d_1}} \tag{2-26}$$

式中 $R_{\lambda l}$——单位长度圆筒壁上的导热热阻，$R_{\lambda l} = \frac{1}{2\pi\lambda}\ln\frac{d_2}{d_1}$ (m·K/W)。

(3) 多层圆筒壁。

单位长度的热流量（W/m）

$$q_l = \frac{t_{w_1} - t_{w_{n+1}}}{\sum_{i=1}^{n} R_{\lambda l i}} = \frac{t_{w_1} - t_{w_{n+1}}}{\sum_{i=1}^{n}\frac{1}{2\pi\lambda_i}\ln\frac{d_{i+1}}{d_i}} \tag{2-27}$$

2. 第三类边界条件

已知圆筒壁内外两侧流体的表面传热系数、温度分别为 h_1、t_{f_1} 和 h_2、t_{f_2}。

$$\frac{d}{dr}\left(r\frac{dt}{dr}\right) = 0 \qquad r_1 < r < r_2$$

$$-\lambda\frac{dt}{dr}\bigg|_{r=r_1} = h_1\ (t_{f_1} - t|_{r=r_1})$$

$$-\lambda\frac{dt}{dr}\bigg|_{r=r_2} = h_2\ (t|_{r=r_2} - t_{f_2})$$

单位长度的热流量（W/m）

$$q_l = \frac{t_{f_1} - t_{f_2}}{\frac{1}{h_1\pi d_1} + \frac{1}{2\pi\lambda}\ln\frac{d_2}{d_1} + \frac{1}{h_2\pi d_2}} \tag{2-28}$$

多层圆筒壁单位长度的热流量（W/m）

$$q_l = \frac{t_{f_1} - t_{f_2}}{\frac{1}{h_1\pi d_1} + \sum_{i=1}^{n}\frac{1}{2\pi\lambda_i}\ln\frac{d_{i+1}}{d_i} + \frac{1}{h_2\pi d_{n+1}}} \tag{2-29}$$

2.2.3 临界热绝缘直径

覆盖热绝缘层是不是在任何情况下都能减少热损失？怎样正确地选择热绝缘材料？分析热流体通过管壁和热绝缘层传热给冷流体传热过程的热阻，即

$$R_l = \frac{1}{h_1 \pi d_1} + \frac{1}{2\pi\lambda_1}\ln\frac{d_2}{d_1} + \frac{1}{2\pi\lambda_{ins}}\ln\frac{d_x}{d_2} + \frac{1}{h_2 \pi d_x}$$

$$\frac{dR_l}{dd_x} = \frac{1}{\pi d_x}\left(\frac{1}{2\lambda_{ins}} - \frac{1}{h_2 d_x}\right) = 0$$

得
$$d_x = 2\lambda_{ins}/h_2 d_c \tag{2-30}$$

式中 d_x——覆盖热绝缘层后的直径；

d_c——临界热绝缘直径，$d_x = d_c$ 时热阻最小。

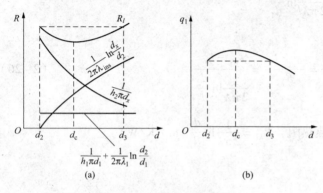

图 2-3 临界热绝缘直径

如图 2-3 所示，当外径为临界热绝缘直径 d_c 时有最小热阻，散热量最大。因此，在管道外侧覆盖热绝缘层时，必须注意以下两点：

（1）当 $d_2 < d_c$，$d_2 < d_x < d_3$。管道的传热量反而比没有热绝缘层时更大；直到热绝缘层外径 $d_x > d_3$，热绝缘层才开始起到减少热损失的作用。

（2）当 $d_2 > d_c$，无论覆盖热绝缘层厚度是多少都能起到有效地减少热损失的作用。

思考：在导线外包裹橡胶后，是否影响导线的散热？橡胶有何作用？空调系统中冷凝水管是否需要保温？

2.2.4 通过肋壁的导热

1. 等截面直肋的导热

等截面直肋，如图 2-4 所示，高度 l，宽度 L，厚度 δ，横截面积 A，周边长度 U，热导率 λ 为常数，不考虑宽度方向的导热，$l \gg \delta$，$t = f(x)$ 符合实际。肋表面的散热当作负内热源，内热源 q_V 就是单位时间肋片单位体积的对流散热量。

（1）数学描述

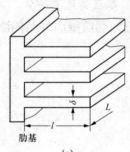

$$\frac{d^2 t}{dx^2} + \frac{hU}{\lambda A}(t - t_f) = 0 \quad 0 < x < l$$

$$t = t_0, \quad x = 0$$

$$\frac{dt}{dx} = 0, \quad x = l$$

（2）温度分布为双曲余弦函数

$$\theta = \theta_0 \frac{e^{m(l-x)} + e^{-m(l-x)}}{e^{ml} + e^{-ml}} = \theta_0 \frac{\text{ch}[m(l-x)]}{\text{ch}(ml)} \tag{2-31}$$

$$m = \sqrt{\frac{hU}{\lambda A}} = \sqrt{\frac{2h}{\lambda\delta}}$$

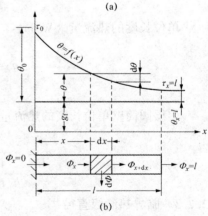

图 2-4 等截面直肋的导热

(3) 肋端（$x=l$）过余温度

$$\theta = \theta_0 \frac{1}{\text{ch}(ml)} \tag{2-32}$$

(4) 当忽略肋端散热量时，肋片表面的散热量

$$\Phi = -\lambda A \frac{d\theta}{dx}\bigg|_{x=0} = \sqrt{hU\lambda A}\,\theta_0 \text{th}(ml) \tag{2-33}$$

注意：

(1) 计算肋端散热量，以 $l+\delta/2$ 代替实际肋高 l。

(2) 当 $Bi = \frac{h\delta}{\lambda} \leq 0.05$ 时，上述结论计算误差不超过1%。肋短且厚时，按二维处理。

2. 肋片效率

肋片效率 η_f 是衡量肋片散热有效程度的指标。定义为在肋片表面平均温度 t_m 下，肋片的实际散热量 Φ 与假定整个肋片表面都处在肋基温度 t_0 时的理想散热量 Φ_0 的比值。

$$\eta_f = \frac{\Phi}{\Phi_0} = \frac{hUl(t_m - t_f)}{hUl(t_0 - t_f)} = \frac{\theta_m}{\theta_0} < 1 \tag{2-34}$$

当 $t = t_0$ 时，$\eta_f = 1$，相当于肋片材料的热导率为无穷大时的理想情况。

肋片效率的计算式为：

$$\eta_f = \frac{\text{th}(ml)}{ml} = f(ml) = f(h,\lambda,l,\delta) \tag{2-35}$$

$$m = \sqrt{\frac{2h}{\lambda\delta}}$$

影响肋片效率的因素有肋片的热导率 λ、周围流体的表面传热系数 h、肋片的高度 l 和肋厚 δ。随着肋高增加，散热量迅速增大；当肋高增加到一定程度时，散热量增加减小，η_f 降低；采用变截面的肋片，可提高 η_f；$\eta_f > 80\%$ 的肋片是经济实用的。表2-1列出单个等截面直肋散热的影响因素。

表2-1　　　　　　　　　单个等截面直肋散热的影响因素

项　目	肋片效率	肋的总散热量	肋端温度值
增大表面传热系数 h	减小	增大	减小
增大肋厚 δ	增大	增大	增大
增大肋高 l	减小	增大	减小
增大肋的热导率 λ	增大	增大	增大

2.2.5　通过接触面的导热

多层固体导热，当接触面出现点接触，或只是部分的面而不是完整的面接触时，面与面之间有空隙时，给导热过程带来的额外热阻称为界面接触热阻。如图2-5所示，界面接触热阻的计算式为：

$$R_c = \frac{t_{2A} - t_{2B}}{\Phi} \tag{2-36}$$

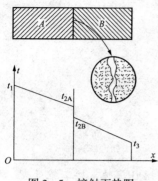

图 2-5 接触面热阻

界面空隙中充满热导率远小于固体热导率的气体时，对 R_c 的影响很大。因此影响界面接触热阻的主要因素有接触面的粗糙度、接触面上的挤压压力、材料的硬度。

为了减少接触热阻，在接触面上涂一层特殊的热涂油（导热姆 Dowtherm），可以减少接触热阻 75%。

2.2.6 二维稳态导热问题

为了便于工程设计计算，对于有些二维、三维稳态导热问题，针对已知两个恒定温度边界之间的导热热流量，采用一种简便计算公式：引入形状因子 $S(m)$，形状因子是把影响导热问题的物体几何形状和尺寸的因素归为一起的参数。对热导率为常数的情形，导热的热流量可按下式计算，即

$$\Phi = S\lambda(t_1 - t_2) \tag{2-37}$$

例如，一维无限大平壁：$\Phi = \lambda A \dfrac{t_{w_1} - t_{w_2}}{\delta}$，则形状因子 $S = \dfrac{A}{\delta}$；

一维圆筒壁稳态导热过程：$\Phi = 2\pi\lambda l \dfrac{t_{w_1} - t_{w_2}}{\ln\dfrac{d_2}{d_1}}$，则形状因子 $S = \dfrac{2\pi l}{\ln(d_2/d_1)}$；

二维稳态导热问题的求解，可直接从文献中查出物体的形状因子，代入式（2-37）直接求解即可。

2.2.7 小结

一维稳态导热问题采用理论分析法求解。分析的典型问题是大平壁、圆筒壁和等截面直肋。分析的思路建立导热问题数学描述，求解方程得到温度场分布，求出温度梯度，带入傅里叶定律求出热流量或热流密度。

学习的重点：①第一类边界条件和第三类边界条件下的大平壁和圆筒壁的稳态温度分布及其规律、热流密度（或热流量）的表达式及其特点、采用热阻方式绘制热网络图的直观应用。②一维等截面直肋的有内热源导热微分方程的建立。③接触热阻、临界热绝缘直径、肋片效率和形状因子的概念及影响因素。

2.3 非稳态导热

非稳态导热过程分为周期性导热和瞬态性导热两大类。

2.3.1 非稳态导热的特点

1. 瞬态导热过程

瞬态导热过程必定伴随着物体的加热或冷却过程。根据其温度分布变化可划分为三个阶段：第一阶段为不规则情况阶段；第二阶段为正常情况阶段；第三阶段为建立新的稳态阶段。

2. 周期性非稳态导热过程

周期性非稳态导热问题中，一方面，物体内各处的温度按一定的振幅随时间周期性的波动；另一方面，同一时刻物体内的温度分布也是周期性波动的。

周期性变化边界条件下温度分布的特点：温度波的衰减；温度波的延迟；半无限大物体

表面和不同深度处的温度随时间是按一定周期的简谐波变化。

2.3.2 对流换热边界条件下非稳态导热

对流换热边界条件下非稳态导热以无限大平壁加热与冷却过程为例进行分析。

1. 分析解法

如图2-6所示，无限大平壁，已知厚度为2δ，大平壁的λ和两侧流体的h为常数，过余温度$\theta(x,\tau) = t(x,\tau) - t_f$，求解数学描述得到以下结果。

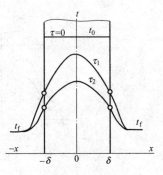

图2-6 第三类边界条件下瞬态导热

（1）温度分布

$$\frac{\theta(x,\tau)}{\theta_0} = \sum_{n=1}^{\infty} \frac{2\sin\beta_n}{\beta_n + \sin\beta_n\cos\beta_n}\cos\left(\beta_n\frac{x}{\delta}\right)\exp\left(-\beta_n^2\frac{a\tau}{\delta^2}\right) \tag{2-38}$$

（2）无量纲准则

1）Bi——毕渥数，$Bi = \dfrac{h\delta}{\lambda} = \dfrac{\delta/\lambda}{1/h} = \dfrac{物体内部导热热阻}{物体表面对流换热热阻}$，毕渥数是一无量纲数；

2）Fo——傅里叶数，$Fo = \dfrac{a\tau}{\delta^2}$ = 无量纲时间，反映非稳态导热过程进行的深度。

当$Fo \geq 0.2$时，非稳态过程进入正常情况阶段，无量纲温度分布用式（2-38）的第一项来描述已足够准确，即

$$\frac{\theta(x,\tau)}{\theta_0} = \frac{2\sin\beta_1}{\beta_1 + \sin\beta_1\cos\beta_1}\cos\left(\beta_1\frac{x}{\delta}\right)\exp\left(-\beta_1^2 Fo\right) \tag{2-39}$$

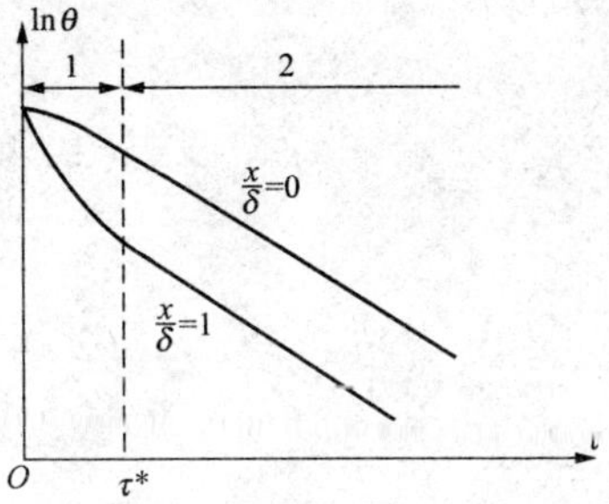

2. 图解法

由分析解绘制的计算线图是诺模图，查诺模图获得$\theta_m/\theta_0 = f(Bi,Fo)$和$\theta/\theta_m = f(Bi,x/\delta)$的值，从而可以确定$\theta/\theta_0 = f(Bi,Fo,x/\delta)$。诺模图可以查阅相关参考书。

3. 傅里叶数Fo对温度分布的影响

参看图2-7，图中的τ^*对应于$Fo = 0.2$的时间，即$\tau^* = 0.2\delta^2/a$。当$\tau > \tau^*$，物体过余温度的对数值随时间按线性规律变化，这个阶段就是瞬态温度变化的正常情况阶段。即$Fo \geq 0.2$，过余温度随时间线性变化，属正常情况阶段。

图2-7 瞬态温度变化的正常情况阶段

4. 毕渥数Bi对温度分布的影响

（1）$Bi = \dfrac{h\delta}{\lambda} = \dfrac{\delta/\lambda}{1/h}$。$Bi$与第三类边界条件密切相关。

（2）分析。因为$-\lambda\dfrac{\partial\theta}{\partial x}\bigg|_{x=\pm\delta} = h\theta\bigg|_{x=\pm\delta}$，此式改写为$-\dfrac{\partial\theta}{\partial x}\bigg|_{x=\pm\delta} = \dfrac{\theta|_{x=\pm\delta}}{\lambda/h} = \dfrac{\theta|_{x=\pm\delta}}{\delta/Bi}$，该式表示物体被冷却时，任何时刻壁表面温度分布的切线都通过定向点$O'(\lambda/h, t_f)$，定向点O'与无限大平壁边界面的距离等于λ/h，即δ/Bi，如图2-8（b）所示。

1）$Bi \to \infty$，对流换热热阻趋于0，第三类边界条件转换为第一类边界条件，定向点在壁面上，温度分布如图2-8（a）所示。

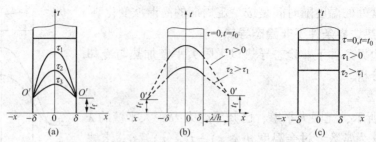

图 2-8 Bi 准则对无限大平壁温度分布的影响
(a) $Bi \to \infty$; (b) $0 < Bi < \infty$; (c) $Bi \to 0$

2) $0 < Bi < \infty$，温度分布如图 2-8（b）所示。

3) $Bi \to 0$，导热热阻趋于 0，温度分布趋于均匀一致，定向点离平壁无穷远，温度分布如图 2-8（c）所示。

工程中把 $Bi < 0.1$ 看作接近 $Bi \to 0$ 这种极限情形的判据。当 $Bi < 0.1$ 时，平壁中心温度与表面温度的差别 $\leq 0.5\%$。

5. 集总参数法

工程中，当 $Bi < 0.1$，近似认为物体的温度是均匀的。因此，对任意形状物体，当热导率很大，或尺寸很小，或表面传热系数很小，只要 $Bi < 0.1$，就可以用集总参数法计算。

（1）分析：如图 2-9 所示，任意形状的物体，建立冷却过程热平衡关系，即

$$-\rho c V \frac{\mathrm{d}\theta}{\mathrm{d}\tau} = hA\theta$$

$$\theta = \theta_0, \quad \tau = 0$$

图 2-9 集总参数分析

（2）求解：分离变量，积分得

$$\ln \frac{\theta}{\theta_0} = -\frac{hA}{\rho c V}\tau \tag{2-40}$$

或

$$\theta = \theta_0 \exp\left(-\frac{hA}{\rho c V}\tau\right) = \theta_0 \exp(-Bi_V Fo_V) \tag{2-41}$$

几点说明：

（1）集总参数法式（2-41）中的毕渥数 Bi_V 与傅里叶数 Fo_V 以 $l = V/A$ 为定型尺寸，不同于分析解中的 Bi 与 Fo 的定型尺寸。见表 2-2。

表 2-2   定 型 尺 寸

形 状	分 析 法		集总参数法	
无限大平壁（半厚度 δ）	$Bi = \dfrac{h\delta}{\lambda}$	$Fo = \dfrac{a\tau}{\delta^2}$	$Bi_V = \dfrac{h\delta}{\lambda}$	$Fo_V = \dfrac{a\tau}{\delta^2}$
球（半径 R）	$Bi = \dfrac{hR}{\lambda}$	$Fo = \dfrac{a\tau}{R^2}$	$Bi_V = \dfrac{h(R/3)}{\lambda}$	$Fo_V = \dfrac{a\tau}{(R/3)^2}$
无限长圆柱体（半径 R）	$Bi = \dfrac{hR}{\lambda}$	$Fo = \dfrac{a\tau}{R^2}$	$Bi_V = \dfrac{h(R/2)}{\lambda}$	$Fo_V = \dfrac{a\tau}{(R/2)^2}$
不规则体或其他形状的物体（体积 V/表面积 A）	$Bi = \dfrac{h(V/A)}{\lambda}$	$Fo = \dfrac{a\tau}{(V/A)^2}$	$Bi_V = \dfrac{h(V/A)}{\lambda}$	$Fo_V = \dfrac{a\tau}{(V/A)^2}$

（2）判断是否可用集总参数，无论哪种形状的物体，都是用 Bi 来判断的，不是用 Bi_V 来判断。只要满足 $Bi<0.1$，就可以使用集总参数法计算，偏差小于 5%。

2.3.3 常热流密度边界条件下非稳态导热

说明在常热流密度作用下半无限大物体的分析解和工程应用。温度分布 $t(\tau)$ 及渗透厚度 $\delta(\tau)$ 如图 2-10 所示。

渗透厚度 $\delta(\tau)$ 是随时间逐渐向深度发展。

$$\delta(\tau) = 3.46\sqrt{a\tau}$$

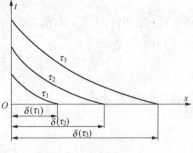

图 2-10 温度分布

2.3.4 小结

一维非稳态导热问题可以用理论分析法进行求解，但得到的解表述很复杂。在特殊情况下（$Bi<0.1$）时可以用集总参数法求解。

学习的重点：①瞬态性和周期性非稳态导热过程各自的特点。②傅里叶准则 Fo 和毕渥准则 Bi 的表达式及物理意义。③$Bi<0.1$、$Bi\to\infty$ 时大平壁瞬态导热的温度分布特点。④集总参数法的应用条件、计算表达式及定型尺寸的选取。⑤温度衰减、温度延迟、渗透厚度、蓄热系数的概念及表述形式，可参考相关的传热学书。

2.4 导热问题数值解

建立在有限差分方法基础上的数值计算方法，是求解导热问题十分有效的方法。也是一种具有足够准确性的近似方法。计算机的应用，使许多复杂的导热问题得到满意的数值解。

2.4.1 有限差分法原理

有限差分法则是把物体分割为有限数目的网格，在网格节点上将微分方程离散为代数方程，通过数值计算求解代数方程组直接求取各网格节点的温度。

具体做法是将求解区域用与坐标轴平行的一系列网格线的交点的集合来代替，在每个节点上将数学描述中的每一个导数用相应的差分表达式来代替，从而在每个节点上形成一个离散方程，离散方程为代数方程，每个代数方程中包括了本节点及附近一些节点的未知值，求解这些代数方程就获得了所需的数值解。

二维稳态导热问题的网格如图 2-11 所示。

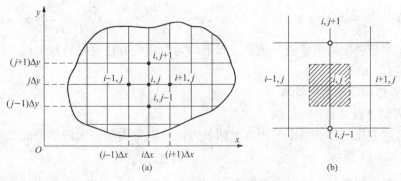

图 2-11 二维稳态导热问题的网格

2.4.2 建立离散方程的方法

1. 泰勒级数展开法

(1) 一阶导数展开式　一阶导数展开式在导热微分方程中是展开 $\dfrac{\partial t}{\partial \tau}$ 项的,有向前差分和向后差分两种形式,向前差分和向后差分都是一阶截差,表示如下:

1) 向前差分式

$$\left(\dfrac{\partial t}{\partial \tau}\right)_i^k = \dfrac{t_i^{k+1} - t_i^k}{\Delta \tau} \tag{2-42}$$

2) 向后差分式

$$\left(\dfrac{\partial t}{\partial \tau}\right)_i^k = \dfrac{t_i^k - t_i^{k-1}}{\Delta \tau} \tag{2-43}$$

(2) 二阶导数展开式　二阶导数展开式在导热微分方程中一般是展开 $\dfrac{\partial^2 t}{\partial x^2}$,$\dfrac{\partial^2 t}{\partial y^2}$ 项,采用中心差分的形式,中心差分是二阶截差,即

$$\left(\dfrac{\partial^2 t}{\partial x^2}\right)_{i,j} = \dfrac{t_{i+1,j} - 2t_{i,j} + t_{i-1,j}}{\Delta x^2} \tag{2-44}$$

$$\left(\dfrac{\partial^2 t}{\partial y^2}\right)_{i,j} = \dfrac{t_{i,j+1} - 2t_{i,j} + t_{i,j-1}}{\Delta y^2} \tag{2-45}$$

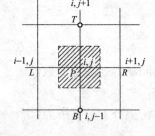

图 2-12　二维稳态导热内节点网格

2. 热平衡法

如图 2-12 所示,与中心节点 $P(i,j)$ 相邻的左右上下节点分别是 L、R、T 和 B,用热平衡法建立离散方程,即

$$\Phi_{LP} + \Phi_{RP} + \Phi_{TP} + \Phi_{BP} = 0 \tag{2-46}$$

其中

$$\Phi_{LP} = \lambda \dfrac{t_{i-1,j} - t_{i,j}}{\Delta x} \Delta y \times 1$$

$$\Phi_{RP} = \lambda \dfrac{t_{i+1,j} - t_{i,j}}{\Delta x} \Delta y \times 1$$

$$\Phi_{TP} = \lambda \dfrac{t_{i,j+1} - t_{i,j}}{\Delta y} \Delta x \times 1$$

$$\Phi_{BP} = \lambda \dfrac{t_{i,j-1} - t_{i,j}}{\Delta y} \Delta x \times 1$$

代入式 (2-46),得

$$\lambda \dfrac{t_{i-1,j} - t_{i,j}}{\Delta x} \Delta y + \lambda \dfrac{t_{i+1,j} - t_{i,j}}{\Delta x} \Delta y + \lambda \dfrac{t_{i,j+1} - t_{i,j}}{\Delta y} \Delta x + \lambda \dfrac{t_{i,j-1} - t_{i,j}}{\Delta y} \Delta x = 0 \tag{2-47}$$

即使热导率是温度的函数或内热源分布不均匀,用此方法也很容易写出节点方程。这是热平衡法的优点。

2.4.3 稳态导热问题的数值计算

1. 内节点的离散方程

内节点离散方程的建立可以采用以上两种方法。以常物性、无内热源的二维稳态导热为例说明,如图 2-12 所示。

常物性,无内热源的二维稳态导热微分方程为 $\dfrac{\partial^2 t}{\partial x^2} + \dfrac{\partial^2 t}{\partial y^2} = 0$,可以采用两种方法建立离

散方程。

(1) 采用泰勒级数展开法离散方程为

$$\frac{t_{i+1,j} - 2t_{i,j} + t_{i-1,j}}{\Delta x^2} + \frac{t_{i,j+1} - 2t_{i,j} + t_{i,j-1}}{\Delta y^2} = 0 \qquad (2-48)$$

(2) 采用热平衡法，离散方程为式 (2-47)。

当采用均匀网格，$\Delta x = \Delta y$，式 (2-47) 和式 (2-48) 皆整理为：

$$t_{i+1,j} + t_{i-1,j} + t_{i,j+1} + t_{i,j-1} - 4t_{i,j} = 0 \qquad (2-49)$$

内节点离散方程的建立采用泰勒级数展开法和热平衡法所得结果一致。

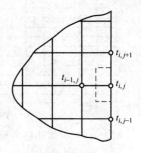

图 2-13 二维稳态导热边界节点

2. 边界节点离散方程的建立

边界节点离散方程的建立常用热平衡方法。以常物性，无内热源的二维稳态导热边界节点的离散方程建立为例说明，如图 2-13 所示。

(1) 第一类边界条件。已知壁面温度 t_w，边界节点 (i, j) 的离散方程为

$$t_{i,j} = t_w \qquad (2-50)$$

(2) 第二类边界条件。已知壁面热流密度 q_W，边界节点 (i,j) 离散方程为

$$\lambda \frac{t_{i-1,j} - t_{i,j}}{\Delta x} \Delta y + \lambda \frac{t_{i,j+1} - t_{i,j}}{\Delta y} \frac{\Delta x}{2} + \lambda \frac{t_{i,j-1} - t_{i,j}}{\Delta y} \frac{\Delta x}{2} + q_w \Delta y = 0$$

当 $\Delta x = \Delta y$，得

$$t_{i,j} = \frac{1}{4} \left(2t_{i-1,j} + t_{i,j+1} + t_{i,j-1} + \frac{2\Delta x q_w}{\lambda} \right) \qquad (2-51)$$

(3) 第三类边界条件。已知壁面相邻流体温度 t_f 和表面传热系数 h，则 $q_w = h(t_f - t_{i,j})$，边界节点 (i, j) 离散方程为

$$\lambda \frac{t_{i-1,j} - t_{i,j}}{\Delta x} \Delta y + \lambda \frac{t_{i,j+1} - t_{i,j}}{\Delta y} \frac{\Delta x}{2} + \lambda \frac{t_{i,j-1} - t_{i,j}}{\Delta y} \frac{\Delta x}{2} + h(t_f - t_{i,j}) \Delta y = 0$$

当 $\Delta x = \Delta y$，经整理得

$$(2t_{i-1,j} + t_{i,j+1} + t_{i,j-1}) - \left(4 + 2\frac{h\Delta x}{\lambda}\right) t_{i,j} + 2\frac{h\Delta x}{\lambda} t_f = 0 \qquad (2-52)$$

若有均匀内热源，内热源强度为 q_V，在式 (2-52) 上加 $q_V \frac{\Delta x}{2} \Delta y$ 项。

说明：节点温度是指节点区域内的平均温度。节点区域的边界是该节点与相邻节点的平分线。

3. 节点离散方程组的求解

节点离散方程组为代数方程组，求解采用迭代法。其原理是先任意假定一组节点温度的初始值，将这些初始值代入节点方程组，求得一组新的各节点温度值，再代入方程组，又得到一组新的各节点温度值，这样的迭代过程反复进行，一直到前后两次迭代各节点温度差值中的最大差值小于预先规定的允许误差为止，计算结束。

为了加快计算速度，可采取高斯 - 赛德尔迭代法，此方法与简单迭代法不同之处在于每

次迭代时总是使用节点温度的最新值。

2.4.4 非稳态导热问题的数值计算

常物性无内热源的一维非稳态导热微分方程式为 $\dfrac{\partial t}{\partial \tau} = a\dfrac{\partial^2 t}{\partial x^2}$，网格的划分如图2-14所示，建立内节点离散方程也可采用泰勒级数展开法和热平衡法，但边界节点应采用热平衡法建立。由于方程中一阶偏导数 $\dfrac{\partial t}{\partial \tau}$ 的离散有向前差分和向后差分两种差分形式，因此节点的离散方程也有这两种形式。

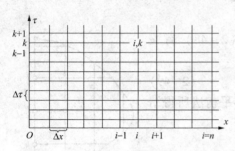

图2-14 一维非稳态导热问题的网格

1. 内节点离散方程

（1）显式差分格式。温度对 x 的二阶导数，采用中心差分；温度对时间的一阶导数，采用向前差分，则内节点 (i, k) 的节点离散方程为

$$\frac{t_i^{k+1} - t_i^k}{\Delta \tau} = a \frac{t_{i-1}^k - 2t_i^k + t_{i+1}^k}{\Delta x^2}$$

整理得

$$t_i^{k+1} = \frac{a\Delta\tau}{\Delta x^2}(t_{i-1}^k + t_{i+1}^k) + \left(1 - 2\frac{a\Delta\tau}{\Delta x^2}\right)t_i^k$$

或

$$t_i^{k+1} = Fo(t_{i-1}^k + t_{i+1}^k) + (1 - 2Fo)t_i^k \tag{2-53}$$

这种差分格式称为显式差分格式，计算是有稳定性条件的，要求 $(1 - 2Fo) \geqslant 0$，则

$$(a\Delta\tau)/\Delta x^2 \leqslant \frac{1}{2}$$

或

$$Fo \leqslant \frac{1}{2} \tag{2-54}$$

式（2-54）为显示差分方程式（2-53）的稳定性条件。也就是说，在计算中 Δx 和 $\Delta \tau$ 的选取受式（2-54）的限制。

（2）隐式差分格式。温度对 x 的二阶导数，采用中心差分；温度对时间的一阶导数，采用向后差分，则内节点 (i, k) 的节点离散方程为

$$\frac{t_i^k - t_i^{k-1}}{\Delta \tau} = a \frac{t_{i-1}^k - 2t_i^k + t_{i+1}^k}{\Delta x^2}$$

此式完全可以等价地写为

$$\frac{t_i^{k+1} - t_i^k}{\Delta \tau} = a \frac{t_{i-1}^{k+1} - 2t_i^{k+1} + t_{i+1}^{k+1}}{\Delta x^2}$$

整理得

$$\left(1 + 2\frac{a\Delta\tau}{\Delta x^2}\right)t_i^{k+1} = \frac{a\Delta\tau}{\Delta x^2}(t_{i-1}^{k+1} + t_{i+1}^{k+1}) + t_i^k$$

或

$$(1+2Fo)t_i^{k+1} = Fo(t_{i-1}^{k+1} + t_{i+1}^{k+1}) + t_i^k \tag{2-55}$$

这种差分格式称为隐式差分格式，计算无稳定条件。Δx 和 $\Delta \tau$ 可以任意独立地选择而不受限制，不同的 Δx 和 $\Delta \tau$ 的选择会影响结果的准确程度。

2. 边界节点离散方程

第一类边界条件，边界节点温度是已知的。

第二类或第三类边界条件，用热平衡关系建立节点离散方程。

（1）显式差分格式（向前差分）。如图 2-15 所示，以第三类边界条件为例，离散方程为

$$h(t_f^k - t_1^k) + \lambda \frac{t_2^k - t_1^k}{\Delta x} = \rho c \frac{t_1^{k+1} - t_1^k}{\Delta \tau} \cdot \frac{\Delta x}{2}$$

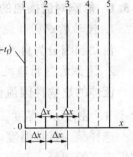

图 2-15 显式差分格式

整理得

$$t_1^{k+1} = 2Fo(t_2^k + Bi\, t_f^k) + (1 - 2Bi\, Fo - 2Fo)t_1^k \tag{2-56}$$

稳定性条件为：
$$1 - 2Bi\, Fo - 2Fo \geq 0$$

即

$$Fo \leq \frac{1}{2Bi + 2} \tag{2-57}$$

（2）隐式差分格式（向后差分）。以第三类边界条件为例，离散方程为

$$h(t_f^{k+1} - t_1^{k+1}) + \lambda \frac{t_2^{k+1} - t_1^{k+1}}{\Delta x} = \rho c \frac{t_1^{k+1} - t_1^k}{\Delta \tau} \cdot \frac{\Delta x}{2}$$

整理得

$$(1 + 2Bi\, Fo + 2Fo)t_1^{k+1} = 2Fo(t_2^{k+1} + Bi\, t_f^{k+1}) + t_1^k \tag{2-58}$$

隐式差分格式无条件稳定。

2.4.5 小结

数值计算法适合二维及三维的稳态导热和非稳态导热问题。本部分以二位稳态导热问题和一维非稳态导热问题为例介绍数值计算法。

获得节点方程有两种方法：级数展开式法和热平衡方程法。无内热源的中心节点这两种方法都适合，有内热源的中心节点和边界节点适合热平衡法。

非稳态导热问题中，由于温度随时间的变化是单方向的，温度对时间的导数只能采用向前差分格式或向后差分格式，不能采用中心差分格式；采用向前差分格式获得的差分方程是显式方程，是有条件稳定的；采用向后差分获得的差分方程是隐式方程，是无条件稳定的。由于温度在空间的变化在各方向是均匀的，温度对空间的导数采用中心差分格式。

学习的重点：①采用热平衡获得节点差分方程。②理解非稳态导热问题采用不同的格式得到的不同差分方程，理解并掌握其稳定性条件。

2.5 对流换热分析

对流换热计算的基本公式为牛顿冷却公式

$$q = h(t_w - t_f) \tag{2-59}$$

或

$$\varPhi = h(t_w - t_f)A \tag{2-60}$$

对流换热计算的目的是确定表面传热系数 h。表面传热系数 h 有四种确定方法，分别为：① 分析法；② 类比法；③ 数值法；④ 实验法。本科教材和考试大纲不要求数值法。

2.5.1 影响对流换热的一般因素

1. 流动的起因和流动状态

流动起因分为自然对流和受迫对流；流动状态分为层流和紊流。

2. 流体的热物理性质

流体的热物性因流体的种类、温度、压力而变化。热物理性质主要包括比热容 c_p、热导率 λ、密度 ρ、黏度 μ、体积热膨胀系数 α 等。

选择某一特征温度以确定物性参数，从而把物性作为常量处理，此温度称为定性温度。定性温度的选择一般为：管内或管外流动，采用流体平均温度 t_f；流体与大平壁之间的换热，采用流体与壁表面温度算术平均值 $(t_f + t_w)/2$。不同的准则关联式，定性温度的选取不同。

3. 流体的相变

流体的相变有冷凝、沸腾；升华、凝华；融化、凝固。

4. 换热表面几何因素

换热表面几何因素包括壁面尺寸、粗糙度、形状、流体的相对位置；在分析计算中，采取对换热有决定意义的特征尺寸表示换热表面的几何因素，此特征尺寸称为定型尺寸，用 l 表示。如管内流动以内管径为定型尺寸。

综合上述，影响对流换热的因素可以用如下表达式表示为

$$h = f(u, t_w, t_f, \lambda, c_p, \rho, \alpha, \mu, l) \tag{2-61}$$

2.5.2 对流换热过程微分方程式

如图 2-16 所示，由边界壁面温度、速度分布，则得到对流换热过程微分方程表达式为

$$h_x = -\frac{\lambda}{\Delta\theta_x}\left(\frac{\partial\theta}{\partial y}\right)_{w,x} \tag{2-62}$$

式中，过余温度 $\theta = t - t_w$，$\Delta\theta_x = (\theta_w - \theta_f)_x$。

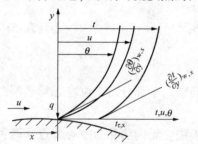

图 2-16 对流换热过程

对流换热过程微分方程式反映表面传热系数与流体温度场的关系。

2.5.3 对流换热微分方程组

换热问题分析法之一：分析对流换热过程中流进与流出流场内任一微元流体的质量、动量及能量守恒，导出边界层微分方程组并求解。

2.5.4 流动边界层和热边界层

1. 流动边界层

流体外掠平板，其流动边界层如图 2-17 所示，当 $u/u_\infty = 0.99$ 处的离壁距离定义为边界层厚度，用 δ 表示。边界层中流态分为层流与紊流，临界雷诺数为 $Re_c = u_\infty \cdot x/\nu = 5 \times 10^5$。

引入边界层的概念，流场可分为边界层区和主流区。边界层区，流体黏性起主要作用，采用黏性流体运动微分方程求解。在主流区，$\partial u/\partial y = 0$，$u_\infty = \text{const}$，可认为流体是无黏性

的理想流体，采用欧拉方程求解。

流动边界层的几个重要特性为：

（1）边界层很薄，其厚度 δ 与壁的定性尺寸 l 相比是极小的。

（2）在边界层内存在较大的速度梯度。

（3）边界层流态分为层流与紊流，紊流边界层紧靠壁处的层流底层内温度梯度将明显大于层流区的温度梯度。

（4）流场可划分为主流区和边界层区，只有在边界层内才显示流体黏性的影响。当 $Re \ll 1$，边界层为一层

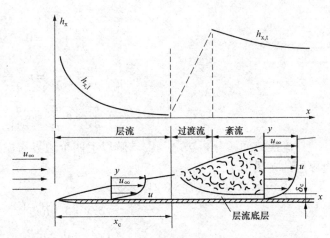

图 2-17 外掠平板流动边界层及局部换热系数

缓缓移动的膜，黏性力占优势，可以忽略惯性力；当 Re 很大时，紊流边界层核心区惯性力将起主导作用，可以忽略黏性力；当 Re 处于以上两种情况之间，惯性力和黏性力相当。

流体在管内流动，其流动边界层如图 2-18 所示。流态由 $Re = u_m d/\nu$ 判断，$Re < 2300$ 为层流；$Re > 10^4$ 为旺盛紊流；$Re_c = 2300$ 称为管流临界雷诺数；当 $Re > 10^4$ 时，边界层在管中心汇合前已发展为紊流。

2. 热边界层

当主流和壁面之间有温差时，将产生热边界层。如图 2-19 所示，当 $y = 0$，$\theta_w = 0$；$y = \delta_t$，达到 $\theta = 0.99\theta_f$，厚度 δ_t 的范围称热边界层，或称温度边界层，δ_t 称为热边界层厚度。这样，在热边界层以外可视为温度梯度为零的等温流动区。显然，δ_t 不一定等于 δ，两者之比决定于流体的物性。

对于层流，温度呈抛物线性分布；对于紊流，温度呈幂函数型分布。紊流区边界层贴壁处的层流底层内温度梯度将明显大于层流区的温度梯度。

2.5.5 层流边界层换热微分方程组及其求解

当流体横掠大平板，边界层为层流边界层时，通过比较方程中各项量级的相对大小，把量级较大的量或项目保留下来，从方程中舍去量极小的项目，使方程简化。通过量级分析得到常物性外掠平板层流换热边界层微分方程组，包括对流换热过程微分方程式（2-62），连续性方程，动量微分方程和能量微分方程，即

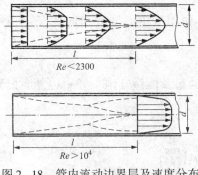

图 2-18 管内流动边界层及速度分布

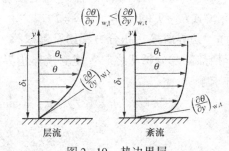

图 2-19 热边界层

$$\frac{\partial u}{\partial x}+\frac{\partial v}{\partial y}=0 \qquad (2-63)$$

$$u\frac{\partial u}{\partial x}+v\frac{\partial u}{\partial y}=\nu\frac{\partial^2 u}{\partial x^2} \qquad (2-64)$$

$$u\frac{\partial t}{\partial x}+v\frac{\partial t}{\partial y}=a\frac{\partial^2 t}{\partial x^2} \qquad (2-65)$$

对流换热问题分析法之一：求解以上四个边界层微分方程组，获得常壁温外掠平板层流边界层的换热结果。

（1）边界层厚度及局部摩擦系数

$$\delta/x = 5.0 Re_x^{-1/2} \qquad (2-66)$$

$$C_{f,x}/2 = 0.332 Re_x^{-1/2} \qquad (2-67)$$

对长度 l 的常壁温外掠平板，积分得到平均摩擦系数，即

$$C_f = \frac{1}{l}\int_0^l C_{f,x} \mathrm{d}x = 2C_{f,l} = 1.328 Re^{-1/2} \qquad (2-68)$$

其中，$Re_x = u_\infty x/\nu$，$Re = u_\infty l/\nu$。

由式（2-67）和式（2-68）式得 $C_f = 2C_{f,l=e}$。

（2）边界层的局部表面传热系数

$$h_x = 0.332 \frac{\lambda}{x} Re_x^{1/2} Pr^{1/3} \qquad (2-69\text{a})$$

准则关联式为

$$Nu_x = 0.332 Re_x^{1/2} Pr^{1/3} \qquad (2-69\text{b})$$

对长度 l 的常壁温外掠平板，积分得到平均表面传热系数，即

$$h = 0.664 \frac{\lambda}{l} Re^{1/2} Pr^{1/3} \qquad (2-70\text{a})$$

$$Nu = 0.664 Re^{1/2} Pr^{1/3} \qquad (2-70\text{b})$$

式中　Pr——普朗特数，$Pr = \frac{\nu}{a} = \frac{\mu c_p}{\lambda}$；

Nu——努塞尔数，$Nu = \frac{hl}{\lambda}$，$Nu_x = \frac{h_x x}{\lambda}$。

定性温度为 $t_m = (t_f + t_w)/2$；定型尺寸为板长 x，l。

由式（2-69b）和式（2-70a）得 $h = h_{x=l}$。

（3）$Pr = 1$ 的流体　层流边界层无量纲速度分布和无量纲温度分布曲线完全一致，且 $\delta = \delta_t$。对 $Pr \neq 1$ 的流体，$\delta_t/\delta = Pr^{-1/3}$。

2.5.6　边界层换热积分方程组及其求解

换热问题分析法之二：建立流体边界层的质量、动量及能量守恒，导出边界层积分方程组并求解。

1. 边界层动量积分方程式（$u_\infty = \text{const}$）

$$\rho \frac{\mathrm{d}}{\mathrm{d}x}\int_0^\delta u(u_\infty - u)\mathrm{d}y = \mu\left(\frac{\mathrm{d}u}{\mathrm{d}y}\right)_w \qquad (2-71)$$

补充边界层速度分布函数 $u=f(y)$，即

$$\frac{u}{u_\infty} = \frac{3}{2}\left(\frac{y}{\delta}\right) - \frac{1}{2}\left(\frac{y}{\delta}\right)^3 \tag{2-72}$$

求解以上积分方程，得到常壁温外掠平板层流边界层的结果有：

(1) 边界层厚度 $\qquad \delta/x = 4.64 Re_x^{-1/2} \tag{2-73}$

(2) 局部摩擦系数 $\qquad C_{f,x}/2 = 0.323 Re_x^{-1/2} \tag{2-74}$

(3) 平均摩擦系数 $\quad C_f = \frac{1}{l}\int_0^l C_{f,x} dx = 2C_{f,l} = 1.292 Re^{-1/2} \tag{2-75}$

2. 边界层能量积分方程

$$\frac{d}{dx}\int_0^\delta u(t_f - t) dy = a\left(\frac{dt}{dy}\right)_w \tag{2-76}$$

补充边界层速度分布函数 $t=f(y)$，为

$$\frac{t-t_w}{t_f-t_w} = \frac{\theta}{\theta_f} = \frac{3}{2}\left(\frac{y}{\delta_t}\right) - \frac{1}{2}\left(\frac{y}{\delta_t}\right)^3 \tag{2-77}$$

求解以上积分方程，得到常壁温外掠平板层流边界层的换热结果如下：

(1) δ 与 δ_t 的关系

$$\frac{\delta_t}{\delta} = \frac{1}{1.025} Pr^{-1/3} \approx Pr^{-1/3} \tag{2-78}$$

(2) 局部表面传热系数

$$h_x = 0.332 \frac{\lambda}{x} Re_x^{1/2} Pr^{1/3} \tag{2-79a}$$

或

$$Nu_x = 0.332 Re_x^{1/2} Pr^{1/3} \tag{2-79b}$$

或

$$St_x Pr^{2/3} = 0.332 Re_x^{-1/2} \tag{2-79c}$$

其中，$St_x = \frac{Nu_x}{Re_x \cdot Pr} = \frac{h_x}{\rho c_p u_\infty}$，$St = \frac{Nu}{Re \cdot Pr} = \frac{h}{\rho c_p u_\infty}$ 称为斯坦登准则。

(3) 平均表面传热系数

$$h = 0.664 \frac{\lambda}{l} Re^{1/2} Pr^{1/3} \tag{2-80a}$$

或

$$Nu = 0.664 Re^{1/2} Pr^{1/3} \tag{2-80b}$$

或

$$St \cdot Pr^{2/3} = 0.664 Re^{-1/2} \tag{2-80c}$$

以上准则式的定性温度为 $t_m = (t_f + t_w)/2$；定型尺寸为板长 x，l。

2.5.7 动量传热和热量传递的类比

动量传热和热量传递进行类比，目的是找到流动摩擦系数与对流换热表面传热系数的关系。根据雷诺类比，推导出流体紊流流动的摩擦系数与对流换热表面传热系数的关系，即柯尔朋（Colburn）类比律，为

$$St \cdot Pr^{2/3} = C_f/2 \tag{2-81}$$

局部表面系数为

$$St_x \cdot Pr^{2/3} = C_{f,x}/2 \qquad (2-82)$$

柯尔朋（Colburn）类比律的意义在于只要求得流体流动的摩擦系数，可由上式求出对流换热的表面传热系数。

大平板的阻力损失为

$$\Delta P = C_f \frac{\rho u_\infty^2}{2}$$

2.5.8 外掠平板紊流换热

1. 外掠平板紊流局部摩擦系数

光滑平板，实验和理论分析确定的平板紊流局部摩擦系数

$$C_{f,x} = 0.0592 Re_x^{-1/5} \qquad (2-83)$$

其适用范围：$5 \times 10^5 \leqslant Re \leqslant 10^7$。

2. 常壁温外掠平板紊流局部表面传热系数

$$Nu_x = 0.0296 Re_x^{4/5} Pr^{1/3} \qquad (2-84)$$

3. 全板平均表面传热系数

在板长 l 上积分，获得常壁温外掠平板紊流平均换热准则关联式为：

$$Nu = (0.037 Re^{0.8} - 870) Pr^{1/3} \qquad (2-85)$$

其适用范围：$0.6 \leqslant Pr \leqslant 60$，$5 \times 10^5 \leqslant Re \leqslant 10^8$，定性温度为 $t_m = (t_f + t_w)/2$；定型尺寸为板长 l。

2.5.9 对流换热无量纲准数及其意义

对流换热问题，主要的相似准数主要有：

（1）努塞尔准数：表达式 $Nu = \dfrac{hl}{\lambda}$；Nu 表征壁面法向无量纲过余温度梯度的大小，反映对流换热的强弱。

（2）雷诺准数：表达式 $Re = \dfrac{ul}{\nu} = \dfrac{\rho ul}{\mu}$；$Re$ 表征流体受迫流动时惯性力与黏性力的相对比值，其大小反映了受迫对流流态对换热影响。

（3）普朗特准数：表达式 $Pr = \nu/a$；普朗特准则又称为物性准则，Pr 值的大小反映了流体的动量传递能力与热量传递能力的相对大小。

1) 高 Pr 流体：$Pr > 10$，各种油类，例如，变压器油 $Pr_{100℃} = 80$；

2) 普通 Pr 流体：$Pr = 0.7 \sim 10$，空气、水，例如，水的 $Pr_{100℃} = 1.75$，空气 $Pr = 0.7$；

3) 低 Pr 流体：$Pr < 0.7$，液态金属，例如，水银 $Pr_{150℃} = 0.016$。

（4）格拉晓夫准数：$Gr = \dfrac{g\Delta t\alpha l^3}{\nu^2}$；$Gr$ 表征了流体自然对流流动时惯性力与黏性力的相对比值，其大小反映了自然对流流态对换热的影响。

2.5.10 相似理论基础

1. 物理相似

（1）几何相似：对应几何尺寸成比例 C_l 为几何相似倍数。速度场相似，对应速度成比例，C_u 为速度场相似倍数；稳态温度场相似，空间对应点上过余温度成比例，C_θ 为温度场相似倍数；非稳态温度场相似时间、空间对应点上过余温度成比例，C_θ 为温度场相似倍数，

C_τ为时间相似倍数。

(2) 物理量相似：若两对流换热现象相似，它们的温度场、速度场、黏度场、壁面几何形状等都应分别相似，即在瞬间对应点上的该物理量分别成比例，即 C_τ、C_l、C_θ、C_u、C_λ、C_ν 等。

(3) 物理相似：影响物理现象的所有物理量场分别相似的综合，就构成了物理相似。必须是同类现象才能谈相似；物理量场的相似倍数间有特定的制约关系，体现这种制约关系，是相似原理的核心；注意物理量的时间性和空间性。

2. 相似原理

相似原理的三点表述：相似性质、相似准则间的关系、判断相似的条件。

(1) 相似性质：彼此相似的现象，它们的同名相似准则必定相等。

对流换热无量纲准数的相似性质有：$Pr'=Pr''$、$Nu'=Nu''$、$Re'=Re''$和$Gr'=Gr''$。

(2) 相似准则间的关系：常用的相似准则间的关系如下：

1) 无相变受迫稳态对流换热，若自然对流可以忽略不计

$$Nu=f(Re,Pr) \tag{2-86}$$

或

$$Nu=CRe^nPr^m \tag{2-87}$$

2) 对于空气，Pr 可以作为常数，无相变受迫稳态对流换热

$$Nu=f(Re) \tag{2-88}$$

或

$$Nu=CRe^n \tag{2-89}$$

3) 自然对流换热

$$Nu=f(Gr,Pr) \tag{2-90}$$

或

$$Nu=C(Gr\cdot Pr)^n \tag{2-91}$$

这样，按上述关联式整理实验数据，就能在对数坐标中得到反映线性变化规律的准则关联式，从而解决了实验数据如何整理的问题。

(3) 判断相似的条件。

判断现象是否相似的条件：凡同类现象，单值性条件相似，同名已定准数相等，现象必定相似。

单值性条件包括：几何条件、物理条件、边界条件和时间条件。

3. 实验数据的整理方法

对流换热实验研究的主要步骤是：① 实验时测量各相似准则中包含的全部物理量，其中物性参数由实验系统中定性温度确定；② 实验结果整理成准则关联式；③ 实验结果推广应用到相似的现象。

在安排模型实验时，为了保证实验设备中的现象（模型）与实际设备中的现象（原型）相似，必须保证模型与原型现象单值性条件相似，而且同名的已定准则数值上相等。

实验结果整理成准则关联式，通常习惯于整理成式（2-87）、式（2-89）或式（2-91）幂函数形式，式中的 C、m、n 等是由实验数据确定的数。

例如，空气的受迫对流换热，实验结果绘制在以 $\lg Re$ 为横坐标、$\lg Nu$ 为纵坐标的图中，在图中呈直线，如图 2-20 所示，拟合成准则关联式 $Nu=CRe^n$ 的形式，确定出 C 和 n 值。又

如管内紊流换热，实验结果绘制在以 lgRe 为横坐标，lg($Nu/Pr^{0.4}$) 为纵坐标图中，在图中呈直线，如图 2-21 所示，拟合成准则关联式 $Nu=CRe^nPr^{0.4}$ 的形式，确定出 $C=0.023$ 和 $n=0.8$。

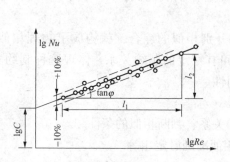

图 2-20 $Nu=CRe^n$ 的图示

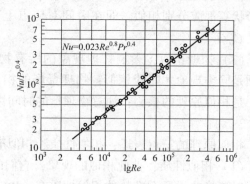

图 2-21 管内紊流换热实验数据及准则关联式

相似性原理的理解：① 物理现象相似：如果同类物理现象的所有同名的物理量在所有对应瞬间、对应地点的数值成比例，则称物理现象相似。② 物理现象相似的条件：a. 同类物理现象；b. 单值性条件相似；c. 同名已定准则数相等。③ 相似原理的意义：相似性原理是指导如何对传热问题进行实验研究的理论，回答了 3 个问题：a. 如何安排实验；b. 如何整理实验数据；c. 实验结果的应用范围。

2.5.11 小结

对流换热中的热流量或热流密度求解是用牛顿冷却公式。在牛顿冷却公式中只有表面传热系数很难确定，因此对流换热问题就是求解表面传热系数。表面传热系数的确定本科生要求掌握三种方法：①理论分析法（微分方程求解法、积分方程求解法）。②类比法。③实验法。本部分的内容是以流体横掠大平壁为例，介绍了前两种方法，并且介绍进行实验遵循的相似理论，解决如何安排实验、如何整理实验数据、实验数据推广范围的问题。

学习的重点：①对流换热的分类、影响因素及涉及的物理量。②边界层理论。③边界层微分方程组及求解结论、积分方程组及求解结论、两者结论之间的差异和原因、定型尺寸和定性温度的作用。④类比法的准则数关联式及使用条件。⑤努塞尔数、雷诺数、格拉晓夫数、普朗特数的表达式及物理意义。⑥受迫对流换热、自然对流换热以及混合对流换热的条件及准则关联式的形式。

2.6 单相流体对流换热及准则关系式

2.6.1 管内受迫流动对流换热

1. 进口段与充分发展段

进口段是指从进口到管断面流速分布和流动状态达到定型的管段；充分发展段是指管断面流速分布和流动状态已定型的管段。

（1）充分发展段

$$\frac{-(\partial t/\partial r)_{r=R}}{t_w - t_f} = \frac{h}{\lambda} = \text{const} \tag{2-92}$$

式（2-92）说明常物性流体在热充分发展段的表面传热系数保持不变，如图 2-22 所示。

（2）进口段长度。流动进口段长度和热进口段长度不一定相等，取决于 Pr，$Pr>1$ 时，

流动进口段长度 < 热进口段长度；$Pr < 1$ 时，情形正相反；$Pr = 1$ 时，两者相等。

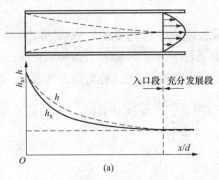 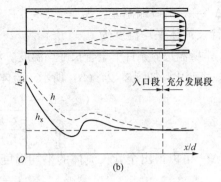

图 2-22 管内局部表面传热系数及平均 h 的变化
(a) 层流；(b) 紊流

如图 2-22 所示，若 $Pr = 1$，分析证明：常物性流体层流热进口段长度，$(l/d)_1 \approx 0.05Re \cdot Pr$。

2. 管内流体平均速度及平均温度

(1) 断面平均速度 u_m。如图 2-23 所示，由定义得

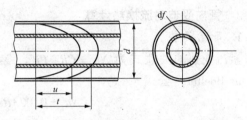

图 2-23 管断面平均流速及平均温度的计算

$$u_m = \int_0^f u \frac{\mathrm{d}f}{f} = \frac{2}{\pi R^2} \int_0^R \pi r u \mathrm{d}r = \frac{V}{f} \quad (2-93)$$

式中 V——流量，m^3/s。

(2) 断面流体平均温度 t_f 是用焓值定义的。

$$t_f = \frac{\int_f \rho c_p t u \mathrm{d}f}{\int_f \rho c_p u \mathrm{d}f} = \frac{2}{R^2 u_m} \int_0^R t u r \mathrm{d}r \quad (2-94)$$

用式（2-94）求解断面平均温度，须知断面温度和速度分布，很困难。一般断面平均温度通过实验测得，即流体充分混合，测得混合温度。

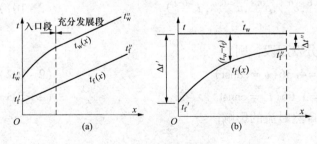

图 2-24 管内换热时流体温度变化
(a) 常热流；(b) 常壁温

(3) 全管长平均温度 t_f。

1) 常热流边界条件下全管长平均温度。常热流边界条件（$q = \text{const}$），物性为常量，从进口开始，流体断面温度呈线性变化，即 $t_f = (t_f' + t_f'')/2$；热充分发展段，管壁温度也呈线性变化，且与流体断面温度变化速率相同。如图 2-24（a）所示。

故全管长的流体与管壁的平均温度差，可近似取进出口两端温度差的算术平均值，即

$$\Delta t = (\Delta t' + \Delta t'')/2 = |t_w - t_f| \quad (2-95)$$

式中　$\Delta t'$——进口端温差，$\Delta t' = |t'_w - t'_f|$；
　　　$\Delta t''$——出口端温差，$\Delta t'' = |t''_w - t''_f|$。

全管长流体平均温度为 $t_f = (t'_f + t''_f)/2$；全管长壁面平均温度为 $t_w = (t'_w + t''_w)/2$。

2）常壁温边界条件下全管长平均温度。常壁温条件下（$t_w = \mathrm{const}$），流体温度将沿管长按对数曲线规律变化，如图 2-24（b）所示。流体与壁温间平均温度差，称对数平均温差，Δt_m 为

$$\Delta t_m = \frac{(t_w - t'_f) - (t_w - t''_f)}{\ln\frac{(t_w - t'_f)}{(t_w - t''_f)}} = \frac{\Delta t' - \Delta t''}{\ln\frac{\Delta t'}{\Delta t''}} = |t_w - t_f| \tag{2-96}$$

由 Δt_m 可以得出全管长流体的平均温度为：

$$t_f = t_w \pm \Delta t_m \tag{2-97}$$

当 $t_f < t_w$，取负号；当 $t_f > t_w$，取正号。

若进出口的温度差之比 $\Delta t'/\Delta t'' < 2$，可用 $\Delta t_m = (\Delta t' + \Delta t'')/2$ 计算，误差小于 4%。

2.6.2　管内受迫对流换热计算

1. 紊流换热

紊流换热的关联式为 $Nu = CRe^n Pr^m$。紊流换热使用最广泛的关联式迪图斯—贝尔特（Dittus-Boelter）公式

$$Nu_f = 0.023 Re_f^{0.8} Pr_f^{0.4} \quad (t_w > t_f) \tag{2-98}$$

$$Nu_f = 0.023 Re_f^{0.8} Pr_f^{0.3} \quad (t_w < t_f) \tag{2-99}$$

使用条件：对空气，温度差 <50℃；对液体，温度差 <20℃左右。使用参数范围为 $(l/d) \geqslant 10$；$Re_f > 10^4$；$Pr_f = 0.7 \sim 160$。定性温度为全管长流体平均温度 t_f；定型尺寸为管内径 d。

非圆管，定型尺寸采用当量直径，但当量直径的定义为：

$$d_e = 4A/U \tag{2-100}$$

式中　A——非圆管断面面积，m^2；
　　　U——非圆管湿周，m。

螺旋管，受二次流影响，计算结果须乘以修正系数 ε_R。对气体，$\varepsilon_R = 1 + 1.77 d/R$；对液体，$\varepsilon_R = 1 + 10.3 (d/R)^3$；其中，$R$ 是螺旋管曲率半径，m；d 是管直径，m。

若将式（2-98）展开，得到管内紊流流动影响表面传热系数因素的幂次，即

$$h = (u^{0.8}, \lambda^{0.6}, c_p^{0.4}, \rho^{0.8}, \mu^{-0.4}, d^{-0.2}) \tag{2-101}$$

2. 层流换热

当管子较长，在常物性流体的热充分发展段，则

$$Nu_f = 4.36 \quad (q = \mathrm{const}) \tag{2-102}$$

$$Nu_f = 3.66 \quad (t_w = \mathrm{const}) \tag{2-103}$$

式（2-102）和式（2-103）没有考虑自然对流的影响。

3. 粗糙管壁的换热

管内对流换热，应用类比律得到

$$St \cdot Pr^{2/3} = \frac{f}{8} \tag{2-104}$$

其中，阻力损失为

$$\Delta p = f \frac{l}{d} \frac{\rho u_m^2}{2}$$

式中 f——沿程阻力系数，可由实验测得，也可用流体力学中的相应计算公式求得。

2.6.3 外掠圆管流动换热

1. 外掠单管

流动特点如图 2-25 所示，脱体的起点位置取决于 Re，$Re = \dfrac{u_\infty d}{\nu}$，当 $Re < 10$ 时，不发生脱体；层流，$Re = 10 \sim 1.5 \times 10^5$，脱体发生在 $\varphi = 80° \sim 85°$；紊流，$Re > 1.5 \times 10^5$，脱体点可推移到 $\varphi = 140°$。

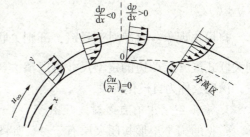

图 2-25 外掠圆管流动边界层

换热特点如图 2-26 所示，壁面边界层流动状况，决定了换热的特征。脱体前，边界层厚度随流程增加，h_x 逐渐减小；脱流，使换热增强。

2. 外掠管束

外掠管束排列可分为顺排和叉排，如图 2-27 所示。影响外掠管束表面传热系数的因素有管排数；管排定位（S_1、S_2）；排列方式（叉排、顺排）；冲角；流体物性；流体流速。

管束换热关联式

$$Nu_f = C Re_f^n Pr_f^m \left(\frac{Pr_f}{Pr_w}\right)^{0.25} \left(\frac{S_1}{S_2}\right)^p \varepsilon_Z \quad (2-105)$$

重点说明的是后排管子周围的流体受到前排管子的扰动会更乱，后排管子的表面传热系数高于前排管子的表面传热系数。

2.6.4 自然对流换热

1. 无限空间自然对流换热

理论和实验研究都证明：在常壁温或常热流边界条件下当达到旺盛紊流时，局部表面传热系数 h_x

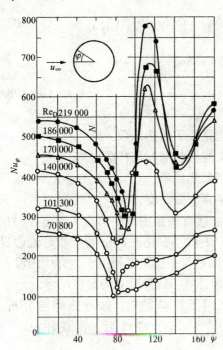

图 2-26 外掠圆管局部表面传热系数

将保持不变，即与壁的高度无关，如图 2-28 所示。

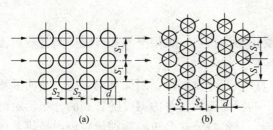

图 2-27 顺排与叉排管束
(a) 顺排；(b) 叉排

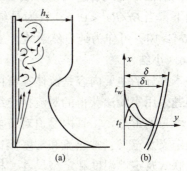

图 2-28 自然对流换热边界层

2. 自然对流准则关联式

$$Nu = C(GrPr)^n = CRa^n \tag{2-106}$$

式中，$Gr = g\alpha\Delta t l^3/\nu^2$ 为格拉晓夫准则；瑞利准则 $Ra = GrPr$；$\Delta t = t_W - t_f$，定性温度为 $t_m = (t_W + t_f)/2$。

自模化现象：自然对流紊流，准则关联式中，常壁温时 $n = \dfrac{1}{3}$，或常热流时 $n = \dfrac{1}{4}$，准则关联式展开后两边的定型尺寸可以消去，表明自然对流紊流的表面传热系数与定型尺寸无关，该现象称为自模化现象。

3. 有限空间中的自然对流换热

常见的扁平矩形封闭夹层有三种，如图 2-29 所示，为竖壁、水平和倾斜。

封闭夹层空间换热准则关联式

$$Nu_\delta = C(Gr_\delta Pr)^m \left(\dfrac{\delta}{H}\right)^n \tag{2-107}$$

$$q = h_e(t_{w_1} - t_{w_2}) = Nu_\delta \dfrac{\lambda}{\delta}(t_{w_1} - t_{w_2}) = \dfrac{\lambda_e}{\delta}(t_{w_1} - t_{w_2}) \tag{2-108}$$

定性温度 $t_m = (t_{w_1} + t_{w_2})/2$

式中 h_e——当量表面传热系数，W/(m²·K)；
Nu_δ——夹层换热努谢尔特数，$Nu_\delta \geq 1$；
λ_e——当量热导率，$\lambda_e = Nu_\delta \cdot \lambda$，$\lambda_e \geq 1$；
H——竖直夹层高度，m。

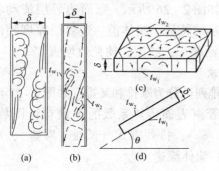

图 2-29 有限空间自然对流换热

垂直封闭夹层的自然对流换热问题可分为三种情况：①在夹层内冷热两股流动边界层相互结合，形成多个环流，采用式 (2-107) 计算；② $\delta/H > 0.3$，冷热两壁的自然对流边界层不会互相干扰，按无限空间自然对流计算；③两壁的温差与夹层厚度都很小，夹层内没有流动发生，当 $Gr_\delta = g\alpha\Delta t\delta^3/\nu^2 < 2000$，可以按纯导热过程计算，以厚度 δ 为定型尺寸。

水平夹层有两种情况：①热面在上，冷、热面之间无流动发生，按导热问题分析；②热面在下，气体 $Gr_\delta < 1700$ 时，按纯导热过程计算。当 $Gr_\delta > 1700$ 后，出现环流。当 $Gr_\delta \geq 5000$ 后，蜂窝状流动消失，出现紊流流动。

2.6.5 自然对流与受迫对流并存的混合对流换热

判断是不是纯受迫流动，或混合流动，可根据浮升力与惯性力的相对大小来确定。一般情况下，当 $Gr/Re^2 < 0.1$，认为是纯受迫对流；当 $10 > Gr/Re^2 \geq 0.1$ 时，认为是混合流动；$Gr/Re^2 \geq 10$，可作为纯自然对流。

2.6.6 小结

本部分的主要内容是流体在管内外流动受迫对流换热、无限空间和有限空间自然对流换热问题采用实验法获得的对流换热结论及其应用。

学习的重点：①管内受迫对流换热：进口段、充分发展段、断面平均温度、断面平均流速的定义及意义；常热流和常壁温边界条件下的壁面温度和管内温度随管长的分布、对流换热关联式及定性温度和定型尺寸、根据迪图斯-贝尔特公式分析各物理量对表面换热系数影响的分析。②管外横掠管壁及管束受迫对流换热的分析、定性尺寸。③大空间自然对流换热的特点及关联式、定性温度和定型尺寸、自模化现象。④受限空间自然对流的各种状况。

单相流体受迫对流、自然对流传热关联式综合比较表见表2-3。

表2-3   单相流体受迫对流、自然对流传热关联式综合比较表

项目		受迫流过常壁温平壁	管内受迫对流	外掠管束	大空间自然对流	封闭空间自然对流
流动起因		外力	外力	外力	浮升力	浮升力
准则关联式的组成		$Nu = f(Re, Pr)$	$Nu = f(Re, Pr)$	$Nu = f(Re, Pr, S_1/S_2)$	常壁温: $Nu = f(Gr, Pr)$ 常热流: $Nu = f(Gr^*, Pr)$	$Nu = f(Gr_\delta, Pr)$
判断层流转变为紊流的准则数		$Re_f > 5 \times 10^5$	$Re_f > 10^4$	按Re_f所处范围、排列方式、管排数、相对管间距等条件选择准则关联式	$Gr \cdot Pr$ $> 10^9$ (竖壁) $> 10^7$ (水平圆管) $Gr^* \cdot Pr > 10^{11}$ (竖壁常热流)	竖夹层壁: $Gr_\delta \le 2000$ (导热机制) $Gr_\delta > 2 \times 10^5$ (层流转变为紊流)
传热温差		t_f与t_w之差	$\Delta t_m = \dfrac{\Delta t' - \Delta t''}{\ln \dfrac{\Delta t'}{\Delta t''}}$	t_f与t_w之差	常壁温: t_f与t_w之差 常热流: t_f与壁高1/2处的$t_{w\frac{1}{2}}$之差	夹层两壁温差
定性温度		t_f与t_w的平均值	$t_f = (t_f' + t_f'')/2$	$t_f = (t_f' + t_f'')/2$	常壁温: t_f与t_w平均值 常热流: t_f与$t_{w\frac{1}{2}}$的平均值	夹层两壁温度平均值
定型尺寸		平板长度	圆管: 内径; 非圆形管: 当量直径	管外径	竖壁、竖管: 高度; 横管: 直径; 水平壁: 圆盘, 0.9d; 矩形, 边长平均值; 非规则形, 面积与周长比	夹层间厚度δ
流体速度		主流速度	管断面流体平均流速	管外流速最大值(管间最窄截面处)	—	—
主要准则幂次	层流	$Nu \propto Re^{1/2}$	$Nu \propto Re^{1/3}$	$Re_f < 2 \times 10^5$ $Nu \propto Re^{0.63}$ (顺排) $Nu \propto Re^{0.6}$ (叉排)	竖壁常壁温: $Nu \propto Gr^{1/4}$	竖夹层壁: $Nu \propto Gr_\delta^{1/4}$
	紊流	$Nu \propto Re^{0.8}$	$Nu \propto Re^{0.8}$	$Re_f > 2 \times 10^5$ $Nu \propto Re^{0.84}$	竖壁常壁温: $Nu \propto Gr^{1/3}$	竖夹层壁: $Nu \propto Gr_\delta^{1/3}$
备注		全板平均h值是层流与紊流的积分平均	光滑圆管、非圆管、弯管、粗糙管等的区别	顺排与叉排管束的区别; 管排数修正系数	竖壁、竖管、水平壁的区别, 竖管传热的强化作用及修正[①]	竖、水平、倾斜等夹层的区别

① 竖直圆筒(管)传热在表面形成的是环形边界层,曲率将影响边界层的形成与发展,对传热有强化作用。

2.7 凝结与沸腾换热

2.7.1 凝结换热

凝结分为膜状凝结和珠状凝结。实验测量表明，大气压下水蒸气呈珠状凝结时，表面传热系数可达 $4\times(10^4\sim10^5)\mathrm{W/(m^2\cdot K)}$，而膜状凝结约为 $6\times(10^3\sim10^4)\mathrm{W/(m^2\cdot K)}$，两者相差10倍，但珠状凝结很不稳定，也难于实现。

1. 膜状凝结换热及计算

(1) 层流膜状凝结换热（$30<Re_c<1800$）。

垂直壁 $\qquad h=1.13\left[\dfrac{\rho^2 g\lambda^3 r}{\mu l(t_s-t_w)}\right]^{1/4}$ 或 $Co=1.76Re_c^{-1/3}$ （2-109）

水平管外壁 $\qquad h=0.725\left[\dfrac{\rho^2 g\lambda^3 r}{\mu d(t_s-t_w)}\right]^{1/4}$ 或 $Co=1.51Re_c^{-1/3}$ （2-110）

$$Co=h\left(\dfrac{\lambda^3\rho^2 g}{\mu^2}\right)^{-1/3},\quad Re_c=\dfrac{d_e u_m}{\nu}=\dfrac{4hl(t_s-t_w)}{\mu r}$$

上式中，u_m 是壁的底部液膜断面平均流速；定型尺寸 l：垂直壁凝结取壁高，水平管管外凝结取周长 πd；定性温度为 $t_m=(t_s+t_w)/2$；潜热 $r=f(t_s)$。

(2) 紊流膜状凝结。对垂直壁，当 $Re_c>1800$ 时，膜层流态为紊流，换热准则式为

$$Co=\dfrac{Re_c}{8750+58Pr^{-0.5}(Re_c^{0.75}-253)} \qquad (2-111)$$

整个壁面的平均凝结表面传热系数，即

$$h=h_l\dfrac{x_c}{l}+h_t\left(1-\dfrac{x_c}{l}\right) \qquad (2-112)$$

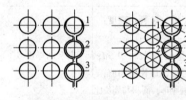

图 2-30 水平管束的凝结液

(3) 水平管束管外平均表面传热系数。由于水平管直径较小，不会出现紊流膜状凝结。如图 2-30 所示，卧式冷凝器有多排管子组成，上一层管子的凝液流到下一层管子上，使下一层管子的膜层增厚，故表面传热系数下一层管的比上一层的低。水平管束是以 nd 作为定型尺寸，代入水平管的凝结计算公式进行计算的。

2. 影响膜状凝结的因素及增强换热的措施

影响膜状凝结换热的因素有蒸汽速度；蒸汽含不凝性气体，含不凝性气体0.2%，h 下降20%~30%；表面粗糙度；蒸汽含油；过热蒸汽等。

增强凝结换热的措施有：①改变表面几何特征；②有效排除不凝性气体；③加速凝结液的排除；④形成珠状凝结的方法等。

2.7.2 沸腾换热

沸腾分为大空间沸腾（池沸腾）；有限空间沸腾（受迫对流沸腾、管内沸腾）。

1. 大空间沸腾换热

大空间沸腾是高于饱和温度的热壁面沉浸在具有自由表面的液体中所进行的沸腾。一定压强下，当液体主体温度为饱和温度 t_s、壁面温度 t_w 高于 t_s 时的沸腾称饱和沸腾。若液体主体温度低于 t_s、而 t_w 高于 t_s 时的沸腾称为过冷沸腾。

饱和沸腾时,壁温与饱和温度差称为沸腾温差,即 $\Delta t = t_w - t_s$,它对沸腾状态有很大影响,可以通过沸腾时热流密度 q 随沸腾温差 Δt 的变化予以说明。q 与 Δt 的关系曲线称为沸腾曲线,如图 2-31 所示。随着 Δt 的变化,有三种沸腾状态:对流沸腾、泡态沸腾、膜态沸腾。C 点称为临界点,又称为烧毁点。沸腾换热应控制在泡态沸腾范围中,不能跨越临界点。

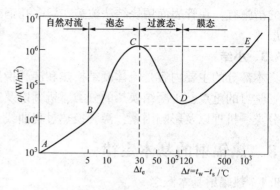

图 2-31 大空间沸腾曲线 (水在 1.013bar 下沸腾)

2. 泡态沸腾机理

根据动力学成核理论:形成气泡需要活化能,在凹缝中形成气泡所需的活化能最小。所以孕育气泡核的这些点称为活化点或核化中心。

气泡能够继续长大的条件是 $(p_v - p_l) > \dfrac{2\sigma}{R}$,$\sigma$ 是表面张力,p_v 是泡内压强,p_l 是泡外压强。

气泡长大的动力条件是液体的过热度,在凹缝等活化点上形成气泡所需的过热度也最低。形成气泡核的基本动力是沸腾温差。

壁面上气泡核生成时的半径为:

$$R = \frac{2\sigma T_s}{\gamma \rho_v (t_v - t_s)} \tag{2-113}$$

式中 γ ——气压潜热,kJ/kg。

由于气泡内温度 t_v 最大可能是 t_w,则壁面上气泡核生成时的最小半径为

$$R_{\min} = \frac{2\sigma T_s}{\gamma \rho_v \Delta t} \tag{2-114}$$

由此可以解释:

(1) 紧贴加热面的液体温度等于壁温,过热度最大,在这里生成气泡核所需的半径最小,故壁面上凹缝、孔隙是生成气泡核的最好地方。

(2) 当 Δt 增加时,$R_{\min}$ 也随之减小,这意味着出生的气泡能够符合生长条件的更多,故 Δt 提高后,气泡量急剧增加,沸腾也相应被强化。

3. 大空间泡态沸腾表面传热系数的计算

$$h = f[\Delta t, g(\rho_l - \rho_v), \gamma, \sigma, c_p, \lambda, \mu, C_w] \tag{2-115}$$

两种类型的计算为如下所述。

米海耶夫推荐水在 $(1 \sim 40) \times 10^5$Pa 下的大空间沸腾表面换热系数计算式

$$h = 0.533 q^{0.7} p^{0.15} \tag{2-116a}$$

当 $q = h\Delta t$,则式 (2-116a) 可写为

$$h = 0.122 \Delta t^{2.33} p^{0.5} \tag{2-116b}$$

4. 泡态沸腾换热的增强

泡态沸腾换热的增强,关键是使沸腾表面有更多半径大于 $R_{\min}$ 的气泡核,这方面付诸实

施的措施有：在管表面用烧结法覆盖一层多孔铜或多孔铝；用机械加工方法使管表面形成微孔层等。

2.7.3 小结

本部分的主要内容是流体凝结换热和沸腾换热的概念、分析方法及影响因素的讨论。

学习的重点：①凝结换热的分类、机理以及影响因素；凝结换热的表达式。②沸腾换热的分类、机理以及影响因素；沸腾换热过程曲线。

2.8 热辐射的基本定律

2.8.1 热辐射基本概念

1. 热辐射的本质和特点

如图 2-32 所示中的电磁波谱，光谱范围分别为可见光 $0.36 \sim 0.76 \mu m$；红外线 $0.76 \sim 1000 \mu m$；热射线 $0.1 \sim 100 \mu m$，包括可见光、部分紫外线和红外线。太阳辐射主要集中在 $0.2 \sim 2 \mu m$。2000K 热辐射大部分集中在红外线区域段的 $0.76 \sim 20 \mu m$ 范围内。

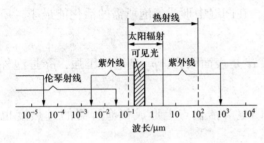

图 2-32 电磁波谱

热辐射过程的三个特点：①不依赖物体的接触而进行热量传递；②辐射换热过程伴随能量的两次转化，即热能转化为电磁能和电磁波能转化为热能；③$T > 0K$ 的一切物体，都会发射热射线。

2. 吸收、反射和透射

$$G_\alpha + G_\rho + G_\tau = G \tag{2-117}$$

$$\alpha + \rho + \tau = 1 \tag{2-118}$$

投射的能量是某一波长下的辐射能，则

$$\alpha_\lambda + \rho_\lambda + \tau_\lambda = 1 \tag{2-119}$$

黑体，$\alpha = 1$；白体，$\rho = 1$；透明体，$\tau = 1$。

3. 辐射强度和辐射力

辐射强度：如图 2-33 所示，单位时间内，在某给定辐射方向上，物体在与发射方向上的每单位投影面积，在单位立体角内所发射全波长的能量，称为该方向的辐射强度，符号为 I，单位为 $W/(m^2 \cdot sr)$。

其中 sr 为立体角，用给定方向上半球面被立体角所切割的面积除以半径的平方计算，即 $d\omega = dA_2/r^2 = \sin\theta d\beta d\theta$。

光谱辐射强度 I_λ，$W/(m^2 \cdot sr \cdot \mu m)$。

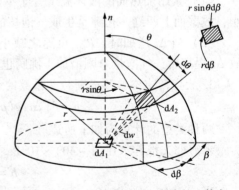

图 2-33 dA_1 上某点对 dA_2 所张的立体角

$$I(\theta, \beta) = \int_0^\infty I_\lambda(\theta, \beta) d\lambda \tag{2-120}$$

辐射力单位时间内，物体的每单位面积向半球空间所发射全波长的总能量称为辐射力，

E，W/m²。辐射力与辐射强度的关系为：

$$E = \int_{\omega=2\pi} I\cos\theta \mathrm{d}\omega \qquad (2-121)$$

辐射力与光谱辐射强度的关系为：

$$E = \int_{\omega=2\pi}\int_0^\infty I_\lambda \cos\theta \mathrm{d}\omega \mathrm{d}\lambda \qquad (2-122)$$

光谱辐射力 E_λ，W/(m²·μm)，即 $E = \int_0^\infty E_\lambda \mathrm{d}\lambda$。

定向辐射力 E_θ，W/(m²·sr)，即 $E = \int_{\omega=2\pi} E_\theta \mathrm{d}\omega$。

定向辐射力与定向辐射强度关系为 $E_\theta = I_\theta \cos\theta$；在法线方向 $\theta = 0°$，有 $E_n = I_n$。

光谱定向辐射力 $E_{\lambda,\theta}$，W/(m²·sr·μm)，即 $E = \int_{\omega=2\pi}\int_0^\infty E_{\lambda,\theta}\mathrm{d}\lambda\mathrm{d}\omega$。

2.8.2 普朗克定律

黑体光谱发射力 $E_{b\lambda}$ 有

$$E_{b\lambda} = \frac{C_1 \lambda^{-5}}{\mathrm{e}^{\frac{C_2}{\lambda T}} - 1} \mathrm{W/(m^2 \cdot \mu m)} \qquad (2-123)$$

其中，$C_1 = 3.743 \times 10^8 \mathrm{W \cdot \mu m^4/m^2}$；$C_2 = 1.439 \times 10^4 \mathrm{\mu m \cdot K}$。

式（2-123）为普朗克定律表达式。表示在图 2-34 中，可以看出黑体的光谱辐射力随温度升高而增大；曲线下的面积表示辐射力，温度升高，辐射力迅速增大，且短波区增大速度比长波区大；温度一定，黑体的光谱辐射力随波长的增加，先是增大，然后又减小，其间有一峰值 $E_{b\lambda,\max}$，$E_{b\lambda,\max}$ 对应的波长叫作峰值波长，用 $\lambda_{\max}$ 表示。

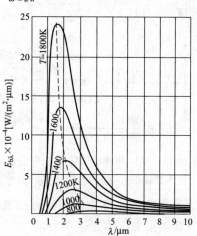

图 2-34 普朗克定律揭示关系 $E_{b\lambda} = f(\lambda, T)$

维恩位移定律：1891 年，维恩用热力学理论推出，黑体有

$$\lambda_{\max} T = 2897.6 \mathrm{\mu m \cdot K} \qquad (2-124)$$

2.8.3 斯特藩-玻耳兹曼定律

黑体的辐射力为：

$$E_b = \int_0^\infty E_{b\lambda}\mathrm{d}\lambda = \sigma_b T^4 = C_b\left(\frac{T}{100}\right)^4 \qquad (2-125)$$

其中，$\sigma_b = 5.67 \times 10^{-8} \mathrm{W/(m^2 \cdot K^4)}$，称为黑体辐射常数；$C_b = 5.67 \mathrm{W/(m^2 \cdot K^4)}$，称为黑体辐射系数。

2.8.4 兰贝特余弦定律

兰贝特定律表述 1：黑体表面具有漫辐射性质，即

$$I_{\theta_1} = I_{\theta_2} = \cdots = I_n \qquad (2-126)$$

黑体和漫辐射表面，在半球空间各个方向上辐射强度相等。

兰贝特定律表述2：即余弦定律

$$E_\theta = E_n \cos\theta \tag{2-127}$$

黑体和漫辐射表面，定向辐射力随方向角按余弦规律变化，法线方向的定向辐射力最大。$E = I\pi$，漫辐射表面，辐射力是任意方向辐射强度的 π 倍。

2.8.5 基尔霍夫定律

实际物体的辐射发射率 实际物体的辐射力与同温度下黑体的辐射力之比称为该物体的发射率（或黑度），即 $\varepsilon = E/E_b$。单色发射率为 $\varepsilon_\lambda = E_\lambda/E_{b\lambda}$。

实际物体辐射力，即

$$E = \varepsilon E_b = \varepsilon \sigma_b T^4 = \varepsilon C_b \left(\frac{T}{100}\right)^4 \tag{2-128}$$

$$\varepsilon = \frac{E}{E_b} = \frac{\int_0^\infty E_\lambda d\lambda}{E_b} = \frac{\int_0^\infty \varepsilon_\lambda E_{b\lambda} d\lambda}{\int_0^\infty E_{b\lambda} d\lambda} \tag{2-129}$$

实际物体的发射率 ε 是随温度、波长、辐射方向变化的，即 $\varepsilon = f(\lambda, \theta, T)$。因此在应用中，发射率 ε 是对全波长在一定温度下各方向的定向发射率 ε_θ 的积分平均值。如果把它应用于局部波长或不同温度可能会引起较大误差。

灰体是指物体单色辐射力与同温度黑体单色辐射力随波长的变化曲线相似，或单色发射率不随波长变化的物体。灰体：$\varepsilon_\lambda \neq f(\lambda)$。如图 2-35 所示，$\varepsilon = \varepsilon_\lambda = \text{const}$，灰体也是一种理想化的物体。实际物体在红外线波段范围内可近似地被视为灰体。

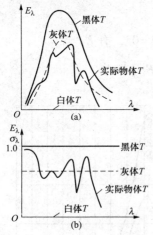

图 2-35 实际物体、黑体和灰体的辐射和吸收光谱

基尔霍夫定律表达式为：

$$\varepsilon_{\lambda,\theta}(T) = \alpha_{\lambda,\theta}(T) \tag{2-130}$$

式（2-130）虽是在热平衡条件推出的，但适用于任何条件，物体表面单色定向发射率等于该表面对同温度黑体辐射的单色定向吸收率。

实验证明，在局域平衡条件下，漫射表面，$\varepsilon_\lambda(T) = \alpha_\lambda(T)$；灰表面，$\varepsilon_\theta(T) = \alpha_\theta(T)$；漫灰表面，$\varepsilon(T) = \alpha(T)$。

在工程辐射换热计算中，只要参与辐射各物体的温差不过分悬殊，把物体表面当作漫射灰表面，应用 $\varepsilon(T) = \alpha(T)$ 的关系，不会造成太大的误差。

2.8.6 小结

辐射换热是要解决实际物体的辐射换热的热流量计算。但是实际物体的辐射换热非常复杂，解决的思路是分析理想体黑体的辐射定律及其辐射换热计算，引入灰体的概念，在红外线辐射范围，可以把实际物体看成漫灰体，对漫灰体进行辐射换热计算。

本部分的主要内容是热辐射的一些概念和热辐射的四个基本定律。

学习的重点：①热辐射的特点、热辐射波长范围；黑体、白体、辐射强度、辐射力、立体角、漫射面、灰体、发射率（黑度）的概念及表述。②普朗克定律及维恩位移定律、斯特藩-玻耳兹曼定律、兰贝特余弦定律、基尔霍夫定律表述及其物理意义。

2.9 辐射换热计算

2.9.1 角系数

角系数表示表面发射出的辐射能中直接落到另一表面上的百分数。$X_{1,2}$ 表示 A_1 辐射能量中落到 A_2 上的百分数，称为 A_1 对 A_2 的平均角系数，即

$$X_{1,2} = \frac{\Phi_{A_1-A_2}}{\Phi_{A_1}} \tag{2-131}$$

角系数的性质有

（1）互换性（相对性），即

$$A_i X_{i,j} = A_j X_{j,i} \tag{2-132}$$

（2）完整性，n 个面组成封闭的腔，即

$$\sum_{j=1}^{n} X_{i,j} = 1 \quad i = 1,2,\cdots,n \tag{2-133}$$

（3）分解性，两表面 A_1 和 A_2，如果把 A_1 表面分解为 A_3 和 A_4，有

$$A_1 X_{1,2} = A_3 X_{3,2} + A_4 X_{4,2} \tag{2-134}$$

部分表面间角系数的表达式：

（1）三个非凹面 A_1、A_2 和 A_3 组成封闭体，任取其中两个面 A_1、A_2，其角系数为 $X_{1,2} = (A_1 + A_2 - A_3)/(2A_1)$。

（2）三个无限长非凹面组成柱体，边长分别为 L_1、L_2 和 L_3，任取其中两个面 L_2、L_3，其角系数为 $X_{2,3} = (L_2 + L_3 - L_1)/(2L_2)$。

（3）垂直于纸面方向上无限长的两个凹面 A_1、A_2，两个面首对首、首对尾连线，获得两条交叉线和两条不交叉线，其角系数 $X_{1,2} =$（两条交叉线之和 − 两条不交叉线之和）/（2 × 表面 A_1 的断面长度）。

2.9.2 黑表面间的辐射换热

1. 任意放置两非凹黑表面的辐射换热

任意放置两非凹黑表面的辐射换热量为：

$$\Phi_{12} = (E_{b_1} - E_{b_2}) X_{1,2} A_1 = (E_{b_1} - E_{b_2}) X_{2,1} A_2$$

上式整理可写成

$$\Phi_{12} = \frac{E_{b_1} - E_{b_2}}{\dfrac{1}{X_{1,2} A_1}} = \frac{E_{b_1} - E_{b_2}}{R_{12}} = \frac{E_{b_1} - E_{b_2}}{\dfrac{1}{X_{2,1} A_2}} = \frac{E_{b_1} - E_{b_2}}{R_{21}} \tag{2-135}$$

空间热阻或形状热阻

$$R_{12} = \frac{1}{X_{1,2} A_1} = R_{21} = \frac{1}{X_{2,1} A_2} \tag{2-136}$$

例如：两个平行的黑体大平壁（$A_1 = A_2 = A$），$X_{1,2} = X_{2,1} = 1$

$$\Phi_{1,2} = (E_{b_1} - E_{b_2}) A = \sigma_b (T_1^4 - T_2^4) A$$

2. 封闭空腔诸黑表面间的辐射换热

（1）黑表面 i 与所有其他黑表面间的辐射换热。黑表面 i 和周围诸黑表面的总辐射换热，即是黑表面 i 发射的能量与诸黑表面向表面投射能量的差额，是为了维持表面 i 温度 T_i

所必须提供的净热量。即

$$\Phi_i = \sum_{j=1}^{n} \Phi_{i,j} = \sum_{j=1}^{n} (E_{b,i} - E_{b,j}) X_{i,j} A_i = \sum_{j=1}^{n} E_{b,i} X_{i,j} A_i - \sum_{j=1}^{n} E_{b,j} X_{i,j} A_i$$

$$= E_{b,i} A_i - \sum_{j=1}^{n} E_{b,j} X_{j,i} A_j \tag{2-137}$$

(2) 3 个黑表面间的辐射换热网路。3 个黑表面组成封闭空腔,其辐射网络如图 2 - 36 所示。三个节点分别满足

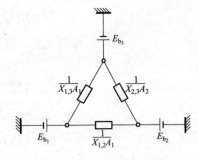

图 2 - 36 3 个黑表面辐射网络

$$\Phi_1 = \Phi_{1,2} + \Phi_{1,3}$$

或

$$\Phi_1 = \frac{E_{b_1} - E_{b_2}}{\frac{1}{X_{1,2} A_1}} + \frac{E_{b_1} - E_{b_3}}{\frac{1}{X_{1,3} A_1}}$$

$$\Phi_2 = \Phi_{2,1} + \Phi_{2,3}$$

或

$$\Phi_2 = \frac{E_{b_2} - E_{b_1}}{\frac{1}{X_{2,1} A_2}} + \frac{E_{b_2} - E_{b_3}}{\frac{1}{X_{2,3} A_2}}$$

$$\Phi_3 = \Phi_{3,1} + \Phi_{3,2}$$

或

$$\Phi_3 = \frac{E_{b_3} - E_{b_1}}{\frac{1}{X_{3,1} A_3}} + \frac{E_{b_3} - E_{b_2}}{\frac{1}{X_{3,2} A_3}}$$

且满足 $\Phi_{1,2} = -\Phi_{2,1}$, $\Phi_{1,3} = -\Phi_{3,1}$ 和 $\Phi_{2,3} = -\Phi_{3,2}$。

2.9.3 灰表面间的辐射换热

1. 有效辐射

如图 2 - 37 所示,有效辐射定义为

$$J_1 = \varepsilon_1 E_{b_1} + \rho_1 G_1 = \varepsilon_1 E_{b_1} + (1 - \alpha_1) G_1 \tag{2-138}$$

又有

$$q = \frac{\Phi_1}{A_1} = J_1 - G_1 = \varepsilon_1 E_{b_1} - \alpha_1 G_1 = E_1 - \alpha_1 G_1$$

2. 辐射表面热阻

对漫—灰表面,由于 $\alpha_1 = \varepsilon_1$,因此得

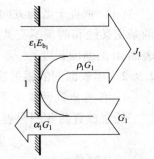

图 2 - 37 有效辐射示意图

$$\Phi_1 = (J_1 - G_1) A = \frac{\varepsilon_1}{1 - \varepsilon_1} A_1 (E_{b_1} - J_1) = \frac{E_{b_1} - J_1}{\frac{1 - \varepsilon_1}{\varepsilon_1 A_1}} = \frac{E_{b_1} - J_1}{R_1} \tag{2-139}$$

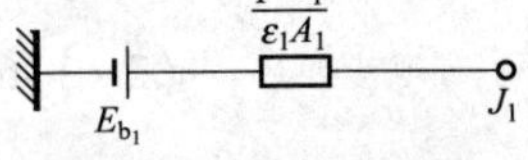

把 $R_1 = (1 - \varepsilon_1)/\varepsilon_1 A_1$ 称为表面 A_1 辐射热阻,简称为表面热阻,如图 2 - 38 所示,当表面发射率越大,表面热阻就越小。黑表面,其表面热阻为零。

图 2 - 38 表面热阻

3. 组成封闭腔的两灰表面间的辐射换热

两表面组成封闭空腔,其中有一表面为非凹面,如图 2 - 39(a)、(b)所示,两表面辐射换热计算式为

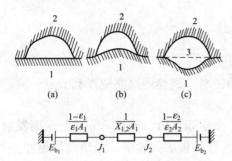

图 2-39 两个灰表面组成封闭的空腔

$$\Phi_{12} = \frac{E_{b_1} - E_{b_2}}{\frac{1-\varepsilon_1}{\varepsilon_1 A_1} + \frac{1}{X_{12} A_1} + \frac{1-\varepsilon_2}{\varepsilon_2 A_2}} \quad (2-140)$$

如图 2-39（c）所示，当 1 表面为凹面时，用 3 表面代替 1 表面，用式（2-140）计算。

(1) 平行无限大灰平壁的辐射换热。相互平行的两无限大灰平壁，$A_1 = A_2 = A$，$X_{1,2} = X_{2,1} = 1$，其辐射换热量为：

$$\Phi_{12} = \frac{A(E_{b_1} - E_{b_2})}{\frac{1}{\varepsilon_1} + \frac{1}{\varepsilon_2} - 1} \quad (2-141)$$

(2) 空腔与内包壁面之间的辐射换热。如图 2-40 所示，2 面包 1 面，$X_{1,2} = 1$，辐射换热为

$$\Phi_{12} = \frac{A_1(E_{b_1} - E_{b_2})}{\frac{1}{\varepsilon_1} + \frac{A_1}{A_2}\left(\frac{1}{\varepsilon_2} - 1\right)} \quad (2-142)$$

$A_2 \gg A_1$，且 ε_2 值较大，上式化简为

$$\Phi_{12} = \varepsilon_1 A_2 (E_{b_1} - E_{b_2}) \quad (2-143)$$

4. 封闭空腔中诸灰表面间的辐射换热

三个以上平面组成封闭空腔，任意 i 灰表面的净辐射换热量为：

$$\Phi_i = \frac{E_i - J_i}{\frac{1-\varepsilon_i}{\varepsilon_i A_i}} \quad (2-144)$$

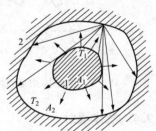

图 2-40 空腔与包壁面间的辐射换热

任意 i，j 灰表面之间的辐射换热量为：

$$\Phi_{ij} = \frac{J_i - J_j}{\frac{1}{X_{ij} A_i}} \quad (2-145)$$

3 个或 4 个表面组成的封闭空腔适于采用网络法求解，3 个灰表面组成封闭空腔，辐射换热网络图如图 2-41 所示。

根据基尔霍夫电流定律列出节点方程。

节点 1：　$\Phi_1 + \Phi_{21} + \Phi_{31} = 0$　或　$\dfrac{E_{b_1} - J_1}{\dfrac{1-\varepsilon_1}{\varepsilon_1 A_1}} + \dfrac{J_2 - J_1}{\dfrac{1}{X_{1,2} A_1}} + \dfrac{J_3 - J_1}{\dfrac{1}{X_{1,3} A_1}} = 0$

节点 2：　$\Phi_2 + \Phi_{12} + \Phi_{32} = 0$　或　$\dfrac{E_{b_2} - J_2}{\dfrac{1-\varepsilon_2}{\varepsilon_2 A_2}} + \dfrac{J_1 - J_2}{\dfrac{1}{X_{1,2} A_1}} + \dfrac{J_3 - J_2}{\dfrac{1}{X_{2,3} A_2}} = 0$

节点3： $\Phi_3 + \Phi_{13} + \Phi_{23} = 0$ 或 $\dfrac{E_{b_3} - J_3}{\dfrac{1-\varepsilon_3}{\varepsilon_3 A_3}} + \dfrac{J_1 - J_3}{\dfrac{1}{X_{1,3} A_1}} + \dfrac{J_2 - J_3}{\dfrac{1}{X_{2,3} A_2}} = 0$

当某表面为绝热面，其他面是灰面时，在绘制网络图时，绝热面绘制成浮动节点，网络图如图2-42所示，3面为绝热面。

遮热板，当加1块遮热板，增加2个表面热阻和1个空间热值。当加入 n 块与壁面发射率相同的遮热板，则换热量将减少到原来的 $1/(n+1)$，遮热板层数越多，遮热效果越好。

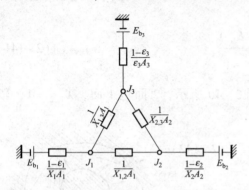

图2-41　3个灰表面组成封闭空腔辐射换热　　图2-42　绝热面和灰表面组成封闭腔的辐射换热

2.9.4　气体辐射

分子结构不对称的双原子气体、单原子气体、多原子气体具有辐射性质。

1. 气体辐射的特点

（1）气体的辐射和吸收具有明显的选择性。

（2）气体辐射和吸收在整个气体容器中进行，强度逐渐减弱。

2. 气体吸收定律

气体吸收定律，也称布格尔（Bouguer）定律，即

$$I_{\lambda,S} = I_{\lambda,0} e^{-K_\lambda \cdot s} \tag{2-146}$$

意义为穿过气体层时，单色辐射强度按指数规律减弱。

3. 气体的发射率和吸收率

气体的发射率气体吸收率是容积辐射的特性；$\alpha_g \neq \varepsilon_g$。

（1）气体的光谱吸收率和光谱发射率。气体，$\rho_\lambda = 0$，则

$$\alpha_\lambda + \tau_\lambda = 1$$

$$\varepsilon_{\lambda g} = \alpha_{\lambda g} = 1 - e^{-K_\lambda ps} \tag{2-147}$$

（2）气体的发射率 ε_g。影响气体发射率的因素将是：气体温度 T_g；射线平均行程 s 与气体分压力 p 的乘积；气体分压和气体所处的总压。

燃烧烟气中，主要的吸收气体是 CO_2 和 H_2O，此时混合气体的发射率为：

$$\varepsilon_g = \varepsilon_{CO_2} + \varepsilon_{H_2O} - \Delta\varepsilon \tag{2-148}$$

式中　ε_{CO_2}——CO_2 的发射率，$\varepsilon_{CO_2} = C_{CO_2} \varepsilon_{CO_2}^*$，其中 $\varepsilon_{CO_2}^* = f(T_g, p_{CO_2} s)$；

　　　ε_{H_2O}——H_2O 的发射率，$\varepsilon_{H_2O} = C_{H_2O} \varepsilon_{H_2O}^*$，其中 $\varepsilon_{H_2O}^* = f(T_g, p_{H_2O} s, p_{H_2O})$；

$\Delta\varepsilon$——考虑 CO_2 和 H_2O 吸收光带重合部分的修正值。

（3）气体的吸收率 α_g。气体辐射具有选择性，不能把它作为灰体对待，$\alpha_g \neq \varepsilon_g$。

$$\alpha_g = \alpha_{CO_2} + \alpha_{H_2O} - \Delta\alpha \tag{2-149}$$

式中　　α_{CO_2}——CO_2 的吸收率，$\alpha_{CO_2} = C_{CO_2}\varepsilon^*_{CO_2}(T_g/T_w)^{0.65}$；

α_{H_2O}——H_2O 的吸收率，$\alpha_{H_2O} = C_{H_2O}\varepsilon^*_{H_2O}(T_g/T_w)^{0.45}$；

$\Delta\alpha$——考虑 CO_2 和 H_2O 吸收光带重合部分的修正值，$\Delta\alpha = (\Delta\varepsilon)_{T_w}$。

2.9.5　气体与外壳间的辐射换热

例如：烟气与炉膛周围受热面之间的辐射换热。

1. 外壳受热面为黑体

外壳每单位表面积的辐射换热量：q = 气体发射的热量 – 气体吸收的热量，即

$$q = \varepsilon_g \sigma_b T_g^4 - \alpha_g \sigma_b T_w^4 = \sigma_b(\varepsilon_g T_g^4 - \alpha_g T_w^4)$$

2. 外壳受热面不是黑体

辐射换热量为：

$$\Phi = \varepsilon'_w A \sigma_b (\varepsilon_g T_g^4 - \alpha_g T_w^4)$$

其中，$\varepsilon'_w = (\varepsilon_w + 1)/2$，此式对 $\varepsilon_w > 0.8$ 的表面是可以满足工程计算精度要求的。

2.9.6　太阳辐射

1. 太阳的特征与辐射能量的组成

太阳表面温度 5762K，$\lambda_{max} = 0.5\mu m$。太阳向宇宙辐射的能量 99% 的能集中在 $0.2 \leq \lambda \leq 3\mu m$ 的短波区。太阳辐射能量中，紫外线（$\lambda < 0.38\mu m$）占 8.7%，可见光（$0.38\mu m \leq \lambda \leq 0.76\mu m$）占 43%，红外线（$\lambda > 0.76\mu m$）占 48.3%。图 2-43 为大气层外缘太阳辐射光谱分布。

2. 太阳常数

太阳能到达地球大气层外缘的能量，如图 2-44 所示，此能折算成垂直于射线方向每单位表面积的辐射能就是太阳常数 S_c。实测资料表明 S_c 为 1353W/m²。

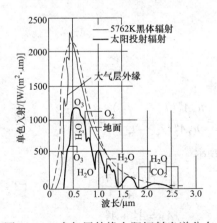

图 2-43　大气层外缘太阳辐射光谱分布

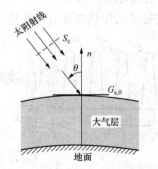

图 2-44　大气层外缘太阳辐射示意图

3. 太阳辐射在大气层中的减弱

太阳辐射在大气中吸收、散射和反射，到达地面只是大气层外的 70% ~ 80%；若污染严重，还将减弱 10% ~ 20%。

太阳辐射在大气层中减弱的因素有：
(1) 大气层中的水、二氧化碳、臭氧对太阳辐射有吸收作用，且具有明显选择性。
(2) 太阳辐射在大气层中遇到空气分子和微小尘埃就会产生散射。
(3) 大气中的云层和较大的尘粒对太阳辐射起反射作用。
(4) 与太阳辐射通过大气层与在大气层中的行程有关。

4. 地球周围的大气对地球的保温作用

大气层能让大部分太阳辐射透过到达地面，而地面辐射中95%以上的能分布在 $\lambda = 3 \sim 50\mu m$ 范围内，它不能穿过大气层，减少了地面的辐射热损失。

5. 应注意的一些概念和问题

(1) 太阳总辐射照度（W/m^2）。太阳总辐射照度是指太阳总辐射密度，等于太阳的直接辐射和在天空的散射之和。

(2) 选择性表面。实际物体对短波的单色吸收率与对长波的单色吸收率会有很大差别，太阳辐射主要集中在 $0.3 \sim 3\mu m$ 的波长范围内，选择性表面则是对 $\lambda \leq 3\mu m$ 波长的单色吸收率尽可能大，而对 $\lambda > 3\mu m$ 波长范围的单色吸收率尽可能接近零。

(3) 大气层外宇宙空间温度接近绝对零度，是个理想冷源，可以解释夜晚结霜现象。

(4) 玻璃可通过可见光，而不能通过红外线的特性，可以解释温室效应现象。

2.9.7 小结

本部分的内容是辐射换热计算，首先计算黑表面间的辐射换热计算，在此基础上进行漫灰表面间的辐射换热计算。在计算中漫灰表面与黑表面最大的不同就是有表面热阻。

学习的重点：①角系数的定义及其性质。②有效辐射、空间热阻（形状热阻）、表面热阻、系统发射率的概念及表达式。③用热网图方式计算黑、灰面间的辐射换热。④气体辐射的特性：选择性、容积特性、多种气体辐射特性的叠加方式。⑤太阳辐射的应用：温室效应、玻璃特性、选择性表面、结霜结露等。

2.10 传热与换热器

2.10.1 通过肋壁的传热

通过肋壁的传热如图2-45所示，则

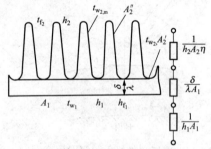

图2-45 通过肋壁的传热

1. 肋片效率

$$\eta_f = \frac{h_2 A_2''(t_{w_2,m} - t_{f_2})}{h_2 A_2''(t_{w_2} - t_{f_2})} = \frac{t_{w_2,m} - t_{f_2}}{t_{w_2} - t_{f_2}} \quad (2-150)$$

肋壁的总效率

$$\eta = \frac{A_2' + A_2''\eta_f}{A_2} \quad (2-151)$$

$$A_2 = A_2' + A_2''$$

2. 肋壁传热公式

$$\Phi = \frac{t_{f_1} - t_{f_2}}{\frac{1}{h_1 A_1} + \frac{\delta}{\lambda A_1} + \frac{1}{h_2 A_2 \eta}} = \frac{t_{f_1} - t_{f_2}}{\frac{1}{h_1} + \frac{\delta}{\lambda} + \frac{A_1}{h_2 A_2 \eta}} A_1 = k_1 A_1 (t_{f_1} - t_{f_2}) \quad (2-152)$$

其中，k_1 是以光管面积为基准的传热系数，即

$$k_1 = \frac{1}{\frac{1}{h_1} + \frac{\delta}{\lambda} + \frac{1}{h_2 \beta \eta}} \tag{2-153}$$

式中 β——肋化系数，$\beta = A_2/A_1 > 1$，$\beta\eta > 1$。

3. 结果分析

（1）如果壁面的任何一面有污垢，增加污垢热阻后的导热热阻项为$(\delta/\lambda + R_f)$。

（2）肋壁换热热阻为$1/(h_2\beta\eta)$，因$\beta\eta > 1$，使$1/(h_2\beta\eta)$减小。

（3）肋壁结构涉及肋片的高度、间距、厚度、形状、肋的材料、制造工艺等，肋间距不应小于热边界层厚度2倍；肋高的确定，应使$1/(h_2\beta\eta)$最小为佳。

（4）加肋的目的，是强化传热。

（5）应在表面传热系数小的一侧加肋。

2.10.2 复合换热时的传热计算

工程上的物体，一方面与周围空气进行对流换热，另一方面又与周围环境物体间进行辐射换热，此复合换热时的传热计算

$$q_c = h_c(t_w - t_f)$$

$$q_r = \varepsilon C_b \left[\left(\frac{T_w}{100}\right)^4 - \left(\frac{T_{am}}{100}\right)^4 \right]$$

$$= \left\{ \varepsilon C_b \left[\left(\frac{T_w}{100}\right)^4 - \left(\frac{T_{am}}{100}\right)^4 \right] \Big/ (t_w - t_f) \right\} (t_w - t_f) = h_r(t_w - t_f)$$

$$h_r = \varepsilon C_b \frac{T_w^4 - T_{am}^4}{T_w - T_f} \times 10^{-8}$$

则

$$q = q_c \pm q_r = (h_c \pm h_r)(t_w - t_f) = h(t_w - t_f) \tag{2-154}$$

上式中 + 适合于 $t_w > t_f$ 和 $t_w > t_{am}$，或 $t_w < t_f$ 和 $t_w < t_{am}$ 的情况；- 适合于 $t_{am} < t_w < t_f$ 或 $t_{am} > t_w > t_f$ 的情况。

2.10.3 传热的增强与削弱

1. 增强传热的方法

工程中的传热问题，两侧流体通过壁面进行换热，两侧表面传热系数分别为 h_1 和 h_2，当导热热阻很小时可以忽略，其传热系数 $k = h_1 h_2/(h_1 + h_2)$，由于 $h_1/(h_1 + h_2) < 1$ 或 $h_2/(h_1 + h_2) < 1$，则 k 值比 h_1 和 h_2 中最小的一个还小。由此得到一个重要结论：两侧流体通过壁面进行换热，对传热系数 k 值影响最大的是 h_1 和 h_2 中的较小者。

为了最有效地增强传热，必须提高两侧中表面传热系数较小的一项。

增强传热的具体方法有：

（1）扩展传热面：加肋、肋片管、波纹管、翅片管。

（2）改变流动状态：①增加流速；②流道中加入插入物增强扰动；③采用旋转流动装置；④采用射流方法喷射传热表面。

（3）改变流动物性：气体中添加少量固体颗粒；在蒸汽或气体中喷入滴液。

（4）改变表面状况：增加粗糙度；改变表面结构；表面涂层。

（5）改变换热面积形状和大小：因为管内 $h \propto d^{-0.2}$，管外 $h \propto d^{-0.16 \sim -0.4}$，例如可用椭

圆管代替圆管。

（6）改变能量传递方式：例如采用对流辐射板。

（7）靠外力产生振荡，强化换热：用机械或电方法增加振动；外加静电场；施加超声波。

2. 削弱传热的方法

（1）覆盖热绝热材料：泡沫热绝热材料；超细粉末热绝热材料 $d < 10\mu m$；真空热绝缘层。

（2）改变表面状况：改变表面辐射特性，采用选择性涂层；附加抑制对流的元件，如太阳能平板集热器；在保温层表面或内部添加憎水剂。

2.10.4 平均温度差

流体在套管换热器中顺流和逆流时，流体温度随传热面变化情况，如图 2-46 所示。换热器的平均对数温差为

$$\Delta t_m = \frac{\Delta t' - \Delta t''}{\ln \frac{\Delta t'}{\Delta t''}} \qquad (2-155)$$

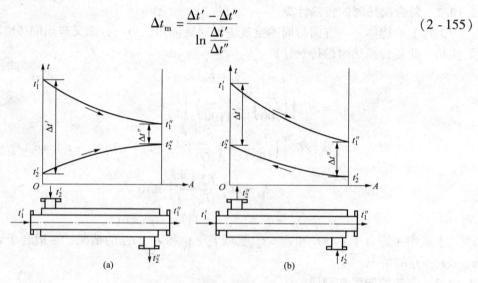

图 2-46　流体温度随传热面变化示意图
（a）顺流；（b）逆流

对数平均温差应用注意事项：

（1）对数平均温度差不仅适合于顺流，也适合于逆流；$\Delta t'$ 和 $\Delta t''$ 分别为换热器两端的冷热流体温度差。

（2）当两侧流体 $\Delta t' = \Delta t''$，用 $\Delta t_m = (\Delta t' + \Delta t'')/2$ 代替对数平均温度差。

（3）当 $\frac{\Delta t'}{\Delta t''} < 2$ 时，可用算术平均温度差 $\Delta t_m = (\Delta t' + \Delta t'')/2$ 代替对数平均温度差，误差小于 4%。

（4）一侧流体为相变流体，例如，热流体由饱和汽冷凝为饱和液，采用顺流或采用逆流计算得到的对数平均温度差相等。

（5）当属于交叉流时，计算时先按逆流方式计算出对数平均温差，然后再按流动方式乘以温差修正系数 $\varepsilon_{\Delta t}$，即 $\Delta t_m = (\Delta t_m)_{逆流} \varepsilon_{\Delta t}$。$\varepsilon_{\Delta t}$ 可从传热学教材或其他传热学参考书中查出。

2.10.5 换热器计算

1. 平均温差法（LMTD 法）

换热器计算，采用平均温差法，设计计算的过程是 $\Phi \to \Delta t_m \to k \to A$。采用的计算公式有

(1) 换热器换热热流量

$$\Phi = kA\Delta t_m \tag{2-156}$$

式中的 Δt_m 可用式（2-158）计算。

(2) 热流体失去的热流量 $\quad \Phi = M_1 c_1 (t_1' - t_1'') \tag{2-157}$

(3) 冷流体得到的热流量 $\quad \Phi = M_2 c_2 (t_2'' - t_2') \tag{2-158}$

以水—水换热器设计计算说明步骤：①设定换热器的部分结构参数；②求对数平均温度差；③计算换热流量；④计算确定热水侧和冷水侧表面传热系数 h_1、h_2；⑤求传热系数 K；⑥计算换热面积 A 及管长 l；⑦进行阻力计算。

若一侧流体为相变流体，例如，热流体由饱和气冷凝为饱和液，则热流体失去的热流量为

$$\Phi = M_1 \gamma_1 \tag{2-159}$$

式中 γ_1——热流体的潜热。

2. 传热单元数法（ε – NTU 法）

(1) 效能 ε

1) 效能 ε 定义：换热器的实际传热量与最大可能的传热量 Φ_{max} 之比。

如果冷流体 $M_2 c_2 = (Mc)_{min}$，则

$$\varepsilon = \frac{\Phi}{\Phi_{max}} = \frac{M_2 c_2 (t_2'' - t_2')}{M_2 c_2 (t_1' - t_2')} = \frac{t_2'' - t_2'}{t_1' - t_2'} \tag{2-160}$$

如果热流体 $M_1 c_1 = (Mc)_{min}$，则

$$\varepsilon = \frac{\Phi}{\Phi_{max}} = \frac{M_1 c_1 (t_1' - t_1'')}{M_1 c_1 (t_1' - t_2')} = \frac{t_1' - t_1''}{t_1' - t_2'} \tag{2-161}$$

2) 效能 ε 的意义：效能 ε 是小比热容流体的"进出口温度差"与"冷热流体进口温度差"之比。效能 ε 反映了换热器里"冷热流体进口温度差"的利用率。

(2) 效能 ε 的大小与传热单元数 NTU 的关系

顺流

$$\varepsilon = \frac{1 - \exp\left[-\frac{kA}{C_{min}}\left(1 + \frac{C_{min}}{C_{max}}\right)\right]}{1 + \frac{C_{min}}{C_{max}}} = \frac{1 - \exp\left[-NTU\left(1 + \frac{C_{min}}{C_{max}}\right)\right]}{1 + \frac{C_{min}}{C_{max}}} \tag{2-162}$$

式中 C——比热容量，$C = Mc$；

NTU——传热单元数，$NTU = \frac{kA}{C_{min}}$。

逆流

$$\varepsilon = \frac{1 - \exp\left[-NTU\left(1 - \frac{C_{min}}{C_{max}}\right)\right]}{1 - \frac{C_{min}}{C_{max}}\exp\left[-NTU\left(1 - \frac{C_{min}}{C_{max}}\right)\right]} \tag{2-163}$$

$\varepsilon = f(NTU, C_{min}/C_{max})$ 的关系如图 2-47 和图 2-48 所示，则通过查图可以进行换热器计算。

(3) 沸腾和凝结特殊情况。如图 2-47 和图 2-48 分析，当 $C_{min}/C_{max} = 0$（即 $C_{max} \gg C_{min}$ 时，如沸腾和凝结的情况），顺流、逆流以及其他所有的流动方式 ε 值都相同，为

$$\varepsilon = 1 - e^{-NTU} \tag{2-164}$$

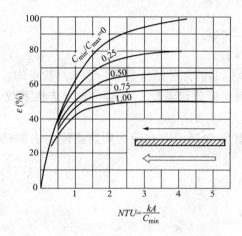
图 2-47 顺流 $\varepsilon = f(NTU, C_{min}/C_{max})$

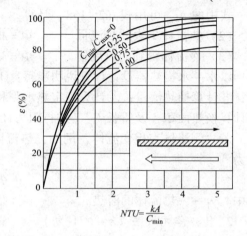
图 2-48 逆流 $\varepsilon = f(NTU, C_{min}/C_{max})$

(4) 设计和校核计算。

1) 设计计算。问题：通常给定的量是已知 $M_1 c_1$、$M_2 c_2$ 以及 4 个进出口温度中的 3 个，求传热面积。计算步骤：由已知的进出口温度计算出效能 ε 值，再由公式或线图求出 NTU 值，从而可得出所需的换热面积。

2) 校核计算。问题：通常给定的量是已知 A，$M_1 c_1$，$M_2 c_2$，t_1'，t_2'，要求出两种流体的出口温度或换热量。计算步骤：由已知的面积和传热系数算出 NTU 值，再由公式或线图得出 ε 值，从而计算出所需流体出口温度。

3. LMTD 法与 $\varepsilon - NTU$ 法比较

(1) 设计计算比较。LMTD 法可从求出的温差修正系数看出选用的流动形式与逆流相比的差距，有助于流动形式的改进与选择。$\varepsilon - NTU$ 法做不到。

(2) 校核计算比较。试算传热系数，$\varepsilon - NTU$ 法比 LMTD 法简单。当传热系数已知时，$\varepsilon - NTU$ 法可直接求出结果，比 LMTD 法更方便。

2.10.6 小结

本部分的主要内容是传热计算和换热器设计计算。以肋壁为例分析对传热系数影响最大的因素；阐述强化传热或减少传热的方法；分析复合传热的基本方式；换热器设计计算的两种计算方法。

学习的重点：①通过加肋壁强化传热的原理。②强化传热的主要方式。③对数平均温度差、效能、传热单元数、最大可能传热量概念。④换热器设计计算的对数平均温度差法和效能 - 传热单元数法。

复 习 题

1. 传热的基本方式是（ ）。

A. 导热、对流和辐射	B. 导热、对流换热和辐射
C. 导热、对流和辐射换热	D. 导热、对流换热和辐射换热

2. 按照导热机理，水的三种状态下（　　）的热导率最小，（　　）的热导率最大。
A. 冰；液态水	B. 液态水；水蒸气	C. 水蒸气；冰	D. 水蒸气；液态水

3. 当管道外径为 d_2 的管道采取保温措施时，应当选用临界热绝缘直径 d_c（　　）的材料。
A. 大于 d_2	B. 没有要求	C. 小于 d_2	D. 等于 d_2

4. 傅里叶定律是导热过程的基本定律，下列说法错误的是（　　）。
A. 傅里叶定律适用于一切物体的导热过程
B. 傅里叶定律说明热流密度矢量与温度梯度成正比，方向相反
C. 傅里叶定律说明热流密度矢量与温度降度成正比，方向相同
D. 傅里叶定律说明热流密度大小与物体的热导率有关

5. 用同一冰箱储存相同的物质时，耗电量大的是（　　）。
A. 结霜的冰箱	B. 未结霜的冰箱
C. 结霜的冰箱和未结霜的冰箱相同	D. 不确定

6. 根据《工业设备及管道绝热工程设计规范》（GB 50264—2013）规定，下列说法错误的是（　　）。
A. 保温材料在平均温度为70℃时，其导热系数不得大于0.080W/（m·K）
B. 用于保冷的泡沫塑料及其制品在平均温度为25℃时的导热系数不应大于0.044W/（m·K）
C. 泡沫橡塑制品在平均温度为0℃时的导热系数不应大于0.036W/（m·K）
D. 热导率不大于0.12 W/（m·K）的材料，就可以做保温和保冷材料

7. 第一类边界条件下，常物性稳态导热大平壁，其温度分布与热导率无关的条件是（　　）。
A. 无内热源	B. 内热源为定值	C. 负内热源	D. 正内热源

8. 物性参数为常数的一圆柱导线，通过的电流均匀发热，导线与空气间的表面传热系数为定值，建立导线的导热微分方程采用（　　）。
A. 柱坐标下一维无内热源的不稳态导热微分方程
B. 柱坐标下一维无内热源的稳态导热微分方程
C. 柱坐标下一维有内热源的不稳态导热微分方程
D. 柱坐标下一维有内热源的稳态导热微分方程

9. 冬天的时候，棉被经过白天晾晒，晚上人盖着感觉暖和，是因为（　　）。
A. 棉被中蓄存了热量，晚上释放出来了	B. 棉被内表面的表面传热系数减小了
C. 棉被变厚了，棉被的热导率变小了	D. 棉被外表面的表面传热系数减小了

10. 两种厚度相同材质不同的大平壁紧密接触时进行稳态导热过程，第一种材质大平壁的绝对温差大于第二种材质大平壁的绝对温差，即 $|t_1-t_2| > |t_2-t_3|$，则（　　）。
A. $\lambda_1 < \lambda_2$	B. $\lambda_1 = \lambda_2$	C. $\lambda_1 > \lambda_2$	D. $\lambda_1 \gg \lambda_2$

11. 炉墙平壁用两层同样厚度的保温材料保温，两种材料的热导率分别为 λ_1、λ_2（$\lambda_1 > \lambda_2$），λ_1、λ_2 为常数，下列说法正确的是（　　）。

A. 将 λ_2 的材料放在内侧，则保温效果好　　B. 将 λ_1 的材料放在内侧，则保温效果好
C. 无论保温材料怎么放置，保温效果一样　　D. 无法确定

12. 热力管道外用两层保温材料保温，两种材料的热导率分别为 λ_1、λ_2 ($\lambda_1 > \lambda_2$)，λ_1、λ_2 为常数，下列说法正确的是（　　）。

A. 将 λ_2 的材料放在内侧，则保温效果好　　B. 将 λ_1 的材料放在内侧，则保温效果好
C. 无论保温材料怎么放置，保温效果一样　　D. 无法确定

13. 不稳态导热采用有限差分方法求解温度场，关于差分方程，下列说法错误的是（　　）。

A. 显式差分格式是温度对时间的一阶导数采用向前差分获得，具有稳定性条件
B. 隐式差分格式是温度对时间的一阶导数采用向后差分获得，没有稳定性条件
C. 显式差分格式中温度对位置的二阶导数采用中心差分格式获得
D. 隐式差分格式是温度对位置的二阶导数采用向后差分获得

14. 关于傅里叶数 Fo 和毕渥数 Bi，下列说法错误的是（　　）。

A. Fo 是非稳态导热过程的无量纲时间
B. Fo 反映非稳态导热过程进行的深度
C. Bi 是表示物体内部导热热阻与物体表面对流换热热阻的比值
D. $Bi > 0.1$，瞬态导热的加热或冷却问题，可以用集总参数法求解

15. 当导热过程在两个直接接触的固体表面之间进行，为了减小接触热阻，下列做法错误的是（　　）。

A. 降低接触表面的粗糙度
B. 增大接触面上的挤压压力
C. 在接触表面之间衬以热导率大且硬度大的材料
D. 在接触表面之间涂上一层热导率大的油脂

16. 单纯的导热发生在（　　）中。

A. 气体　　B. 液体　　C. 固体　　D. 以上三种物体

17. 瞬态导热的物体加热或冷却时，当进入正常情况阶段是指（　　）。

A. 物体中各点温度随时间变化率具有一定规律
B. 物体中各点温度一致
C. 物体中各点温度变化不随时间变化
D. 物体表面温度随时间不变

18. 有一房间，外墙厚度为 400mm，室内墙表面温度为 25℃，室外墙表面温度 -15℃，则外墙的温度梯度为（　　）。

A. 大小为 25℃/m，方向垂直于外墙，指向室外
B. 大小为 25℃/m，方向垂直于外墙，指向室内
C. 大小为 100℃/m，方向垂直于外墙，指向室外
D. 大小为 100℃/m，方向垂直于外墙，指向室内

19. 等截面直肋，提高肋片效率，下列方法正确的是（　　）。

A. 增加肋片的热导率　　B. 增大肋片的表面传热系数
C. 减小肋片的厚度　　D. 增加肋片的长度

20. 锅炉炉墙由三层平壁组成，内层是耐火砖层，外层是红砖层，中间石棉保温层。由

内到外三层的厚度和热导率分别是：$\delta_1 = 0.23\text{m}$，$\lambda_1 = 1.20\text{W}/(\text{m}\cdot\text{K})$，$\delta_2 = 0.05\text{m}$，$\lambda_2 = 0.095\text{W}/(\text{m}\cdot\text{K})$，$\delta_3 = 0.24\text{m}$，$\lambda_3 = 0.60\text{W}/(\text{m}\cdot\text{K})$。炉墙内侧烟气温度 $t_{f_1} = 511℃$，烟气侧表面传热系数 $h_1 = 35\text{W}/(\text{m}^2\cdot\text{K})$；锅炉炉墙外空气温度 $t_{f_2} = 22℃$，空气侧表面传热系数 $h_1 = 15\text{W}/(\text{m}^2\cdot\text{K})$。该传热过程传热系数或通过炉墙的热损失为（　　）。

A. $0.82 \sim 0.83\text{W}/(\text{m}^2\cdot\text{K})$，$400 \sim 410\text{W}/\text{m}^2$
B. $0.84 \sim 0.85\text{W}/(\text{m}^2\cdot\text{K})$，$420 \sim 430\text{W}/\text{m}^2$
C. $1.10 \sim 1.12\text{W}/(\text{m}^2\cdot\text{K})$，$580 \sim 590\text{W}/\text{m}^2$
D. $1.20 \sim 1.22\text{W}/(\text{m}^2\cdot\text{K})$，$590 \sim 600\text{W}/\text{m}^2$

21. 接第20题，炉墙内外表面温度分别为（　　）。
A. $510 \sim 512℃$，$56 \sim 58℃$
B. $506 \sim 508℃$，$52 \sim 54℃$
C. $498 \sim 500℃$，$48 \sim 50℃$
D. $492 \sim 594℃$，$42 \sim 44℃$

22. 一蒸汽管道，内外直径分别为150mm和159mm，蒸汽管道钢材的热导率 $\lambda_1 = 52\text{W}/(\text{m}\cdot\text{K})$。为了减少热损失，在管道外包有三层隔热保温材料，内层是 $\delta_2 = 5\text{mm}$，$\lambda_2 = 0.07\text{W}/(\text{m}\cdot\text{K})$ 的矿渣棉；中间层是 $\delta_3 = 80\text{mm}$，$\lambda_3 = 0.10\text{W}/(\text{m}\cdot\text{K})$ 石棉预制瓦；外层是 $\delta_4 = 5\text{mm}$，$\lambda_4 = 0.14\text{W}/(\text{m}\cdot\text{K})$ 石棉硅藻土灰泥。管道及隔热保温材料各层的单位管长的导热热阻分别为（　　）。

A. $1.78 \times 10^{-2}\text{m}\cdot\text{K}/\text{W}$，$1.39 \times 10^{-2}\text{m}\cdot\text{K}/\text{W}$，$1.06\text{m}\cdot\text{K}/\text{W}$，$3.4 \times 10^{-2}\text{m}\cdot\text{K}/\text{W}$
B. $1.78 \times 10^{-4}\text{m}\cdot\text{K}/\text{W}$，$0.139\text{m}\cdot\text{K}/\text{W}$，$1.06\text{m}\cdot\text{K}/\text{W}$，$3.4 \times 10^{-2}\text{m}\cdot\text{K}/\text{W}$
C. $1.78 \times 10^{-3}\text{m}\cdot\text{K}/\text{W}$，$0.139\text{m}\cdot\text{K}/\text{W}$，$1.06\text{m}\cdot\text{K}/\text{W}$，$3.4 \times 10^{-3}\text{m}\cdot\text{K}/\text{W}$
D. $1.78 \times 10^{-4}\text{m}\cdot\text{K}/\text{W}$，$0.139\text{m}\cdot\text{K}/\text{W}$，$1.06 \times 10^{-2}\text{m}\cdot\text{K}/\text{W}$，$3.4 \times 10^{-3}\text{m}\cdot\text{K}/\text{W}$

23. 接第22题，该管道内外表面温度分别为170℃和50℃，该蒸汽管道的单位长度热损失为（　　）W/m。
A. $90 \sim 92$　　B. $94 \sim 96$　　C. $97 \sim 98$　　D. $100 \sim 102$

24. 半径为4mm的电线包一层厚3mm、热导率 $\lambda = 0.086\text{W}/(\text{m}\cdot\text{K})$ 的橡胶，设包橡胶后其外表面与空气间的表面传热系数（对流换热系数）$h_2 = 11.6\text{W}/(\text{m}^2\cdot\text{K})$。计算临界热绝缘直径，并分析橡胶的作用（　　）。
A. 14.8mm，减少散热　　　　　　　　B. 14.8mm，增强散热
C. 12.0mm，增强散热　　　　　　　　D. 12.0mm，减少散热

25. 已知一平壁传热过程的传热系数为 $100\text{W}/(\text{m}^2\cdot\text{K})$，热流体侧的表面传热系数为 $200\text{W}/(\text{m}^2\cdot\text{K})$，冷流体侧的表面传热系数为 $250\text{W}/(\text{m}^2\cdot\text{K})$，则平壁的单位面积导热热阻为（　　）$\text{m}^2\cdot\text{K}/\text{W}$。
A. 0.01　　B. 0.001　　C. 0.02　　D. 0.002

26. 有一厚度为50mm的无限大平壁，其稳态温度分布为 $t = 200 - 2000x^2$（℃）。大平壁材料的热导率为 $40\text{W}/(\text{m}\cdot\text{K})$，大平壁中的内热源强度为（　　）。
A. 0　　B. $8000\text{W}/\text{m}^3$　　C. $-8000\text{W}/\text{m}^3$　　D. $160\,000\text{W}/\text{m}^3$

27. 一个体积为20cm×30cm×60cm的铁块，热导率为 $64\text{W}/(\text{m}\cdot\text{K})$，突然置于平均表面传热系数为 $12\text{W}/(\text{m}^2\cdot\text{K})$ 的自然对流环境中，求其 Bi 数并判断其是否可以采用集总参数法进行计算。（　　）

A. 0.011，不可以　　B. 0.011，可以　　C. 0.009，不可以　　D. 0.009，可以

28. 一直径为 0.5mm 的热电偶，热电偶材料的 $\lambda = 125\text{W}/(\text{m}\cdot\text{K})$，$\rho = 8930\text{kg}/\text{m}^3$，$c = 400\text{J}/(\text{kg}\cdot\text{K})$。热电偶初始温度为 25℃，突然将其放入 120℃ 的气流中，热电偶表面与气流间的表面传热系数 $h = 95\text{W}/(\text{m}^2\cdot\text{K})$，求热电偶的过余温度达到初始过余温度的 1% 时所需的时间为（　　）s。

A. 8~12　　B. 13~17　　C. 18~22　　D. 23~27

29. 流体以层流掠过平板时，在 x 长度内的平均表面传热系数 h 与 x 处局部换热系数 h_x 之比 $h:h_x$ 为（　　）。

A. 1:3　　B. 1:2　　C. 2:1　　D. 3:1

30. 在（　　）条件下，热边界层厚度与流动边界层厚度是相等的。

A. $Pr < 1$　　B. $Pr > 1$　　C. $Pr = 1$　　D. 不确定

31. 管内流动流体某断面平均温度按（　　）计算。

A. 对数平均温度　　B. 算数平均温度　　C. 焓值　　D. 质量

32. 常物性流体在管内流动进行对流换热，当进入热充分发展段时，表面传热系数 h_x 将（　　）。

A. 不变　　B. 增大　　C. 减小　　D. 先增大再减小

33. 水以相同的速度、相同的温度及相同边界条件下沿不同管径的管内作受迫紊流换热，两个管子的直径分别是 d_1 和 d_2，其中 $d_1 < d_2$，管长与管径比大于 10，当管壁温度大于流体温度，则对应的表面传热系数分别为 h_1 和 h_2，则 h_1 和 h_2 的关系是（　　）。

A. $h_1/h_2 = (d_1/d_2)^{0.1}$　　B. $h_1/h_2 = (d_2/d_1)^{0.1}$

C. $h_1/h_2 = (d_1/d_2)^{0.2}$　　D. $h_1/h_2 = (d_2/d_1)^{0.2}$

34. 流体外掠光滑管束换热时，第一排管子的平均换热系数与后排管子平均换热系数相比，第一排管子的平均换热系数（　　）。

A. 最小　　B. 最大　　C. 与其他各排相同　　D. 不确定

35. 常物性流体管内受迫流动，沿管长流体的平均温度，在常热流边界条件下呈（　　）变化，在常壁温边界条件下呈（　　）规律变化。

A. 对数曲线，对数曲线　　B. 对数曲线，线性　　C. 线性，线性　　D. 线性，对数曲线

36. 常物性流体自然对流换热准则关联式的形式为（　　）。

A. $Nu = CGr^n Pr^m (n \neq m)$　　B. $Nu = C(GrPr)^n$

C. $Nu = C(GrRe)^n$　　D. $Nu = CRe^n Pr^m (n \neq m)$

37. 关于 Bi 和 Nu 准则，下列说法错误的是（　　）。

A. Bi 和 Nu 的表达式一样，式中物理量含义相同

B. Bi 是反映瞬态稳态导热问题的无量纲准则

C. Nu 是反映对流换热问题的无量纲准则

D. Bi 准则和 Nu 准则没有关系

38. 关于 Gr 和 Re 准则，下列说法错误的是（　　）。

A. Gr 准则表征了浮升力与黏性力的比值　　B. Gr 反映自然对流流态对换热的影响

C. Re 准则表征了黏性力与惯性力的比值　　D. Re 反映受迫对流流态对换热的影响

39. 受迫对流中一般都存在自然对流的影响，可以忽略自然对流影响的受迫对流应满足

( )。

A. $Gr/Re^2 < 0.1$ B. $Gr/Re^2 \leqslant 10$ C. $Gr/Re^2 \geqslant 0.1$ D. $Gr/Re^2 \geqslant 10$

40. 蒸汽沿由上向下方向外掠水平光滑管束凝结换热时，第一排管子的平均凝结表面传热系数（　　）。

　　A. 最小　　　　　　B. 最大　　　　　　C. 与其他各排相等　　D. 不确定

41. 无限空间自然对流，在常壁温或常热流边界条件下，当流态达到旺盛紊流时，沿程表面传热系数 h_x 将（　　）。

　　A. 增大　　　　　　　　　　　　　　B. 不变

　　C. 减小　　　　　　　　　　　　　　D. 开始减小，而后增大

42. 由于蒸汽中存在空气，会使水蒸气凝结时表面传热系数（　　）。

　　A. 不变　　　　　B. 增大　　　　　C. 减小　　　　　D. 不确定

43. 下列工质中 Pr 数最小的是（　　）。

　　A. 空气　　　　　B. 水　　　　　　C. 变压器油　　　　D. 水银

44. 判断同类现象是否相似的充分必要条件为（　　）。

　　A. 单值性条件相似，已定的同名准则相等

　　B. 物理条件和几何条件相似，已定的同名准则相等

　　C. 物理条件和边界条件相似，已定的同名准则相等

　　D. 几何条件和边界条件相似，已定的同名准则相等

45. 关于对流换热平均表面传热系数下列表达式错误的是（　　）。

　　A. 受迫对流大平板层流，$h \propto l^{0.5}$　　　　B. 受迫对流大平板层流，$h \propto Re^{0.5}$

　　C. 受迫对流管内旺盛紊流，$h \propto d^{-0.2}$　　D. 受迫对流管内旺盛紊流，$h \propto Re^{0.8}$

46. 夏季在维持20℃的室内工作时一般穿单衣感到舒适，而冬季在保持20℃的室内工作时却必须穿绒衣才觉得舒适，这主要是因为（　　）。

　　A. 冬季和夏季人的冷热感觉不一样

　　B. 在室内冬季人周围物体（墙体）的温度低于夏季人周围物体（墙体）的温度

　　C. 冬季房间的湿度小于夏季房间的湿度

　　D. 冬季房间的风速大于夏季房间的风速

47. 同一流体以同一流速分别进行下列情况对流换热，平均表面传热系数最大的是（　　）。

　　A. 横掠单管　　　B. 在管内流动　　　C. 纵掠平板　　　D. 纵掠单管

48. 空气夹层的当量热导率 λ_e 与空气的热导率 λ 之比为（　　）。

　　A. 小于1　　　　B. 等于1　　　　C. 大于1　　　　D. 大于或等于1

49. 随着沸腾换热表面过热度 $(t_w - t_s)$ 增加，汽化核心逐渐增多，后增加的汽化核心的大小比先形成的核心大小的（　　）。

　　A. 大　　　　　　B. 小　　　　　　C. 相等　　　　　D. 不确定

50. 水受迫对流换热、水自然对流换热、水沸腾换热、空气受迫对流换热、空气自然对流换热的表面传热系数分别为 h_1, h_2, h_3, h_4, h_5，它们的大小顺序是（　　）。

　　A. $h_1 > h_2 > h_3 > h_4 > h_5$　　　　　　B. $h_3 > h_1 > h_4 > h_2 > h_5$

　　C. $h_3 > h_1 > h_2 > h_4 > h_5$　　　　　　D. $h_1 > h_3 > h_2 > h_4 > h_5$

51. 对流换热以（　　）作为基本计算式。
    A. 傅里叶定律　　B. 牛顿冷却公式　　C. 普朗克定律　　D. 热力学第一定律
52. 大空间等温竖壁紊流自然对流换热的准则 $Nu = C(GrPr)^n$ 中的指数 n 是（　　）。
    A. 0.8　　B. 1/4　　C. 1/3　　D. 0.2
53. 表面传热系数为 8000W/(m^2·K)、温度为 20℃ 的水流经 60℃ 的壁面，其对流换热的热流密度为（　　）W/m^2。
    A. 3.2×10^5　　B. 3.2×10^4　　C. 6.4×10^5　　D. 6.4×10^4
54. 20℃ 的水以 1.24m/s 的速度外掠长 250mm 的平板，壁温为 60℃。在 $x = 250$mm 处的速度边界层厚度 δ 和温度边界层厚度 δ_t 分别为（　　）[定性温度取边界层的平均温度 $t_m = 40℃$，查得此温度下水的物性参数为：$\lambda = 0.0635$W/(m·K)，$\nu = 0.659 \times 10^{-6}$$m^2$/s，$Pr = 4.31$]。
    A. 1.81~1.83mm，1.11~1.13mm　　B. 1.84~1.86mm，1.14~1.16mm
    C. 1.11~1.13mm，1.81~1.83mm　　D. 1.14~1.16mm，1.84~1.86mm
55. 接上题，计算平板在 $x = 250$mm 处的局部表面传热系数 h_x，整个平板的表面传热系数 h 以及单位宽度的热流量为（　　）。
    A. 941W/(m^2·K)，1882W/(m^2·K)，9.4kW/m
    B. 1882W/(m^2·K)，941W/(m^2·K)，9.4kW/m
    C. 941W/(m^2·K)，1882W/(m^2·K)，18.8kW/m
    D. 1882W/(m^2·K)，941W/(m^2·K)，18.8kW/m
56. 已知高度 $H = 732$mm，表面温度 $t_w = 86℃$ 的散热器，室温 $t_f = 18℃$。散热器的自然对流表面传热系数为（　　）W/(m^2·K) [空气在定性温度 $t_m = (t_f + t_w)/2 = 52℃$，查得此温度下水的物性参数为：$\lambda = 0.0284$W/(m·K)，$\nu = 18.1 \times 10^{-6}$$m^2$/s，$Pr = 0.697$，准则方程系数 $C = 0.1$，$n = 1/3$]。
    A. 4.60~4.62　　B. 4.63~4.65　　C. 4.67~4.69　　D. 4.50~4.51
57. 在 $Gr_\delta < 2000$ 时，垂直空气夹层的换热过程相当于纯导热过程。已知 $t_{w_1} = 15℃$，$t_{w_2} = 5℃$，在这种情况下导热量为最小时夹层厚度（　　）mm。
    A. 6~8　　B. 8~10　　C. 10~12　　D. 12~14
58. 面积为 A_2 的空腔 2 与面积为 A_1 的内包小凸物 1 之间的角系数 $X_{2,1}$ 为（　　）。
    A. 1　　B. A_1/A_2　　C. A_2/A_1　　D. $2A_1/A_2$
59. 两表面发射率均为 ε 的无限大平行平板，若在其间加入两个表面发射率也为 ε 的遮热板，则换热量减少为原来的（　　）。
    A. 1/5　　B. 1/4　　C. 1/3　　D. 1/2
60. 北方深秋季节，晴朗的早晨，树叶上常常可看到结了霜。问树叶结霜的表面是在（　　）。
    A. 上表面　　　　　　　　　　　B. 下表面
    C. 上、下表面　　　　　　　　　D. 有时上表面，有时下表面
61. 内壁黑度为 ε，温度为 T，直径为 D 的空腔体，球壁上有一直径为 $d(d \ll D)$ 的小孔，该空腔通过小孔向外辐射的能量为（　　）。

A. $\varepsilon\sigma_b T^4 \pi D^2/4$ B. $\sigma_b T^4 \pi D^2/4$ C. $\varepsilon\sigma_b T^4 \pi d^2/4$ D. $\sigma_b T^4 \pi d^2/4$

62. 若粗糙红砖、空气、表面氧化的铜管、磨光的铝的表面发射率分别为 ε_1，ε_2，ε_3，ε_4，则有（　　）。

　　A. $\varepsilon_1 > \varepsilon_2 > \varepsilon_3 > \varepsilon_4$ B. $\varepsilon_2 > \varepsilon_4 > \varepsilon_3 > \varepsilon_1$ C. $\varepsilon_1 > \varepsilon_3 > \varepsilon_4 > \varepsilon_2$ D. $\varepsilon_3 > \varepsilon_2 > \varepsilon_1 > \varepsilon_4$

63. 在辐射换热系统中，若表面 $J = E_b$ 或 $J \approx E_b$，此表面不可能为（　　）。

　　A. 黑体　　　　　　B. 绝热面　　　　　　C. 无限大表面　　　　　　D. 灰体

64. 为了提高太阳灶的效率，在吸收能的表面上涂一层涂料，四种涂料的单色吸收特性如下图所示，选择（　　）种好。

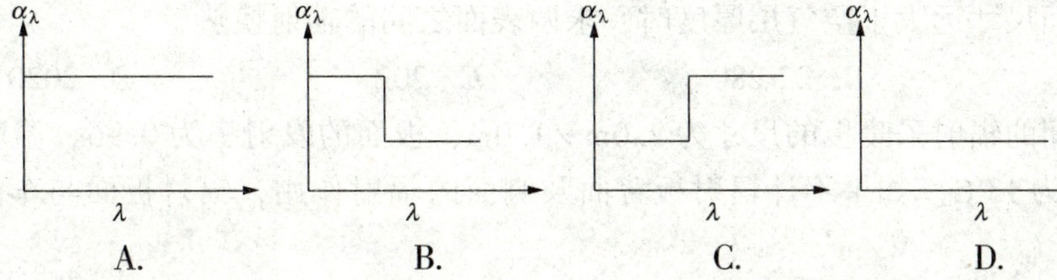

A.　　　　　B.　　　　　C.　　　　　D.

65. 等边三角形无限长柱孔，任意两相邻表面之间的角系数为（　　）。

　　A. 1/3　　　　　　B. 1/4　　　　　　C. 1/8　　　　　　D. 1/2

66. 以下气体不是辐射气体的是（　　）。

　　A. 氧气　　　　　　B. 甲烷　　　　　　C. 水蒸气　　　　　　D. 二氧化碳

67. 如图 2-49 所示，1 为无限长圆柱表面，2 为无限大平面，则角系数 X_{12} 为（　　）。

　　A. $X_{1,2} = 0.2$　　　　　　B. $X_{1,2} = 0.4$
　　C. $X_{1,2} = 0.5$　　　　　　D. $X_{1,2} = 1.0$

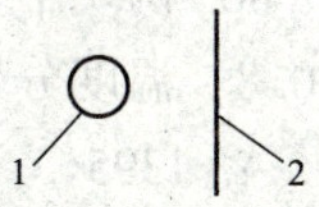

图 2-49　题 67 图

68. 减少保温瓶的散热，将瓶胆的两层玻璃之间抽成真空，则主要可以减少（　　）。

　　A. 辐射换热散热　　　　　　　　　　　　B. 导热散热
　　C. 对流换热散热和辐射换热散热　　　　　D. 对流换热散热

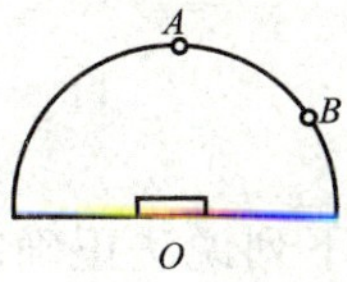

69. 如图 2-50 所示，一半球真空辐射炉，球心处有一尺寸不大的圆盘形辐射加热元件，加热元件的定向辐射强度和辐射量有（　　）关系。

图 2-50　题 69 图

　　A. $I_{OA} > I_{OB}$，$q_A > q_B$　　　　　B. $I_{OA} < I_{OB}$，$q_A < q_B$
　　C. $I_{OA} = I_{OB}$，$q_A > q_B$　　　　　D. $I_{OA} = I_{OB}$，$q_A < q_B$

70. 有一台放置于室外的冷库，从减小冷库冷量损失的角度，冷损失最小的冷库外壳颜色为（　　）。

　　A. 绿色　　　　　　B. 蓝色　　　　　　C. 灰色　　　　　　D. 白色

71. 一表面近似为灰表面，则该表面（　　）。

　　A. $\varepsilon_\lambda \neq \varepsilon$ B. $\varepsilon_\lambda \neq \varepsilon =$ 常数   C. $\varepsilon_\lambda = \varepsilon \neq$ 常数   D. $\varepsilon_\lambda = \varepsilon =$ 常数

72. 空间辐射热阻与（　　）无关。

　　A. 表面粗糙度　　　　　　　　　　B. 表面尺寸
　　C. 表面形状　　　　　　　　　　　D. 表面间的相对位置

73. 大气层能阻止地面上绝大部分的热辐射透过，这称之为大气层的（　　）。

A. 选择性　　　　　　B. 温室效应　　　　　C. 吸收性　　　　　　D. 反射性

74. 黑体在1000℃时的发射辐射力为（　　）W/m²。
A. 56 700　　　　　B. 567 000　　　　　C. 148 970　　　　　D. 14 897

75. 有一黑体温度为3527℃，光谱发射力最大时的波长为（　　）μm。
A. 0.82　　　　　　B. 0.76　　　　　　C. 8.2　　　　　　　D. 7.6

76. 黑体表面温度由30℃增加到333℃，该表面辐射力增加为原来（　　）倍。
A. 15　　　　　　　B. 20　　　　　　　C. 16　　　　　　　D. 11

77. 有一空气夹层，热表面温度为300℃，发射率为0.5，冷表面温度为100℃，发射率为0.8。当表面尺寸远大于空气层厚度时，求两表面之间的辐射换热量（　　）W/m²。
A. 2228　　　　　　B. 22 280　　　　　C. 202　　　　　　　D. 2020

78. 某车间的辐射采暖板的尺寸为2.0m×1.0m，板面的发射率为0.96，温度为127℃，车间墙面温度为13℃。如果不计辐射板背面及侧面的辐射作用，辐射板面与车间墙面间的辐射换热量为（　　）W/m²。
A. 28　　　　　　　B. 280　　　　　　C. 206　　　　　　　D. 2058

79. 两平行大平壁的发射率分别为0.5和0.8，在其中间加入一片两面发射率均为0.1的铝箔，则辐射换热是没有加铝箔的换热量的（　　）。
A. 5.5%　　　　　　B. 6.8%　　　　　　C. 8.2%　　　　　　D. 10.6%

80. 两块平行放置的平板1和2，板间距远小于板的面积，板1和板2的表面发射率均为0.8，温度分别为227℃和127℃。两板间辐射换热的热流密度为（　　）W/m²。
A. 1395　　　　　　B. 90.5　　　　　　C. 80.5　　　　　　D. 1385

81. 接第80题，板1的发射辐射、板1的有效辐射为（　　）。
A. 2835W，3195W　　　　　　　　　　B. 2835W/m²，3195W/m²
C. 120W，150W　　　　　　　　　　　D. 120W/m²，150W/m²

82. 接第80题，对板1的投入辐射和板1的反射辐射板分别为（　　）。
A. 1900W/m²，320W/m²　　　　　　　B. 1900W/m²，360W/m²
C. 1800W/m²，320W/m²　　　　　　　D. 1800W/m²，360W/m²

83. 若换热器中，一侧流体为冷凝过程（相变），另一侧为单相流体，下列说法正确的是（　　）。
A. 逆流可获得比顺流大的换热温差　　　B. 顺流可获得比逆流大的换热温差
C. 逆流或顺流可获得相同的温差　　　　D. 垂直交叉流可获得最大换热温差

84. 用$\varepsilon - NUT$法进行换热计算时，如果比热容量比$C_{min}/C_{max}=0$，且NTU均相同，则逆流效能（　　）顺流效能。
A. 大于　　　　　　B. 等于　　　　　　C. 小于　　　　　　D. 远远大于

85. 高温流体的热量通过一固体壁面而传给另一侧的低温流体，这种情况下传热系数K和流体组合的关系正确的是（　　）。
A. $K_{水-气} > K_{水-水} > K_{气-气}$　　　　　　B. $K_{气-气} > K_{水-气} > K_{水-水}$
C. $K_{水-水} > K_{气-气} > K_{水-气}$　　　　　　D. $K_{水-水} > K_{水-气} > K_{气-气}$

86. 当通过固体壁面传热时，采用加肋增强传热，以下说法正确的是（　　）。

A. 在流体表面传热换热系数小的一侧加肋，传热效果好

B. 在流体表面传热换热系数大的一侧加肋，传热效果好

C. 在两侧都加肋，传热效果好

D. 在两侧任何一侧加肋，传热效果一样好

87. 暖气片外壁与周围空气之间的换热过程为（　　）。

A. 纯对流换热　　　　B. 纯辐射换热　　　　C. 传热过程　　　　D. 复合换热

88. 冬季一车间的外墙内壁温度为 $t_w=10℃$，车间的内墙壁温度 $t_{am}=16.7℃$，车间内气体温度 $t_f=20℃$。已知内墙与外墙间的系统发射率为0.9，外墙内墙对流换热表面传热系数 $h_c=3.21W/(m^2·K)$，外墙的热流密度为（　　）$W/(m^2·K)$。

A. 32.1　　　　B. 42.2　　　　C. 64.2　　　　D. 86.6

89. 接第88题，外墙内壁复合换热表面传热系数（　　）$W/(m^2·K)$，热损失中辐射散热所占的比例为（　　）。

A. 6.42；0.5　　　　B. 64.2；0.5　　　　C. 9.58；0.5　　　　D. 95.8；0.5

90. 在换热器中，重油从300℃冷却到200℃，使石油从20℃加热到180℃。顺流布置和逆流布置时换热器的对数平均温差分别为（　　）。

A. 98.5℃，148℃　　B. 148℃，98.5℃　　C. 148℃，122.5℃　　D. 122.5℃，148℃

91. 一套管式换热器，水从180℃冷却到100℃，油从80℃加热到120℃，该换热器的对数平均温差和效能分别为（　　）。

A. 49.7℃，0.8　　B. 49.7℃，0.6　　C. 36.4℃，0.8　　D. 36.4℃，0.6

92. 400℃的热气体流入一逆流式换热器中，气体的出口温度为200℃，气体将质量流量为20kg/s，定压比热为 $4.18kJ/(kg·K)$ 的水从30℃加热到80℃。换热器的换热面积为 $300m^2$，此换热器的传热系数为（　　）$W/(m^2·K)$。

A. 12　　　　B. 46　　　　C. 59　　　　D. 106

93. 直径为200mm的蒸汽管道，放在剖面为400mm×500mm的砖砌沟中，管道表面的发射率 $\varepsilon_1=0.74$，砖砌沟的发射率 $\varepsilon_2=0.92$，蒸汽管道的表面温度为150℃，砖砌沟的平均温度为20℃，每米蒸汽管道的辐射热损失为（　　）W。

A. 400~500　　B. 500~600　　C. 600~700　　D. 700~800

94. 一管壳式蒸汽-空气加热器，空气在管内，要求加热空气由15~50℃，蒸汽为120℃的干饱和水蒸气，蒸汽的流量为0.05kg/s，凝结水为饱和水，已知传热系数为75W/$(m^2·K)$，加热其所需面积为（　　）m^2。

A. 10~15　　B. 15~20　　C. 20~30　　D. 30~40

95. 关于物质导热性能和热导率的说法正确的是（　　）。

A. 热导率的大小主要取决于物体种类

B. 导电好的物质，导热性能一定好

C. 热导率随温度变化而变化

D. 保温材料的热导率随湿度增加而显著增加

96. 下列各参数中，属于物性参数的是（　　）。

A. 表面传热系数　　B. 传热系数　　C. 热导率　　D. 热扩散率

97. 强化流体在管内对流换热的措施有（　　）。

A. 在管内加内插物 B. 加大管内流体流速
C. 增大管径 D. 把圆管换成椭圆管

98. 物体能够发射热辐射的特点有（　　）。

A. 物体温度大于0K B. 不需要传播介质 C. 具有较高温度 D. 黑表面

99. 一表面具有漫辐射性质，则该表面（　　）。

A. I_θ = 常数 B. E_θ = 常数 C. $E = I\pi$ D. $E_\theta = E_n \cos\theta$

100. 灰体表面热阻与（　　）有关。

A. 表面粗糙度 B. 表面尺寸 C. 表面材料 D. 表面位置

101. 下列说法正确的是（　　）。

A. 空气热导率随温度升高而增大
B. 空气热导率随温度升高而下降
C. 空气热导率随温度升高而保持不变
D. 空气热导率随温度升高可能增大也可能减小

102. 圆柱壁面双层保温材料敷设过程中，为了减小保温材料用量或减少散热量，应该采取措施（　　）。

A. 热导率较大的材料在内层 B. 热导率较小的材料在内层
C. 根据外部散热条件确定 D. 材料的不同布置对散热量影响不明显

103. 在双层平壁无内热源常物性一维稳态导热计算过程中，如果已知平壁的厚度和热导率分别为 δ_1、λ_1、δ_2 和 λ_2，如果双层壁内、外侧温度分别为 t_1 和 t_2，则计算双层壁面交界面上温度 t_m 错误的关系式是（　　）。

A. $\dfrac{t_1 - t_m}{\dfrac{\delta_1}{\lambda_1}} = \dfrac{t_m - t_2}{\dfrac{\delta_2}{\lambda_2}}$ B. $\dfrac{t_1 - t_2}{\dfrac{\delta_1}{\lambda_1} + \dfrac{\delta_2}{\lambda_2}} = \dfrac{t_1 - t_m}{\dfrac{\delta_1}{\lambda_1}}$

C. $\dfrac{t_1 - t_2}{\dfrac{\delta_1}{\lambda_1} + \dfrac{\delta_2}{\lambda_2}} = \dfrac{t_m - t_2}{\dfrac{\delta_2}{\lambda_2}}$ D. $\dfrac{t_1 - t_m}{\dfrac{\delta_2}{\lambda_2}} = \dfrac{t_m - t_2}{\dfrac{\delta_1}{\lambda_1}}$

104. 常物性无内热源一维非稳态导热过程第三类边界条件下边界节点由热平衡法的显示差分格式得到离散方程，进行计算时要达到收敛需满足（　　）。

A. $Bi < \dfrac{1}{2}$ B. $Fo \leq 1$ C. $Fo \leq \dfrac{1}{2Bi + 2}$ D. $Fo \leq \dfrac{1}{2Bi}$

105. 管内受迫定形流动过程中，速度分布保持不变，流体温度及传热具有下列何种特性？（　　）

A. 温度分布达到定型 B. 表面对流换热系数趋于定值
C. 温度梯度达到定值 D. 换热量达到最大

106. 暖气片对室内空气的加热是通过下列哪种方式实现的？（　　）

A. 导热 B. 辐射换热
C. 对流换热 D. 复杂的复合换热过程

107. 表面进行薄膜状凝结换热的过程中，影响凝结换热作用最小的因素为（　　）。

A. 蒸汽的压力 B. 蒸汽的流速

C. 蒸汽的过热度   D. 蒸汽中的不凝性气体

108. 固体表面进行辐射换热时，表面吸收率 α、透射率 τ 和反射率 ρ 之间的关系为：$\alpha + \tau + \rho = 1$。在理想和特殊条件下表面分别成为黑体、透明体和白体，下列描述中错误的是（　　）。

 A. 投射到表面的辐射量全部反射时，$\rho = 1$，称为白体

 B. 投射到表面的辐射量全部可以穿透时，$\tau = 1$，称为透明体

 C. 红外线辐射和可见光辐射全部被吸收，表面呈现黑色，$\alpha = 1$，称为黑体

 D. 投射辐射中，波长在 $0.1 \sim 100\mu m$ 的辐射能量被全部吸收时，$\alpha = 1$，称为黑体

109. 角系数 $X_{i,j}$ 表示表面辐射的辐射能中直接落到另外一个表面上的百分数，下列不适用的是（　　）。

 A. 漫灰表面   B. 黑体表面

 C. 辐射时各向均匀表面   D. 定向辐射和定向反射表面

110. 套管式换热器中进行换热时，如果两侧的水—水单向流体换热，一侧水温由 55℃ 降到 35℃，流量为 0.6kg/s，另一侧水入口温度为 15℃，流量为 1.2kg/s。则换热器分别作顺流或逆流时的平均对流温差比 Δt_m（逆流）/Δt_m（顺流）为（　　）。

 A. 1.35   B. 1.25   C. 1.14   D. 1.0

复习题答案与提示

1. A。提示：传热的基本方式有三种，即导热（或热传导）、对流（或热对流）和辐射（或热辐射）。

2. C。提示：同种物质，固、液、气三态热导率依次减小。

3. C。提示：所对应的总热阻为极小值时的绝缘层外径为临界热绝缘直径，也就是说当绝缘层外径为临界热绝缘直径时散热量最大。因此，当管道外径大于临界热绝缘直径时，总热阻总是大于极小值，这样，加热绝缘材料保温就有效。

4. A。提示：傅里叶定律适用于各向同性物体的导热过程。$\vec{q} = -\lambda \cdot \mathrm{grad}t$。

5. A。提示：当其他条件相同时，冰箱的结霜相当于在冰箱蒸发器和冰箱冷冻室（或冷藏室）之间增加了一个附加热阻，因此，要达到相同的制冷室温度，必然要求蒸发器处于更低的温度。所以，结霜的冰箱耗电量更大。

6. D。提示：参考本书 2.1.3 节相关内容。

7. A。提示：第一类边界条件下，常物性稳态导热大平壁，无内热源，导热微分方程为 $\dfrac{\mathrm{d}^2 t}{\mathrm{d}x^2} = 0$，则温度分布于热导率无关。

8. D。提示：圆柱导线，沿长度方向电流均匀发热，热量沿半径方向从里向外传递，因此应建立柱坐标下一维（沿半径方向）有内热源的稳态导热微分方程。

9. C。提示：棉被经过晾晒以后，棉絮松散了，可使棉花的空隙里进入更多的空气。而空气在狭小的棉絮空间里的热量传递方式主要是导热，由于空气的热导率较小，因此具有良好的保温性能。而经过拍打的棉被变厚了，可以让更多的空气进入，棉被的热导率变小了。

10. A。提示：大平壁热流密度为 $q = \lambda \Delta t/\delta$，因无内热源大平壁，热流密度为常数，当厚度相同，温差大，则热导率小。

11. C。提示：对平壁保温材料而言，材料的热导率与温度无关，因传递的热流密度为常数，$q = \dfrac{\Delta t}{R_{\lambda_1} + R_{\lambda_2}} = \text{const}$，无论两种保温材料如何放置，材料的放置次序对总热阻没有影响。

12. A。提示：对于圆筒形保温材料而言，内侧温度变化率较大，故将热导率较小的材料布置在内侧，将充分发挥其保温作用。

13. D。提示：显式差分格式是温度对时间的一阶导数采用向前差分获得，温度对位置的二阶导数采用中心差分格式获得，具有稳定性条件；隐式差分格式是温度对时间的一阶导数采用向后差分获得，温度对位置的二阶导数采用中心差分格式获得，没有稳定性条件。

14. D。提示：毕渥准则 $Bi < 0.1$，瞬态导热的加热或冷却问题，可以用集总参数法求解。

15. C。提示：减小接触热阻常用的方法有降低接触表面的粗糙度；增大接触面上的挤压压力；增加接触面的平行度；在接触表面之间加热导率大的导热油脂或硬度小延展性好的金属箔。

16. C。提示：气体和液体中会伴随热对流。

17. A。提示：根据正常情况阶段的定义。

18. D。提示：温度梯度的定义式 $\text{grad}\, t = \dfrac{\partial t}{\partial n}\vec{n}$，方向指向温度升高的方向。

19. A。提示：等截面直肋散热的影响因素见表2-4。

表2-4   等截面直肋散热的影响因素

项目	肋片效率	肋的总散热量	肋端温度值
增大表面传热系数	减小	增大	减小
增大肋厚	增大	增大	增大
增大肋高	减小	增大	减小
增大肋的热导率	增大	增大	增大

20. A。提示：平壁的传热系数

$$k = \dfrac{1}{\dfrac{1}{h_1} + \sum_{i=1}^{n} \dfrac{\delta_i}{\lambda_i} + \dfrac{1}{h_2}} = \dfrac{1}{\dfrac{1}{35} + \dfrac{0.23}{1.20} + \dfrac{0.05}{0.095} + \dfrac{0.24}{0.60} + \dfrac{1}{15}} = 0.824\,\text{W}/(\text{m}^2 \cdot \text{K})$$

炉墙的热损失就是通过平壁的热流密度，为

$$q = K(t_{f_1} - t_{f_2}) = 0.824 \times (511 - 22) = 403\,\text{W}/\text{m}^2$$

21. C。提示：由于是稳态过程，热流量不变。有 $q = \dfrac{t_{f_1} - t_{w_1}}{1/h_1} = \dfrac{t_{w_2} - t_{f_2}}{1/h_2}$。

炉墙内表面温度为 $t_{w_1} = t_{f_1} - q\dfrac{1}{h_1} = 511 - 403 \times \dfrac{1}{35} = 499.5\,℃$；

炉墙外表面温度为 $t_{w_2} = t_{f_2} + q\dfrac{1}{h_2} = 22 + 403 \times \dfrac{1}{15} = 48.9\,℃$。

22. B。提示：本题要求掌握圆筒壁的导热热阻的计算公式

$$d_1 = 0.150\text{m}, \quad d_2 = 0.159\text{m}, \quad d_3 = 0.169\text{m}, \quad d_4 = 0.329\text{m}, \quad d_5 = 0.339\text{m}$$

计算各层单位管长圆筒壁的导热热阻:

蒸汽管道 $\quad R_{\lambda/1} = \dfrac{1}{2\pi\lambda_1}\ln\dfrac{d_2}{d_1} = \dfrac{1}{2\pi \times 52}\ln\dfrac{0.159}{0.150} = 1.78 \times 10^{-4}(\text{m}\cdot\text{K})/\text{W}$

矿渣棉层 $\quad R_{\lambda/2} = \dfrac{1}{2\pi\lambda_2}\ln\dfrac{d_3}{d_2} = \dfrac{1}{2\pi \times 0.07}\ln\dfrac{0.169}{0.159} = 0.139(\text{m}\cdot\text{K})/\text{W}$

石棉预制瓦层 $\quad R_{\lambda/3} = \dfrac{1}{2\pi\lambda_3}\ln\dfrac{d_4}{d_3} = \dfrac{1}{2\pi \times 0.10}\ln\dfrac{0.329}{0.169} = 1.06(\text{m}\cdot\text{K})/\text{W}$

灰泥层 $\quad R_{\lambda/4} = \dfrac{1}{2\pi\lambda_4}\ln\dfrac{d_5}{d_4} = \dfrac{1}{2\pi \times 0.14}\ln\dfrac{0.339}{0.329} = 3.4 \times 10^{-2}(\text{m}\cdot\text{K})/\text{W}$

23. C。提示: 蒸汽管道的热损失就是管道单位长度的热流量, 为

$$q_l = \frac{t_{w_1} - t_{w_5}}{\sum\limits_{i=1}^{4}\dfrac{1}{2\pi\lambda_i}\ln\dfrac{d_{i+1}}{d_i}} = \frac{170 - 50}{1.78 \times 10^{-4} + 0.139 + 1.06 + 3.4 \times 10^{-2}} = 97.3\text{W/m}$$

24. B。提示: 当橡胶的外径小于热绝缘直径, 橡胶可以增强电线与空气间的散热。

$$d_c = \frac{2\lambda_{\text{ins}}}{h_2} = \frac{2 \times 0.086}{11.6} = 0.0148\text{m} = 14.8\text{mm}$$

因为 $d_2 = d_1 + 2\delta = 8 + 2 \times 3 = 14\text{mm} \approx d_c$, 所以橡胶可以增强电线与空气间的散热。

25. B。提示: $\sum R = \dfrac{1}{k} = \dfrac{1}{h_1} + \dfrac{1}{h_2} + R_\lambda$, $R_\lambda = \dfrac{1}{k} - \dfrac{1}{h_1} - \dfrac{1}{h_2} = \dfrac{1}{1000\text{W}/(\text{m}^2\cdot\text{K})}$。

26. D。提示: 大平壁建立热平衡方程, 有

$$q|_{x=\delta} - q|_{x=0} = q_V \cdot \delta$$

而

$$q|_x = -\lambda\frac{\text{d}t}{\text{d}x}\bigg|_x, \quad \frac{\text{d}t}{\text{d}x} = -4000x$$

计算得 $q|_{x=0} = 0$; $q|_{x=\delta} = -40 \times (-4000 \times 0.05) = 8000\text{W/m}^2$。
代入热平衡方程得

$$q_V = (8000 - 0)/0.05 = 160\,000\text{W/m}^3$$

27. D。提示: 不规则体的特征长度

$$l = \frac{\text{体积}}{\text{表面积}} = \frac{V}{A} = \frac{0.20 \times 0.30 \times 0.60}{2 \times (0.20 \times 0.30 + 0.20 \times 0.60 + 0.30 \times 0.60)} = \frac{0.036}{0.72} = 0.05$$

$$Bi = \frac{hl}{\lambda} = \frac{12 \times 0.05}{64} = 0.009$$

$Bi = 0.009 < 0.1$, 可以采用集总参数法计算。

28. B。提示: $Bi = \dfrac{hR}{\lambda} = \dfrac{95 \times 0.00025}{125} = 0.00019 < 0.1$, 可以采用集总参数法求解。

则

$$\ln\frac{\theta}{\theta_0} = -\frac{hA}{\rho cV}\tau$$

$$\tau = -\frac{\rho cV}{hA}\ln\frac{\theta}{\theta_0} = -\frac{\rho cR}{3h}\ln\frac{t-t_f}{t_0-t_f}$$

$$= -\frac{8930\times 400\times 0.00025}{3\times 95}\ln\frac{1}{100} = 14.43\text{s}$$

29. C。提示：$h_x = 0.332\dfrac{\lambda}{x}Re^{1/2}Pr^{1/3}$ $h = \dfrac{1}{x}\displaystyle\int_0^x h_x\,dx = 2h_x$ $h:h_x = 2:1$。

30. C。提示：由于 $\dfrac{\delta_t}{\delta} = \dfrac{1}{1.025}Pr^{-1/3} \approx Pr^{-1/3}$，当 $\delta_t = \delta$，则 $Pr = 1$。

31. C。提示：管内流动流体某断面平均温度按焓值定义：$t_f = \dfrac{\displaystyle\int_f \rho c_p tu\,df}{\displaystyle\int_f \rho c_p u\,df} = \dfrac{2}{R^2 u_m}\displaystyle\int_0^R tur\,dr$。

32. A。提示：在热充分发展段，$\dfrac{h_x}{\lambda} = $ 常数，则 h_x 保持不变。

33. D。提示：受迫紊流换热，管长与管径比大于10，当管壁温度大于流体温度，可用的准则关联式是 $Nu = 0.023Re^{0.8}Pr^{0.4}$，由关联式可推出 $h \propto d^{-0.2}$，所以 $h_1/h_2 = (d_2/d_1)^{0.2}$。

34. A。提示：流体外掠光滑管束换热时，由于后排管子受到前排管子对流体的扰动影响，后排管子的平均换热系数增大。

35. D。提示：常热流边界条件，当热流密度为常数时，$\dfrac{dt_f}{dx} = \text{const}$，说明流体的平均温度在常热流边界条件下，呈线性变化。

长壁温条件下，$\dfrac{\Delta t'}{\Delta t''} = \exp\left(-\dfrac{2h}{\rho c_p u_m R}x\right)$，则说明流体的平均温度在常壁温热流边界条件下，呈对数曲线变化。

36. B。提示：自然对流的准则关联式通常采用 $Nu = C(Gr\cdot Pr)^n$ 的形式，C、n 为由试验确定的常数。

37. A。提示：Bi 和 Nu 的表达式一样，式中物理量 λ 含义不同：Bi 数中，λ 是导热物体的热导率；Nu 数中，λ 是流体的热导率。

38. C。Re 准则表征了惯性力与黏性力的相对大小。

39. A。提示：判断是不是纯受迫流动，或混合流动，可根据浮升力与惯性力的相对大小来确定。一般情况下，当 $Gr/Re^2 < 0.1$，认为是纯受迫对流；当 $0.1 \leqslant Gr/Re^2 < 10$ 时，认为是混合流动；$Gr/Re^2 \geqslant 10$，可作为纯自然对流。

40. B。提示：蒸汽沿向下方向外掠光滑管束凝结换热时，由于凝液从上向下流动，除第一排管子以外的后排管子都会受到上排管子凝液的影响，使管子上的凝结液膜增厚，平均表面传热系数减小。

41. B。提示：研究表明，在常热流或常壁温边界条件下，当流态达到旺盛紊流时，沿程表面传热系数 h_x 将保持不变。

42. C。提示：蒸汽中即使只含有微量的不凝性气体，就会对凝结换热产生极有害的影响。空气为不凝性气体，存在于水蒸气中，会使水蒸气凝结时表面传热系数减小。

43. D。提示：$Pr=\nu/a$，根据 Pr 的大小，流体可分成三类：高 Pr 流体，如各种油类，黏度大而热扩散率小，变压器油 $Pr_{100℃}=80$；低 Pr 流体，如液态金属，黏度小而热扩散率大，水银 $Pr_{100℃}=0.016$；普通 Pr 流体，如空气、水等，Pr 在 0.7～10 之间，水 $Pr_{100℃}=1.75$，空气 $Pr_{100℃}=0.7$。

44. A。提示：判断现象是否相似的条件：凡同类条件，单值性条件相似，同名的已定准则相等，现象必定相似。单值性条件包含了准则中的个已知物理量，即影响过程特点的条件，有几何条件、物理条件、边界条件和时间条件。

45. A。提示：受迫对流大平板层流，$Nu=0.664Re^{0.5}Pr^{1/3}$，展开后得出：$h\propto l^{-0.5}$；受迫对流管内旺盛紊流，$Nu=0.032Re^{0.8}Pr^n$，展开后得出：$h\propto l^{-0.2}$。

46. B。提示：人体在室内不仅与空气进行对流换热，还以周围墙体进行辐射换热。冬季和夏季墙壁内表面温度不同，墙体与人体的辐射换热量不同。

47. A。提示：由于长管和平板一般较长，边界层较厚，对流换热系数小，在横掠单管时，流体流程较短，边界层较薄，而且在后部会出现边界层的脱离，使表面传热系数较大。

48. D。提示：由于夹层可能存在对流作用，总的传热量要高于纯导热量，从而当量热导率 λ_e 与空气的热导率 λ 之比大于或等于1。

49. B。提示：汽化核的形成条件 $R_{min}=2\sigma T_s/(\gamma\rho_v\Delta t)$，当过热度 (t_w-t_s) 升高，从而使汽化核最小半径 R_{min} 减小。

50. C。提示：空气自然对流，$h=3\sim110\text{W}/(\text{m}^2\cdot\text{K})$；空气受迫对流，$h=20\sim100\text{W}/(\text{m}^2\cdot\text{K})$；水自然对流，$h=200\sim1000\text{W}/(\text{m}^2\cdot\text{K})$；水受迫对流，$h=1000\sim15\,000\text{W}/(\text{m}^2\cdot\text{K})$；水沸腾换热，$h=2500\sim2\,500\,000\text{W}/(\text{m}^2\cdot\text{K})$。

51. B。提示：对流换热的计算公式是 $q=h(t_w-t_f)$，是牛顿冷却公式。

52. C。提示：大空间常壁温竖壁紊流自然对流换热的准则中 $n=1/3$，大空间常热流竖壁紊流自然对流换热的准则中 $n=1/4$。

53. A。提示：$q=h(t_w-t_f)=8000\text{W}/(\text{m}^2\cdot\text{K})\times(60-20)\text{K}=3.2\times10^5\text{W}/\text{m}^2$。

54. A。提示：$Re_x=\dfrac{u_0 x}{\nu}=\dfrac{1.24\times0.25}{0.659\times10^{-6}}=4.7\times10^5<5\times10^5$，$x=250\text{mm}$ 处的边界层为层流边界层。

$$\delta=5.0Re_x^{-1/2}x=5\times\dfrac{0.25}{\sqrt{4.7\times10^5}}=1.82\times10^{-3}\text{m}=1.82\text{mm}$$

$$\delta_t=\delta Pr^{-1/3}=0.001\,82\times4.31^{-1/3}=1.12\times10^{-3}\text{m}=1.12\text{mm}$$

55. C。提示：

$$h_x=0.332\dfrac{\lambda}{x}Re_x^{1/2}Pr^{1/3}=0.332\times\dfrac{0.635}{0.25}\times(4.7\times10^5)^{1/2}4.31^{1/3}=940.83\text{W}/(\text{m}^2\cdot\text{K})$$

$$h=2h_x=1881.66\text{W}/(\text{m}^2\cdot\text{K})$$

换热量 $\Phi=h(t_w-t_f)x=1881.66\times(60-20)\times0.25=18.82\times10^3\text{W}/\text{m}=18.82\text{kW}/\text{m}$。

56. B。提示：$\alpha=\dfrac{1}{T}=\dfrac{1}{273+52}=3.08\times10^{-3}\quad 1/\text{K}$

$$Gr=\dfrac{g\alpha\Delta t H^3}{\nu^2}=\dfrac{9.81\times3.08\times10^{-3}\times(86-18)\times0.732^3}{(18.1\times10^{-6})^2}=2.46\times10^9$$

$$h = \frac{\lambda}{H}Nu = \frac{\lambda}{H} \cdot C(Gr \cdot Pr)^n = \frac{0.0284}{0.732} \times 0.1 \times (2.46 \times 10^9 \times 0.697)^{1/3} = 4.64 \text{W}/(\text{m}^2 \cdot \text{K})_{\circ}$$

57. C。提示：定性温度 $t_m = (t_{W_1} + t_{W_2})/2 = 10℃$。

查得物性参数 $\nu = 14.16 \times 10^{-6} \text{m}^2/\text{s}$，$\alpha = 1/T_m = 1/283.15$。

当 $Gr_\delta = \frac{g\alpha\Delta t\delta^3}{\nu^2} = 2000$ 时，夹层厚度 $\delta = 10.5\text{mm}$，导热量为最小。

58. B。提示：根据角系数互换性 $X_{1,2}A_1 = X_{2,1}A_2$，又由于 $X_{1,2} = 1$，则 $X_{2,1} = A_1/A_2$。

59. C。提示：遮热板，当加热 n 块与壁面发射率相同的遮热板，则换热量将减少到原来的 $1/(n+1)$。

60. A。提示：晴朗夜晚，叶子上表面与太空间进行辐射热交换，由于太空温度很低，认为是绝对零度，因此，叶子上表面温度会下降到零度以下，当空气中湿度较大，水汽会在叶子表面结露，进而结霜。叶子下表面与土地进行辐射热交换，由于土地温度较高，因此叶子下表面不会结霜。

61. D。提示：小孔具有黑体的性质，$E = \sigma_b T^4$，从而小孔向外辐射的能量为 $\sigma_b T^4 \pi d^2/4$。

62. C。提示：粗糙红砖、空气、表面氧化的铜管、磨光的铝表面发射率分别为 0.9、0、0.65 和 0.05。

63. D。提示：黑体，$\varepsilon = 1$，表面热阻为零，$J = E_b$；绝热面，表面热流为零，$J = E_b$；无限大表面，$A \to \infty$，表面热阻$\to 0$，$J \approx E_b$；灰体，$0 < \varepsilon < 1$，表面热阻一定存在，$J \neq E_b$。

64. B。提示：因为太阳的能主要集中在短波（0.3～3μm）范围。温度较低的物体，发出的波在长波范围。提高太阳灶的效率，在吸收表面因涂一层选择性材料，在短波范围，具有很大的吸收率，在长波范围具有尽可能小的吸收率，这样，就能把太阳能吸收，自身发射出去的热能很少。

65. D。提示：三角形无限长柱孔，任意两相邻表面之间的角系数的表达式形式相同，如相邻两表面 1，2 间的角系数为 $X_{1,2} = (l_1 + l_2 - l_3)/2l_1$；当断面为等边三角形，则 $l_1 = l_2 = l_3 = l$，$X_{1,2} = 1/2$。

66. A。提示：一般分子结构对称的双原子气体，无发射和吸收辐射能的能力，而三原子、多原子气体和结构不对称的双原子气体具有一定的辐射和吸收能力。

67. C。提示：由于圆柱发射的能只有一半落在无限大平面上，所以 $X_{1,2} = 0.5$。

68. D。提示：由于空气中的热导率很小，导热量可以忽略。将瓶胆的两层玻璃之间抽成真空，可明显降低对流换热量，但对辐射换热量无影响。

69. C。提示：根据兰贝特定律，黑体辐射的定向发射强度与方向无关；同时，表面在单位辐射面积上发射的辐射能落到空间不同方向单位立体角内的能量大小是不等的，其数值可以正比于该方向与辐射面法向方向角的余弦。

70. D。提示：减小冷库的冷量损失，是希望冷库尽可能小吸收辐射太阳能，从冷库的颜色来看，白色对可见光为白体，因此吸收的太阳光最少。

71. D。提示：参看灰体（$\varepsilon_\lambda = \varepsilon = $ 常数）的定义。

72. A。提示：空间热阻表达式 $\frac{1}{X_{i,j}A_i}$，与表面积和角系数有关。角系数取决于表面形状和表面间的相对位置。

73. B。提示：大气层能阻止地面上绝大部分的热辐射透过，对地面具有保温作用，此性质称为大气层的温室效应。

74. C。提示：$E_b = \sigma_b T^4 = 5.67 \times 10^{-8} \times (1000 + 273.15)^4 = 148\,970(\text{W/m}^2)$。

75. B。提示：$\lambda_{\max} = \dfrac{2897.6}{3527 + 273} = 0.76\mu\text{m}$。

76. C。提示：$\dfrac{E_{b_2}}{E_{b_1}} = \dfrac{\sigma_b T_2^4}{\sigma_b T_1^4} = \dfrac{5.67 \times 10^{-8} \times (333 + 273)^4}{5.67 \times 10^{-8} \times (30 + 273)^4} = \dfrac{7646.7}{477.9} = 16$ 倍。

77. A。提示：大平壁单位面积的辐射换热量为

$$q_{12} = \dfrac{E_{b_1} - E_{b_2}}{\dfrac{1-\varepsilon_1}{\varepsilon_1} + 1 + \dfrac{1-\varepsilon_2}{\varepsilon_2}} = \dfrac{\sigma_b(T_1^4 - T_2^4)}{\dfrac{1}{\varepsilon_1} + \dfrac{1}{\varepsilon_2} - 1} = \dfrac{5.67 \times 10^{-8}[(300+273)^4 - (100+273)^4]}{\dfrac{1}{0.5} + \dfrac{1}{0.8} - 1} = 2228(\text{W/m}^2)$$

78. D。提示：辐射板面与墙面间的辐射换热可以看为墙面内包辐射板面的辐射换热，且 $A_2 \gg A_1$，则

$$\Phi_{12} = \dfrac{E_{b_1} - E_{b_2}}{\dfrac{1-\varepsilon_1}{\varepsilon_1 A_1} + \dfrac{1}{X_{12} A_1} + \dfrac{1-\varepsilon_2}{\varepsilon_2 A_2}} = \varepsilon_1 A_1 \sigma_b (T_1^4 - T_2^4) = 0.96 \times 2 \times 1 \times 5.67 \times 10^{-8}(400^4 - 286^4)\text{W} = 2058\text{W}$$

79. D。提示：未加铝箔时大平壁单位面积的辐射换热量为

$$q_{12} = \dfrac{E_{b_1} - E_{b_2}}{\dfrac{1-\varepsilon_1}{\varepsilon_1} + 1 + \dfrac{1-\varepsilon_2}{\varepsilon_2}} = \dfrac{E_{b_1} - E_{b_2}}{\dfrac{1}{\varepsilon_1} + \dfrac{1}{\varepsilon_2} - 1} = \dfrac{E_{b_1} - E_{b_2}}{2.25}$$

加入铝箔遮热板后

$$q'_{12} = \dfrac{E_{b_1} - E_{b_2}}{\dfrac{1-\varepsilon_1}{\varepsilon_1} + 1 + \dfrac{1-\varepsilon_3}{\varepsilon_3} + \dfrac{1-\varepsilon_3}{\varepsilon_3} + 1 + \dfrac{1-\varepsilon_2}{\varepsilon_2}} = \dfrac{E_{b_1} - E_{b_2}}{\dfrac{1}{\varepsilon_1} + \dfrac{1}{\varepsilon_2} + \dfrac{2}{\varepsilon_3} - 2} = \dfrac{E_{b_1} - E_{b_2}}{21.25}$$

辐射占原来的百分数 $\dfrac{q'_{12}}{q_{12}} = \dfrac{2.25}{21.25} \approx 10.6\%$。

80. A。提示：$\Phi_{12} = \dfrac{E_{b_1} - E_{b_2}}{\dfrac{1-\varepsilon_1}{A_1\varepsilon_1} + \dfrac{1}{X_{12}A_1} + \dfrac{1-\varepsilon_2}{A_2\varepsilon_2}}$；

则 $q = \dfrac{\Phi_{12}}{A} = \dfrac{E_{b_1} - E_{b_2}}{\dfrac{1-\varepsilon_1}{\varepsilon_1} + \dfrac{1}{X_{12}} + \dfrac{1-\varepsilon_2}{\varepsilon_2}} = \dfrac{5.67 \times 10^{-8}(500^4 - 400^4)}{\dfrac{1-0.8}{0.8} + 1 + \dfrac{1-0.8}{0.8}} \text{W/m}^2 \approx 1395\,\text{W/m}^2$。

81. B。提示：发射辐射为 $\varepsilon_1 E_{b_1} = 2835\,\text{W/m}^2$；

因为 $\Phi_1 = \dfrac{E_{b_1} - J_1}{\dfrac{1-\varepsilon_1}{\varepsilon_1 A_1}}$，$\Phi_1 = \Phi_{12}$，则有效辐射 $J_1 = E_{b_1} - \dfrac{\Phi_1}{A_1} \dfrac{1-\varepsilon_1}{\varepsilon_1} = 3195\,\text{W/m}^2$。

82. D。提示：$\dfrac{\Phi_1}{A_1} = J_1 - G_1$，$G_1 = J_1 - \dfrac{\Phi_1}{A_1} = 1800\,\text{W/m}^2$，或 $G_1 = (\varepsilon_1 E_{b_1} - q)/\alpha_1 = 1800\,\text{W/m}^2$。

反射辐射 $\rho_1 G_1 = 360 \text{W/m}^2$，或 $\rho_1 G_1 = J_1 - \varepsilon_1 E_{b_1} = 360 \text{W/m}^2$。

83. C。提示：对于一侧是相变换热的换热器，无论是顺流还是逆流，所获得的对数平均温差相同。

84. B。提示：当 $C_{\min}/C_{\max} = 0$，无论是逆流还是顺流，$\varepsilon = 1 - e^{-NTU}$，所以效能相等。

85. D。提示：对传热过程，两侧流体的对流换热阻直接影响传热系数的大小。由于空气的对流换热热阻比水的对流换热热阻大很多，因此，有空气的传热过程传热系数就小。

86. A。提示：传热过程，两侧流体的对流换热阻直接影响传热系数的大小；对流换热热阻大的一侧决定了整个传热过程的热阻。因此，强化传热，应加强对流换热系数小、热阻大的一侧的流体的换热；加肋是为了增加与流体接触的表面积来强化传热的，应加在流体表面传热换热系数小的一侧，传热效果好。

87. D。提示：暖气片外壁与周围空气之间的换热过程有对流换热和辐射换热。

88. C。提示：$q_c = h_c(t_f - t_w) = 3.21 \times (20 - 10) = 32.1(\text{W/m}^2)$

$q_r = \varepsilon \sigma_b (T_{am}^4 - T_w^4) = 0.9 \times 5.67 \times 10^{-8} [(273 + 16.7)^4 - (273 + 10)^4] = 32.1(\text{W/m}^2)$

$q = q_c + q_r = 64.2 \text{W/m}^2$

89. A。提示：$h = h_c + h_r = \dfrac{q}{t_f - t_w} = \dfrac{64.2}{20 - 10} \text{W/(m}^2 \cdot \text{K)} = 6.42 \text{W/(m}^2 \cdot \text{K)}$

$$\dfrac{q_r}{q} = \dfrac{32.1}{64.2} = 0.5$$

90. A。提示：$\Delta t_m = \dfrac{\Delta t' - \Delta t''}{\ln \dfrac{\Delta t'}{\Delta t''}}$，顺流：$\Delta t_m = \dfrac{(300 - 20) - (200 - 180)}{\ln \dfrac{300 - 20}{200 - 180}} \text{°C} = 98.5 \text{°C}$。

逆流：$\Delta t_m = \dfrac{(300 - 180) - (200 - 20)}{\ln \dfrac{300 - 180}{200 - 20}} \text{°C} = 148 \text{°C}$。

91. C。提示：从温度分析该换热器为逆流

$$\Delta t_m = \dfrac{(180 - 120) - (100 - 80)}{\ln \dfrac{180 - 120}{100 - 80}} \text{°C} \approx 36.4 \text{°C}$$

$$\varepsilon = \dfrac{t_1' - t_1''}{t_1' - t_2'} = \dfrac{180 - 100}{180 - 80} = 0.8$$

92. C。提示：$\Delta t_m = \dfrac{(400 - 80) - (200 - 30)}{\ln \dfrac{400 - 80}{200 - 30}} \text{°C} \approx 237 \text{°C}$

$\Phi = c_2 m_2 (t_2'' - t_2') = 4.18 \times 20 \times (80 - 30) \text{kW} = 4180 \text{kW}$

$k = \dfrac{\Phi}{A \cdot \Delta t_m} = \dfrac{4180 \times 10^3}{300 \times 237} \text{W/(m}^2 \cdot \text{K)} = 58.8 \text{W/(m}^2 \cdot \text{K)}$

93. C。提示：此问题属于空腔与内包壁面之间的辐射换热

$$\Phi_{1,2} = \dfrac{A_1 (E_{b_1} - E_{b_2})}{\dfrac{1}{\varepsilon_1} + \dfrac{A_1}{A_2}\left(\dfrac{1}{\varepsilon_2} - 1\right)}$$

简算，因为 $\frac{A_1}{A_2}\left(\frac{1}{\varepsilon_2}-1\right)$ 较小，此项忽略不计。

则 $\Phi_{1,2} = \varepsilon_1 A_1 (E_{b_1} - E_{b_2}) = 0.73 \times \pi \times 0.2 \times 5.67 \times 10^{-8} \times [(150+273)^4 - (20+273)^4]$ W/m = 641W/m（不进行简算，$\Phi_{1,2} = 627$W/m）。

94. B。提示：120℃的干饱和水蒸气，潜热为 2202.3kJ/kg，蒸汽的流量为 0.05kg/s，换热量 $\Phi = mr = 0.05 \times 2202.3 = 110.115$kW。

计算对数平均温差 $\Delta t = \dfrac{\Delta t' - \Delta t''}{\ln\dfrac{\Delta t'}{\Delta t''}} = \dfrac{(120-15)-(120-50)}{\ln\dfrac{120-15}{120-50}}$℃ $= 86.3$℃

$$\Phi = KA\Delta t_m$$

$$A = \frac{\Phi}{K\Delta t} = 17.01\text{m}^2$$

95. A、B、C、D。提示：参看书中热导率内容。

96. C、D。提示：热扩散率 $a = \dfrac{\lambda}{\rho c}$，是一复合物性参数。

97. A、B、D。提示：因为管内加内插物对流体有扰动作用，可提高管内表面传热系数。$h = f(u^{0.8}, d^{-0.2})$，增加流速、用椭圆管代替圆管能提高管内表面传热系数。

98. A、B。提示：凡是温度大于0K均有发射热辐射的性质，物体发射热辐射不需要传播介质。

99. A、C、D。提示：兰贝特余弦定律的内容。

100. A、B、C。提示：表面热阻表达式 $\dfrac{1-\varepsilon}{\varepsilon A}$，与表面积和发射率有关。发射率取决于表面粗糙度、表面材料。

101. A。提示：空气热导率随温度升高而增大。

102. B。提示：圆柱壁面散热时内侧温度梯度大。

103. D。提示：无内热源大平壁中热流密度处处相等，见本书中传热学部分式（2-18）和式（2-19）。

104. C。提示：非稳态导热显示差分格式得到离散方程有稳定性条件。见本书中传热学部分式（2-57）。

105. B。提示：管内受迫定型流动过程，即流动充分发展段，其特征是速度分布保持不变。如果有换热时，将达到热充分发展段，其特征是常物性流体，表面传热系数保持不变。

106. D。提示：暖气片对室内空气的加热主要通过暖气片与周围空气的自然对流换热和暖气片与周围物体（包括房间的家具、墙壁等）辐射换热共同作用，是一复合换热过程。

107. A。提示：影响膜状凝结的主要因素有蒸汽速度、不凝性气体、表面粗糙度、蒸汽含油、蒸汽的过热度。

108. C。提示：热辐射波长范围为 $0.1 \sim 100\mu$m，其中：0.1μm$\leq \lambda < 0.38\mu$m 为紫外线；0.38μm$\leq \lambda \leq 0.76\mu$m 为可见光；$0.76\mu$m $< \lambda \leq 100\mu$m 为红外线。

109. D。提示：角系数 $X_{i,j}$ 表示表面向半球空间辐射的辐射能中直接落到另外一个表面上的百分数，因此不适用定向辐射和定向反射表面。

110. C。提示：$\Phi = 0.6 \times c \times (55 - 35) = 1.2 \times c \times (t''_2 - 15) \Rightarrow t''_2 = 25℃$

顺流 $$\Delta t_m = \frac{(55-15)-(35-25)}{\ln\frac{55-15}{35-25}} = \frac{30}{\ln 4}$$

逆流 $$\Delta t_m = \frac{(55-25)-(35-15)}{\ln\frac{55-25}{35-15}} = \frac{10}{\ln 1.5}$$

$$\frac{\Delta t_m(逆流)}{\Delta t_m(顺流)} = \frac{\left(\frac{10}{\ln 1.5}\right)}{\left(\frac{30}{\ln 4}\right)} \approx 1.14$$

第3章 工程流体力学及泵与风机

考试大纲

3.1 流体动力学基础：流体运动的研究方法 稳定流动与非稳定流动 理想流体的运动方程式 实际流体的运动方程式 伯努利方程式及其使用条件

3.2 相似性原理和因次分析：物理现象相似的概念 相似三定理 方程和因次分析法 流体力学模型研究方法 实验数据处理方法

3.3 流动阻力和能量损失：层流与紊流现象 流动阻力分类 圆管中层流与紊流的速度分布 层流和紊流沿程阻力系数的计算 局部阻力产生的原因和计算方法 减少局部阻力的措施

3.4 管路计算：简单管路的计算 串联管路的计算 并联管路的计算

3.5 特定流动分析：势函数和流函数概念 简单流动分析 圆柱形测速管原理 旋转气流性质 紊流射流的一般特性 特殊射流

3.6 气体动力学基础：可压缩流体一元稳定流动的基本方程 渐缩喷管与拉伐尔管的特点 实际喷管的性能

3.7 泵与风机：泵与风机的运行曲线 网络系统中泵与风机的工作点 离心式泵或风机的工况调节 离心式泵或风机的选择 气蚀 安装要求

3.1 流体动力学基础

流体动力学研究的主要问题是流速和压强在空间的分布。两者之中，流速更加重要。这不仅因为流速是流动情况的数学描述，还因为流体流动时，在破坏压力和质量力平衡的同时，出现了和流速密切相关的惯性力和黏性力。其中，惯性力是由质点本身流速变化所产生，而黏性力是由于流层与流层之间，质点与质点间存在着流速差异所引起的。

流体从静止到运动，质点获得流速，对于理想流体，因为无黏性，表面力没有切向应力，只有法向应力，流体质点的动压强与静压强特性相同。对于黏性流体，由于黏滞力的作用，出现切向应力，使得任一点法向应力的大小，与作用的方向有关，改变了压强的静力特性。任一点的压强，不仅与该点所在的空间位置有关，也与方向有关。理论推导可证明，任何一点在三个正交方向的压强的平均值是一个常数，这个平均值就作为点的动压强值。

3.1.1 描述流体运动的两种方法

拉格朗日法是把整个流体运动看作无数单个质点运动的总和，以个别质点为研究对象来描述，再将每个质点的运动情况汇总起来，就描述了流体的整个流动。

在这种思路的指导下，我们把流体质点在某一时刻 t_0 时的坐标 (a、b、c) 作为该质点的标志，则不同的 (a、b、c) 就表示流动空间的不同质点。这样，流场中的全部质点，都包含在 (a、b、c) 变数中。

随着时间的推移，质点将改变位置，设 (x、y、z) 表示时间 t 时质点 (a、b、c) 的坐标，则下列函数形式

$$\left.\begin{array}{l}x = x(a、b、c、t)\\y = y(a、b、c、t)\\z = z(a、b、c、t)\end{array}\right\} \qquad (3-1)$$

就表示全部质点随时间 t 的位置变动。表达式中的自变量（a、b、c、t）称为拉格朗日变量。

欧拉法是以流体运动的空间作为观察对象，观察不同时刻各空间点上流体质点的运动，再将每个时刻的情况汇总起来，就描述了整个运动。

按照这个观点，我们可以用"流速场"这个概念来描述流体的运动。它表示流速在流场中的分布和随时间的变化。也就是要把速度 u 在各坐标轴上的投影 u_x、u_y、u_z 表示为流场空间 x、y、z 和时间 t 四个变量的函数，即

$$\left.\begin{array}{l}u_x = u_x(x、y、z、t)\\u_y = u_y(x、y、z、t)\\u_z = u_z(x、y、z、t)\end{array}\right\} \qquad (3-2)$$

式中，变量 x、y、z、t 称为欧拉变量。

3.1.2 恒定流动和非恒定流动

欧拉法描述流体运动，各运动参数是空间坐标和时间变量的函数，如

$$\left.\begin{array}{l}u_x = u_x(x、y、z、t)\\u_y = u_y(x、y、z、t)\\u_z = u_z(x、y、z、t)\end{array}\right\} \qquad (3-3)$$

就是非恒定流的描述。这里，不仅反映了流速在空间的分布，也反映了流速随时间的变化。

达到运动平衡的流动，流场中各点流速不随时间变化，由流速决定的压强，黏性力和惯性力也不随时间变化。这种流动称为恒定流动，即描述流体运动的各物理参数与时间无关。在恒定流动中，欧拉变量不出现时间 t，式(3-3)简化为

$$\left.\begin{array}{l}u_x = u_x(x、y、z)\\u_y = u_y(x、y、z)\\u_z = u_z(x、y、z)\end{array}\right\} \qquad (3-4)$$

3.1.3 恒定元流能量方程

在采用欧拉法分析流体运动时，还将涉及一些流体力学的基本概念和定义，在此做简要介绍。

流线和迹线。在流场中有这样的曲线，某一时刻，其上各点的切线方向与这一时刻通过该点的流体质点的流速方向重合，这样的空间曲线称为流线（图3-1）。同一质点在各不同时刻所占有的空间位置联成的空间曲线称为迹线。流线是欧拉法对流动的描绘，迹线则是拉格朗日法对流动的描绘。

由流线定义写成数学表达式为

$$\frac{dx}{u_x} = \frac{dy}{u_y} = \frac{dz}{u_z} \qquad (3-5a)$$

迹线方程为

$$\frac{dx}{u_x} = \frac{dy}{u_y} = \frac{dz}{u_z} = dt \qquad (3-5b)$$

以上流线与迹线方程很相似，但意义不同。流线描述的是某一瞬时的状态，方程中的时间量为常数。迹线则是质点在一段时间内运动的轨迹，其中的时间量 t 为变量。

流线有这样的一些性质：流线一般不能相交（驻点、奇点、相切的点等处除外），也不能是折线。因为流场内任一固定点在同一瞬时只能有一个速度向量。流线只能是一条光滑的曲线或直线。在恒定流中，流线和迹线是完全重合的。在非恒定流中，流线和迹线一般不重合，因此，只有在恒定流中才能用迹线来代替流线。流线的疏密可以反映流速的大小，流线越密处流速越大。

在流场内，取任意非流线的封闭曲线 l，经此曲线上全部点作流线，这些流线组成的管状流面，称为流管。流管以内的流体，称为流束（图 3-2）。垂直于流束的断面，称为流束的过流断面。过流断面垂直于通过其上的流线，可以是平面，也可以是曲面。当流束的过流断面无限小时，这根流束就称为元流。元流的边界由流线组成，因此外部流体不能流入，内部流体也不能流出。元流断面为无限小，断面上流速和压强就可认为是均匀分布，任一点的流速和压强代表了全部断面的相应值。

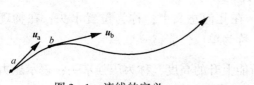

图 3-1　流线的定义

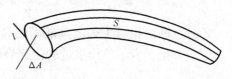

图 3-2　流束

流量。单位时间通过某一过流断面的流体量称为该断面的流量。设微元断面积为 dA，通过的流体速度为 u，则单位时间通过该微元过流断面的流体体积，即元流的流量为

$$dQ = udA \tag{3-6}$$

而单位时间流过全部过流断面 A 的流体体积 Q 是 dQ 在全部断面上的积分

$$Q = \int_A udA \tag{3-7}$$

称为该过流断面的流量。

断面平均流速。总流过流断面上各点的速度 u 一般是不相等的，为了简化总流的计算，设想过流断面上速度均匀分布，皆为 v，通过的流量等于实际流量 Q，此速度 v 定义为该断面的平均流速，即

$$v = \frac{Q}{A} = \frac{\int_A udA}{A} \tag{3-8}$$

连续性方程。这是流体力学的基本方程之一，是质量守恒原理的流体力学表达式。在总流中取面积为 A_1 和 A_2 的 1、2 两断面，对恒定流两断面间流动空间内流体质量不变，即有可压缩流体的连续性方程

$$\rho_1 v_1 A_1 = \rho_2 v_2 A_2 \tag{3-9}$$

当流体为均质不可压缩时密度为常数，$\rho_1 = \rho_2$，则不可压缩流体的连续性方程为

$$v_1 A_1 = v_2 A_2 \tag{3-10}$$

恒定元流的能量方程可以从功能原理出发，取不可压缩无黏性流体恒定流动的力学模型，推导元流的能量方程式。

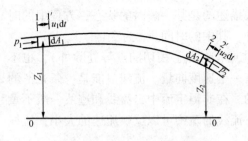

图 3-3 元流能量方程的推证

在流场中选取元流如图 3-3 所示。在元流上沿流向取 1、2 两断面,两断面的高程和面积分别为 Z_1、Z_2 和 dA_1、dA_2,两断面的流速和压强分别为 u_1、u_2 和 p_1、p_2。

从功能原理推出单位重量流体的能量方程

$$\frac{p_1}{\gamma} + Z_1 + \frac{u_1^2}{2g} = \frac{p_2}{\gamma} + Z_2 + \frac{u_2^2}{2g} \quad (3-11)$$

这就是理想不可压缩流体恒定流元流能量方程,或称为伯努利方程。

推导此方程所引入的限定条件,就是理想流体元流伯努利方程的应用条件:理想流体、恒定流动、质量力仅为重力、沿元流(流线)、不可压缩流体。

两断面是任意选取的,因此式(3-11)又可写成元流任意断面上,有

$$\frac{p}{\gamma} + Z + \frac{u^2}{2g} = 常数 \quad (3-12)$$

式中 Z——断面相对于选定基准面的高度,在几何意义上,称为位置水头;在物理意义上,表示单位重量的位置势能,称为单位位能;

$\dfrac{p}{\gamma}$——断面压强作用使流体沿测压管所能上升的高度,称为压强水头;表示压力做功所能提供给单位重量流体的能量,称为单位压能;

$\dfrac{u^2}{2g}$——以断面流速 u 为初速的铅直上升射流所能达到的理论高度,称为流速水头;表示单位重量流体的动能,称为单位动能。

式(3-12)的前两项相加,以 H_P 表示

$$H_P = \frac{p}{\gamma} + Z \quad (3-13)$$

表示断面测压管水面相对于基准面的高度,称为测压管水头,表明单位重量流体具有的势能,称为单位势能。

式(3-12)三项相加,以 H 表示

$$H = \frac{p}{\gamma} + Z + \frac{u^2}{2g} \quad (3-14)$$

称为总水头,表明单位重量流体具有的总能量,称为单位总能量。

能量方程式说明,理想不可压缩流体恒定元流中,沿程各断面总水头相等,单位重量的总能量保持不变。

元流能量方程式,确立了一元流动中,动能和势能,流速和压强相互转换的普遍规律,提出了理论流速和压强的计算公式。在水力学和流体力学中,有极其重要的理论意义和极其广泛的实际应用价值。

实际流体的流动中,元流的黏性阻力做负功,使机械能量沿流向不断衰减。以符号 h'_{l1-2} 表示元流 1、2 两断面间单位重量流体能量的衰减。h'_{l1-2} 称为水头损失。则单势能量方程式(3-11)将改变为

$$\frac{p_1}{\gamma} + Z_1 + \frac{u_1^2}{2g} = \frac{p_2}{\gamma} + Z_2 + \frac{u_2^2}{2g} + h'_{l1-2} \tag{3-15}$$

3.1.4 恒定总流能量方程

根据流速的大小及方向是否随流向变化,分为均匀流动和非均匀流动。非均匀流动又按流速随流向变化的缓急,分为渐变流动和急变流动。如图3-4所示。

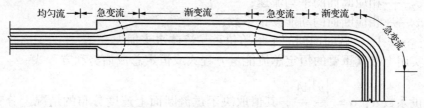

图3-4 均匀流动和非均匀流动

质点流速的大小和方向均不变的流动叫均匀流动。均匀流的流线是相互平行的而且是直线,因而它的过流断面是平面。在断面大小及形状皆不变的长直管中的流动,是均匀流动最常见的例子。

在均匀流过流断面上,压强分布服从于流体静力学规律,即

$$Z + \frac{p}{\gamma} = C \tag{3-16}$$

如图3-5所示。

渐变流的流线近乎平行直线,流速沿流向变化所形成的惯性力小,可忽略不计。过流断面可近似认为是平面,在过流断面上,压强分布也可认为服从于流体静力学规律。也就是说,渐变流可近似地按均匀流处理。

流体在弯管中的流动,流线呈显著的弯曲,是典型的流速方向发生变化的急变流问题,在这种流动的断面上,离心力沿断面作用,和流体静压强的分布相比,沿离心力方向压强增加,例如在图3-6的断面上,沿弯曲半径增加的方向,测压管水头增加,流速则沿离心力方向减小。

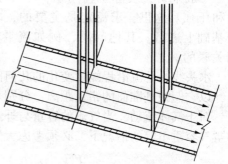

图3-5 均匀流过流断面的压强分布

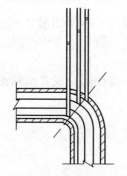

图3-6 弯曲段断面的压强分布

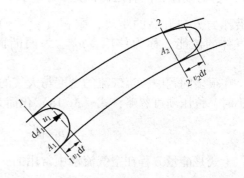

图3-7 总流能量方程的推证

在图3-7的总流中,选取两个渐变流断面1-1和断面2-2。在总流内任取元流应用元

流能量方程分析，对总流过流断面积分，整理可以得到单位重量流体的总流能量方程

$$Z_1 + \frac{p_1}{\gamma} + \frac{\alpha_1 v_1^2}{2g} = Z_2 + \frac{p_2}{\gamma} + \frac{\alpha_2 v_2^2}{2g} + h_{l1-2} \quad (3-17)$$

式中 Z_1、Z_2——选定的 1、2 渐变流断面上任一点相对于选定基准面的高程；
p_1、p_2——相应断面同一选定点的压强，同时用相对压强或同时用绝对压强；
v_1、v_2——相应断面的平均流速；
α_1、α_2——相应断面的动能修正系数；
h_{l1-2}——1、2 两断面间的平均单位重量流体水头损失。

这就是实用上极其重要的恒定总流能量方程式或恒定总流伯努利方程式。

动能修正系数 α，$\alpha = \dfrac{\int u^3 \mathrm{d}A}{v^3 A}$，其值取决于过流断面上速度分布的情况，分布较均匀的流动 $\alpha = 1.05 \sim 1.1$，通常取 $\alpha = 1.0$。

水头损失 h_{l1-2} 一般分为两类：沿管长均匀发生的均匀流损失，称为沿程水头损失；局部障碍（如管道弯头、各种接头、闸阀、水表等）引起的急变流损失，称为局部水头损失。

能量方程在解决流体力学问题上有决定性的作用，一般来说，它和连续性方程联立，就可以全面地解决一元流动的断面流速和压强的计算。

一般来讲，实际工程问题，不外乎三种类型：一是求流速；二是求压强；三是求流速和压强。这里，求流速是主要的，求压强必须在求得流速的基础上，或在流速已知的基础上进行。其他问题，例如流量问题、水头问题、动量问题，都是和流速、压强相关联的。

水头线是总流沿程能量变化的几何图示。总水头线和测压管水头线，直接在一元流上绘出，以它们距基准面的铅直距离，分别表示相应断面的总水头和测压管水头。

对于气体流动，当气流的容重与外部空气的容重不同时，特别是在高差较大，气体容重和空气容重不等的情况下，必须考虑大气压强因高度不同的差异。气流能量方程可写成

$$p_1 + \frac{\rho v_1^2}{2} + (\gamma_a - \gamma)(Z_2 - Z_1) = p_2 + \frac{\rho v_2^2}{2} + p_{l1-2} \quad (3-18)$$

式（3-18）即为以相对压强计算的恒定气流伯努利方程。式中 p 为静压（用相对压强），$\dfrac{\rho v^2}{2}$ 为动压，两者之和称为全压，$\gamma_a - \gamma$ 为单位体积气体所受的有效浮力，$Z_2 - Z_1$ 为气体沿浮力方向升高的距离，乘积 $(\gamma_a - \gamma)(Z_2 - Z_1)$ 为 1-1 断面相对 2-2 断面单位体积气体的位能，称为位压，p_{l1-2} 为两断面间的压强损失，静压、动压与位压之和称为总压。

在很多问题中，当气流的密度与大气的密度相差无几，或相同，或者两断面的高程相差较小时，位压项可忽略，式（3-18）化简为

$$p_1 + \frac{\rho v_1^2}{2} = p_2 + \frac{\rho v_2^2}{2} + p_{l1-2} \quad (3-19)$$

上式是能量方程在空气流动中常用的一种形式。

3.2 相似性原理和因次分析

因次也称量纲。因次分析和相似性原理，为科学地组织实验及整理实验成果提供理论指

导,是发展流体力学理论,解决实际工程问题的有力工具。

3.2.1 力学相似

要保证两个流动问题的力学相似,必须满足两个流动几何相似、运动相似、动力相似以及两个流动的边界条件和起始条件相似。

几何相似是指流动空间几何相似,即形成此空间任意相应两线段夹角相同,任意相应线段长度保持相同的比例。几何相似,是力学相似的前提。

运动相似是要求两流动的相应流线几何相似,或说相应点的流速大小成比例,方向相同。运动相似通常是模型实验的目的。

流动的动力相似,指两个流动相应点处质点受同名力作用,力的方向相同、大小成比例。动力相似是运动相似的保证。

3.2.2 相似准数

要使两个流动动力相似,需要两流动相应点上的力多边形相似,相应边(同名力)成比例,由此得到各单项力的相似准数。以脚标 n 表示原型,脚标 m 表示模型。

1. 雷诺准数

原型与模型两流动对应点上的惯性力与黏滞力若相似,则可建立对比关系如下

$$\frac{F_{In}}{F_{vn}} = \frac{F_{Im}}{F_{vm}} \tag{3-20}$$

由于是对比关系,而不是计算力的绝对量,所以式中的力可以用流动的特性量来表示,例如

惯性力 $\qquad F_I = \rho l^3 \dfrac{l}{t^2} = \rho l^2 v^2$

黏滞力 $\qquad F_v = \mu A \dfrac{du}{dy} = \mu l v$

代入式(3-20)整理,得

$$\left.\begin{array}{c} \dfrac{v_n l_n}{\nu_n} = \dfrac{v_m l_m}{\nu_m} \\ Re_n = Re_m \end{array}\right\} \tag{3-21}$$

无因次数 $Re = \dfrac{vl}{\nu}$ 称为雷诺数。它表征惯性力与黏滞力之比,两流动相应的雷诺数相等,则黏滞力相似。

2. 弗诺得准数

同理选取用特征量表示重力 $F_G = \rho g l^3$,取两流动对应点上的惯性力与重力对比,有

$$\left.\begin{array}{c} \dfrac{v_n^2}{g l_n} = \dfrac{v_m^2}{g l_m} \\ Fr_n = Fr_m \end{array}\right\} \tag{3-22}$$

无因次数 $Fr = \dfrac{v^2}{gl}$ 称为弗诺得数。它表征惯性力与重力之比,两流动相应的弗诺得数相等,重力相似。

3. 欧拉准数

选取用特征量表示压力 $F_p = \Delta p l^2$,两流动对应点上的压力与惯性力对比,有

$$\left.\begin{aligned}\frac{\Delta p_n}{\rho_n v_n^2} &= \frac{\Delta p_m}{\rho_m v_m^2} \\ Eu_n &= Eu_m\end{aligned}\right\} \qquad (3-23)$$

无因次数 $Eu = \dfrac{\Delta p}{\rho v^2}$ 称为欧拉数。它表征压力与惯性力之比，两流动对应的欧拉数相等，压力相似。

在高速气流中，弹性力起主导作用，若惯性力与弹性力的比值以 $\dfrac{\rho v^2 l^2}{E l^2}$ 来表征，则有

$$\left.\begin{aligned}\frac{v_n}{a_n} &= \frac{v_m}{a_m} \\ M_n &= M_m\end{aligned}\right\} \qquad (3-24)$$

式中　　a——声速；

　　　　M——马赫数，$M = \dfrac{v}{a}$。

这些相似准数包含有物理常数 ρ、ν、g，流速 v 和长度 l 等。除了物理常数外，在实际计算时需要采用对整个流动有代表性的量。例如，在管流中，断面平均流速是有代表性的速度，而管径则是长度的代表性量。一般地，对某一流动，对流动有重要影响的具有代表性的物理量称为定性量，或称为特征物理量。平均流速就是速度的定性量，称为定性流速。管径称为定性长度。定性量可以有不同的选取原则。例如，定性长度可取管的直径、半径、或水力半径，所得到的相似准数值也因此而不同。所以，定性量一经选定（通常按惯例选择）之后，在研究同一问题时，不能中途变更。在管流计算雷诺数时，习惯上分别选平均流速 v 和管径 d 作为定性流速和定性长度。

由于流体的运动微分方程式表达了惯性力、重力、压力、黏滞力和弹性力等诸力的平衡关系，因此，我们也可以利用对运动微分方程式无量纲化的方法导出相似准数。

在考虑不可压缩流体流动的动力相似时，决定流动平衡的四种力，黏滞力、压力、重力和惯性力并非都是独立的，根据力多边形相似法则，其中必有一个力是被动的，只要其中三个力分别相似，则第四个力必然相似。因此，在决定动力相似的三个准则数 Eu、Fr、Re 中，也必有一个是被动的，相互之间存在着依赖关系

$$Eu = f(Fr, Re) \qquad (3-25)$$

在大多数流动问题中，压力是待求量，通常欧拉数 Eu 是被动的准则数。我们将对流动起决定作用的准则数称为决定性相似准数或称为定型相似准数；被动的准则数称为被决定的相似准数或非定型相似准数。

3.2.3　因次分析法

一般物理量包含有两个属性，一个是自身的物理属性（或称类别），如长度、时间、质量等，另一个是为度量物理属性而规定的量度单位，如米、秒、千克等。人们把物理量的属性（类别）称为因次或量纲，用 $[q]$ 表示。

因次分析法就是通过对现象中物理量的因次以及因次之间相互联系的各种性质的分析来研究现象相似性的方法。它是以方程式的因次和谐性为基础的。所谓方程式的因次和谐性就是：完整的、正确的物理方程式中各项的因次应相同的性质。

某一类物理现象中，不存在任何联系的、性质不同的因次，称为基本因次；而那些可以由基本因次导出的因次称为导出因次。对于一个物理现象的基本因次选取不是唯一的，在不可压缩流体流动中，常选取质量、长度、时间，$M-L-T$ 基本因次系统。

表 3-1 列出了流体力学常用物理量的因次。

表 3-1　　　　　　　　　　流体力学常用物理量的因次

	物理量	符号	因次（LTM 制）	SI 单位
几何学的量	长度	L	L	m
	面积	A	L^2	m^2
	体积	V	L^3	m^3
	水头	H	L	m
	面积矩	I	L^4	m^4
运动学的量	时间	t	T	s
	速度	v	LT^{-1}	m/s
	加速度	a	LT^{-2}	m/s^2
	重力加速度	g	LT^{-2}	m/s^2
	角速度	ω	T^{-1}	rad/s
	体积流量	Q	L^3T^{-1}	m^3/s
	环量	Γ	L^2T^{-1}	m^2/s
	流函数	ψ	L^2T^{-1}	m^2/s
	速度势	Φ	L^2T^{-1}	m^2/s
	运动黏度	ν	L^2T^{-1}	m^2/s
动力学的量	质量	m	M	kg
	力	F	MLT^{-2}	N
	密度	ρ	ML^{-3}	kg/m^3
	动力黏度	μ	$ML^{-1}T^{-1}$	Pa·s
	压强	p	$ML^{-1}T^{-2}$	Pa
	切应力	τ	$ML^{-1}T^{-2}$	Pa
	弹性模量	E	$ML^{-1}T^{-2}$	Pa
	表面张力	σ	MT^{-2}	N/m
	动量	p	MLT^{-1}	kg·m/s
	功、能	W	ML^2T^{-2}	J = N·m
	功率	P	ML^2T^{-3}	W

在因次和谐原理基础上发展起来的因次分析法有两种，一种称为瑞利法，适用于比较简单的问题；另一种为 π 定理，是一种具有普遍性的方法。这里仅介绍 π 定理。

π 定理（又称巴金汉法）：对某一流动问题，设影响该流动的物理量有 n 个：x_1，x_2，…，x_n；在这些物理量中的基本因次为 m 个，于是就可以把这些量排列成 $n-m$ 个独立的无因次参数 π_1，π_2，…，π_{n-m}。它们的函数关系分别为：

$$f_1(x_1, x_2, \cdots, x_n) = 0 \tag{3-26}$$
$$f_2(\pi_1, \pi_2, \cdots, \pi_{n-m}) = 0 \tag{3-27}$$

然后，在变量 x_1, x_2, $\cdots$, x_n 中选择 m 个因次独立的量作为基本物理量，连同其他的 x_i 量中的一个变量组合每个 π_i。

例如，设 $m=3$, x_1, x_2, x_3 为基本物理量，于是有

$$\left.\begin{aligned}\pi_1 &= x_1^{\alpha_1} x_2^{\beta_1} x_3^{\gamma_1} x_4 \\ \pi_2 &= x_1^{\alpha_2} x_2^{\beta_2} x_3^{\gamma_2} x_5 \\ &\vdots \\ \pi_{n-m} &= x_1^{\alpha_{n-m}} x_2^{\beta_{n-m}} x_3^{\gamma_{n-m}} x_n\end{aligned}\right\} \tag{3-28}$$

将式 (3-26) 变换成式 (3-27) 的作用及 α_i, β_i, γ_i 的求法通过下例说明。

【例 3-1】 有压管流中的压强损失。

解：根据实验，知道压强损失 Δp 与管长 l，管径 d，管壁粗糙度 K，流体运动黏性系数 ν，密度 ρ 和平均流速 v 有关，即

$$\Delta p = f(l, d, K, v, \rho, \nu)$$

在这 7 个量中，基本因次数为 3，因而可选择三个基本物理量，不妨取

管径 d（几何量） $\qquad [d] = L$
平均流速 v（运动学量） $\qquad [v] = LT^{-1}$
密度 ρ（动力学量） $\qquad [\rho] = ML^{-3}$

用未知指数写出无因次参数 $\pi_i = [i; 1 \sim (n-m) = 7 - 3 = 4]$

$$\left.\begin{aligned}\pi_1 &= v^{\alpha_1} d^{\beta_1} \rho^{\gamma_1} \nu \\ \pi_2 &= v^{\alpha_2} d^{\beta_2} \rho^{\gamma_2} \Delta p \\ \pi_3 &= v^{\alpha_3} d^{\beta_3} \rho^{\gamma_3} l \\ \pi_4 &= v^{\alpha_4} d^{\beta_4} \rho^{\gamma_4} K\end{aligned}\right\} \tag{3-29}$$

将各量的因次代入，写出因次公式

$$\left.\begin{aligned}[\pi_1] &= (LT^{-1})^{\alpha_1} (L)^{\beta_1} (ML^{-3})^{\gamma_1} (L^2 T^{-1}) = 1 \\ [\pi_2] &= (LT^{-1})^{\alpha_2} (L)^{\beta_2} (ML^{-3})^{\gamma_2} (ML^{-1} T^{-2}) = 1 \\ [\pi_3] &= (LT^{-1})^{\alpha_3} (L)^{\beta_3} (ML^{-3})^{\gamma_3} (L) = 1 \\ [\pi_4] &= (LT^{-1})^{\alpha_4} (L)^{\beta_4} (ML^{-3})^{\gamma_4} (L) = 1\end{aligned}\right\}$$

对每一个 π_i 写出因次和谐方程组

$$\pi_1 \begin{cases} L: & \alpha_1 + \beta_1 - 3\gamma_1 + 2 = 0 \\ T: & -\alpha_1 - 1 = 0 \\ M: & \gamma_1 = 0 \end{cases} \qquad \pi_2 \begin{cases} L: & \alpha_2 + \beta_2 - 3\gamma_2 - 1 = 0 \\ T: & -\alpha_2 - 2 = 0 \\ M: & \gamma_2 + 1 = 0 \end{cases}$$

$$\pi_3 \begin{cases} L: & \alpha_3 + \beta_3 - 3\gamma_3 + 1 = 0 \\ T: & -\alpha_3 = 0 \\ M: & \gamma_3 = 0 \end{cases} \qquad \pi_4 \begin{cases} L: & \alpha_4 + \beta_4 - 3\gamma_4 + 1 = 0 \\ T: & -\alpha_4 = 0 \\ M: & \gamma_4 = 0 \end{cases}$$

分别解得

$$\alpha_1 = -1 \quad \beta_1 = -1 \quad \gamma_1 = 0; \quad \alpha_2 = -2 \quad \beta_2 = 0 \quad \gamma_2 = -1$$
$$\alpha_3 = 0 \quad \beta_3 = -1 \quad \gamma_3 = 0; \quad \alpha_4 = 0 \quad \beta_4 = -1 \quad \gamma_4 = 0$$

代入式（3-29），得

$$\pi_1 = v^{-1}d^{-1}\rho^0 v = \frac{\nu}{vd} = \frac{1}{Re}$$

$$\pi_2 = v^{-2}d^0\rho^{-1}\Delta p = \Delta p/(\rho v^2) = Eu$$

$$\pi_3 = l/d$$

$$\pi_4 = K/d$$

根据 π 定理中式（3-27），有

$$Eu = \Delta p/(\rho v^2) = F(l/d, K/d, Re)$$

式中函数的具体形式由实验确定。实验得知，压差 Δp 与管长 l 成正比，因此

$$\Delta p = \lambda(K/d, Re) l/d \cdot \rho v^2/2$$

这样，我们运用 π 定理，结合实验，得到了大家熟知的管流沿程损失公式。

3.2.4 模型实验

模型实验是依据相似原理，制成和原型相似的或大或小尺度模型进行实验研究，并以实验的结果预测出原型将会发生的流动现象。进行模型实验需要解决下面两个问题。

1. 模型律的选择

为了使模型和原型流动完全相似，除需要几何相似外，各独立的相似准数应同时满足。但实际上要同时满足所有准数很困难，甚至是不可能的，一般只能达到近似相似，就是保证对流动起主要的、决定性的作用的力相似，我们把仅考虑某一种外力的动力相似条件称为相似准则或模型律。因此，在进行模型实验时，首先要解决的是模型律的选择问题。如有压管流，黏滞力起主要作用，应按雷诺准数设计模型；在大多数明渠流动中，重力起主要作用，应按弗诺得准数设计模型。

对一些流动，当 Re 数达到某一较高值后，流动的性质不随雷诺准数变化，比如高雷诺数的钝体绕流阻力，当 Re 数大到一定值后，阻力几乎与 Re 数无关，还有管流的紊流粗糙区，这种现象叫作自相似。这时只要保证两个流动几何相似，流动就达到了动力相似，进入了所谓自动模型区。

2. 模型设计

进行模型设计，通常先根据实验场地、模型制作和测量条件定出长度比尺；再以选定的比尺缩小或放大原型的几何尺寸，得出模型的几何边界；根据对流动受力情况的分析，满足对流动起主要作用的力相似，选择模型律；最后按选用的模型律，确定流速比尺及模型的流量。

【例3-2】为研究输油管道的水力特性，用水管做模型实验。已知油管直径为600mm，油的运动黏度为 $40 \times 10^{-6} m^2/s$，输油流量为90L/s，水管直径为50mm，水的运动黏度为 $1.3 \times 10^{-6} m^2/s$，试求模型的流量。

解：本实验应满足雷诺准则

$$(Re)_n = (Re)_m$$

$$\frac{v_n d_n}{\nu_n} = \frac{v_m d_m}{\nu_m}$$

原型油管流速 $\quad v_n = \dfrac{4Q_n}{\pi d_n^2} = \dfrac{4 \times 0.09}{3.14 \times 0.6^2} \text{m/s} = 0.32 \text{m/s}$

模型水管流速 $\quad v_m = \dfrac{v_n d_n}{\nu_n} \dfrac{\nu_m}{d_m} = \dfrac{0.32 \times 0.6}{40 \times 10^{-6}} \times \dfrac{1.31 \times 10^{-6}}{0.05} \text{m/s} = 0.13 \text{m/s}$

模型流量 $\quad Q_m = v_m \dfrac{\pi d_m^2}{4} = 0.13 \times \dfrac{3.14 \times 0.05^2}{4} \text{L/s} = 0.255 \text{L/s}$

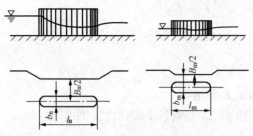

图 3-8 桥孔过流模型

【例 3-3】 桥孔过流模型实验（图 3-8），已知桥墩长为 24m，墩宽为 4.3m，水深为 8.2m，平均流速为 2.3m/s，两桥台的距离为 90m，现以长度比尺为 50 的模型实验，要求设计模型。

解：（1）由给定比尺 $\lambda_l = 50$，设计模型各几何尺寸。

桥墩长 $\quad l_m = \dfrac{l_n}{\lambda_l} = \dfrac{24}{50} \text{m} = 0.48 \text{m}$

桥墩宽 $\quad b_m = \dfrac{b_n}{\lambda_l} = \dfrac{4.3}{50} \text{m} = 0.085 \text{m}$

墩台距 $\quad B_m = \dfrac{B_n}{\lambda_l} = \dfrac{90}{50} \text{m} = 1.8 \text{m}$

水深 $\quad h_m = \dfrac{h_n}{\lambda_l} = \dfrac{8.2}{50} \text{m} = 0.164 \text{m}$

（2）对流动起主要作用的力是重力，按弗诺得准则确定模型流速及流量：

$$(Fr)_n = (Fr)_m, \quad g_n = g_m$$

流速 $\quad v_m = \dfrac{v_n}{\lambda_l^{0.5}} = \dfrac{2.3}{\sqrt{50}} \text{m/s} = 0.325 \text{m/s}$

流量 $\quad Q_n = v_n(B_n - b_n)h_n = 2.3 \times (90 - 4.3) \times 8.2 \text{m}^3/\text{s} = 1616.3 \text{m}^3/\text{s}$

$$Q_m = \dfrac{Q_n}{\lambda_l^{2.5}} = \dfrac{1616.3}{50^{2.5}} \text{m}^3/\text{s} = 0.0914 \text{m}^3/\text{s}$$

3.3 流动阻力和能量损失

3.3.1 流动阻力和能量损失的分类

在边壁沿程不变的直管段上（如图 3-9 中的 ab、bc、cd 段所示），流动阻力沿程也基本不变，称这类阻力为沿程阻力。克服沿程阻力引起的能量损失称为沿程损失 h_f。图中的 h_{fab}、h_{fbc}、h_{fcd} 就是 ab、bc、cd 段的损失，即沿程损失。

在边界急剧变化的区域，阻力主要地集中在该区域内及其附近，这种集中分布的阻力称为局部阻力。克服局部阻力引起的能量损失称为局部损失 h_m。例如图 3-9 中的管道进口、变径管和阀门等处，都会产生局部阻力，h_{ma}、h_{mb}、h_{mc} 就是相应的局部水头损失。引起局部阻力的主要原因是边壁形状的急剧改变，流体的惯性造成主流与边壁脱离，形成旋涡区，质点旋涡运动耗能；同时旋涡不断被主流带向下游，加剧下游一定范围内主流的紊动强度，

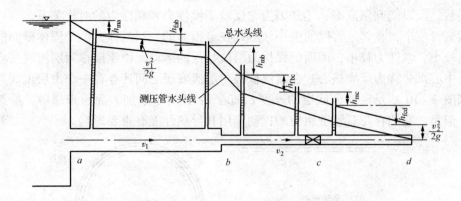

图3-9　沿程阻力与沿程损失

从而加大能量损失；流速分布因边壁的改变而不断改变，也将造成能量损失。这是局部阻力的三个主要影响因素，其中脱体涡区的大小、强弱是最主要影响因素。

整个管路的能量损失等于各管段的沿程损失和各局部损失的总和，即

$$h_1 = \sum h_f + \sum h_m$$

沿程水头损失的计算公式（也称为达西公式）为：

$$h_f = \lambda \frac{l}{d} \times \frac{v^2}{2g} \tag{3-30}$$

局部水头损失的计算公式为：

$$h_m = \zeta \frac{v^2}{2g} \tag{3-31}$$

用压强损失表达，则为：

$$p_f = \lambda \frac{l}{d} \times \frac{\rho v^2}{2} \tag{3-32}$$

$$p_m = \zeta \frac{\rho v^2}{2} \tag{3-33}$$

这些公式是长期工程实践的经验总结，其核心问题是各种流动条件下无因次系数沿程阻力系数 λ 和局部阻力系数 ζ 的计算，除了少数简单情况，其阻力系数主要是用经验或半经验的方法获得的。

3.3.2　层流和紊流现象

层流为各层质点互不掺混分层有规则的流动。

紊流为流体质点互相强烈掺混极不规则的流动。

流态的判别条件是

层流　　　　　　　　　　　$Re = vd/\nu < 2000$

紊流　　　　　　　　　　　$Re = vd/\nu > 2000$

要强调指出的是临界雷诺数值 $Re_K = 2000$，是仅就圆管流而言的，对于诸如平板绕流和厂房内气流等边壁形状不同的流动，具有不同的临界雷诺数值。

层流和紊流的根本区别在于层流各流层间互不掺混，只存在黏性引起的各流层间的滑动摩擦阻力；紊流时则有大小不等的涡体动荡于各流层间，除了黏性阻力，还存在着由于质点掺混，互相碰撞所造成的惯性阻力，因此，紊流阻力比层流阻力大得多。

雷诺数之所以能判别流态，正是因为它反映了惯性力和黏性力的对比关系。

在紊流管流中，在邻近管壁的极小区域存在着很薄的一层流体，由于固体壁面的阻滞作用，流速较小，惯性力较小，因而仍保持为层流特征的运动，该流层称为层流底层或称黏性底层。管中心部分称为紊流核心。在紊流核心与层流底层之间还存在一个由层流到紊流的过渡层，如图 3-10 所示。层流底层的厚度 δ 随着 Re 数的不断加大而越来越薄，虽然层流底层很薄，但是，它的存在对管壁粗糙的扰动作用和导热性能有重要影响。

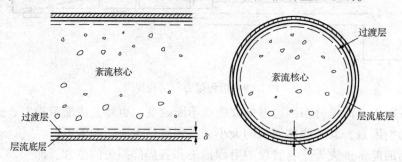

图 3-10　层流底层与紊流核心

3.3.3　均匀流方程

沿程阻力是造成沿程水头损失的直接原因。因此，建立沿程水头损失与切应力的关系式，再找出切应力的变化规律，就能解决沿程水头损失的计算问题。

在均匀流中，流体质点作等速直线运动，加速度为零，因此，作用在流段上各力的合力为零，考虑到各力的作用方向，沿流动方向建立力的平衡方程，得均匀流动方程为

$$\tau_0 = \gamma \frac{r_0}{2} \times \frac{h_f}{l} \tag{3-34}$$

式中　τ_0——壁面切应力；

r_0——圆管半径；

$\dfrac{h_f}{l}$——单位长度的沿程损失，称为水力坡度，以 J 表示，即

$$J = \frac{h_f}{l} \tag{3-35}$$

还有

$$\frac{\tau}{\tau_0} = \frac{r}{r_0} \tag{3-36}$$

式（3-34）反映了沿程水头损失和管壁切应力之间的关系。

式（3-36）表明圆管均匀流中，切应力与半径成正比，在过流断面上按直线规律分布，轴线上为零，在管壁上达最大值。注意：此规律与流态无关。

3.3.4　圆管中的层流

圆管中层流，各流层间的切应力服从牛顿内摩擦定律，为得到流速分布，将牛顿内摩擦定律与均匀流方程联立，可得圆管层流断面流速分布公式

$$u = \frac{\gamma J}{4\mu}(r_0^2 - r^2) \tag{3-37}$$

由式（3-37）可见，断面流速分布是以管中心线为轴的旋转抛物面，见图3-11。u_m为轴线流速，是断面上最大流速。由断面平均流速v的定义，由流速分布积分求流量，可得

$$v = \frac{1}{2}u_{\max} \tag{3-38}$$

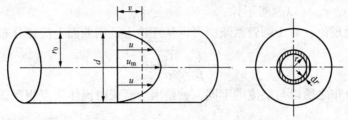

图3-11 圆管中层流的流速分布

上式表明，平均流速等于最大流速的一半。

$$h_f = Jl = \frac{32\mu vl}{\gamma d^2} \tag{3-39}$$

此式从理论上证明了层流沿程损失与平均流速的一次方成正比。将上式写成计算沿程损失的一般形式，可得

$$h_f = \lambda \frac{l}{d} \times \frac{v^2}{2g} = \frac{32\mu vl}{\gamma d^2} = \frac{64}{Re} \times \frac{l}{d} \times \frac{v^2}{2g} \tag{3-40}$$

由式（3-40）可得圆管层流的沿程阻力系数的计算式

$$\lambda = \frac{64}{Re} \tag{3-41}$$

它表明圆管层流的沿程阻力系数仅与雷诺数有关，且成反比，而和管壁表面粗糙度无关。

3.3.5 紊流运动

自然界和工程中的大多数流动是紊流。流体质点在流动过程中不断地相互掺混，质点掺混使得空间各点的速度随时间无规则地变化。与其相联系，压强等物理量也随时间无规则地变化，这种现象称为紊流脉动。

紊流运动参数的瞬时值带有偶然性，但不能就此得出紊流不存在规律性的结论。紊流运动的规律性同它的偶然性是相伴存在的。通过运动参数的时均化来求得时间平均的规律性，是流体力学研究紊流的有效途径之一。

瞬时流速u_x，为某一空间点沿x轴方向的实际流速，在紊流流态下随时间脉动。

时均流速$\bar{u}_x$，为某一空间点的瞬时流速在时段T内的时间平均值

$$\bar{u}_x = \frac{1}{T}\int_0^T u_x \mathrm{d}t \tag{3-42}$$

瞬时值与平均值之差为脉动值，脉动流速为：

$$u'_x = u_x - \bar{u}_x \tag{3-43}$$

紊流的切应力。在紊流中，一方面因时均流速不同，各流层间的相对运动，仍然存在着黏性切应力；另一方面还存在着由脉动引起的动量交换产生的惯性切应力。因此，紊流切应力包括黏性切应力和惯性切应力。黏性切应力可由牛顿内摩擦定律计算

$$\bar{\tau}_1 = \mu \frac{\mathrm{d}\bar{u}_x}{\mathrm{d}y} \tag{3-44}$$

惯性切应力，又称雷诺应力，由式（3-45）表示。

$$\overline{\tau_2} = -\rho \overline{u_x' u_y'} \tag{3-45}$$

惯性切应力中包含有脉动流速，都是随机量，不便计算，工程中广泛采用平均值的半经验理论——普朗特混合长度理论来处理。当雷诺数很大时，紊动充分发展，黏性切应力相对于惯性切应力很小，$\overline{\tau_1}$可以忽略不计。

采用混合长度理论，对于圆管紊流，可以从理论上证明断面上流速分布是对数型的

$$u = \frac{1}{\beta}\sqrt{\frac{\tau_0}{\rho}}\ln y + c \tag{3-46}$$

紊流的流速分布之所以与层流的不同，就是因为紊流时流体质点相互掺混，从而使流速分布趋于平均化。

3.3.6 沿程阻力的计算

一般地说，影响沿程阻力系数 λ 的主要因素有两个——雷诺数和壁表面相对粗糙度，即

$$\lambda = f\left(Re, \frac{K}{d}\right) \tag{3-47}$$

式中 K——壁面糙粒高度，称为绝对粗糙度；

d——管径，$\frac{K}{d}$ 称为相对粗糙度。

尼古拉兹对人工粗糙管（即分布均匀糙粒高度相同的管道）的实验表明，沿程阻力系数 λ 的变化可归纳为：

层流区　　　　　　　　　　$\lambda = f_1(Re)$
临界过渡区　　　　　　　　$\lambda = f_2(Re)$
紊流光滑区　　　　　　　　$\lambda = f_3(Re)$
紊流过渡区　　　　　　　　$\lambda = f_4(Re, K/d)$
紊流粗糙区（阻力平方区）　$\lambda = f_5(K/d)$

至于为何有五个阻力区，可以从黏性底层厚度与壁面糙粒高度 K 的关系加以解释，见图3-12。

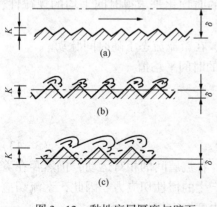

图3-12 黏性底层厚度与壁面糙粒高度的关系

(a) 光滑区；(b) 过渡区；(c) 粗糙区

尼古拉兹实验比较完整地反映了沿程阻力系数 λ 的变化规律，揭露了影响 λ 变化的主要因素，他对 λ 和断面流速分布的测定，为推导紊流的半经验公式提供了可靠的依据。

工业管道的实际粗糙与人工管均匀粗糙有很大不同，这里引入当量糙粒高度的概念来讨论工业管问题。所谓当量糙粒高度，就是指和工业管道粗糙区 λ 值相等的同直径尼古拉兹粗糙管的糙粒高度。如实测出某种材料工业管道在粗糙区时的 λ 值，将它与尼古拉兹实验结果进行比较，找出 λ 值相等的同一管径尼古拉兹粗糙管的糙粒高度，这就是该种材料工业管道的当量糙粒高度。

关于 λ 值的计算公式主要有这样一些经验公式:

(1) 光滑区的布拉修斯公式 $\lambda = \dfrac{0.3164}{Re^{0.25}}$ (3-48)

(2) 粗糙区的希弗林松公式 $\lambda = 0.11\left(\dfrac{K}{d}\right)^{0.25}$ (3-49)

(3) 柯列勃洛克公式 $\dfrac{1}{\sqrt{\lambda}} = -2\lg\left(\dfrac{K}{3.7d} + \dfrac{2.51}{Re\sqrt{\lambda}}\right)$ (3-50)

(4) 阿里特苏里公式 $\lambda = 0.11\left(\dfrac{K}{d} + \dfrac{68}{Re}\right)^{0.25}$ (3-51)

还有广泛应用的莫迪图。

【例 3-4】 如管道的长度不变,允许的水头损失 h_f 不变,若使管径增大一倍,不计局部损失,流量增大几倍? 试分别讨论下列三种情况:

(1) 管中流动为层流 $\lambda = \dfrac{64}{Re}$。

(2) 管中流动为紊流光滑区 $\lambda = \dfrac{0.3164}{Re^{0.25}}$。

(3) 管中流动为紊流粗糙区 $\lambda = 0.11\left(\dfrac{K}{d}\right)^{0.25}$。

解: (1) 管中流动为层流

$$h_\mathrm{f} = \lambda \dfrac{l}{d} \times \dfrac{v^2}{2g} = \dfrac{64}{Re} \times \dfrac{l}{d} \times \dfrac{v^2}{2g} = \dfrac{128vl}{\pi g} \times \dfrac{Q}{d^4}$$

令 $C_1 = \dfrac{128vl}{\pi g}$,则 $h_\mathrm{f} = C_1 \dfrac{Q}{d^4}$,可见层流中若 h_f 不变,则流量 Q 与管径的四次方成正比,即

$$\dfrac{Q_1}{Q_2} = \left(\dfrac{d_1}{d_2}\right)^4$$

当 $d_2 = 2d_1$ 时,$\dfrac{Q_1}{Q_2} = 16$,$Q_2 = 16Q_1$,层流时管径增大 1 倍,流量为原来的 16 倍。

(2) 管中流动为紊流光滑区

$$h_\mathrm{f} = \lambda \dfrac{l}{d} \times \dfrac{v^2}{2g} = \dfrac{0.3164}{\left(\dfrac{vd}{\nu}\right)^{0.25}} \times \dfrac{l}{d} \times \dfrac{v^2}{2g} = \dfrac{0.3164\nu^{0.25}l}{2g\left(\dfrac{\pi}{4}\right)^{1.75}} \times \dfrac{Q^{1.75}}{d^{4.75}}$$

$$\left(\dfrac{Q_2}{Q_1}\right)^{1.75} = \left(\dfrac{d_2}{d_1}\right)^{4.75}, \quad Q_2 = 2^{\frac{4.75}{1.75}}Q_1, \quad Q_2 = 6.56Q_1$$

(3) 管中流动为紊流粗糙区

$$h_\mathrm{f} = \lambda \dfrac{l}{d} \times \dfrac{v^2}{2g} = 0.11\left(\dfrac{K}{d}\right)^{0.25} \dfrac{l}{d} \times \dfrac{1}{2g} \times \dfrac{Q^2}{\left(\dfrac{\pi}{4}\right)^2 d^4} = 0.11 \dfrac{K^{0.25}l}{2g\left(\dfrac{\pi}{4}\right)^2} \times \dfrac{Q^2}{d^{5.25}}$$

$$\left(\dfrac{Q_2}{Q_1}\right)^2 = \left(\dfrac{d_2}{d_1}\right)^{5.25}, Q_2 = 2^{\frac{5.25}{2}}Q_1, Q_2 = 6.17Q_1$$

3.3.7 非圆管的沿程损失

如果设法把非圆管折合成圆管来计算,那么根据圆管制定的上述公式和图表,也就近似

适用于非圆管了。这种由非圆管折合到圆管的方法是从水力半径的概念出发,通过建立非圆管的当量直径来实现的。

水力半径 R 的定义为过流断面面积 A 和湿周 χ 之比。

$$R = \frac{A}{\chi} \tag{3-52}$$

所谓湿周,即过流断面上流体和固体壁面接触的周界长。水力半径是综合反映过流断面大小和几何形状对流动影响的物理量,水力半径越大则过流能力越强。

圆管的水力半径为

$$R = \frac{A}{\chi} = \frac{\frac{\pi d^2}{4}}{\pi d} = \frac{d}{4} \tag{3-53}$$

边长为 a 和 b 的矩形断面水力半径为

$$R = \frac{A}{\chi} = \frac{ab}{2(a+b)} \tag{3-54}$$

令非圆管的水力半径 R 和圆管的水力半径 $\frac{d}{4}$ 相等,即得当量直径的计算公式

$$d_e = 4R \tag{3-55}$$

当量直径为水力半径的 4 倍。

因此,矩形管的当量直径为

$$d_e = \frac{2ab}{a+b} \tag{3-56}$$

有了当量直径,只要用 d_e 代替圆管的直径 d,则圆管的计算公式都可以用来近似计算非圆管问题。

注意两点:①在层流时,沿程损失不像紊流时那样主要集中在壁面附近,这时仅用湿周表征损失的影响就不合适了,偏差较大;②若非圆管与圆管的形状越接近,偏差越小。

3.3.8 局部水头损失

与沿程损失相似,局部损失一般也用流速水头的倍数来表示

$$h_m = \zeta \frac{v^2}{2g} \tag{3-57}$$

局部阻碍的种类虽多,如分析其流动的特征,主要的也不过是过流断面的扩大或收缩,流动方向的改变,流量的合入与分出等几种基本形式,以及这几种基本形式的不同组合。

由图 3-13 可见,旋涡区越大,能量损失也越大。旋涡区内不断产生着旋涡,其能量来自主流,因而不断消耗主流的能量;在旋涡区及其附近,过流断面上的流速梯度加大,也使主流能量损失有所增加。在旋涡被不断带走并扩散的过程中,加剧了下游一定范围内的紊流脉动,从而加大了这段管长的能量损失。

列出几种典型的局部阻力系数。

(1) 突然扩大管

$$h_m = \frac{(v_1 - v_2)^2}{2g} = \zeta_1 \frac{v_1^2}{2g} = \zeta_2 \frac{v_2^2}{2g} \tag{3-58}$$

$$\zeta_1 = \left(1 - \frac{A_1}{A_2}\right)^2, \quad \zeta_2 = \left(\frac{A_2}{A_1} - 1\right)^2$$

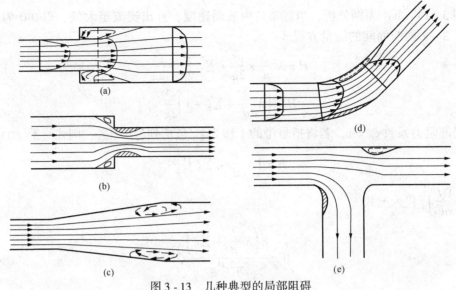

图 3-13 几种典型的局部阻碍

(a) 突扩管；(b) 突缩管；(c) 渐扩管；(d) 圆弯管；(e) 圆角分流三通

当流体从管道流入断面很大的容器中或流体流入大气时，$\dfrac{A_1}{A_2}\approx 0$，$\zeta_1 = 1$。这是突然扩大的特殊情况，称为出口阻力系数。

(2) 突然缩小管，对应流速水头为 $\dfrac{v_2^2}{2g}$。

$$\zeta = 0.5\left(1 - \dfrac{A_2}{A_1}\right) \tag{3-59}$$

当流体由断面很大的容器进入管道时，$\dfrac{A_2}{A_1}\approx 0$，$\zeta = 0.5$，称为管道的进口阻力系数。

3.3.9 减少阻力的措施

减小管中流体运动的阻力一般有两条不同的途径：一是改进流体外部的边界，改善边壁对流动的影响；二是在流体内部做文章，比如投加极少量的添加剂，使其影响流体运动的内部结构来实现减阻。减小紊流局部阻力的着眼点在于防止或推迟流体与壁面的分离，避免旋涡区的产生或减小旋涡区的大小和强度。

3.4 管路计算

3.4.1 简单管路的计算

所谓简单管路就是具有相同管径 d，相同流量 Q 的管段，它是组成各种复杂管路的基本单元，如图 3-14 所示。

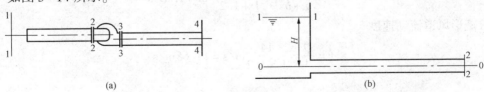

图 3-14 简单管路

以图 3-14（b）为例分析，当忽略自由液面速度，且出流流至大气。以 0-0 为基准线，列 1-1，2-2 两断面间的能量方程式

$$H = \lambda \frac{l}{d} \times \frac{v^2}{2g} + \Sigma \zeta \frac{v^2}{2g} + \frac{v^2}{2g}$$

$$H = \left(\lambda \frac{l}{d} + \Sigma \zeta + 1\right)\frac{v^2}{2g} \tag{3-60}$$

因出口局部阻力系数 $\zeta_0 = 1$，若将括号中的 1 作为 ζ_0 包括到 $\Sigma\zeta$ 中去，则式（3-60）

$$H = \left(\lambda \frac{l}{d} + \Sigma \zeta\right)\frac{v^2}{2g} \tag{3-61}$$

用 $v^2 = \left(\dfrac{4Q}{\pi d^2}\right)^2$ 代入上式

$$H = \frac{8\left(\lambda \dfrac{l}{d} + \Sigma \zeta\right)}{\pi^2 d^4 g} Q^2 \tag{3-62}$$

令

$$S_H = \frac{8\left(\lambda \dfrac{l}{d} + \Sigma \zeta\right)}{\pi^2 d^4 g} \tag{3-63}$$

则

$$H = S_H Q^2 \tag{3-64}$$

对于图 3-14（a）所示风机带动的气体管路，式（3-64）仍适用。气体常用压强表示，于是

$$p = \gamma H = \gamma S_H Q^2 \tag{3-65}$$

令

$$S_p = \gamma S_H = \frac{8\left(\lambda \dfrac{l}{d} + \Sigma \zeta\right)\rho}{\pi^2 d^4} \tag{3-66}$$

则

$$p = S_p Q^2 \tag{3-67}$$

当流动处在阻力平方区时，对于给定管路和一定的流体，S_p 或 S_H 是常数。它们综合反映了管路上的沿程阻力和局部阻力情况，故称为管路阻抗。S_H 和 S_p 是有量纲的量，量纲分别为 s^2/m^5 和 kg/m^7。

式（3-64）、式（3-67）所表示的规律为：简单管路中，总阻力损失与体积流量二次方成正比。这一规律在管路计算中广为应用。

【例 3-5】 某矿渣混凝土板风道，断面积为：1m×1.2m，长为 50m，局部阻力系数 $\Sigma\zeta = 2.5$，流量为 14m³/s，空气温度为 20℃，求压强损失。

解：（1）矿渣混凝土板 $K = 1.5$mm，20℃ 空气的运动黏滞系数 $\nu = 15.7 \times 10^{-6}$ m²/s。对矩形风道计算阻力损失应用当量直径

$$d_e = \frac{2ab}{a+b} = \frac{2 \times 1 \times 1.2}{1 + 1.2} \text{m} = 1.09 \text{m}$$

求矩形风道流动速度

$$v = \frac{Q}{A} = \frac{14}{1 \times 1.2} \text{m/s} = 11.65 \text{m/s}$$

求雷诺数

$$Re = \frac{vd_e}{\nu} = \frac{11.65 \times 1.09}{15.7 \times 10^{-6}} = 8 \times 10^5$$

$$\frac{K}{d_e} = \frac{1.5}{1.09 \times 10^3} = 1.38 \times 10^{-3}$$

然后应用莫迪图查得 $\lambda = 0.021$。

(2) 计算 S_p 值

因为

$$v = \frac{Q}{A}, \quad v^2 = \frac{Q^2}{A^2}$$

$$p = \left(\lambda \frac{l}{d} + \Sigma \zeta\right) \frac{Q^2/A^2}{2} \rho$$

则对矩形管道

$$S_p = \frac{\left(\lambda \frac{l}{d_e} + \Sigma \zeta\right)\rho}{2A^2}$$

$$S_p = \frac{\left(0.021 \times \frac{50}{1.09} + 2.5\right) \times 1.2}{2 \times (1 \times 1.2)^2} = 1.443$$

$$p = S_p Q^2 = 1.443 \times 14^2 \text{N/m}^2 = 282.84 \text{N/m}^2$$

式 (3-64) 和式 (3-67) 是在图 3-14 具体条件下 (出流至大气, 1-1 断面 $p_1 = p_a$, 无高差) 导出, 得到水池水位 H 及风机风压 p 全部用来克服流动阻力。但对另一些管路并不如此, 必须具体加以分析。图 3-15 给出, 水泵向压力水箱送水简单管路 (d 及 Q 不变), 应用有能量输入的伯努利方程

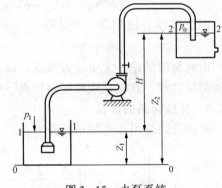

图 3-15 水泵系统

$$H_i = (Z_2 - Z_1) + \frac{p_0' - p_a}{\gamma} + \frac{\alpha_2 v_2^2 - \alpha_1 v_1^2}{2g} + h_{l1-2}$$

(3-68)

略去液面速度头, 输入水头为

$$H_i = H + \frac{p_0}{\gamma} + S_H Q^2 \tag{3-69}$$

式 (3-69) 说明水泵水头 (又称扬程), 不仅用来克服流动阻力, 还用来提高液体的位置水头、压强水头, 使之流到高位压力水箱中。

所谓虹吸管即管道中有一部分高出上游供水自由液面的管路。因为虹吸管中存在真空区段, 有可能出现汽化问题。即管中不出现液体的汽化, 为了保证虹吸管正常流动, 必须限定管中最大真空高度不得超过允许值 $[h_v]$。

$$[h_v] = 7 \sim 8.5 \text{m}$$

在工程上根据管流中局部损失所占的比例不同, 可分为短管或长管流动。以沿程损失为主, 局部损失和流速水头可忽略不计的管路流动称为长管; 不可忽略时称为短管。

3.4.2 串联管路的计算

串联管路是由简单管路首尾相接组合而成,如图 3-16 所示。

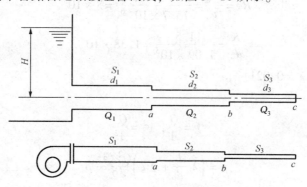

图 3-16 串联管路

管段相接之点称为节点,如图 3-16 中 a 点、b 点。在每一个节点上都遵循质量平衡原理,即流入的质量流量与流出的质量流量相等,当 ρ = 常数时,流入的体积流量等于流出的体积流量,若取流入流量为正,流出流量为负,则对于每个节点可以写出 $\sum Q = 0$。因此对串联管路(无中途分流或合流)则有

$$Q_1 = Q_2 = Q_3 \tag{3-70}$$

串联管路阻力损失,按阻力叠加原理有

$$h_{l1-3} = h_{l1} + h_{l2} + h_{l3} = S_1 Q_1^2 + S_2 Q_2^2 + S_3 Q_3^2 = SQ^2 \tag{3-71}$$

因流量 Q 各段相等,于是得

$$S = S_1 + S_2 + S_3 \tag{3-72}$$

由此得出结论:无中途分流或合流,则流量相等,阻力叠加,总管路的阻抗 S 等于各管段的阻抗之和。这就是串联管路特点,可以作为计算的依据。

3.4.3 并联管路的计算

并联管路是由多个简单管路首首相连尾尾相接而成,如图 3-17 所示。

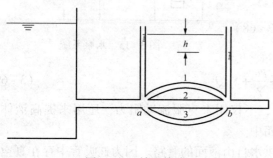

图 3-17 并联管路

同串联管路一样,遵循质量平衡原理,ρ = 常数时,在各节点应满足 $\sum Q = 0$,则 a 点上流量为

$$Q = Q_1 + Q_2 + Q_3 \tag{3-73}$$

并联节点 a、b 间的阻力损失,从能量平衡观点来看,无论是 1 支路、2 支路,还是 3 支路均等于 a、b 两节点的压头差。于是

$$h_{l1} = h_{l2} = h_{l3} = h_{la-b} \tag{3-74}$$

设 S 为并联管路的总阻抗,Q 为总流量,则有

$$\frac{1}{\sqrt{S}} = \frac{1}{\sqrt{S_1}} + \frac{1}{\sqrt{S_2}} + \frac{1}{\sqrt{S_3}} \tag{3-75}$$

于是得到并联管路计算原则:并联节点上的总流量为各支管中流量之和;并联各支管上的阻力损失相等。总的阻抗平方根倒数等于各支管阻抗平方根倒数之和。

【例3-6】 某两层楼的供暖立管,管段1的直径为20mm,总长为20m,$\Sigma\zeta_1=15$。管段2的直径为20mm,总长为10m,$\Sigma\zeta_2=15$,管路的$\lambda=0.025$,干管中的流量$Q=1\times10^{-3}\mathrm{m}^3/\mathrm{s}$,求$Q_1$和$Q_2$。

解: 从图3-18可知,节点a、b间并联有1、2两管段。
由$S_1Q_1^2=S_2Q_2^2$得

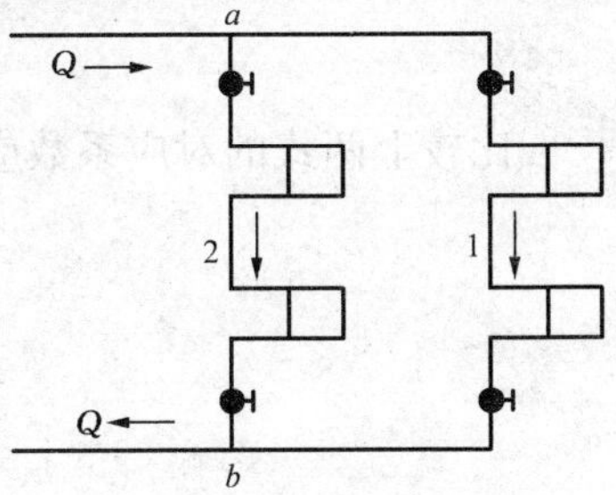

$$\frac{Q_1}{Q_2}=\sqrt{\frac{S_2}{S_1}}$$

计算S_1、S_2,有

$$S_1=\left(\lambda_1\frac{l_1}{d}+\Sigma\zeta_1\right)\frac{8\rho}{\pi^2 d^4}$$

$$=\left(0.025\times\frac{20}{0.02}+15\right)\times\frac{8\times1000}{3.14^2\times0.02^4}\mathrm{kg/m}^7$$

$$=2.03\times10^{11}\mathrm{kg/m}^7$$

$$S_2=\left(0.025\times\frac{10}{0.02}+15\right)\times\frac{8\times1000}{3.14^2\times0.02^4}\mathrm{kg/m}^7$$

$$=1.39\times10^{11}\mathrm{kg/m}^7$$

所以

$$\frac{Q_1}{Q_2}=\sqrt{\frac{1.39\times10^{11}}{2.03\times10^{11}}}=0.828$$

则 $Q_1=0.828Q_2$

又因 $Q=Q_1+Q_2=0.828Q_2+Q_2=1.828Q_2$

$$Q_2=\frac{1}{1.828}Q=0.55\times10^{-3}\mathrm{m}^3/\mathrm{s}$$

于是得 $Q_1=0.828Q_2=0.828\times0.55\times10^{-3}\mathrm{m}^3/\mathrm{s}=0.45\times10^{-3}\mathrm{m}^3/\mathrm{s}$。

图3-18 [例3-6]图

3.5 特定流动分析

3.5.1 势函数和流函数概念

流体微团的运动可以分解为由平移运动、旋转运动和变形运动(线变形、角变形运动)等三种基本运动形式组合而成。其中旋转运动可由旋转角速度来描述,详见下式左侧部分,即为流体微团在直角坐标中的旋转角速度分量。

流场中各点旋转角速度等于零的运动,称为无旋流动,否则称为有旋流动。在无旋流动中

$$\omega_x=\frac{1}{2}\left(\frac{\partial u_z}{\partial y}-\frac{\partial u_y}{\partial z}\right)=0$$

$$\omega_y=\frac{1}{2}\left(\frac{\partial u_x}{\partial z}-\frac{\partial u_z}{\partial x}\right)=0$$

$$\omega_z=\frac{1}{2}\left(\frac{\partial u_y}{\partial x}-\frac{\partial u_x}{\partial y}\right)=0$$

上式速度分量的偏导数关系式是某一函数$\varphi(x,y,z)$存在的充分必要条件,这个函数φ称为速度势函数,简称势函数。速度势函数φ与速度分量存在如下关系

展开势函数 φ 的全微分

$$d\varphi(x,y,z) = u_x dx + u_y dy + u_z dz$$

$$d\varphi = \frac{\partial \varphi}{\partial x}dx + \frac{\partial \varphi}{\partial y}dy + \frac{\partial \varphi}{\partial z}dz$$

比较上两式的对应系数应相等，得出

$$\left. \begin{array}{l} u_x = \dfrac{\partial \varphi}{\partial x} \\[4pt] u_y = \dfrac{\partial \varphi}{\partial y} \\[4pt] u_z = \dfrac{\partial \varphi}{\partial z} \end{array} \right\} \tag{3-76}$$

不可压缩流体有势流的速度势函数，满足拉普拉斯方程，是调和函数

$$\frac{\partial^2 \varphi}{\partial x^2} + \frac{\partial^2 \varphi}{\partial y^2} + \frac{\partial^2 \varphi}{\partial z^2} = 0 \tag{3-77}$$

对于不可压缩流体平面流动，存在流函数 $\Psi(x,y)$，与速度分量存在如下关系

$$\left. \begin{array}{l} u_x = \dfrac{\partial \Psi}{\partial y} \\[4pt] u_y = -\dfrac{\partial \Psi}{\partial x} \end{array} \right\} \tag{3-78}$$

一切不可压缩流体的平面流动，无论是有旋流动或是无旋流动都存在流函数，但是，只有无旋流动才存在势函数。不可压流体平面势流的流函数和势函数互为共轭函数。

不可压缩流体平面无旋流动的流函数，满足拉普拉斯方程，也是调和函数

$$\frac{\partial^2 \Psi}{\partial x^2} + \frac{\partial^2 \Psi}{\partial y^2} = 0 \tag{3-79}$$

流函数等值线（即流线）和势函数等值线（简称等势线）正交。

3.5.2 几种简单的平面无旋流动

1. 均匀直线流动

当流动平行于 x 轴时，$u_x = a$。则 $\varphi = ax$，$\Psi = ay$。

在极坐标中

$$\varphi = ar\cos\theta$$

$$\Psi = ar\sin\theta$$

2. 源流和汇流

对源流，在直角坐标中

$$\varphi = \frac{Q}{2\pi}\ln\sqrt{x^2 + y^2}$$

$$\Psi = \frac{Q}{2\pi}\arctan\frac{y}{x}$$

在极坐标中

$$\varphi = \frac{Q}{2\pi}\ln r$$

$$\Psi = \frac{Q}{2\pi}\theta$$

对汇流，是源流对应函数的负值（即以 $-Q$ 代替上式的 Q）。

3. 环流

$$\varphi = \frac{\Gamma}{2\pi}\theta$$

$$\Psi = -\frac{\Gamma}{2\pi}\ln r$$

3.5.3 圆柱形测速管原理

有势流动在数学上的一个非常有意义的性质就是势流的可叠加性。即若有势流的势函数分别为 φ_1、φ_2，则它们的和 $\varphi = \varphi_1 + \varphi_2$ 也满足拉普拉斯方程，形成的新势函数，可以代表新的有势流动。流函数亦如此。利用此性质可将一些简单的有势流动，叠加为复杂且有意义的势流。圆柱绕流就是一个典型例子。

偶极流与匀速直线流的叠加就形成绕圆柱体的流动，设 M 为偶极矩，v_0 为直线均匀来流流速，此时的流函数为：

$$\Psi = v_0 r\sin\theta - \frac{M\sin\theta}{2\pi r} \tag{3-80}$$

若把零流线（$\Psi = 0$）换为物体轮廓线，并设物体轮廓线上 $r = R$，则

$$v_0 R\sin\theta - \frac{M\sin\theta}{2\pi R} = 0 \tag{3-81}$$

因而 $M = 2\pi v_0 R^2$ 代入流函数式（3-80）得：

$$\Psi = v_0\left(r - \frac{R^2}{r}\right)\sin\theta$$

速度分量为

$$u_r = \frac{\partial \Psi}{r\partial \theta} = v_0\left(1 - \frac{R^2}{r^2}\right)\cos\theta$$

$$u_\theta = -\frac{\partial \Psi}{\partial r} = -v_0\left(1 + \frac{R^2}{r^2}\right)\sin\theta$$

在轮廓线上，$\Psi = 0$，即

$$v_0\left(r - \frac{R^2}{r}\right)\sin\theta = 0$$

$$r = R$$

流速分量为

$$\left.\begin{array}{l} u_r = 0 \\ u_\theta = -2v_0\sin\theta \end{array}\right\} \tag{3-82}$$

由上式可见，最大表面速度为匀速直线来流速的 2 倍，而在 $0 \sim \pi$ 上半圆区间，当 $\theta = \frac{\pi}{6}$、$\frac{5}{6}\pi$ 时，柱面上流速大小等于均匀直线流速。

【例 3-7】 图 3-19 为一种测定流速的装置，圆柱体上开三个相距为 30° 的压力孔 A、B、C，分别和测压管 a、b、c 相连通。将柱体置放于水流中，使 A 孔正对来流，其方法是旋转柱体使测压管 b、c 中液面同在一水平面为止。当 a 管水面高于 b、c 管水面 $\Delta h = 3$cm 时，求左右流速 v_0。

解：根据柱体表面流速分布公式

$$v_s = -2v_0\sin\theta$$

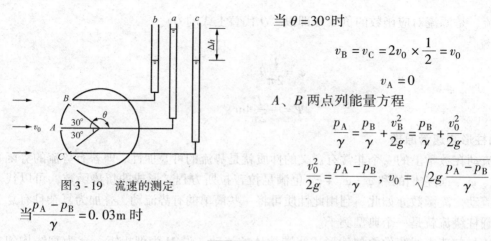

图 3-19 流速的测定

当 $\theta = 30°$ 时

$$v_B = v_C = 2v_0 \times \frac{1}{2} = v_0$$

$$v_A = 0$$

A、B 两点列能量方程

$$\frac{p_A}{\gamma} = \frac{p_B}{\gamma} + \frac{v_B^2}{2g} = \frac{p_B}{\gamma} + \frac{v_0^2}{2g}$$

$$\frac{v_0^2}{2g} = \frac{p_A - p_B}{\gamma}, \quad v_0 = \sqrt{2g \frac{p_A - p_B}{\gamma}}$$

当 $\frac{p_A - p_B}{\gamma} = 0.03\text{m}$ 时

$$v_0 = \sqrt{19.6 \times 0.03} \text{m/s} = 0.767 \text{m/s}$$

3.5.4 紊流射流的一般特性

气体自孔口、管嘴或条缝向外喷射周围也是气体空间所形成的流动，称为气体淹没射流，简称为气体射流。当出口速度较大，流动呈紊流状态时，叫作紊流射流。周围的空间大小，对射流的流动有很大影响。出流到无限大空间中，流动不受固体边壁的限制，为无限空间射流，又称自由射流。反之，为有限空间射流，又称受限射流。

现以无限空间中的圆断面紊流射流为例，讨论射流运动。经过许多学者的试验和观测，得出这种射流的流动特性及结构图形，如图 3-20 所示。

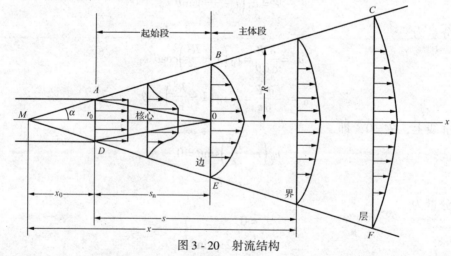

图 3-20 射流结构

射流自喷口射出，带走喷口前静止的气体，形成真空。在压差的作用下，周边的气体就会填补此真空，这样就会卷吸周围气体随射流运动。射流的质量流量、射流的横断面积沿 x 方向不断增加，形成了向周围扩散的锥体状流动场，如图 3-20 所示的锥体 $CAMDF$。

1. 过渡断面、起始段及主体段

流速保持为出口流速 v_0 的区域称为射流核心（AOD）。只有轴心点上流速为 v_0 的断面称为过渡断（BOE）面。以过渡断面分界，出口断面至过渡断面称为射流起始段。过渡断面以后称为射流主体段。起始段射流轴心上速度都为 v_0，而主体段轴心速度沿 x 方向不断下降，主体段中完全为射流边界层所占据。

2. 几何特征

射流按一定的扩散角 α 向前作线性扩展运动。这就是它的几何特征。扩散角与喷口的形状及紊流强度有关，与出口流速 v_0 的大小无关。应用这一特征，对圆断面射流可求出射流半径沿射程的变化规律。可有

$$D/d_0 = 6.8 \times \left(\frac{as}{d_0} + 0.147\right) \tag{3-83}$$

式中 a——紊流系数，一般由实验确定。

3. 运动特征

实验结果表明，射流各截面上速度分布具有相似性，这是射流的运动特征。

用半经验公式表示射流各横截面上的无因次速度分布如下

$$\frac{v}{v_m} = \left[1 - \left(\frac{y}{R}\right)^{1.5}\right]^2 \tag{3-84}$$

式中 y——横截面上任意点至轴心距离；

R——该截面上射流半径（半宽度）；

v——y 点上速度；

v_m——该截面轴心速度。

式（3-84）适用于主体段，也适用于起始段，这时仅考虑核心区外的边界层中流速分布。此时式（3-84）中，y 为截面上任意点至核心边界的距离；R 为同截面上边界层厚度；v 为截面上边界层中 y 点的速度；v_m 为核心速度 v_0。

4. 动力特征

实验证明，射流中任意点上的静压强均等于周围气体的压强。根据动量方程可知，各横截面上动量相等（动量守恒），这就是射流的动力学特征。

根据射流的几何特征、运动特征和动力特征，可以讨论自由射流的速度、流量等参数沿射程的变化规律。射流有关参数的计算公式列于表 3-2 中。

表 3-2　　　　　　　　　　　射流参数的计算公式

段名	参数名称	符号	圆断面射流	平面射流
主体段	扩散角	α	$\tan\alpha = 3.4a$	$\tan\alpha = 2.44a$
	射流直径或半高度	D b	$\dfrac{D}{d_0} = 6.8\left(\dfrac{as}{d_0} + 0.147\right)$	$\dfrac{b}{b_0} = 2.44\left(\dfrac{as}{b_0} + 0.41\right)$
	轴心速度	v_m	$\dfrac{v_m}{v_0} = \dfrac{0.48}{\dfrac{as}{d_0} + 0.147}$	$\dfrac{v_m}{v_0} = \dfrac{1.2}{\sqrt{\dfrac{as}{b_0} + 0.41}}$
	流量	Q	$\dfrac{Q}{Q_0} = 4.4\left(\dfrac{as}{d_0} + 0.147\right)$	$\dfrac{Q}{Q_0} = 1.2\sqrt{\dfrac{as}{b_0} + 0.41}$
	断面平均流速	v_1	$\dfrac{v_1}{v_0} = \dfrac{0.095}{\dfrac{as}{d_0} + 0.147}$	$\dfrac{v_1}{v_0} = \dfrac{0.492}{\sqrt{\dfrac{as}{b_0} + 0.41}}$
	质量平均流速	v_2	$\dfrac{v_2}{v_0} = \dfrac{0.23}{\dfrac{as}{d_0} + 0.147}$	$\dfrac{v_2}{v_0} = \dfrac{0.833}{\sqrt{\dfrac{as}{b_0} + 0.41}}$

续表

段名	参数名称	符号	圆断面射流	平面射流
起始段	流量	Q	$\dfrac{Q}{Q_0} = 1 + 0.76\dfrac{as}{r_0} + 1.32\left(\dfrac{as}{r_0}\right)^2$	$\dfrac{Q}{Q_0} = 1 + 0.43\dfrac{as}{b_0}$
	断面平均流速	v_1	$\dfrac{v_1}{v_0} = \dfrac{1 + 0.76\dfrac{as}{r_0} + 1.32\left(\dfrac{as}{r_0}\right)^2}{1 + 6.8\dfrac{as}{r_0} + 11.56\left(\dfrac{as}{r_0}\right)^2}$	$\dfrac{v_1}{v_0} = \dfrac{1 + 0.43\dfrac{as}{b_0}}{1 + 2.44\dfrac{as}{b_0}}$
	质量平均流速	v_2	$\dfrac{v_2}{v_0} = \dfrac{1}{1 + 0.76\dfrac{as}{r_0} + 1.32\left(\dfrac{as}{r_0}\right)^2}$	$\dfrac{v_2}{v_0} = \dfrac{1}{1 + 0.43\dfrac{as}{b_0}}$
	核心长度	s_n	$s_n = 0.672\dfrac{r_0}{a}$	$s_n = 1.03\dfrac{b_0}{a}$
	喷口至极点距离	x_0	$x_0 = 0.294\dfrac{r_0}{a}$	$x_0 = 0.41\dfrac{b_0}{a}$
	收缩角	θ	$\tan\theta = 1.49a$	$\tan\theta = 0.97a$

主体段断面平均流速 v_1 仅为轴心流速的 1/5，即 $v_1 \approx 0.2v_m$，难以表征射流高速区域的情况。在通风和空调工程中常利用的是轴线附近的高速区域，故引入了质量平均流速 v_2。其定义为 v_2 乘以断面质量等于断面动量，即 $\rho Q v_2$ 等于断面动量。由表 3-2 中的关系式可知 $v_2 = 0.47 v_m$，由此可见，质量平均流速比断面平均流速可以更好地表征射流高速区域情况。注意 v_1、v_2 不仅数值不同，含义也不同，不要混淆。

3.5.5 特殊射流

1. 温差或浓差射流

所谓温差、浓差射流就是射流本身的温度或浓度与周围气体的温度、浓度有差异。横向动量交换、旋涡的出现，使之产生质量交换、热量交换、浓度交换。在这些交换中，由于热量扩散比动量扩散要快些，因此温度边界层比速度边界层发展要快些厚些，如图 3-21 所示。实线为速度边界层，虚线为温度边界层的内外界线。

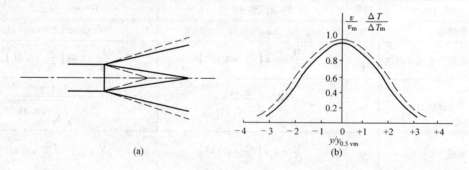

图 3-21 温度边界层与速度边界层对比

试验得出，以周围气体的温度 T_e、浓度 χ_e 为参考值，射流截面上温差分布，浓差分布与速度分布关系如下

$$\dfrac{\Delta T}{\Delta T_m} = \dfrac{\Delta \chi}{\Delta \chi_m} = \sqrt{\dfrac{v}{v_m}} = 1 - \left(\dfrac{y}{R}\right)^{1.5} \tag{3-85}$$

与前边一般射流的动力特征类似,温差射流各横截面上的相对焓值相同,即为热力特征。浓差射流各横截面上的物质相对量不变,即为物质(守恒)特征。

2. 射流弯曲

温差射流或浓差射流由于密度与周围密度不同,所受的重力与浮力不相平衡,使整个射流将发生向下或向上弯曲。但整个射流仍可看作是对称于轴心线,因此了解轴心线的弯曲轨迹后,便可得出整个弯曲的射流。

造成温差射流弯曲的是重力与浮力的合力,表征温差射流的相似准数不是弗诺得数 Fr,而是阿基米德数 Ar。

$$Ar = \frac{gd_0 \Delta T_0}{V_0^2 Te} \tag{3-86}$$

Ar 的物理意义为浮力与惯性力的比值。

3. 旋转射流

气流通过具有旋流作用的喷嘴外射运动。气流本身一面旋转,一面向周围介质中扩散前进,这就形成了与前述一般射流不同的特殊射流,称为旋转射流。

旋转射流由于存在旋转运动,因而具有一定的向周围扩张的离心力。与一般送风射流相比,扩散角大得多,射程短得多。

将旋转射流的速度分解为三个分量:沿射流前进方向的轴向速度 v_x;在横截面上沿半径方向的径向速度 v_r;在横截面上做圆周运动的切向速度 v_θ。通过实验发现,由于切向速度、径向速度沿半径方向上分布不均匀,使得沿半径方向上静压强分布也不均匀,则对于周围介质的静压差也不相等。这与轴对称圆断面自由射流是不同的。

4. 有限空间射流

由于房间边壁限制了射流边界层的发展扩散,射流半径及流量不是单调增加,增大到一定程度后反而逐渐减小,使其边界线呈橄榄形,如图3-22所示。重要的特征是橄榄形的边界外部与固体边壁间形成与射流方向相反的回流区,于是流线呈闭合状。这些闭合流线环绕的中心,就是射流与回流共同形成的旋涡中心 C。

射流结构与喷嘴安装的位置有关。如喷嘴安置在房间高度、宽度的中央处。射流结构上下对称,左右对称。射流主体呈橄榄状,四周为回流区。但实际送风时多将喷嘴靠近顶棚安

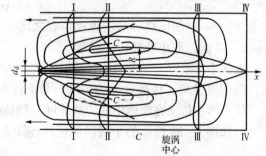

图3-22 有限空间射流流场

置,如安置高度 h 与房高 H 为 $h \geq 0.7H$ 时,射流出现贴附现象,整个贴附于顶棚上,而回流区全部集中射流主体下部与地面间。称这种射流为贴附射流。贴附现象的产生是由于靠近顶棚流速增大静压减小,而射流下部静压大,上下压差致使射流向上贴附于顶棚。

贴附射流可以看成完整射流的一半,规律相同。

由于边壁的限制,射流内部的压强不等于环境大气压,随射程的增大而增加,直至端头压强最大。达稳定后比环境大气压要高些。这样射流中各横断面上动量是不同的,沿程减少。

3.6 气体动力学基础

当气体流动速度较高，压差较大时，气体的密度发生了显著变化，从而气体流动现象，运动参数也发生显著变化。因此必须考虑气体的可压缩性，也就是必须考虑气体密度随压强和温度的变化而变化。这样一来，研究可压缩流体的动力学不只是流速、压强问题，而且也包含密度和温度等问题。不仅需要流体力学的知识，还需要热力学知识。在这种情况下，进行气体动力学计算时，压强、温度只能用绝对压强及热力学温度（绝对温度，或称开尔文温度）。

3.6.1 理想气体一元恒定流动的运动方程

应用理想流体欧拉运动微分方程，不计质量力，对一元流动分析可得

$$\frac{dp}{\rho} + vdv = 0 \tag{3-87}$$

或

$$\frac{dp}{\rho} + d\left(\frac{v^2}{2}\right) = 0 \tag{3-88}$$

式（3-87）、式（3-88）称为欧拉运动微分方程，又称为微分形式的伯努利方程，它确定了气体一元流动的 p、ρ、v 三者之间的关系。

定容流动，即密度不变，由欧拉运动微分方程式（3-87）有

$$\rho = c, \quad \frac{p}{\gamma} + \frac{v^2}{2g} = c \tag{3-89}$$

等温流动，$T = c$，应用等温过程方程

$$RT\ln p + \frac{v^2}{2} = c \tag{3-90}$$

绝热流动，应用等熵过程方程

$$\frac{k}{k-1}\frac{p}{\rho} + \frac{v^2}{2} = c \tag{3-91}$$

式中 k——定压比热容与定容比热容之比。

3.6.2 声速、滞止参数、马赫数

流体中某处受外力作用，使其压力发生变化，称为压力扰动，压力扰动就会产生压力波，向四周传播。传播速度的快慢，与流体内在性质——压缩性（或弹性）和密度有关。压力的小扰动在流体中的传播速度，就是声音在流体中的传播速度，以符号 c 表示声速。对如图 3-23 所示的小扰动波应用连续方程和动量方程，可以得声速的公式

$$c = \sqrt{\frac{dp}{d\rho}} \tag{3-92}$$

式（3-92）对气体、液体都适用。

因为是小扰动，且声波传播速度很快，在传播过程中与外界来不及进行热量交换，可以忽略切应力作用，无能量损失。所以整个传播过程可视为等熵过程。

应用气体等熵过程方程式，$\dfrac{p}{\rho^k} = C$，

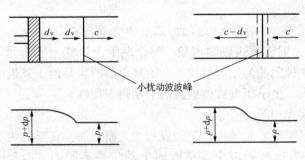

图 3-23 声速传播物理过程

得到气体中的声速公式

$$c = \sqrt{\frac{dp}{d\rho}} = \sqrt{k\frac{p}{\rho}} = \sqrt{kRT} \tag{3-93}$$

气流某断面的流速，设想以无摩擦绝热过程降低至零时，断面各参数所达到的值，称为气流在该断面的滞止参数。滞止参数以下标"0"表示。例如 p_0, ρ_0, T_0, i_0, c_0 等相应的称为滞止压强、滞止密度、滞止温度、滞止焓值、滞止声速。

（1）等熵流动中，各断面滞止参数不变，其中 T_0, i_0, c_0 反映了包括热能在内的气流全部能量。

（2）等熵流动中，气流速度若沿流向增大，则气流温度 T、焓 i、声速 c，沿程降低。

（3）由于当地气流速度 v 的存在，同一气流中当地声速 c 永远小于滞止声速 c_0。气流中最大声速是滞止时的声速 c_0。

马赫数 M 为当地气流速度 v 与该点当地声速 c 的比值

$$M = \frac{v}{c} \tag{3-94}$$

$M>1$, $v>c$ 即气流本身速度大于声速，则气流中参数的变化不能向上游传播。这就是超声速（或超音速）流动。

$M<1$, $v<c$，气流本身速度小于声速，则气流中参数的变化既能向下游传播也能向上游传播，这就是亚声速（或亚音速）流动。

马赫数 M 是气体动力学中一个重要无因次数，它反映惯性力与弹性力的相对比值。如同雷诺数一样，是确定气体流动状态的准数，是衡量气体压缩性的一个重要参数。

现将滞止参数与断面参数比表示为马赫数 M 的函数。利用 $\frac{k}{k-1}RT_0 = \frac{k}{k-1}RT + \frac{v^2}{2}$ 求出

$$\frac{T_0}{T} = 1 + \frac{k-1}{2}\frac{v^2}{kRT} = 1 + \frac{k-1}{2}\frac{v^2}{c^2} = 1 + \frac{k-1}{2}M^2 \tag{3-95}$$

根据等熵过程方程及气体状态方程可推出

$$\left. \begin{aligned} \frac{p_0}{p} &= \left(\frac{T_0}{T}\right)^{\frac{k}{k-1}} = \left(1 + \frac{k-1}{2}M^2\right)^{\frac{k}{k-1}} \\ \frac{\rho_0}{\rho} &= \left(\frac{T_0}{T}\right)^{\frac{1}{k-1}} = \left(1 + \frac{k-1}{2}M^2\right)^{\frac{1}{k-1}} \\ \frac{c_0}{c} &= \left(\frac{T_0}{T}\right)^{\frac{1}{2}} = \left(1 + \frac{k-1}{2}M^2\right)^{\frac{1}{2}} \end{aligned} \right\} \tag{3-96}$$

显然，已知滞止参数及该断面上的 M 数，即可求出该断面上的压强、密度、温度等值。

3.6.3 气体速度与断面的关系

由质量流量守恒 $\rho v A = c$，可以得连续性微分方程

$$\frac{dv}{v} + \frac{d\rho}{\rho} + \frac{dA}{A} = 0 \tag{3-97}$$

式（3-97）与运动微分方程式（3-87）联立，则可得到断面 A 与气流速度 v 间的关系

$$\frac{dA}{A} = (M^2 - 1)\frac{dv}{v} \tag{3-98}$$

这是可压缩流体连续性微分方程的另一种形式。对上式进行讨论即可得到气体速度与过

流断面的变化关系。

(1) $M<1$ 为亚声速流动，$v<c$。式（3-98）中 $(M^2-1)<0$，dv 与 dA 正负号相反，说明速度随断面的增大而减小；随断面的减小而加快。这与不可压缩流体运动规律相同 [图 3-24（a）]。

(2) $M>1$ 为超声速流动，$v>c$。式（3-98）中 $(M^2-1)>0$，dv 与 dA 正负号相同，说明速度随断面的增大而加快；随断面的减小而减小 [图 3-24（b）]。

(3) $M=1$ 即气流速度与当地声速相等，此时称气体处于临界状态。气体达到临界状态的断面，称为临界断面。

对于初始断面为亚声速的一般收缩型气流，见图 3-25（a），不可能得到超声速流动，最多是在收缩管出口断面上达到声速。因为在收缩管中间断面上，不可能有 $dA=0$ 的最小断面。

为了得到超声速气流，可使亚声速气流流经收缩管，并使其在最小断面上达到声速，然后再进入扩张管，满足气流的进一步膨胀增速，便可获得超声速气流。这就确定了从亚声速获得超声速的喷管形状，见图 3-25（b），此种喷管称为拉伐尔喷管。在图 3-25（c）上表示了沿拉伐尔喷管长度方向上，断面 A、速度 v、压力 P 的变化特性。

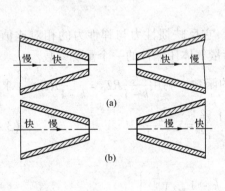

图 3-24 气流速度与断面关系

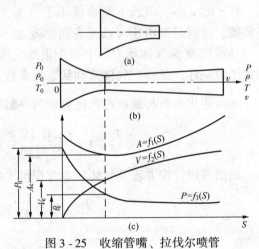

图 3-25 收缩管嘴、拉伐尔喷管

3.7 泵与风机

泵与风机是传输液体或气体的流体机械。按工作原理划分为容积式、叶片式和其他类型，泵与风机的工作原理是相同的，仅是传输的流体介质不同而已。这里讨论本专业常用的叶片式中的离心式泵。离心式泵主要由叶轮和机壳两部分构成，当原动机（常为电动机）带动叶轮旋转，机内液体便获得能量，单位重量液体所获得的能量称为泵的扬程 H。

按照"理想叶轮"假设，利用动量矩定理，可以得到泵的理论扬程关系式，即欧拉方程：

$$H_{T\infty} = \frac{1}{g}(u_{2T\infty}V_{u2T\infty} - u_{1T\infty}V_{u1T\infty})$$

式中，u_1、u_2 和 V_{u1}、V_{u2} 分别为叶片进、出口处的圆周速度、流体绝对速度切向分量。欧拉方程反映了理论扬程 $H_{T\infty}$ 的两个特点：理论扬程仅与叶片进、出口处的运动速度有关；

与传输流体的种类无关。

3.7.1 泵与风机的性能曲线

由于泵和风机的扬程、流量以及所需的功率等性能是互相影响的,所以通常用以下三种形式来表示这些性能之间的关系:

(1) 泵或风机所提供的流量和扬程之间的关系,用 $H=f_1(Q)$ 来表示。

(2) 泵或风机所提供的流量和所需外加轴功率之间的关系,用 $N=f_2(Q)$ 来表示。

(3) 泵或风机所提供的流量与设备本身效率之间的关系,用 $\eta=f_3(Q)$ 来表示。

上述三种关系常以曲线形式绘在以流量 Q 为横坐标的图上。这些曲线叫作性能曲线。

泵或风机损失可分为流动水力损失(降低实际压力)、容积损失(减少流量)、机械损失。

1) 水力损失,主要包括进口损失、撞击损失、叶轮中的水力损失、动压转换和机壳出口损失。

2) 容积损失,由高压区泄漏回低压区的回流量。

3) 机械损失,包括轴承和轴封的摩擦损失,还包括叶轮转动时其外表与机壳内流体之间发生的所谓圆盘摩擦损失。

泵与风机的全效率

$$\eta = \frac{N_e}{N} = \frac{\gamma QH}{\gamma Q_T H_T}\eta_m = \eta_v \eta_h \eta_m \tag{3-99}$$

由此可见泵或风机的全效率等于容积效率 η_v,水力效率 η_h 及机械效率 η_m 的乘积。

以后向叶型的叶轮为例,考虑各工作参数间的实际关系,可以绘制实际性能曲线,即 $Q-H$ 曲线。

如图3-26所示 $Q-H$、$Q-N$ 和 $Q-\eta$ 三条曲线是泵或风机在一定转速下的基本性能曲线。其中最重要的是 $Q-H$ 曲线,因为它揭示了泵或风机的两个最重要、最有实用意义的性能参数之间的关系。

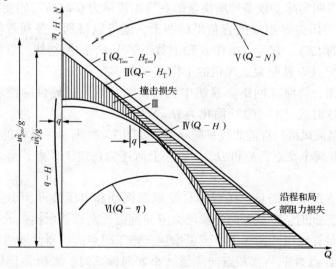

图3-26 离心式泵或风机的性能曲线分析

通常按照 $Q-H$ 曲线的弯曲特点可将其分为下列三种：①平坦型；②陡降型；③驼峰型。有驼峰型性能曲线的泵或风机在一定的运行条件下可能出现不稳定工作情况，这种不稳定工作情况，是应当避免的。其工作点应控制在驼峰型曲线的下降段范围内。

3.7.2 管路性能曲线及工作点

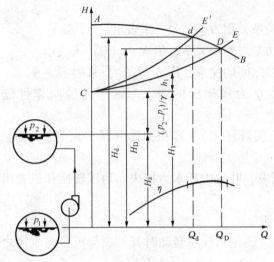

图 3-27 管路系统的性能曲线
与泵或风机的工作点

通常泵或风机是与一定的管路相连接而工作的。一般情况下，流体在管路中流动所消耗的能量，用于补偿下述的压差、高差和阻力（包括流体流出时的动压头）：

（1）用来克服管路系统两端的压差，其中包括高压流体面（或高压容器）的压强 p_2 与低压流体面（或低压容器）的压强 p_1 之间的压差，以及两流体面间的高差 H_z，见图 3-27，泵从低位水箱向高位水箱送水，即

$$\frac{p_2-p_1}{\gamma}+H_z=H_1 \quad (3-100)$$

若泵向开式（通大气）水箱供水时，没有压差，则 $H_1=H_z$。

（2）用来克服流体在管路中的流动阻力及由管道排出时的动压头 $\left(\dfrac{v^2}{2g}\right)$，对风机为 $\left(\dfrac{\rho v^2}{2}\right)$，二者一般均与流量二次方成正比，即

$$h_1=SQ^2 \quad (3-101)$$

式中　S——阻抗（s^2/m^5），与管路系统的沿程阻力与局部阻力以及几何形状有关。

于是，流体在管路系统中的流动特性可以表达如下

$$H=\frac{p_2-p_1}{\gamma}+H_z+h_1=H_1+SQ^2 \quad (3-102)$$

式（3-102）表明实际工程条件所决定的在管路流量为 Q 时所需的能头要求。如将这一关系绘在以流量 Q 与压头 H 组成的直角坐标图上，就可以得到一条通常称作管路性能的曲线（见图 3-27 中的 CE）。它是一条在 H 轴上截距等于 H_1 的抛物线。管路性能曲线与泵或风机的性能曲线之交点 D 就是泵或风机的工作点。

若泵或风机在闭合管路（网络）系统中运行，则泵或风机提供的能量只需满足管路系统的阻力功即可，这时式（3-102）简化为 $H=SQ^2$。

有些低比转数泵或风机的性能曲线呈驼峰型，如图 3-28 所示。这样的机器性能曲线有可能与管道性能曲线有两个交点，K 和 D。D 点如上所述为稳定工作点，而 K 点则为不稳定工作点。

当泵或风机的工况（指流量、扬程等）受机器振动和电压波动而引起转速变化的干扰时，就会离开 K 点。此时，K 点若向流量增大方向偏离，则机器所提供的扬程就大于管道所需的消耗水头，于是管路中流速加大，流量增加，则工况点沿机器性能曲线继续向流量增大的方向移动，直至 D 点为止。当 K 点向流量减小方向偏离时，则机器提供的扬程小于管道所需的消耗水头，K 点就会继续向流量减小的方向移动，直至流量等于零为止。此刻，如吸

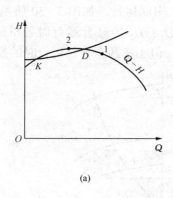 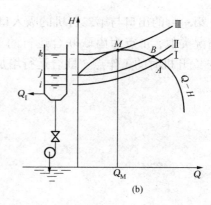

图 3-28 性能曲线呈驼峰型的运行工况
(a) 泵的不稳定工况；(b) 泵向水池供水时的不稳定工况

水管上未装底阀或止回阀时，流体将发生倒流。由此可见，工况点在 K 处是暂时平衡，一旦离开 K 点，便难于再返回到原来的 K 点了，故称 K 点为不稳定工作点。

工况稳定与否可用式（3-103）判断。如两条性能曲线在某交点的斜率有

$$\frac{dH_{管}}{dQ} > \frac{dH_{机}}{dQ} \tag{3-103}$$

则此点为稳定工况点，反之，为不稳定工况点。

3.7.3 泵或风机的联合运行

当系统中要求的流量很大，用一台泵或风机其流量不够时，或需靠增开或停开并联台数以实现大幅度调节流量时，宜采用并联运行，如图 3-29 所示。

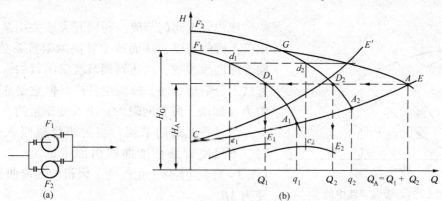

图 3-29 风机的并联运行
(a) 并联风机的安装示意图；(b) 并联风机的 $Q-H$ 曲线与工况分析

A 点为联合运行的工作点，D_1、D_2 为联合运行时各机的工作点，A_1、A_2 为独立运行时的工作点。$Q_A > q_1$，$Q_A > q_2$ 表明联合运行的确增加了流量。$Q_A < q_1 + q_2$ 表明虽然增加了流量，但小于两个独立运行时的流量。联合运行流量增大，流动损失也就增大，故联合运行机器的能头大于独立运行的能头。从增加流量的角度，管路曲线较平坦的系统更适合并联运行。

当管路性能曲线较陡，单机不能提供所需的压头时，就应再串一台，以增加压头或扬

程。这时，第一台的出口与第二台机的吸入口相连接，串联运行，如图 3-30 所示。串联运行与并联情况类似，A 点为串联联合运行的工作点，D_1、D_2 为联合运行时各机的工作点，A_1、A_2 为独立开机时的工作点，联合运行增加了扬程，但小于两个独立运行时的扬程。

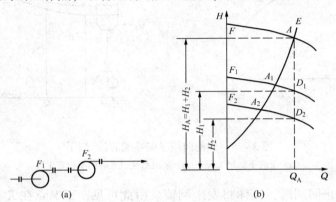

图 3-30　泵或风机的串联运行
(a) 串联运行设备的安装简图；(b) 串联运行的工况分析

3.7.4　离心式泵或风机的工况调节

工况调节就是改变工作点，可以从改变机器性能曲线和改变管路性能曲线两个途径着手。

1. 改变管路性能曲线的调节方法

在泵或风机转数不变的情况下，只调节管路阀门开度（节流），人为地改变管路性能曲线。

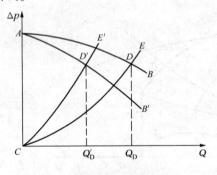

图 3-31　吸风管路中的
调节阀及调节工况

压出管上阀门节流：利用开大或关小泵或风机压出管上阀门开度，从而改变管路的阻抗系数 S，使管路性能曲线改变，以达到调节流量的目的，此种调节方法十分简单方便，故应用甚广，但它是靠改变阀门阻力（即增、减管网阻力）来改变流量的。

吸入管上阀门节流：当关小风机吸入管上阀门时，不仅使管路性能曲线由原来的 CE 改变为 CE'（图 3-31），实际上也改变了风机的性能曲线，由 AB 变为 AB'。

应当注意，对于水泵，通常只能采用压出端节流，因为调节阀装在吸水管上，会使泵吸入口真空度增大，易引起气蚀。

2. 改变泵或风机性能曲线的调节法

由于空调事业的发展带来能耗剧增，为节约其能耗，各种变流量的泵或风机及变风量系统（VAV）和变水量系统（VWV）等相继问世。它们大多是在管路及阀门都不作任何改变即管路性能曲线不变的条件下，来调节泵或风机的性能曲线。所采用的方法有：改变泵或风机转速；改变风机进口导流阀的叶片角度；切削泵的叶轮外径及改变风机的叶片宽度和角度等。

在以上这些方法中，改变转速更常见。由相似律可知，改变转速，则机器性能参数流量、扬程和功率等都将发生改变，这样机器性能曲线与管路性能曲线的交点即工作点也就改变了。

$$\frac{n}{n_m} = \frac{Q}{Q_m} = \sqrt{\frac{H}{H_m}} = \sqrt[3]{\frac{N}{N_m}} \qquad (3-104)$$

注意：转速改变了，则原动机功率也就变了。

3.7.5 泵的气蚀与安装高度

气蚀：如果泵内某处的压强（图 3-32 中的 p_k）低至该处液体温度下的汽化压强，即 $p_k \leqslant p_v$，部分液体就开始汽化，形成气泡；与此同时，由于压强降低，原来溶解于液体的某些活泼气体，如水中的氧也会逸出而成为气泡。这些气泡随液流进入泵内高压区，由于压强增高，气泡迅速破灭。于是在局部地区产生高频率、高冲击力的水击，不断打击泵内部件，特别是工作叶轮，长期这样运行会使其表面成为蜂窝状或海绵状。此外，在凝结热的助长下，活泼气体还对金属发生化学腐蚀，以致金属表面逐渐脱落而破坏。这种现象就是气蚀。

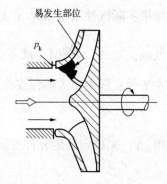

图 3-32 泵内易发生气蚀的部位

产生"气蚀"的具体原因有以下几种：泵的安装位置高出吸液面的高差太大，即泵的几何安装高度 H_g（图 3-33）过大；泵安装地点的大气压较低，例如安装在高海拔地区；泵所输送的液体温度过高等。

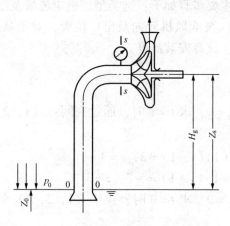

图 3-33 离心泵的几何安装高度

泵的吸水高度 H_g。如上所述，正确决定泵吸入口的压强（真空度），是控制泵运行时不发生气蚀而正常工作的关键，它的数值与泵吸入侧管路系统及液池面压力等密切相关。

如果吸液池面受大气压 p_0 作用，即 $p_0 = p_a$，则泵吸入口的压强水头 p_s/γ 就低于大气压的水头 p_a/γ，这恰是泵吸入口处真空压力表所指示的吸入口压强水头 H_s（又称吸入口真空高度），其单位为"m"。

$$H_s = \frac{p_a - p_s}{\gamma} = H_g + \frac{v_s^2}{2g} + \sum h_s \qquad (3-105)$$

通常，开始气蚀的极限吸入口真空度 H_{smax} 值是由制造厂用试验方法确定的。显然，为避免发生气蚀，由上式确定的实际 H_s 值应小于 H_{smax} 值，为确保泵的正常运行，制造厂又在 H_{smax} 值的基础上规定了一个"允许"的吸入口真空度，用 $[H_s]$ 表示，即

$$H_s \leqslant [H_s] = H_{smax} - 0.3 \qquad (3-106)$$

在已知泵的允许吸入口真空度 $[H_s]$ 的条件下，可用式(3-105)计算出"允许的"水泵安装高度 $[H_g]$，而实际的安装高度 H_g 应遵守

$$H_g < [H_g] \leqslant [H_s] - \left(\frac{v_s^2}{2g} + \sum h_s\right) \qquad (3-107)$$

$[H_s]$ 值一般是由制造厂在大气压为 101.325kPa 和 20℃ 的清水条件下试验得出的。当泵的使用条件与上述条件不符时，应对样本上规定的 $[H_s]$ 值按式（3-108）进行修正。

$$[H'_s] = [H_s] - (10.33 - h_a) + (0.24 - h_v) \quad (3-108)$$

式中　h_a——当地大气压强水头，m；

　　　h_v——与水温相对应的汽化压强水头，m。

按气蚀余量确定的吸水高度 H_g：液体自吸液池经吸水管到达泵吸入口，所剩下的总水头距发生汽化的水头尚剩余的水头值——实际气蚀余量 Δh。

如果实际气蚀余量 Δh，正好等于泵自吸入口，到压强最低点 K 之水头降 $\dfrac{\Delta p}{\gamma}$ 时，就刚好发生气蚀，当 $\Delta h > \dfrac{\Delta p}{\gamma}$ 时，就不会产生气蚀。所以人们把 $\dfrac{\Delta p}{\gamma}$ 又叫作临界气蚀余量 $\Delta h_{\min}$。

在工程实践中，为确保安全运行，规定了一个必需的气蚀余量，以 $[\Delta h]$ 表示

$$[\Delta h] = \Delta h_{\min} + 0.3 = \frac{\Delta p}{\gamma} + 0.3 \quad (3-109)$$

用 $[\Delta h]$ 来确定泵的允许安装高度 $[H_g]$ 的表达式为

$$[H_g] = \frac{p_0 - p_v}{\gamma} - \sum h_s - [\Delta h] \quad (3-110)$$

3.7.6　泵或风机的选择

在选用时应同时满足使用与经济两方面的要求，主要步骤如下：选类型，确定流量及扬程或压头，确定型号大小和转速，选电机及传动配件，泵或风机转向及出口位置，对于泵，若有必要还要查明允许吸上真空高度或必需气蚀余量，核算安装高度。

复　习　题

1. 设流场的表达式为：$u_x = x + t$，$u_y = -y + t$，$u_z = 0$，求 $t = 1$ 时，通过空间点 (1，2，3) 的流线是（　　）。

A. $(x+1)(y+1) = 2$，$z = 3$　　　　B. $(x+1)(y-1) = 2$，$z = 3$

C. $(x+1)(y-1) = -2$，$z = 3$　　　D. $(x+1)(y+1) = -2$，$z = 3$

2. 设流场的表达式为：$u_x = x + t$，$u_y = -y + t$，$u_z = 0$，求 $t = 0$ 时，位于 (1，2，3) 的质点的迹线是（　　）。

A. $\begin{cases} x = 2e^t - t - 1 \\ y = 3e^{-t} + t - 1 \\ z = 3 \end{cases}$　B. $\begin{cases} x = e^t \\ y = 2e^{-t} \\ z = 3 \end{cases}$　C. $\begin{cases} x = 2e^t \\ y = 3e^{-t} \\ z = 3 \end{cases}$　D. $\begin{cases} x = 2e^t - t + 1 \\ y = 3e^{-t} + t + 1 \\ z = 3 \end{cases}$

3. 恒定流动是指（　　）。

A. 各过流断面的速度分布相同　　　　B. 流动随时间按一定规律变化

C. 流场中的流动参数不随时间变化　　D. 迁移加速度为零

4. 伯努利方程中 $\dfrac{p}{\gamma} + z + \dfrac{u^2}{2g}$ 表示（　　）。

A. 单位质量流体具有的机械能　　　　B. 单位体积流体具有的机械能

C. 单位重量流体具有的机械能　　　　D. 通过过流断面流体的总机械能

5. 水平放置的渐扩管，若忽略水头损失，断面形心点的压强，沿流动方向有以下关系

(   )。

　　A. $p_1 > p_2$　　　　B. $p_1 = p_2$　　　　C. $p_1 < p_2$　　　　D. 不确定

6. 利用毕托管原理测量输水管中的流量 Q。已知输水管直径 $d = 200\text{mm}$，水银差压计读数 $h_p = 60\text{mm}$，断面平均流速 $v = 0.84 u_{max}$，这里 u_{max} 为毕托管前管轴上未受扰动水流的流速（图 3-34）（　　）L/s。

　　A. 100　　　　　　B. 102　　　　　　C. 103　　　　　　D. 105

7. 已知铅直输水管道的直径 $d = 200\text{mm}$，在相距 $l = 20\text{m}$ 的上下两点测压计读数分别为 196.2kPa 和 588.6kPa。其流动方向为（　　），其水头损失为（图 3-35）（　　）m。

　　A. 向上，10　　　B. 向下，10　　　C. 向上，20　　　D. 向下，20

8. 试用文丘里流量计测量石油管道的流量 Q（　　）L/s。已知管道直径 $d_1 = 200\text{mm}$，文丘里管喉道直径 $d_2 = 100\text{mm}$，石油的密度 $\rho = 850\text{kg/m}^3$，文丘里管的流量系数 $\mu = 0.95$，水银差压计读数 $h_p = 150\text{mm}$（图 3-36）。

　　A. 51.2　　　　　B. 52.2　　　　　C. 53.2　　　　　D. 54.2

9. 水箱中的水从一扩散短管流入大气（图 3-37）。若喉部直径 $d_1 = 100\text{mm}$，该处绝对压强 $p_1 = 49\,035\text{Pa}$，出口直径 $d_2 = 150\text{mm}$，水头 H 为（　　）m。假定水头损失可忽略不计。

　　A. 1.03　　　　　B. 1.23　　　　　C. 1.43　　　　　D. 1.63

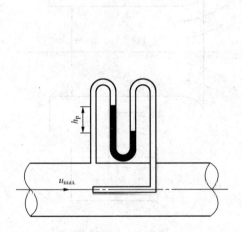

图 3-34　题 6 图

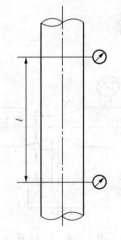

图 3-35　题 7 图

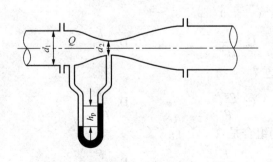

图 3-36　题 8 图

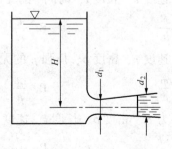

图 3-37　题 9 图

10. 黏性流体管流，测压管水头线沿程的变化是（　　）。
    A. 沿程下降　　　　　　　　　　B. 沿程上升
    C. 保持水平　　　　　　　　　　D. 前三种情况都有可能

11. 已知图 3-38 所示水平管路中的水流量 $q_v = 2.5\text{L/s}$，直径 $d_1 = 50\text{mm}$，$d_2 = 25\text{mm}$，压力表读数为 9807Pa。若水头损失忽略不计，试求连接于该管收缩断面上的水管可将水从容器内吸上的高度 h 为（　　）m。
    A. 0.18　　　　　　B. 0.2　　　　　　C. 0.22　　　　　　D. 0.24

12. 如图 3-39 所示离心式通风机借集流器 B 从大气中吸入空气，并在直径 $d = 200\text{mm}$ 的管道部分接一根下端插入水槽的玻璃管。若玻璃管中的水上升高度 $h = 150\text{mm}$，试求每秒钟吸入的空气流量 q_v（空气的密度 $\rho = 1.29\text{kg/m}^3$）（　　）m^3/s。
    A. 1.5　　　　　　B. 1.6　　　　　　C. 1.7　　　　　　D. 1.8

13. 烟囱直径 $d = 1\text{m}$，通过烟气的重量流量 $Q_G = 176.2\text{kN/h}$，烟气密度 $\rho = 0.7\text{kg/m}^3$，周围大气密度 $\rho_a = 1.2\text{kg/m}^3$，烟囱内的水头损失为 $h_l = 0.035\dfrac{H}{d}\dfrac{v^2}{2g}$，为保证烟囱底部的负压不小于 10mm 水柱，烟囱的高度 H 应为（　　）m。
    A. 3.26　　　　　　B. 32.6　　　　　　C. 20.6　　　　　　D. 25.6

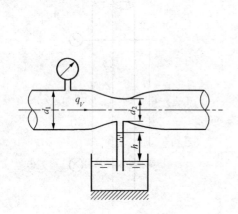

图 3-38　题 11 图

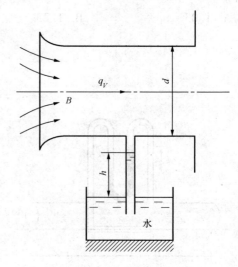

图 3-39　题 12 图

14. 速度 v，长度 l，时间 t 的无因次组合是（　　）。
    A. $\dfrac{v}{lt}$　　　　B. $\dfrac{t}{vl}$　　　　C. $\dfrac{l}{vt^2}$　　　　D. $\dfrac{l}{vt}$

15. 速度 v、密度 ρ、压强 p 的无量纲组合是（　　）。
    A. $\dfrac{\rho p}{v}$　　　　B. $\dfrac{\rho v}{p}$　　　　C. $\dfrac{pv^2}{\rho}$　　　　D. $\dfrac{p}{\rho v^2}$

16. 力 F、密度 ρ、长度 l、速度 v 的无量纲组合是（　　）。
    A. $\dfrac{F}{\rho l^2 v^2}$　　　　B. $\dfrac{F}{\rho l^3 v}$　　　　C. $\dfrac{F}{\rho l v^3}$　　　　D. $\dfrac{F}{\rho l v}$

17. 进行水力模型实验，要实现明渠水流的动力相似，应选的相似准则是（　　）。
   A. 雷诺准则　　　　　　　　　　　　B. 弗诺得准则
   C. 欧拉准则　　　　　　　　　　　　D. 其他准则

18. 进行水力模型实验，要实现有压管流的动力相似，应选的准则是（　　）。
   A. 雷诺准则　　　B. 弗诺得准则　　　C. 欧拉准则　　　D. 其他准则

19. 弗诺得数的物理意义表示（　　）。
   A. 黏滞力与重力之比　　　　　　　　B. 惯性力与重力之比
   C. 惯性力与黏滞力之比　　　　　　　D. 压力与惯性力之比

20. 明渠水流模型实验，长度比尺为4，模型流量应为原型流量的（　　）。
   A. $\dfrac{1}{2}$　　　　B. $\dfrac{1}{4}$　　　　C. $\dfrac{1}{8}$　　　　D. $\dfrac{1}{32}$

21. 有压水管模型实验，长度比尺为8，模型水管的流量应为原型水管流量的（　　）。
   A. $\dfrac{1}{2}$　　　　B. $\dfrac{1}{4}$　　　　C. $\dfrac{1}{8}$　　　　D. $\dfrac{1}{32}$

22. 已知文丘里流量计喉管流速 v 与流量计压差 Δp。主管直径 d_1，喉管直径 d_2 以及流体的密度 ρ 和运动黏度 ν 有关，则流速关系式（　　）。
   A. $v = f\left(Re, \dfrac{d_2}{d_1}\right)$　　　　　　　　B. $v = f(Re)$
   C. $v = \sqrt{\dfrac{\Delta p}{\rho}} f\left(Re, \dfrac{d_2}{d_1}\right)$　　　　D. $v = \sqrt{\dfrac{\Delta p}{\rho}} f\left(\dfrac{d_2}{d_1}\right)$

23. 一个圆球在流速为1.6m/s的水中，受到的阻力为4.4N。另一个直径为其2倍的圆球置于一个风洞中，在满足动力相似条件下风速的大小及圆球所受到的阻力为（　　）。（$\nu_气/\nu_水 = 13$，$\rho_气 = 1.28\text{kg/m}^3$）
   A. 1.04m/s，0.95N　　　　　　　　B. 10.4m/s，9.5N
   C. 10.4m/s，0.95N　　　　　　　　D. 1.04m/s，9.5N

24. 为了研究在油液中水平运动的固体颗粒运动特性，用放大8倍的模型在15°C水中进行实验（$\nu_{15°C} = 1.139 \times 10^{-6} \text{m}^2/\text{s}$，$\rho = 1000\text{kg/m}^3$）。物体在油液中运动速度13.72m/s，油的密度 $\rho_油 = 864\text{kg/m}^3$，动力黏滞系数 $\mu = 0.025\,8\text{N} \cdot \text{s/m}^2$。为保证流动相似模型运动物体的速度为（　　）m/s，实验测定模型运动物体的阻力为3.56N，则原型固体颗粒所受阻力为（　　）kN。
   A. 0.065 4；2.115　　　　　　　　B. 0.065 4；4.753
   C. 0.065 4；264　　　　　　　　　D. 0.065 4；33

25. 如图3-40所示溢水堰模型设计比例为20。当在模型上测得模型流量为 $Q_m = 300\text{L/s}$ 时，水流推力为 $P_m = 300\text{N}$，求实际流量 Q_n 和推力 P_n，正确的是（　　）。
   A. 537m³/s，2400kN　　　　　　　B. 537m³/s，24kN
   C. 537m³/s，1200kN　　　　　　　D. 537m³/s，240kN

26. 水在垂直管内由上向下流动，相距 l 的两断面内，测压管水头差 h，两断面间沿程水头损失 h_f（图3-41），则（　　）。
   A. $h_f = h$　　　　B. $h_f = h + l$　　　　C. $h_f = l - h$　　　　D. $h_f = l$

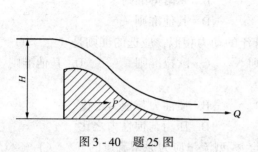
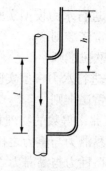

图 3-40 题 25 图   图 3-41 题 26 图

27. 管路 AB 由不同管径的两管段组成，$d_A = 0.2m$，$d_B = 0.4m$，B 点高于 A 点 1m。今测得 $p_A = 30kN/m^2$，$p_B = 40kN/m^2$，B 处断面平均流速 $v_B = 1.5m/s$。则水在管中流动方向为（　　）。

A. A 流向 B   B. B 流向 A
C. 都有可能，不确定   D. 都不对

28. 圆管均匀流动过流断面上切应力分布为（　　）。

A. 在过流断面上是常数   B. 管轴处是零，且与半径成正比
C. 管壁处是零，向管轴线性增大   D. 按抛物线分布或对数分布

29. 在圆管流中，紊流的断面流速分布符合（　　）。

A. 均匀规律   B. 直线变化规律
C. 抛物线规律   D. 对数曲线规律

30. 半圆形明渠半径 $r_0 = 4m$（图 3-42），水力半径为（　　）m。

A. 4   B. 3   C. 2   D. 1

图 3-42 题 30 图

31. 变直径管流，细断面直径为 d_1，粗断面直径 $d_2 = 2d_1$，粗细面雷诺数的关系是（　　）。

A. $Re_1 = 0.5Re_2$ B. $Re_1 = Re_2$
C. $Re_1 = 1.5Re_2$ D. $Re_1 = 2Re_2$

32. 圆管层流，实测管轴线上流速为 4m/s，则断面平均流速为（　　）m/s。

A. 4   B. 3.2   C. 2   D. 1

33. 圆管紊流过渡区的沿程摩阻系数 λ（　　）。

A. 与雷诺数 Re 有关   B. 与管壁相对粗糙 k_s/d 有关
C. 与 Re 及 k_s/d 有关   D. 与 Re 与管长 l 有关

34. 圆管紊流粗糙区的沿程摩阻系数 λ（　　）。

A. 与雷诺数 Re 有关   B. 与管壁相对粗糙 k_s/d 有关
C. 与 Re 及 k_s/d 有关   D. 与 Re 与管长 l 有关

35. 工业管道的沿程摩阻系数 λ，在紊流过渡区随雷诺数的增加（　　）。

A. 增加   B. 减小   C. 不变   D. 不定

36. 输油管的直径 $d = 150mm$，流量 $Q = 16.3m^3/h$，油的运动黏度 $\nu = 0.2cm^2/s$，试求每千米管长的沿程水头损失（　　）m。

A. 0.074　　　　　B. 0.74　　　　　C. 7.4　　　　　D. 74

37. 应用细管式黏度计测定油的黏度。已知细管直径 $d=6\text{mm}$，测量段长 $l=2\text{m}$，实测油的流量 $Q=77\text{cm}^3/\text{s}$，水银压差计读值 $h=30\text{cm}$（图3-43），油的密度 $\rho=901\text{kg/m}^3$。试求油的运动黏度 $\nu=$（　　）m^2/s。

A. 8.57×10^{-4}　　B. 8.57×10^{-5}　　C. 8.57×10^{-6}　　D. 8.57×10^{-7}

38. 油管直径为75mm，已知油的密度为 901kg/m^3，运动黏度为 $0.9\text{cm}^2/\text{s}$，在管轴位置安放连接水银压差计的毕托管（图3-44），水银面高度 $h=20\text{mm}$，试求油的流量（　　）L/s。

A. 519　　　　　B. 51.9　　　　　C. 5.19　　　　　D. 0.519

39. 圆管和正方形管道的断面面积、长度和相对粗糙都相等，且通过流量相等。试求两种形状管道沿程损失之比：(1) 管流为层流（　　）；(2) 管流为紊流粗糙区（　　）。

A. 1.27；1.13　　B. 1.13；1.27　　C. 1.61；1.27　　D. 1.44；1.13

40. 如图3-45所示，输水管道中设有阀门，已知管道直径为50mm，通过流量为3.34L/s，水银压差计读值 $\Delta h=150\text{mm}$，沿程水头损失不计，试求阀门的局部损失系数（　　）。

A. 1.28　　　　　B. 1.38　　　　　C. 12.8　　　　　D. 13.8

41. 如图3-46所示，用突然扩大使管道流速由 v_1 减到 v_2，若直径 d_1 及流速 v_1 一定，试求使测压管液面差 h 成为最大的 v_2 及 d_2 是（　　）。

A. $v_2=\dfrac{1}{4}v_1$，$d_2=2d_2$　　　　B. $v_2=\dfrac{1}{4}v_1$，$d_2=\sqrt{2}d_2$

C. $v_2=\dfrac{1}{2}v_1$，$d_2=2d_1$　　　　D. $v_2=\dfrac{1}{2}v_1$，$d_2=\sqrt{2}d_1$

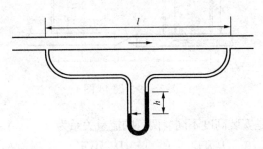

图3-43　题37图

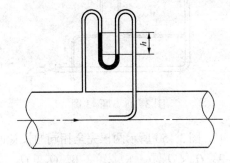

图3-44　题38图

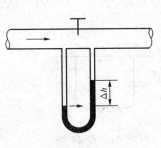

图3-45　题40图

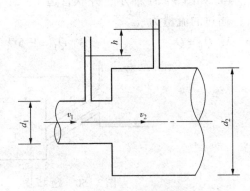

图3-46　题41图

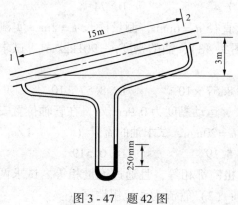

图 3-47 题 42 图

42. 如图 3-47 水管直径为 50mm，1、2 两断面相距 15m，高差 3m，通过流量 $Q=6L/s$，水银压差读值为 250mm，试求管道的沿程摩阻系数（　　）。

A. 0.024　　　　　　　B. 0.023
C. 0.022　　　　　　　D. 0.021

43. 为测定 90°弯头的局部阻力系数 ζ，可采用如图 3-48 所示的装置。已知 AB 段管长 $l=10$m，管径 $d=50$mm，$\lambda=0.03$。实测数据为：(1) AB 两断面测压管水头差 $\Delta h=0.629$m；(2) 经两分钟流入水箱的水量为 0.329m^3。则弯头的局部阻力系数 ζ 为（　　）。

A. 6.33　　B. 0.633　　C. 3.26　　D. 0.326

44. 如图 3-49 所示，测定一阀门的局部阻力系数，在阀门的上下游装设了 3 个测压管，其间距 $L_1=1$m，$L_2=2$m，若直径 $d=50$mm，实测 $H_1=150$cm，$H_2=125$cm，$H_3=40$cm，流速 $v=3$m/s，阀门的 ζ 值为（　　）。

A. 0.544　　B. 0.762　　C. 1.885　　D. 2.618

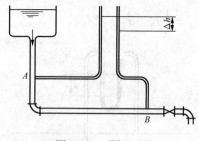

图 3-48 题 43 图

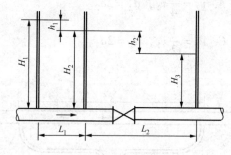

图 3-49 题 44 图

45. 图 3-50 所示两根完全相同的长管道，只是安装高度不同，两管的流量关系为（　　）。

A. $Q_1<Q_2$　　B. $Q_1>Q_2$　　C. $Q_1=Q_2$　　D. 不定

46. 如图 3-51 所示，并联管道 1、2，两管的直径相同，沿程阻力系数相同，长度 $l_2=3l_1$，通过的流量为（　　）。

A. $Q_1=Q_2$　　B. $Q_1=1.5Q_2$　　C. $Q_1=1.73Q_2$　　D. $Q_1=3Q_2$

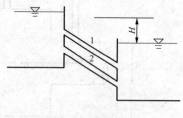

图 3-50 题 45 图

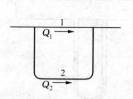

图 3-51 题 46 图

47. 如图 3-52 所示，并联管段 1、2、3，A、B 之间的水头损失是（　　）。

A. $h_{fAB} = h_{f1} + h_{f2} + h_{f3}$　　　　B. $h_{fAB} = h_{f1} + h_{f2}$
C. $h_{fAB} = h_{f2} + h_{f3}$　　　　　　　　D. $h_{fAB} = h_{f1} = h_{f2} = h_{f3}$

48. 如图 3-53 所示，并联管道阀门 K 全开时各段流量为 Q_1，Q_2，Q_3，现关小阀门 K，其他条件不变，流量的变化为（　　）。

A. Q_1，Q_2，Q_3 都减小　　　　　　　B. Q_1 减小 Q_2 不变 Q_3 减小
C. Q_1 减小 Q_2 增加 Q_3 减小　　　　　D. Q_1 不变 Q_2 增加 Q_3 减小

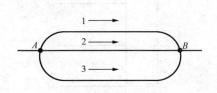

图 3-52　题 47 图

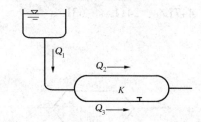

图 3-53　题 48 图

49. 如图 3-54 所示，虹吸管将 A 池中的水输入 B 池，已知长度 $l_1 = 3$m，$l_2 = 5$m，直径 $d = 75$mm，两池水面高差 $H = 2$m，最大超高 $h = 1.8$m，沿程摩阻系数 $\lambda = 0.02$，局部损失系数；进口 $\zeta_a = 0.5$，转弯 $\zeta_b = 0.2$，出口 $\zeta_c = 1$。试求流量及管道最大超高断面的真空度（　　）m。

A. 3.11　　　　　B. 3.0
C. 2.58　　　　　D. 2.0

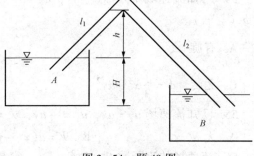

图 3-54　题 49 图

50. 如图 3-55 所示，自密闭容器经两段串联管道输水，已知压力表读数 $p_M = 0.1$MPa，水头 $H = 2$m，管长 $l_1 = 10$m，$l_2 = 20$m，直径 $d_1 = 100$mm，$d_2 = 200$mm，沿程阻力系数 $\lambda_1 = \lambda_2 = 0.03$，流量 Q 为（　　）L/s。

A. 62　　　　　B. 61　　　　　C. 59　　　　　D. 58

51. 如图 3-56 所示，两水池的水位差 $H = 24$m，$l_1 = l_2 = l_3 = l_4 = 100$m，$d_1 = d_2 = d_4 = 100$mm，$d_3 = 200$mm，沿程阻力系数 $\lambda_1 = \lambda_2 = \lambda_4 = 0.025$，$\lambda_3 = 0.02$，除阀门（$\zeta = 30$）外，其他局部阻力忽略。管路中的流量 Q 为（　　）。

A. 23.7L/s　　　B. 237L/s　　　C. 2.37m³/s　　　D. 23.7m³/s

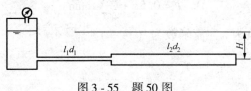

图 3-55　题 50 图

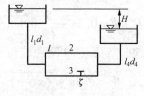

图 3-56　题 51 图

52. 如图 3-57 所示，某并联管路，已知 $l_1 = 600$m，$d_1 = 200$mm，$l_2 = 360$m，$d_2 =$

163

150mm, $\lambda=0.03$, AB 间的水头差为 5m，求两支管的流量（   ）。

A. 3.28L/s, 2.06L/s B. 32.8L/s, 20.6L/s
C. 328L/s, 206L/s   D. 3.28m³/s, 2.06m³/s

53. 如图 3-58 所示，三层供水管路，各管段的 S 值皆为 $10^6 s^2/m^5$。层高均为 5m。设点 a 的压力水头为 20m，Q_1，Q_2，Q_3 大小分别为（   ）。

A. 4.47L/s, 2.41L/s, 0.63L/s   B. 44.7L/s, 24.1L/s, 6.3L/s
C. 447L/s, 241L/s, 63L/s   D. 4.47m³/s, 2.41m³/s, 0.63m³/s

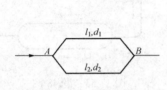
图 3-57　题 52 图

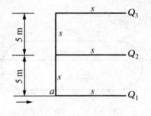
图 3-58　题 53 图

54. 已知流速场 $u_x = x^2 - y^2$，$u_y = -2xy$，$u_z = 0$。试判断是否无旋，若无旋求速度势 ϕ（   ）。

A. 有旋
B. 无旋，$\phi = \frac{1}{3}x^3 - xy^2 - x^2 y$
C. 无旋，$\phi = \frac{1}{3}x^3 - xy^2$
D. 无旋，$\phi = \frac{1}{3}x^3 - xy^2 - 2x^2 y$

55. 已知流速场 $u_x = ax$，$u_y = -ay$，$u_z = 0$，求流函数 Ψ（   ）。

A. 无 Ψ B. $\Psi = a(x^2 - y^2)$ C. $\Psi = a(x^2 + y^2)$ D. $\Psi = axy$

56. 流速场的流函数 $\Psi = 3x^2 y - y^3$，它是否为无旋流，若不是，旋转角速度是（   ）。

A. 无旋流   B. 有旋流，$\omega_z = 6y$
C. 有旋流，$\omega_z = -6y$ D. 有旋流，$\omega_z = 3y$

57. 已知平面无旋流动的速度势 $\phi = xy$，流函数为（   ）。

A. $\Psi = -xy$ B. $\Psi = y^2 - x^2$ C. $\Psi = x^2 - y^2$ D. $\Psi = \frac{1}{2}(y^2 - x^2)$

58. 在速度 $v = 0.5$m/s 的水平直线流中，在 x 轴上方 2 单位处放一强度为 5m³/s 的源流，此流动的流函数为（   ）。

A. $\Psi = 0.5y + \frac{5}{2\pi}\arctan\frac{y-2}{x}$
B. $\Psi = 0.5y + \frac{5}{2\pi}\arctan\frac{y}{x}$
C. $\Psi = 0.5x + \frac{5}{2\pi}\arctan\frac{y-2}{x}$
D. $\Psi = 0.5x + \frac{5}{2\pi}\arctan\frac{y}{x}$

59. 等强度 Q 两源流位于 x 轴，距原点为 a，流函数为（   ）。

A. $\Psi = \frac{Q}{2\pi}\ln\sqrt{(x+a)^2 + y^2} + \frac{Q}{2\pi}\ln\sqrt{(x-a)^2 + y^2}$

B. $\Psi = \frac{Q}{2\pi}\arctan\frac{y}{x+a} + \frac{Q}{2\pi}\arctan\frac{y}{x-a}$

C. $\Psi = \frac{Q}{2\pi}\ln\sqrt{(y+a)^2 + x^2} + \frac{Q}{2\pi}\ln\sqrt{(y-a)^2 + x^2}$

D. $\Psi = \dfrac{Q}{2\pi}\arctan\dfrac{y+a}{x} + \dfrac{Q}{2\pi}\arctan\dfrac{y-z}{x}$

60. 某体育馆的圆柱形送风口（取 $a=0.08$），$d_0=0.6\text{m}$，风口至比赛区为 60m。要求比赛区风速（质量平均风速）不得超过 0.3m/s。求送风口的送风量应不超过（　　）m^3/s。

A. 1　　　　　B. 2　　　　　C. 3　　　　　D. 4

61. 岗位送风所设风口向下，距地面 4m。要求在工作区（距地 1.5m 高范围）造成直径为 1.5m 射流截面，限定轴心速度为 2m/s，求喷嘴的直径为（　　）m 及出口流量为（　　）m^3/s。

A. 0.14；0.1　　B. 0.14；0.15　　C. 0.14；0.2　　D. 0.14；0.25

62. 实验测得轴对称射流的 $v_0=50\text{m/s}$，在某断面处 $v_m=5\text{m/s}$，试求在该断面上气体流量是初始流量的（　　）倍。

A. 20.12　　　B. 21.12　　　C. 22.12　　　D. 23.12

63. 工作地点质量平均风速要求 3m/s，工作面直径 $D=2.5\text{m}$，送风温度为 $15°\text{C}$，车间空气温度 $30°\text{C}$，要求工作地点的质量平均温度降到 $25°\text{C}$，采用带导叶的轴流风机，其紊流系数 $\alpha=0.12$。求风口的直径为（　　）m 及速度为（　　）m/s。

A. 0.424；8　　B. 0.525；8　　C. 0.525；9　　D. 0.625；10

64. 有 $r_0=75\text{mm}$ 的喷口中射出温度为 $T_k=300\text{K}$ 的气体射流，周围介质温度为 $T_e=290\text{K}$，试求距喷口中心 $x=5\text{m}$，$y=1\text{m}$ 处的气体温度（　　）K（$\alpha=0.075$）。

A. 290.5　　　B. 291　　　　C. 291.5　　　D. 292

65. 常压下空气温度为 $25°\text{C}$ 时，其声速为（　　）m/s。

A. 330　　　　B. 335　　　　C. 340　　　　D. 345

66. 某喷气发动机，在尾喷管出口处，燃气流的温度为 873K，燃气流速度为 560m/s，燃气的等熵指数 $\kappa=1.33$，气体常数 $R=287.4\text{J/(kg·K)}$，出口燃气流的声速（　　）m/s 及马赫数为（　　）。

A. 577.7；0.97　　B. 577.7；1.03　　C. 492.7；0.94　　D. 592.7；1.06

67. 某涡轮喷气发动机在设计状态下工作时，已知在尾喷管进口截面 1 处的气流参数的：$p_1=2.05\times10^5\text{N/m}^2$，$T_1=865\text{K}$，$v_1=288\text{m/s}$，$A_1=0.19\text{m}^2$；出口截面 2 处的气体参数为：$p_2=1.143\times10^5\text{N/m}^2$，$T_2=766\text{K}$，$A_2=0.1538\text{m}^2$。试求通过尾喷管的燃气质量流量为（　　）kg/s 和尾喷管的出口流速为（　　）m/s。[给定燃气的气体常数 $R=287.4\text{J/(kg·K)}$]

A. 40.1；525.1　　B. 45.1；525.1　　C. 40.1；565.1　　D. 45.1；565.1

68. 为获得较高空气流速，使煤气与空气充分混合，使压缩空气流经如图 3-59 所示喷嘴。在 1，2 断面上测得压缩空气参数为：$p_1=12\times98\,100\text{Pa}$，$p_2=10\times98\,100\text{Pa}$，$v_1=100\text{m/s}$，$t_1=27°\text{C}$。喷嘴出口速度 v_2 为（　　）m/s。

A. 200　　　　B. 205
C. 210　　　　D. 215

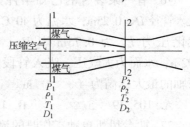

图 3-59　题 68 图

69. 空气从压气罐口通过一拉伐尔喷管输出，已知喷管出口压强 $p=14\text{kN/m}^2$，马赫数 $M=2.8$，压气罐中温度 $t_0=20°\text{C}$，压气罐的压强为（　　）kN/m^2。

A. 180   B. 280   C. 380   D. 480

70. 空气从压气罐中通过一拉伐尔喷管输出,已知喷管出口压强 $p=14kN/m^2$,马赫数 $M=2.8$,压气罐中温度 $t_0=20°C$。喷管出口的温度为(   )K,速度为(   )m/s。

A. 114;500   B. 114;600   C. 114;700   D. 114;800

71. 喷管中空气流的速度为500m/s,温度为300K,密度为$2kg/m^3$,若要进一步加速气流,喷管面积应(   )。

A. 缩小   B. 扩大   C. 不变   D. 不定

72. 后向叶型离心泵叶轮,轮速 $n_1=1750rpm$,叶片出口安装角 $\beta_2=60°$,出口直径 $D_2=150mm$,厚度 $b_2=15mm$,流量 $Q=20L/s$,试求理论扬程为(   )m。

A. 13   B. 15   C. 17   D. 19

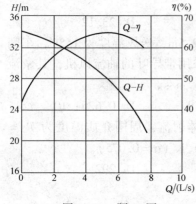

图3-60 题73图

73. 离心泵装置系统,已知该泵的性能曲线(图3-60),静扬程(几何给水高度)$H_g=19m$,管道总阻抗 $S=76\,000s^2/m^5$,水泵的流量 Q 为(   )L/s 及扬程为(   )m、效率为(   ),轴功率为(   )kW。

A. 6.8;24.5;64%;2.55
B. 8.8;24.5;64%;3.3
C. 8.9;24.5;64%;2.55
D. 6.8;24.5;64%;3.3

74. 已知下列数据,试求泵所需的扬程为(   )。水泵轴线标高130m,吸水面标高126m,上水池液面标高170m,吸入管段阻力0.81m,压出管段阻力1.91m。

A. 40   B. 44   C. 45.91   D. 46.72

75. 如图3-61所示的泵装置从低水箱向高水箱抽送水,已知条件如下: $x=0.1m$, $y=0.35m$, $z=0.1m$, M_1读数为124kPa, M_2读数为1024kPa, $Q=0.025\ m^3/s$, $\eta=0.8$,试求该泵所需的轴功率为(   )kW。(注:该装置中两压力表高差为$y+z-x$)

A. 27.6   B. 27.7
C. 31.4   D. 31.5

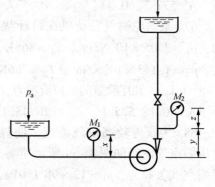

图3-61 题75图

76. 有一泵装置的已知条件如下: $Q=0.12m^3/s$,吸入管径 $D=0.25m$,水温为40°C(密度为$992kg/m^3$),汽化压力 h_v 为0.75m,$[H_s]=5m$,吸水面标高102m,水面为大气压,吸入管段阻力为0.79m,试求泵轴的最大标高为(   )m。

A. 105.39   B. 105.9   C. 106.7   D. 107

77. 两台风机单独工作时的流量分别为 q_1 和 q_2,其他条件不变,若两机并联运行,则总流量 Q 为(   )。

A. $Q<q_1+q_2$ B. $Q=q_1+q_2$

C. $Q > q_1 + q_2$ 　　　　　　　　　　　　D. $Q < q_1$ 和 q_2 中的最大者

78. 两台泵单独工作时的扬程为 h_1，h_2，其他条件不变，若两机串联运行，则总扬程 H 为（　　）。

A. $H < h_1 + h_2$ 　　　　　　　　　　　　B. $H = h_1 + h_2$
C. $H > h_1 + h_2$ 　　　　　　　　　　　　D. $H < h_1$ 和 h_2 中的最大者

79. 如图 3-62 所示，由一台水泵把贮水池的水抽到水塔中去，流量 $Q = 70L/s$，管路总长（包括吸、压水管）为 1500m，管径为 $d = 250mm$，沿程摩阻系数 $\lambda = 0.025$，水池水面距水塔水面的高差 $H_g = 20m$，试求水泵的扬程（　　）m 及电机功率（　　）kW。（水泵的效率 $\eta = 55\%$）

A. 15.56；19.4　　　　B. 20；24.9
C. 35.56；44.4　　　　D. 40.56；50.6

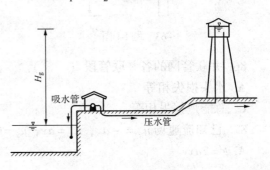

图 3-62　题 79 图

80. 某离心泵，$Q = 0.0735 m^3/s$，$H = 14.65m$，用电机由传动带拖动，测得 $n = 1420 r/min$，$N = 3.3kW$；后因改为电机直接联动，n 增大为 $1450 r/min$，此时泵的工作参数分别为流量（　　）m^3/s，扬程（　　）m，功率为（　　）kW。

A. 0.075 1；14.96；3.37　　　　B. 0.076 6；15.28；3.44
C. 0.078 3；15.60；3.51　　　　D. 0.075 1；15.28；3.51

81. 对于某一段管路中的不可压流体的流动，取三个管径不同的断面，其管径分别为 $A_1 = 150mm$，$A_2 = 100mm$，$A_3 = 200mm$。则三个断面 A_1、A_2 和 A_3 对应的流速比为（　　）。

A. 16∶36∶9　　　B. 9∶25∶16　　　C. 9∶36∶16　　　D. 16∶25∶9

82. 直径为 1m 的给水管在直径为 10cm 的水管中进行模型试验，现测得模型的流量为 $0.2 m^3/s$，则原型给水管实际流量为（　　）。

A. $8 m^3/s$　　　B. $6 m^3/s$　　　C. $4 m^3/s$　　　D. $2 m^3/s$

83. 管道长度不变，管中流动为紊流光滑区，$\lambda = \dfrac{0.316\,4}{Re^{0.25}}$，允许的水头损失不变，当直径变为原来 1.5 倍时，若不计局部损失，流量将变为原来的（　　）倍。

A. 2.25　　　B. 3.01　　　C. 3.88　　　D. 5.82

84. 如图 3-63 所示，水箱深 H，底部有一长为 L，直径为 d 的圆管。管道进口为流线型，进口水头损失不计，管道沿程损失 λ 设为常数。H、d、λ 给定，若要保证通过的流量 Q 随管长 L 的加大而减小，则要满足条件（　　）。

A. $H = \dfrac{d}{\lambda}$　　B. $H < \dfrac{d}{\lambda}$　　C. $H > \dfrac{d}{\lambda}$　　D. $H \neq \dfrac{d}{\lambda}$

85. 如图 3-64 所示，自密闭容器经两段管道输水，已知压力表读数 $P_M = 0.1MPa$，水头 $H = 3m$，$l_1 = 10m$，$d_1 = 200mm$，$l_2 = 15mm$，$d_2 = 100mm$，沿程阻力系数 $\lambda_1 = \lambda_2 = 0.02$，则流量 Q 为（　　）。

A. 54L/s　　　B. 58L/s　　　C. 60L/s　　　D. 62L/s

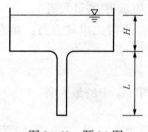

图 3-63 题 84 图

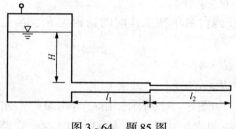

图 3-64 题 85 图

86. 并联管网的各并联管段（　　）。
   A. 水头损失相等　　　　　　　　B. 水力坡度相等
   C. 总能量损失相等　　　　　　　D. 通过的流量相等

87. 已知流速场 $u_x = -ax$，$u_y = ay$，$u_z = 0$，则该流速场的流函数为（　　）。
   A. $\psi = 2axy$　　　　　　　　　B. $\psi = -2axy$
   C. $\psi = \frac{1}{2}a(x^2+y^2)$　　　　　D. $\psi = \frac{1}{2}a(x^2+y^2)$

88. 流速场的势函数 $\varphi = 5x^2y^2 - y^3$，则其旋转角速度（　　）。
   A. $\omega_z = 0$　　B. $\omega_z = -10xy$　　C. $\omega_z = 10xy$　　D. $\omega_z = y$

89. 对于喷管气体流动，在马赫数 $M>1$ 的情况下，气流速度随断面增大变化情况为（　　）。
   A. 加快　　　　B. 减慢　　　　C. 不变　　　　D. 先加快后减慢

90. 某水泵，在转速 $n = 1500$r/min 时，其流量 $Q = 0.08$m³/s，扬程 $H = 20$m，功率 $N = 25$kW，采用变速调节，调整后的转速 $n = 2000$r/min，设水的密度不变，则其调整后的流量 Q'、扬程 H'、功率 N' 分别为（　　）。
   A. 0.107m³/s、35.6m、59.3kW　　　　B. 0.107m³/s、26.7m、44.4kW
   C. 0.142m³/s、26.7m、59.3kW　　　　D. 0.142m³/s、20m、44.4kW

复习题答案与提示

1. B。提示：由流线方程有 $\dfrac{dx}{x+t} = \dfrac{dy}{-y+t}$：$(x+t)(y-t) = c_1$，$z = c_2$；将 $t=1$，$x=1$，$y=2$，$z=3$ 代入上式，解得 $c_1 = 2$，$c_2 = 3$，故流线方程是 $(x+1)(y-1) = 2$，$z=3$。

2. A。提示：由迹线方程有 $\dfrac{dx}{x+t} = \dfrac{dy}{-y+t} = dt$，积分得 $\begin{cases} x = c_1 e^t - t - 1 \\ y = c_2 e^{-t} + t - 1 \\ z = c_3 \end{cases}$。

将 $t=0$，$x=1$，$y=2$，$z=3$ 代入上式，解得 $c_1 = 2$，$c_2 = 3$，$c_3 = 3$，故迹线方程是 $\begin{cases} x = 2e^t - t - 1 \\ y = 3e^{-t} + t - 1 \\ z = 3 \end{cases}$。

3. C。

4. C。

5. C。提示：因为 $z_1 = z_2$，$u_1 > u_2$，由伯努利方程 $\dfrac{p_1}{\gamma} + z_1 + \dfrac{u_1^2}{2g} = \dfrac{p_2}{\gamma} + z_2 + \dfrac{u_2^2}{2g}$，可知 $p_1 < p_2$。

6. B。提示：沿轴线取壁面测压孔所在过流断面得轴线点和毕托管驻点列伯努利方程

$$\dfrac{p_1}{\gamma} + z_1 + \dfrac{u_1^2}{2g} = \dfrac{p_2}{\gamma} + z_2 + \dfrac{u_2^2}{2g}, \quad u_2 = 0, \quad u_1 = u_{\max}$$

$$u_{\max} = \sqrt{2g \dfrac{\gamma_{\mathrm{Hg}} - \gamma}{\gamma} h_p}$$

$$Q = \dfrac{\pi}{4} d^2 v = \dfrac{\pi}{4} d^2 \times 0.84 u_{\max} = 102 \mathrm{L/s}$$

7. C。提示：就上下两断面的总水头：$H_s = \dfrac{p_s}{\gamma} + z_s + \dfrac{u_s^2}{2g}$，$H_x = \dfrac{p_x}{\gamma} + z_x + \dfrac{u_x^2}{2g}$。求总水头差 $H_x - H_s = -20 + \dfrac{p_x - p_s}{\gamma} = 20\mathrm{m} > 0$，向上流动。

8. A。提示：$\begin{cases} v_1 A_1 = v_2 A_2 \\ \dfrac{p_1}{\gamma} + z_1 + \dfrac{u_1^2}{2g} = \dfrac{p_2}{\gamma} + z_2 + \dfrac{u_2^2}{2g} \end{cases}$，$\dfrac{v_2^2 - v_1^2}{2g} = \sqrt{\dfrac{\gamma_{\mathrm{Hg}} - \gamma_0}{\gamma_0}} h_p$，$q_v = \mu v_1 A_1 = 51.2 \mathrm{L/s}$。

9. B。提示：列水箱自由面和 d_1，d_2 处断面的伯努利方程 $H = \dfrac{p_1 - p_a}{\gamma} + \dfrac{v_1^2}{2g}$，$H = \dfrac{v_2^2}{2g}$，$p_a$ 为大气压，$p_a = 101.325\mathrm{kPa}$，又由 $\dfrac{\pi}{4} d_1^2 v_1 = \dfrac{\pi}{4} d_2^2 v_2$ 与上式联立可解得 $H = 1.23\mathrm{m}$。

10. D。提示：测压管水头线 $H_p = Z + \dfrac{p}{\gamma}$ 是单位质量流体的平均势能，不是反映总机械能的总水头线。由于能量形式相互转化原理，测压管水头线沿程既可以上升、下降，也可不变。

11. D。提示：列压力表断面，收缩断面的伯努利方程 $\dfrac{p_1}{\gamma} + z_1 + \dfrac{v_1^2}{2g} = \dfrac{p_2}{\gamma} + z_2 + \dfrac{v_2^2}{2g}$，$p_1 = 9807\mathrm{Pa}$，$p_2 = -\gamma h$，$v_1 = q_v / A_1$，$v_2 = q_v / A_2$，将上式各值代入伯努利方程，可解得 $h = 0.24\mathrm{m}$。

12. A。提示：列集流器外和测压孔断面的伯努利方程 $p_1 + \dfrac{\rho v_1^2}{2} = p_2 + \dfrac{\rho v_2^2}{2}$，$v_1$ 很小可忽略不计，$p_1 = 0$，$v_1 = 0$；$p_2 = -\gamma h = -9.8 \times 10^3 \times 0.15 \mathrm{kPa} = -1.47 \mathrm{kPa}$，则 $v_2 = 47.74 \mathrm{m/s}$，$q_v = vA = 1.5 \mathrm{m^3/s}$。

13. B。提示：由质量流量可得 $v = 9.08 \mathrm{m^3/s}$，由气流的伯努利方程：$p_1 + \dfrac{\rho v_1^2}{2} + (\gamma_a - \gamma) H = p_2 + \dfrac{\rho v_2^2}{2} + \gamma h_l$。代入数据解得

$$-1000 \times 9.8 \times 0.01 + (1.2 - 0.7) \times 9.8 H = \dfrac{0.7 \times v^2}{2} + 0.035 \dfrac{H}{d} \dfrac{0.7 \times v^2}{2}$$

可得 $H = 32.6 \mathrm{m}$。

14. D。 15. D。 16. A。

17. B。提示：因为重力起重要作用。

18. A。提示：因为黏滞力起重要作用。

19. B。

20. D。提示：因为重力起重要作用，选取 Fr 准则：$Fr_n = Fr_m$，因为 $g_n = g_m$，故 $\lambda_v = \lambda_l^{\frac{1}{2}}$，又流量 $\lambda_Q = \lambda_v \lambda_l^2 = \lambda_l^{\frac{5}{2}}$，则 $\lambda_Q = 32$。

21. C。提示：因为黏滞力起重要作用，选取 Re 准则：$Re_n = Re_m$，因为 $\nu_n = \nu_m$ 故 $\lambda_v = \lambda_l^{-1}$，又流量 $\lambda_Q = \lambda_v \lambda_l^2 = \lambda_l$，则 $\lambda_Q = 8$。

22. C。提示：$v = F(\Delta p, d_1, d_2, \rho, \nu)$，选取基本变量 ρ, d_1, v，根据定理：$f\left(\dfrac{\Delta p}{\rho v^2}, \dfrac{d_2}{d_1}, \dfrac{vd_1}{\nu}\right) = 0$，则 $v = \sqrt{\dfrac{\Delta p}{\rho}} f\left(Re, \dfrac{d_2}{d_1}\right)$。

23. C。提示：动力相似需满足 Re 准则

$$\left(\dfrac{vd}{\nu}\right)_{气} = \left(\dfrac{vd}{\nu}\right)_{水}$$

由 $d_水 = 2d_气$，则 $v_气 = v_水 \dfrac{d_水}{d_气} \dfrac{\nu_气}{\nu_水} = 10.4\text{m/s}$；又由力 $F \propto \rho v^2 l^2$，则 $\dfrac{F_水}{F_气} = \dfrac{\rho_水}{\rho_气} \dfrac{v_水^2}{v_气^2} \dfrac{d_水^2}{d_气^2}$，$F_气 = 0.95\text{N}$。

24. A。提示：相似条件应满足 Re 准则 $\left(\dfrac{\rho vd}{\mu}\right)_n = \left(\dfrac{\rho vd}{\mu}\right)_m$，由 $d_m = 8d_n$，则 $v_m = \dfrac{\rho_n d_n \mu_n}{\rho_m d_m \mu_m} v_m$ = 0.065 4m/s，又由 $F \propto \rho v^2 l^2$ 则 $\dfrac{F_n}{F_m} = \dfrac{\rho_n v_n^2 l_n^2}{\rho_m v_m^2 l_m^2}$，$F_n = 2.115\text{N}$。

25. A。提示：相似条件应满足 Fr 准则 $\left(\dfrac{v^2}{gl}\right)_n = \left(\dfrac{v^2}{gl}\right)_m$；$g_n = g_m$，$\lambda_v = \lambda_l^{\frac{1}{2}}$，$\lambda_Q = \lambda_v \lambda_l^2 = \lambda_l^{\frac{5}{2}}$，$Q_n = 537\text{m}^3/\text{s}$，又由 $F \propto \rho v^2 l^2$ 则 $\lambda_F = \lambda_v^2 \lambda_l^2 = \lambda_l^3$，$F_n = 2400\text{kN}$。

26. A。

27. B。提示：分别计算 A 和 B 断面处的总水头，$v_A = 4v_B$，$H_A = Z_A + \dfrac{p_A}{\gamma} + \dfrac{v_A^2}{2g} = 4.898\text{m}$，$H_B = Z_B + \dfrac{p_B}{\gamma} + \dfrac{v_B^2}{2g} = 5.196\text{m}$。

$H_B > H_A$，沿流动方向总水头下降。

28. B。提示：均匀流过流断面上，切应力按直线规律分布。

29. D。

30. C。提示：湿周 $x = \pi r$。

31. D。提示：$\dfrac{Re_1}{Re_2} = \dfrac{V_1 d_1}{V_2 d_2} = \dfrac{d_2}{d_1}$，$V_1 d_1^2 = V_2 d_2^2$。

32. C。提示：圆管层流 $v = \dfrac{1}{2} u_{\max}$。

33. C。 34. B。

35. B。提示：工业管与尼古拉兹人工管的 λ 在过渡区的变化是不同的。

36. B。提示：$v = \dfrac{Q}{\dfrac{\pi}{4}d^2} = \dfrac{16.3}{\dfrac{\pi}{4} \times 0.15^2 \times 3600}$ m/s $= 0.256$ m/s，$Re = \dfrac{vd}{\nu} = 1920 < 2000$ 所以为层流 $\lambda = \dfrac{64}{Re}$，$h_f = \lambda \dfrac{l}{d} \dfrac{v^2}{2g} = \dfrac{64}{1920} \times \dfrac{1000}{0.15} \times \dfrac{0.256^2}{2g}$ m $= 0.743$ m。

37. C。提示：$v = \dfrac{Q}{\dfrac{\pi}{4}d^2} = 2.72$ m/s，水头损失 $h_f = \dfrac{\rho_{Hg} - \rho}{\rho}h = \dfrac{13\,600 - 901}{901} \times 0.3 = 4.23$ m，由 $h_f = \lambda \dfrac{l}{d} \dfrac{v^2}{2g}$ 可求得 $\lambda = 0.033\,6$，设为层流，由 $\lambda = \dfrac{64}{Re}$，可得 $Re = 1903.7$ 所设正确，$\nu = 8.57 \times 10^{-6}$ m²/s。

38. C。提示：由毕托管原理可将轴线流速 $v_1 = \sqrt{2g\dfrac{\rho_{Hg} - \rho}{\rho}h} = 2.35$ m/s，求轴线处的雷诺数 $Re = \dfrac{v_1 d}{\nu} = 1959 < 2000$，为层流，求断面平均流速 $v_2 = \dfrac{v_1}{2} = 1.175$ m/s，则 $Q = \dfrac{\pi}{4}d^2 v_2 = 5.19$ L/s。

39. A。提示：$v = \dfrac{Q}{A}$，$v_F = v_Y$，$h_f = \lambda \dfrac{l}{d} \dfrac{v^2}{2g}$。

（1）层流 $\lambda = \dfrac{64}{Re}$ $\dfrac{h_F}{h_Y} = \dfrac{\lambda_F \dfrac{l}{d_e} \times \dfrac{v^2}{2g}}{\lambda_Y \dfrac{l}{d} \times \dfrac{v^2}{2g}} = \dfrac{d^2}{d_e^2} = \dfrac{A^2}{\dfrac{\pi}{4}A^2} = \dfrac{4}{\pi} = 1.27$。

（2）紊流粗糙区 $\lambda = f\left(\dfrac{k_1}{d}\right)$ $\lambda_F = \lambda_Y$，$\dfrac{h_F}{h_Y} = \dfrac{d}{d_e} = \sqrt{\dfrac{4}{\pi}} = 1.13$。

40. C。提示：列测压管测压孔所在断面的伯努利方程 $\dfrac{\rho_{Hg} - \rho}{\rho}\Delta h = \zeta \dfrac{v^2}{2g}$，$v = \dfrac{Q}{\dfrac{\pi}{4}d^2} = 1.7$ m/s，$\zeta = 12.8$。

41. D。提示：列伯努利方程 $\dfrac{p_1}{\gamma} + z_1 + \dfrac{v_1^2}{2g} = \dfrac{p_2}{\gamma} + z_2 + \dfrac{v_2^2}{2g} + \dfrac{(v_1 - v_2)^2}{2g}$，$h = \left(\dfrac{p_2}{\gamma} + z_2\right) - \left(\dfrac{p_1}{\gamma} + z_1\right) = \dfrac{v_1^2 - v_2^2 - (v_1 - v_2)^2}{2g} = \dfrac{2v_1 v_2 - 2v_2^2}{2g}$，求导 $\dfrac{dh}{dv_2} = 0$ 有 $v_2 = \dfrac{1}{2}v_1$，$d_2 = \sqrt{2}d_1$。

42. C。提示：列伯努利方程：$\dfrac{p_1}{\gamma} + z_1 + \dfrac{v_1^2}{2g} = \dfrac{p_2}{\gamma} + z_2 + \dfrac{v_2^2}{2g} + \lambda \dfrac{l}{d} \dfrac{v_2^2}{2g}$，$v_1 = v_2 = v$，$h_f = \left(z_1 + \dfrac{p_1}{\gamma}\right) - \left(z_2 + \dfrac{p_2}{\gamma}\right)$，$\dfrac{\rho_{Hg} - \rho}{\rho}\Delta h = \lambda \dfrac{l}{d} \dfrac{v^2}{2g}$，$v = \dfrac{Q}{\dfrac{\pi}{4}d^2} = 3.06$ m/s，$\lambda = 0.022$。

43. D。提示：列伯努利方程：$\dfrac{p_1}{\gamma} + z_1 + \dfrac{v_1^2}{2g} = \dfrac{p_2}{\gamma} + z_2 + \dfrac{v_2^2}{2g} + \lambda \dfrac{l}{d} \dfrac{v_2^2}{2g} + \zeta \dfrac{v_2^2}{2g}$，$\left(\dfrac{p_1}{\gamma} + z_1\right) - \left(\dfrac{p_2}{\gamma} + z_2\right) = \lambda \dfrac{l}{d} \dfrac{v^2}{2g} + \zeta \dfrac{v^2}{2g} = \Delta h$，$v = \dfrac{Q}{\dfrac{\pi}{4}d^2} = 1.396$ m/s，则 $\zeta = 0.326$。

44. B。提示：列 2-3 断面伯努利方程：$\frac{p_2}{\gamma} + z_2 + \frac{v^2}{2g} = \frac{p_3}{\gamma} + z_3 + \frac{v^2}{2g} + \lambda \frac{l_2}{d}\frac{v^2}{2g} + \zeta \frac{v^2}{2g}$，
$h_2 = \lambda \times \frac{l_2}{d}\frac{v^2}{2g} + \zeta\frac{v^2}{2g}$；同理 $h_1 = \lambda \frac{l_1}{d}\frac{v^2}{2g}$，$\zeta\frac{v^2}{2g} = h_2 - 2h_1 = 0.35$，$\zeta = 0.762$。

45. C。

46. C。提示：阻抗 $S_2 = 3S_1$ 又因 $S_1 Q_1^2 = S_2 Q_2^2$，故 $Q_1 = \sqrt{3} Q_2$。

47. D。

48. C。提示：关小阀门即为增大 S_3，对 S_2，S_3 为并联管路，故并联管路的总阻抗 S_{23} 为 $\frac{1}{\sqrt{S_{23}}} = \frac{1}{\sqrt{S_2}} + \frac{1}{\sqrt{S_3}}$，$S_{23}$ 也增大，设总作用水头为 H，则 $H = S_1 Q_1^2 + S_{23} Q_1^2$，所以 S_{23} 增大，H，S_1 不变，所以 Q_1 减少，又有 $H = S_1 Q_1^2 + S_2 Q_2^2$，$H$，$S_2$ 不变，则 Q_2 增加，由 $Q_1 = Q_2 + Q_3$，则 Q_3 减小。

49. A。提示：取上、下游液面列伯努利方程 $\frac{p_1}{\gamma} + z_1 + \frac{v_1^2}{2g} = \frac{p_2}{\gamma} + z_2 + \frac{v_2^2}{2g} + (\zeta_a + \zeta_b + \zeta_c)\frac{v^2}{2g} + \lambda\frac{l_1 + l_2}{d}\frac{v^2}{2g}$，$H = (\zeta_a + \zeta_b + \zeta_c)\frac{v^2}{2g} + \lambda\frac{l_1 + l_2}{d}\frac{v^2}{2g}$，可得 $v = 3.2\text{m/s}$，所以 $Q = 14.13\text{L/s}$。

再列上游液面和最高 C 断面的伯努利方程

$$0 = h + \frac{p_c}{\gamma} + \frac{v^2}{2g} + (\zeta_a + \zeta_b)\frac{v^2}{2g} + \lambda\frac{l_1}{d}\frac{v^2}{2g} - \frac{p_c}{\gamma}$$

$$= 1.8\text{m} + 1.7 \times \frac{3.2^2}{2 \times 9.8}\text{m} + 0.02 \times \frac{3}{0.075} \times \frac{3.2^2}{2 \times 9.8}$$

$\frac{p_c}{\gamma}\text{m} = -3.11\text{m}$，所以真空高度为 3.11m 水柱。

50. D。提示：列液面和出口断面伯努利方程

$$\frac{p_0}{\gamma} + z_0 + \frac{v_0^2}{2g} = \frac{p_2}{\gamma} + z_2 + \frac{v_2^2}{2g} + \zeta_{进}\frac{v_1^2}{2g} + \zeta_{扩}\frac{v_1^2}{2g} + \lambda_1\frac{l_1}{d_1}\frac{v_1^2}{2g} + \lambda_2\frac{l_2}{d_2}\frac{v_2^2}{2g}10 + 2$$

$$= \frac{v_2^2}{2g} + 0.5\frac{v_1^2}{2g} + \left(1 - \frac{A_1}{A_2}\right)^2\frac{v_1^2}{2g} + \lambda_1\frac{l_1}{d_1}\frac{v_1^2}{2g} + \lambda_2\frac{l_2}{d_2}\frac{v_2^2}{2g}$$

$v_1 = 4v_2$，$v_2 = 1.846\text{m/s}$，$Q = v_2 A_2 = 58\text{L/s}$。

51. A。提示：求 S_1，S_2，S_3，S_4，$S = \frac{8\left(\lambda\frac{l}{d} + \Sigma\zeta\right)}{\pi^2 d^4 g}$，$S_1 = 20\,678$，$S_1 = S_2 = S_4$，$S_3 = 2067.8$。并联 2，3 管段的总阻抗 $S_{23} = 1194$，则 $H = (S_1 + S_{23} + S_4)Q^2$，可得 $Q = 23.7\text{L/s}$。

52. B。提示：由 $S = \frac{8\lambda\frac{l}{d}}{\pi^2 d^4 g}$，$S_1 = 4652.5$，$S_2 = 11\,763$。

由 $H = SQ^2$，有 $Q_1 = 32.8\text{L/s}$，$Q_2 = 20.6\text{L/s}$。

53. A。提示：由 $H = SQ^2$，有 $20 = SQ_1^2$，$Q_1 = 4.47\text{L/s}$。

$$20-5 = S(Q_2+Q_3)^2 + SQ_2^2 \brace 20-10 = S(Q_2+Q_3)^2 + 2SQ_3^2$$

联立求上两式，可用试算法，$Q_2 = 2.41\text{L/s}$，$Q_3 = 0.63\text{L/s}$。

54. C。提示：因为是 xoy 平面流，故只需判断 ω_z，$\omega_z = \frac{1}{2}\left(\frac{\partial u_y}{\partial x} - \frac{\partial u_x}{\partial y}\right) = 0$，所以无旋存在 ϕ

$$\phi = \int u_x\text{d}x + u_y\text{d}y = \int(x^2-y^2)\text{d}x - 2xy\text{d}y = \int x^2\text{d}x - \int\text{d}(y^2x) = \frac{1}{3}x^3 - xy^2 + c$$

取 $c = 0$ $\phi = \frac{1}{3}x^3 - xy^2$。

55. D。提示：$\Psi = \int u_x\text{d}y - u_y\text{d}x = \int ax\text{d}y + ay\text{d}x = axy + c$。

取 $c = 0$ $\Psi = axy$。

56. A。提示：$u_x = \frac{\partial \Psi}{\partial y} = 3x^2 - 3y^2$，$u_x = -\frac{\partial \Psi}{\partial x} = -6xy$，$\omega_z = \frac{1}{2}\left(\frac{\partial u_y}{\partial x} - \frac{\partial u_x}{\partial y}\right) = 0$。

57. D。提示：$u_x = \frac{\partial \varphi}{\partial x} = \frac{\partial \Psi}{\partial y} = y$ $u_y = \frac{\partial \varphi}{\partial y} = -\frac{\partial \Psi}{\partial x} = x$，$\Psi = \int -x\text{d}x + y\text{d}y = -\frac{1}{2}x^2 + \frac{1}{2}y^2 + c$

取 $c = 0$，$\Psi = \frac{1}{2}(y^2 - x^2)$。

58. A。提示：此流场为均匀直线流与源流的叠加。

均匀直线流：$\Psi_1 = 0.5y$

源流：$\Psi_2 = \frac{5}{2\pi}\arctan\frac{y-2}{x}$

所以 $\Psi = 0.5y + \frac{5}{2\pi}\arctan\frac{y-2}{x}$

59. B。提示：两源流流函数分别为 $\Psi_1 = \frac{Q}{2\pi}\arctan\frac{y}{x+a}$，$\Psi_2 = \frac{Q}{2\pi}\arctan\frac{y}{x-a}$。

则 $\Psi = \frac{Q}{2\pi}\arctan\frac{y}{x+a} + \frac{Q}{2\pi}\arctan\frac{y}{x-a}$。

60. C。提示：由质量平均流速与射程的关系式 $\frac{v_2}{v_0} = \frac{0.23}{\frac{as}{d_0}+0.147}$ 得 $v_0 = 10.63\text{m/s}$，$Q_0 = \frac{\pi}{4}d_0^2 v_0 = 3\text{m}^3/\text{s}$。

61. A。提示：由 $\frac{D}{d_0} = 6.8 \times \left(\frac{as}{d_0}+0.147\right)$，$D = 1.5\text{m}$，$s = 2.5\text{m}$，可得 $d_0 = 0.14\text{m}$。

由 $\frac{v_m}{v_0} = \frac{0.48}{\frac{as}{d_0}+0.147}$ $v_m = 2\text{m/s}$，可得 $v_0 = 6.56\text{m/s}$，$Q = v_0\frac{\pi}{4}d_0^2 = 0.1\text{m}^3/\text{s}$。

62. B。提示：由 $\frac{v_m}{v_0} = \frac{0.48}{\frac{as}{d_0}+0.147}$，可得 $\frac{as}{d_0}+0.147 = 4.8$。

由 $\frac{Q}{Q_0} = 4.4 \times \left(\frac{as}{d_0} + 0.147\right)$，可得 $\frac{Q}{Q_0} = 21.12$。

63. C。提示：由 $\frac{\Delta T_2}{\Delta T_0} = \frac{0.23}{\frac{as}{d_0} + 0.147} = \frac{-5}{-15}$，可得 $\frac{as}{d_0} + 0.147 = 0.69$。

由 $\frac{D}{d_0} = 6.8 \times \left(\frac{as}{d_0} + 0.147\right)$，$d_0 = 0.525\text{m}$，由 $\frac{v_2}{v_0} = \frac{0.23}{\frac{as}{d_0} + 0.147}$，$v_0 = 9\text{m/s}$。

64. A。提示：由 $\frac{\Delta T_m}{\Delta T_0} = \frac{0.35}{\frac{as}{d_0} + 0.147}$，可得 $\Delta T_m = 1.32\text{K}$，这里 x 即为 S，由 $\frac{D}{d_0} = 6.8 \times \left(\frac{as}{d_0} + 0.147\right)$，可得 $D = 2.7\text{m}$，由 $\frac{\Delta T}{\Delta T_m} = 1 - \left(\frac{y}{R}\right)^{1.5}$，可得 $\Delta T = 4.8\text{K}$，则 $T = 290.5\text{K}$。

65. C。提示：由声速公式 $c = \sqrt{kRT} = \sqrt{1.4 \times 287 \times 288}\text{m/s} = 340\text{m/s}$。

66. A。提示：由 $c = \sqrt{kRT} = 577.7\text{K}$，由 $M = \frac{v}{c} = 0.97$。

67. D。提示：由 $Q_m = \rho vA = \frac{p}{RT}vA = 45.1\text{kg/s}$，由 $Q_{m1} = Q_{m2}$，$\frac{p_1}{RT_1}v_1A_1 = \frac{p_2}{RT_2}v_2A_2$，$v_2 = 565.1\text{m/s}$。

68. C。提示：因为流速高，可按等熵处理，由 $\frac{k}{k-1}\frac{p}{\rho} + \frac{v^2}{2}$ = 常数，有 $v_2 = \sqrt{\frac{2k}{k-1}R(T_1 - T_2) + v_1^2}$，其中 $T_1 = 300\text{K}$，$\rho_1 = \frac{p_1}{RT_1} = 13.67\text{kg/m}^3$，$\rho_2 = \rho_1\left(\frac{p_2}{p_1}\right)^{\frac{1}{k}} = 12.01\text{kg/m}^3$，$T_2 = \frac{p_2}{R\rho_2} = 284\text{K}$，代入上式，可得 $v_2 = 210\text{m/s}$。

69. C。提示：由 $\frac{p_0}{p} = \left(1 + \frac{k-1}{2}M^2\right)^{\frac{k}{k-1}}$，可得 $p_0 = 380\text{kN/m}^2$。

70. B。提示：由 $\frac{T_0}{T} = 1 + \frac{k-1}{2}M^2$，有 $T = 114\text{K}$，由 $M = \frac{v}{c}$，$c = \sqrt{kRT}$，有 $v = 600\text{m/s}$。

71. B。提示：由 $M = \frac{v}{c} = \frac{v}{\sqrt{kRT}} = 1.44$，超声速，若加速则截面积需扩大。

72. C。提示：由 $u_2 = \frac{2\pi n_1 D_2}{60 \cdot 2}$ 和 $Q = \pi D_2 b_2 v_{r2}$ 可得 $u_2 = 13.74\text{m/s}$，$v_{r2} = 2.83\text{m/s}$，由 $H_T = \frac{1}{g}(u_2^2 - u_2 v_{r2}\cot\beta_2)$ 得 $H_T = 17\text{m}$。

73. A。提示：利用 $H = H_g + SQ^2$，给出不同的 Q 得到相应的 H 后可在泵性能曲线图描出此管路性能曲线，其交点就是泵的工作点，$Q = 6.8\text{L/s}$，$H = 24.5\text{m}$，对应的效率为 64%，轴功率 $N = \frac{\gamma QH}{\eta} = 2.55\text{kW}$。

74. D。提示：由 $H = H_z + h_1 + h_2 = 170\text{m} - 126\text{m} + 0.81\text{m} + 1.91\text{m} = 46.72\text{m}$。

75. B。提示：$H = \frac{M_2 - M_1}{\gamma} + z' = 91.84\text{m} + 0.35\text{m} = 92.19\text{m}$，$N = \frac{\gamma QH}{\eta} = 27.7\text{kW}$。

76. A。提示：由 $[H'_s] = [H_s] - (10.33 - h_a) + (0.24 - h_v)$ 和工作条件可得 $[H'_s] = 4.49\text{m}$，$v = \frac{Q}{A} = 2.45\text{m/s}$，$[H_g] = [H'_s] - \left(\frac{v^2}{2g} + \sum h_s\right) = 3.39\text{m}$，泵轴标高不超过 105.39m。

77. A。

78. A。

79. C。提示：管路总阻抗（按长管计算） $S = \frac{8\lambda \frac{L}{d}}{\pi^2 d^4 g} = 3176$，$H = H_g + SQ^2 = 35.56\text{m}$，由 $N = \frac{\gamma QH}{\eta} = 44.4\text{kW}$。

80. D。提示：利用相似律：$\frac{n}{n_m} = \frac{Q}{Q_m} = \sqrt{\frac{H}{H_m}} = \sqrt[3]{\frac{N}{N_m}}$。

81. A。提示：由 $v = \frac{Q}{A}$ 有

$$v_1 : v_2 : v_3 = \frac{1}{A_1} : \frac{1}{A_2} : \frac{1}{A_3} = \frac{1}{d_1^2} : \frac{1}{d_2^2} : \frac{1}{d_3^2} = \frac{1}{1.5^2} : \frac{1}{1} : \frac{1}{2^2} = 16 : 36 : 9$$

82. D。提示：采用雷诺模型律：$Re_n = Re_m$。

由 $\frac{v_n d_n}{\nu_n} = \frac{v_m d_m}{\nu_m}$ 有 $\frac{v_n}{v_m} = \frac{d_m}{d_n}$。故 $\frac{Q_n}{Q_m} = \frac{v_n A_n}{v_m A_m} = \frac{d_n}{d_m}$，$Q_n = \frac{1}{0.1} \times 0.2 = 2\text{m}^3/\text{s}$。

83. B。提示：由 $h_f = \lambda \frac{l}{d} \frac{v^2}{2g}$ 和 $Re = \frac{vd}{\nu}$ 代入 $\lambda = \frac{0.3164}{Re^{0.25}}$。

由 $h_{f1} = h_{f2}$ 有 $\frac{v_1^{1.75}}{d_1^{1.25}} = \frac{v_2^{1.75}}{d_2^{1.25}} \times \frac{Q_2}{Q_1} = \frac{v_2 d_2^2}{v_1 d_1^2} = \sqrt[1.75]{\left(\frac{d_2}{d_1}\right)^{1.25} \times \frac{d_2^2}{d_1^2}}$。

84. C。提示：取液面、管道出口断面列伯努利方程，有 $H + L = \left(1 + \lambda \frac{L}{d}\right)\frac{v^2}{2g}$，

$Q = vA = \frac{\pi d^2}{4} \sqrt{\frac{2g(H+L)}{1 + \lambda \frac{L}{d}}}$，若流量随管长的加大而减小，则有 $\frac{dQ}{dL} < 0$，解得 $1 - H\frac{\lambda}{d} < 0$，即 $H > \frac{d}{\lambda}$。

85. C。提示：取液面和出口断面列伯努利方程，有 $H + \frac{P_M}{\rho g} = \frac{v_2^2}{2g} + \left(\lambda_1 \frac{l_1}{d_1} + \zeta_{进}\right)\frac{v_1^2}{2g} + \left(\lambda_2 \frac{l_2}{d_2} + \zeta_{突缩}\right)\frac{v_2^2}{2g}$ 其中 $\zeta_{进} = 0.5$，$\zeta_{突缩} = 0.5\left(1 - \frac{A_2}{A}\right)$ 可解得 $v_2 = 7.61\text{L/s}$。

86. A。

87. B。提示：由 $d\psi = u_x dy - u_y dx$ 代入 u_x、u_y 有 $d\psi = -ax dy - ay dx = -a(x dy + y dx) = -a d(xy)$，故 $\psi = -axy$。

88. A。提示：由 $u_x = \dfrac{\partial \varphi}{\partial x} = 10xy^2$ 和 $u_y = \dfrac{\partial \varphi}{\partial y} = 10x^2y - 3y^2$，有 $\omega_z = \dfrac{1}{2} \times \left(\dfrac{\partial u_y}{\partial x} - \dfrac{\partial u_x}{\partial y} \right) = \dfrac{1}{2} \times (20xy - 20xy) = 0$，其实，有势则无旋，二者互为充分必要条件。

89. A。提示：由断面 A 与流速 v 的关系式 $\dfrac{\mathrm{d}A}{A} = (M^2 - 1) \dfrac{\mathrm{d}v}{v}$ 可得结果。

90. A。提示：由相似律有：$\dfrac{Q'}{Q} = \dfrac{n'}{n}$，$\dfrac{H'}{H} = \left(\dfrac{n'}{n} \right)^2$，$\dfrac{N'}{N} = \left(\dfrac{n'}{n} \right)^3$。

第4章 自 动 控 制

考试大纲

4.1 自动控制与自动控制系统的一般概念:"控制工程"基本含义 信息的传递 反馈及反馈控制 开环及闭环 控制系统构成 控制系统的分类及基本要求

4.2 控制系统的数学模型:控制系统各环节的特性 控制系统微分方程的拟定与求解 拉普拉斯变换与反变换 传递函数及其框图

4.3 线性系统的分析与设计:基本调节规律及实现方法 控制系统一阶瞬态响应 二阶瞬态响应 频率特性基本概念 频率特性表示方法 调节器的特性对调节质量的影响 二阶系统的设计方法

4.4 控制系统的稳定性与对象的调节性能:稳定性基本概念 稳定性与特征方程根的关系 代数稳定判据对象的调节性能指标

4.5 控制系统的误差分析:误差及稳态误差 系统类型及误差度 静态误差系数

4.6 控制系统的综合和校正:校正的概念 串联校正装置的形式及其特性 继电器调节系统(非线性系统)及校正:位式恒速调节系统、带校正装置的双位调节系统、带校正装置的位式恒速调节系统

4.1 自动控制与自动控制系统的一般概念

4.1.1 控制工程的基本含义

(1) 控制工程:控制工程是一门研究"控制论"在工程中应用的科学。

(2) 自动控制:在没有人的直接参与的条件下,利用控制装置使被控对象(如机器、设备或生产过程)的某些物理量(或工作状态)能自动地按照预定的规律变化(或运行)。

(3) 被控对象(受控对象):被控制的机器、设备或生产过程中的全部或一部分。

(4) 控制装置(控制器):对被控对象进行控制的设备总体,称为控制装置或控制器。

(5) 自动控制系统:自动对被控对象的被控量(或工作状态)进行控制的系统,由被控对象和控制装置组成。

(6) 控制理论:分析和综合自动控制系统的理论。控制理论是一门科学,也是科学方法论之一。

(7) 被控制量(被控量):在控制系统中,按规定的任务需要加以控制的物理量,也成为自动控制系统的输出量。

(8) 控制量(给定量、输入量):作为被控制量的控制指令而加给系统的输入量,作用于控制系统的输入端,并使系统与有预定功能或预定输出的物理量,也称为给定量或输入量。

(9) 扰动量:干扰或破坏系统按预定规律运行的输入量,也称扰动输入或干扰输入。

4.1.2 信息的传递

实际的控制系统由不同的物理环节构成,各环节的输入量和输出量的性质也各不相同,在自动控制系统中统称输入量、输出量为信号(信息)。系统中的信息,当通过环节传递时

信息的大小和状态都要发生变化，但其输出信息与输入信息有一定的函数关系。不同性质的物理环节，尽管它们的输入、输出信息的性质不同，但当它们受到同一形式的输入信号时，它们的输出信号也可以用几种共同的输出形式来表示。因此，这里关心的是环节的输出和输入关系——传递函数。

4.1.3 反馈及反馈控制

1. 反馈

（1）定义：将检测出来的输出量送回到系统的输入端，并与输入信号比较产生偏差信号的过程称为反馈。这个送回输入端的信号称为反馈信号。若反馈信号与输入信号相减，使产生的偏差越来越小，则称为负反馈；反之，则称为正反馈。

（2）偏差信号（误差信号）：输入信号和反馈信号（反馈信号可以是输出信号本身，也可以是输出信号的函数或导数）之差。

2. 反馈控制

就是采用负反馈并利用偏差进行控制的过程，由于引入了被反馈量的反馈信息，整个控制过程成为闭合的，因此负反馈控制也称为闭环控制。凡是系统输出信号对控制作用有直接影响的系统，都称为闭环系统。误差信号加到控制器上，以减小系统的误差，并使系统的输出量趋于所希望的值；换句话说，"闭环"这个术语的含义，就是应用反馈作用来减小系统的误差。

反馈控制实质上是一个按偏差进行控制的过程，也称为按偏差控制，反馈控制原理也就是按偏差控制原理。

负反馈控制原理：检测偏差用以消除偏差。将系统的输出信号引回输入端，与输入信号相减，形成偏差信号。然后根据偏差信号产生相应的控制作用，力图消除或减少偏差的过程。负反馈控制原理是构成闭环控制系统的核心。

3. 反馈控制系统的基本组成

负反馈控制系统包含被控对象和控制装置两个部分，基本组成框图如图 4-1 所示。控制装置由具有一定职能的各种基本元件组成，按职能分类主要有以下几种。

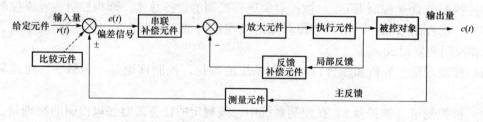

图 4-1 典型的反馈控制系统基本组成框图

（1）测量元件（检测元件）：一般为传感器，其功能是测量被控制的物理量，产生与被控制量有一定函数关系的信号。如果这个物理量是非电量，一般再转换为电量。例如：湿敏传感器是利用"湿—电"效应来检测湿度，并将其转换成电信号；热电偶是用于检测温度并转换为电压等。测量元件通常是系统的反馈元件。

（2）给定元件：其功能是给出与期望的被控量相对应的系统控制输入量，这个量的量纲要与反馈信号的量纲相同。

(3) 比较元件：把测量元件检测的被控量实际值与给定元件给出的参考量进行比较，求出它们之间的偏差。常用的比较元件有差动放大器、机械差动装置和电桥等。有些比较元件与测量元件是结合在一起的。

(4) 放大元件：将比较元件给出的偏差进行放大以及信号形式的变换，用来推动执行元件去控制被控对象。如电压偏差信号，可用电压放大器和功率放大级加以放大。

(5) 执行元件（执行机构）：直接推动被控对象，使其被控量发生变化。用来作为执行元件的有阀、电动机、液压马达等。

(6) 校正元件：也称补偿元件，它是结构或参数便于调整的元件，用串联或反馈的方式连接在系统中，以改善系统性能。

这是一个典型的反馈控制系统基本组成（图4-1），图中用"⊗"号代表比较元件，它将测量元件检测到的被控量与参考量进行比较，"－"号代表两者符号相反，即负反馈；"＋"号代表两者符号相同，即正反馈。信号沿箭头方向从输入端到达输出端的传输通路称前向通路；系统输出量经测量元件反馈到输入端的传输通路称主反馈通路。前向通路与主反馈通路共同构成主回路。此外，还有局部反馈通路以及由它构成的内回路。包含一个主反馈通路的系统称单回路系统；有两个或两个以上反馈通路的系统称多回路系统。

4.1.4 开环及闭环控制系统的构成

1. 开环控制系统

系统的输入和输出之间不存在反馈回路，输出量对系统的控制作用没有影响，这样的系统称为开环控制系统。开环控制又分为无扰动补偿和有扰动补偿两种。

(1) 无扰动补偿开环控制原理。框图如图4-2（a）所示，信号由控制信号到被控制信号单向传递，对扰动引起的误差无补偿作用。这种方式结构简单，适用于结构参数稳定、扰动信号较弱的场合。

(2) 有扰动补偿开环控制原理。框图如图4-2（b）所示，称为按扰动补偿的控制方式——前馈控制系统。如果扰动（干扰）能测量出来，则可以采用按干扰补偿的控制方式。这种方式的原理是：需要控制的是受控对象的被控量，而测量的是破坏系统正常运行的干扰信号。利用干扰信号产生控制作用，以补偿干扰对被控量的影响，故称为干扰补偿。由于扰动信号经测量元件、控制器至被控对象是单向传递的，所以属于开环控制。对于不可测扰动及各元件内部参数变化给被控制量造成的影响，系统无抑制作用。

(3) 优、缺点。优点：结构简单，成本低，工作稳定；缺点：抗干扰能力差，控制精度低。

开环控制系统适用于干扰不强烈、控制精度要求不高的场合。

2. 闭环控制系统

(1) 定义。控制装置与被控对象之间不但有顺向联系，而且还有反向联系，即有被控量（输出量）对控制过程的影响，这种控制称为闭环控制，相应的控制系统称为闭环控制系统。其系统如图4-3所示，闭环控制是按偏差调节的。闭环控制又常称为负反馈控制或按偏差控制。闭环控制系统不论造成偏差的扰动来在外部还是内部，控制作用总是使偏差趋于减小。

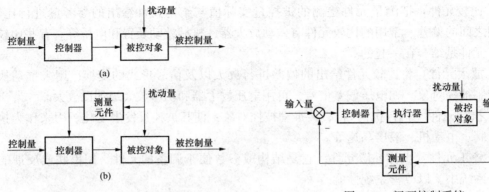

图 4-2 无扰动补偿和有扰动补偿的开环控制　　图 4-3 闭环控制系统

(2) 优、缺点。优点：具有自动修正输出量偏差的能力，抗干扰性能好，控制精度高；缺点：结构复杂，如设计不好，系统有可能不稳定。

3. 复合控制系统

复合控制系统是开环控制与闭环控制相结合的一种控制系统。是在闭环控制的基础上引入一条由给定输入信号或扰动信号所构成的顺馈（前馈）通路。顺馈通路相当于开环控制。复合控制系统通常有两种典型结构：按偏差控制 + 按给定量补偿结构 [如图 4-4（a）所示] 和按偏差控制 + 按扰动量补偿结构 [如图 4-4（b）所示]。

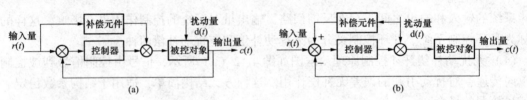

图 4-4 复合控制系统的两种典型结构

复合控制系统的特点：具有很高的控制精度；可以抑制几乎所有可测量的扰动，其中包括低频强扰动；补偿元件的参数要有较高的稳定性。

【例 4-1】 如图 4-5 所示为水温控制系统示意图。冷水在热交换器中由通入的蒸汽加热，从而得到一定温度的热水。冷水流量变化用流量计测量。试绘制系统框图，并说明为了保持热水温度为期望值，系统是如何工作的？系统的被控对象和控制装置各是什么？

解： 工作原理：温度传感器不断测量热交换器出口处的实际水温，并在温度控制器中与给定温度相比较。若低于给定温度，其偏差值使蒸汽阀门开大，进入热交换器的蒸汽量加大，热水温度升高，直至偏差为零。如果由于某种原因，冷水流量加大，则流量值由流量计测得，通过温度控制器，开大阀门，使蒸汽量增加，提前进行控制，实现按冷水流量进行顺馈补偿，保证热交换器出口的水温不发生大的波动。

其中，热交换器是被控对象，实际热水温度为被控量，给定量（希望温度）在控制器中设定；冷水流量是干扰量。

水温控制系统框图如图 4-6 所示，这是一个按干扰补偿的复合控制系统。

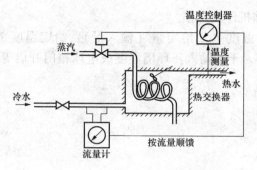

图4-5 水温控制系统原理图

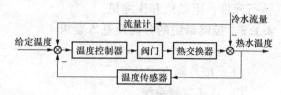

图4-6 水温控制系统框图

【例4-2】 热力系统的自动反馈控制（闭环控制）（图4-7）。

解：工作原理是将自动控制器刻度盘上指针的位置，标定在（转到）所希望的温度，例如80℃。系统的输出量，即热水的实际温度，由温度测量装置予以测定后，与希望的温度值进行比较，以产生误差信号。为此，在进行比较之前，需通过变送器将输出温度变成与输入量（即给定值，参考量）相同的物理量（变送器是将信号从一种物理量变换成另一种物理量

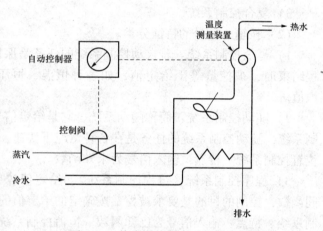

图4-7 热力系统的自动反馈控制

的装置）。在自动控制器中，产生的误差信号经过放大后，作为控制器的输出量加到控制阀上，从而改变控制阀的开度，使进入系统的蒸汽量发生相应的变化，最后使实际的水温得到校正。如果没有误差信号，当然也就不必改变阀的开度了。

在上述系统中，环境温度的变化，以及输入冷水温度的变化等，都可看作是系统的外扰。

【例4-3】 试分析如图4-8所示的家用电冰箱控制系统。

解：工作原理：受环境温度或电冰箱门开启等影响，当电冰箱箱体内的温度 T_c 大于给定值 T_r 时，则 $\Delta T = T_c - T_r > 0$。温度控制盒测量到偏差信号 ΔT 并将其转化为电信号 Δu，Δu 通过接触器和继电器起动电动机带动压缩机，压缩机将蒸发器中的高温低压气态制冷剂送入冷却管散热，降温后的低温高压液态制冷剂进入蒸发器，在蒸发器中急速降压扩散为气态，该过程需要吸收周围的热量，即吸收箱体的热量，从而使箱体内的温度降低。压缩机又将蒸发器中的高温低压气态的制冷剂送入冷却管散热，循环往复，直至 $\Delta T = T_c - T_r = 0$，箱体内的

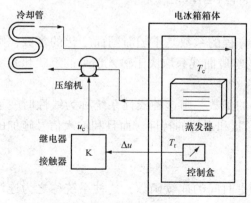

图4-8 [例4-3]图

温度 T_c 等于给定值 T_r，则 $\Delta u = 0$，电动机和压缩机停止工作。

被控对象：电冰箱箱体。被控量：箱体内的温度 T_c。给定量（输入量）：给定温度 T_r（T_r 通过箱体内控制盒旋钮给出或通过按键设定）。干扰输入：环境温度或电冰箱门开启等。执行元件：电动机和压缩机。

4.1.5 控制系统的分类及基本要求

1. 分类

（1）按控制方式分类。

1）开环控制系统。

2）闭环控制系统。

3）复合控制系统。

（2）按输入信号的特征分类。

1）恒值控制系统：若自动控制系统的任务是保持被控量恒定不变，使被控量在控制过程结束时，被控量等于给定值，如各种恒温、恒压、恒液位等控制。特点：输入信号为恒值。

2）随动控制系统：简称随动系统，它是给定信号随时间的变化规律事先不能确定的控制系统，随动控制系统的任务是在各种情况下快速、准确地使被控量跟踪给定值的变化，如位置控制系统。特点：输入信号为未知函数。

3）程序控制系统（过程控制系统）：给定值按事先预定的规律变化，是一个已知的时间函数，控制的目的是要求被控量按确定的给定值的时间函数来改变，如加热炉自动温度控制系统。特点：输入信号为已知函数。恒值控制系统可看成输入等于常值的程序控制系统。

（3）按控制系统元件的特性分类。

1）线性控制系统：当控制系统的各元件的输入/输出特性是线性特性，控制系统的动态过程可以用线性微分方程（或线性差分方程）来描述，称为线性控制系统。线性控制系统的特点是可以应用叠加原理，当系统存在几个输入信号时，系统的输出信号等于各个输入信号分别作用于系统时系统输出信号之和。

2）非线性控制系统：当控制系统中有一个或一个以上的非线性元件时，系统的特性就要用非线性方程来描述，由非线性方程描述的控制系统称为非线性控制系统。非线性控制系统不能应用叠加原理。如方程中含有变量及其导数的高次幂或乘积项，例如：

$$\ddot{c}(t) + c(t)\dot{c}(t) + c^2(t) = r(t)$$

（4）按系统参数是否随时间变化分类。

1）定常系统：如果描述线性系统的线性微分方程的系数是不随时间而变化的常数，则这种线性控制系统称为线性定常系统，这种系统的响应曲线只取决于输入信号的形状和系统的特性，而与输入信号施加的时间无关。

2）时变系统：若线性微分方程的系数是时间的函数，则这种线性系统称为线性时变系统，这种系统的响应曲线不仅取决于输入信号的形状和系统的特性，而且和输入信号施加的时刻有关。

（5）按控制系统信号的形式分类。

1）连续控制系统：当控制系统的传递信号都是时间的连续函数，这种系统称之为连续控制系统。连续控制系统通常又称为模拟量控制系统（相对于数字量信号控制系统而言）。

2）离散控制系统：控制系统在某处或几处传递的信号是脉冲系列或数字形式的，在时间上是离散的，称为离散控制系统。

自动控制系统的分类方法还有很多，在此不一一列举。

2. 对自动控制系统的基本性能要求

当自动控制系统受到各种干扰（扰动）或人为要求给定值（参考输入）改变时，被控量就会发生变化，偏离给定值。通过系统的自动控制作用，经过一定的过渡过程，被控量又恢复到原来的稳态值或稳定到一个新的给定值。这时系统从原来的平衡状态过渡到一个新的平衡状态，我们把被控量在变化中的过渡过程称为动态过程（即随时间而变的过程），而把被控量处于平衡状态时称为静态或稳态。

对自动控制系统最基本的要求是必须稳定，也就是要求控制系统被控量的稳态误差（偏差）为零或在允许的范围之内（具体稳态误差可以多大，要根据具体的生产过程的要求而定）。对于一个好的自动控制系统来说，一般要求稳态误差越小越好，最好稳态误差为零。但在实际生产过程中往往做不到完全使稳态误差为零，只能要求稳态误差越小越好。一般要求稳态误差在被控量额定值的2%~5%。

一般的自动控制系统被控量变化的动态特性有以下几种。

（1）单调过程。被控量$c(t)$单调变化（即没有"正""负"的变化），缓慢地到达新的平衡状态（新的稳态值），如图4-9（a）所示。一般这种动态过程具有较长的动态过程时间（即到达新的平衡状态所需的时间）。

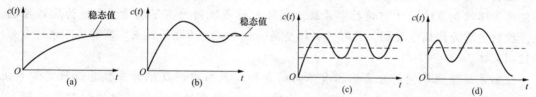

图4-9 自动控制系统被控量的动态特性
（a）单调过程；（b）衰减振荡过程；（c）等幅振荡过程；（d）发散振荡过程

（2）衰减振荡过程。被控量$c(t)$的动态过程是一个振荡过程，但是振荡的幅度不断在衰减，到过渡过程结束时，被控量会达到新的稳态值。这种过程的最大幅度称为超调量，如图4-9（b）所示。

（3）等幅振荡过程。被控量$c(t)$的动态过程是一个持续等幅振荡过程，始终不能达到新的稳态值，如图4-9（c）所示。这种过程如果振荡的幅度较大，生产过程不允许，则认为是一种不稳定的系统；如果振荡的幅度较小，生产过程可以允许，则认为是稳定的系统。

（4）发散振荡过程。被控量$c(t)$的动态过程不但是一个振荡的过程，而且振荡的幅度越来越大，以致会大大超过被控量允许的误差范围，如图4-9（d）所示。这是一种典型的不稳定过程，设计自动控制系统要绝对避免产生这种情况。

为了满足生产过程的要求，我们希望控制系统的动态过程不仅是稳定的，并且希望过渡过程时间（又称调整时间）越短越好，振荡幅度越小越好，衰减得越快越好。其动态过程多属于如图4-9（b）所示的情况。

（1）稳定性：稳定性是保证控制系统正常工作的先决条件。所谓系统稳定，就是当系统受到扰动作用后，系统的被控量虽然偏离了原来的平衡状态，当扰动一消除，经过一定的时间后，如果系统仍能回到原来的平衡状态，则称系统是稳定的，如稳定的恒值控制系统。被控量偏离期望的初始偏差应随时间的增长逐渐减小并趋于零。

（2）动态性能：系统过渡过程的快速性和振荡性，过渡过程的时间越短越好，振荡过程的次数越少越快进入稳态，超调量越小，振荡的平稳性越好。

（3）稳态性能：准确性（精确性）指系统的稳态精度，用稳态误差来表示。稳态误差为控制系统进入稳定状态后，系统的期望输出与实际输出之间的差值。稳态误差值越小，准确性越好，是系统的稳态性能。系统在扰动信号作用下，其输出必然偏离原来的平衡状态，由于系统自动调节的作用，其输出量会逐渐向原平衡状态方向恢复。当达到稳态后，系统的输出量若不能恢复到原平衡状态时的稳态值，所产生的差值叫作扰动稳态误差。这种误差越小，系统的抗扰动的能力越强，其稳态精度也越高。

由于被控对象的不同，系统对性能要求的侧重点也不同。随动控制系统对快速性和准确性要求较高，恒值控制系统一般侧重于稳定性能和抗扰动的能力。各项性能指标间是相互制约的，系统动态响应的快速性、准确性和动态稳定性之间是一对矛盾。

提示：

应掌握自动控制系统中的术语，给出一个控制系统的原理图，会进行工作原理的分析，并绘制出该控制系统的框图，能指出调节器、执行器、被（受）控对象、测量元件（传感器、反馈元件）和系统的输入量和扰动输入量等。

控制系统的基本形式有开环控制系统和闭环控制系统。开环控制系统的优缺点，按干扰补偿的开环控制系统属于前馈控制系统。闭环控制系统因为有了反馈，也称为反馈控制系统，控制实质为按偏差控制，具有控制精度高、抗干扰能力强等优点。目前实际系统多为闭环控制系统。

控制系统根据不同的分类依据有不同的类别。本书中涉及绝大多数为线性定常系统。自动控制系统的基本性能要求：在稳定的前提下，动态性能包括过渡过程时间要短、快速性好，过渡过程振荡的平稳性要好、超调量要小；稳态性能指系统进入稳态后系统的期望输出值与实际输出值之间的差值即稳态误差越小越好。系统的性能指标是相互制约的。

4.2 控制系统的数学模型

控制系统的数学模型是描述系统输入、输出物理量（或变量）以及内部各物理量之间关系的数学表达式。在静态条件下（即变量的各阶导数为零），描述各变量之间关系的数学方程称为静态模型；而各变量在动态过程中的关系用微分方程描述称为动态模型。微分方程的各变量的导数表示了它们随时间变化的特性，如一阶表示速度、二阶表示加速度等，因此微分方程可以完整地描绘系统的动态特征。微分方程是输入—输出描述（端部描述）的基本形式，传递函数、框图等其他形式的数学模型均由它导出。

4.2.1 控制系统各环节的特性

自动控制系统是由被控对象、测量变送器、调节器和执行器组成。系统的控制品质和系统中的各个组成部分的特性都有关系，而其中被控对象的特性对控制品质的影响最大。因此，在自动控制系统中，首先要非常了解被控对象的特性，研究其内在规律，根据对控制品质的要求，设计合适的控制系统，选用合适的测量变送器、调节器和执行器。

1. 被控对象的特性

被控对象的特性是指对象各个输入量与输出量之间的函数关系。研究被控对象的动态特性时，将被控对象的被控量作为输出量，这时控制信号和干扰信号同时对被控量起作用。输入信号到输出信号的信号联系称为通道，控制信号到被控量的通道称为控制通道；干扰信号到输出信号的通道称为干扰通道。

分析被控对象的特性，就是研究其在受到控制信号和干扰信号作用下，被控变量的变化情况。

(1) 被控对象的特性参数。

1) 放大系数 K。如图 4-10 所示的水箱液位控制对象，当流入流量 q_i 有一定的阶跃变化后，液位 L 也会相应地变化，最终稳定在某一数值上。稳定时，对象一定输入量 q_i 就对应着一定的输出量 L，这种特性称为对象的静态特性。

若 q_i 的变化量为 Δq_i，L 的变化量为 ΔL，如图 4-11 所示。令 $K = \Delta L / \Delta q_i$，放大系数 K 为被控对象重新稳定后的输出变化量与输入变化量的比值。

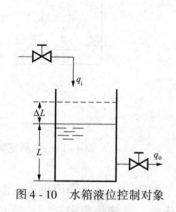

图 4-10 水箱液位控制对象

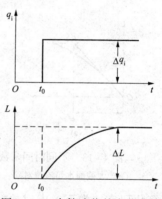

图 4-11 水箱液位的变化曲线

被控对象的放大系数 K 越大，当被控对象的输入量有一定的变化时，对输出量的影响就越大。实际工程中，有的阀门开度稍微变化就会引起对象输出量大幅度的变化，有的则相反，开度的变化影响很小。

被控对象的放大系数 K 越大，被控变量对这个量的变化就越灵敏，但稳定性差；放大系数小，控制不够灵敏，但稳定性好。

2) 滞后时间 τ。被控对象的被控量的变化落后于控制信号和干扰的现象称为滞后。滞后分为纯滞后和过渡滞后。

纯滞后又称为传递滞后，用 τ_0 表示。由于物料量或能量的传送需要一定的时间而造成的。纯滞后使被控变量不能立即随负荷的变化而变化，延迟了被控变量开始变化的时间，如图 4-12 所示。

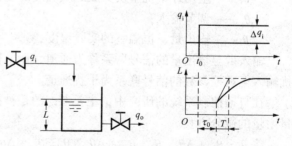

图 4-12 具有纯滞后的对象及响应曲线

过渡滞后又称为容量滞后，用 τ_n 表示。实际的被控对象中，纯滞后和过渡滞后是同时存在的而且很难严格区别开来，因此常常把两者合起来统称为滞后时间 τ，$\tau = \tau_0 + \tau_n$。

滞后的存在会严重影响整个控制系统的控制品质，因此在设计和调试控制系统时，应尽量将滞后减至最小。

3）时间常数 T。时间常数 T 是指被控对象在阶跃作用下，被控变量以最大的速度变化到新稳态值所需的时间。反映了对象在阶跃作用下被控变量变化的快慢速度，为对象惯性大小的常数，时间常数大，惯性大，被控变量变化速度慢，控制较平稳；时间常数小，惯性小，被控变量变化速度快，不易控制。不同时间常数的对象及其响应曲线如图 4-13 所示。

放大系数 K 是表征被控对象静态特性的参数，而时间常数 T 和滞后时间 τ 用来表征被控对象的动态特性的参数。

（2）被控对象的数学模型。以恒温室（图 4-14）为例，建立温度对象的数学模型。

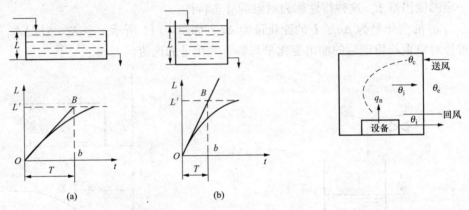

图 4-13 不同时间常数的对象及其响应曲线
（a）大截面水箱液位对象；（b）小截面水箱液位对象

图 4-14 恒温室对象

为了简化研究，先不考虑对象的滞后。根据能量守恒定律，单位时间内进入恒温室的能量减去恒温室流出的能量等于恒温室内能量储存量的变化率。整理化简得

$$T_1 \frac{d\theta_i}{dt} + \theta_i = K_1(\theta_c + \theta_f) \tag{4-1}$$

式中 T_1——恒温室的时间常数，s；

K_1——恒温室的放大系数；

θ_f——室内外干扰量换算成送风温度的变化，℃；

θ_c——调节输入；

θ_i——输出量，恒温室的实际温度，℃。

输入量至输出量的信号联系称为通道，调节输入至被控参数的信号联系为调节通道，干扰输入至被控参数的信号联系为干扰通道。

在自动控制系统的研究中，主要考虑的是被控量偏离给定值的过渡过程，通常研究被控量增量的微分方程。

将 $\theta_i = \theta_{i_0} + \Delta\theta_i$，$\theta_c = \theta_{c_0} + \Delta\theta_c$，$\theta_f = \theta_{f_0} + \Delta\theta_f$，式中有脚标 0 的为稳态值，将该式代入式（4-1），稳态时 $\theta_{i_0} = K_1(\theta_{c_0} + \theta_{f_0})$，得

$$T_1 \frac{d\theta_i}{dt} + \Delta\theta_i = K_1(\Delta\theta_c + \Delta\theta_f) \tag{4-2}$$

干扰通道的增量微分方程式为：

$$T_1 \frac{d\Delta\theta_i}{dt} + \Delta\theta_i = K_1 \Delta\theta_f \quad \Delta\theta_c = 0 \tag{4-3}$$

调节通道的增量微分方程式为：

$$T_1 \frac{d\Delta\theta_i}{dt} + \Delta\theta_i = K_1 \Delta\theta_c \quad \Delta\theta_f = 0 \tag{4-4}$$

假定送风温度稳定，即 $\Delta\theta_c = 0$，$\Delta\theta_f = M$ 为阶跃信号，则

$$\Delta\theta_i(t) = K_1 M (1 - e^{-\frac{t}{T_1}}) \tag{4-5}$$

放大系数为被控对象输出量的增量的稳态值与输入量的增量的比值，即 $K_1 = \Delta\theta_i(\infty)/\Delta\theta_f$，是被控对象的静态特性参数，决定输入信号对稳定值的影响。

时间常数 T_1 为对象在阶跃扰动作用下，被控量以初始最大速度变化到稳态值所需的时间。因此时间常数反映了被控对象在阶跃扰动作用下到达新稳定值的快慢，表示被控对象惯性大小的常数，时间常数大，惯性大。

以上未考虑滞后，是由于进入容量的物质或能量不能立即布满全部对象之中而产生的 τ_1。滞后时间和时间常数表示系统的动态特性，决定变化过程。

当考虑恒温室滞后影响时，有

$$\Delta\theta_i(t) = \begin{cases} 0 & (t < \tau_1) \\ K_1 M (1 - e^{-\frac{t-\tau_1}{T_1}}) & (t \geq \tau_1) \end{cases} \tag{4-6}$$

时间常数 T_1、放大系数 K_1、滞后时间 τ_1 通常称为被控对象的三大特征参数。

2. 测量变送器的特性

（1）测量传感器的特性。在空调与燃气工程中，使用的测量传感器有温度、湿度、压力、流量、液位等多种。现以温度控制系统中常用的热电阻为例分析传感器的动态特性。

热电阻热量平衡方程式为：

$$c_2 d\theta_z = \alpha F (\theta_a - \theta_z) dt \tag{4-7}$$

式中 c_2——热电阻热容量，kJ/℃；

θ_z——热电阻温度，℃；

θ_a——室温温度，℃；

α——介质对热电阻的传热系数，kJ/(m²h·℃)；

F——热电阻的表面积，m²。

由式（4-7）可得

$$T_2 \frac{d\theta_z}{dt} + \theta_z = K_2 \theta_a \tag{4-8}$$

式中 T_2——$T_2 = R_2 C_2$，热电阻的时间常数，h，其中 $R_2 = \frac{1}{\alpha F}$ 为热电阻的热阻力系数，h·℃/kcal；

K_2——热电阻的放大系数，$K_2 = 1$。

式（4-8）的解或过渡过程方程式为：

$$\theta_z = K_2 \theta_a (1 - e^{-\frac{t}{T_2}}) \tag{4-9}$$

这类传感器特性可用一阶微分方程式描述，故称为一阶惯性元件。其时间常数 T_2 与对象时间 T_1 相比较，一般都较小。当传感器的敏感元件的时间常数小到可以忽略时，式 (4-9) 为 $\theta_z = K_2 \theta_a$。

空调与燃气工程中，常用的铠装热电偶、湿敏电阻、压力弹性元件、液位、流量等传感器均为一阶惯性传感器。

(2) 变送器的特性。采用电动单元组合仪表的变送器时，它将被控量转换成统一的直流为 0~10mA（或 4~24mA）信号，变送器的特性

$$B_z = K_b \theta_z \tag{4-10}$$

式中 B_z——变送器输出的标准信号；

θ_z——测量传感器反映的被测参数值，℃；

K_b——变送器的放大系数。

(3) 测量变送器的特性。如果测量传感器为一阶惯性传感器，而变送器为比例环节时，将式 (4-10) 代入式 (4-8) 得

$$T_2 \frac{dB_z}{dt} + B_z = K_2 K_b \theta_a \tag{4-11}$$

如果测量传感器时间常数与对象时间常数的数值相比很小可略去时，则有

$$B_z = K_2 K_b \theta_a = K \theta_a \tag{4-12}$$

式中 K——测量变送器的放大系数，$K = K_2 K_b$。

因此，测量变送器的特性可看成是一个比例环节。

3. 调节器的特性

在自动控制系统中，被控对象受到种种干扰作用后，被控变量将偏离设定值，产生了偏差；调节器接收到偏差信号，按照一定的控制规律输出相应的控制信号，使执行器产生相应的动作，以消除干扰对被控变量的影响。因此调节器的特性及控制规律对控制系统的控制品质的影响重大，需对其特性加以认真讨论。

多数热工系统中，调节器一般应用电或加压液体（油或空气）作为能源，按照工作时的动力分为直接作用式调节器、气动调节器、液动调节器和电动调节器。制冷空调中，调节器以直接作用式、气动或电动的为最常用；要求为结构简单，运行性能稳定和良好、耐用可靠，维修方便和价格便宜。

调节器的特性即控制规律，为调节器接收到了其输入信号-偏差信号后，其输出信号-控制信号的变化规律。

调节器种类很多，但常用的调节规律有限，如位式调节规律属继电特性调节规律；线性调节规律有比例 (P)、比例积分 (PI)、比例微分 (PD)、比例积分微分 (PID) 等。

线性控制规律的微分方程主要有如下几项。

比例规律 $$P = K_c e \tag{4-13}$$

比例积分规律 $$P = K_c \left(e + \frac{1}{T_I} \int e \, dt \right) \tag{4-14}$$

比例积分微分规律 $$P = K_c \left(e + \frac{1}{T_I} \int e \, dt + T_D \frac{de}{dt} \right) \tag{4-15}$$

式中 P——调节器的输出信号；

e——调节器的输入信号，即被控量的测量值与给定值之差，偏差；

T_I——积分时间，分 (min)；

T_D——微分时间，分（min）；

K_c——调节器的放大系数。

4. 执行器特性

执行器在自动控制系统中，接收来自调节器的控制信号，转化成角位移或直线位移输出，并通过调节机构改变流入（或流出）被控对象的物质量，达到控制温度、压力、流量、液位和空气湿度等参数的目的。

执行器由执行机构和调节机构组成。执行机构是执行器的推动部分，按照调节器所给信号的大小，产生推力或位移；调节机构是执行器的调节部分，如调节阀。

执行器有电动调节阀、气动调节阀与液动执行器等。电动调节阀应用最普遍。

电动执行器接收来自调节器的电流信号，并将其转换成相应的位移或直行程位移，去操纵阀门、挡板等调节机构，以实现自动控制。

电动阀门定位器接受调节器来的 0~10V DC 控制信号，使阀门开度产生变化。阀的行程增量 Δl 与调节器输出电压增量 ΔP 成比例关系，即

$$\Delta l = k\Delta P \qquad (4-16)$$

而 Δl 与调节器的增量 Δq（阀门流量的增量）的关系就是阀门的流量特性。假定阀门的流量特性为直线特性，即

$$\Delta q = \alpha \Delta l$$

得
$$\Delta q = K_3 \Delta P \qquad (4-17)$$

式中　K_3——执行器的放大系数，$K_3 = \alpha k$，反映执行器静态特性。

4.2.2　控制系统微分方程的拟定与求解

1. 系统微分方程式的拟定

用解析法列写系统或元部件微分方程的一般步骤是：

（1）根据系统的具体工作情况，确定系统或元部件的输入、输出变量。

（2）从输入端开始，按照信号的传递顺序，依据各变量所遵循的物理（或化学）定律，列写出各元部件的动态方程，一般为微分方程组。

（3）消去中间变量，写出输入、输出变量的微分方程。

（4）将微分方程标准化。即将与输入有关的各项放在等号右侧，与输出有关的各项放在等号左侧，并按降幂排列。

【例 4-4】 列出图 4-15 所示为室温自动调节系统（不考虑室温控制对象的滞后）的微分方程。

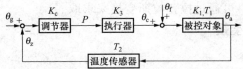

图 4-15　室温自动调节系统图

解：（1）确定系统的输入变量 θ_g、输出变量 θ_a。

（2）列写系统各环节微分方程式的形式。

1）被控对象
$$T_1 \frac{d\theta_a}{dt} + \theta_a = K_1(\theta_c + \theta_f)$$

2）温度传感器　　　　　　$T_2 \dfrac{d\theta_z}{dt} + \theta_z = \theta_a$

3）调节器（包括比较元件）　$P = K_c(\theta_g - \theta_z)$

4）执行器　　　　　　　　　$\theta_c = K_3 P$

(3) 消去中间变量，得到以室温 θ_a 作为系统输出、θ_g 作为输入的微分方程式。

$$T_1 T_2 \frac{d^2\theta_a}{dt^2} + (T_1 + T_2)\frac{d\theta_a}{dt} + (1 + K_1 K_c K_3)\theta_a$$
$$= K_1 K_c K_3 \left(T_2 \frac{d\theta_g}{dt} + \theta_g\right) + K_1\left(T_2 \frac{d\theta_f}{dt} + \theta_f\right)$$

在定值调节系统中，给定值是不变的，被控量的变化来源于外界干扰，选干扰作用为输入量。

(4) 系统在给定作用下的微分方程式

$$T_1 T_2 \frac{d^2\theta_a}{dt^2} + (T_1 + T_2)\frac{d\theta_a}{dt} + (1 + K_1 K_c K_3)\theta_a = K_1 K_c K_3\left(T_2 \frac{d\theta_g}{dt} + \theta_g\right) \quad (4-18)$$

系统在干扰作用下的微分方程式

$$T_1 T_2 \frac{d^2\theta_a}{dt^2} + (T_1 + T_2)\frac{d\theta_a}{dt} + (1 + K_1 K_c K_3)\theta_a = K_1\left(T_2 \frac{d\theta_f}{dt} + \theta_f\right) \quad (4-19)$$

2. 系统微分方程的求解

系统的微分方程确立后，对方程进行求解。式 (4-19) 为室温自动控制系统在干扰作用下的微分方程式，当输入为阶跃信号，则系统的解由两部分组成。

$$\theta_a = \theta_{atr} + \theta_{ass} \quad (4-20)$$

式中　θ_{atr}——θ_a 的瞬态分量；

　　　θ_{ass}——θ_a 的稳态分量。

稳态分量是上述非齐次微分方程的一个特解，瞬态分量是对应的齐次微分方程的通解。求取方法参见《高等数学》中"常微分方程"的章节。

【例 4-5】求一阶控制系统 $T\dfrac{dL}{dt} + L = Kq_i$ 在阶跃 A 作用下的解（L 的变化规律）。

解：输入 q_i 为阶跃作用，$t < 0$ 时 $q_i = 0$；$t \geq 0$ 时 $q_i = A$。对上述微分方程求解，得

$$L(t) = KA(1 - e^{-\frac{t}{T}})$$

高阶微分方程的求取，可通过拉普拉斯变换来求取。

4.2.3　拉普拉斯变换与反变换

1. 拉普拉斯变换

(1) 定义函数 $f(t)$，t 为实变量。如线性积分 $\int_0^\infty f(t)e^{-st}dt$（$s$ 为复变量 $\delta + j\omega$）存在，则称其为函数 $f(t)$ 的拉普拉斯变换，简称拉氏变换。变换后得到的新函数应是复变量 s 的函数，记作 $F(s)$ 或 $L[f(t)]$，即

$$L[f(t)] = \int_0^\infty f(t)e^{-st}dt = F(s) \quad (4-21)$$

称 $F(s)$ 为 $f(t)$ 的变换函数或象函数，而 $f(t)$ 为 $F(s)$ 的原函数。

(2) 几种常见函数的拉氏变换。

1) 单位阶跃，如图 4-16 所示。

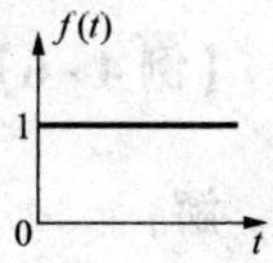

$$1(t) = \begin{cases} 0, & t < 0 \\ 1, & t \geq 0 \end{cases}$$

$$L[1(t)] = \int_0^\infty 1 \times e^{-st} dt = \frac{-1}{s}[e^{-st}]_0^\infty = \frac{-1}{s}(0-1) = \frac{1}{s}$$

图 4-16

2) 指数函数，如图 4-17 所示。

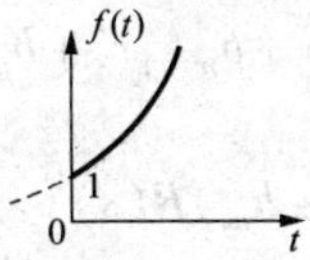

图 4-17

$$f(t) = \begin{cases} 0, & t < 0 \\ e^{at}, & t \geq 0 \end{cases}$$

$$L[f(t)] = \int_0^\infty e^{at} e^{-st} dt = \int_0^\infty e^{-(s-a)t} dt$$

$$= \frac{-1}{s-a}[e^{-(s-a)t}]_0^\infty = \frac{-1}{s-a}(0-1) = \frac{1}{s-a}$$

3) 正弦函数，如图 4-18 所示。

$$f(t) = \begin{cases} 0, & t < 0 \\ \sin \omega t, & t \geq 0 \end{cases}$$

$$L[f(t)] = \int_0^\infty \sin \omega t \, e^{-st} dt = \int_0^\infty \frac{1}{2j}(e^{j\omega t} - e^{-j\omega t}) e^{-st} dt$$

$$= \int_0^\infty \frac{1}{2j}[e^{-(s-j\omega)t} - e^{-(s+j\omega)t}] dt$$

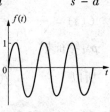

图 4-18

$$= \frac{1}{2j}\left[\frac{-1}{s-j\omega}e^{-(s-j\omega)t}\bigg|_0^\infty - \frac{-1}{s+j\omega}e^{-(s+j\omega)t}\bigg|_0^\infty\right]$$

$$= \frac{1}{2j}\left(\frac{1}{s-j\omega} - \frac{1}{s+j\omega}\right) = \frac{1}{2j} \times \frac{2j\omega}{s^2+\omega^2} = \frac{\omega}{s^2+\omega^2}$$

(3) 拉氏变换的几个重要定理。

1) 线性性质 $L[af_1(t) + bf_2(t)] = aF_1(s) + bF_2(s)$

2) 微分定理 $L[f'(t)] = sF(s) - f(0)$

进一步有 $L[f^{(n)}(t)] = s^n F(s) - s^{n-1} f(0) - s^{n-2} f'(0) - \cdots - s f^{(n-2)}(0) - f^{(n-1)}(0)$

零初始条件下有 $L[f^{(n)}(t)] = s^n F(s)$

3) 积分定理 $L\left[\int f(t) dt\right] = \frac{1}{s} F(s) + \frac{1}{s} f^{(-1)}(0)$

零初始条件下有 $L\left[\int f(t) dt\right] = \frac{1}{s} F(s)$

进一步有 $L\left[\underbrace{\int\int\cdots\int}_{n} f(t) dt^n\right] = \frac{1}{s^n} F(s) + \frac{1}{s^n} f^{(-1)}(0) + \frac{1}{s^{n-1}} f^{(-2)}(0) + \cdots + \frac{1}{s} f^{(-n)}(0)$

4) 位移定理。

实位移定理 $L[f(t-\tau)] = e^{-\tau s} F(s)$

虚位移定理 $L[e^{at} f(t)] = F(s-a)$

5) 终值定理（极限确实存在时）

$$\lim_{t \to \infty} f(t) = f(\infty) = \lim_{s \to 0} sF(s)$$

【例 4-6】 $F(s) = \dfrac{1}{s(s+a)(s+b)}$，求 $f(\infty)$。

解： $f(\infty) = \lim\limits_{s \to 0} s \dfrac{1}{s(s+a)(s+b)} = \dfrac{1}{ab}$

2. 拉普拉斯反变换

(1) 定义： $f(t) = L^{-1}[F(s)] = \dfrac{1}{2\pi j}\displaystyle\int_{\sigma-j\infty}^{\sigma+j\infty} F(s)\mathrm{e}^{st}\mathrm{d}s$

(2) 计算：查表法——分解部分分式（留数法，待定系数法，试凑法）。

微分方程一般形式：$c^{(n)} + a_1 c^{(n-1)} + \cdots + a_{n-1} c' + c = b_0 r^{(m)} + b_1 r^{(m-1)} + \cdots + b_{m-1} r' + b_m r$
零初始条件下，对上式两端同时进行拉普拉斯变换，可得：

$(s^n + a_1 s^{n-1} + a_2 s^{n-2} + \cdots + a_{n-1} s + a_n) C(s) = (b_0 s^m + b_1 s^{m-1} + \cdots + b_{m-1} s + b_m) R(s)$

所以 $C(s) = \dfrac{(b_0 s^m + b_1 s^{m-1} + \cdots + b_{m-1} s + b_m) R(s)}{s^n + a_1 s^{n-1} + a_2 s^{n-2} + \cdots + a_{n-1} s + a_n} = \dfrac{B(s) R(s)}{A(s)} = \dfrac{B(s) R(s)}{(s-p_1)(s-p_2)\cdots(s-p_n)}$

$C(s) = \dfrac{c_1}{s-p_1} + \dfrac{c_2}{s-p_2} + \dfrac{c_3}{s-p_3} + \cdots + \dfrac{c_n}{s-p_n} = \sum\limits_{i=1}^{n} \dfrac{c_i}{s-p_i}$

p_i：特征根

所以 $f(t) = c_1 \mathrm{e}^{p_1 t} + c_2 \mathrm{e}^{p_2 t} + c_3 \mathrm{e}^{p_3 t} + \cdots + c_n \mathrm{e}^{p_n t} = \sum\limits_{i=1}^{n} c_i \mathrm{e}^{p_i t}$

$F(s)$ 的一般表达式为：$F(s) = \dfrac{B(s)}{A(s)} = \dfrac{b_0 s^m + b_1 s^{m-1} + \cdots + b_{m-1} s + b_m}{s^n + a_1 s^{n-1} + a_2 s^{n-2} + \cdots + a_{n-1} s + a_n}\ (n > m)$

其中分母多项式可以分解因式为：$A(s) = (s-p_1)(s-p_2)\cdots(s-p_n)$，$p_i(i=1,2,\cdots,n)$ 为 $A(s)$ 的根（特征根），分两种情形讨论：

1) $A(s) = 0$ 无重根时 [依代数定理可以把 $F(s)$ 表示为]：

$F(s) = \dfrac{c_1}{s-p_1} + \dfrac{c_2}{s-p_2} + \dfrac{c_3}{s-p_3} + \cdots + \dfrac{c_n}{s-p_n} = \sum\limits_{i=1}^{n} \dfrac{c_i}{s-p_i}$

所以 $f(t) = c_1 \mathrm{e}^{p_1 t} + c_2 \mathrm{e}^{p_2 t} + c_3 \mathrm{e}^{p_3 t} + \cdots + c_n \mathrm{e}^{p_n t} = \sum\limits_{i=1}^{n} c_i \mathrm{e}^{p_i t}$

即若 c_i 可以定出来，则可得解。而 c_i 计算公式：

$$c_i = \lim_{s \to p_i}(s-p_i) \cdot F(s) \quad \text{或} \quad c_i = \left.\dfrac{B(s)}{A'(s)}\right|_{s=p_i} \tag{4-22}$$

2) $A(s) = 0$ 有重根时：设 p_1 为 m 阶重根，$p_{m+1}, \cdots, p_n$ 为单根，则 $F(s)$ 可表示为：

$$F(s) = \dfrac{c_m}{(s-p_1)^m} + \dfrac{c_{m-1}}{(s-p_1)^{m-1}} + \cdots + \dfrac{c_1}{s-p_1} + \dfrac{c_{m+1}}{s-p_{m+1}} + \cdots + \dfrac{c_n}{s-p_n}$$

其中单根 $c_{m+1}, \cdots, c_n$ 的计算仍由（a）中式（4-22）来计算。

重根项系数的计算公式：
$$\begin{cases} c_m = \lim\limits_{s \to p_1}(s-p_1)^m F(s) \\ c_{m-1} = \lim\limits_{s \to p_1}\dfrac{\mathrm{d}}{\mathrm{d}s}[(s-p_1)^m F(s)] \\ \cdots \\ c_{m-j} = \dfrac{1}{j!}\lim\limits_{s \to p_1}\dfrac{\mathrm{d}^{(j)}}{\mathrm{d}s^j}[(s-p_1)^m F(s)] \\ \cdots \\ c_1 = \dfrac{1}{(m-1)!}\lim\limits_{s \to p_1}\dfrac{\mathrm{d}^{(m-1)}}{\mathrm{d}s^{m-1}}[(s-p_1)^m F(s)] \end{cases} \tag{4-23}$$

所以 $f(t)=L^{-1}[F(s)]=L^{-1}\left[\dfrac{c_m}{(s-p_1)^m}+\dfrac{c_{m-1}}{(s-p_1)^{m-1}}+\cdots+\dfrac{c_1}{s-p_1}+\dfrac{c_{m+1}}{s-p_{m+1}}+\cdots+\dfrac{c_n}{s-p_n}\right]$

$$=\left[\dfrac{c_m}{(m-1)!}t^{m-1}+\dfrac{c_{m-1}}{(m-2)!}t^{m-2}+\cdots+c_2 t+c_1\right]e^{p_1 t}+\sum_{i=m+1}^{n}c_i e^{p_i t}$$

【例 4-7】 $F(s)=\dfrac{s+2}{s(s+1)^2(s+3)}$，求 $f(t)$。

解： $F(s)=\dfrac{c_2}{(s+1)^2}+\dfrac{c_1}{s+1}+\dfrac{c_3}{s}+\dfrac{c_4}{s+3}$

$c_2=\lim\limits_{s\to -1}(s+1)^2\dfrac{s+2}{s(s+1)^2(s+3)}=\dfrac{-1+2}{(-1)\times(-1+3)}=-\dfrac{1}{2}$

$c_1=\lim\limits_{s\to -1}\dfrac{\mathrm{d}}{\mathrm{d}s}\left[(s+1)^2\dfrac{s+2}{s(s+1)^2(s+3)}\right]=\lim\limits_{s\to -1}\dfrac{s(s+3)-(s+2)[(s+3)+s]}{s^2(s+3)^2}=-\dfrac{3}{4}$

$c_3=\lim\limits_{s\to 0}s\dfrac{s+2}{s(s+1)^2(s+3)}=\dfrac{2}{3}\qquad c_4=\lim\limits_{s\to -3}(s+3)\dfrac{s+2}{s(s+1)^2(s+3)}=\dfrac{1}{12}$

所以 $F(s)=-\dfrac{1}{2}\times\dfrac{1}{(s+1)^2}-\dfrac{3}{4}\times\dfrac{1}{s+1}+\dfrac{2}{3}\times\dfrac{1}{s}+\dfrac{1}{12}\times\dfrac{1}{s+3}$

所以 $f(t)=-\dfrac{1}{2}t e^{-t}-\dfrac{3}{4}e^{-t}+\dfrac{2}{3}+\dfrac{1}{12}e^{-3t}$

3. 用拉氏变换方法解微分方程

【例 4-8】 $\ddot{l}+2\dot{l}+2l=2u_r$

$$\begin{cases}\text{初始条件：}l(0)=l'(0)=0\\ u_r(t)=1(t)\end{cases}$$

求 $l(t)=?$

解： 两端同时进行拉普拉斯变换，得

$$(s^2+2s+2)L(s)=\dfrac{2}{s}$$

$L(s)=\dfrac{2}{s(s^2+2s+2)}=\dfrac{s^2+2s+2-s(s+2)}{s(s^2+2s+2)}$

$=\dfrac{1}{s}-\dfrac{s+2}{s^2+2s+2}=\dfrac{1}{s}-\dfrac{s+1+1}{(s+1)^2+1^2}$

$=\dfrac{1}{s}-\dfrac{s+1}{(s+1)^2+1^2}-\dfrac{1}{(s+1)^2+1^2}$

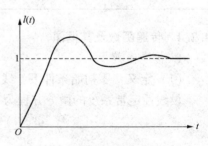

图 4-19　[例 4-8] 图

$l(t)=L^{-1}[L(s)]=1-e^{-t}\cos t-e^{-t}\cos t=1-\sqrt{2}e^{-t}\sin(t+45°)$，如图 4-19 所示。

4. 常用函数的拉氏变换表（见表 4-1）

表 4-1　　　　　　　　常用函数的拉氏变换表

序号	拉氏变换 $F(s)$	时间函数 $f(t)$
1	1	$\delta(t)$
2	$\dfrac{1}{1-e^{-Ts}}$	$\delta_T(t)=\sum\limits_{n=0}^{\infty}\delta(t-nT)$

续表

序号	拉氏变换 $F(s)$	时间函数 $f(t)$
3	$\dfrac{1}{s}$	$1(t)$
4	$\dfrac{1}{s^2}$	t
5	$\dfrac{1}{s^3}$	$\dfrac{t^2}{2}$
6	$\dfrac{1}{s^{n+1}}$	$\dfrac{t^n}{n!}$
7	$\dfrac{1}{s+a}$	e^{-at}
8	$\dfrac{1}{(s+a)^2}$	te^{-at}
9	$\dfrac{a}{s(s+a)}$	$1-e^{-at}$
10	$\dfrac{b-a}{(s+a)(s+b)}$	$e^{-at}-e^{-bt}$
11	$\dfrac{\omega}{s^2+\omega^2}$	$\sin\omega t$
12	$\dfrac{s}{s^2+\omega^2}$	$\cos\omega t$
13	$\dfrac{\omega}{(s+a)^2+\omega^2}$	$e^{-at}\sin\omega t$
14	$\dfrac{s+a}{(s+a)^2+\omega^2}$	$e^{-at}\cos\omega t$
15	$\dfrac{1}{s-(1/T)\ln a}$	$a^{t/T}$

4.2.4 传递函数及其框图

1. 传递函数

（1）定义：零初始条件下，线性定常系统输出量拉氏变换与输入量拉氏变换之比。

设线性定常系统的微分方程为

$$a_0\frac{d^n c(t)}{dt^n}+a_1\frac{d^{n-1}c(t)}{dt^{n-1}}+\cdots+a_{n-1}\frac{dc(t)}{dt}+a_n c(t) \qquad (4-24)$$

$$=b_0\frac{d^m r(t)}{dt^m}+b_1\frac{d^{m-1}r(t)}{dt^{m-1}}+\cdots+b_m r(t)$$

式中　　　　　　　　　　$c(t)$——输出量；

$r(t)$——输入量；

$a_0, a_1, \cdots, a_n, b_0, b_1, \cdots, b_m$——常系数。

设初始值为零，对式（4-24）两端进行拉氏变换，得

$$(a_0 s^n+a_1 s^{n-1}+\cdots+a_{n-1}s+a_n)C(s)=(b_0 s^m+b_1 s^{m-1}+\cdots+b_m)R(s) \qquad (4-25)$$

则系统传递函数

$$G(s) = \frac{C(s)}{R(s)} = \frac{b_0 s^m + b_1 s^{m-1} + \cdots + b_m}{a_0 s^n + a_1 s^{n-1} + \cdots + a_n} \tag{4-26}$$

传递函数是在零初始条件下定义的。零初始条件有两方面含义：一是指输入作用是在 $t=0$ 以后才作用于系统，因此，系统输入量及其各阶导数在 $t \leq 0$ 时均为零；二是指输入作用于系统之前，系统是"相对静止"的，即系统输出量及各阶导数在 $t \leq 0$ 时的值也为零。大多数实际工程系统都满足这样的条件。零初始条件的规定不仅能简化运算，而且有利于在同等条件下比较系统性能。所以，这样规定是必要的。

（2）关于传递函数的几点说明：

1）传递函数是经拉氏变换导出的，而拉氏变换是一种线性积分运算，因此传递函数的概念只适用于定常系统。

2）传递函数只取决于系统的结构和参数，与输入量的大小和形式无关。

3）传递函数中各项系数值和微分方程中各项系数对应相等，这表明传递函数可以作为系统的动态数学模型。

4）传递函数虽然结构参数一样，但输入、输出的物理量不同，则代表的物理意义不同。

5）传递函数是在零初始条件下定义的，即在零时刻之前，系统对所给定的平衡工作点是处于相对静止状态的。因此，传递函数原则上不能反映系统在非零初始条件下的全部运动规律。

6）传递函数分子多项式的阶次总是低于或至多等于分母多项式的阶次，即 $m \leq n$。这是由于系统中总是含有较多的惯性元件受到能源的限制所造成的。

7）一个传递函数只能表示一个输入对输出的关系，至于信号传递通道中的中间变量，用于一个传递函数无法全面反映。如果是多输入、多输出系统，也不可能用一个传递函数来表示该系统各变量间的关系，而要用传递函数阵表示。

8）传递函数也可写成零极点形式

$$G(s) = \frac{C(s)}{R(s)} = k \frac{(s-z_1)(s-z_2)\cdots(s-z_m)}{(s-p_1)(s-p_2)\cdots(s-p_n)} \quad (m \leq n) \tag{4-27}$$

式中　z_m——系统的零点，$i=1,2,\cdots,m$；
　　　p_n——系统的极点，$j=1,2,\cdots,n$。

9）传递函数是系统单位脉冲（冲击）响应的拉普拉斯变换式。

当系统的输入为单位脉冲（冲击）信号时，即 $r(t)=\delta(t)$，系统的响应（输出）称为单位脉冲（冲击）响应。

因为：单位脉冲（冲击）信号的拉普拉斯变换式为 $L[\delta(t)]=1$，系统的单位脉冲（冲击）响应的拉普拉斯变换式为 $C(s)=G(s)R(s)=G(s)$。

2. 框图（结构图）

（1）基本概念。框图即系统框图，也称为系统动态结构图，是系统中每个环节的功能和信号流向的图解表示。框图表明了系统中各个环节间的相互关系。系统的结构图是描述系统各组成元、部件之间信号传递关系的数学图形。其组成为如下所述。

1）信号线：表示信号输入、输出通道，箭头代表信号传递方向：——→。

2）综合点（比较点）：也称相加点，表示几个信号相加减，叉圈符号的输出量为诸信号的代数和：

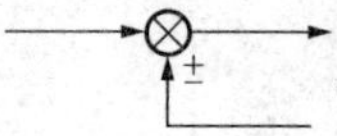

3）引出点：表示同一信号传递到几个地方：

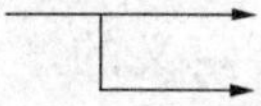

4）传递方框：方框两侧应为输入信号和输出信号线，方框内写入该输入、输出之间的传递函数 $G(s)$。

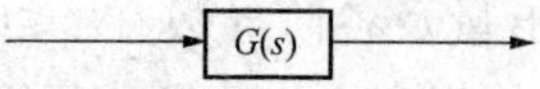

（2）框图的连接和等效变换。

1）串联连接串联环节的等效变换。图 4-20（a）表示两个环节串联的结构。

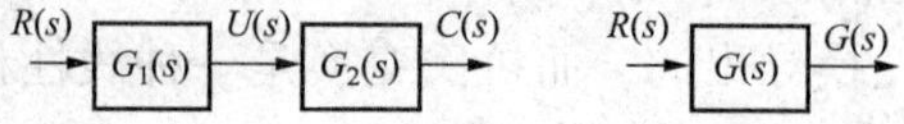

图 4-20 两个环节串联的等效变换

由图 4-20（a）可写出： $C(s) = G_2(s)U(s) = G_2(s)G_1(s)R(s)$

所以两个环节串联后的等效传递函数为：

$$G(s) = \frac{C(s)}{U(s)} = G_2(s)G_1(s) \quad (4-28)$$

其等效结构图如图 4-20（b）所示。

上述结论可以推广到任意环节串联的情况，即**环节串联后的总传递函数等于各个串联环节传递函数的乘积**。

2）并联环节的等效变换。图 4-21（a）表示两个环节并联的结构。由图可写出

$$C(s) = G_1(s)R(s) \pm G_2(s)R(s) = [G_1(s) \pm G_2(s)]R(s)$$

所以两个环节并联后的等效传递函数为

$$G(s) = G_1(s) \pm G_2(s) \quad (4-29)$$

其等效结构图如图 4-21（b）所示。

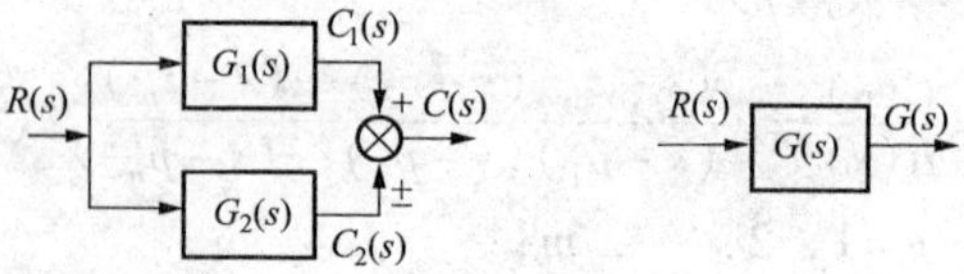

图 4-21 两个并联环节的等效变换

上述结论可以推广到任意一个环节并联的情况，即环节并联后的总传递函数等于各个并联环节传递函数的代数和。

3）反馈连接的等效变换。图 4-22（a）为反馈连接的一般形式。由图可写出

$$C(s) = G(s)E(s) = G(s)[R(s) \pm B(s)] = G(s)[R(s) \pm H(s)C(s)]$$

可得：

$$C(s) = \frac{G(s)}{1 \mp G(s)H(s)} R(s)$$

所以反馈连接后的等效（闭环）传递函数为：

$$\Phi(s) = \frac{G(s)}{1 \mp G(s)H(s)} \quad (4-30)$$

其等效结构图如图 4-22 (b) 所示。

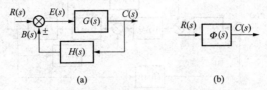

图 4-22 反馈连接环节的等效变换

当反馈通道的传递函数 $H(s)=1$ 时,称相应系统为单位反馈系统,此时闭环传递函数为

$$\Phi(s) = \frac{G(s)}{1 \mp G(s)} \tag{4-31}$$

4) 引出点、比较点和方块点之间的移动 (表 4-2)。

表 4-2 引出点、比较点和方块点之间的移动

法则	原来的框图	等效的框图	表达式
比较点前移			$C(s) = R(s)G(s) \pm Q(s)$ $= \left[R(s) \pm \dfrac{Q(s)}{G(s)} \right] G(s)$
比较点后移			$C(s) = [R(s) \pm Q(s)]G(s)$ $= R(s)G(s) \pm Q(s)G(s)$
引出点前移			$C(s) = G(s)R(s)$
引出点后移			$R(s) = R(s)G(s)\dfrac{1}{G(s)}$ $C(s) = G(s)R(s)$
比较点与引出点之间的移动			$C(s) = R_1(s) - R_2(s)$

注意:引出点和方块之间的移动,框两端均应是引出点(分支点);比较点和框之间的移动,框两端均应是比较点(相加点)。在移动前、后必须保持信号的等效性,而且比较点和引出点之间一般不宜交换位置。

【例 4-9】 简化图 4-23 所示系统的结构图,求系统的闭环传递函数 $\Phi(s) = \dfrac{C(s)}{R(s)}$。

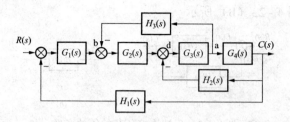

图 4-23 系统的结构图

解：这是一个多回路系统，可以有多种解题方法，这里从内回路到外回路逐步化简。

第一步，将引出点 a 后移，比较点 b 后移，即将图 4-23 简化成图 4-24（a）所示结构。

第二步，对图 4-24（a）中 $H_3(s)$ 和 $\dfrac{G_2(s)}{G_4(s)}$ 串联与 $H_2(s)$ 并联，再和串联的 $G_3(s)$，$G_4(s)$，组成反馈回路，进而简化成图 4-24（b）所示结构。

第三步，对图 4-24（b）中的回路再进行串联及反馈变换，成为如图 4-24（c）所示形式，最后可得系统的闭环传递函数为

$$\Phi(s) = \frac{C(s)}{R(s)} = \frac{G_1(s)G_2(s)G_3(s)G_4(s)}{1 + G_2(s)G_3(s)H_3(s) + G_3(s)G_4(s)H_2(s) + G_1(s)G_2(s)G_3(s)G_4(s)H_1(s)}$$

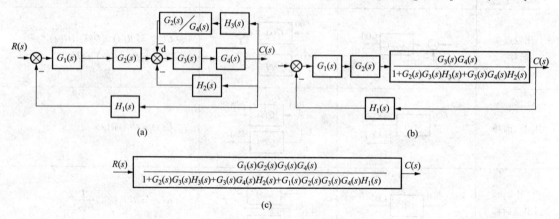

图 4-24 ［例 4-9］图

（3）梅逊公式求传递函数。应用梅逊公式，可不经过任何结构变换，一步写出系统的总传递函数。

梅逊公式
$$P = G(s) = \frac{C(s)}{R(s)} = \frac{1}{\Delta}\sum_{k=1}^{n} P_k \Delta_k \tag{4-32}$$

式中　n——从输入节点到输出节点的前向通路（自身不能有重复的路径）的总条数；

P_k——从输入节点到输出节点的第 k 条前向通路的传递函数；

Δ_k——第 k 条前向通路特征式的余因子式，即在结构图中，除去与第 k 条前向通路接触的回路后的 Δ 值的剩余部分；

Δ——特征式，由系统结构图中各回路传递函数确定。

$$\Delta = 1 - \sum L_a + \sum L_b L_c - \sum L_d L_e L_f + \cdots \tag{4-33}$$

式中 $\sum L_a$——所有单独回路传递函数之和；

$\sum L_b L_c$——所有存在的两个互不接触的单独回路传递函数乘积之和；

$\sum L_d L_e L_f$——所有存在的三个互不接触的单独回路传递函数乘积之和。

回路传递函数是指反馈回路的前向通路（道）和反馈通路（道）函数的乘积，并且包含表示反馈极性的正、负号。

上述公式中的接触回路是指具有共同节点的回路，反之称为不接触回路，与第 k 条前向通路具有共同节点的回路称为与第 k 条前向通路接触的回路。

根据梅逊公式计算系统的传递函数，首要问题是正确识别所有的回路并区分它们是否相互接触，正确识别所规定的输入与输出节点之间的所有前向通路及与其相接触的回路。

【例 4-10】用梅逊公式求图 4-25 所示系统的传递函数 $\dfrac{C(s)}{R(s)}$。

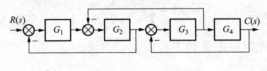

图 4-25 [例 4-10] 图

解：（1）求 Δ。此系统关键是回路数要判断准确，一共有 3 个回路，回路增益分别为 $L_1 = -G_1 G_2$，$L_2 = -G_2 G_3$，$L_3 = -G_3 G_4$，且回路 L_1、L_3 互不接触，故

$$\sum_{a=1}^{3} L_a = L_1 + L_2 + L_3 = -G_1 G_2 - G_2 G_3 - G_3 G_4$$

$$\sum L_c L_b = L_1 L_3 = G_1 G_2 G_3 G_4$$

$$\Delta = 1 - \sum_{a=1}^{3} L_a + \sum L_c L_b = 1 + G_1 G_2 + G_2 G_3 + G_3 G_4 + G_1 G_2 G_3 G_4$$

（2）求 P_k、Δ_k。系统有一条前向通道 $n=1$，其传递函数为 $P_1 = G_1 G_2 G_3 G_4$，而且该前向通道与 3 个回路均相互接触，故 $\Delta_1 = 1$。

（3）求系统传递函数。$\dfrac{C(s)}{R(s)} = \dfrac{1}{\Delta} \sum_{k=1}^{n} P_k \Delta_k = \dfrac{G_1 G_2 G_3 G_4}{1 + G_1 G_2 + G_2 G_3 + G_3 G_4 + G_1 G_2 G_3 G_4}$

3. 典型环节的传递函数及其框图（框图）

（1）放大（比例）环节。放大环节的微分方程为

$$c(t) = Kr(t)$$

式中 K——常数，称放大系数或增益。

比例环节的框图如图 4-26（a）所示。

放大环节的传递函数为：$G(s) = K$

（2）积分环节。积分环节的微分方程为 $\dfrac{dc(t)}{dt} = r(t)$；其传递函数为 $G(s) = \dfrac{1}{s}$；积分环节的框图如图 4-26（b）所示。

（3）理想微分环节。理想微分环节的微分方程为 $c(t) = \dfrac{dr(t)}{dt}$；其传递函数为 $G(s) = s$；

理想微分环节的框图如图 4-26 (c) 所示。

(4) 惯性环节。惯性环节的微分方程为

$$T\frac{dc(t)}{dt} + c(t) = r(t)$$

式中　T——时间常数。

惯性环节的传递函数为 $G(s) = \dfrac{1}{Ts+1}$；惯性环节的框图如图 4-26 (d) 所示。

(5) 二阶振荡环节。二阶振荡环节的微分方程为

$$T^2\frac{d^2 c(t)}{dt^2} + 2\xi T\frac{dc(t)}{dt} + c(t) = r(t)$$

式中　T——二阶振荡环节时间常数；

　　　ξ——阻尼比，$0 < \xi < 1$。

其传递函数为：

$$G(s) = \frac{1}{T^2 s^2 + 2\xi T s + 1}$$

令　$\omega_n = \dfrac{1}{T}$，ω_n 为无阻尼振荡频率。

则

$$G(s) = \frac{\omega_n^2}{s^2 + 2\xi\omega_n s + \omega_n^2}$$

二阶振荡环节的框图如图 4-26 (e) 所示。

(6) 纯滞后环节。纯滞后环节的微分方程为

$$c(t) = r(t - \tau)$$

式中　τ——滞后时间常数。

其传递函数为：$G(s) = e^{-\tau s}$；纯滞后环节的框图如图 4-23(f) 所示。

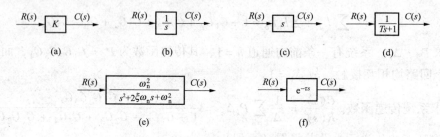

图 4-26　各环节框图

(a) 比例环节；(b) 积分环节；(c) 理想微分环节；(d) 惯性环节；(e) 二阶振荡环节；(f) 纯滞后环节

提示：

控制系统的数学模型有微分方程、传递函数和框图 (动态结构图)。

(1) 微分方程的拟定首先须确定系统地输入、输出变量，再将系统分解成各个环节，确定各个环节的输入变量、输出变量及该环节遵循的关系，然后根据各个环节的连接结构和信号传递的方向通过消元法消除了系统的输入、输出变量外的其余中间变量，最后得到输出及其各阶导数按降次幂排列写在等式的左边、输入及其各阶导数按降次幂排列写在等式的右边的微分方程的规范书写形式。这部分的基础是掌握了各个环节也就是控制系统组成中的各部分的微分方程的拟定，如传感器的微分方程会求。

(2) 微分方程的求解可根据高等数学中常微分方程的求解求取一阶、二阶微分方程的解，也可根据拉普拉斯反变换求解。拉普拉斯反变换是先将传递函数的分母多项式分解因式，将因式连乘分解为因式的代数和（详细过程见书中 4.2.3 部分的 2. 拉普拉斯反变换），然后根据利用拉氏变换表利用拉普拉斯反变换即可求取，表 4-1 中熟练写出序号为 1、3、4、7 中的 $f(t)$ 和 $F(s)$。

(3) 传递函数是本书中非常重要的一个概念，是后续内容的基础。有了典型环节的传递函数，根据连接形状即可确定系统的传递函数。为了直观地表示各个环节之间的相互关系，引入了方框图（结构图）。系统的方框图有三种基本的连接方式：串联、并联和反馈连接。为了求取系统中的传递函数，可采用结构图等效变换原则和梅逊公式。简单系统可采用串联等效，并联等效，反馈连接等效，引出点、比较点和方框之间的移动等原则进行结构图等效变换。复杂系统可采用梅逊公式进行求取。六种典型环节的传递函数要掌握。

4.3 线性系统的分析与设计

4.3.1 基本调节规律及实现方法

调节规律，即调节器的特性也即控制规律，是当调节器接受了偏差信号后，它的输出信号的变化规律。

1. 基本调节规律

(1) 双位控制规律。双位控制规律是当测量值大于设定值时，调节器的输出量为最小（或最大），而当测量值小于设定值时，调节器的输出量为最大（或最小），即调节器只有两个输出值。

$$p = \begin{cases} p_{\max} & e>0 (\text{或} \ e<0) \\ p_{\min} & e<0 (\text{或} \ e>0) \end{cases} \tag{4-34}$$

双位控制只有两个输出值，相应的执行器的调节机构也只有"开"和"关"两个极限位置，而且从一个位置变化到另一个位置在时间上是很快的，如图 4-27 所示。双位控制规律是最简单的控制形式，作用不连续，被控变量始终不能真正稳定在设定值上，而在设定值附近上下波动。因此实际的双位调节器都有一个中间区。

实际的双位控制规律中间区称为呆滞区（死区），所谓呆滞区（死区），是指如果被控量对设定值的偏差不超出呆滞区（死区），调节器的输出状态将保持不变，如图 4-28 所示。

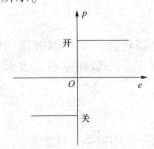

图 4-27 理想的双位控制特性

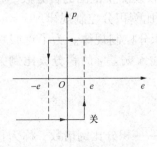

图 4-28 实际的双位控制特性

实际的双位控制过程如图 4-29 所示。当被控变量液位低于下限值时，电磁阀是开的，流入量大于流出量，液位上升；当液位升至上限值时，电磁阀关闭。双位控制系统中，被控变量不可避免地会产生持续的等幅振荡过程。

除了双位控制外，还有三位（具有两个中间区）控制或更多位的，包括双位在内，这类统称为位式控制。

(2) 比例控制规律。如果调节器的输出信号变化量与输入的偏差信号之间成比例关系，称为比例控制规律，一般用字母 P 表示。

1) 比例控制规律的表达式为

$$\Delta p = K_p e \qquad (4-35)$$

式中 Δp——调节器的输出变化量；
K_p——比例调节器的放大倍数，$K_p > 1$，起放大作用；$K_p < 1$，起缩小作用；
e——调节器的输入偏差信号。

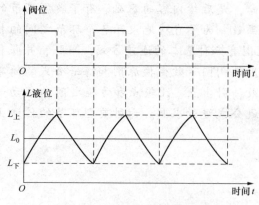

图 4-29 实际的双位控制过程

K_p 是可调的，决定了比例作用的强弱。

比例控制的优点是反应快，有偏差信号输入时，输出立即和它成比例变化，偏差越大，输出的控制作用越强。

2) 比例度。工业上所使用的调节器，习惯上采用比例度 δ（比例带）来衡量比例控制作用的强弱。

所谓比例度指调节器输入的变化与相应输出变化的百分数，数学表达式为

$$\delta = \left(\frac{e}{z_{max} - z_{min}} \Big/ \frac{\Delta p}{p_{max} - p_{min}} \right) \times 100\%$$

或

$$\delta = \frac{e}{\Delta p} \times \frac{p_{max} - p_{min}}{z_{max} - z_{min}} \times 100\% = \frac{1}{K_p} \times \frac{p_{max} - p_{min}}{z_{max} - z_{min}} \times 100\% \qquad (4-36)$$

式中 e——输入变化量；
Δp——输出变化量；
$z_{max} - z_{min}$——测量值的刻度范围；
$p_{max} - p_{min}$——调节器输出的工作范围。

比例度是实施调节的输出变化满刻度时（调节阀从全关到全开或相反），相应的仪表指针变化占仪表测量范围的百分数。

(3) 比例积分控制规律。

1) 积分控制规律。为了克服稳态误差，引入积分控制规律。如果调节器的输出变化量 Δp 与输入偏差 e 的积分成比例关系，称为积分控制规律，一般用字母 I 表示。数学表达式为

$$\Delta p = K_I \int e \, dt \qquad (4-37)$$

式中 K_I——积分比例倍数，称为积分速度，K_I 越大，积分作用越强，反之亦然。

传递函数为

$$G(s) = \frac{1}{T_I s} \qquad (4-38)$$

积分控制作用输出信号的大小不仅取决于输入偏差信号的大小，而且还取决于偏差所存在的时间的长短。

积分控制规律的特点是只要有偏差存在，调节器输出就会变化，系统不稳定；直至偏差消除，输出信号不再变化，系统稳定下来。积分控制规律能够消除稳态误差，但其不能较快地跟随偏差的变化，从而出现迟缓的控制，落后于偏差的变化，作用缓慢，波动较大，不易稳定。因此积分控制规律一般不单独使用。

2）比例积分控制规律：积分作用和比例作用组合在一起，构成比例积分控制规律，用字母 PI 表示。数学表达式为：

$$\Delta p = K_\mathrm{p}\left(e + \frac{1}{T_\mathrm{I}}\int e\mathrm{d}t\right) \tag{4-39}$$

传递函数为：

$$G(s) = K_\mathrm{p}\left(1 + \frac{1}{T_\mathrm{I}s}\right) \tag{4-40}$$

式中　T_I——积分时间。

表示 PI 控制作用的参数有两个：比例系数 K_p 和积分时间常数 T_I。比例系数不仅影响比例部分，也影响积分部分，比例作用是及时的、快速的，而积分作用是缓慢的、渐进的，因此具有控制及时、克服偏差，减小甚至消除稳态误差的性能。积分时间常数 T_I 越小，积分作用越强，克服稳态误差的能力增加，但使过渡过程振荡加剧，稳定性降低。积分作用加强振荡，对于滞后大的对象更为明显。当输入偏差为阶跃作用时，比例积分控制规律的动态特性如图 4-30 所示。

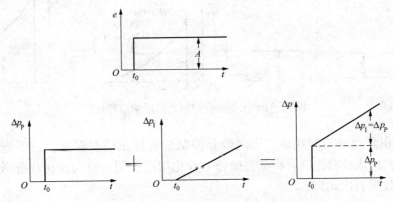

图 4-30　比例积分控制的阶跃响应特性

(4) 比例微分控制规律。

1）微分控制规律：如果调节器输出的变化与偏差变化速度成正比关系，为微分控制规律，一般用字母 D 表示。数学表达式为：

$$\Delta p = K_\mathrm{D}\frac{\mathrm{d}e}{\mathrm{d}t} \tag{4-41}$$

式中　Δp——调节器的输出变化量；

　　　K_D——微分比例系数；

　　　$\dfrac{\mathrm{d}e}{\mathrm{d}t}$——偏差信号变化的速度。

K_D 是可调的,决定了比例作用的强弱。

传递函数为: $$G(s) = T_D s \tag{4-42}$$

微分作用的输出与偏差的变化速度成正比,当偏差固定不变时,微分作用为零。但在实际工作中,很难实现,称为理想微分控制作用。微分调节器不能单独使用。

2) 比例微分控制规律:当微分作用于比例作用组合使用时,构成比例微分控制规律,一般用字母 PD 表示。数学表达式为:

$$\Delta p = K_p e + K_D \frac{de}{dt}$$

或
$$\Delta p = K_p \left(e + T_D \frac{de}{dt} \right) \tag{4-43}$$

式中 T_D——微分时间。

传递函数为 $$G(s) = K_p(1 + T_D s) \tag{4-44}$$

改变比例系数 K_p 和微分时间常数 T_D 可分别改变比例作用和微分作用的强弱。当输入量为幅值为 A 的阶跃信号时,响应特性如图 4-31 所示。微分时间常数 T_D 表征微分作用的强弱,T_D 微分输出部分衰减得慢,微分作用强。微分作用具有抑制振荡的效果,适当地增加微分作用,可以提高系统的稳定性,又可减小被控量的波动幅度,并降低稳态误差。如果微分作用加得过大,调节器输出剧烈变化,不仅不能提高系统的稳定性,反而会引起被控量大幅度的振荡。

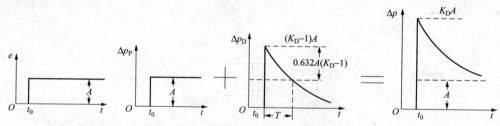

图 4-31 比例微分控制的阶跃响应特性

(5) 比例积分微分控制规律。比例微分控制总是存在稳态误差,为了克服稳态误差,加入积分作用,构成具有比例、积分、微分三种作用的控制,称为比例积分微分控制规律,用 PID 表示。数学表达式为

$$\Delta p = K_p \left(e + \frac{1}{T_I} \int e dt + T_D \frac{de}{dt} \right) \tag{4-45}$$

传递函数为: $$G(s) = K_p \left(1 + \frac{1}{T_I s} + T_D s \right) \tag{4-46}$$

比例积分微分控制中,当输入阶跃作用时,输出动态特性如图 4-32 所示。

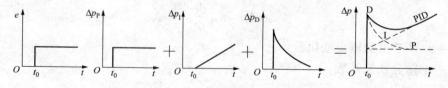

图 4-32 PID 阶跃响应特性

在 PID 控制中，比例作用一直存在，积分作用使积分输出不断增加，直到静差完全消失，积分停止作用；微分作用产生一个"超前"控制作用，这种控制作用称为"预调"。

PID 调节器中，适当选择比例系数 K_p、微分时间常数 T_D 和积分时间常数 T_I，可以获得良好的控制质量。一般当控制对象滞后较大，符合变化较快、不允许有稳态误差的情况时，采用 PID 调节器。

2. 实现方法

实现调节器各种调节规律的主要方法就是在调节器内部采用反馈，即引入内反馈。内反馈回路中采用各种不同的环节，就可以得到各种不同的调节规律。

(1) 调节器的内反馈。由图 4-33 可得整个调节器的传递函数 $W_c(s)$。

$$W_c(s) = \frac{Y(s)}{\theta_\varepsilon(s)} = \frac{K}{1 + W_R(s)K}$$

$$W_c(s) = \frac{1}{\frac{1}{K} + W_R(s)}$$

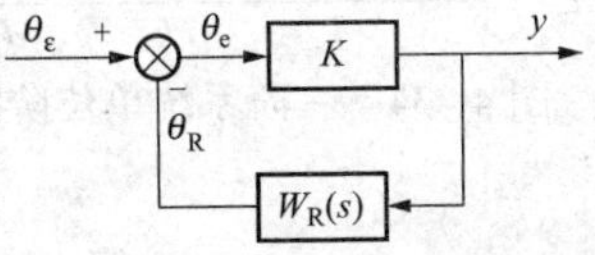

图 4-33 调节器的内反馈

放大器的放大倍数越大，则 $\frac{1}{K}$ 越小。当 $K \to \infty$ 时，$W_c(s) = \frac{1}{W_R(s)}$。这时，整个调节器的传递函数就等于反馈环节的传递函数的倒数。要想得到一个调节器的传递函数为 $W_c(s)$，只要在一个放大倍数为无穷大的放大器上加一个反馈环节，其传递函数是 $W_c(s)$ 的倒数。

$$W_R(s) = \frac{1}{W_c(s)} \tag{4-47}$$

(2) 比例积分调节器。以比例积分调节器为例说明反馈原理的应用。

PI 调节器的微分方程式为：

$$y = K_c \left(\theta_\varepsilon + \frac{1}{T_I} \int \theta_\varepsilon \, dt \right)$$

其传递函数为：

$$W_c(s) = \frac{Y(s)}{\theta_\varepsilon(s)} = K_c \left(1 + \frac{1}{T_I s} \right) = \frac{K_c(1 + T_I s)}{T_I s}$$

因此，反馈装置的传递函数为：

$$W_R(s) = \frac{1}{W_c(s)} = \frac{\frac{T_I}{K_c} s}{1 + T_I s} \tag{4-48}$$

式 (4-48) 为一个实际的微分环节。用一个实际的微分环节作为一个无穷大放大器的反馈环节，可实现理想的比例微分调节器。但在实际工作中，放大器的放大倍数不可能为无穷大，任何实际的 PI 调节器都不是理想的，只能近似地按照 PI 规律动作。

4.3.2 控制系统的一阶瞬态响应

控制系统的过渡过程，凡可用一阶微分方程描述的，称作一阶系统。一阶系统在控制工程实践中应用广泛。如 RC 网络、空气加热器、液面控制系统都是一阶系统。

1. 数学模型

描述一阶系统动态特性的微分方程式的一般标准形式为：

$$T \frac{dc(t)}{dt} + c(t) = r(t) \tag{4-49}$$

式中 $c(t)$——输出量；

$r(t)$——输入量；

T——时间常数，表示系统的惯性。

可求得一阶系统的闭环传递函数为：

$$\phi(s) = \frac{C(s)}{R(s)} = \frac{1}{Ts+1} \tag{4-50}$$

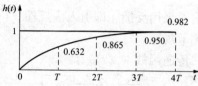

图4-34 一阶系统单位阶跃响应曲线

2. 一阶系统的单位阶跃响应

当系统输入信号为单位阶跃函数，系统输出就是单位阶跃响应。如图4-34所示。

由 $r(t)=1(t)$, $R(s)=1/s$，则系统过渡过程（即系统输出）的拉氏变换式为

$$C(s) = \phi(s)R(s) = \frac{1}{Ts+1} \times \frac{1}{s} \tag{4-51}$$

取 $C(s)$ 的拉氏反变换，可得单位阶跃响应。

$$h(t) = L^{-1}\left(\frac{1}{Ts+1} \times \frac{1}{s}\right) = L^{-1}\left(\frac{1}{s} - \frac{1}{s+1/T}\right) = 1 - e^{-\frac{t}{T}} \quad (t \geq 0) \tag{4-52}$$

$h(t)$ 还可以写成

$$h(t) = c_{ss} + c_{tt} \tag{4-53}$$

式中 c_{ss}——稳态分量，$c_{ss}=1$；

c_{tt}——瞬态分量，$c_{tt}=e^{-\frac{t}{T}}$。

当时间 t 趋于无穷时，c_{tt} 衰减为零。显然，一阶系统的单位阶跃响应曲线是一条由零开始，按指数规律单调上升的，最终趋于1的曲线。响应曲线也是具有非振荡特征，故也称为非周期响应。

调节时间为 $t_s = 3T$，单位为秒，s（±5%的误差带）；

$t_s = 4T$，单位为秒，s（±2%的误差带）。

一阶系统不存在峰值时间和超调量。

3. 单位斜坡响应

当输入信号 $u(t) = t$ 时，$U(s) = 1/s^2$，系统输出量的拉氏变换为

$$Y(s) = \frac{1}{s^2(Ts+1)} = \frac{1}{s^2} - \frac{T}{s} + \frac{T^2}{Ts+1} \quad (t \geq 0)$$

对上式取拉氏反变换，得单位斜坡响应为

$$y(t) = (t-T) + Te^{-\frac{t}{T}} \quad (t \geq 0) \tag{4-54}$$

式中 $t-T$——稳态分量；

$Te^{-\frac{t}{T}}$——暂态分量。

单位斜坡响应曲线如图4-35所示。

由一阶系统单位斜坡响应可分析出，系统存在稳态误差。因为 $u(t)=t$，输出稳态值为 $t-T$，所以稳态误差为 $e_{ss} = t - (t-T) = T$。从提高斜坡响应的精度来看，要求一阶系统的时间常数 T 要小。

4. 单位脉冲响应

当 $u(t) = \delta(t)$ 时，系统的输出响应为该系统的脉冲响应。因为 $L[\delta(t)] = 1$，一阶系统

的脉冲响应的拉氏变换为 $Y(s) = G(s) = \dfrac{1/T}{s + 1/T}$。

对应单位脉冲响应为

$$y(t) = \frac{1}{T}\mathrm{e}^{-\frac{t}{T}} \quad (t \geqslant 0) \qquad (4-55)$$

单位脉冲响应曲线如图 4-36 所示。时间常数 T 越小,系统响应速度越快。

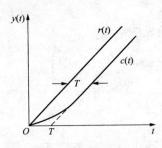

图 4-35 单位斜坡响应曲线

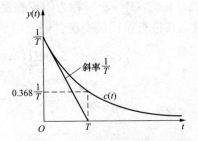

图 4-36 单位脉冲响应曲线

4.3.3 二阶瞬态响应

凡可用二阶微分方程描述的系统,称为二阶系统。

1. 典型的二阶系统

图 4-37 为典型的二阶系统动态结构图,系统的开环传递函数为:

$$G(s) = \frac{\omega_\mathrm{n}^2}{s(s + 2\xi\omega_\mathrm{n})} \qquad (4-56)$$

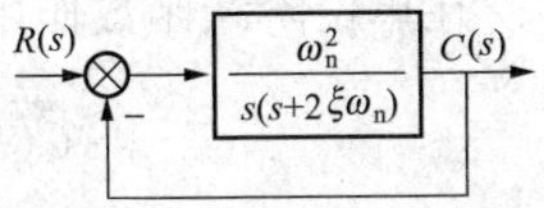

系统的闭环传递函数为:

$$\phi(s) = \frac{\omega_\mathrm{n}^2}{s^2 + 2\xi\omega_\mathrm{n}s + \omega_\mathrm{n}^2} \qquad (4-57)$$

图 4-37 典型的二阶系统动态结构图

式 (4-57) 称为典型二阶系统的传递函数,其中 ξ 为典型二阶系统的阻尼比(或相对阻尼比),ω_n 为无阻尼振荡频率或称自然振荡角频率。系统闭环传递函数的分母等于零所得方程式称为系统的特征方程式。典型二阶系统的特征方程式为:$s^2 + 2\xi\omega_\mathrm{n}s + \omega_\mathrm{n}^2 = 0$。

它的两个特征根是:$s_{1,2} = -\xi\omega_\mathrm{n} \pm \omega_\mathrm{n}\sqrt{\xi^2 - 1}$。

当 $0 < \xi < 1$,称为欠阻尼状态,特征根为一对实部为负的共轭复数根。

当 $\xi = 1$,称为临界阻尼状态,特征根为两个相等的负实根。

当 $\xi > 1$,称为过阻尼状态,特征根为两个不相等的负实根。

当 $\xi = 0$,称为无阻尼状态,特征根为一对共轭虚根。

ξ 和 ω_n 是二阶系统两个重要参数,系统响应特性完全由这两个参数来描述。

2. 二阶系统的阶跃响应

在单位阶跃函数 $r(t) = 1(t)$,$R(s) = 1/s$ 作用下,二阶系统输出的拉氏变换为

$$C(s) = \phi(s)R(s) = \phi(s)\frac{1}{s} \qquad (4-58)$$

求 $C(s)$ 的拉氏变换,可得典型二阶系统单位阶跃响应。由于特征根 $s_{1,2}$ 与系统阻尼比有关。当阻尼比 ξ 为不同值时,单位阶跃响应有不同的形式,下面分几种情况来分析二阶系统的暂态特性。

(1) 欠阻尼情况($0 < \xi < 1$)。由于 $0 < \xi < 1$,则系统的一对实部为负共轭复数根为:$s_{1,2} = -\xi\omega_n \pm j\omega_n \sqrt{1-\xi^2}$。

当输入信号为单位阶跃函数时,系统输出量的拉氏变换为:

$$C(s) = \frac{\omega_n^2}{s^2 + 2\xi\omega_n s + \omega_n^2} \times \frac{1}{s} = \frac{1}{s} - \frac{s + \xi\omega_n}{(s+\xi\omega_n)^2 + \omega_d^2} - \frac{\xi\omega_n}{(s+\xi\omega_n)^2 + \omega_d^2}$$

其中,$\omega_d = \omega_n \sqrt{1-\xi^2}$,称为阻尼振荡频率。

对上式进行拉氏反变换,则欠阻尼二阶系统的单位阶跃响应为:

$$c(t) = 1 - e^{-\xi\omega_n t}\left(\cos\sqrt{1-\xi^2}\omega_n t + \frac{\xi}{\sqrt{1-\xi^2}}\sin\sqrt{1-\xi^2}\omega_n t\right)$$

$$= 1 - \frac{1}{\sqrt{1-\xi^2}}e^{-\xi\omega_n t}\sin(\omega_d t + \beta) \quad (t \geq 0) \tag{4-59}$$

其中,$\sin\beta = \sqrt{1-\xi^2}$;$\cos\beta = \xi$;$\beta = \arctan\frac{\sqrt{1-\xi^2}}{\xi} = \arccos\xi$;$\omega_d = \omega_n\sqrt{1-\xi^2}$。

由式(4-59)知欠阻尼二阶系统的单位阶跃响应由两部分组成,第一项为稳态分量,第二项为暂态分量。它是一个幅值按指数规律衰减的有阻尼的正弦振荡,振荡角频率为 ω_d。

(2) 临界阻尼情况($\xi = 1$)。当 $\xi = 1$ 时,系统有两个相等的负实根为:$s_{1,2} = -\omega_n$。

在单位阶跃函数作用下,输出量的拉氏变换为:

$$C(s) = \frac{\omega_n^2}{s(s^2 + 2\xi\omega_n s + \omega_n^2)} = \frac{1}{s} - \frac{\omega_n}{(s+\omega_n)^2} - \frac{1}{s+\omega_n}$$

其拉氏反变换为 $\quad c(t) = 1 - e^{-\omega_n t}(1 + \omega_n t) \quad (t \geq 0) \tag{4-60}$

上式表明,临界阻尼二阶系统的单位阶跃响应是稳态值为1的非周期上升过程,整个响应特性不产生振荡。

(3) 过阻尼情况($\xi > 1$)。当 $\xi > 1$ 时,系统有两个不相等的负实根为:$s_{1,2} = -\xi\omega_n \pm \omega_n\sqrt{\xi^2-1}$。

当输入信号为单位阶跃函数时,输出量的拉氏变换为:

$$C(s) = \frac{\omega_n^2}{(s-s_1)(s-s_2)} \times \frac{1}{s}$$

其拉氏反变换为:

$$c(t) = 1 - \frac{1}{2\sqrt{\xi^2-1}}\left[\frac{e^{-(\xi-\sqrt{\xi^2-1})\omega_n t}}{\xi - \sqrt{\xi^2-1}} - \frac{e^{-(\xi+\sqrt{\xi^2-1})\omega_n t}}{\xi + \sqrt{\xi^2-1}}\right] (t \geq 0) \tag{4-61}$$

上式表明,系统响应含有两个单调衰减的指数项,它们的代数和绝不会超过稳态值1,因而过阻尼二阶系统的单位阶跃响应是非振荡的。响应曲线如图4-38所示。

(4) 无阻尼情况($\xi = 0$)。当 $\xi = 0$ 时,系统有一对共轭虚根为:$s_{1,2} = \pm j\omega_n$。

当输入信号为单位阶跃函数时,输出量的拉氏变换为:

$$C(s) = \frac{\omega_n^2}{s(s^2 + \omega_n^2)}$$

因此二阶系统的输出响应为：

$$c(t) = 1 - \cos\omega_n t \quad (t \geq 0) \tag{4-62}$$

上式表明，系统为不衰减的振荡即等幅振荡，其振荡频率为 ω_n，系统属不稳定系统。

综上所述，可以看出，在不同阻尼比 ξ 时，二阶系统的闭环极点和暂态响应有很大区别。图 4-39 分别表示了二阶系统在不同 ξ 值时特征根的位置。阻尼比 ξ 为二阶系统的重要特征参量。当 $\xi=0$ 时，系统不能正常工作；而在 $\xi>1$ 时，系统暂态响应又进行得太慢。所以，对二阶系统来说，欠阻尼情况是最有意义的，下面讨论这种情况下的暂态性能指标。

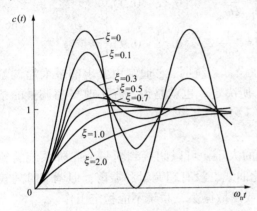

图 4-38 典型二阶系统的单位阶跃响应

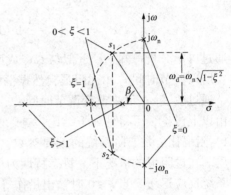

图 4-39 二阶系统在不同 ξ 值时特征根的分布

3. 系统的暂态性能指标

在欠阻尼时，衰减系数 $\sigma(\sigma=\xi\omega_n)$ 是闭环极点到虚轴之间的距离；阻尼振荡频率 ω_d 是闭环极点到实轴的距离，无阻尼振荡频率 ω_n 是闭环极点到原点的距离。设直线 $0s_1$ 与负实轴夹角为 β，则 $\xi=\cos\beta$。

下面推导欠阻尼二阶系统暂态响应的性能指标和计算公式。

(1) 上升时间 t_r 根据定义，当 $t=t_r$ 时，$c(t_r)=1$。由式 (4-59)，求得：

上升时间
$$t_r = (\pi - \beta)/\omega_d = (\pi - \beta)/\omega_n \sqrt{1-\xi^2} \tag{4-63}$$

显然，增大 ω_n 或减小 ξ，均能减小 t_r，从而加快系统的初始响应速度。

(2) 峰值时间 t_p 将式 (4-59) 对时间 t 求导，并令其为零，可求得峰值时间 t_p，即

$$t_p = \frac{\pi}{\omega_d} = \frac{\pi}{\omega_n \sqrt{1-\xi^2}} \tag{4-64}$$

峰值时间恰好等于阻尼振荡周期的一半，当 ξ 一定时极点距实轴越远，t_p 越小。

(3) 最大超调量 $\sigma_p\%$ 当 $t=t_p$ 时，$c(t)$ 有最大值 $c(t)_{max}$，即 $c(t)_{max}=c(t_p)$。对于单位阶跃输入，系统的稳态值 $c(\infty)=1$，将峰值时间表达式 (4-64) 代入式 (4-59)，得最大输出为：

$$c(t)_{max} = c(t_p) = 1 - \frac{e^{-\frac{\xi\pi}{\sqrt{1-\xi^2}}}}{\sqrt{1-\xi^2}} \sin(\pi + \beta)$$

则超调量为：
$$\sigma_p\% = e^{-\frac{\xi\pi}{\sqrt{1-\xi^2}}} \times 100\% \tag{4-65}$$

可见超调量仅由 ξ 决定，ξ 越大，$\sigma_p\%$ 越小。

(4) 调节时间 t_s　根据调节时间的定义，t_s 应由下式求出

$$\Delta c = c(\infty) - c(t) = \left|\frac{e^{-\xi\omega_n t_s}}{\sqrt{1-\xi^2}}\sin(\omega_d t_s + \theta)\right| \leq \Delta$$

由上式可看出，求解困难。为了简便起见，可采用近似的计算方法，当 $\Delta = 0.05$ 或 $\Delta = 0.02$ 时，有

$$\left.\begin{aligned}t_s(5\%) &= \frac{1}{\xi\omega_n}\left[3 - \frac{1}{2}\ln(1-\xi^2)\right] \approx \frac{3}{\xi\omega_n} \quad (0<\xi<0.9)\\ t_s(2\%) &= \frac{1}{\xi\omega_n}\left[4 - \frac{1}{2}\ln(1-\xi^2)\right] \approx \frac{4}{\xi\omega_n} \quad (0<\xi<0.9)\end{aligned}\right\} \quad (4-66)$$

通过以上分析可知，t_s 近似与 $\xi\omega_n$ 成反比。在设计系统时，ξ 通常由要求的最大超调量决定，所以调节时间 t_s 由无阻尼自然振荡频率 ω_n 所决定。也就是说，在不改变超调量的条件下，通过改变 ω_n 值来改变调节时间 t_s。

由以上讨论，可得到如下结论：

1) 阻尼比 ξ 是二阶系统的重要参数，由 ξ 值的大小，可以间接判断一个二阶系统的暂态品质。在过阻尼的情况下，暂态特性为单调变化曲线，没有超调量和振荡，但调节时间较长，系统反应迟缓。当 $\xi \leq 0$ 时输出量作等幅振荡或发散振荡，系统不能稳定工作。

2) 一般情况下，系统在欠阻尼情况下工作。但是 ξ 过小，则超调量大，振荡次数多，调节时间长，暂态特性品质差。应该注意，超调量只和阻尼比有关。因此，通常可以根据允许的超调量来选择阻尼比 ξ。

3) 调节时间与系统阻尼比 ξ 和无阻尼自然振荡频率 ω_n 这两个特征参数的乘积成反比。在阻尼比一定时，可通过改变 ω_n 来改变暂态响应的持续时间。ω_n 越大，系统的调节时间越短。

4) 为了限制超调量，并使调节时间 t_s 较短，阻尼比一般在 $0.4\sim0.8$ 之间，这时阶跃响应的超调量将在 $1.5\%\sim25\%$。

5) 二阶工程最佳参数，最佳阻尼比：$\xi = 0.707$。对应超调量：$\sigma\% = e^{-\frac{\xi\pi}{\sqrt{1-\xi^2}}} \times 100\% = 4.3\%$。

6) 合理设计二阶系统的阻尼系数（阻尼比）ξ 和无阻尼自然频率 ω_n，可以获得满意的瞬态（动态）特性。即根据超调量要求选择系统的 ξ，然后根据快速性，如上升时间 t_r、峰值时间 t_p 和调节时间 t_s 的要求，确定 ω_n。

4.3.4　频率特性基本概念

频率特性法是一种图解分析法，通过系统的频率特性来分析系统性能的，不仅适用于线性定常系统，还适用于纯滞后环节和部分非线性环节的分析。

(1) 频率特性的定义：在正弦输入下，线性定常系统输出的稳态分量与输入的复数比。以 $G(j\omega)$ 表示。

$$G(j\omega) = |G(j\omega)|e^{j\varphi(\omega)} \quad (4-67)$$

(2) 幅频特性：稳态时，线性定常系统输出与输入的幅值比，以 $A(\omega)$ 或 $|G(j\omega)|$ 表示。

(3) 相频特性：稳态时，线性定常系统输出信号与输入信号的相位差，以 $\varphi(\omega)$ 或 $\angle G(j\omega)$ 表示。

（4）对数频率特性：对数幅频特性 $L(\omega)$ 和对数相频特性 $\varphi(\omega)$。

对数幅频特性　　　　　$L(\omega) = 20\lg A(\omega)$　　（dB）

对数相频特性　　　　　$\varphi(\omega) = \angle G(j\omega)$　　（°）

（5）典型环节的频率特性。

1）比例环节 K。

频率特性：$G(j\omega) = K$

幅频特性：$|G(j\omega)| = A(\omega) = K$

相频特性：$\varphi(\omega) = 0°$

对数幅频特性：$L(\omega) = 20\lg A(\omega) = 20\lg K$

对数相频特性：$\varphi(\omega) = 0°$

2）积分环节 $\dfrac{1}{s}$。

频率特性：$G(j\omega) = \dfrac{1}{j\omega}$

幅频特性：$|G(j\omega)| = A(\omega) = \dfrac{1}{\omega}$

相频特性：$\varphi(\omega) = -90°$

对数幅频特性：$L(\omega) = 20\lg A(\omega) = -20\lg\omega$

对数相频特性：$\varphi(\omega) = -90°$

3）理想微分环节 s。

频率特性：$G(j\omega) = j\omega$

幅频特性：$|G(j\omega)| = A(\omega) = \omega$

相频特性：$\varphi(\omega) = 90°$

对数幅频特性：$L(\omega) = 20\lg A(\omega) = 20\lg\omega$

对数相频特性：$\varphi(\omega) = 90°$

4）惯性环节 $\dfrac{1}{Ts+1}$。

频率特性：$G(j\omega) = \dfrac{1}{j\omega T + 1}$

幅频特性：$|G(j\omega)| = A(\omega) = \dfrac{1}{\sqrt{1+T^2\omega^2}}$

相频特性：$\varphi(\omega) = -\arctan T\omega$

对数幅频特性：$L(\omega) = 20\lg A(\omega) = 20\lg\dfrac{1}{\sqrt{1+T^2\omega^2}} = -20\lg\sqrt{1+T^2\omega^2}$

对数相频特性：$\varphi(\omega) = -\arctan T\omega$

5）一阶微分环节 $Ts+1$。

频率特性：$G(j\omega) = j\omega T + 1$

幅频特性：$|G(j\omega)| = A(\omega) = \sqrt{1+T^2\omega^2}$

相频特性：$\varphi(\omega) = \arctan T\omega$

对数幅频特性：$L(\omega) = 20\lg A(\omega) = 20\lg \sqrt{1+T^2\omega^2}$

对数相频特性：$\varphi(\omega) = \arctan T\omega$

6）二阶振荡环节：$\dfrac{1}{T^2 s^2 + 2\xi T s + 1} = \dfrac{\omega_n^2}{s^2 + 2\xi\omega_n s + \omega_n^2}\left(\diamondsuit T = \dfrac{1}{\omega_n}\right)(0<\xi<1)$。

频率特性：$G(j\omega) = \dfrac{1}{1 - T^2\omega^2 + j2\xi T\omega} = \dfrac{1}{1 - \dfrac{\omega^2}{\omega_n^2} + j2\xi\dfrac{\omega}{\omega_n}}$

幅频特性：$|G(j\omega)| = A(\omega) = \dfrac{1}{\sqrt{\left(1-\dfrac{\omega^2}{\omega_n^2}\right)^2 + \left(2\xi\dfrac{\omega}{\omega_n}\right)^2}}$

相频特性：$\varphi(\omega) = -\arctan \dfrac{2\xi\dfrac{\omega}{\omega_n}}{1 - \dfrac{\omega^2}{\omega_n^2}}$

对数幅频特性：$L(\omega) = 20\lg A(\omega) = -20\lg \sqrt{\left(1-\dfrac{\omega^2}{\omega_n^2}\right)^2 + \left(2\xi\dfrac{\omega}{\omega_n}\right)^2}$

对数相频特性：$\varphi(\omega) = -\arctan \dfrac{2\xi\dfrac{\omega}{\omega_n}}{1 - \dfrac{\omega^2}{\omega_n^2}}$

7）纯滞后环节 $e^{-\tau s}$。

频率特性：$G(j\omega) = e^{-j\omega\tau}$

幅频特性：$|G(j\omega)| = A(\omega) = 1$

相频特性：$\varphi(\omega) = -\tau\omega$

对数幅频特性：$L(\omega) = 20\lg A(\omega) = 0$

对数相频特性：$\varphi(\omega) = -\tau\omega$

（6）频率特性和传递函数的关系

$$G(j\omega) = G(s)|_{s=j\omega}$$

即传递函数的复变量 s 用 $j\omega$ 代替后，就相应变为频率特性。频率特性也是描述线性控制系统的数学模型形式之一。

4.3.5 频率特性表示方法

频率特性可用图形表示，有对数坐标图、极坐标图和对数幅相图。

1. 极坐标图（极坐标系）

（1）定义：极坐标图（奈奎斯特图），又称幅相频率特性曲线或幅相曲线或奈奎斯特曲线。幅相频率特性曲线又称奈奎斯特（Nyquist）曲线，在复平面上以极坐标的形式表示。设系统的频率特性为

$$G(j\omega) = A(\omega) \cdot e^{j\varphi(\omega)}$$

对于某个特定频率 ω_i 下的 $G(j\omega_i)$，可以在复平面用一个向量表示，向量的长度为 $A(\omega_i)$，相角为 $\varphi(\omega_i)$。当 $\omega = 0 \to \infty$ 变化时，向量 $G(j\omega)$ 的端点在复平面 G 上描绘出来的轨迹就是

幅相频率特性曲线。通常把 ω 作为参变量标在曲线相应点的旁边,并用箭头表示 ω 增大时特性曲线的走向。

(2) 典型环节的幅相频率特性曲线。

1) 比例环节。

比例环节的频率特性为 $G(j\omega) = K$

$$A(\omega) = |G(j\omega)| = K \quad \varphi(\omega) = \angle G(j\omega) = 0°$$

比例环节的幅相特性是 G 平面实轴上的一个点,如图 4-40 所示。表明比例环节稳态正弦响应的振幅是输入信号的 K 倍,且响应与输入同相位。

2) 微分环节。

微分环节的频率特性为 $G(j\omega) = j\omega = \omega e^{j90°}, A(\omega) = \omega, \varphi(\omega) = 90°$。

微分环节的幅值与 ω 成正比,相角恒为 90°。当 ω = 0→∞ 时,幅相特性从 G 平面的原点起始,一直沿虚轴趋于 +j∞ 处,如图 4-41 中①所示。

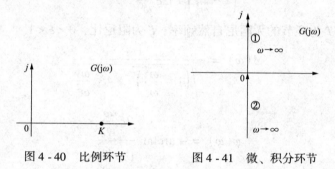

图 4-40 比例环节　　　图 4-41 微、积分环节

3) 积分环节。

积分环节的频率特性为: $G(j\omega) = \dfrac{1}{j\omega} = \dfrac{1}{\omega} e^{-j90°}, A(\omega) = \dfrac{1}{\omega}, \varphi(\omega) = -90°$。

积分环节的幅值与 ω 成反比,相角恒为 -90°。当 ω = 0→∞ 时,幅相特性从虚轴 -j∞ 处出发,沿负虚轴逐渐趋于坐标原点,如图 4-41 中②所示。

4) 惯性环节（非周期环节）。

惯性环节的频率特性为 $G(j\omega) = \dfrac{1}{1+jT\omega} = \dfrac{1}{\sqrt{1+T^2\omega^2}} e^{-j\arctan T\omega}$

$$A(\omega) = \dfrac{1}{\sqrt{1+T^2\omega^2}} \quad \varphi(\omega) = -\arctan T\omega$$

当 ω = 0 时,幅值 $A(\omega) = 1$,相角 $\varphi(\omega) = 0°$;当 ω = ∞ 时,$A(\omega) = 0$,$\varphi(\omega) = -90°$。可以证明,惯性环节幅相特性曲线是一个以 (1/2, j0) 为圆心、1/2 为半径的半圆,如图 4-42 所示。

5) 一阶微分环节。

一阶微分环节的频率特性为

$$G(j\omega) = 1 + jT\omega = \sqrt{1+T^2\omega^2} e^{j\arctan T\omega}$$

$$\left.\begin{array}{l} A(\omega) = \sqrt{1+T^2\omega^2} \\ \varphi(\omega) = \arctan T\omega \end{array}\right\}$$

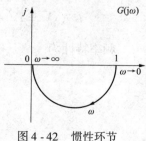

图 4-42 惯性环节

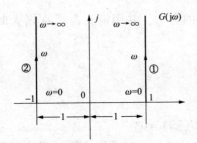

图 4-43 一阶微分环节
幅相频率特性

一阶复合微分环节幅相特性的实部为常数 1，虚部与 ω 成正比，如图 4-43 中①所示。

不稳定一阶复合微分环节 $Ts-1$ 的频率特性为：

$$G(j\omega) = -1 + jT\omega$$
$$\left.\begin{array}{l}A(\omega) = \sqrt{1+T^2\omega^2}\\ \varphi(\omega) = 180° - \arctan T\omega\end{array}\right\}$$

幅相特性的实部为 -1，虚部与 ω 成正比，如图 4-43 中②所示。不稳定环节的频率特性都是非最小相角的。

6) 二阶振荡环节。

二阶振荡环节的频率特性为

$$G(j\omega) = \frac{1}{\left(1-\dfrac{\omega^2}{\omega_n^2}\right)+j2\xi\dfrac{\omega}{\omega_n}} \quad (0<\xi<1)$$

其中，$\omega_n = 1/T$ 为环节的无阻尼自然频率；ξ 为阻尼比，$0<\xi<1$。

$$A(\omega) = \frac{1}{\sqrt{\left(1-\dfrac{\omega^2}{\omega_n^2}\right)^2 + 4\xi^2\dfrac{\omega^2}{\omega_n^2}}}$$

$$\varphi(\omega) = -\arctan\frac{2\xi\dfrac{\omega}{\omega_n}}{1-\dfrac{\omega^2}{\omega_n^2}}$$

当 $\omega=0$ 时，$G(j0) = 1\angle 0°$；当 $\omega=\infty$ 时，$G(j\infty) = 0\angle -180°$。

当 $s = j\omega = j0 \to j\infty$ 变化时，可以绘出 $G(j\omega)$ 的幅相曲线。二阶振荡环节幅相特性的形状与 ξ 值有关，当 ξ 值分别取 0.4、0.6 和 0.8 时，幅相曲线如图 4-44 所示。谐振频率 ω_r 和谐振峰值 M_r：ξ 值较小时，随 $\omega=0 \to \infty$ 变化，$G(j\omega)$ 的幅值 $A(\omega)$ 先增加然后再逐渐衰减直至 0。$A(\omega)$ 达到极大值时对应的幅值称为谐振峰值，记为 M_r，对应的频率称为谐振频率，记为 ω_r。

$$\omega_r = \omega_n\sqrt{1-2\xi^2} \quad (0<\xi<0.707)$$

$$M_r = A(\omega_r) = \frac{1}{2\xi\sqrt{1-\xi^2}}$$

7) 二阶微分环节。

二阶微分环节的传递函数为

$$G(s) = Ts^2 + 2\xi Ts + 1 = \frac{s^2}{\omega_n^2} + 2\xi\frac{s}{\omega_n} + 1$$

频率特性为

$$G(j\omega) = 1 - \frac{\omega^2}{\omega_n^2} + j2\xi\frac{\omega}{\omega_n}$$

$$A(\omega) = \sqrt{\left(1-\frac{\omega^2}{\omega_n^2}\right)^2 + 4\xi^2\frac{\omega^2}{\omega_n^2}}$$

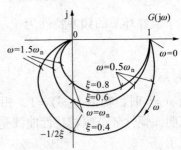

图 4-44 振荡环节幅相频率特性

$$\varphi(\omega) = \arctan\frac{\dfrac{2\xi\omega}{\omega_n}}{1-\dfrac{\omega^2}{\omega_n^2}}$$

二阶微分环节的幅相特性曲线如图 4-45 所示。

8）延迟环节。

延迟环节的频率特性为：$G(j\omega) = e^{-j\tau\omega}$ $\begin{cases} A(\omega) = 1 \\ \varphi(\omega) = -\tau\omega \end{cases}$

其幅相特性曲线是圆心在原点的单位圆（图 4-46），ω 值越大，其相角滞后量越大。

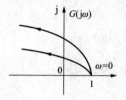
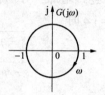

图 4-45　二阶微分环节　　　　　图 4-46　延迟环节

（3）开环系统的幅相特性曲线。

如果已知开环频率特性 $G(j\omega)$，可令 ω 由小到大取值，算出 $A(\omega)$ 和 $\varphi(\omega)$ 相应值，在 G 平面描点绘图可以得到准确的开环系统幅相特性。

概略绘制的开环幅相曲线应反映开环频率特性的三个重要因素：

1）开环幅相曲线的起点（$\omega = 0$）和终点（$\omega = \infty$）。

2）开环幅相曲线与负实轴的交点。

设 $\omega = \omega_g$ 时，$G(j\omega)$ 的虚部为 $\text{Im}[G(j\omega_g)] = 0$

或　　　　　　　　　$\varphi(\omega_g) = \angle G(j\omega_g) = (2k+1)\pi; k = 0, \pm1, \pm2, \cdots$

称 ω_g 为相角交接（穿越）频率，开环频率特性曲线与实轴交点的坐标值为：$\text{Re}[G(j\omega_g)] = G(j\omega_g)$。

3）开环幅相曲线的变化范围（象限、单调性）。

【例 4-11】单位反馈系统的开环传递函数 $G(s)$ 为

$$G(s) = \frac{K}{s^v(T_1 s+1)(T_2 s+1)} = K\frac{1}{s^v} \times \frac{\dfrac{1}{T_1}}{s+\dfrac{1}{T_1}} \times \frac{\dfrac{1}{T_2}}{s+\dfrac{1}{T_2}}$$

分别概略绘出当系统型别 $v = 0, 1, 2, 3$ 时的开环幅相特性。

解：讨论 $v = 1$ 时的情形。系统开环频率特性为

$$G(j\omega) = \frac{K/T_1 T_2}{j\omega\left(j\omega+\dfrac{1}{T_1}\right)\left(j\omega+\dfrac{1}{T_2}\right)}$$

在 s 平面原点存在开环极点的情况下，为避免 $\omega = 0$ 时 $G(j\omega)$ 相角不确定，我们取 $s = j\omega = j0^+$ 作为起点进行讨论。

$$\overrightarrow{s-p_1} = \overrightarrow{j0^+} + \overrightarrow{0} = A_1 \angle \varphi_1 = 0\angle 90°$$

$$\overrightarrow{s-p_2} = j0^+ + \frac{1}{T_1} = A_2 \angle \varphi_2 = \frac{1}{T_1} \angle 0°$$

$$\overrightarrow{s-p_3} = j0^+ + \frac{1}{T_2} = A_3 \angle \varphi_3 = \frac{1}{T_2} \angle 0°$$

所以
$$G(j0^+) = \frac{K}{\prod_{i=1}^{3} A_i} \angle \left(-\sum_{i=1}^{3} \varphi_i\right) = \infty \angle -90°$$

当 ω 由 0^+ 逐渐增加时，$j\omega$，$j\omega + \frac{1}{T_1}$，$j\omega + \frac{1}{T_2}$ 三个矢量的幅值连续增加；除 $\varphi_1 = 90°$ 外，φ_2，φ_3 均由 0 连续增加，分别趋向于 $90°$。

当 $s = j\omega = j\infty$ 时

$$\overrightarrow{s-p_1} = j\infty - 0 = A_1 \angle \varphi_1 = \infty \angle 90°$$

$$\overrightarrow{s-p_2} = j\infty + \frac{1}{T_1} = A_2 \angle \varphi_2 = \infty \angle 90°$$

$$\overrightarrow{s-p_3} = j\infty + \frac{1}{T_2} = A_3 \angle \varphi_3 = \infty \angle 90°$$

所以
$$G(j\infty) = \frac{K}{\prod_{i=1}^{3} A_i} \angle \left(-\sum_{i=1}^{3} \varphi_i\right) = 0 \angle -270°$$

由此可以概略绘出 $G(j\omega)$ 的幅相曲线如图 4-47 中曲线 G_1 所示。

同理，讨论 $v = 0, 1, 2, 3$ 时的情况，可以列出表 4-3，相应概略绘出幅相曲线分别如图4-47 所示。

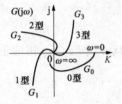

图 4-47　对应不同型别幅相曲线

表 4-3　　　$v = 0,1,2,3$ 时 $G(j\omega)$，$G(j0^+)$ 和 $G(j\infty)$ 的情况

v	$G(j\omega)$	$G(j0^+)$	$G(j\infty)$
0	$G_0(j\omega) = \dfrac{K}{(jT_1\omega+1)(jT_2\omega+1)}$	$K\angle 0°$	$0\angle -180°$
I	$G_1(j\omega) = \dfrac{K}{j\omega(jT_1\omega+1)(jT_2\omega+1)}$	$\infty \angle -90°$	$0\angle -270°$
II	$G_2(j\omega) = \dfrac{K}{(j\omega)^2(jT_1\omega+1)(jT_2\omega+1)}$	$\infty \angle -180°$	$0\angle -360°$
III	$G_3(j\omega) = \dfrac{K}{(j\omega)^3(jT_1\omega+1)(jT_2\omega+1)}$	$\infty \angle -270°$	$0\angle -450°$

最小相角（位）系统：传递函数中没有右极点、右零点的系统，开环传递函数一般可写为

$$G(s) = \frac{K(\tau_1 s+1)(\tau_2 s+1)\cdots(\tau_m s+1)}{s^v(T_1 s+1)(T_2 s+1)\cdots(T_{n-v} s+1)} \quad (n>m)$$

幅相曲线的起点 $G(j0^+)$ 完全由 K，v 确定，而终点 $G(j\infty)$ 则由 $n-m$ 来确定。

$$G(j0^+) = \begin{cases} K\angle 0° & (v=0) \\ \infty \angle -90°v & (v>0) \end{cases}$$

$$G(j\infty) = 0 \angle -90°(n-m)$$

而 $\omega = 0^+ \to \infty$ 过程中 $G(j\omega)$ 的变化趋势，可以根据各开环零点、极点指向 $s = j\omega$ 的矢量之模、相角的变化规律概略绘出，高频段如图 4-48（a）所示，低频段如图 4-48（b）所示。

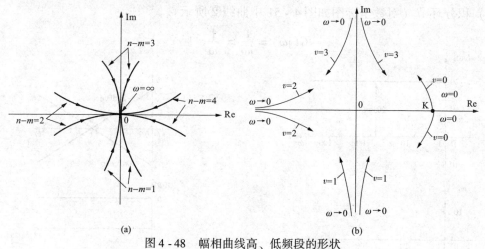

图 4-48 幅相曲线高、低频段的形状
(a) 幅相曲线高频段的形状；(b) 幅相曲线低频段的形状

2. 对数坐标图（半对数坐标系）

（1）对数坐标图（Bode 图）：又称对数频率特性曲线或伯德图（Bode 图），由对数幅频曲线和对数相频曲线组成。对数幅频曲线横坐标频率 ω 按 $\lg\omega$ 分度，单位为 rad/s。纵坐标按 $20\lg A(\omega)$ 分度，单位为分贝（dB）。对数相频曲线的纵坐标按线性分度，单位为度（°）。图 4-49 所示为伯德图的横坐标 ω 和 $\lg\omega$ 的对应关系。频率 ω 每变化 1 倍，称为一个倍频程；频率 ω 每变化 10 倍，称为一个十倍频程，用 dec 表示。

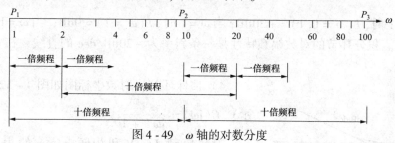

图 4-49 ω 轴的对数分度

（2）典型环节频率特性的伯德图。

1）比例环节。 $G(j\omega) = K$

对数幅频 $L(\omega)$ 和相频 $\varphi(\omega)$ 的表达式分别为 $\begin{cases} L(\omega) = 20\lg K \\ \varphi(\omega) = 0° \end{cases}$

$K = 10$ 时的对数坐标图如图 4-50 所示。对数幅频特性上表现为平行于横轴的一条直线。比例环节的相频特性为 $\varphi(\omega) = 0°$，即相当于对数相频特性图的横轴。

2）理想微分环节 s（对数坐标图如图 4-51 中曲线①所示）。$G(j\omega) = j\omega = \omega e^{j\frac{\pi}{2}}$

对数幅频 $L(\omega)$ 和相频 $\varphi(\omega)$ 的表达式分别为 $\begin{cases} L(\omega) = 20\lg\omega \\ \varphi(\omega) = \dfrac{\pi}{2} = 90° \end{cases}$

在 $\omega = 0.1$ 时，$L(\omega = 0.1) = -20\mathrm{dB}$；在 $\omega = 1$ 时，$L(\omega = 1) = 0\mathrm{dB}$；在 $\omega = 10$ 时，$L(\omega = 10) = +20\mathrm{dB}$。理想微分环节的对数幅频特性为一条斜率为 $+20\mathrm{dB/dec}$ 的直线，它在 $\omega = 1$ 处穿过零分贝线。

3）积分环节（对数坐标图如图 4-51 中曲线②所示）。

$$G(j\omega) = \frac{1}{j\omega} = \frac{1}{\omega} e^{-j\frac{\pi}{2}}$$

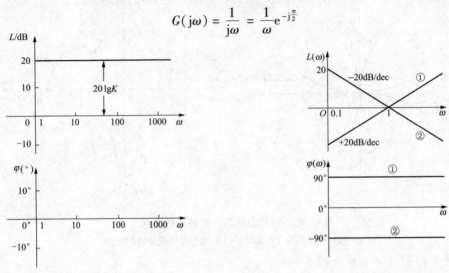

图 4-50 比例环节的对数坐标图（Bode 图）　　图 4-51 微分、积分环节的对数坐标图（Bode 图）

对数幅频 $L(\omega)$ 和相频 $\varphi(\omega)$ 的表达式分别为

$$\left.\begin{aligned} L(\omega) &= -20\lg\omega \\ \varphi(\omega) &= -\frac{\pi}{2} \end{aligned}\right\}$$

当 $\omega = 0.1$ 时，$L(\omega = 0.1) = +20\mathrm{dB}$；当 $\omega = 1$ 时，$L(\omega = 1) = 0\mathrm{dB}$；当 $\omega = 10$ 时，$L(\omega = 10) = -20\mathrm{dB}$。积分环节的对数幅频特性是一条斜率为 $-20\mathrm{dB/dec}$ 的直线，在 $\omega = 1$ 这一点穿过零分贝线。

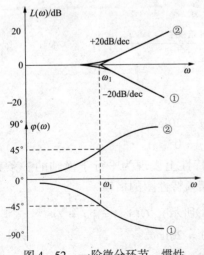

图 4-52 一阶微分环节、惯性环节的对数坐标图

4）惯性环节（对数坐标图如图 4-52 中曲线①所示）。$G(j\omega) = \dfrac{1}{j\omega T + 1}$。

对数幅频 $L(\omega)$ 和相频 $\varphi(\omega)$ 的表达式分别为

$$\begin{cases} L(\omega) = -20\lg\sqrt{1 + T^2\omega^2} \\ \varphi(\omega) = -\arctan T\omega \end{cases}, \omega_1 = \frac{1}{T} \text{为转折频率。}$$

低频段。在 $T\omega \ll 1$（或 $\omega \ll 1/T$）的区段，得到 $L(\omega) \approx 0$。故在频率很低时，对数幅频特性可以近似用零分贝线表示，这称为低频渐近线。

高频段。在 $T\omega \gg 1$（或 $\omega \gg 1/T$）的区段，可以近似地认为 $L(\omega) \approx -20\lg T\omega$。这是一条斜线，斜率为 $-20\mathrm{dB/dec}$，它与低频渐进线的交点为 $\omega = 1/T$。dec = 十倍频。

高频渐近线和低频渐近线的交点频率 $\omega_1 = 1/T$ 称为交接频率或转折频率。

渐近特性和准确特性相比，存在误差：越靠近转折频率，误差越大；在转折频率这一点，误差最大。这时 $L(\omega = 1/T) = -20\lg\sqrt{2} = -3\text{dB}$。

在转折频率上，用渐近线绘制的幅频特性的误差为3dB。

$$\omega \ll \frac{1}{T} \quad (\omega T \ll 1) \quad L(\omega) \approx 0\text{dB} \quad \varphi(\omega) = 0°$$

$$\omega \gg \frac{1}{T} \quad (\omega T \gg 1) \quad L(\omega) \approx -20\lg\omega T \quad \varphi(\omega) = -90°(\omega \to \infty)$$

$$\omega = \frac{1}{T} \quad (\omega T = 1) \quad L(\omega) = -3\text{dB} \quad \varphi(\omega) = -45°$$

5）一阶微分环节 $Ts + 1$（对数坐标图如图4-52中曲线②所示）。$G(j\omega) = j\omega T + 1$，$\omega_1 = \frac{1}{T}$ 为转折频率。

对数幅频 $L(\omega)$ 和相频 $\varphi(\omega)$ 的表达式分别为

$$\left. \begin{array}{l} L(\omega) = 20\lg\sqrt{1 + T^2\omega^2} \\ \varphi(\omega) = \arctan T\omega \end{array} \right\}$$

一阶微分环节与惯性环节关于横轴 ω 轴对称，如图4-52中曲线②所示

$$\omega \ll \omega_1 (\omega T \ll 1) \quad L(\omega) \approx 0\text{dB} \quad \varphi(\omega) = 0°$$

$$\omega \gg \omega_1 (\omega T \gg 1) \quad L(\omega) \approx 20\lg\omega T \quad \varphi(\omega) = 90°(\omega \to \infty)$$

$$\omega = \omega_1 (\omega T = 1) \quad L(\omega) = 3\text{dB} \quad \varphi(\omega) = 45°$$

低频段，低频渐近线对数幅频特性可以近似用零分贝线表示；高频段，高频渐近线是一条斜线，斜率为 $+20\text{dB/dec}$；在交接频率或转折频率 $\omega_1 = 1/T$ 处存在误差，$L(\omega = 1/T) = 20\lg\sqrt{2} = 3\text{dB}$。

6）二阶振荡环节（$0 < \xi < 1$）。

$$G(j\omega) = \frac{1}{\left(\frac{j\omega}{\omega_n}\right)^2 + 2\xi\left(\frac{j\omega}{\omega_n}\right) + 1} = \frac{1}{\sqrt{\left(1 - \frac{\omega^2}{\omega_n^2}\right)^2 + \left(2\xi\frac{\omega}{\omega_n}\right)^2}} e^{j\varphi(\omega)}$$

二阶振荡环节的对数幅频特性和相频特性为

$$L(\omega) = -20\lg\sqrt{\left(1 - \frac{\omega^2}{\omega_n^2}\right)^2 + \left(2\xi\frac{\omega}{\omega_n}\right)^2}$$

$$\varphi(\omega) = -\arctan\left[\frac{2\xi\frac{\omega}{\omega_n}}{1 - \left(\frac{\omega}{\omega_n}\right)^2}\right]$$

转折频率：$\omega = \omega_n$ 时，$A(\omega) = \frac{1}{2\xi}$；$\varphi(\omega) = -90°$；$L(\omega) = -20\lg 2\xi$。

谐振频率：$\omega_r = \frac{1}{T}\sqrt{1 - 2\xi^2} = \omega_n\sqrt{1 - 2\xi^2}$ 时，谐振峰值为 $M_r = |G(j\omega_r)| = \frac{1}{2\xi\sqrt{1-\xi^2}}$。

低频段，当 $\omega \ll \omega_n$ 时，$L(\omega) \approx -20\lg 1 = 0\text{dB}$。低频段的渐近线为一条零分贝的直线，

它与 ω 轴重合。

高频段，当 $\omega \gg \omega_n$ 时，$L(\omega) \approx -20\lg\left(\dfrac{\omega}{\omega_n}\right)^2 = -40\lg\left(\dfrac{\omega}{\omega_n}\right)$。高频段的渐近线为一条斜率为 $-40(\mathrm{dB/dec})$ 的直线，它与 ω 轴相交于 $\omega = \omega_n$ 的点。

从图 4-53 中可以看出，当 ξ 值在一定范围内时，其相应的精确曲线都有峰值。这个峰值由 $20\lg M_r = 20\lg|G(\mathrm{j}\omega_r)| = 20\lg\dfrac{1}{2\xi\sqrt{1-\xi^2}}$ 求得。渐近线误差随 ξ 不同而不同的误差曲线如图 4-53 所示。从图 4-53 可以看出，渐近线的误差在 $\omega = \omega_n$ 附近为最大，并且 ξ 值越小，误差越大。当 $\xi \to 0$ 时，误差将趋近于无穷大。

7）延迟（时滞）环节（$\mathrm{e}^{-\tau s}$）。

频率特性　　　　　　　　　$G(\mathrm{j}\omega) = \mathrm{e}^{-\mathrm{j}\omega\tau}$

对数幅相频率特性为 $\begin{cases} L(\omega) = 20\lg 1 = 0 \\ \varphi(\omega) = -\tau\omega(\mathrm{rad}) = -57.3 \times \tau\omega(°) \end{cases}$

其对应的伯德图如图 4-54 所示。从图 4-54 得，延迟环节的对数幅频特性曲线为 $L(\omega) = 0$ 的直线，与 ω 轴重合。相频特性曲线 $\varphi(\omega)$ 当 $\omega \to \infty$ 时，$\varphi(\omega) \to -\infty$。

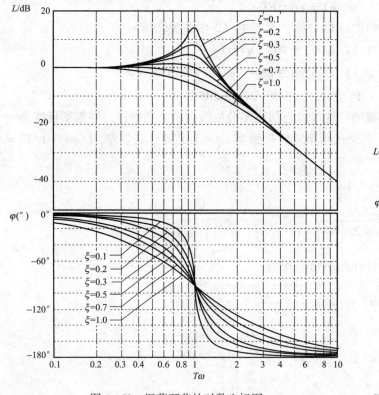

图 4-53　振荡环节的对数坐标图

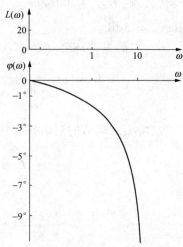

图 4-54　延迟环节的对数坐标图

(3) 系统开环频率特性（伯德图）。

系统的开环传递函数是由典型环节串联而成的，即

$$G(s) = G_1(s) \cdot G_2(s) \cdot G_3(s) \cdots = \prod_{i=1}^{n} G_i(s)$$

其中：n 为环节的个数。

系统的频率特性： $G(j\omega) = \prod_{i=1}^{n} G_i(j\omega) = \prod_{i=1}^{n} A_i(\omega) e^{j\varphi_i(\omega)}$

系统的对数幅频特性：$L(\omega) = 20\lg \prod_{i=1}^{n} A_i(\omega) = \sum_{i=1}^{n} 20\lg A_i(\omega) = \sum_{i=1}^{n} L_i(\omega)$

系统的对数相频特性：$\varphi(\omega) = \sum_{i=1}^{n} \varphi_i(\omega)$

举例说明绘制系统开环对数频率特性曲线的一般步骤。

【例 4 - 12】 已知系统的开环传递函数 $G(s) = \dfrac{(s+10)}{s(2s+1)}$，试画出系统的开环对数频率特性曲线。

解：先将 $G(s)$ 标准化，即使得每一因式中的常数项为 1，并写成典型环节乘积的形式。

$$G(s) = \frac{10(0.1s+1)}{s(2s+1)} = G_1(s)G_2(s)G_3(s)G_4(s)$$

其中：$G(s) = 10$，$G_2(s) = \dfrac{1}{s}$，$G_3(s) = 0.1s + 1$，$G_4(s) = \dfrac{1}{2s+1}$。

绘出各环节的对数幅频和相频曲线，如图 4 - 55 中虚线所示；将各环节的对数幅频和相频曲线分别相加，得系统开环对数幅频曲线和相频曲线，如图 4 - 55 中的实线所示。

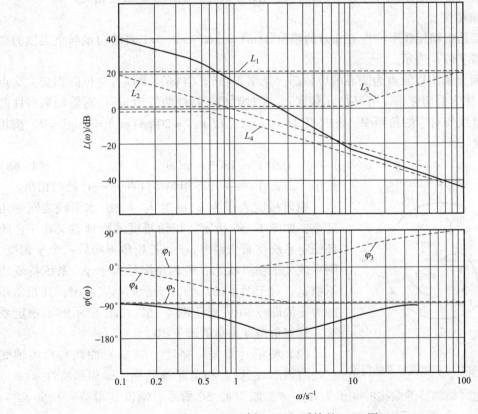

图 4 - 55　[例 4 - 12] 系统的 Bode 图

通过这个实例可知，系统对数幅频特性曲线的低频段是由系统开环传递函数中积分环节的数目（即系统的型别）v 和系统开环增益 K 确定的，而其他环节的低频段都是 0dB，即低频段的对数幅频特性可近似表示为：$L(\omega) \approx 20\lg K - 20\lg\omega^v$。

低频段的斜率为 $-20v\mathrm{dB/dec}$；在 $\omega = 1$ 处，低频段（当第一个转折频率小于 1 时，为其延长线）的高度为 $20\lg K$。

因此，实际的作图过程可简化为：

1）将开环传递函数标准化。

2）找出各环节的转折频率，且按大小顺序在坐标中标出来。

3）过 $\omega = 1$，$L(\omega) = 20\lg K$ 这点，作斜率为 $-20v\mathrm{dB/dec}$ 的低频渐近线。

4）从低频渐近线开始，每到某一环节的转折频率处，就根据该环节的特性改变一次渐近线的斜率，从而画出对数幅频特性的近似曲线。

5）根据系统的开环对数相频特性的表达式，画出对数相频特性的近似曲线。

工程实际中，一般只需了解相频特性曲线的大致变化趋势，但 $L(\omega)$ 线与 0dB 线交点 ω_c 处的相角 $\varphi(\omega_c)$，却对系统性能有重要影响。ω_c 称为幅值穿越频率（或称剪切频率，又称开环截止频率）。

3. 稳定裕度

稳定系统的稳定程度，即相对稳定性，用相角（位）裕度和幅值（增益）裕度来表示。相角裕度和幅值裕度是系统开环频率指标，它与闭环系统的动态性能密切相关。

（1）相角裕度。

相角裕度是指幅相频率特性 $G(j\omega)$ 的幅值 $A(\omega) = |G(j\omega)| = 1$ 时的向量与负实轴的夹角，常用希腊字母 γ 表示。

在 G 平面上画出以原点为圆心的单位圆，见图 4-56。$G(j\omega)$ 曲线与单位圆相交，交点处的频率 ω_c 称为剪切频率（开环截止频率），在对数幅频特性曲线中 ω_c 指对数幅频特性曲线穿越零分贝线所对应的角频率。此时有 $A(\omega_c) = 1$，$L(\omega_c) = 20\lg A(\omega_c) = 20\lg 1 = 0$。按相角裕度的定义

$$\gamma = \varphi(\omega_c) - (-180°) = 180° + \varphi(\omega_c) \qquad (4-68)$$

式中 $\varphi(\omega_c)$ ——开环相频特性在 $\omega = \omega_c$ 处的相角。

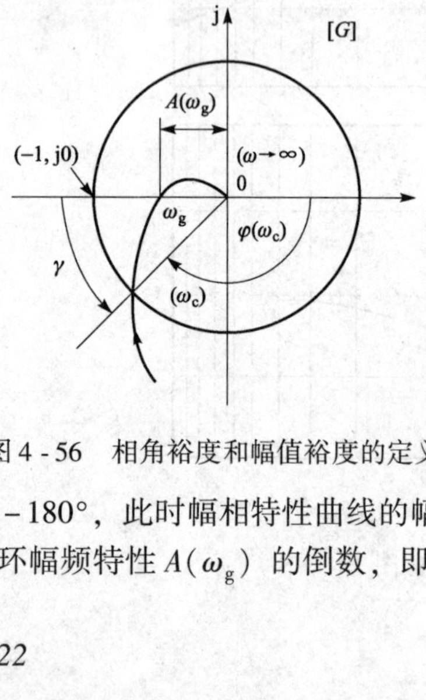

相角裕度表现为 $\varphi(\omega_c)$ 与 $-180°$ 水平线之间的角度差，如图 4-56 所示。相角裕度的物理意义在于：闭环稳定系统在截止频率 ω_c 处若相角再滞后一个 γ 角度，则系统处于临界状态；若相角滞后大于 γ，系统将变成不稳定。对于图 4-57（a）所示的稳定系统，其相角裕度为正值即 $\gamma > 0$；对于图 4-57（b）所示的不稳定系统，其相角裕度为负值即 $\gamma < 0$。

（2）幅值（增益）裕度。$G(j\omega)$ 曲线与负实轴交点处的频率 ω_g 称为相角穿越频率，即相频特性 $\varphi(\omega_g)$

图 4-56 相角裕度和幅值裕度的定义

$= -180°$，此时幅相特性曲线的幅值为 $A(\omega_g)$，如图 4-56 所示。幅值（增益）裕度 K_g 为开环幅频特性 $A(\omega_g)$ 的倒数，即

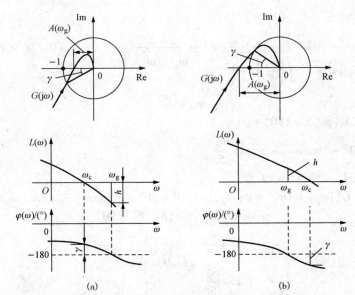

图 4-57 稳定和不稳定系统的相位裕量和幅值裕量

$$K_g = \frac{1}{A(\omega_g)} = \frac{1}{|G(j\omega_g)|} \quad (4-69)$$

在对数坐标图上，对数幅值（增益）裕度 h 用 dB 数来表示，记为

$$h = 20\lg K_g = -20\lg A(\omega_g) = -L(\omega_g) \quad (4-70)$$

即对数幅值（增益）裕度 h 的分贝值等于 $L(\omega_g)$ 与 0dB 之间的距离（0dB 线下为正）。

幅值（增益）裕度的物理意义在于：闭环稳定系统的开环增益再增大 K_g 倍，则开环频率特性曲线 $\omega = \omega_g$ 处的幅值 $A(\omega_g)$ 等于 1，正好穿越（-1, j0）点，系统处于临界稳定状态；若开环增益增大 K_g 倍以上，系统将变成不稳定。对于图 4-57（a）所示的稳定系统，其幅值裕度 $K_g > 1$（$h > 0$dB）；对于图 4-57（b）所示的不稳定系统，其幅值裕度 $0 < K_g < 1$（$h < 0$dB）。

对于最小相角（位）系统，要使闭环系统稳定，要求相角裕度 $\gamma > 0$，幅值裕度 $K_g > 1$（$h > 0$dB）。为保证闭环系统具有一定的相对稳定性，稳定裕度不能太小。在工程设计中，一般取 $\gamma = 30° \sim 60°$，$K_g \geq 2$（$h > 6$dB）。

（3）稳定裕度的计算。

【例 4-13】某单位反馈系统的开环传递函数为 $G(s) = \dfrac{K_0}{s(s+1)(s+5)}$，试求 $K_0 = 10$ 时系统的相角裕度和幅值裕度。

解：$G(s) = \dfrac{K_0/5}{s(s+1)\left(\dfrac{1}{5}s+1\right)}$ $\begin{cases} K = K_0/5 \\ v = 1 \end{cases}$

绘制开环增益 $K = K_0/5 = 2$ 时的 $L(\omega)$ 曲线如图 4-58 所示。

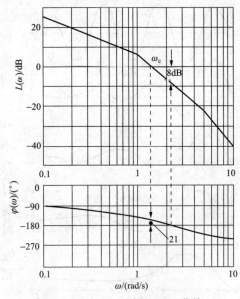

图 4-58 $K = 2$ 时的 $L(\omega)$ 曲线

当 $K=2$ 时

$$A(\omega_c) = \frac{2}{\omega_c \sqrt{\omega_c^2+1^2}\sqrt{\left(\frac{\omega_c}{5}\right)^2+1^2}} = 1 \approx \frac{2}{\omega_c \sqrt{\omega_c^2}\sqrt{1^2}} = \frac{2}{\omega_c^2} \quad (0<\omega_c<2)$$

所以
$$\omega_c = \sqrt{2}$$

$$\gamma_1 = 180° + \angle G(j\omega_c) = 180° + \varphi(\omega_c)$$
$$= 180° - 90° - \arctan\omega_c - \arctan\frac{\omega_c}{5}$$
$$= 90° - 54.7° - 15.8° = 19.5°$$

又由 $180° + \angle G(j\omega_g) = 180° + \varphi(\omega_g) = 180° - 90° - \arctan\omega_g - \arctan(\omega_g/5) = 0$

有
$$\arctan\omega_g + \arctan(\omega_g/5) = 90°$$

等式两边取正切:
$$\frac{\omega_g + \frac{\omega_g}{5}}{1-\frac{\omega_g^2}{5}} = \tan90° = \infty$$

得 $1-\omega_g^2/5=0$,即 $\omega_g = \sqrt{5} = 2.236$。

所以
$$K_{g1} = \frac{1}{|A(\omega_g)|} = \frac{\omega_g \sqrt{\omega_g^2+1}\sqrt{\left(\frac{\omega_g}{5}\right)^2+1}}{2} = 2.793$$
$$h_1 = 20\lg K_{g1} = 20\lg2.793 = 8.9\text{dB}$$

4.3.6 调节器的特性对调节质量的影响

调节器种类很多,但常用的调节规律有限,如位式调节规律属继电特性调节规律;线性调节规律有比例(P)、比例积分(PI)、比例微分(PD)、比例积分微分(PID)等。

采用线性控制规律的调节器时调节器参数指比例度(比例带)、积分时间和微分时间。当调节对象、传感器和执行器确定后,调节品质主要取决于调节器参数的整定。

1. 比例系数对调节过程的影响(图4-59)

比例度 δ 是比例系数 K_p 的倒数; δ 越大即 K_p 越小时,调节器不够灵敏,被调参数变化缓慢,稳态误差很大; δ 越小 K_p 越大,调节器越灵敏时,调节过程曲线越振荡; δ 太小即 K_p 太大时,可能发生振荡。当比例度减小到某一数值即 K_p 增大到某一数值时,系统出现等幅振荡,相应的 δ 称为临界比例度 δ_K。当比例度小于 δ_K 时,比例控制作用太强,被控量可能出现发散振荡。

因此选择合适的比例带,比例控制作用适当,平稳性好,快速性好。比例控制作用控制及时、作

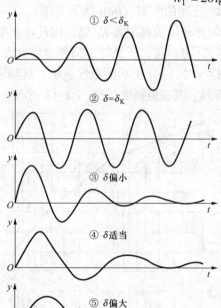

图4-59 比例度对调节过程的影响

用强，但有稳态误差，调节精度不高。因此比例控制作用一般用于干扰较小，滞后较小，而时间常数又不太小的对象。

比例系数 K_p 增大，系统稳定度降低，太大将不稳定，最大偏差减小、稳态误差减小、阻尼比（衰减系数）减小、超调量增大。

2. 积分时间对调节过程的影响

积分时间调节得过小，积分作用过强，可能引起系统的等幅振荡。积分时间选择合适时，可以减小直至消除偏差。

积分时间 T_I 越小，表示积分速度越大，积分特性曲线的斜率越大，积分作用越强，克服稳态误差能力增强，但会引起调节过程振荡加剧，稳定性降低。积分时间越短，振荡的可能性就越强烈，甚至会产生发散振荡。积分时间 T_I 越大，积分作用越弱。积分时间无穷大，则没有积分作用，演变成了纯比例调节器。

同样的比例度下，积分时间 T_I 对调节过程的影响如图 4-60 所示。积分时间越大，积分作用越弱，稳态误差消除得很慢；积分时间无穷大时，稳态误差得不到消除，积分时间太小，调节过程振荡太剧烈；当积分时间适当时，调节过程响应快速，且能消除稳态误差。

因此调节器的积分时间应按照被控对象的特性来选择。滞后不大的对象，T_I 可小些；滞后较多的对象，T_I 可选大。

3. 微分时间对调节过程的影响

微分时间 T_D 大，微分输出部分衰减得慢，微分作用强。微分作用具有抑制振荡的效果，适当的增加微分作用，可以提高系统的稳定性，又可减小被控量的波动幅度，并降低稳态误差。如果微分作用加得过大，调节器输出剧烈变化，不仅不能提高系统的稳定性，反而会引起被控量大幅度的振荡。

在一定的比例度下，微分时间 T_D 对调节过程的影响如图 4-61 所示。微分作用总是力图阻止被控变量的变化，具有抑制振荡的效果。因此适当的增加微分时间，微分作用增强，可以

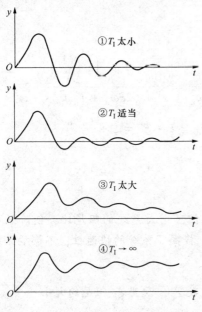

图 4-60 积分时间对调节过程的影响

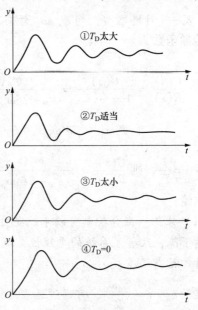

图 4-61 微分时间对调节过程的影响

提高系统的稳定性,减小被控变量的波动幅度,降低余差;微分时间过长,微分作用过大,则不仅不能提到系统的稳定性,反而会引起被控变量大幅度的振荡。微分作用为超前控制作用,能改善系统的控制品质。对滞后较大的如温度对象比较适用。

PI 调节动态指标如最大偏差和超调量都较大,但静态偏差较小;PD 调节动态指标好,微分作用增加了系统的稳定性,比例度小时,调节时间缩短;PID 动态最大偏差比 PD 稍大。积分作用使静差接近零,但调节时间增长。因此,比例调节输出响应快,只要合适选择比例度,有利于系统稳定。微分作用可减少超调量和缩短过渡过程时间。积分作用能消除静差,但是超调量和过渡过程时间增大。因此,只要将比例、积分、微分三种作用结合起来,根据对象特性,正确选用调节规律和调节器的参数,将获得较好的调节效果。

4.3.7 二阶系统的设计方法

调整典型二阶系统的两个特征参数 ξ、ω_n 可以改善系统的性能,但功能有限。如为了减小阶跃响应的超调量,应增大阻尼比 ξ,但降低了响应的初始快速性即上升时间、峰值时间延长;当系统为了增大阻尼比 ξ 必须以减小自然振荡频率 ω_n 为代价时,系统的快速性降低,稳态误差也会增大。在改善二阶系统性能的方法中,比例—微分控制和测速反馈控制是两种常用方法。

1. 比例—微分控制(PD 控制)

用分析法研究 PD 控制对系统性能的影响,由图 4-62 可得开环传递函数。

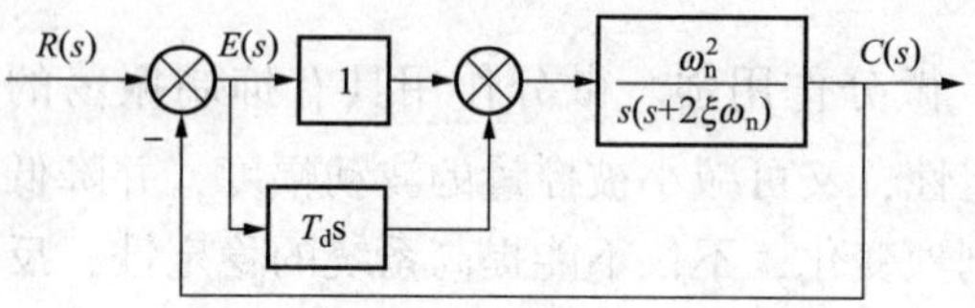

$$G(s) = \frac{C(s)}{E(s)} = \frac{(T_d s + 1)\omega_n^2}{s(s + 2\xi\omega_n)}$$

$$= \frac{\omega_n^2(T_d s + 1)}{2\xi\omega_n s\left(\dfrac{s}{2\xi\omega_n} + 1\right)} = \frac{\dfrac{\omega_n}{2\xi}(T_d s + 1)}{s\left(\dfrac{s}{2\xi\omega_n} + 1\right)}$$

图 4-62 PD 控制系统

$$K = \frac{\omega_n}{2\xi}$$

式中 K——开环增益,与 ξ、ω_n 有关。

闭环传递函数为

$$\frac{C(s)}{R(s)} = \frac{G(s)}{1 + G(s)} = \frac{\omega_n^2(T_d s + 1)}{s^2 + 2\xi\omega_n s + T_d \omega_n^2 s + \omega_n^2} = \frac{T_d \omega_n^2\left(s + \dfrac{1}{T_d}\right)}{s^2 + (2\xi\omega_n + T_d \omega_n^2)s + \omega_n^2}$$

$$T_d \omega_n^2 = 2\xi'\omega_n \qquad \xi' = \frac{T_d \omega_n}{2} \qquad \xi_d = \xi + \xi' = \xi + \frac{T_d \omega_n}{2}$$

令 $z = \dfrac{1}{T_d}$,则 $\dfrac{C(s)}{R(s)} = \dfrac{\omega_n^2(s + z)}{z(s^2 + 2\xi_d \omega_n s + \omega_n^2)}$。

结论:

(1) 比例—微分控制可以不改变自然频率 ω_n,但可增大系统的阻尼比,使阶跃响应的超调量下降,改善了系统的平稳性;调节时间缩短,提高了系统的快速性;不影响系统阶跃输入时的稳态误差;

(2) $\xi_d = \xi + \dfrac{T_d \omega_n}{2}$,可通过适当选择微分时间常数 T_d,改变 ξ_d 阻尼的大小;

(3) $K = \omega_n/2\xi$,由于 ξ 与 ω_n 均与 K 有关,所以允许选择较高的开环增益,以使系统在斜坡输入时的稳态误差减小，保证单位阶跃输入时有满意的动态性能（快速反应，小的超调），这种控制方法，工业上称为 PD 控制，由于 PD 控制相当于给系统增加了一个闭环零点，$-z = -1/T_d$，故比例—微分控制的二阶系统称为有零点的二阶系统；

（4）适用范围为微分器对噪声有放大作用（尤其是高频噪声），远大于对缓慢变化输入信号的放大作用。系统输入端噪声较强时，不宜采用。

当输入为单位阶跃函数时

$$C(s) = \varphi(s)R(s) = \frac{s+Z}{s^2 + 2\xi_d \omega_n s + \omega_n^2} \cdot \frac{\omega_n^2}{Z} \cdot \frac{1}{s} = \frac{\omega_n^2}{s(s^2 + 2\xi_d \omega_n s + \omega_n^2)} + \frac{1}{Z}$$

$$\times \frac{s\omega_n^2}{s(s^2 + 2\xi_d \omega_n s + \omega_n^2)}$$

$$\frac{\omega_n^2}{s(s^2 + 2\xi_d \omega_n s + \omega_n^2)} \longleftrightarrow 1 - \frac{1}{\sqrt{1-\xi_d^2}} e^{-\xi_d \omega_n t} \sin(\omega_n \sqrt{1-\xi_d^2}\, t + \beta)$$

$$\frac{1}{Z} \times \frac{\omega_n^2}{s^2 + 2\xi_d \omega_n s + \omega_n^2} \longleftrightarrow \frac{1}{Z} \cdot \frac{\omega_n}{\sqrt{1-\xi_d^2}} e^{-\xi_d \omega_n t} \sin \omega_n \sqrt{1-\xi_d^2}\, t$$

所以，当 $\xi_d < 1$ 时，得单位阶跃响应

$$h(t) = 1 - \frac{1}{\sqrt{1-\xi_d^2}} e^{-\xi_d \omega_n t} \sin(\omega_n \sqrt{1-\xi_d^2}\, t + \beta) + \frac{\omega_n}{z\sqrt{1-\xi_d^2}} e^{-\xi_d \omega_n t} \sin \omega_n \sqrt{1-\xi_d^2}\, t$$

$$h(t) = 1 + re^{-\xi_d \omega_n t} \sin(\omega_n \sqrt{1-\xi_d^2}\, t + \varphi)$$

$$r = \sqrt{Z^2 - 2\xi_d Z \omega_n + \omega_n^2}$$

$$\varphi = -\pi + \arctan[\omega_n \sqrt{1-\xi_d^2}/(Z - \xi_d \omega_n)] + \arctan(\sqrt{1-\xi_d^2}/\xi_d)$$

2. 测速反馈控制

通过将输出的速度信号反馈到系统输入端，并与误差信号比较，其效果与比例—微分控制相似，可以增大系统阻尼，改善系统的动态性能。K_t 为测速反馈系数。

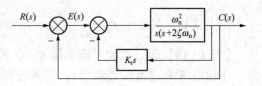

图 4 - 63 测速反馈控制的二阶系统

由图 4 - 63 得，系统的开环传递函数

$$G(s) = \frac{\frac{\omega_n^2}{s(s+2\xi\omega_n)}}{1 + \frac{\omega_n^2}{s(s+2\xi\omega_n)} K_t s} = \frac{\omega_n^2}{s^2 + (2\xi\omega_n + \omega_n^2 K_t)s}$$

$$= \frac{1}{s[s/(2\xi\omega_n + \omega_n^2 K_t) + 1]} \times \frac{\omega_n^2}{2\xi\omega_n + \omega_n^2 K_t}$$

开环增益 $K = \frac{\omega_n}{2\xi + K_t \omega_n}$；$K_t$ 会降低 K，即测速反馈会降低系统的开环增益。

相应的闭环传递函数为 $\varphi(s) = \frac{G(s)}{1+G(s)} = \frac{\omega_n^2}{s^2 + (2\xi\omega_n + K_t \omega_n^2)s + \omega_n^2}$

令 $2\xi_t\omega_n = 2\xi\omega_n + K_t\omega_n^2$；$\xi_t = \xi + \frac{1}{2}K_t\omega_n$。

结论：

(1) 测速反馈会降低系统的开环增益，从而会加大系统在斜坡输入时的稳态误差。

(2) 测速反馈不改变系统的自然振荡频率 ω_n，但可增大系统的阻尼比，使系统阶跃响应的超调量下降，改善了系统的平稳性；调节时间缩短，提高了系统的快速性；不影响系统阶跃输入时的稳态误差。可以改善系统的动态性能。

(3) 测速反馈不形成闭环零点，可适当增加原系统的开环增益，以减小斜坡输入时的稳态误差；同时适当选择测速反馈系数 K_t，使阻尼比 ξ_t 在 0.4～0.8 之间，从而满足给定的各项动态性能指标。

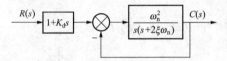

图 4-64 控制系统的框图

【例 4-14】一控制系统如图 4-64 所示，其中输入 $r(t)=t$，试证明当 $K_d = 2\xi/\omega_n$，在稳态时系统的输出能无误差地跟踪单位斜坡输入信号。

解：图 4-60 系统的闭环传递函数

$$\frac{C(s)}{R(s)} = \frac{(1+K_d s)\omega_n^2}{s^2 + 2\xi\omega_n s + \omega_n^2}$$

$$R(s) = \frac{1}{s^2}, C(s) = \frac{(1+K_d s)\omega_n^2}{s^2 + 2\xi\omega_n s + \omega_n^2} \times \frac{1}{s^2}$$

$$E(s) = R(s) - C(s) = \frac{1}{s^2} - \frac{(1+K_d s)\omega_n^2}{s^2(s^2 + 2\xi\omega_n s + \omega_n^2)} = \frac{s^2 + 2\xi\omega_n s - K_d\omega_n^2 s}{s^2(s^2 + 2\xi\omega_n s + \omega_n^2)}$$

$$e_{SS} = \lim_{s \to 0} sE(s) = \lim_{s \to 0} \frac{s + 2\xi\omega_n - K_d\omega_n^2}{s^2 + 2\xi\omega_n s + \omega_n^2} = \frac{2\xi}{\omega_n} - K_d$$

由上式知，只要令 $K_d = \dfrac{2\xi}{\omega_n}$，就可以实现系统在稳态时无误差地跟踪单位斜坡输入。

【例 4-15】设一控制系统如图 4-65 所示，要求系统的超调量为 0.2，峰值时间 $t_p = 1s$，求：① 增益 K 和速度反馈系数 τ；② 根据所求的 K 和 τ 值，计算该系统的上升时间 t_r，调节时间 t_s。

解：由①得 $\sigma = e^{-\frac{\xi\pi}{\sqrt{1-\xi^2}}} = 0.2$

$$\xi = \frac{\ln\left(\frac{1}{\sigma}\right)}{\sqrt{\pi^2 + \left(\ln\frac{1}{\sigma}\right)^2}} = 0.456$$

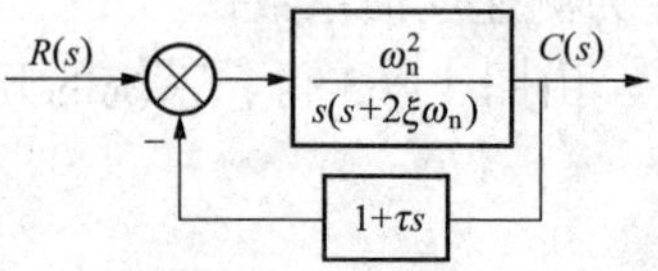

图 4-65 控制系统的框图

$t_p = \dfrac{\pi}{\omega_d} = 1s$，则 $\omega_d = \pi = 3.14\text{rad/s}$；由 $\omega_d = \omega_n\sqrt{1-\xi^2}$ 得

$$\omega_n = \frac{\omega_d}{\sqrt{1-\xi^2}} = \frac{3.14}{\sqrt{1-0.456^2}} = 3.53\text{rad/s}$$

系统的闭环传递函数 $\varphi(s) = \dfrac{C(s)}{R(s)} = \dfrac{K}{s^2 + s + K\tau s + K} = \dfrac{K}{s^2 + (1+K\tau)s + K}$

所以 $K = \omega_n^2 = 3.53^2 = 12.46$

$$2\xi\omega_n = 1 + K\tau \qquad \tau = \frac{2\xi\omega_n - 1}{K} = \frac{2 \times 0.456 \times 3.53 - 1}{12.46} = 0.178$$

② 上升时间
$$t_r = \frac{\pi - \beta}{\omega_d} = \frac{3.14 - \arccos\xi}{3.14} = \frac{3.14 - 1.097}{3.14} = 0.65\text{s}$$

调节时间
$$t_s = \frac{3.5}{\xi\omega_n}\left(\frac{3}{\xi\omega_n}\right) = \frac{3.5}{0.456 \times 3.53} = 2.17\text{s} \qquad (\Delta = 0.05)$$

$$t_s = \frac{4.5}{\xi\omega_n}\left(\frac{4}{\xi\omega_n}\right) = \frac{4.5}{0.456 \times 3.53} = 2.80\text{s} \qquad (\Delta = 0.02)$$

3. 比例—微分控制与测速反馈控制的比较

（1）附加阻尼来源：比例—微分控制的阻尼比作用由系统输入端误差信号的速度产生的，测速反馈控制的阻尼比作用由系统输出端响应的速度产生的，因此对于给定的开环增益和斜坡输入信号时，测速反馈控制对应较大的稳态误差。

（2）使用环境：比例—微分控制对噪声有明显的放大作用，当系统输入端噪声严重时，一般不宜选用比例—微分控制。测速反馈控制对系统输入端噪声有滤波作用，使用场合比较广泛。

（3）对开环增益和自然振荡频率的影响：比例—微分控制对系统的开环增益和自然振荡频率均无影响；测速反馈控制虽不影响自然振荡频率，但会降低开环增益。当斜坡输入作用时，为了降低系统的稳态误差，测速反馈控制需要增大开环增益，则会引起系统自然振荡频率的增大，当系统存在高频噪声时，可能引起系统共振。

（4）对动态性能的影响：比例—微分控制相当于在系统中增加了实零点，可以加快上升时间。在相同阻尼比时，比例—微分控制系统的超调量大于测速反馈控制系统的超调量。

提示：

基本调节规律如比例、比例积分、比例微分和比例积分微分控制规律，以及通过内反馈可进行调节规律的求取。一阶控制系统的阶跃响应及其性能指标快速性：调节时间。二阶控制系统的阶跃响应尤其是二阶欠阻尼系统及其性能指标：快速性：调节时间、峰值时间、上升时间；平稳性：超调量。

掌握典型环节的幅频、相频特性和对数幅频特性及频率特性的表示法如极坐标图（幅相频率特性）和对数坐标（倍频）图，给出传递函数绘制极坐标图（频率特性），给出对数坐标图能反推出来传递函数。掌握系统的相对稳定性—幅值裕度和相位裕度的概念。

比例度、积分时间、微分时间对调节质量的影响要掌握。比例微分控制和测速反馈控制中要掌握测速反馈控制二阶系统的性能指标的求取。

4.4 控制系统的稳定性与对象的调节性能

4.4.1 稳定性基本概念

原来处于平衡状态的系统，在受到扰动作用后偏离原来的平衡状态，当扰动作用消失后，系统能逐渐恢复到原来的平衡状态，则称系统是稳定的，或系统具有稳定性。若扰动消失后系统不能恢复到原来的平衡状态，则系统是不稳定的。

系统的稳定性表现为系统时域响应的收敛性，是系统在扰动撤销后自身的一种恢复能力，是系统的固有特性。

4.4.2 稳定性与特征方程根的关系

系统的特征根全部具有负实部时，系统具有稳定性；当特征根中有一个或一个以上正实部根时，系统不稳定；若特征根中具有一个或一个以上零实部根、而其他的特征根均具有负实部时，系统处于稳定和不稳定的临界状态，为临界稳定。

系统稳定的充分必要条件：系统的特征根均具有负实部，即系统的闭环极点均位于 S 的左半平面。

系统稳定的必要条件：系统特征方程的各项系数均存在，且同号。

4.4.3 代数稳定判据

1. 劳斯稳定判据

系统特征方程为 $a_0 s^n + a_1 s^{n-1} + \cdots + a_{n-1} s + a_n = 0$

列劳斯表：

s^n	a_0	a_2	a_4	a_6	$\cdots$
s^{n-1}	a_1	a_3	a_5	a_7	
s^{n-2}	b_1	b_2	b_3	b_4	$\cdots$
s^{n-3}	c_1	c_2	c_3		$\cdots$
$\vdots$	$\vdots$	$\vdots$	$\vdots$		
s^2	e_1	e_2			
s^1	f_1				
s^0	g_1				

表中：$b_1 = -\dfrac{1}{a_1}\begin{vmatrix} a_0 & a_2 \\ a_1 & a_3 \end{vmatrix} = \dfrac{a_1 a_2 - a_0 a_3}{a_1}$，$b_2 = -\dfrac{1}{a_1}\begin{vmatrix} a_0 & a_4 \\ a_1 & a_5 \end{vmatrix} = \dfrac{a_1 a_4 - a_0 a_5}{a_1}$

$b_3 = -\dfrac{1}{a_1}\begin{vmatrix} a_0 & a_6 \\ a_1 & a_7 \end{vmatrix} = \dfrac{a_1 a_6 - a_0 a_7}{a_1} \cdots$

$c_1 = -\dfrac{1}{b_1}\begin{vmatrix} a_1 & a_3 \\ b_1 & b_2 \end{vmatrix} = \dfrac{b_1 a_3 - a_1 b_2}{b_1}$，$c_2 = -\dfrac{1}{b_1}\begin{vmatrix} a_1 & a_5 \\ b_1 & b_3 \end{vmatrix} = \dfrac{b_1 a_5 - a_1 b_3}{b_1} \cdots$

劳斯稳定判据：

（1）系统稳定的充分必要条件是劳斯表的第一列元素全部大于零。

（2）劳斯表第一列元素改变符号的次数代表特征方程正实部根的数目。

劳斯判据的两种特殊情况。

（1）劳斯表的某一行中，第一列为零，其余各项不全为零。用 $\varepsilon(\varepsilon > 0 \text{ 且 } \varepsilon \to 0)$ 代替 0 继续计算。

（2）计算中，劳斯表的某一行各元素均为零，说明特征方程有关原点对称的根。建辅助方程，求导后继续计算。

2. 稳定判据的应用

（1）判别系统的稳定性。

（2）分析系统参数变化对稳定性的影响。

（3）检验稳定裕度。令 $s = z - \sigma$（$\sigma > 0$），将其代入系统特征方程，可得关于 z 的多项式，以判断系统的相对稳定性。

二阶系统的特征方程 $a_0 s^2 + a_1 s + a_2 = 0$，稳定条件是各项系数的符号必须相同。

三阶系统的特征方程为 $a_0 s^3 + a_1 s^2 + a_2 s + a_3 = 0$，稳定条件是 a_0、a_1、a_2、a_3 均大于零且 $a_1 a_2 > a_0 a_3$。

【例 4-16】判断稳定性。

解：(1) $5s^3 + 6s^2 + 3s - 5 = 0$

常数项系数为负，根据稳定的必要条件可知：系统不稳定。

(2) $5s^3 + 6s^2 + 5 = 0$

缺项，缺少 s 项，根据稳定的必要条件可知：系统不稳定。

(3) $2s^4 + 2s^3 + 8s^2 + 3s + 2 = 0$

满足必要条件，但系统是否稳定，需根据劳斯表判断。

劳斯表：

s^4	2	8	2
s^3	2	3	
s^2	$\dfrac{2\times 8 - 2\times 3}{2} = 5$	$\dfrac{2\times 2 - 2\times 0}{2} = 2$	
s^1	$\dfrac{5\times 3 - 2\times 2}{5} = \dfrac{11}{5}$	0	
s^0	2		

劳斯表中第一列元素均大于零，根据劳斯稳定判据系统稳定。

(4) $s^4 + 5s^3 + 8s^2 + 16s + 20 = 0$

满足必要条件，但系统是否稳定，需根据劳斯表判断。

劳斯表：

s^4	1	8	20
s^3	5	16	
s^2	4.8	$\dfrac{5\times 8 - 1\times 16}{5} = 4.8$	20
s^1	-4.83	$\dfrac{4.8\times 16 - 5\times 20}{4.8} = -4.83$	0
s^0	20		

劳斯表第一列元素符号改变两次，说明有两个根在右半平面，系统不稳定。

【例 4-17】已知系统结构如图 4-66 所示，试确定使系统稳定的 K 值范围。

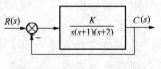

图 4-66　[例 4-17] 图

解：闭环系统的传递函数为：

$$\frac{C(s)}{R(s)} = \frac{K}{s^3 + 3s^2 + 2s + K}$$

闭环特征方程式为：$s^3 + 3s^2 + 2s + K = 0$

劳斯表：

s^3	1	2
s^2	3	K
s^1	$(6-K)/3$	
s^0	K	

为使系统稳定，劳斯表第一列元素需均大于零。因此必须使 $K>0$，$6-K>0$，即 $K<6$。
则 K 的取值范围为：$0<K<6$。
临界放大系数为：$K_l=6$。

4.4.4 对象的调节性能指标

(1) 衰减比 n：衰减比是反映被调参数振荡衰减程度的指标，等于前后两个波峰之比。如图 4-67 所示，$n=M/M'$。用 n 可以判断振荡是否衰减和衰减程度。$n>1$ 时，系统稳定；$n=1$ 时，等幅振荡；$n<1$ 时，增幅振荡。通常取 $n=4\sim10$。表明调节作用能够很快克服干扰，将被调参数的波动回复到允许的范围之内。

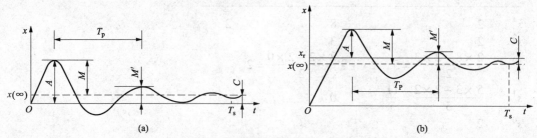

图 4-67 调节性能指标示意图
(a) 阶跃干扰作用下的过渡过程；(b) 阶跃给定作用下的过渡过程

(2) 静差 C：过渡过程终了时，被调参数稳定在给定值附近，稳定值与给定值之差为静差。$|C|=0$ 时，为无静差；$|C|\neq0$ 时，为有静差。

(3) 超调量（动差）M：过渡过程中，被调参数相对于新稳态值的最大波动量。

(4) 最大偏差 $A=M+C$：被调参数相对于给定值的最大偏差。若 A 过大，且偏离时间过长，系统离开指定的工艺状态越远，调节品质越差。

(5) 振荡周期 T_p 和振荡频率 f：相邻两个波峰所经历的时间为振荡周期，其倒数为振荡频率。

(6) 调节过程时间 t_s：调节系统受干扰后，从被调参数开始波动至达到新稳态所经历的时间间隔。t_s 越小越好，一般希望 $t_s=3T_p$。

以上指标反映了系统的稳定性、准确性和快速性。稳定性是首要的。

提示：

系统稳定的充要条件：系统的特征均具有负实部。系统稳定的必要条件：系统特征方程的各项系数均存在，且同号。判别系统稳定性时可先用必要条件衡量系统，然后再用代数稳定判据进行判稳。对于二阶、三阶特征方程，可用书中给出的稳定条件直接判别。高阶系统可通过列劳斯表进行判别。这里要注意的是：判稳根据系统的特征方程，系统的特征方程是闭环传递函数的分母多项式等于零得到的。如果给出的系统的开环传递函数或方框图，首先要求出系统的闭环传递函数，然后再进行判稳。

可用衰减比判别系统的稳定性。

4.5 控制系统的误差分析

4.5.1 误差及稳态误差

1. 误差 $e(t)$

设控制系统的典型动态结构图如图 4-68 所示。

设给定信号为 $r(t)$，主反馈信号为 $b(t)$，一般定义其差值 $e(t)$ 为误差信号，即

$$e(t) = r(t) - b(t) \tag{4-71}$$

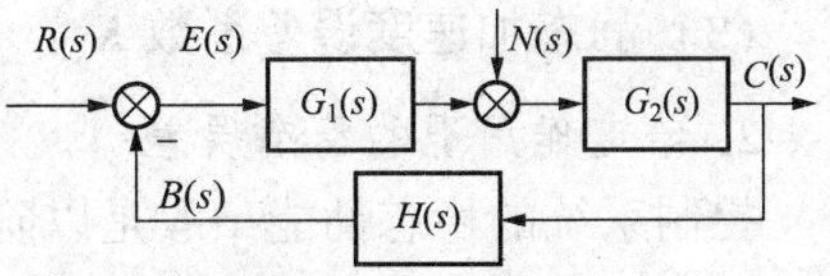

2. 稳态误差 e_{SS}

当时间 $t \to \infty$ 时，此值就是稳态误差，用 e_{SS} 表示，即

图 4-68 控制系统的典型动态结构图

$$e_{SS} = \lim_{t \to \infty}[r(t) - b(t)] \tag{4-72}$$

这种稳态误差的定义是从系统输入端定义的。这个误差在实际系统是可以测量的，因而具有一定的物理意义。

3. 误差传递函数

由图 4-68 可得系统的误差传递函数为

$$\frac{E(s)}{R(s)} = 1 - \frac{B(s)}{R(s)} = \frac{1}{1 + G_1(s)G_2(s)H(s)} = \frac{1}{1 + G(s)} \tag{4-73}$$

式中 $G(s)$——系统开环传递函数，$G(s) = G_1(s)G_2(s)H(s)$。

由此误差的拉氏变换为

$$E(s) = \frac{R(s)}{1 + G(s)} \tag{4-74}$$

给定稳态误差为

$$e_{SS} = \lim_{t \to \infty} e(t) = \lim_{s \to 0} sE(s) = \lim_{s \to 0} \frac{sR(s)}{1 + G(s)} \tag{4-75}$$

由此可见，有两个因素决定稳态误差，即系统的开环传递函数 $G(s)$ 和输入信号 $R(s)$。系统的结构和参数的不同，输入信号的形式和大小的差异，都会引起系统稳态误差的变化。

4.5.2 系统类型及误差度

1. 系统类型（型别）

根据开环传递函数中串联的积分个数，将系统分为几种不同类型（型别）。把系统开环传递函数表示成下面形式。

$$G(s) = \frac{K \prod_{i=1}^{m}(\tau_i s + 1)}{s^v \prod_{j=1}^{n-v}(T_j s + 1)} \tag{4-76}$$

式中 K——系统的开环增益；

v——开环传递函数中积分环节的个数。

系统按 v 的不同取值可以分为不同类型。$v = 0, 1, 2$ 时，系统分别称为 0 型、I 型和 II 型系统。$v > 2$ 的系统很少见，实际上很难使之稳定，所以这种系统在控制工程中一般不会碰到。

2. 误差度

被控量稳态值的附近 $\pm 5\% c(\infty)$ [或 $\pm 2\% c(\infty)$] 称为系统的误差度（带）。

4.5.3 静态（稳态）误差系数

1. 静态（稳态）误差系数

（1）静态位置误差系数 K_p：

$$K_p = \lim_{s \to 0} G(s)H(s) \tag{4-77}$$

（2）静态速度误差系数 K_v：

$$K_v = \lim_{s \to 0} sG(s)H(s) \tag{4-78}$$

(3) 静态加速度误差系数 K_a： $K_a = \lim_{s \to 0} s^2 G(s) H(s)$ (4-79)

2. 给定作用下的稳态误差

控制系统的稳态性能一般是以阶跃、斜坡和抛物线信号作用在系统上而产生的稳态误差来表征。下面分别讨论这三种不同输入信号作用于不同类型的系统时产生的稳态误差。

(1) 单位阶跃函数输入 当 $U(s) = 1/s$ 时，由式 (4-75) 得到稳态误差为

$$e_{SS} = \lim_{s \to 0} \frac{s \times \frac{1}{s}}{1 + G(s)} = \frac{1}{1 + \lim_{s \to 0} G(s)} = \frac{1}{1 + K_p} \quad (4-80)$$

定义 $K_p = \lim_{s \to 0} G(s)$，$K_p$ 为位置误差系统系数。根据定义得

对 0 型系统　　　　　　$v = 0, K_p = K, e_{SS} = 1/(1 + K_p)$

对 I 型系统及 I 型以上的系统 $v = 1, 2, \cdots, K_p = \infty, e_{SS} = 0$

$$K_p = \lim_{s \to 0} \frac{K \prod_{i=1}^{m}(\tau_i s + 1)}{s^v \prod_{j=1}^{n-v}(T_j s + 1)} \quad (4-81)$$

由此可见，对于单位阶跃输入，只有 0 型系统有稳态误差，其大小与系统的开环增益成反比。而 I 型和 I 型以上的系统位置误差系数均为无穷大，稳态误差均为零。0 型系统可以跟踪阶跃输入信号。

(2) 单位斜坡函数输入 当 $U(s) = 1/s^2$ 时，系统稳态误差为

$$e_{SS} = \lim_{s \to 0} \frac{s \times \frac{1}{s^2}}{1 + G(s)} = \frac{1}{\lim_{s \to 0} s G(s)} = \frac{1}{K_v} \quad (4-82)$$

定义，$K_v = \lim_{s \to 0} s G(s)$，$K_v$ 为速度误差系数。则

$$K_v = \lim_{s \to 0} \frac{sK \prod_{i=1}^{m}(\tau_i s + 1)}{s^v \prod_{j=1}^{n-v}(T_j s + 1)} \quad (4-83)$$

对 0 型系统　　　　　　$v = 0$，$K_v = 0$，$e_{SS} = \infty$

对 I 型系统　　　　　　$v = 1$，$K_v = K$，$e_{SS} = 1/K_v$

对 II 型或高于 II 型系统　$v = 2, 3, \cdots, K_v = \infty$，$e_{SS} = 0$

由此可见，对于单位斜坡输入，0 型系统稳态误差为无穷大；I 型系统可以跟踪斜坡输入信号，但有稳态误差，该误差与系统的开环增益成反比；II 型或高于 II 型系统，稳态误差为零。

(3) 单位抛物线函数输入 当 $U(s) = 1/s^3$ 时，系统的稳态误差为

$$e_{SS} = \lim_{s \to 0} \frac{s \times \frac{1}{s^3}}{1 + G(s)} = \frac{1}{\lim_{s \to 0} s^2 G(s)} = \frac{1}{K_a} \quad (4-84)$$

定义 $K_a = \lim_{s \to 0} s^2 G(s)$，$K_a$ 为加速度误差系数，则

$$K_a = \lim_{s \to 0} \frac{s^2 K \prod_{i=1}^{m}(\tau_i s + 1)}{s^v \prod_{j=1}^{n-v}(T_j s + 1)} \tag{4-85}$$

对 0 型系统　　　　　　　　$v = 0, K_a = 0, e_{SS} = \infty$
对 Ⅰ 型系统　　　　　　　　$v = 1, K_a = 0, e_{SS} = \infty$
对 Ⅱ 型系统　　　　　　　　$v = 2, K_a = K, e_{SS} = 1/K$
对 Ⅲ 型或高于Ⅲ型系统　　　$v = 3, 4, \cdots, K_a = \infty, e_{SS} = 0$

由此可知，0 型及 Ⅰ 型系统都不能跟踪抛物线输入；Ⅱ 型系统可以跟踪抛物线输入，但存在一定的误差，该误差与系统的开环增益成反比；只有Ⅲ型或高于Ⅲ型的系统，才能准确跟踪抛物线输入信号。

表 4-4 列出了不同类型的系统在不同参考输入下的误差系数和稳态误差。

表 4-4　　　　　　　　　误差系数和稳态误差

系统类型	误差系数			典型输入作用下稳态误差		
	K_p	K_v	K_a	阶跃输入 $u(t) = R1(t)$	斜坡输入 $u(t) = Rt$	抛物线输入 $u(t) = Rt^2/2$
0 型	K	0	0	$R/(1 + K_p)$	∞	∞
Ⅰ 型	∞	K	0	0	R/K_v	∞
Ⅱ 型	∞	∞	K	0	0	R/K_a

【例 4-18】 已知单位负反馈系统的开环传递函数为

$$G(s) = \frac{10(s+1)}{s^2(s+4)}$$

当参考输入为 $r(t) = 4 + 6t + 3t^2$ 时，试求系统的稳态误差。

解：由于系统为Ⅱ型系统，所以对阶跃输入和斜坡输入下的稳态误差均为零，对抛物线输入，由于：$K_a = \lim_{s \to 0} s^2 G(s) = \frac{10}{4}$，所以稳态误差为 $e_{ss} = \frac{6}{K_a} = \frac{24}{10} = 2.4$。

提示：

稳态误差的求取：根据系统的型别和静态误差系数求取，或根据终值定理求取。型别为系统开环传递函数中含有积分环节的个数。消除稳态误差的方法有：增加积分环节和提高开环增益。

4.6 控制系统的综合和校正

4.6.1 校正的概念

1. 校正

在系统中加入一些其参数可以根据需要而改变的机构或装置，使系统整个特性发生变化，从而满足给定的各项性能指标。

2. 校正装置

加入一些其参数可以根据需要而改变的机构或装置，这种附加装置为校正装置，也称为补偿器,其传递函数用 $G_c(s)$ 表示。校正装置 $G_c(s)$ 与系统固有部分的连接方式,称为系统的校正方案。

校正装置在系统中的连接方式,可分为串联校正、反馈校正、前馈校正和复合校正四种。串联校正和反馈校正,是在系统主反馈回路之内采用的校正方式。校正装置与原系统在前向通道串联连接,称为串联校正,如图 4-69(a) 所示。由原系统的某一元件引出反馈信号构成局部负反馈回路,校正装置设置在这一局部反馈通道上,则称为反馈校正,如图 4-69(b) 所示。前馈校正对称顺馈校正,是在系统主反馈回路之外采取的校正方式,如图 4-69(c)、(d) 所示,前馈校正装置设置在参考输入之后、主反馈作用点之前的前向通道上,相当于对参考信号先进行滤波或整形,又称前置滤波器[见图 4-69(c)];另一种前馈校正即干扰补偿是在系统主反馈回路之外采取的又一种校正方式,也常称为前馈校正,如图 4-69(d) 所示,干扰补偿装置直接或间接测量干扰信号,经过变换后接入系统,形成一条附加的、对干扰的影响进行补偿的通道。以上两种校正方式可单独作用于开环控制系统,也可作为反馈控制系统的附加校正方式组成复合控制系统。

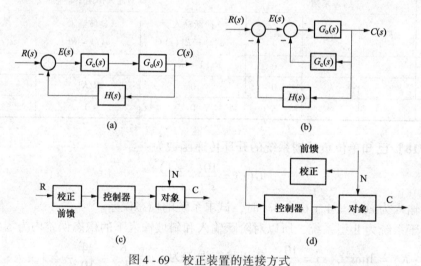

图 4-69 校正装置的连接方式
(a) 串联校正;(b) 反馈校正;(c) 前馈校正;(d) 干扰补偿

复合校正是在反馈控制回路中,加入前馈校正通路组成的。有按扰动补偿的复合控制和按输入补偿的复合控制。

3. 性能指标

(1) 时域指标。包括稳态指标和动态指标。稳态指标是衡量系统稳态精度的指标。控制系统稳态精度的表征—稳态误差 e_{SS},一般用以下三种误差系数来表示:稳态位置误差系数 K_p,表示系统跟踪单位阶跃输入时系统稳态误差的大小;稳态速度误差系数 K_v,表示系统跟踪单位速度输入时系统稳态误差的大小;稳态加速度误差系数 K_a,表示系统跟踪单位加速度输入时系统稳态误差的大小。

动态指标通常为上升时间、峰值时间、调节(调整)时间、超调量(最大超调量)和阻尼比等。

(2) 频域指标。频域性能指标分开环频域指标和闭环频域指标两种。

开环频域指标指相位裕量，幅值裕量和剪切（截止）频率 ω_c 等。闭环频域指标指谐振峰值 M_r，谐振频率 ω_r 和频带宽度（带宽）ω_b 等。

（3）二阶系统频域指标与时域指标的关系。

谐振峰值 $$M_r = \frac{1}{2\xi\sqrt{1-\xi^2}} \quad (0 < \xi \leq \frac{\sqrt{2}}{2} \approx 0.707) \tag{4-86}$$

谐振频率 $$\omega_r = \omega_n\sqrt{1-2\xi^2} \tag{4-87}$$

带宽频率 $$\omega_b = \omega_n\sqrt{1-2\xi^2 + \sqrt{(1-2\xi^2)^2 + 1}} \tag{4-88}$$

截止频率 $$\omega_c = \omega_n\sqrt{\sqrt{4\xi^4+1} - 2\xi^2} \tag{4-89}$$

相位裕度 $$\gamma = \arctan\frac{2\xi}{\sqrt{\sqrt{4\xi^4+1} - 2\xi^2}} \tag{4-90}$$

超调量 $$\sigma\% = e^{-\frac{\pi\xi}{\sqrt{1-\xi^2}}} \times 100\% \tag{4-91}$$

调节时间 $$t_s = \frac{3.5}{\xi\omega_n} \quad \omega_c t_s = \frac{7}{\tan\gamma} \tag{4-92}$$

（4）高阶系统频域指标与时域指标。

谐振峰值 $$M_r = \frac{1}{\sin\gamma} \tag{4-93}$$

超调量 $$\sigma = 0.16 + 0.4(M_r - 1) \quad (1 \leq M_r \leq 1.8) \tag{4-94}$$

调节时间 $$t_s = \frac{K\pi}{\omega_c} \tag{4-95}$$

其中 $K = 2 + 1.5(M_r - 1) + 2.5(M_r - 1)^2 \quad (1 \leq M_r \leq 1.8)$

4.6.2 串联校正装置的形式及其特性

1. 超前校正装置

（1）超前校正装置的相频特性在 $0 < \omega < \infty$ 范围内为正相角，无源超前校正装置如图 4-70 所示。

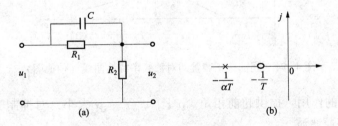

图 4-70 无源超前校正装置
(a) 电路图；(b) 零、极点分布图

超前校正装置的传递函数为

$$G_c(s) = \frac{U_2}{U_1} = \alpha\frac{Ts+1}{\alpha Ts+1} \tag{4-96}$$

其中 $\alpha = \frac{R_2}{R_1 + R_2} < 1; T = R_1 C$

频率特性
$$G_c(j\omega) = \alpha \frac{Tj\omega + 1}{\alpha Tj\omega + 1}$$

相频特性
$$\varphi_c = \arctan \omega T - \arctan \alpha\omega T = \arctan \frac{(1-\alpha)T\omega}{\alpha T^2 \omega^2 + 1}$$

令 $\dfrac{d\varphi_c}{d\omega} = 0 \Rightarrow \omega_m = \dfrac{1}{T\sqrt{\alpha}}$ 得 $\varphi_m = \arctan \dfrac{1-\alpha}{2\sqrt{\alpha}}$ 或 $\varphi_m = \arcsin \dfrac{1-\alpha}{1+\alpha}$

则
$$\alpha = \frac{1 - \sin\varphi_m}{1 + \sin\varphi_m} \tag{4-97}$$

在最大超前角频率处 ω_m，具有最大超前角 φ_m，φ_m 正好处于两个转折频率 $\dfrac{1}{\alpha T}$ 与 $\dfrac{1}{T}$ 的几何中心。ω_m 为 $\dfrac{1}{\alpha T}$ 与 $\dfrac{1}{T}$ 的几何中心。$T^2 \omega_m^2 = \dfrac{1}{\alpha}$。

对数幅频特性：$L_c(\omega) = 20\lg \sqrt{1 + (\omega T)^2} - 20\lg \sqrt{1 + (\alpha\omega T)^2}$

$$L_c(\omega_m) = 20\lg \sqrt{1 + (T\omega_m)^2} - 20\lg \sqrt{1 + (\alpha T\omega_m)^2} = 20\lg \sqrt{\frac{1 + (T\omega_m)^2}{1 + (\alpha T\omega_m)^2}}$$

$$L_c(\omega_m) = 20\lg \sqrt{\frac{1}{\alpha}} = -10\lg\alpha \quad (0 < \alpha < 1) \tag{4-98}$$

超前校正装置的对数频率特性曲线（伯德图）如图 4-71 所示。

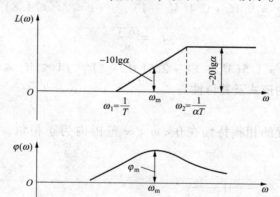

图 4-71 超前校正装置的对数频率特性曲线（伯德图）

超前校正装置的作用：提供超前相角。$\alpha \downarrow$，$\varphi_m \uparrow$；α 太小，对抑制噪声不利，一般选 $\alpha = 0.1$。$\alpha < 1$，高通滤波。

PD 控制器的传递函数为：$G_c(s) = K_p(1 + T_D s)$，是一种超前校正装置。

（2）超前校正装置的设计。超前校正是利用校正装置的相位超前特性来增加系统的相角稳定裕量，利用校正装置幅频特性曲线的正斜率段来增加系统的穿越频率，从而改善系统的平稳性和快速性。为此，要求校正装置的最大超前相角 φ_m 出现在系统新的穿越频率 ω_c 处。

超前校正装置设计的一般步骤：

1）根据系统稳态指标的要求确定开环增益 K。

2) 根据确定的开环增益 K,绘制原系统的伯德图 $L_0(\omega)$ 和 $\varphi(\omega)$,并确定其相位裕量。

3) 根据性能指标要求的相位裕量 γ' 和实际系统的相位裕量 γ,确定最大超前相角 φ_m,即 $\varphi_m = \gamma' - \gamma + \Delta$。

其中 Δ 是用于补偿因超前校正装置的引入,使系统的穿越频率增大而带来的相角滞后量。一般,如果未校正系统的开环幅频特性在穿越频率 ω_c 处的斜率为 -40dB/dec,则取值为 $5° \sim 12°$;如果在 ω_c 处的斜率为 -60dB/dec,则取 $\Delta = 15° \sim 20°$。

4) 根据所确定的 φ_m,计算出 α 值。

5) 在未校正系统对数幅频曲线 $L_0(\omega)$ 上找到幅频值为 $10\lg\alpha$ 的点,选定该点对应的频率为超前校正装置的 ω_m,则在该点处,$L_0(\omega)L_c(\omega)$ 的代数和为 0dB,即该点频率既是选定的 ω_m,也是校正后系统的穿越频率 ω'_c。

6) 根据选定的 ω_m 确定校正装置的转折频率,并画出校正装置的伯德图。

$$\omega_1 = \frac{1}{T} = \sqrt{\alpha}\omega_m, \quad \omega_2 = \frac{1}{\alpha T} = \frac{\omega_m}{\sqrt{\alpha}}$$,可得校正装置的两个转折频率。

7) 画出校正后系统的伯德图,并校验系统的相裕量 γ' 是否满足要求。如果不满足要求,则增大 Δ 值,从步骤 3) 开始重新计算。

超前校正利用了超前网络校正装置相角超前、幅值增加的特性,校正后可以使系统的截止频率 ω_c 变宽、相角裕度 γ 增大,从而有效改善系统的动态性能快速性和平稳性。系统稳定性满足的情况下,要求系统的响应快、超调小,可采用串联超前校正。

2. 滞后校正装置

其相频特性 $0 < \omega < \infty$ 频率范围内为负相角。无源滞后校正装置如图 4-72 所示。

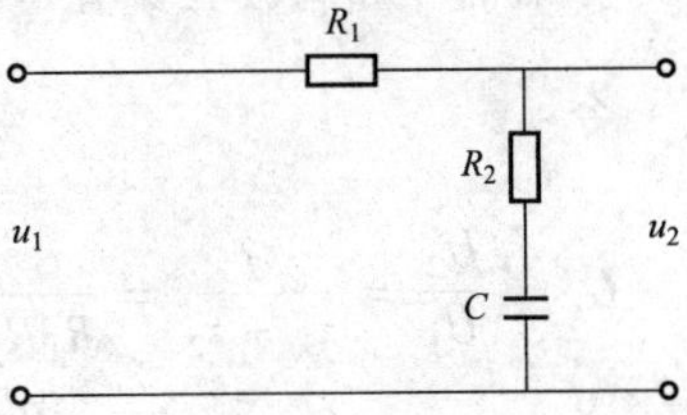

图 4-72 无源滞后校正装置

其传递函数为

$$G_c(s) = \frac{Ts + 1}{\beta Ts + 1} \tag{4-99}$$

其中,$\beta = \frac{R_1 + R_2}{R_2} > 1$,$T = R_2 C$。

从形式上看与超前校正装置类似,有 $\omega_m = \frac{1}{T\sqrt{\beta}} = \sqrt{\frac{1}{T} \cdot \frac{1}{\beta T}}$。即滞后校正装置的最大滞后角 φ_m 位于转折频率 $\omega_1 = \frac{1}{\beta T}$ 和 $\omega_2 = \frac{1}{T}$ 的几何中点 ω_m 处,其大小为 $\varphi_m = \arcsin\frac{1-\beta}{1+\beta}$。

根据传递函数可画出滞后校正装置的伯德图,如图 4-73 所示。

由图 4-73 可见,校正装置输出量的相位总是滞后于输入量的相位,故称其为滞后校正装置。滞后校正装置的作用:低通滤波,能抑制噪声,改善稳态性能。$\beta\uparrow$,抗噪声能力 $\uparrow$。一般 $\beta = 10$。

为不使滞后相角影响 γ,一般取 $\frac{1}{T} = \frac{\omega_c}{4} \sim \frac{\omega_c}{10}$。

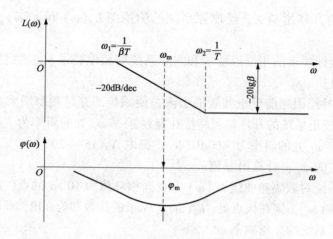

图 4-73 滞后校正装置的开环对数频率特性曲线

PI 控制器的传递函数为 $G_c(s) = K_p\left(\dfrac{1+T_I s}{T_I s}\right)$，是一种滞后校正装置。

采用滞后校正装置进行串联校正时，主要是利用其高频幅值衰减特性，以降低系统的截止频率，提高系统的相角裕度，改善系统的平稳性。高精度、稳定性要求高的系统常采用串联滞后校正，如恒温控制。

3. 滞后-超前校正装置

令

$$z_1 = \dfrac{R_1}{R_1 C_1 s + 1}, z_2 = R_2 + \dfrac{1}{C_2 s}$$

$$G_c = \dfrac{U_2}{U_1} = \dfrac{z_2}{z_1 + z_2} = \dfrac{(R_1 C_1 s + 1)(R_2 C_2 s + 1)}{R_1 R_2 C_1 C_2 s^2 + (R_1 C_1 + R_2 C_2 + R_1 C_2) s + 1} \quad (4-100)$$

令

$$R_1 C_1 = T_1, R_2 C_2 = T_2, R_1 C_2 = T_{12}$$

$$T_1 + T_2 + T_{12} = \dfrac{T_1}{\beta} + \beta T_2$$

则

$$G_c(s) = \dfrac{(T_1 s + 1)(T_2 s + 1)}{\left(\dfrac{T_1}{\beta}s + 1\right)(\beta T_2 s + 1)} = \underbrace{\dfrac{s + \dfrac{1}{T_1}}{s + \dfrac{\beta}{T_1}}}_{\text{超前}} \times \underbrace{\dfrac{s + \dfrac{1}{T_2}}{s + \dfrac{1}{\beta T_2}}}_{\text{滞后}} \quad (4-101)$$

因此滞后-超前校正装置同时具有滞后校正和超前校正功能，即既能增加稳定裕度、提高响应速度（快速性），又能减小稳态误差，提高稳态精度。

PID 控制器的传递函数为：$G_c(s) = K_p\left(1 + \dfrac{1}{T_I s} + T_D s\right)$，兼有 PI 控制器和 PD 控制器的优点，是一种滞后-超前校正装置。

4.6.3 继电器调节系统（非线性系统）及校正

1. 非线性系统

在系统的各个环节中，只要有一个或一个以上的环节为非线性环节的系统。非线性系统与线性系统本质的差别是非线性系统不能应用叠加原理,非线性系统一般不能求得完整的解,只能对非线性系统的稳定性、动态品质做一些估计。

(1) 非线性系统的分析方法。非线性系统,建立数学模型、求解非线性微分方程的街及应用其接来分析非线性系统的性能非常困难。目前研究非线性系统常用的工程近似方法有相平面法和描述函数法。

1) 相平面法。相平面法是时域分析法在非线性系统中的推广应用,通过在相平面上绘制相轨迹,可求出微分方程在任何初始条件下的解,比较精确和全面,但仅适用于一阶、二阶非线性系统的分析。

2) 描述函数法。描述函数法是一种频率分析方法,使线性系统理论中的频率法在非线性系统中的推广应用。描述函数法的实质是应用谐波线性化的方法,将非线性元件的特性线性化,用线性系统频率法的一些结论来研究非线性系统。描述函数法不受系统阶次的限制,研究结果比较符合实际,应用广泛。

(2) 非线性特性。实际系统中常见的非线性有继电器特性、死区、饱和、间隙和摩擦等。

1) 死区(不灵敏区)特性。死区特性如图4-74 (a) 所示,一般由测量元件、放大元件及执行机构的不灵敏区造成,存在不灵敏区的元件,输入信号很小时没有输出。

死区特性对系统最直接的影响是增大了稳态误差,降低了系统跟踪输入信号的精度;减小了系统的等效开环增益,提高了系统的平稳性,从而降低了超调量;能滤除输入端的小扰动信号,提高了系统的抗干扰能力。

2) 饱和特性。饱和特性如图4-74 (b) 所示,如放大器及执行机构受电源电压或功率的限制导致饱和现象。

饱和特性使系统的等效开环增益减小,超调量下降,从而提高了系统的平稳性,使得振荡性减弱,稳态误差增大。处于深度饱和的控制器对输入信号的变化无反应,将使系统的快速性和跟踪输入信号的精度下降。实际系统中,利用饱和特性作为信号限幅,限制执行元件和系统被控量的最大加速度和最大速度,保证系统安全运行。

3) 间隙(回环)特性。机械传动中,加工精度和限制和运动件相互配合的需要,总会有一些间隙存在,间隙特性普遍存在于齿轮传动中。间隙特性如图4-74 (c) 所示,当输入量结束增加过桂开始减小时,输出量先保持原值不变,直到间隙消失后才开始减小。

间隙特性对系统性能的影响为:增大了系统的稳态误差,降低了控制精度;使系统频率响应的相角滞后增大,降低了系统的稳定裕度,使系统过渡过程的振荡加剧,甚至是系统变得不稳定。

4) 摩擦特性。摩擦特性如图4-74 (d) 所示,是机械传动机构中普遍存在的非线性特性。摩擦力阻挠系统的运动,表现为与物体运动方向相反的制动力。摩擦力由物体开始运动所需克服的静摩擦力、系统开始运动后的动摩擦力和与物体运动的滑动平面相对速率成正比的黏性摩擦力组成。

摩擦对系统性能的重要影响为造成系统低速运动的不平滑性,当输入量低速平稳运转时,输出量呈现跳跃式变化。因此对于随动系统,摩擦降低了系统的跟踪精度和低速平稳性。

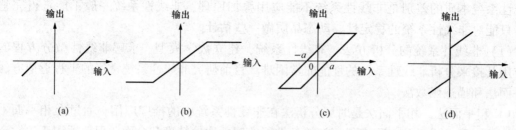

图 4-74 常见非线性特性

5)继电器特性。常见的继电元件特性如图 4-75 所示。图 4-75(a)为理想的双位元件即理想的继电特性;图 4-75(b)为有死区的双位元件,即实际的双位元件,也称为带回环的继电特性;图 4-75(c)为带有上下限给定值的三位元件,称为死区继电特性;图 4-75(d)为一般继电特性,包含了死区、回环和饱和特性,为三位元件。

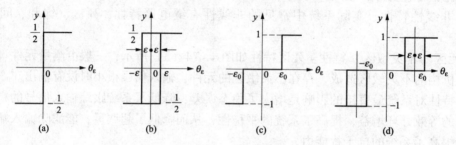

图 4-75 继电元件特性

理想继电特性串入系统,偏差信号较小时开环增益大,系统的运动一般呈发散性质;偏差信号较大时开环增益小,系统的运动具有收敛性质。理想继电控制系统最终多半为自振荡。带死区的继电特性,增加系统的跟踪误差。

2. 继电器调节系统

在自动调节系统中有一个或一个以上元件具有继电器特性者称为继电系统。具有继电特性的元件如各种开关装置、继电器、接触器和工作于继电器状态的放大器。继电系统在自动调节系统中占有重要的地位,如室温自动调节系统中采用三位比例积分调节装置,由于装置的积分时间与偏差具有非线性关系,偏差大积分时间短调节速度快,偏差小积分时间长调节速度慢,系统不易振荡。

继电系统是一种本质非线性自动调节系统,许多继电系统调节过程中会出现自振荡。如果自振荡是正常工作情况,被调量的振幅受到调节精度要求的限制。由于继电系统的线性部分统称具有低通滤波特性,所以提高自振荡的频率,可使被调量的振幅比较小。为了限制自振荡的振幅,可利用校正装置。

(1)继电系统的组成。继电系统由继电元件和线性部分组成。继电调节系统中,除了继电元件以外的各个线性元件的总和为继电调节系统的线性部分。线性部分可用传递函数表示其特性。继电调节系统的方框图,如图 4-76 所示。

(2)继电系统的自振荡。继电系统处于自振荡时,系统线性部分输入端,有一个周期为 $2T$ 的矩形波作用在它上面。继电系统输入量不变的情况下,将呈现自振荡,如果已知振荡周期为 $2T$,那么输出量可按系统线性部分在稳态时对一连串符号交变的、幅值为 M 的矩

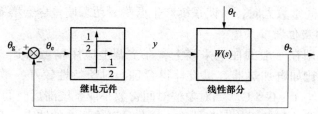

图 4-76 继电调节系统的框图

θ_g—继电系统的给定输入；θ_f—继电系统的干扰输入；
θ_e—继电元件的输入；y—继电元件的输出；θ_2—继电系统的输出

形脉冲的响应来决定。

3. 位式恒速调节系统

位式调节分为双位调节和三位调节两种。气压超过或低于给定值，就表示锅炉的蒸汽生产量与负荷蒸汽量不平衡。此时需改变燃料量，以改变锅炉的燃烧发热量，从而改变锅炉蒸汽量，恢复蒸汽干管压力为额定值。使用双位调节时，压力调节器在气压偏离额定值时，能切除或投入送、引风机和加煤机，降低其出力到某一中间值（如采用双速电动机，改变转速）。

在一般精度的空调上，若加热器为热水或蒸汽加热时，宜采用恒速调节系统。此系统也可应用在控制二次风门的系统上（如诱导器的二次风门等），它是在位式基础上发展而来的，与位式调节的区别在于它的执行兼调节机构是采用了电动三通阀、电动两通阀及电动风门等。由于这种调节是在位式基础上发展起来的，而且开大阀门或关小阀门时的速度又是恒定的。所以，比较确切地讲，恒速调节应称为位式恒速调节。

恒速调节比位式调节效果好。加热或减热的过程是逐步、连续变化的。如配合得好，调节过程不会产生如双位调节那样的等幅振荡，而产生的是衰减振荡或非周期的过程。

因为恒速调节不像双位调节那样调节过猛，在加、减热量中是恒速变化的。所以当室温回到上、下限之间时，可能不会超出这个区间，而能稳定下来。这就是所谓非周期的调节过程，但也可能经过 2~3 个周期即稳定下来。这是衰减振荡，系统的静差是由上、下限间的区域来决定的。

位式恒速调节系统，如果设计中系统各环节参数没有选好或使用中没有整定好，也可能产生自振荡，使被控参数如室温超出允许的波动范围，自振荡使机械传动部分连续磨损，缩短寿命。影响等速调节品质的因素有以下三点：

（1）与调节器的调节范围即上、下限之间的区域有关。当上、下限之间的区域越宽，系统的静态误差越大；但室温不易超出这个区域，因而易于稳定。当上、下限间的区域较窄，静差减小；过窄时系统不易稳定。

（2）与执行机构全程时间有关。是指执行机构的位置从零移至全行程所需时间，即调节阀从全闭到全开的时间。执行机构的全行程时间越小，其调节的补偿速度就越大，抗干扰能力就强，过渡过程的时间可缩短。但当补偿速度过快时，恒通调节系统可能产生像双位调节那样的不停地振荡。即电动阀一会儿全开，一会儿全关，形成振荡。这在恒速调节中是不允许的。

（3）对象的动态特性也是影响调节品质的重要因素。实践证明，当对象特征比、传送系数以及敏感元件时间常数大时，易使系统产生振荡。动态偏差也会增大。

4. 带校正装置的双位调节系统

双位调节也可应用在一般的住宅采暖上，在空调上应用精度可达（±0.5～±1）℃之间，如果处理得好，比如电加热器容量设计得合理，对象特性较好，敏感元件精度选得合适，其调节精度也可小于±0.5℃。如对象的时间常数小或系统滞后时间大时采用双位调节，振荡的幅度较大，不能达到较好的调节品质。这些是双位调节的缺点。双位调节过程的性能指标有：①调节过程的输出波动值y，决定了被调参数偏离设定值的大小，决定了调节系统的调节精度；②调节系统的开关周期T_K，决定了开关动作的频率和调节器开关元件的寿命。

当采用双位调节时，影响室温调节品质的几个因素如下：

（1）室温对象—空调房间的特性参数τ、T、K对调节品质有影响。因存在着对象的滞后时间τ，所以会使室温调节品质恶化。当τ越大时，调节振幅即动态偏差增大。只有在理想状态下，对象滞后等于零时，室温波动的振幅才等于调节器的不灵敏区，但这在实际上是不可能的。而当τ增大时，调节周期T_K可加大，调节器开关动作次数减少，这样就减少了振动次数，延长了使用寿命。

对象的时间常数T越大时，因室温上升速度小，所以振幅可减小。这对调节有利。且T大时可使调节周期加大，对减少磨损也有利。

当对象的传递系数大时，调节过程的动差和静差均增大，调节周期将缩短，振动次数会增加，寿命也会缩短。

（2）调节器不灵敏区对调节品质的影响。调节器不灵敏区增加时动态偏差增大，这是不利的；但不灵敏区增加时，振动周期可加大，对减少磨损有利。

（3）加热器的容量和室内热干扰对室温的影响。在一般设计中，还有所谓调整用电加热器。此种加热器是手动控制的，是用来补偿由于季节不同而引起的建筑物热损失的波动的。为了提高调节精度，把这部分加热量不计算在控制用加热量中，是非常必要的。同时，间歇运行的空调系统，在每次启动初期为了尽快上升到所需温度，也有必要设置这部分加热器。

（4）敏感元件的时间常数及其安装位置对室温调节品质的影响。敏感元件存在着一定的热惯性，对调节品质也有直接的影响；同时敏感元件的安放位置也直接影响着调节品质。

敏感元件的时间常数越小对调节品质越有利。由于敏感元件的热惯性，而不能及时地反映由于外界干扰所引起的室温变化，因此其热惯性将使调节系统的抗干扰性变坏，调节时间加长，动态偏差增加。因此，在选择敏感元件时，应按一般热惯性、微惯性等区别选用。

敏感元件的安放位置，对调节品质也有影响。一方面从调节原理出发，敏感元件的安装位置应放在恒温区；另一方面从减少敏感元件的时间常数来考虑、则应安装在气流速度较大地点，但两者往往不能兼备。

在实际工程中，敏感元件所放位置之一是在工作区中对恒温要求精度较高的工艺设备附近。在这种位置，敏感元件能够反映恒温区温度的波动，也就是反映室内热源的变化。但因恒温区空气流动速度很低，敏感元件热惯性大，对调节不利，因此应选用微惯性的敏感元件。当恒温区热源干扰较大和维护结构隔热性能不够良好（如无套间）时，则应采取这种安放位置。

(5) 调节对象的时间常数 T 越小，滞后 τ 越大，特性比 τ/T 越大，被调参数的波动范围越大。一般当 $\tau/T<0.3$ 时，选用双位调节器。

为了克服双位调节固有的缺点，在实际工作中可以采用加校正装置的双位调节系统。

5. 带校正装置的位式恒速调节系统

为了使等速系统能稳定地工作，根据断续调节的理论，一般可在执行电动机电路中串接一个由通断仪来加以控制的接点，其作用是使执行机构调一调、停一停，等待室温的变化，拉长了执行机构全行程的时间，可防止振荡。在室温调节环节的动态特性较好情况下，加上有二次送风的镇定。因此只要室内热源变化不大时，采用恒速调节是可以得到较好的调节效果的。

当室温的波动范围要求限制在 ±1℃ 以内的精度时，或干扰强烈、被调对象特性不利于调节时，需要采用抗干扰性强、调节精度高的 PID 调节仪表组成自动调节系统。

所有 PID 调节系统中的 PID 参数，对调节质量都有很大影响。所以，根据不同调节对象，整定好各自的参数。

提示：

校正的基本概念，超前、滞后校正的校正原理和校正装置的设计。比例微分调节器为一种超前校正装置，比例积分调节器为一种滞后校正装置。

超前校正利用了超前网络校正装置相角超前、幅值增加的特性，校正后可以使系统的截止频率 ω_c 变宽、带宽变宽、相角裕度 γ 增大，从而有效改善系统的动态性能快速性和平稳性。滞后校正采用滞后校正装置进行串联校正时，主要是利用其高频幅值衰减特性，以降低系统的截止频率，带宽减小，快速性变差，牺牲快速性提高系统的相角裕度，改善系统的平稳性。

继电器调节系统为非线性系统，会出现自振荡，为了限制自振荡的振幅，利用校正装置，出现了带校正装置的双位调节系统和带校正装置的位式恒速调节系统。

复 习 题

1. 家用空调器的温度传感器，属于（　　）。
 A. 输入元件　　　　B. 反馈元件　　　　C. 比较元件　　　　D. 执行元件
2. 水温自动控制系统如图 4-77 所示。冷水在热交换器中由通入的蒸汽加热，从而得到一定温度的热水。冷水流量变化用流量计测量。该系统中的扰动量为（　　）。
 A. 蒸汽流量　　　　B. 热水温度　　　　C. 热交换器　　　　D. 冷水流量
3. 图 4-78 所示为一个液位控制系统原理图。该系统地干扰量为（　　）。
 A. 气动阀门　　　　B. 注入液体量 Q_1　　　　C. 浮子　　　　D. Q_2

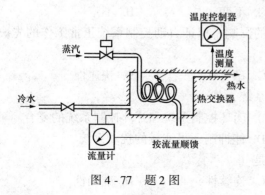

图 4-77　题 2 图

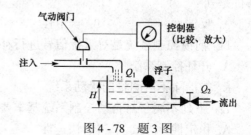

图 4-78　题 3 图

4. 试判断下列中，（   ）为开环控制系统。
   A. 家用空调   B. 家用冰箱   C. 抽水马桶   D. 交通指示红绿灯
5. 开环控制系统与闭环控制系统最本质的区别是（   ）。
   A. 开环控制系统的输出对系统无控制作用，闭环控制系统的输出对系统有控制作用
   B. 开环控制系统的输入对系统无控制作用，闭环控制系统的输入对系统有控制作用
   C. 开环控制系统不一定有反馈回路，闭环控制系统有反馈回路
   D. 开环控制系统不一定有反馈回路，闭环控制系统也不一定有反馈回路
6. 图（   ）是前馈控制系统。

```
     扰动量                              测量  扰动量
       ↓                                  ↓↑
控制量→[控制器]→[被控对象]→被控制量   控制量→[控制器]→[被控对象]→被控制量
           A.                                    B.

     扰动量                              补偿元件←扰动量
       ↓                                   ↓
输入量→⊗→[控制器]→[执行器]→[被控对象]→输出量   输入→⊗ +→[控制器]→[被控对象]→输出
       -↑_____[测量元件]_____|              -↑___[测量元件]___|
           C.                                    D.
```

7. 反馈控制的实质是一个按（   ）控制的过程。
   A. 控制器   B. 控制量   C. 偏差   D. 被控量
8. 下列有关自动控制的相关描述正确的是（   ）。
   A. 前馈控制系统属于闭环控制系统
   B. 只要引入反馈控制，就一定可以实现闭环控制
   C. 闭环控制系统总是使偏差趋于减小
   D. 自动控制装置包括测量变送器、传感器、调节器、执行器和被控对象
9. 闭环控制系统不论造成偏差的扰动来自外部还是内部，控制作用总是使偏差趋于（   ）。
   A. 减小   B. 增大   C. 不变   D. 不定
10. 自动控制系统的正常工作受到很多条件的影响，保证自动控制系统正常工作的先决条件是（   ）。
    A. 反馈性   B. 调节性   C. 稳定性   D. 快速性
11. 前馈控制系统是对干扰信号进行补偿的系统，是（   ）。
    A. 开环控制系统   B. 闭环控制系统和开环控制系统的复合
    C. 能消除不可测量的扰动系统   D. 能抑制不可测量的扰动系统
12. 下列不属于对自动控制系统基本要求的是（   ）。
    A. 稳定性   B. 快速性   C. 连续性   D. 准确性

13. 下列各式是描述系统的微分方程，其中，$r(t)$ 为输入变量，$c(t)$ 为输出量，判断哪些是：

(1) $\dfrac{d^3c(t)}{dt^3}+3\dfrac{d^2c(t)}{dt^2}+6\dfrac{dc(t)}{dt}+8c(t)=r(t)$ （　　）

(2) $t\dfrac{dc(t)}{dt}+c(t)=r(t)+3\dfrac{dr(t)}{dt}$ （　　）

(3) $\dfrac{dc(t)}{dt}+a\sqrt{c(t)}=kr(t)$ （　　）

(4) $c(t)=r^2(t)$ （　　）

A. 线性定常系统　　　　　　　　　　B. 线性时变系统
C. 非线性定常系统　　　　　　　　　D. 非线性时变系统

14. 下列哪个方程表示的系统为非线性系统？（　　）

A. $c(t)=5+r^2(t)+t\dfrac{d^2r(t)}{dt^2}$　　B. $c(t)=3r(t)+6\dfrac{dr(t)}{dt}+5\int_{-\infty}^{t}r(\tau)d\tau$

C. $c(t)=\cos\omega t \cdot r(t)+5$　　D. $c(t)=\begin{cases}0 & t<6 \\ r(t) & t\geqslant 6\end{cases}$

15. $X(s)=\dfrac{s+1}{s(s^2+2s+2)}$ 的原函数为（　　）。

A. $\dfrac{1}{2}+\dfrac{1}{2}e^{-t}(\sin t+\cos t)$　　B. $\dfrac{1}{2}+\dfrac{1}{2}e^{-t}(\sin t-\cos t)$

C. $\dfrac{1}{2}t+\dfrac{1}{2}e^{-t}(\sin t-\cos t)$　　D. $\dfrac{1}{2}+\dfrac{1}{2}e^{t}(\sin t-\cos t)$

16. 某系统传递函数为 $\phi(s)=\dfrac{100(0.1s+1)}{(s+1)(0.001s+1)}$，其极点是（　　）。

A. 10　100　　　　　　　　　　　　B. -1　-1000
C. 1　1000　　　　　　　　　　　　D. -10　-100

17. 如图 4-79 所示系统的传递函数 $\dfrac{C(s)}{R(s)}$ 为（　　）。

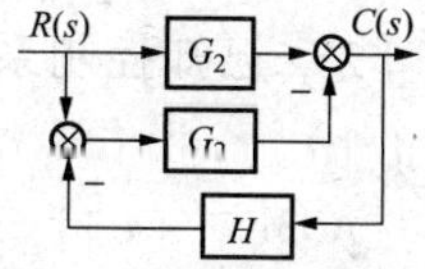

A. $\dfrac{G_1-G_2}{1+G_2H}$　　B. $\dfrac{G_1-G_2}{1-G_1H}$

C. $\dfrac{G_1-G_2}{1-G_2H}$　　D. $\dfrac{G_1+G_2}{1-G_2H}$

图 4-79　题 17 图

18. 系统的传递函数取决于（　　）。
A. 系统结构和输入量的形式　　　　B. 系统的固有参数和系统结构
C. 输入量的形式和系统的固有参数　D. 输出量的形式和系统的固有参数

19. 空调房间温度对象的数学模型为：$T\dfrac{dT_n}{dt}+T_n=K(T_s+T_f)$

其中：T_n 为回风温度；T_s 为送风温度；T_f 为干扰换算成送风温度。则传递函数 $G(s)=\dfrac{T_n(s)}{T_f(s)}=(\qquad)$。

A. $\dfrac{K}{Ts+1}$ B. $\dfrac{K}{Ts}$ C. $\dfrac{Ks}{Ts+1}$ D. $\dfrac{1}{Ts+1}$

20. 二阶系统的开环极点分别为 $s_1=-5$，$s_2=-4$，系统开环增益为 5，则其开环传递函数为（　　）。

A. $\dfrac{50}{(s-5)(s-4)}$ B. $\dfrac{20}{(s+5)(s+4)}$

C. $\dfrac{50}{(s+5)(s+4)}$ D. $\dfrac{100}{(s+5)(s+4)}$

21. 惯性环节的微分方程为（　　），传递函数为（　　）。

A. $T\dfrac{dy(t)}{dt}+y(t)=r(t)$ B. $T\dfrac{d^2y(t)}{dt^2}+\dfrac{dy(t)}{dt}+y(t)=r(t)$

C. $\dfrac{1}{Ts+1}$ D. $\dfrac{1}{Ts^2+s+1}$

22. 滞后环节的微分方程为（　　），传递函数为（　　）。

A. $c(t)=r(t-\tau)$ B. $c(t)=Kr(t)$ C. $\dfrac{1}{Ts+1}$ D. $e^{-\tau s}$

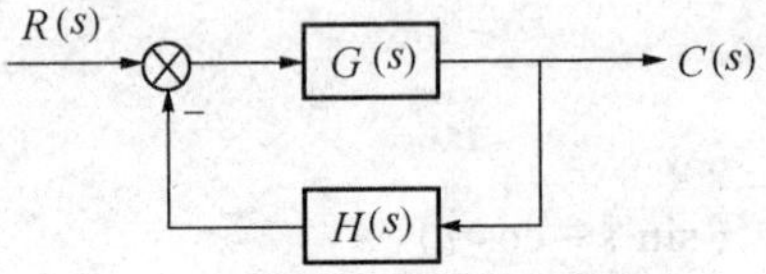

23. 图 4-80 所示反馈连接的传递环数为（　　）。

A. $\dfrac{G(s)}{1+G(s)H(s)}$ B. $\dfrac{G(s)}{1-G(s)H(s)}$

C. $\dfrac{1}{1+G(s)H(s)}$ D. $\dfrac{1}{1-G(s)H(s)}$

图 4-80 题 23 图

24. 图 4-81 所示系统的传递函数 $\dfrac{C(s)}{R(s)}=$（　　）。

A. $G_4+\dfrac{G_1G_2G_3}{1+G_1G_2H_1+G_2H_1+G_2G_3H_2}$ B. $\dfrac{G_1G_2G_3}{1+G_1G_2H_1+G_2H_1+G_2G_3H_2}$

C. $\dfrac{G_1G_2G_3G_4}{1+G_1G_2H_1+G_2H_1+G_2G_3H_2}$ D. $\dfrac{G_1G_2G_3G_4}{1+G_1G_2G_4H_1+G_2G_4H_1+G_2G_3G_4H_2}$

25. 已知控制系统结构图如图 4-82 所示，当输入 $r(t)=3\cdot1(t)$ 时系统的输出 $c(t)$ 为（　　）。

A. $3e^{-t}+e^{-3t}$ B. $2-3e^{-t}+e^{-3t}$

C. $2-3e^{t}+e^{3t}$ D. $2+3e^{-t}+e^{-3t}$

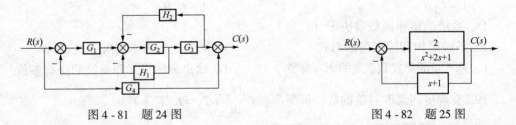

图 4-81 题 24 图　　　　图 4-82 题 25 图

26. 被控对象的时间常数反映了对象在阶跃作用下被控变量变化的快慢速度，为对象惯性大小的常数，时间常数（　　），（　　）大，被控变量变化速度慢，控制较平稳。

A. 大 B. 小 C. 惯性 D. 适中

27. 系统结构图如图 4-83 所示，传递函数 $C(s)/R(s)$ 为（　　）。

A. $\dfrac{G_1(s)G_2(s)G_3(s)}{1-G_1(s)G_2(s)G_3(s)H_1(s)}$

B. $\dfrac{G_1(s)G_2(s)G_3(s)}{1+G_1(s)G_2(s)G_3(s)H_1(s)+G_2(s)H_3(s)}$

C. $\dfrac{G_1(s)G_2(s)G_3(s)}{1-G_1(s)G_2(s)G_3(s)H_1(s)+G_2(s)H_3(s)}$

D. $\dfrac{G_1(s)G_2(s)G_3(s)}{1+G_1(s)G_2(s)G_3(s)-G_2(s)H_3(s)}$

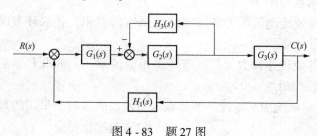

图 4-83　题 27 图

28. 下列函数的拉氏变换式（象函数）为

(1) $\cos\omega t$，（　　）；(2) $\dfrac{t^2}{2}$，（　　）；(3) $f(t)=\begin{cases}0 & t<0\\ 1 & 0<t<1\\ 0 & t>-1\end{cases}$，（　　）。

A. $\dfrac{1}{s^3}$　　　B. $\dfrac{s}{s^2+\omega^2}$　　　C. $\dfrac{1}{s}(1-e^{-s})$　　　D. $\dfrac{1}{s}(1-e^{s})$

29. 已知系统的微分方程为 $\dfrac{d^2c(t)}{dt^2}+3\dfrac{dc(t)}{dt}+2c(t)=2r(t)$，且初始条件为 $c(0)=-1$，$\dot c(0)=0$，则系统在输入 $r(t)=1(t)$ 作用下的输出 $c(t)$ 为（　　）。

A. $1-4e^{-t}+2e^{-2t}$　　　　　　B. $1-4e^{t}+2e^{-2t}$

C. $4e^{-t}+2e^{-2t}$　　　　　　D. $t-4e^{-t}+2e^{-2t}$

30. 已知系统的微分方程为 $3\dfrac{dc(t)}{dt}+2c(t)=2r(t)$，且初始条件为 $c(0)=0$，则系统在输入 $r(t)=1(t)$ 作用下的输出 $c(t)$ 为（　　）。

A. $1-1.5e^{-1.5t}$　　　　　　B. $1-e^{-1.5t}$

C. $1-e^{-t}$　　　　　　D. $1-e^{-2t}$

31. 关于系统的传递函数，正确的描述是（　　）。

A. 输入量的形式和系统结构均是复变量 s 的函数

B. 输入量与输出量之间的关系与系统自身结构无关

C. 系统固有的参数，反映非零初始条件下的动态特征

D. 取决于系统的固有参数和系统结构，是单位冲激下的系统输出的拉氏变换

32. 被控对象的时间常数反映对象在阶跃信号激励下被控变量变化的快慢速度，即惯性的大小，时间常数大，则（　　）。

A. 惯性大，被控变量速度慢，控制较平稳
B. 惯性大，被控变量速度快，控制较困难
C. 惯性小，被控变量速度快，控制较平稳
D. 惯性小，被控变量速度慢，控制较困难

33. 关于串联和并联环节的等效传递函数，正确的是（　　）。
A. 串联环节的等效传递函数为各环节传递函数的乘积，并联环节的等效传递函数为各环节传递函数的代数和
B. 串联环节的等效传递函数为各环节传递函数的代数和，并联环节的等效传递函数为各环节传递函数的乘积
C. 串联环节的等效传递函数为各环节传递函数的乘积，并联环节的等效传递函数为各环节传递函数的相除
D. 串联环节的等效传递函数为各环节传递函数的乘积，并联环节的等效传递函数为各环节传递函数的相加

34. 描述实际控制系统中某物理环节的输入与输出关系时，采用的是（　　）。
A. 输入与输出信号　　　　　　B. 输入与输出信息
C. 输入与输出函数　　　　　　D. 传递函数

35. 下列关于负反馈的描述中，不正确的是（　　）。
A. 负反馈系统利用偏差进行输出状态的调节
B. 负反馈能有利于生产设备或工艺过程的稳定运行
C. 闭环控制系统是含负反馈组成的控制系统
D. 开环控制系统不存在负反馈，但存在正反馈

36. PID 调节器中，积分控制的作用为（　　）。
A. T_I 越大，积分控制作用越小，输出振荡减弱，动态偏差加大，控制过程长
B. T_I 越小，积分控制作用越大，输出振荡加剧，动态偏差减小，控制过程变短
C. T_I 越大，积分控制作用越大，输出振荡减弱，动态偏差加大，控制过程长
D. T_I 越小，积分控制作用越小，输出振荡减弱，动态偏差加大，控制过程长

37. 被控对象的放大系数越大，被控变量的变化就越（　　），但稳定性（　　）。
A. 灵敏　　　　B. 好　　　　C. 差　　　　D. 适中

38. 两系统传递函数分别为 $G_1(s)=\dfrac{100}{s+1}$，$G_2(s)=\dfrac{100}{s+10}$。调节时间分别为 t_1 和 t_2，则（　　）。
A. $t_1 > t_2$　　B. $t_1 < t_2$　　C. $t_1 = t_2$　　D. $t_1 \leqslant t_2$

39. 一阶系统的传递函数为 $G(s)=\dfrac{K}{1+Ts}$，则该系统时间响应的快速性（　　）。
A. 与 K 有关　　　　　　　　B. 与 K 和 T 有关
C. 与 T 有关　　　　　　　　D. 与输入信号大小有关

40. 某二阶系统阻尼比为 2，则系统阶跃响应（　　）。
A. 单调增加　　　B. 单调衰减　　　C. 振荡衰减　　　D. 等幅振荡

41. 二阶欠阻尼系统质量指标与系统参数间的关系（　　）。

A. 衰减系数减小，最大偏差增大、衰减比减小，调节时间增大
B. 衰减系数减小，衰减比减小，最大偏差减小
C. 衰减系数减小，调节时间增大
D. 衰减系数减小，静差增大

42. 单位反馈系统的开环传递函数为 $\dfrac{2}{3s^2+5s+4}$，则其开环增益 K，阻尼比 ξ，无阻尼自然频率 ω_n 分别为（　　）。

A. $\dfrac{2}{3}$, $\dfrac{5\sqrt{3}}{12}$, $\dfrac{2}{\sqrt{3}}$ B. $\dfrac{2}{3}$, $\dfrac{5}{6}$, $\dfrac{2}{\sqrt{2}}$ C. $\dfrac{1}{2}$, $\dfrac{5\sqrt{2}}{12}$, $\sqrt{2}$ D. $\dfrac{1}{2}$, $\dfrac{5}{6}$, $\dfrac{2}{\sqrt{3}}$

43. 单位负反馈系统的开环传递函数为 $G(s)=\dfrac{16}{s(s+9)}$。试确定该系统的阻尼比和固有频率为（　　）。

A. 3，4   B. 4，3   C. 9，4   D. 1.125，4

44. $G(s)=10/(s^2+3.6s+9)$ 其阻尼比为（　　）。
A. 1   B. 1.8   C. 0.6   D. 3.6

45. $G(s)=1/(s^2+2s+1)$，此系统为（　　）。
A. 过阻尼   B. 欠阻尼   C. 临界阻尼   D. 无阻尼

46. 某闭环系统的总传递函数：$G(s)=8/s^2+Ks+9$，为使其阶跃响应无超调，K 值为（　　）。
A. 3.5   B. 4.5   C. 5.5   D. 6.5

47. 设二阶系统的传递函数为 $\dfrac{2}{s^2+4s+2}$，则此系统为（　　）。
A. 欠阻尼   B. 过阻尼   C. 临界阻尼   D. 无阻尼

48. 系统频率特性和传递函数的关系为（　　）。
A. 二者完全是一样的
B. 传递函数的复变量 s 用 $j\omega$ 代替后，就是相应的频率特性
C. 频率特性可以用图形表示，传递函数不能用图形表示
D. 频率特性与传递函数没有关系

49. 典型欠阻尼二阶系统超调量大于 5%，则其阻尼 ξ 的范围为（　　）。
A. $\xi>1$ B. $0<\xi<1$ C. $1>\xi>0.707$ D. $0<\xi<0.707$

50. 符合图 4-84 所示的方程为（　　）。

A. $\dfrac{1}{(j\omega+a)(j\omega+b)^2}$ B. $\dfrac{1}{j\omega(j\omega+b)(j\omega+c)}$

C. $\dfrac{1}{(j\omega+a)(j\omega+b)(j\omega+c)}$ D. $\dfrac{1}{j\omega(j\omega^2+bj\omega)}$

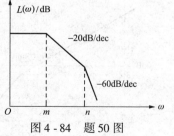

图 4-84 题 50 图

51. 采用比例微分控制时，系统参数与性能改变正确的是（　　）。

A. 自然频率 ω_n 不变   B. 稳态误差不变
C. 系统阻尼比减小   D. 超调量增大

52. 采用速度（测速）反馈控制时，系统参数与性能改变正确的是（　　）。
A. 自然频率 ω_n 增大 B. 稳态误差不变
C. 系统阻尼比增大 D. 超调量增大

53. 典型二阶系统极点分布如图 4-85 所示，则该系统的无阻尼自然频率 ω_n 为（　　）。
A. 1 B. 1.414 C. 0.707 D. 0.5

54. 根据图 4-86 所示写出该最小相角（位）系统的表达式为（　　）。

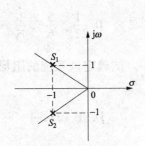

图 4-85　题 53 图

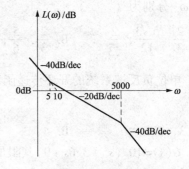

图 4-86　题 54 图

A. $\dfrac{10\left(\dfrac{1}{5}j\omega + 1\right)}{(j\omega)^2\left(\dfrac{1}{5000}j\omega + 1\right)}$
B. $\dfrac{100\left(\dfrac{1}{5}j\omega + 1\right)}{(j\omega)^2\left(\dfrac{1}{5000}j\omega + 1\right)}$

C. $\dfrac{10}{(j\omega)^2\left(\dfrac{1}{5}j\omega + 1\right)\left(\dfrac{1}{5000}j\omega + 1\right)}$
D. $\dfrac{100}{(j\omega)^2\left(\dfrac{1}{5}j\omega + 1\right)\left(\dfrac{1}{5000}j\omega + 1\right)}$

55. 一阶控制系统 $T\dfrac{dL}{dt} + L = Kq_i$ 在阶跃 A 作用下，L 的变化规律为（　　）。
A. $L(t) = KA(1 - e^{\frac{t}{T}})$ B. $L(t) = KA(1 + e^{\frac{t}{T}})$
C. $L(t) = KA(1 - e^{-\frac{t}{T}})$ D. $L(t) = KA(1 + e^{-\frac{t}{T}})$

56. 一阶系统的闭环极点越靠近 s 平面的原点，其（　　）。
A. 响应速度越慢 B. 响应速度越快 C. 准确性越高 D. 平稳性越高

57. 根据图 4-87 所示写出该最小相角（位）系统的表达式（　　）。

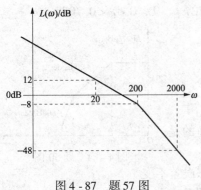

图 4-87　题 57 图

A. $\dfrac{80}{j\omega\left(\dfrac{1}{200}j\omega + 1\right)\left(\dfrac{1}{200}j\omega + 1\right)}$

B. $\dfrac{40}{j\omega\left(\dfrac{1}{200j\omega + 1}\right)\left(\dfrac{1}{2000}j\omega + 1\right)}$

C. $\dfrac{12}{j\omega\left(\dfrac{1}{200}j\omega + 1\right)(2000j\omega + 1)}$

D. $\dfrac{12}{j\omega\left(\dfrac{1}{200}j\omega + 1\right)\left(\dfrac{1}{200}j\omega + 1\right)}$

252

58. 下列哪种说法正确？（   ）

A. 开环稳定的系统，其闭环系统一定稳定

B. 开环不稳定的系统，其闭环一定不稳定

C. 开环稳定的系统，其闭环系统不一定稳定

D. 开环稳定的系统，其闭环一定不稳定

59. 根据以下最小相位系统的相角裕量，相对稳定性最好的系统为（   ）。

A. $\gamma = 70°$ B. $\gamma = -50°$ C. $\gamma = 0°$ D. $\gamma = 30°$

60. 为提高二阶欠阻尼系统相对稳定性，可（   ）。

A. 加大 ω_n B. 减小 ω_n C. 加大 ξ D. 减小 ξ

61. 关于自动控制系统相角裕度和幅值裕度的描述，正确的是（   ）。

A. 相角裕度和幅值裕度是系统开环传递函数的频率指标，与闭环系统的动态性能密切相关

B. 对于最小相角系统，要使系统稳定，要求相角裕度大于1，幅值裕度大于0

C. 为保证系统具有一定的相对稳定性，相角裕度和幅值裕度越小越好

D. 稳定裕度与相角裕度无关，与幅值裕度有关

62. 关于二阶系统的设计，正确的做法是（   ）。

A. 调整典型二阶系统的两个特征参数：阻尼系数 ξ 和无阻尼自然频率 ω_n，就可完成最佳设计

B. 比例—微分控制和测速反馈是有效的设计方法

C. 增大阻尼系数 ξ 和无阻尼自然频率 ω_n

D. 将阻尼系数 ξ 和无阻尼自然频率 ω_n 分别计算

63. 图 4-88 所示系统的表达式为（   ）。

A. $\dfrac{K}{(T_1 s+1)(T_2 s+1)}$

B. $\dfrac{K}{s(T_2 s+1)(T_3 s+1)}$

C. $\dfrac{K}{(T_1 s+1)(T_2 s+1)(T_3 s+1)}$

D. $\dfrac{K}{s^2 (T_1 s+1)(T_2 s+1)}$

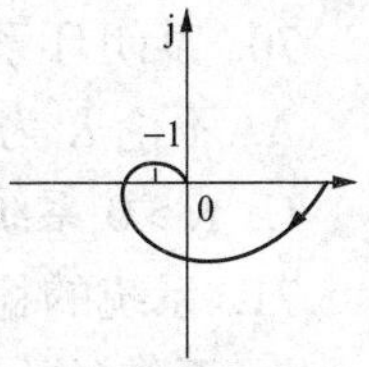

图 4-88 题 63 图

64. 图 4-89 所示系统的传递函数为（   ）。

A. $\dfrac{100}{\left(\dfrac{1}{\omega_1}s+1\right)\left(\dfrac{1}{\omega_2}s+1\right)}$

B. $\dfrac{100}{(\omega_1 s+1)\left(\dfrac{1}{\omega_2}s+1\right)}$

C. $\dfrac{100}{\left(\dfrac{1}{\omega_1}s+1\right)(\omega_2 s+1)}$

D. $\dfrac{100}{(\omega_1 s+1)(\omega_2 s+1)}$

65. 系统结构图如图 4-90 所示，确定使系统稳定的 K 值范围为（   ）。

A. $0<K<6$ B. $0.6<K<0.9$ C. $K<3$ D. $0.536<K$

66. 衰减比 n 是反映被调参数振荡衰减程度的指标，等于前后两个波峰之比。用 n 可以

判断振荡是否衰减和衰减程度。（　　）时，系统稳定；$n=1$ 时，（　　）；$n<1$ 时，（　　）。

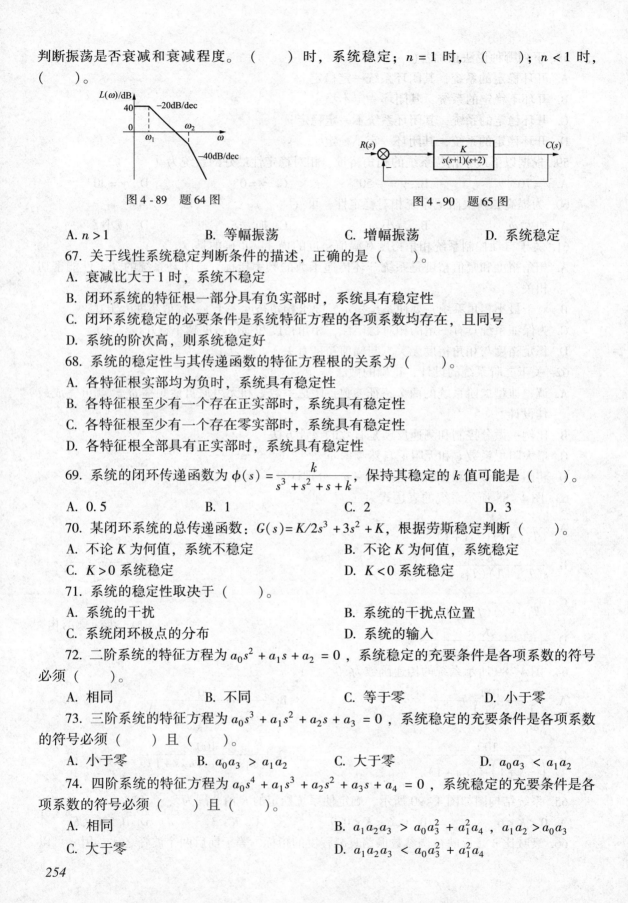

图 4-89　题 64 图　　　　　　　　　　图 4-90　题 65 图

A. $n>1$　　　　　　B. 等幅振荡　　　　　　C. 增幅振荡　　　　　　D. 系统稳定

67. 关于线性系统稳定判断条件的描述，正确的是（　　）。

A. 衰减比大于 1 时，系统不稳定

B. 闭环系统的特征根一部分具有负实部时，系统具有稳定性

C. 闭环系统稳定的必要条件是系统特征方程的各项系数均存在，且同号

D. 系统的阶次高，则系统稳定好

68. 系统的稳定性与其传递函数的特征方程根的关系为（　　）。

A. 各特征根实部均为负时，系统具有稳定性

B. 各特征根至少有一个存在正实部时，系统具有稳定性

C. 各特征根至少有一个存在零实部时，系统具有稳定性

D. 各特征根全部具有正实部时，系统具有稳定性

69. 系统的闭环传递函数为 $\phi(s)=\dfrac{k}{s^3+s^2+s+k}$，保持其稳定的 k 值可能是（　　）。

A. 0.5　　　　　　B. 1　　　　　　C. 2　　　　　　D. 3

70. 某闭环系统的总传递函数：$G(s)=K/2s^3+3s^2+K$，根据劳斯稳定判断（　　）。

A. 不论 K 为何值，系统不稳定　　　　　　B. 不论 K 为何值，系统稳定

C. $K>0$ 系统稳定　　　　　　　　　　　　D. $K<0$ 系统稳定

71. 系统的稳定性取决于（　　）。

A. 系统的干扰　　　　　　　　　　　　　　B. 系统的干扰点位置

C. 系统闭环极点的分布　　　　　　　　　　D. 系统的输入

72. 二阶系统的特征方程为 $a_0 s^2+a_1 s+a_2=0$，系统稳定的充要条件是各项系数的符号必须（　　）。

A. 相同　　　　　　B. 不同　　　　　　C. 等于零　　　　　　D. 小于零

73. 三阶系统的特征方程为 $a_0 s^3+a_1 s^2+a_2 s+a_3=0$，系统稳定的充要条件是各项系数的符号必须（　　）且（　　）。

A. 小于零　　　B. $a_0 a_3 > a_1 a_2$　　　C. 大于零　　　　　D. $a_0 a_3 < a_1 a_2$

74. 四阶系统的特征方程为 $a_0 s^4+a_1 s^3+a_2 s^2+a_3 s+a_4=0$，系统稳定的充要条件是各项系数的符号必须（　　）且（　　）。

A. 相同　　　　　　　　　　　　　　B. $a_1 a_2 a_3 > a_0 a_3^2 + a_1^2 a_4$，$a_1 a_2 > a_0 a_3$

C. 大于零　　　　　　　　　　　　　　D. $a_1 a_2 a_3 < a_0 a_3^2 + a_1^2 a_4$

75. 关于自动控制系统的稳定判据的作用，不正确的表示是（   ）。
A. 可以用来判断系统的稳定性
B. 可以用来分析系统参数变化对稳定性的影响
C. 检验稳定裕度
D. 不能判断系统的相对稳定性

76. 设系统的开环传递函数为 $G(s)$，反馈环节传递函数为 $H(s)$，则该系统的静态位置误差系数、静态速度误差系数、静态加速度误差系数正确的表达方式是（   ）。
A. $\lim\limits_{s\to 0}G(s)H(s)$、$\lim\limits_{s\to 0}sG(s)H(s)$、$\lim\limits_{s\to 0}s^2G(s)H(s)$
B. $\lim\limits_{s\to \infty}G(s)H(s)$、$\lim\limits_{s\to \infty}sG(s)H(s)$、$\lim\limits_{s\to \infty}s^2G(s)H(s)$
C. $\lim\limits_{s\to 0}s^2G(s)H(s)$、$\lim\limits_{s\to 0}sG(s)H(s)$、$\lim\limits_{s\to 0}G(s)H(s)$
D. $\lim\limits_{s\to \infty}s^2G(s)H(s)$、$\lim\limits_{s\to \infty}sG(s)H(s)$、$\lim\limits_{s\to \infty}G(s)H(s)$

77. 对于单位阶跃输入，下列表示不正确的是（   ）。
A. 只有0型系统具有稳态误差，其大小与系统的开环增益成反比
B. 只有0型系统具有稳态误差，其大小与系统的开环增益成正比
C. Ⅰ型系统位置误差系数为无穷大时，稳态误差为0
D. Ⅱ型及以上系统与Ⅰ型系统一样

78. 已知系统结构图如图 4-91 所示，
（1）引起闭环系统临界稳定的 K 值（   ）；
（2）$r(t)=t$ 时，要使系统稳态误差 $e_{SS}\leq 0.5$，试确定满足要求的 K 值范围（   ）。
A. $2\leq K\leq 3$ B. $K\geq 2$
C. $K=2$ D. $K\geq 3$

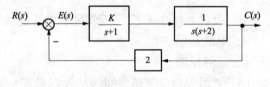

图 4-91 题 78 图

79. 系统的开环传递函数为：$G(s)H(s)=\dfrac{K(\tau_1 s+1)}{s^2(T_1 s+1)(T_2 s+1)}$，则该系统为（   ）型系统。
A. 0   B. Ⅰ   C. Ⅱ   D. Ⅲ

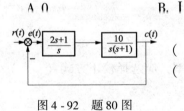

图 4-92 题 80 图

80. 系统结构如图 4-92 所示。系统的静态位置误差系数（   ）、静态速度误差系数（   ）和静态加速度误差系数（   ）。
A. $K_p=\infty$ B. $K_v=\infty$
C. $K_v=0.5$ D. $K_a=10$

81. 系统的开环传递函数为：$G(s)=\dfrac{5(1+2s)}{s^2(s^2+3s+5)}$，系统的加速度误差系数为（   ）单位斜坡信号作用下的稳态误差为（   ），单位加速度信号作用下的稳态误差为（   ）。
A. 5   B. 1   C. 0   D. 2

82. 已知单位反馈系统的开环传递函数为：$G(s)=\dfrac{7(s+1)}{s(s+4)(s^2+2s+2)}$，求输入信号为以下时系统的稳态误差 $[e(t)=r(t)-c(t)]$。

（1）输入信号为单位阶跃信号 $r(t)=1(t)$，（   ）；
（2）输入信号为单位斜坡信号 $r(t)=t\cdot 1(t)$，（   ）；
（3）输入信号为加速度信号 $r(t)=t^2\cdot 1(t)$，（   ）。

A. 0　　　　　　　B. 1.14　　　　　　　C. ∞　　　　　　　D. 2

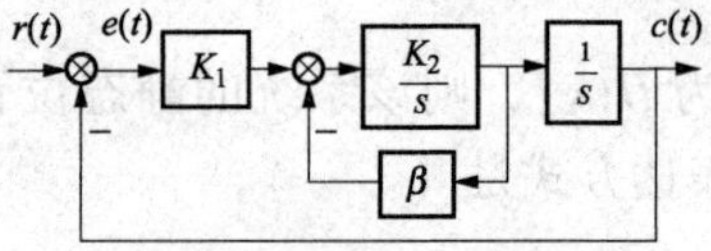

83. 控制系统结构如图 4-93 所示。其中 $K_1, K_2 > 0$，$\beta \geq 0$。试分析：

图 4-93　题 83 图

（1）β 值变化（增大），系统稳定性（   ）；
（2）β 值变化（增大）对动态性能（$\sigma\%$, t_s）的影响（   ）；
（3）β 值变化（增大）对 $r(t)=at$ 作用下稳态误差的影响（   ）。

A. 总是稳定　　　B. 减小　　　C. 增大　　　D. 不变

84. 为了提高系统稳定性，应选择校正方式（   ）。
A. 串联超前　　　　　　　　　B. 串联滞后
C. 局部反馈　　　　　　　　　D. 前馈

85. 滞后校正装置可抑制噪声并改善稳态性能。采用串联滞后校正时，通常可使校正后系统的截止频率 ω_c（   ）。
A. 减小　　　　　　　　　　　B. 不变
C. 增大　　　　　　　　　　　D. 可能增大，也可能减小

86. 改善系统中不稳定环节对系统性能的影响，应采取哪种校正方式？（   ）
A. 串联超前　　　　　　　　　B. 串联滞后
C. 局部反馈　　　　　　　　　D. 前馈（顺馈）

87. 室温对象-空调房间的特性参数滞后时间 τ 越大，（   ）；对象的时间常数 T 越大，（   ）；当对象的传递系数大时，调节过程的动差和静差均增大，调节周期将缩短，振动次数会增加，寿命也会缩短。
A. 调节振幅即动态偏差增大　　B. 振幅减小
C. 调节周期缩短　　　　　　　D. 调节振幅即动态偏差减小

88. 系统的时域性能指为（   ）。
A. 稳定性　　　　　　　　　　B. 相位裕度
C. 幅值裕度　　　　　　　　　D. 稳态误差

89. 已充分稳定的二阶系统，要减小超调量、增大响应速率，应选择校正方式（   ）。
A. 串联超前　　　　　　　　　B. 串联滞后
C. 局部反馈　　　　　　　　　D. 前馈

90. 采用复合校正的控制系统如图 4-94 所示。若要实现误差全补偿，应满足的条件是（   ）。

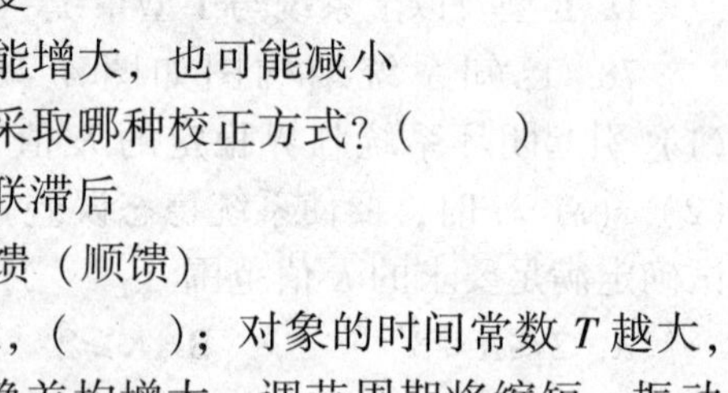

A. $G_C = \dfrac{1}{G_2}$　　　B. $G_C = G_1$

C. $G_C = \dfrac{1}{G_1}$　　　D. $G_C = G_2$

图 4-94　题 90 图

91. 下列说法中，不正确的是（   ）。

A. 滞后校正装置的作用是低通滤波，能抑制高频噪声，改善稳态性能
B. PD 控制器是一种滞后校正装置，PI 控制器是一种超前校正装置
C. PID 控制器是一种滞后—超前校正装置
D. 采用串联滞后校正，可实现系统的高精度、高稳定性

92. 采用串联超前校正时，通常可使校正后系统的截止频率 ω（　　）。
A. 减小
B. 不变
C. 增大
D. 可能增大，也可能减小

93. 关于超前校正装置，下列不正确的描述是（　　）。
A. 超前校正装置利用校正装置的相位超前特性来增加系统的相角稳定裕度
B. 超前校正装置利用校正装置频率特性曲线的正斜率段来增加系统的穿越频率
C. 超前校正装置利用相角超前、幅值增加的特性，使系统的截止频率变窄、相角裕度减小，从而有效改善系统的动态性能
D. 在满足系统稳定性条件的情况下，采用串联超前校正可使系统响应快、超调小

94. 当系统采用串联校正时，校正环节为 $G_c(s) = \dfrac{s+1}{2s+1}$，则该校正环节对系统性能的影响是（　　）。
A. 增大开环幅值穿越频率（截止频率、剪切频率）ω_c
B. 增大稳态误差
C. 减小稳态误差
D. 稳态误差不变，响应速度降低

95. 函数 $F(s) = \dfrac{2}{s^2+4s+3}$ 的拉普拉斯反变换为（　　）。
A. $e^{-t} - e^{-3t}$
B. $2e^{-t} - e^{-3t}$
C. $e^{-t} - 2e^{-3t}$
D. $e^{-3t} - e^{-t}$

96. 某校正装置的传递函数为 $G(s) = \dfrac{4s+1}{2s+1}$，则该校正装置是（　　）。
A. 超前校正装置
B. 滞后校正装置
C. 滞后超前校正装置
D. 前馈装置

复习题答案与提示

1. B。提示：温度传感器为测量元件，将实际温度测出与参考温度进行比较，构成反馈通道，因此为反馈元件。

2. D。提示：该系统的工作原理：温度传感器不断测量交换器出口处的实际水温，并在温度控制器中与给定温度相比较，若低于给定温度，其偏差值使蒸汽阀门开大，进入热交换器的蒸汽量加大，热水温度升高，直至偏差为零。如果由于某种原因，冷水流量加大，则流量值由流量计测得，通过温度控制器，开大阀门，使蒸汽量增加，提前进行控制，实现按冷水流量进行顺馈补偿，保证热交换器出口的水温不发生大的波动。其中，热交换器是被控对象，实际热水温度为被控量，给定量（希望温度）在控制器中设定；冷水流量是干扰量。

3. D。提示：自动控制器通过比较实际液位与希望液位，并通过调整气动阀门的开度，对误差进行修正，从而保持液位不变。图 4-95 是该控制系统的框图。

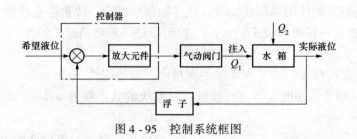

图 4-95 控制系统框图

控制器：比较、放大的作用；浮子：液面高度的反馈检测元件；Q_2 为系统的干扰量；气动阀门为执行机构；被控对象：水箱。

4. D。提示：开环控制系统的定义，开环控制没有引入反馈的概念。

5. A。提示：闭环控制系统的定义，闭环控制引入反馈的概念。

6. B。提示：A、开环控制系统；B、按干扰补偿的开环控制系统，为前馈控制系统，前馈控制系统能抑制可测量的扰动对系统的影响；C、闭环控制系统；D、复合控制系统。

7. C。提示：反馈控制实质上是一个按偏差进行控制的过程，也称为按偏差控制，反馈控制原理也就是按偏差控制原理。

8. C。提示：闭环控制系统的控制特点和定义。

9. A。提示：闭环控制系统的特点。

10. C。提示：稳定性是保证控制系统正常工作的先决条件。

11. A。提示：有扰动补偿开环控制称为按扰动补偿的控制方式—前馈控制系统。如果扰动（干扰）能测量出来，则可以采用按干扰补偿的控制方式。由于扰动信号经测量装置、控制器至被控对象是单向传递的，所以属于开环控制。对于不可测扰动及各元件内部参数变化给被控制量造成的影响，系统无抑制作用。

12. C。提示：自动控制系统的基本要求为稳定性（系统的固有特性）、快速性 [用调节（整）时间来衡量，时间越短，快速性越好] 和准确性（用稳态误差来衡量，越小精度越高、准确性越好）。

13. (1) A；(2) B；(3) D；(4) C。提示：①方程是线性常微分方程，系统是线性定常系统。②方程中，只有系数是时间函数 t，系统是线性时变系统。③方程中，有变量的开平方项，有系数是时间函数 t，系统是非线性时变系统。④方程中，有变量的平方项，系统是非线性定常系统。

14. A。提示：A 方程中，有变量的平方项，有系数是时间函数 t，系统是非线性时变系统。B 方程中，等式两边求导一次，方程是线性常微分方程，系统是线性定常系统。C 方程中，只有系数是时间函数 t，系统是线性时变系统。D 方程中，有系数与时间函数 t 有关，线性时变系统，分段时不变系统。

15. B。提示：原式 $= \dfrac{1}{2s} - \dfrac{\dfrac{1}{2}s}{s^2 + 2s + 2} = \dfrac{1}{2s} - \dfrac{1}{2} \times \dfrac{s+1}{(s+1)^2 + 1} + \dfrac{1}{2} \times \dfrac{1}{(s+1)^2 + 1}$，所以 $x(t) = \dfrac{1}{2} + \dfrac{1}{2} e^{-t}(\sin t - \cos t)$。

16. B。提示：令传递函数的分母等于零求得的根为极点，分子等于零求得的根为零点。

因此该系统的极点为 -1，-1000；零点为 -10。

17. C。提示：如图 4-96 所示。

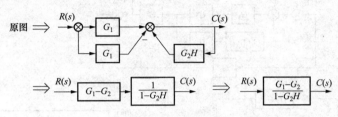

图 4-96 题 17 题解图

所以 $\dfrac{C(s)}{R(s)} = \dfrac{G_1 - G_2}{1 - G_2 H}$。

18. B。提示：传递函数的性质。

19. A。提示：令 $T_s = 0$，求得：$G(s) = \dfrac{K}{TS+1}$。

20. D。提示：系统的开环传递函数为：$\dfrac{k}{(s-s_1)(s-s_2)} = \dfrac{k}{(s+5)(s+4)} = \dfrac{0.05k}{(0.2s+1)(0.25s+1)}$，$0.05k$ 为系统的开环增益，根据题意可知，$0.05k = 5$，则 $k = 100$，系统的开环传递函数为 $\dfrac{100}{(s+5)(s+4)}$。

21. A、C。提示：典型环节惯性环节的数学模型——微分方程和传递函数。

22. A、D。提示：滞后环节的数学模型。

23. A。提示：反馈环节的等效变换。

负反馈连接：$\phi(s) = \dfrac{C(s)}{R(s)} = \dfrac{G(s)}{1+G(s)H(s)} = \dfrac{\text{前向通道传递函数}}{1+\text{开环传递函数}}$

24. A。提示：

(1) 结构图等效变换如图 4-97 所示。

所以 $\dfrac{C(s)}{R(s)} = G_4 + \dfrac{G_1 G_2 G_3}{1 + G_1 G_2 H_1 + G_2 H_1 + G_2 G_3 H_2}$。

(2) 梅逊公式求取。

图 4-97 中有 2 条前向通路，3 个回路

$P_1 = G_1 G_2 G_3$，$\Delta_1 = 1$，$P_2 = G_4$，$\Delta_2 = \Delta$，

$L_1 = -G_1 G_2 H_1$，$L_2 = -G_2 H_1$，$L_3 = -G_2 G_3 H_2$，$\Delta = 1 - (L_1 + L_2 + L_3)$，

$\dfrac{C(s)}{R(s)} = \dfrac{P_1 \Delta_1 + P_2 \Delta_1}{\Delta} = P_2 + \dfrac{P_1 \Delta_1}{\Delta} = G_4 + \dfrac{G_1 G_2 G_3}{1 + G_1 G_2 H_1 + G_2 H_1 + G_2 G_3 H_2}$。

25. B。提示：由图 4-82 可得：$\dfrac{C(s)}{R(s)} = \dfrac{\dfrac{2}{s^2+2s+1}}{1 + \dfrac{2}{s^2+2s+1}(s+1)} = \dfrac{2}{(s+1)(s+3)}$

输入 $R(s) = \dfrac{3}{s}$；则 $C(s) = \dfrac{2}{(s+1)(s+3)} \times \dfrac{3}{s} = \dfrac{2}{s} - \dfrac{3}{s+1} + \dfrac{1}{s+3}$

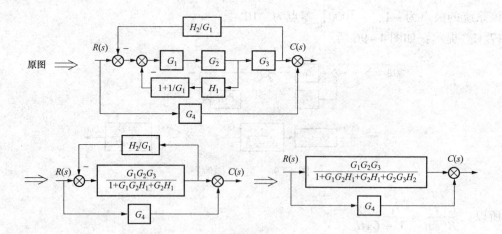

图 4-97 结构图等效变换

拉氏反变换可得:$c(t) = L^{-1}\left(\dfrac{2}{s} - \dfrac{3}{s+1} + \dfrac{1}{s+3}\right) = 2 - 3e^{-t} + e^{-3t}$。

26. A、C。提示：时间常数 T 是指被控对象在阶跃作用下，被控变量以最大的速度变化到新稳态值所需的时间。反映了对象在阶跃作用下被控变量变化的快慢速度，为对象惯性大小的常数，时间常数大，惯性大，被控变量变化速度慢，控制较平稳；时间常数小，惯性小，被控变量变化速度快，不易控制。

27. B。提示：应用梅逊公式法。

回路：$L_1 = -G_1G_2G_3H_1$，$L_2 = -G_2H_3$　则：$\Delta = 1 + G_1(s)G_2(s)G_3(s)H_1(s) + G_2(s)H_3(s)$

从 $R(s)$ 到 $C(s)$ 前向通道只有一条，$P_1 = G_1G_2G_3$，$\Delta_1 = 1$

所以，

$$\dfrac{C(s)}{R(s)} = \dfrac{G_1(s)G_2(s)G_3(s)}{1 + G_1(s)G_2(s)G_3(s)H_1(s) + G_2(s)H_3(s)}。$$

28. B、A、C。

（1）$L[\cos\omega t] = \dfrac{1}{\omega}L[\sin'\omega t] = \dfrac{1}{\omega} \times s \times \dfrac{\omega}{s^2 + \omega^2} = \dfrac{s}{s^2 + \omega^2}$。

（2）$\dfrac{t^2}{2} = \int t\,dt$　　所以 $L\left[\dfrac{t^2}{2}\right] = L\left[\int t\,dt\right] = \dfrac{1}{s} \times \dfrac{1}{s^2} + \dfrac{1}{s} \times \left.\dfrac{t^2}{2}\right|_{t=0} = \dfrac{1}{s^3}$。

（3）$f(t) = 1(t) - 1(t-1)$　　故 $F(s) = L[f(t)] = \dfrac{1}{s} - \dfrac{1}{s}e^{-s} = \dfrac{1}{s}(1 - e^{-s})$。

29. A。提示：

$$\dfrac{d^2c(t)}{dt^2} + 3\dfrac{dc(t)}{dt} + 2c(t) = 2r(t) \tag{1}$$

考虑初始条件，对式（1）进行拉氏变换，得

$$s^2C(s) + s + 3sC(s) + 3 + 2C(s) = \dfrac{2}{s} \tag{2}$$

$$C(s) = -\dfrac{s^2 + 3s - 2}{s(s^2 + 3s + 2)} = \dfrac{1}{s} - \dfrac{4}{s+1} + \dfrac{2}{s+2}$$

所以 $$c(t) = 1 - 4e^{-t} + 2e^{-2t}$$

30. A。提示：
$$3\frac{dc(t)}{dt} + 2c(t) = 2r(t) \tag{1}$$

考虑初始条件，对式（1）进行拉氏变换，得
$$3sC(s) + 2C(s) = \frac{2}{s} \tag{2}$$

$$C(s) = \frac{2}{s(3s+2)} = \frac{1}{s} - \frac{1.5}{1.5s+1}$$

所以 $$c(t) = 1 - 1.5e^{-1.5t}$$

31. D。提示：关于传递函数的几点说明。传递函数只取决于系统的结构和参数，与输入量的大小和形式无关。传递函数是系统单位脉冲（冲击）响应的拉普拉斯变换式。

32. A。提示：被控对象的特性参数。时间常数大，惯性大，被控变量变化速度慢，控制较平稳。

33. A。提示：环节串联后的总传递函数等于各个串联环节传递函数的乘积；环节并联后的总传递函数等于各个并联环节传递函数的代数和。

34. D。提示：自动控制关心的是环节的输出和输入的关系——传递函数。一个传递函数只能表示一个输入对输出的关系。

35. D。
提示：A 项正确，反馈控制是采用负反馈并利用偏差进行控制的过程。

B 项正确，"闭环"这个术语的含义，就是应用负反馈作用来减小系统的误差，从而使得生产设备或工艺过程稳定地运行。

C 项正确，由于引入了被反馈量的反馈信息，整个控制过程成为闭合的，因此负反馈控制也称为闭环控制。凡是系统输出信号对控制作用有直接影响的系统，都称为闭环系统。

D 项错误，闭环控制系统将检测出来的输出量送回到系统的输入端，并与输入信号比较产生偏差信号的过程称为反馈。这个送回到输入端的信号称为反馈信号。若反馈信号与输入信号相减，使产生的偏差越来越小，则称为负反馈；反之，则称为正反馈。

36. A。提示。积分时间常数 T_I 越小，积分作用越强，克服稳态误差的能力增加，但使过渡过程振荡加剧，稳定性降低。积分作用是缓慢的、渐进的；积分作用加强振荡，对于滞后大的对象更为明显。

37. A、C。提示：被控对象的放大系数 K 越大，被变量对这个量的变化就越灵敏，但稳定性差；放大系数小，控制不够灵敏，但稳定性好。

38. A。提示：与典型一阶系统 $\frac{K}{Ts+1}$ 相比，$T_1 = 1$，$T_2 = 0.1$。调节时间 $t_s = (3 \sim 4)T_1$，因此 $t_1 > t_2$。

39. C。提示：$G(s) = \frac{K}{1+Ts}$，单位阶跃输入时，$R(s) = \frac{1}{s}$，输出 $C(s) = \frac{K}{1+Ts} \cdot \frac{1}{s}$，$c(t) = L^{-1}[C(s)] = L^{-1}\left(\frac{K}{1+Ts} \cdot \frac{1}{s}\right) = K(1 - e^{-\frac{t}{T}})$，瞬态分量衰减的快慢取决于 $e^{-\frac{t}{T}}$，T 越小，衰减越快，快速性越好。

40. B。提示：参见二阶过阻尼系统的单位阶跃响应表达式和曲线。

41. A。提示：衰减系数即阻尼比 ξ，当 ξ 减小时，超调量即最大偏差增大，衰减比 $n = e^{2\pi\xi/\sqrt{1-\xi^2}}$ 减小，调节时间 $t_s \approx 3/\xi\omega_n$ 增大。

42. C。提示：$\dfrac{2}{3s^2+5s+4} = \dfrac{2/4}{(3s^2+5s+4)/4} = \dfrac{0.5}{0.75s^2+1.25s+1}$，开环增益为 0.5。求该系统的闭环传递函数 $\phi(s) = \dfrac{\dfrac{2}{3s^2+5s+4}}{1+\dfrac{2}{3s^2+5s+4}} = \dfrac{2}{3s^2+5s+6} = \dfrac{\dfrac{2}{3}}{s^2+\dfrac{5}{3}s+2}$。与标准二阶系统特征方程相比，$s^2 + \dfrac{5}{3}s + 2 = s^2 + 2\xi\omega_n s + \omega_n^2$ 得：$\omega_n = \sqrt{2}$，$\xi = \dfrac{5\sqrt{2}}{12}$。

43. D。提示：单位负反馈系统的开环传递函数为 $G(s) = \dfrac{16}{s(s+9)}$，则其闭环传递函数为 $\phi(s) = \dfrac{G(s)}{1+G(s)} = \dfrac{16}{s^2+9s+16}$。与二阶系统标准式 $\dfrac{\omega_n^2}{s^2+2\xi\omega_n s+\omega_n^2}$ 相比可得，无阻尼自然振荡频率（固有频率）$\omega_n = 4$，阻尼比（衰减系数）$\xi = \dfrac{9}{8} = 1.125$，为过阻尼。

44. C。提示：与二阶系统标准式 $G(s) = \dfrac{\omega_n^2}{s^2+2\xi\omega_n s+\omega_n^2}$ 相对比，得 $\omega_n = 3, 2\xi\omega_n = 3.6$，则阻尼比 $\xi = 0.6$。

45. C。提示：与二阶系统标准式 $G(s) = \dfrac{\omega_n^2}{s^2+2\xi\omega_n s+\omega_n^2}$ 相对比，得 $\omega_n = 1, 2\xi\omega_n = 2$，则阻尼比 $\xi = 1$。系统为临界阻尼，也称为等阻尼。

46. D。提示：系统的特性取决于系统的特征方程，该系统为二阶系统、在过阻尼临界阻尼时无超调。

与二阶系统标准式 $G(s) = \dfrac{\omega_n^2}{s^2+2\xi\omega_n s+\omega_n^2}$ 相对比，得 $\omega_n = 3, 2\xi\omega_n = K$，则阻尼比 $\xi \geq 1$ 时系统无超调。当 $\xi = 1$ 时，$K = 6$，则 $\xi > 1$ 时，$K > 6$，则正确答案为 D。

47. B。提示：$\dfrac{C(s)}{R(s)} = \dfrac{2}{s^2+4s+2}$，则 $\omega_n = \sqrt{2}$，$\xi = \sqrt{2} > 1$，为过阻尼。

48. B。提示：频率特性和传递函数的关系 $G(j\omega) = G(s)|_{s=j\omega}$，即传递函数的复变量 s 用 $j\omega$ 代替后，就相应变为频率特性。频率特性也是描述线性控制系统的数学模型形式之一。

49. D。提示：欠阻尼二阶系统的最佳阻尼比为 0.707，此时超调量为 4.3%。阻尼比越大，超调量越小。$\xi > 1$ 为过阻尼系统，$0 < \xi < 1$ 为欠阻尼系统。$\xi = 1$ 为临界阻尼系统。

50. A。提示：依图 4-84 可知，该系统有一个比例环节，转折频率 m 处有一个惯性环节，转折频率 n 处有两个惯性环节。因此可知：$G(j\omega) = \dfrac{K}{\left(\dfrac{1}{m}j\omega+1\right)\left(\dfrac{1}{n}j\omega+1\right)^2}$。

51. A。提示：比例-微分控制不改变自然频率 ω_n，增大系统的阻尼比；减小系统超调量；$K=\omega_n/2\xi$，由于ξ与ω_n均与K有关，所以适当选择开环增益，以使系统在斜坡输入时的稳态误差减小。

52. C。提示：速度反馈会降低系统的开环增益，从而会加大系统在斜坡输入时的稳态误差。速度反馈不影响系统的自然频率，ω_n不变；可增大系统的阻尼比，从而降低系统的超调量。

53. B。提示：典型二阶系统的闭环极点位于S平面左半平面，为欠阻尼二阶系统，从图4-85上可求得闭环极点为$S_{1,2}=-1\pm j1$。欠阻尼二阶系统的闭环极点为$S_{1,2}=-\xi\omega_n\pm j\omega_n\sqrt{1-\xi^2}$。联立求解可得：$\omega_n=\sqrt{2}=1.414$，$\xi=\sqrt{2}/2=0.707$。

54. B。提示：依题图可知，$\omega_1=5$，$\omega_2=5000$。

低频段的斜率为$-40\text{dB}/10\text{dec}$，有两个积分环节；在$\omega_1=5$斜率变化为$-20\text{dB}/\text{dec}$，有一个一阶微分环节；在$\omega_2=5000$时斜率变为$-40\text{dB}/10\text{dec}$，有一个惯性环节。因此可得：$\dfrac{K\left(\dfrac{1}{5}j\omega+1\right)}{(j\omega)^2\left(\dfrac{1}{5000}j\omega+1\right)}$。

其中参数K：低频段的斜率为$-40\text{dB}/10\text{dec}$，其延长线与横轴（零分贝线）的交点为10。

二型系统：$K=10^2=100$。

则表达式$\dfrac{100\left(\dfrac{1}{5}j\omega+1\right)}{(j\omega)^2\left(\dfrac{1}{5000}j\omega+1\right)}$。

55. C。提示：输入q_i为阶跃作用，$t<0$时$q_i=0$；$t\geq 0$时$q_i=A$。对上述微分方程求解，得$L(t)=KA(1-e^{-t/T})$。

56. A。提示：一阶系统的传递函数为$G(s)=\dfrac{K}{1+Ts}$，闭环极点为$-\dfrac{1}{T}$，单位阶跃输入时，$R(s)=\dfrac{1}{s}$，输出$C(s)=\dfrac{K}{1+Ts}\times\dfrac{1}{s}$，系统输出响应$c(t)=L^{-1}[C(s)]=K(1-e^{-\frac{t}{T}})$，瞬态分量衰减的快慢取决于$e^{-\frac{t}{T}}$，$T$越大，衰减越慢，响应速度越慢，快速性越差。

57. A。提示：依题图可知，$\omega_1=20$，$L(\omega_1)=12\text{dB}$；$\omega_2=200$，$L(\omega_2)=-8\text{dB}$；$\omega_3=2000$，$L(\omega_3)=-48\text{dB}$。

因此，$\omega_1=20$与$\omega_2=200$之间线段的斜率为$-20\text{dB}/10\text{dec}$，为一积分环节；且有一个比例环节。$\omega_2=200$与$\omega_3=2000$之间线段的斜率为$-40\text{dB}/10\text{dec}$，有两个惯性环节，转折频率为$\omega_2$。因此可得：

$$G(j\omega)=\dfrac{K}{j\omega\left(\dfrac{1}{200}j\omega+1\right)\left(\dfrac{1}{200}j\omega+1\right)}$$

其中参数K：

$$L(\omega)=20\lg K-20\lg\omega-20\lg\sqrt{1+\left(\dfrac{1}{200}\omega\right)^2}-20\lg\sqrt{1+\left(\dfrac{1}{200}\omega\right)^2}$$

$$L(20) \approx 20\lg K - 20\lg 20 = 12\text{dB}$$
$$20\lg K = 12\text{dB} + 20\lg 20,\ K = 80$$

则
$$G(j\omega) = \frac{80}{j\omega\left(\frac{1}{200}j\omega + 1\right)\left(\frac{1}{200}j\omega + 1\right)}$$

58. C。提示：开环系统稳定（$P=0$），闭环系统稳定的充要条件为 $N=0$，即开环幅相特性曲线不包围（-1，j0）点；开环不稳定的系统（$P \neq 0$），其闭环系统稳定的充要条件为 $N = P/2$，即开环幅相特性曲线逆时针包围（-1，j0）点 $P/2$ 圈。因此开环不稳定的系统，其闭环不一定不稳定；开环稳定的系统，其闭环不一定稳定。

59. A。提示：相位裕量越大，系统的相对稳定性越好。最小相位系统的相位裕量 $\gamma > 0$，系统稳定；$\gamma = 0$，系统临界稳定；$\gamma < 0$，系统不稳定。

60. C。提示：二阶欠阻尼系统阻尼比越大，超调量越小，系统的相对稳定性越好。

61. A。提示：稳定裕度。稳定系统的稳定程度，即相对稳定性，用相角（位）裕度和幅值裕度来表示。相角裕度和幅值裕度是系统开环频率指标，它与闭环系统的动态性能密切相关。对于最小相角系统，要使闭环系统稳定，要求相角裕度 $\gamma > 0$，幅值裕度 $h > 1$。

62. B。提示：合理设计二阶系统的阻尼系数（阻尼比）ξ 和无阻尼自然频率 ω_n，可以获得满意的瞬态（动态）特性。最佳二阶系统的参数为：最佳阻尼比 $\xi = 0.707$，最大超调量 $\sigma\% = 4.3\%$。调整典型二阶系统的两个特征参数 ξ, ω_n 可以改善系统的性能，但功能有限。在改善二阶系统性能的方法中，比例-微分控制和测速反馈控制是两种常用方法。

63. C。提示：从题图可知，起始角为 $0°$，横轴正半轴上的某一个点，因此为零型系统。终止角为 $-270°$，终止于零点，三个惯性环节可构成该图。

64. A。提示：依图 4-89 可知，该系统有一个比例环节，两个惯性环节，转折频率分别为 ω_1、ω_2。因此可得 $G(s) = \dfrac{K}{\left(\dfrac{s}{\omega_1}+1\right)\left(\dfrac{s}{\omega_2}+1\right)}$

其中参数：$20\lg K = L(\omega) = 40\text{dB}$，$K = 100$。

则 $G(s) = \dfrac{100}{\left(\dfrac{1}{\omega_1}s+1\right)\left(\dfrac{1}{\omega_2}s+1\right)}$。

65. A。提示：由结构图可知，系统闭环传递函数为

$$\frac{C(s)}{R(s)} = \frac{\dfrac{K}{s(s+1)(s+2)}}{1+\dfrac{K}{s(s+1)(s+2)}} = \frac{K}{s^3+3s^2+2s+K}$$

系统的闭环特征方程为：$D(s) = s^3 + 3s^2 + 2s + K = 0$

劳斯表：

s^3	1	2
s^2	3	K
s	$\dfrac{6-K}{6}$	$\Rightarrow K < 6$

$$s^0 \qquad K \qquad\qquad \Rightarrow K>0$$

所以使系统闭环稳定的 K 值范围：$0<K<6$。

66. A、B、C。提示：衰减比是反映被调参数振荡衰减程度的指标，用衰减比 n 可以判断振荡是否衰减和衰减程度。$n>1$ 时，系统稳定；$n=1$ 时，等幅振荡；$n<1$ 时，增幅振荡。

67. C。解析：衰减比 n；衰减比是反映被调参数振荡衰减程度的指标，等于前后两个波峰之比。$n>1$ 时，系统稳定。A 项不正确。

系统的特征根全部具有负实部时，系统具有稳定性。B、D 项不正确。

系统稳定的必要条件：系统特征方程的各项系数均存在，且同号。C 项正确。

68. A。提示：稳定性与特征方程根的关系。系统的特征根全部具有负实部时，系统具有稳定性；当特征根中有一个或一个以上正实部根时，系统不稳定；若特征根中具有一个或一个以上零实部根，而其他的特征根均具有负实部时，系统处于稳定和不稳定的临界状态，为临界稳定。

69. A。提示：根据劳斯判据可得系统稳定的 K 的取值范围为 $0<K<1$。

70. A。提示：该系统的特征方程为：$2s^3+3s^2+K$。缺 s 项，因此系统不稳定，根据系统稳定的必要条件。

71. C。提示：稳定性与特征方程根的关系。

当系统的特征根全部具有负实部时，系统具有稳定性；当特征根中有一个或一个以上正实部根时，系统不稳定；若特征根中具有一个或一个以上零实部根，而其他的特征根均具有负实部时，系统处于稳定和不稳定的临界状态，为临界稳定。

72. A。提示：稳定的充要条件为特征方程的各项系数的符号必须相同。

73. C、D。提示：解题思路：稳定的充要条件：各项系数均大于零，且满足 $a_1a_2>a_0a_3$。

74. C、B。提示：根据劳斯判据。

劳斯表：

s^4	a_0	a_2	a_4
s^3	a_1	a_3	
s^2	$\dfrac{a_1u_2-a_0a_3}{a_1}$	a_4	
s^1	$\dfrac{a_1a_2a_3-a_0a_3^2-a_1^2a_4}{a_1a_2-a_0a_3}$	0	
s^0	a_4		

劳斯表第一列元素均大于零。则 $a_1a_2a_3>a_0a_3^2+a_1^2a_4, a_1a_2>a_0a_3, a_1>0, a_0>0, a_4>0$。

75. D。提示：稳定判据的应用：①判别系统的稳定性；②分析系统参数变化对稳定性的影响；③检验稳定裕度。

76. A。提示：静态位置误差系数 K_p：$K_p=\lim\limits_{s\to 0}G(s)H(s)$；静态速度误差系数 K_v：$K_v=\lim\limits_{s\to 0}sG(s)H(s)$；静态加速度误差系数 K_a：$K_a=\lim\limits_{s\to 0}s^2G(s)H(s)$。

77. B。提示：单位阶跃函数输入时的稳态误差为：$e_{ss}=\dfrac{1}{1+K_p}$，其中，位置误差系统系

数 $K_p = \lim\limits_{s \to 0} G(s)$,则

0 型系统：$v=0$, $K_p = K$, $e_{ss} = 1/(1+K_p)$,有稳态误差,其大小与系统的开环增益成反比。

Ⅰ型系统及Ⅰ型以上的系统：$v = 1, 2, \cdots$, $K_p = \infty$, $e_{ss} = 0$。位置误差系数均为无穷大,稳态误差均为零。

78. (1) C,(2) A。

提示：(1) 由图 4-91 得

$$\Phi_e(s) = \frac{E(s)}{R(s)} = \frac{1}{1 + \dfrac{2K}{s(s+1)(s+2)}} = \frac{s(s+1)(s+2)}{s(s+1)(s+2) + 2K} = \frac{s^3 + 3s^2 + 2s}{s^3 + 3s^2 + 2s + 2K}$$

$$D(s) = s^3 + 3s^2 + 2s + 2K$$

系统临界稳定时有 $D(j\omega) = 0$

令 $\begin{cases} \text{Re}[D(j\omega)] = -3\omega^2 + 2K = 0 \\ \text{Im}[D(j\omega)] = -\omega^3 + 2\omega = 0 \end{cases}$ 联立解出 $\begin{cases} K = 3 \\ \omega = \sqrt{2} \end{cases}$。

(2) 当 $r(t) = t$ 时,$R(s) = \dfrac{1}{s^2}$

$$e_{ss} = \lim_{s \to 0} s \cdot R(s) \cdot \Phi_e(s) = \lim_{s \to 0} s \cdot \frac{1}{s^2} \cdot \frac{s(s+1)(s+2)}{s(s+1)(s+2) + 2K} = \frac{1}{K} \leq 0.5$$

令 $e_{ss} = \dfrac{1}{K} \leq 5$,有 $K \geq 2$,综合系统稳定性要求,得：$2 \leq K \leq 3$。

79. C。提示：系统类型的定义。

80. A、B、D。提示：系统开环传递函数为：$G(s) = \dfrac{10(2s+1)}{s^2(s+1)}$

则：$K_p = \lim\limits_{s \to 0} G(s) = \infty$；$K_v = \lim\limits_{s \to 0} sG(s) = \infty$；$K_a = \lim\limits_{s \to 0} s^2 G(s) = 10$。

81. B、C、B。提示：$K_a = \lim\limits_{s \to 0} s^2 G(s) = 1$。$K_p = \lim\limits_{s \to 0} G(s) = \infty$, $K_v = \lim\limits_{s \to 0} sG(s) = \infty$

单位斜坡作用下的稳态误差 $e_{ss} = \dfrac{1}{K_v} = 0$,单位加速度信号作用下的稳态误差 $e_{ss} = \dfrac{1}{K_a} = 1$。

82. (1) A；(2) B；(3) C。提示：

系统的开环传递函数为 $G(s) = \dfrac{7(s+1)}{s(s+4)(s^2+2s+2)}$ $\begin{cases} K = 7/8 \\ v = 1 \end{cases}$

Ⅰ型系统,$K_p = \infty$；$K_v = K = 7/8$；$K_a = 0$

$r(t) = 1(t)$ 时, $e_{ss} = \dfrac{1}{1+K_p} = 0$

$r(t) = t$ 时, $e_{ss} = \dfrac{1}{K_v} = \dfrac{8}{7} = 1.14$

$r(t) = t^2$ 时, $e_{ss} = \dfrac{R}{K_a} = \dfrac{2}{0} = \infty$

83. A。提示：

系统开环传递函数为：$G(s) = K_1 \dfrac{K_2}{s + \beta K_2} \cdot \dfrac{1}{s} = \dfrac{K_1 K_2}{s(s + \beta K_2)}$ $\begin{cases} K = K_1/\beta \\ v = 1 \end{cases}$

系统的闭环传递函数为：$\Phi(s) = \dfrac{K_1 K_2}{s^2 + \beta K_2 s + K_1 K_2}$，$\begin{cases} \omega_n = \sqrt{K_1 K_2} \\ \xi = \dfrac{\beta K_2}{2\sqrt{K_1 K_2}} = \dfrac{\beta}{2}\sqrt{\dfrac{K_2}{K_1}} \end{cases}$

系统的闭环特征多项式为：$D(s) = s^2 + \beta K_2 s + K_1 K_2$

由 $D(s)$ 表达式可知，当 $\beta = 0$ 时系统不稳定，$\beta > 0$ 时系统总是稳定的。

84. B。提示：系统稳定性满足的情况下，要求系统的响应快、超调小，可采用串联超前校正。高精度、稳定性要求高的系统常采用串联滞后校正。

85. A。提示：滞后校正以牺牲系统的快速性换取平稳性。使系统的截止频率 ω_c 变窄。

86. C。提示：串联校正对参数变化敏感，校正环节是和原系统直接连接的。反馈校正利用反馈校正环节包围系统中不稳定环节，形成局部反馈回路，在局部反馈回路的开环幅值远大于 1 的条件下，局部反馈回路的特性主要取决于反馈校正装置，可以忽略被包围的部分。前馈校正主要用于可量测但不可控的干扰，幅值大而频繁，对被控变量影响剧烈。

87. A、B。提示：因存在着对象的滞后时间 τ，所以会使室温调节品质变化。当 τ 越大时，调节振幅即动态偏差增大。只有在理想状态下，对象滞后等于零时，室温波动的振幅才等于调节器的不灵敏区，但这在实际上是不可能的，而当 τ 增大时，调节周期可加大，这样就减少了振动次数，延长了使用寿命。

对象的时间常数 T 越大时，因室温上升速度小，所以振幅可减小。这对调节有利，且 T 大时可使调节周期加大，对减少磨损也有利。

88. D。提示：时域性能指标包括稳态性能指标和动态性能指标。稳态性能指标为稳态误差；动态性能指标包括上升时间、峰值时间、调节时间和超调量。

89. A。提示：系统稳定性满足的情况下，要求系统的响应快、超调小，可采用串联超前校正。超前校正拓宽了截止频率，增加了系统的带宽，从而提供了系统的快速性。高精度、稳定性要求高的系统常采用串联滞后校正。

90. A。提示：图 4-94 是对输入进行补偿的系统框图。图中 $G_c(s)$ 为前馈装置的传递函数。由图可得

$$\dfrac{C(s)}{R(s)} = \dfrac{[G_c(s) + G_1(s)] G_2(s)}{1 + G_1(s) G_2(s)}, \text{则} \ C(s) = \dfrac{[G_c(s) + G_1(s)] G_2(s)}{1 + G_1(s) G_2(s)} R(s)$$

误差 $E(s)$ 为：$E(s) = R(s) - C(s) = \dfrac{1 - G_c(s) G_2(s)}{1 + G_1(s) G_2(s)} R(s)$

为了实现对误差全补偿，$E(s) = 0$。则 $G_c(s) = \dfrac{1}{G_2(s)}$。

91. B。提示：PD 控制器的传递函数为：$G_c(s) = K_p(1 + T_D s)$，是一种超前校正装置。

PI 控制器的传递函数为：$G_c(s) = K_p\left(\dfrac{1 + T_I s}{T_I s}\right)$，是一种滞后校正装置。滞后校正装置的作用：低通滤波，能抑制噪声，改善稳态性能。采用滞后校正装置进行串联校正时，主要是利用其高频幅值衰减特性，以降低系统的截止频率，提高系统的相角裕度，改善系统的平稳性。高精度、稳定性要求高的系统常采用串联滞后校正，如恒温控制。

PID 控制器的传递函数为：$G_c(s) = K_p\left(1 + \dfrac{1}{T_I s} + T_D s\right)$，兼有 PI 控制器和 PD 控制器的优点，是一种滞后-超前校正装置。

92. C。提示：校正后可以使系统的截止频率 ω_c 变宽、相角裕度 γ 增大，从而有效改善系统的动态性能快速性和平稳性。

93. C。提示：超前校正是利用校正装置的相位超前特性来增加系统的相角稳定裕量，利用校正装置频特性曲线的正斜率段来增加系统的穿越频率，从而改善系统的平稳性和快速性。超前校正利用了超前网络校正装置相角超前、幅值增加的特性，校正后可以使系统的截止频率 ω_c 变宽、相角裕度 γ 增大，从而有效改善系统的动态性能快速性和平稳性。系统稳定性满足的情况下，要求系统的响应快、超调小，可采用串联超前校正。

94. D。提示：$G_c(s) = \dfrac{s+1}{2s+1}$，转折频率 $\omega_1 = \dfrac{1}{T_1} = 1$ 和 $\omega_2 = \dfrac{1}{T_2} = \dfrac{1}{2}$，惯性环节先起作用，该校正环节为串联滞后校正。串联滞后校正利用高频幅值衰减特性减小截止频率 ω_c，提高相位裕度，有利于抑制高频噪声，但是频带变窄，快速性变差。没有改变系统的开环增益因此系统的稳态性能（稳态误差）不变。

95. A。提示：根据题意可得 $F(s) = \dfrac{1}{s+1} + \dfrac{-1}{s+3}$，其拉氏反变换为

$$f(t) = L^{-1}[F(s)] = L^{-1}\left[\dfrac{1}{s+1} + \dfrac{-1}{s+3}\right] = e^{-t} - e^{-3t}$$

96. A。提示：微分环节的时间常数 $\tau = 4$，惯性环节的时间常数 $T = 2$，$\dfrac{1}{\tau} = 0.25 < \dfrac{1}{T} = 0.5$，微分环节先起作用，提供正相位，该校正装置为超前校正装置。

第5章 热工测试技术

考试大纲

5.1 测量技术的基本知识：测量 精度 误差 直接测量 间接测量 等精度测量 不等精度测量 测量范围 测量精度 稳定性 静态特性 动态特性 传感器 传输通道 变换器

5.2 温度的测量：热力学温标 国际实用温标 摄氏温标 华氏温标 热电材料 热电效应膨胀效应测温原理及其应用 热电回路性质及理论 热电偶结构及使用方法 热电阻测温原理及常用材料常用组件的使用方法 单色辐射温度计 全色辐射温度计 比色辐射温度计 电动温度变送器 气动温度变送器 测温布置技术

5.3 湿度的测量：干湿球温度计测量原理 干湿球电学测量和信号传送传感 光电式露点仪 露点湿度计 氯化锂电阻湿度计 氯化锂露点湿度计 陶瓷电阻电容湿度计 毛发湿度计 测湿布置技术

5.4 压力的测量：液柱式压力计 活塞式压力计 弹簧管式压力计 膜式压力计 波纹管式压力计 压电式压力计 电阻应变传感器 电容传感器 电感传感器 霍尔应变传感器 压力仪表的选用和安装

5.5 流速的测量：流速测量原理 机械风速仪的测量及结构 热线风速仪的测量原理及结构 L形动压管 圆柱形三孔测速仪 三管型测速仪 流速测量布置技术

5.6 流量的测量：节流法测流量原理 测量范围 节流装置类型及其使用方法 容积法测流量 其他流量计 流量测量的布置技术

5.7 液位的测量：直读式测液位 压力法测液位 浮力法测液位 电容法测液位 超声波法测液位 液位测量的布置及误差消除方法

5.8 热流量的测量：热流计的分类及使用 热流计的布置及使用

5.9 误差与数据处理：误差函数的分布规律 直接测量的平均值、方差、标准误差 有效数字和测量结果表达 间接测量最优值、标准误差 误差传播理论 微小误差原则 误差分配 组合测量原理 最小二乘法原理 组合测量的误差 经验公式法 相关系数 回归分析 显著性检验及分析 过失误差处理 系统误差处理方法及消除方法 误差的合成定律

5.1 测量技术的基本知识

5.1.1 测量

（1）测量就是用实验的方法，把被测量与同性质的标准量进行比较，确定被测量与标准量的比值，从而得到被测量的量值。

为了使测量的结果有意义，测量必须满足以下要求：

1）用来进行比较的标准量应该是国际上或国家公认的；

2）进行比较所用的方法和仪器必须经过验证。

测量的定义也可以用公式来表示

$$a = \frac{X}{U} \tag{5-1}$$

式中 X——被测量；

U——标准量（即选用的测量单位）；

a——比值（又称测量值）。

由式（5-1）可见，a 的数值随选用的标准量 U 的大小而定。为了正确反映测量结果，常需在测量值的后面标明标准量的单位。例如长度的被测量为 X，标准量 U 的单位采用国际单位制（m），测量值的读数为 am。

被测量的量值可表达为

$$X = aU \tag{5-2}$$

式（5-2）称为测量的基本方程式。

（2）在测量过程中，通常把需要检测的物理量称为被测参数或被测量。在建筑环境与设备工程中经常用到的被测参数有：温度、相对湿度、焓、压力、流量、热量等。

按照被测量随时间的变化关系，可将被测量分为以下两种类型：

1）静态参数（常量）。

某些被测参数在整个测量过程中量值的大小始终保持不变，即参数值不随时间变化，我们把这类参数统称为静态参数或常量。当然，严格来讲这些参数的量值也并非绝对不变，只是随时间变化得比较缓慢，而在测量的时间间隔内，由于其数值大小变化甚微，可以忽略不计。例如，环境大气压力、普通集中空调系统的风量等。

2）动态参数（变量）。

随时间不断改变数值的被测量称为动态参数或变量，如室外温度和相对湿度等。这些参数随时间变化的函数可以是周期函数或随机函数。

（3）测量的分类。

1）按照测量手段和获得测量结果的方法不同，通常把测量方法分为直接测量、间接测量和组合测量。

2）按照测量方式不同，通常把测量方法分为偏差式测量、零位式测量和微差式测量。

3）按测量仪表是否与被测对象相接触，测量可分为接触测量和非接触测量。

4）按被测量在测量过程中的状态不同，测量可分为静态测量和动态测量。

5）按照测量的次数可分为一次测量和多次测量。

（4）测量系统的组成。测量系统由测量设备与被测对象组成。任何一次有意义的测量都必须由测量系统来实现。测量系统都是由若干具有一定基本功能的测量环节组成的。测量系统中的测量设备一般由传感器、变换器或变送器，传输通道和显示装置组成。

5.1.2 测量精度与测量误差

1. 测量精度

精度是指测量仪表的读数或测量结果与被测量真值相一致的程度。测量精度可用精密度、准确度和精确度三个指标表示。

（1）精密度。精密度表示同一被测量在相同条件下，使用同一仪表、由同一操作者进行多次重复测量所得测量值彼此之间接近的程度，也就是说，它表示测量重复性的好坏。精密度反映随机误差的影响。随机误差小，测量的重复性就好，精密度也高；反之重复性差，精密度也低。

(2) 准确度。准确度表示测量值与被测量真值之间的符合程度。准确度反映了系统误差的影响，系统误差越小，测量的准确度越高。

(3) 精确度。精确度是准确度和精密度的综合反映，习惯上用精确度这一概念来综合表示测量误差大小。若已修正所有已定系统误差，则精度可用不确定度表示。

在具体的测量实践中，可能会有这样的情况：准确度较高而精密度较低，或者精密度高但欠准确。当然理想的情况是既准确，又精密，即测量结果精确度高。要获得理想的结果，应满足三个方面的条件：性能优良的测量仪表、正确的测量方法和正确细心的测量操作。为了加深对准确度、精密度和精确度三个概念的理解，可以用射击打靶的例子来加以说明。如图 5-1 所示，以靶心作为被测量的真值，以靶纸上的弹着点表示测量结果。其中图 5-1(a) 上的弹着点分散而又偏斜，说明该测量所得结果既不精密，也不准确，即精确度很低；图 5-1(b) 上的弹着点仍然比较分散，但总体而言，大致都围绕靶心，说明测量结果准确但欠精密；图 5-1(c) 上的弹着点密集在一定的区域内，但明显偏向一方，说明测量结果精密度高但准确度差；图 5-1(d) 弹着点相互接近且都围绕靶心，说明测量结果既精密又准确度很高，即精度高。

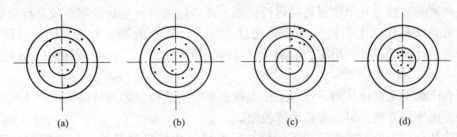

图 5-1 精密度、准确度、精确度的关系示意图

2. 测量误差

测量仪器仪表的测得值与被测量真值之间的差异叫作测量误差。误差按照表示方法分为绝对误差和相对误差。按测量误差的性质分为系统误差、随机误差和粗大误差。

(1) 系统误差。在测量过程中，如果所产生的误差大小和符号具有恒定不变或遵循某一特定规律而变化的性质，这种误差叫系统误差。系统误差主要是由于测量仪表本身不准确、测量方法不完善、测量环境的变化以及观测者本人的操作不当等造成的。系统误差的大小直接关系到测量结果的准确度，系统误差越小，测量结果的准确度越高。所以，对系统误差的发现和消除，在测量工作中具有十分重要的意义。

(2) 随机误差。在消除了系统误差之后，对同一被测量进行多次等精确度重复测量时，由于某些不可知的原因引起测量值或大或小的现象，此现象的出现又无一定的规律，完全是随机的，故称为随机误差或偶然误差。

(3) 粗大误差。由于测量者的人为过失或偶然的一个外界干扰所造成的误差，称为粗大误差或过失误差，例如读错刻度值、计算出错等。此种误差是一种显然与事实不符、没有任何规律可循的误差，在测量结果中是不允许存在的，含有粗大误差的测量结果是无效的，一旦发现粗大误差，必须将其去除。

3. 不确定度

由于测量误差的存在而对测量值不能肯定的程度。国际通用计量学基本名词中定义为表征被计量的真值所处的量值范围的评定。

测量不确定度是对测量结果可信性、有效性的怀疑程度或不肯定程度，是定量说明测量结果质量的一个参数。实际上由于测量不完善和人们的认识不足，所得的被测量值具有分散性，即每次测得的结果不是同一值，而是以一定的概率分散在某个区域内的许多个值。虽然客观存在的系统误差是一个不变值，但由于我们不能完全认知或掌握，只能认为它是以某种概率分布存在于某个区域内，而这种概率分布本身也具有分散性。测量不确定度就是说明被测量之值分散性的参数，它不说明测量结果是否接近真值。

为了表征这种分散性，测量不确定度用标准（偏）差表示。在实际使用中，往往希望知道测量结果的置信区间，因此测量不确定度也可用标准（偏）差的倍数或说明了置信水准的区间的半宽度表示。为了区分这两种不同的表示方法，分别称它们为标准不确定度和扩展不确定度。

5.1.3 常见测量方法

1. 直接测量

直接从测量仪表的读数获取被测量值的方法叫作直接测量。

凡是将被测参数与其单位量直接进行比较，或者用测量仪表对被测参数进行测量，其测量结果又可直接从仪表上获得（不需要通过方程式计算）的测量方法，称为直接测量法，例如使用温度计测量温度，用压力表测量容器内介质的压力等。直接测量法有直读法和比较法两种。

所谓直读法就是直接从测量仪表上读得被测参数的数值，如用玻璃管式液体温度计测温度。这种方法使用方便，但一般精确度较差。

比较法是利用一个与被测量同类的已知标准量（由标准量具给出）与被测量相比较而测量被测量的。因常常要使用标准量具，所以测量过程比较麻烦，但测量仪表本身的误差及其他一些误差在测量过程中能被抵消，因此测量精确度比较高。

2. 间接测量

利用直接测量的量与被测量之间的函数关系（公式、曲线或表格）间接得到被测量的量值的测量方法叫作间接测量。例如在测量风道中空气流量 L 时，若测量出风道中的空气平均流速 v（m/s）和风道的横截面积 A（m²），则空气流量

$$L = 3600vA$$

式中　L——风道中的空气流量，m³/h；

　　　v——风道中的空气流速，m/s；

　　　A——风道的横截面积，m²。

3. 组合测量

测量中使各个未知量以不同的组合形式出现（或改变条件以获得这种不同的组合），根据直接测量或间接测量所获得的数据，通过解联立方程组求得未知量的数值，这类测量称为组合测量。例如，用铂电阻温度计测量介质温度时，其电阻值 R 与温度 t 有如下关系

$$R_t = R_0(1 + at + bt^2)$$

为了确定常数 a、b，首先需要测得铂电阻在不同温度下的电阻值 R_t，然后再联立方程求解，得到 a、b 的数值。

4. 等精度测量

在保持测量条件不变的情况下对同一被测量进行多次测量的过程叫作等精度测量。

保持测量条件不变,如观测者细心程度、使用的仪器、测量方法、周围的环境等不变时,对同一被测量或一组被测量进行多次测量,其中每一次都具有同样的可靠性,即每一次测量结果的精确度都是相等的。

5. 不等精度测量

如果在同一被测量的多次重复测量中,不是所有测量条件都维持不变,如改变了测量方法,或更换了测量仪器,或改变了连接方式,或测量环境发生了变化,或前后不是同一个操作者,或同一操作者按不同的过程进行操作,或操作过程中由于疲劳等原因而影响了细心程度等,这样的测量称为不等精度测量。

5.1.4 仪表的测量范围与测量精度

1. 测量范围

仪表或测量系统所能测量的最大输入量与最小输入量之间的范围,叫仪表或测量系统的量程或测量范围,在数值上等于仪表测量上限值减去仪表测量下限值,用 L_m 表示。

选用仪表时,首先应对被测量的大小有一初步估计,务必使测量值都在仪表量程之内,如果被测量在满刻度的三分之二左右,则能提高测量精度。

2. 测量精度

测量精度指测量仪表的读数和测量结果与被测量真值相一致的程度。仪表测量值中的最大示值绝对误差与仪表量程之比值叫作仪表的基本误差

$$\sigma_j = \frac{\Delta_m}{L_m} \times 100\% \tag{5-3}$$

式中 σ_j——仪表的基本误差;

Δ_m——最大示值绝对误差;

L_m——仪表量程。

仪表商品根据质量不同,要求基本误差不超过某一规定值,故又称基本误差为允许误差。

仪表工业规定基本误差去掉"%"的数值定为仪表的精度等级,简称精度。它是衡量仪表质量的主要指标之一。我国工业仪表等级分为0.1、0.2、0.5、1.0、1.5、2.5、5.0七个等级,并标志在仪表刻度标尺或铭牌上。

5.1.5 仪表的稳定性

仪表的稳定性由两个指标来表示:稳定度和各环境影响系数。

当仪表在稳定的测量状态下,对某一标准量进行测量,间隔一定时间后,再对同一标准量进行测量所得两次测量的示值差,反映了该仪表的稳定度。它是由仪表中元件或环节的性能参数的随机性变动、周期性变动和随时间漂移等因素造成的。一般稳定度由示值差与其时间间隔的数值共同表示。例如,某毫伏表在开始测量时为某示值,8h后在同样状态下测量,示值增大了1.3mV,则此仪表的稳定度可表示为 $\delta_w = 1.3mV/8h$。示值差越小说明稳定度越高。

室温、大气压、振动以及电源电压与频率等仪表外部状态及工作条件的变化对其示值的影响,统称为环境影响,用各环境影响系数来表示。周围环境温度变化引起仪表的示值变

化,可用温度系数 β_θ（示值变化值/温度变化值）来表示。电源电压变化引起仪表的示值变化,可用电源电压系数 β_U（示值变化值/电压变化值）来表示。例如对毫伏表,当温度变化10℃引起的示值变化为 0.1mV 时,可写成 $\beta_\theta = 0.1\text{mV}/10℃$。

5.1.6 静态特性和动态特性

1. 仪表的静态特性

在稳定状态下,仪表的输出量（如显示值）与输入量之间的函数关系,称为仪表的静态特性。其性能指标有灵敏度、灵敏限、线性度和变差等。

(1) 灵敏度。反映的是测量仪表对被测量变化的反应灵敏程度。在稳定的情况下仪表输出量的变化量与引起此变化的输入量的变化量之比就称为仪表的灵敏度,常用 S 来表示,即

$$S = \frac{\Delta y}{\Delta x} \quad (5-4)$$

式中　Δy——输出量的变化量;
　　　Δx——输入量的变化量。

例如:有一弹簧管式压力表,当输入的压力信号从 20Pa 变化到 50Pa 时,压力表的指针划过的弧线长为 3cm,则此压力表的灵敏度为

$$S = \frac{\Delta y}{\Delta x} = \frac{3\text{cm}}{(50-20)\text{Pa}} = 0.1\text{cm/Pa}$$

灵敏度是仪表的静态参数。对于一台仪表而言,它的灵敏度是常数。一般来讲,灵敏度高的仪表,其精度也较高。但是仪表精度取决于仪表本身的基本误差,而不能单纯地依靠提高灵敏度来达到提高精度的目的。一般规定仪表读数标尺的分格值,不能小于仪表允许误差的绝对值。

(2) 灵敏限。仪表的灵敏限是指能引起仪表输出量变化（如指针发生动作）的被测量的最小（极限）变化量,又称分辨率。一般情况下灵敏限的数值应不大于仪表测量值中最大示值绝对误差的绝对值的一半。它的单位与测量值的单位相同。

(3) 线性度。线性度表示输出量与输入量的实际特性曲线偏离理想特性曲线的程度。线性度是衡量偏离线性程度的指标,用 E 表示,它以实际特性曲线偏离理论特性曲线的最大值 Δl_m 和仪表量程 L_m 之比的百分数来表示,即

$$E = \frac{\Delta l_m}{L_m} \times 100\% \quad (5-5)$$

(4) 变差。变差指的是同一被测量值在正反行程间仪表指示值的差值的最大值 ΔL_m 与仪表量程 L_m 之比的百分数,用 ε 表示,即

$$\varepsilon = \frac{\Delta L_m}{L_m} \times 100\% \quad (5-6)$$

2. 仪表的动态特性

仪表的动态特性是指当被测量发生变化时,仪表的显示值随时间变化的特性曲线。动态特性好的仪表,其输出量随时间变化的曲线与被测量随同一时间变化的曲线一致或相近。仪表在动态下输出量（读数）和它在同一瞬间的相应输入量之间的差值称为仪表的动态误差,动态误差越小,其动态特性越好。衡量仪表动态特性的性能指标是时间常数 T。T 的物理意义为:仪表示值以初始变化速度从一个稳定状态变化到另一个新的稳定状态所需要的时间。

它反映仪表的惯性大小,时间常数 T 越小,仪表惯性就越小,其动态特性就越好。

5.1.7 传感器

传感器就是对各种非电物理量,如压力、温度、湿度、物质成分等敏感的敏感元件。因为它是与被测对象直接发生联系的部分,故又称做一次仪表。它是将被测量按一定规律转换成便于处理和传输的另一物理量(一般多为电量)的元件。它是实现测量与自动控制的首要环节。对其转换要求是将被测量以单值函数关系,稳定而准确地变成另一种物理量,以便提供后续环节变换、比较、运算与显示记录被测量。

理想的敏感元件应满足的要求。

(1) 输入与输出之间有稳定的单值函数。

(2) 只对被测量的变化敏感。

(3) 测量过程中不干扰或尽量少干扰被测介质的状态。

暖通空调系统常用传感器测量温度、湿度、压力、液位、流速、流量、热量等。

5.1.8 传输通道

如果测量系统各环节是分离的,那么就需要把信号从一个环节传送到另一个环节。传输信息的数据通路就称为传输通道。传输通道是测量系统各环节之间输入输出信号的连接部分,它分为电线、光导纤维和管路等。在实际测量系统中,应按规定要求进行选择和布置,否则就会造成信息损失、信号失真或引入干扰。

5.1.9 变换器

在测量系统中变换器是传感器和显示装置中间的部分,它将传感器输出的信号变换成显示装置能够接收的信号。传感器输出的信号一般是某种物理变量,如位移、压差、电阻、电压等。在大多数情况下,它们在性质上、强弱程度上总是与显示装置所能接收的信号有所差异。测量系统必须通过变换器或变送器对传感器输出的信号进行变换,包括信号物理性质的变换(如位移、电阻变电压或电流)和信号数值上的变换(如放大)。

现代的自动指示、记录与调节仪表,除了可直接接受传感器信号外,有的仪表还可接受标准信号(如 $0 \sim 10mA \cdot DC$、$4 \sim 20mA \cdot DC$、$0 \sim 10V \cdot DC$ 等)。将传感器输出信号变化到标准信号的器件称为变送器,它在自动检测与自动控制中广泛应用。

对于变换器或变送器,不仅要求它们性能稳定、精确度高,而且还应使信息损失最小。

5.2 温度的测量

5.2.1 温度与温标

1. 温度

温度是表示物体或系统冷热程度的物理量。从能量角度看,温度是描述系统不同自由度间能量分布状况的物理量;从热平衡观点来看,温度是描述热平衡系统冷热程度的物理量,它标志着系统内部分子无规则运动的剧烈程度(分子平均动能的大小)。

2. 温标

为保证温度量值的统一和准确而建立的用来衡量温度高低的标准尺度简称为温标。通常把温度计、固定点和内插方程叫作温标的三要素。

经验温标:借助某一种物质的物理量随温度变化的关系,用实验方法或经验公式所确定的温标,如摄氏温标、华氏温标、兰氏温标、列氏温标等。

（1）热力学温标。热力学温标又称开氏温标（K）或绝对温标，它规定分子运动停止时的温度为绝对零度。它是与测温物质的任何物理性质无关的一种温标，已由国际权度大会采纳作为国际统一的基本温标。

根据热力学中的卡诺定理，如果热力学温度为 T_1 的高温热源和热力学温度为 T_2 的低温热源之间有一可逆热机进行卡诺循环，热机从高温热源吸热为 Q_1，向低温热源放热为 Q_2，则

$$\frac{T_1}{T_2} = \frac{Q_1}{Q_2} \tag{5-7}$$

如果指定了一个定点温度数值，就可以通过热量比求得未知温度值。1954 年国际权度会议选定了水的三相点为参考点，且定义该点的温度为 273.16K，则相应的换热量为 $Q_参$。这样上式就可以写为

$$T = 273.16 \frac{Q}{Q_参} \tag{5-8}$$

于是由热量比值 $Q/Q_参$ 就可以求得未知量 T。由于上述方程式与工质本身的种类和性质无关，所以用这种方法建立起来的热力学温标就避免了分度的"任意性"。理想的卡诺循环实际上是不存在的，所以热力学温标是一种理论温标，不能付诸实用。因此，必须建立一种能够用计算公式表示的既紧密接近热力学温标，在使用上又简便的温度，这就是国际实用温标。

（2）国际实用温标。为了解决国际上温度标准的统一问题及实用方便，国际上协商决定，建立一种既能体现热力学温度，又实用方便、容易实现的温标，这就是国际实用温标，又称国际温标，用代号 T 表示，单位符号为 K。国际实用温标规定水的三相点热力学温度为 273.16K，1K 定义为水的三相点热力学温度的 1/273.16。水的三相点是指纯水在固态、液态及气态三相平衡时的温度。现行国际实用温标是国际计量委员会（ITS）1990 年通过的，简称 ITS—1990。摄氏温度与国际实用温标的换算关系为

$$T = t + 273.15$$

这里摄氏温度的分度值与开氏温度的分度值相同，即温度间隔 1K 等于 1℃，在标准大气压下冰的溶化温度为 273.15K。即水的三相点的温度比冰点高出 0.01℃，由于水的三相点温度容易复现，复现精度高，而且保存方便，是冰点不能比拟的，所以国际实用温标规定，建立温标的唯一基准点选用水的三相点。

（3）摄氏温标。摄氏温标是把标准大气压下水的冰点定为 0℃，把水的沸点定为 100℃的一种温标。把 0～100℃之间分成 100 等分，每一等分为一摄氏度。常用代号 t 表示，单位符号为℃。

（4）华氏温标。华氏温标规定标准大气压下纯水的冰点温度为 32℉，沸点温度为 212℉，中间划分 180 等分，每一等分称为华氏一度。常用代号 F 表示，单位符号为℉。摄氏度与华氏度的换算关系为

$$t = \frac{5}{9}(F - 32) \tag{5-9}$$

摄氏温标、华氏温标都是用水银作为温度计的测温介质，是依据液体受热膨胀的原理来建立温标和制造温度计的。

5.2.2 热电材料

理论上任意两种导体或半导体都可以组成热电偶,但实际上为了使热电偶稳定性好,具有足够的灵敏度、可互换性以及一定的机械强度等性能,热电材料一般应满足以下条件:

(1) 在测温范围内,热电性质稳定,不随时间和被测介质变化。物理化学性能稳定,不易氧化或腐蚀。

(2) 电导率要高,电阻温度系数要小。

(3) 组成的热电偶的热电动势随温度的变化率要大,并且希望该变化率在测温范围内接近常数(即反应曲线呈线性)。

(4) 材料的机械强度要高,复制性要好,复制工艺要简单,价格便宜。

按照标准化程度,热电偶分为标准热电偶和非标准热电偶。热电偶分度号是表示热电偶材料的标记符号,工程上常用分度号来区别不同的热电偶。常用的热电偶材料主要包括以下三类:

1. 廉金属热电偶

(1) T 型(铜-康铜)热电偶。

(2) K 型(镍铬-镍铝或镍硅)热电偶。

(3) E 型(镍铬-康铜)热电偶。

(4) J 型(铁-康铜)热电偶。

2. 贵金属热电偶

(1) S 型(铂铑10-铂)热电偶。

(2) R 型(铂铑13-铂)热电偶。

(3) B 型(铂铑30-铂铑6)热电偶。

3. 非标准化热电偶

(1) 钨-铼系热电偶。

(2) 钨-铱系热电偶。

(3) 镍铬-金铁热电偶。

(4) 镍钴-镍铝热电偶。

(5) 非金属热电偶。

常用热电偶的性能:

(1) T(铜-康铜):在贱金属热电偶中它的准确度最高,热电极丝的均匀性好。它的使用温度范围是 -200~350℃。因铜热电极易氧化,并且氧化膜易脱落,故在氧化性气氛中使用时,一般不超过300℃。在低于 -200℃以下使用时,热电动势随温度迅速下降,而且铜热电极的热导率高,在低温下易引入误差。T 型热电偶在工业上通常用来测量300℃以下的温度。

(2) K [镍铬-镍硅(镍铝)]:适于在氧化性及惰性气体中连续使用。短期使用温度为1200℃,长期使用温度为1000℃。

(3) E(镍铬-康铜):在常用热电偶中其热电动势率最大,即灵敏度最高。使用中的限制条件与 K 型热电偶相同。它适宜在 -250~870℃范围内的氧化或惰性气体中使用,尤其适宜在0℃以下使用。而且在湿度大的情况下,较其他热电偶耐腐蚀。

(4) J(铁-康铜):价格便宜。既可用于氧化性气氛(使用温度上限为750℃),也可用于还原性气氛（使用温度上限为950℃）。不能在高温（540℃）含硫的气氛中使用。

（5）S（铂铑10-铂铑）：热电性能稳定、抗氧化性强，宜在氧化性、惰性气体中连续使用。长期使用温度为1400℃。它的准确度等级最高，通常用作标准热电偶，它的使用温度范围广、均质性及互换性好。

（6）R（铂铑13-铂铑）：同S型热电偶相比，它的热电动势率大15%左右，其他性能几乎完全相同。

（7）B（铂铑30-铂铑6）：在室温下热电动势极小，一般不用补偿导线。长期使用温度为1600℃，短期使用温度为1800℃。适宜在氧化性或中性气氛中使用，也可以在真空环境下短期使用。

（8）N（镍铬硅-镍硅）：在1300℃以下，高温抗氧化能力强，热电动势的长期稳定性及短期热循环的复现性好，耐核辐射及耐低温性能也好。

5.2.3 热电效应测温原理

如图5-2所示将两种不同的导体A和B连接，构成一个闭合回路，当两个接点1与2的温度不同时，在回路中就会产生热电动势，这种现象称为热电效应。记为E_{AB}。导体A、B称为热电极。测量时接点1在测温场所感受被测温度，故称为测量端。接点2要求温度恒定，称为参考端。

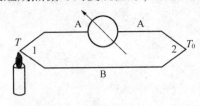

图5-2 热电效应示意图（$T > T_0$）

热电偶是通过测量热电动势来实现测温的，即热电偶测温是基于热电转化现象——热电现象。实际上热电偶是一种换能器，它将热能转化为电能，用所产生的热电动势测量温度。该电动势由接触电势（帕尔贴电动势）和温差电势（汤姆逊电动势）组成。

接触电动势是由于两种不同导体的自由电子密度不同而在接触处形成的电动势，又称帕尔贴（Peltier）电动势。AB两种导体在一定温度T下的接触电动势$E_{AB}(T)$温度T及A、B导体中的电子密度N_A、N_B有如下关系

$$E_{AB}(T) = \frac{kT}{e} \ln \frac{N_A}{N_B} \tag{5-10}$$

式中 e——电荷，$e = 1.6 \times 10^{-9}$ C；

k——玻耳兹曼常数，$k = 1.38 \times 10^{-23}$ J/K。

即温度越高，接触电动势越大；两种导体电子密度的比值越大，接触电动势也越大。

温差电动势是在同一导体的两端因温度不同而产生的一种热电动势，又称汤姆逊（Thomson）电动势。设导体两端的温度分别为T和T_0（$T > T_0$），由于高温端T的电子能量大，因而从高温端扩散到低温端的电子数比从低温端扩散到高温端的电子数要多，结果高温端失去电子而带正电荷，低温端得到电子而带负电荷，从而形成了一个从高温端指向低温端的静电场。此时在导体的两端便产生一个相应的电动势差，这就是温差电动势。其值可以用物理学电磁场理论得到

$$E_A(T, T_0) = \int_{T_0}^{T} \sigma_A dT \tag{5-11}$$

$$E_B(T, T_0) = \int_{T_0}^{T} \sigma_B dT \tag{5-12}$$

式中 $E_A(T,T_0)$——导体 A 在两端温度分别为 T 和 T_0 时的温差电动势；

$E_B(T,T_0)$——导体 B 在两端温度分别为 T 和 T_0 时的温差电动势；

σ_A、σ_B——材料 A、B 的汤姆逊系数，与材料性质和两端温度有关。

5.2.4 膨胀效应测温原理及其应用

膨胀效应是指物体受热产生膨胀的特性。利用这种原理制成的温度计叫作膨胀式温度计，主要有液体膨胀式温度计、固体膨胀式温度计和压力式温度计。

液体膨胀式温度计中最常见的是利用液体体积随温度的升高而膨胀的原理制作而成的玻璃管液体温度计。它的优点是直观、测量准确、结构简单、造价低廉，被广泛应用于工业、实验室和医院等各个领域及日常生活中。但其缺点是不能自动记录、不能远传、易碎、测温有一定延迟。

固体式温度计是利用两种线性膨胀系数不同的材料制成，有杆式和双金属片式两种，常用作自动控制装置中的温度测量元件。它结构简单、可靠，但精度不高。

压力式温度计是利用密闭容积内工作介质随温度升高而压力升高的性质，通过对工作介质的压力测量来判断温度值的一种机械式仪表。其工作介质可以是气体、液体或蒸汽。仪表主要包括温包、金属毛细管、基座和具有扁圆或椭圆截面的弹簧管等。

5.2.5 热电回路性质及理论

接触电动势是由于两种不同材质的导体接触而产生的电动势，而温差电动势则是同一导体当其两端温度不同时产生的电动势。在图 5-3 所示的闭合回路中，两个节点处有两个接触电动势 $E_{AB}(T)$ 和 $E_{AB}(T_0)$，又因为 $T>T_0$，在导体 A 和 B 中还各有一个温差电动势。所以闭合回路总电动势 $E_{AB}(T,T_0)$ 应为接触电动势与温差电动势的代数和，即

$$E_{AB}(T,T_0)=E_{AB}(T)-E_{AB}(T_0)+E_B(T,T_0)-E_A(T,T_0) \tag{5-13}$$

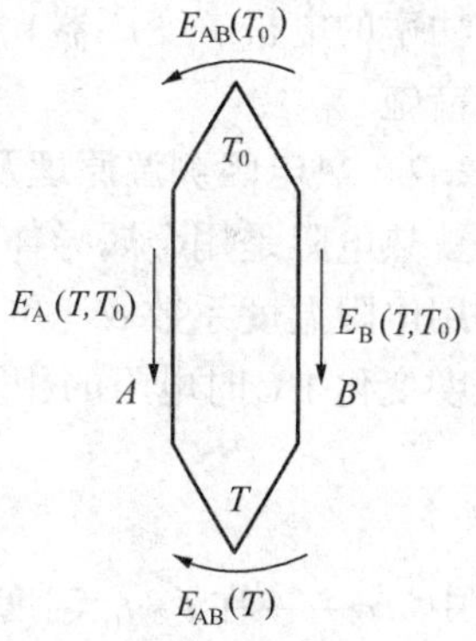

经整理推导可得

$$E_{AB}(T,T_0)=f(T)-f(T_0) \tag{5-14}$$

图 5-3 热电回路的总热电动势

即当热电偶材料一定时，热电偶总电动势 $E_{AB}(T,T_0)$ 成为温度 T 和 T_0 的函数差。

如果能使冷端温度 T_0 固定，即 $f(T_0)=C$（常数），则对确定的热电偶材料，其总电动势就只与温度 T 成单值函数关系由式 (5-15) 表示为

$$E_{AB}(T,T_0)=f(T)-C \tag{5-15}$$

这种特性称为热电偶的热电特性，$f(T)$ 关系可通过实验方法求得。

热电偶基本定律：

(1) 均质导体定律。由同一种匀质导体组成的闭合回路中，不论导体的截面、长度以及各处的温度分布如何，均不产生热电动势。即热电偶必须采用两种不同材料作为电极。

(2) 中间导体定律。在热电回路中接入第三种导体，只要与第三种导体相连接的两端温度相同，接入第三种导体后，对热电偶回路中的总电动势没有影响。

(3) 中间温度定律。热电偶在两接点温度为 T、T_0 时的热电动势等于该热电偶在两接点温度分别为 T、T_N 和 T_N、T_0 时相应热电动势的代数和，即

$$E_{AB}(T,T_0)=E_{AB}(T,T_N)+E_{AB}(T_N,T_0) \tag{5-16}$$

5.2.6 热电偶结构及使用方法

一支完整的热电偶由热电极、绝缘套管、保护套管、接线盒等部分组成。使用时要注意：

（1）为减少测量误差，热电偶应与被测对象充分接触，使两者处于相同温度。

（2）保护管应有足够的机械强度，并可承受被测介质腐蚀。保护管的外径越粗，耐热、耐腐蚀性越好，但热惰性也越大。

（3）当保护管表面附着灰尘等物质时，将因热阻增加，使指示温度低于真实温度而产生误差。

（4）如在最高使用温度下长期工作，将因热电偶材质发生变化而引起误差。

（5）测量线路绝缘电阻下降也会引起误差。应设法提高绝缘电阻，或将热电偶的外壳做接地处理。

（6）注意冷端温度的补偿与修正。热电偶冷端最好保持0℃，而在现场条件下使用的仪表则难以实现，必须采用补偿方法准确修正。

（7）避免电磁感应的影响。热电偶的信号传输线，在布线时应尽量避开强电磁区（如大功率的电机、变压器），更不能与电力线近距离平行敷设。如果实在避不开，也要采取屏蔽措施。

5.2.7 热电阻测温原理及常用材料、常用组件的使用方法

热电阻是用金属导体或半导体材料制成的感温元件。物体的电阻一般随温度而变化，通常用电阻温度系数 α（单位为"1/℃"）来描述这一特性。它的定义是在某一温度间隔内，温度变化1℃时电阻的相对变化量

$$\alpha=\frac{R_t-R_{t_0}}{R_{t_0}(t-t_0)}=\frac{\Delta R}{R_{t_0}\Delta t} \tag{5-17}$$

式中 α——在 $t\sim t_0$ 温度范围内的平均电阻温度系数（1/℃）；

R_t——t（℃）时的电阻值；

R_{t_0}——t_0（℃）时的电阻值。

热电阻的电阻值与温度的关系特性有三种表示方法：作图法、函数表示法和列表法（分度表表示法）。

制作热电阻的材料必须满足一定的技术要求，一般来说要求材料的电阻值与温度值之间有接近线性的关系、较大的电阻温度系数、足够大的电阻率和稳定的物理、化学性质。常用的热电阻材料有铂热电阻、铜热电阻、镍热电阻和半导体热敏电阻。

铂热电阻：铂热电阻的阻值与温度之间的关系近似线性，其特性方程为：

当温度 t 为 $-200\sim0$℃时

$$R_t=R_0[1+At+Bt^2+C(t-100)t^3] \tag{5-18}$$

当温度 t 为 $0\sim850$℃时

$$R_t=R_0(1+At+Bt^2) \tag{5-19}$$

式中 R_t——铂热电阻在 t℃时的电阻值（Ω）；

R_0——铂热电阻在0℃时的电阻值（Ω）。

$$A=3.908\times10^{-3}(\text{℃}^{-1})$$

$$B = 5.802 \times 10^{-7}(\text{℃}^{-2})$$
$$C = 4.274 \times 10^{-12}(\text{℃}^{-4})$$

对满足上述关系的热电阻,其温度系数为 $\alpha = 0.00385\text{℃}^{-1}$。使用铂热电阻的特性方程式,每隔1℃求取一个相应的 R,便可得到铂热电阻的分度表。这样在实际测量中,只要测得铂热电阻的阻值 R_t,便可从分度表中查出对应的温度值。

铜热电阻:在使用温度范围(-50~150℃)内,铜热电阻的特性方程式为

$$R_t = R_0(1 + \alpha t) \tag{5-20}$$

式中 α——铜电阻温度系数, $\alpha = (4.25 \sim 4.28) \times 10^{-3}(1/\text{℃})$。

镍热电阻的电阻温度系数 α 较大,约为铂的 1.5 倍,使用温度范围为 -50~300℃,但是在200℃左右具有特异点,故多用于150℃以下。它的电阻和温度的关系式为

$$R_t = 100 + 0.5485t + 6.65 \times 10^{-4}t^2 + 2.805 \times 10^{-9}t^4 \tag{5-21}$$

热电阻分度号是表明热电阻材料和0℃时阻值的标记符号。如铂热电阻分度号有 Pt10、Pt100、Pt500 和 Pt1000 等,其 R_0 分别为 10Ω、100Ω、500Ω 和 1000Ω,铜热电阻分度号有 Cu50(其 $R_0 = 50Ω$)和 Cu100(其 $R_0 = 100Ω$)。

常用组件的使用方法:

(1) 热电阻的类型:普通型、铠装型、端面型和隔爆型。

(2) 信号线的连接:二线、三线、四线。

(3) 热电阻测温系统一般由热电阻、连接导线和显示仪表等组成。

(4) 使用注意:

1) 热电阻和显示仪表的分度号必须一致。

2) 为了消除连接导线电阻变化的影响,必须采用三线制接法。

3) 应合理选择测点位置,尽量避免在阀门,弯头及管道和设备的死角附近装设热电阻。

4) 带有保护套管的热电阻为了减少测量误差,热电偶和热电阻应该有足够的插入深度。

5) 对于测量管道中心流体温度的热电阻,一般都应将其测量端插入到管道中心处(垂直安装或倾斜安装)。

6) 对于高温高压和高速流体的温度测量(如主蒸汽温度),为了减小保护套对流体的阻力和防止保护套在流体作用下发生断裂,可采取保护管浅插方式或采用热套式热电阻。

5.2.8 辐射温度计

1. 单色辐射高温计

由普朗克定律可知,物体在某一波长下的单色辐射强度与温度有单值函数关系,而且单色辐射强度的增长速度比温度的增长速度快得多。根据这一原理制作的高温计叫单色辐射高温计。

当物体温度高于700℃时,会明显地发出可见光,具有一定的亮度。物体在波长 λ 的亮度 B_λ 和它的辐射强度 E_λ 成正比,即

$$B_\lambda = cE_\lambda \tag{5-22}$$

式中 c——比例常数。

根据维恩公式,绝对黑体在波长 λ 的亮度 $B_{0\lambda}$ 与温度 T_s 的关系为

$$B_{0\lambda} = cc_1\lambda^{-5}e^{-c_2/(\lambda T_s)} \tag{5-23}$$

实际物体在波长 λ 的亮度 B_λ 与温度 T 的关系为

$$B_\lambda = c\varepsilon_\lambda c_1 \lambda^{-5} e^{-c_2/(\lambda T)} \tag{5-24}$$

由式（5-22）可知，用同一种测量亮度的单色辐射高温计来测量单色黑度系数 ε_λ 不同的物体温度，即使它们的亮度 B_λ 相同，其实际温度也会因为 ε_λ 的不同而不同。这就造成按某一物体的温度刻度的单色辐射高温计，不能用来测量黑度系数不同的另一个物体的温度。为了使光学高温计具有通用性，一般将单色辐射高温计按绝对黑体（$\varepsilon_\lambda=1$）的温度进行刻度。用这种刻度的高温计去测量实际物体（$\varepsilon_\lambda \neq 1$）的温度时，所得到的温度示值叫作被测物体的"亮度温度"。亮度温度的定义是：在波长为 λ 的单色辐射中，若物体在温度 T 时的亮度 B_λ 和绝对黑体在温度为 T_s 时的亮度 $B_{0\lambda}$ 相等，则把绝对黑体温度 T_s 叫作被测物体在波长为 λ 时的亮度温度。按此定义，根据式（5-23）和式（5-24）可推导出被测物体的实际温度 T 和亮度温度 T_s 之间的关系为

$$\frac{1}{T_s} - \frac{1}{T} = \frac{\lambda}{c_2} \ln \frac{1}{\varepsilon_\lambda} \tag{5-25}$$

使用已知波长 λ 的单色辐射高温计测得物体的亮度温度后，必须同时知道物体在该波长下的黑度系数 ε_λ，才能用式（5-25）算出实际温度。因为 ε_λ 总是小于1的，所以测得的亮度温度总是低于物体实际温度的。且 ε_λ 越小，亮度温度与实际温度之间的差别就越大。

2. 全辐射高温计

全辐射高温计是根据全辐射定律制作的温度计。图5-4为全辐射高温计的示意图。

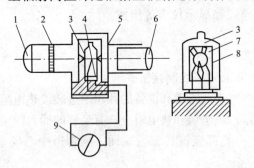

图5-4 全辐射高温计
1—物镜；2—光栏；3—玻璃泡；4—电热堆；5—灰色滤光片；
6—目镜；7—铂箔；8—云母片；9—显示仪表

物体的全辐射能由物镜1聚焦后，经光栏2，焦点落在装有热电堆4的铂箔上。热电堆是由4~8支微型热电偶串联而成，以得到较大的热电动势。热电偶的测量端被夹在十字形的铂箔内，铂箔涂成黑色以增加其吸收系数。当辐射能被聚焦到铂箔上，热电偶测量端感受热量，热电堆输出热电动势传送到显示仪表，由此表显示或记录被测物体的温度。热电偶的参比端夹在云母片中，这里的温度比测量端低很多。在瞄准被测物体的过程中，观测者可以通过目镜6进行观察，目镜前加有灰色滤光片5，用来削弱光的强度，保护观测者的眼睛。整个外壳内壁面涂成黑色，以使减少杂光的干扰和造成黑体条件。

全辐射高温计按绝对黑体对象进行分度。用它测量辐射率为 ε 的实际物体温度时，其示值并非真实温度，而是被测物体的"辐射温度"。辐射温度的定义为：温度为 T 的物体，当全辐射能量 E 等于温度为 T_P 的绝对黑体全辐射能量 E_0 时，温度 T_P 叫作被测物体的辐射温度。

按定义 $E = \varepsilon \sigma T^4$，$E_0 = \sigma T_P^4$，当 $E = E_0$ 时，有

$$T = T_P \sqrt[4]{\frac{1}{\varepsilon}} \tag{5-26}$$

由于 ε 总是小于1的数，因此 T_P 总是低于 T。因为全辐射高温计是按黑体刻度的，在测量非黑体温度时，其读数是被测物体的辐射温度 T_P，要用式（5-26）计算出被测物体的真实温度 T。

3. 比色高温计

光学高温计和全辐射高温计是目前常用的辐射式高温计,它们共同的缺点是受实际物体发射率的影响和辐射途径上各种介质的选择性吸收辐射能的影响。根据维恩位移定律而制作的比色高温计可以较好地解决上述问题。

根据维恩位移定律可知,当温度增加时,绝对黑体的最大单色辐射强度向波长减小的方向移动,使在波长 λ_1 和 λ_2 下的亮度比随温度而变化,测量亮度比的变化即可获知相应的温度,这便是比色高温计的测温原理。

对于温度为 T_s 的绝对黑体,由维恩定律可知,相应于 λ_1 和 λ_2 的亮度分别为

$$B_{0\lambda 1} = cc_1 \lambda_1^{-5} \exp[-c_2/(\lambda_1 T_s)]$$

$$B_{0\lambda 2} = cc_2 \lambda_2^{-5} \exp[-c_2/(\lambda_2 T_s)]$$

两式相除后取对数,可求出

$$T_s = \frac{c_2[(1/\lambda_2) - (1/\lambda_1)]}{\ln(B_{0\lambda 1}/B_{0\lambda 2}) - 5\ln(\lambda_2/\lambda_1)} \tag{5-27}$$

在式(5-27)中 λ_1 和 λ_2 是预先规定的值,只要知道在此两波长下的亮度比,就可求出被测黑体的温度 T_s。

若温度为 T 的实际物体两个波长下的亮度比值与温度为 T_s 的黑体在同样两波长下的亮度比值相等,则把 T_s 叫作实际物体的比色温度。根据比色温度的这个定义,应用维恩公式,可导出下面的公式:

$$\frac{1}{T} - \frac{1}{T_s} = \frac{\ln(\varepsilon_{\lambda 1}/\varepsilon_{\lambda 2})}{c_2\left(\frac{1}{\lambda_1} - \frac{1}{\lambda_2}\right)} \tag{5-28}$$

式中的 λ_1、λ_2 分别为实际物体在 λ_1、λ_2 时的光谱发射率。如已知 λ_1、λ_2、$\varepsilon_{\lambda 1}/\varepsilon_{\lambda 2}$ 和 T_s,就可以依据式(5-26)求出温度 T 值。

图 5-5 为比色温度计的工作原理——波长为 λ_1 和 λ_2 的两束光由调制盘调后交替地投射到光电检测器(硅光电池)5上,由比值运算器计算出两束光辐射亮度的比值,最后由显示仪表显示出比色温度(图中未画)。测温时,通过目镜 6、反射镜 8 等组成的瞄准系统观察,使比色温度计对准被测物体。

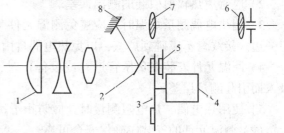

图 5-5 单通道光电比色高温计原理图
1—物镜;2—通孔成像镜;3—调制盘;4—同步电动机;5—光电检测器;6—目镜;7—倒像镜;8—反射镜

比色温度计按光和信号检测方法可分为单通道和双通道式。单通道是采用一个光电检测元件(如硅光电池),光电变换输出的比值较稳定,但动态品质较差;双通道式结构简单,动态特性好,但测量准确度和稳定性较差。

5.2.9 温度变送器

1. 电动温度变送器

利用热电偶或热电阻温度传感器把被测温度值转换为电压或电流信号,再经过放大和转换处理为可远距离传输的标准电压或电流信号,如图 5-6 所示,这样的温度测量变送器称

为电动温度变送器。

带传感器的变送器通常由两部分组成：传感器和信号转换器。传感器主要是热电偶或热电阻；信号转换器主要由测量单元、信号处理和转换单元组成（由于工业用热电阻和热电偶分度表是标准化的，因此信号转换器作为独立产品时也称为变送器），有些变送器增加了显示单元，有些还具有现场总线功能。

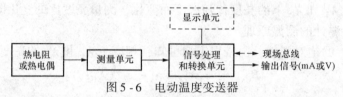

图 5-6　电动温度变送器

标准化输出信号主要为 0~10mA 和 4~20mA（或 0~5V）的直流电信号。不排除具有特殊规定的其他标准化输出信号。温度变送器按供电接线方式可分为两线制和四线制。

变送器有电动单元组合仪表系列的（DDZ-Ⅱ型、DDZ-Ⅲ型和 DDZ-S 型）和小型化模块式的，多功能智能型的。前者均不带传感器，后两类变送器可以方便地与热电偶或热电阻组成带传感器的变送器。

2. 气动温度变送器

利用膨胀式温度传感器把被测温度值转换为气压信号，再经过放大和转换处理为可远距离传输的标准气压信号。这样的温度测量变送器称为气动温度变送器。

5.2.10　测温布置技术

在测温元件安装和布置时应注意以下几方面的问题：

（1）测温元件的安装应确保测量的准确性。

1）必须正确选择测温点。

2）应避免热辐射引起的测温误差。

3）用热电偶测量炉温时，应避免测温元件与火焰直接接触，也不宜距离太近或装在炉门旁边。接线盒不应碰到炉壁，以免热电偶自由端温度过高。

4）测温元件安装在负压管道（或设备）时，必须保证安装孔的密封，以免外界空气被吸入而引起测量误差。

5）使用热电偶、热电阻测量时，应防止干扰信号的引入。

（2）测温元件的安装应确保安全可靠。

1）安装承受压力的测温元件时，必须保证密封。

2）高温工作的热电偶应尽可能垂直安装，防止保护管在高温下产生变形。

3）在介质具有较大流速的管道中安装测温元件时，测温元件应倾斜安装，以免受到过大的冲蚀。

（3）测温元件的安装应便于维修、校验和拆装。

（4）在加装保护外套时，为减少测温的滞后，可在套管之间加装传热良好的填充物。

5.3　湿度的测量

5.3.1　干湿球温度计测量原理

干湿球温度计是根据干湿球温度差效应原理进行相对湿度测量。所谓干湿球温度差效应是指在潮湿物体表面因水分蒸发而冷却的效应。冷却的程度取决于周围空气的相对湿度 φ、大气压力 B 以及风速 v。如果大气压力 B 和风速 v 保持不变，相对湿度 φ 越高，潮湿物体表面的水分蒸发强度越小，潮湿物体表面温度（即湿球温度 t_s）与周围环境温度（即空气干球温度 t_g）差就越小；反之，相对湿度 φ 低，水分的蒸发强度越大，干、湿球温差就越大。因此，只要测量空气的干、湿球温度 t_g、t_s，就可以在 $I-d$ 图中查出相对湿度 φ，或者根据干球温度 t_g 和干、湿球温差 $t_g - t_s$ 从"通风干湿球相对湿度表"中查出相对湿度 φ。此表的制表条件为：$B = 1.012 \times 10^5 \text{Pa}$，$v = 2.5 \text{m/s}$。

干湿球温度计的构造如图 5-7 所示，两支温度计安装在同一支架上，其中湿球温度及球部的纱布一端置于装有蒸馏水的杯中。安装时要求温度计的球部离开水杯上沿至少 20~30mm，其目的是为了使杯的上沿不会妨碍空气的自由流动，并使干湿球温度计球部周围不会有湿度增高的空气。

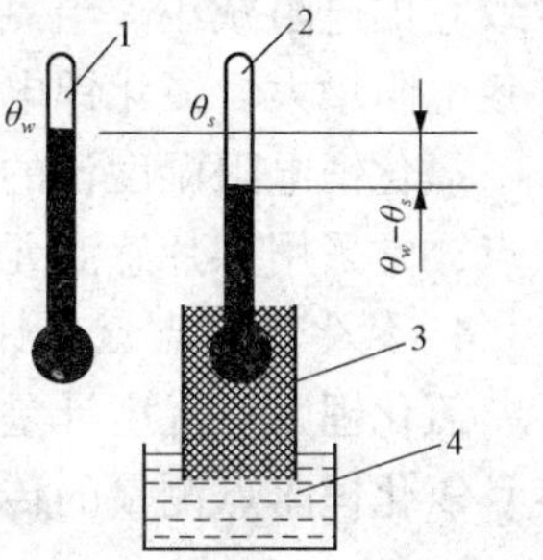

5.3.2 干湿球温度电学测量和信号传送传感器

干湿球温度电信号传感器是一种将湿度参数转换成电信号的仪表。它和干湿球温度计的作用原理相同。主要差别是干球和湿球用两支微型套管式镍电阻（或其他电阻温度计）所代替。另外增加一个微型轴流通风机，以便在镍电阻周围造成一定恒定风速的气流，此恒定气流一般为 2.5m/s 以上。

图 5-7 干湿球温度计的构造

干湿球电信号传感器的测量桥路原理如图 5-8 所示。它是由两个不平衡电桥接在一起组成的一个复合电桥。图中左面电桥为干球温度测量桥路，电阻 R_g 为干球热电阻；右面电桥为湿球温度测量桥路，电阻 R_s 为湿球热电阻。

左电桥输出的不平衡电压是干球温度的函数，右电桥输出的不平衡电压是湿球温度的函数。两路输出信号通过补偿可变电阻 R 连接。在双桥平衡时，D 点位置反映了左、右电桥的电压差，也

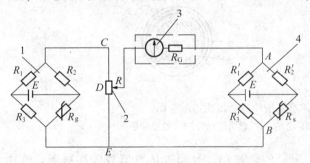

图 5-8 干湿球温度测量桥路
1—干球温度测量桥路；2—补偿可变电阻；
3—检流计；4—湿球温度测量桥路

间接反映了干湿球温度差。故可变电阻 R 上滑动点 D 的位置反映了相对湿度值。

5.3.3 露点仪

1. 光电式露点温度计

光电式露点温度计是应用光电原理直接测量气体露点温度的一种电测法湿度计。其核心是一个能反射光的可以自动调节温度的金属露点镜和光学系统。

2. 露点温度计

它的主要构成是一个镀镍的黄铜盒，盒中插着一支温度计和一个鼓气橡皮球。测量时在黄铜盒中注入乙醚的溶液，然后用鼓气橡皮球将空气打入黄铜盒中，并由另一管口排出，使乙醚得到较快速度的蒸发，当乙醚蒸发时即吸收乙醚自身热量使温度降低，当空气中水蒸气开始在镀镍黄铜盒外表面凝结时，插入盒中的温度计读数就是空气的露点。测出露点以后，再从水蒸气表中查出露点温度的水蒸气饱和压力 p_1 和干球温度下饱和水蒸气的压力 p_b，

就能算出空气的相对湿度。

3. 氯化锂电阻湿度计

氯化锂是一种在大气中不分解、不挥发，也不变质的稳定的离子型无机盐类。其吸湿量与空气的相对湿度成一定函数关系，随着空气相对湿度的变化，氯化锂吸湿量也随之变化。只有当它的蒸汽压力等于周围空气的水蒸气分压力时才处于平衡状态。因此，随着空气相对湿度的增加，氯化锂的吸湿量也随之增加，从而使氯化锂中导电的离子数也随之增加，最后导致它的电阻减小。当氯化锂的水蒸气压高于空气中的水蒸气分压力时，氯化锂放出水分，导致电阻增大。氯化锂电阻湿度传感器就是根据这个道理制成的。

氯化锂电阻湿度计的单片测头的感湿范围比较窄，一般只有15%~20%。为了克服这一缺点，常采用多片感湿元件组合成宽量程的氯化锂电阻式湿度计。

4. 氯化锂露点湿度计

氯化锂露点湿度计是利用氯化锂溶液吸湿后电阻减小的基本特性来测量空气湿度的仪表。氯化锂露点测量的传感器构造如图 5-9 所示。

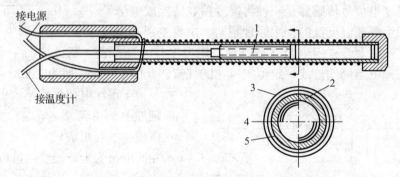

图 5-9 氯化锂露点测量的传感器构造示意图
1—热电阻；2—金属管；3—金线；4—玻璃丝套管；5—绝缘涂层

测量空气相对湿度时，将氯化锂露点测量传感器和空气温度传感器放置在被测空气中，如被测空气的水蒸气分压力高于氯化锂溶液的饱和蒸汽压力，则氯化锂溶液吸收空气中的水分而潮解，电阻减小，电流增大，产生的焦耳热使氯化锂溶液温度上升，直到氯化锂饱和蒸汽压力与被测空气中的水蒸气分压力相等，氯化锂从空气中吸收的水分和放出的水分相平衡，氯化锂溶液的电阻也就不再变化，加热电流也就稳定下来。反之亦然，达到蒸汽压力平衡时氯化锂溶液的稳定温度成为平衡温度。由于平衡温度与露点温度一一对应，就可以通过测量平衡温度计算出空气的露点温度。同时测出空气的温度，将被测空气的温度信号和露点温度信号输入双桥测量电路，用适当的记录仪表就可以指示并记录空气的相对湿度。

5. 陶瓷电阻、电容湿度计

由金属氧化物多孔性陶瓷烧结而成。烧结体上有微细孔，可使湿敏层吸附或释放水分子，造成其电阻值或介电常数的改变。利用多孔陶瓷构成的这种湿度传感器，具有工作范围宽、稳定性好、寿命长、耐环境能力强等特点。

陶瓷湿度传感器又称金属氧化物湿度传感器，因其感湿材料是由金属氧化物粉末经加压成型、烧结而成陶瓷物。因烧结程度可得很多孔状物，而在多孔质表面上会吸附水蒸气，以形成吸附层，而吸附层内之 H^+ 离子会因水蒸气的附着形成电流载子，当湿度高时，吸附层之水蒸气附着的电流容易流动。陶瓷湿度传感器即利用此性质，使湿度变化而转变成阻抗值变化的输出。

如图 5-10 所示，为陶瓷湿度传感器的湿度特性，有两型不同特性之感湿材料，Ⅰ型在低湿领域感度高，Ⅱ型成线性特性。此两型之湿度—电阻变化率均极大，其滞后特性小，且感湿范围涵盖了 1% RH 的低湿度到 100% RH 的高湿度。

湿敏电阻的特点是在基片上覆盖一层用感湿材料制成的膜，当空气中的水蒸气吸附在感湿膜上时，元件的电阻率和电阻值都发生变化，利用这一特性即可测量湿度。

湿敏电容一般是用高分子薄膜电容制成的，常用的高分子材料有聚苯乙烯、聚酰亚胺、醋酸纤维等。当环境湿度发生改变时，湿敏电容的介电常数发生变化，使其电容量也发生变化，其电容变化量与相对湿度成正比。

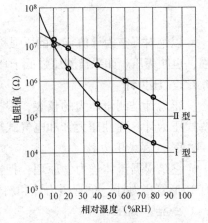

图 5-10 陶瓷湿度传感器的湿度特征

湿敏电容的主要优点是灵敏度高、产品互换性好、响应速度快、湿度的滞后量小、便于制造、容易实现小型化和集成化，其精度一般比湿敏电阻要低一些。

6. 毛发式湿度计

某些纤维例如毛发存在着微孔结构，当去掉毛发表面的油脂后，可使微孔与外界空气相通，恢复孔壁。当空气相对湿度变化时，置于空气中的毛发将发生微孔弹性壁的形变。由此可引起毛发长度的变化。

实用的毛发湿度计就是将一束毛发在相对湿度的变化下产生的形变力，通过机械放大装置放大，进而带动指针偏转，指示相对湿度值。

毛发湿度计结构简单、价格低廉，但精度不高（一般为 5% RH），还存在着滞后现象。一般在使用前需要进行校正。

5.3.4 露点仪测湿布置技术

用干湿球温度计或露点仪测量空气湿度时应注意以下问题：

(1) 湿度测量点应尽量设于工作区或需要进行湿度测控的区域。

(2) 测湿装置应置于通风处，避开水滴飞溅和水蒸气的干扰。

(3) 干湿球温度计一般只能在冰点以上的温度下使用，测湿须保证湿球附近稳定的风速（一般取 2.5m/s），否则可能产生较大的测量误差。

5.4 压力的测量

这里的压力即物理学中的压强，即垂直作用在单位面积上的力。国际单位制（SI）中压强的单位是帕斯卡（Pa）。

$$1Pa = 1N/m^2$$

工程上常用的压强单位有：工程大气压（kgf/cm^2）、标准大气压（atm）、毫米汞柱（mmHg）和毫米水柱（mmH_2O）等。常用几种压力单位之间的换算关系为

$$1kgf/cm^2 = 9.807 \times 10^4 \, Pa$$

$$1\text{atm} = 1.013 \times 10^4 \text{ Pa}$$
$$1\text{mmHg} = 1.332 \times 10^2 \text{ Pa}$$
$$1\text{mmH}_2\text{O} = 9.807 \text{ Pa}$$
$$1\text{MPa} = 10^6 \text{ Pa}$$

以绝对真空为计值零点的压强称为绝对压强，以环境大气压为计值零点的压强称为相对压强，也叫表压。如果被测压强低于环境大气压，表压为负值，这种情况下表压称为真空度。

5.4.1 压力计

压力计是测量压力的仪表，根据测量原理不同，大致可以分为四类：液柱式压力计、活塞式压力计、弹性压力计和电气式压力计。

1. 液柱式压力计

它是根据流体静力学原理，把被测压力转换成液柱高度。利用这种方法测量压力的仪表有 U 形管压力计、单管压力计和斜管压力计等。

2. 活塞式压力计

它是根据水压机液体传送压力的原理，将被测压力转换成活塞面积上所加平衡砝码的质量。它普遍地被作为标准仪器用来对弹性压力计进行校验和刻度。

3. 弹簧管式压力计

以压力与弹性力相平衡为基础的压力测量方法与弹性式压力计。常用的弹性元件有弹簧管、膜片、膜盒和波纹管，相应的压力测量工具有弹簧管压力计、膜片式压力计、膜盒式压力计和波纹管式压力计及膜片式、膜盒式、波纹管式压差计。弹性元件变形产生的位移较小，往往需要把它弯换为指针的角位移或电信号，以指示压力的大小。

如图 5-11 所示单圈弹簧管压力计，由弹簧管、齿轮传动机构、指针、刻度盘等部分组成。弹簧管是弹簧管压力计的主要元件。各种形式的弹簧管如图 5-12 所示。弯曲的弹簧管是一根空心管，其自由端封闭，固定端与仪表的外壳固定连接，并与管接头相通。弹簧管的横截面呈椭圆形或扁圆形。当它的内腔通入被测压力后，在压力作用下发生变形，短轴方向的内表面积比长轴方向的大，因而受力也大，当管内压力比管外大时，短轴要变长些，长轴要变短些，管子截面趋于圆而产生弹性变形。由于短轴方向与弹簧管圆弧形的径向一致，变形使自由端向管子伸直的方向移动，产生管端位移量，通过拉杆带动齿轮传动机构，使指针相对于刻度盘转动。当变形引起的弹性力与被测压力产生的作用力平衡时，变形停止，指针指示出被测压力值。

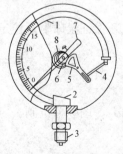

图 5-11 单圈弹簧管压力计
1—弹簧管；2—固定端；3—接头；4—拉杆；
5—扇形齿轮；6—中心齿轮；7—指针；8—游丝

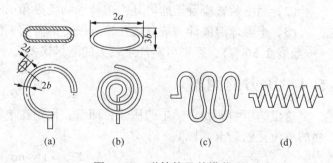

图 5-12 弹簧管及其横截面
(a) 单圈弹簧管；(b) 盘旋多圈弹簧管；
(c) S 形弹簧管；(d) 螺旋多圈弹簧管

单圈弹簧管自由端的位移量不能太大，一般不超过 2~5mm。为了提高弹簧管的灵敏度，增加自由端的位移量，可采用 S 形弹簧管或螺旋形弹簧管。齿轮传动机构的作用是把自由端的线位移转换成指针的角位移，使指针能明显地指示出被测值。它上面还有可调螺钉，用以改变连杆和扇形齿轮的铰合点，从而改变指针的指示范围。转动轴处装着一根游丝，用来消除齿轮啮合处的间隙。传动机构的传动阻力要尽可能小，以免影响仪器的精度。

单圈弹簧管压力表的精度，普通的是 1~4 级，精密的是 0.1~0.5 级。测量范围 0~10^9Pa。为了保证弹簧管压力表的正确指示和能长期使用，应使仪表工作在正常允许的压力范围内。对于波动较大的压力，仪表的示值应经常处于量程范围的 1/2 附近；被测压力波动小，仪表示值可在量程范围的 2/3 左右，但被测压力值一般不应低于量程范围的 1/3。另外，还要注意仪表的防振、防爆、防腐等问题，并应定期校验。

4. 膜式压力计

膜式压力计是用膜片作为压力敏感元件的弹性压力计。

膜片是一种沿外缘固定的片状形测压弹性元件，按剖面形状分为平膜片和波纹膜片。膜片的特性一般用中心的位移和被测压力的关系来表征。当膜片的位移很小时，它们之间有良好的线性关系。

膜式压力计的精度一般为 1.5~2.5 级。膜片压力计适用于小于 $2×10^6$Pa 的压力，膜盒压力计的测量范围为小于 $4×10^4$Pa 的压力。

5. 波纹管式压力计

波纹管是一种具有等间距同轴环状波纹的，并能沿轴向伸缩的测压弹性元件。

由于波纹管的位移相对较大，故一般可在其顶端安装传动机构，带动指针直接读数。波纹管的特点是灵敏度高（特别是在低压区），常用于检测较低的压力（1.0~10^6Pa），但波纹管迟滞误差较大，精度一般只能达到 1.5 级。

6. 压电式压力计

利用压电材料检测压力是基于压电效应原理，即压电材料受压时会在其表面产生电荷，其电荷量与所受的压力成正比。

压电元件被夹在两块弹性膜片之间，当压力作用于膜片的，压电元件由于受力而产生电荷，电荷经放大可转换成电压或电流输出，输出值的大小与输入压力成正比关系。

5.4.2 压力传感器

1. 应变式压力传感器

应变式压力传感器是一种传感装置，是利用弹性敏感元件和应变计将被测压力转换为相应电阻值变化的压力传感器，按弹性敏感元件结构的不同，应变式压力传感器大致可分为应变管式、膜片式、应变梁式和组合式 4 种。

压阻式压力传感器是应变式传感器的一种。压阻式压力传感器又称扩散硅压力传感器。结构如图 5-13 所示。

其核心部分是一块沿某晶向切割的 N 型的圆形硅膜片。在膜片上利用集成电路工艺方法扩散上四个阻值相等的 P 型电阻。用导线将其构成平

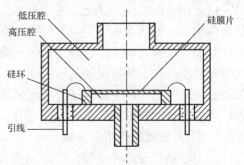

图 5-13 压阻式压力传感器结构图

衡电桥。膜片的四周用圆硅环（硅杯）固定，其下部是与被测系统相连的高压腔，上部一般可与大气相通。在被测压力 p 作用下，膜片产生应力和应变。当膜片受到外界压力作用，电桥失去平衡时，若对电桥加激励电源（恒流和恒压），便可得到与被测压力成正比的输出电压，从而达到测量压力的目的。

2. 电容式压力传感器

电容式压力传感器是一种利用电容敏感元件将被测压力转换成与之成一定关系的电容量输出的压力传感器。

它一般采用圆形金属薄膜或镀金属薄膜作为电容器的一个电极，当薄膜感受压力而变形时，薄膜与固定电极之间形成的电容量发生变化，通过测量电路即可输出与压力呈一定关系的电信号。电容式压力传感器属于极距变化型电容式传感器，可分为单电容式压力传感器和差动电容式压力传感器。

（1）单电容式压力传感器。它由圆形薄膜与固定电极构成。薄膜在压力的作用下变形，从而改变电容器的容量，其灵敏度大致与薄膜的面积和压力成正比而与薄膜的张力和薄膜到固定电极的距离成反比。另一种型式的固定电极取凹形球面状，膜片为周边固定的张紧平面，膜片可用塑料镀金属层的方法制成。这种型式适于测量低压，并有较高过载能力。还可以采用带活塞动极膜片制成测量高压的单电容式压力传感器。这种形式可减小膜片的直接受压面积，以便采用较薄的膜片提高灵敏度。它还与各种补偿和保护部以及放大电路整体封装在一起，以便提高抗干扰能力。这种传感器适于测量动态高压和对飞行器进行遥测。单电容式压力传感器还有传声器式（即话筒式）和听诊器式等型式。

（2）差动电容式压力传感器。它的受压膜片电极位于两个固定电极之间，构成两个电容器。在压力的作用下一个电容器的容量增大而另一个则相应减小，测量结果由差动式电路输出。它的固定电极是在凹曲的玻璃表面上镀金属层而制成。过载时膜片受到凹面的保护而不致破裂。差动电容式压力传感器比单电容式的灵敏度高、线性度好，但加工较困难（特别是难以保证对称性），而且不能实现对被测气体或液体的隔离，因此不宜于工作在有腐蚀性或杂质的流体中。

3. 电感式压力传感器

电感式压力传感器是用电感线圈电感量变化来测量压力的仪表。

常见的有气隙式和差动变压器式两种结构形式。

气隙式的工作原理是被测压力作用在膜片上使之产生位移，引起差动电感线圈的磁路磁阻发生变化，这时膜片距磁心的气隙一边增加，另一边减少，电感量则一边减少，另一边增加，由此构成电感差动变化，通过电感组成的电桥输出一个与被测压力相对应的交流电压。具有体积小、结构简单等优点，适宜在有振动或冲击的环境中使用。

差动变压器式的工作原理是被侧压力作用在弹簧管上，使之产生与压力成正比的位移，同时带动连接在弹簧管末端的铁心移动，使差动变压器的两个对称的和反向串接的次级绕组失去平衡，输出一个与被测压力成正比的电压，也可以输出标准电流信号与电动单元组合仪表联用构成自动控制系统。

5.4.3 压力仪表的选用和安装

压力检测仪表的选择和安装是一项很重要的工作，如果选择安装不当，不仅不能正确、及时地反映被测对象的压力的变化，还可能引起安全事故。

1. 仪表量程的选择

为了保证敏感元件能在安全的范围内可靠地工作，也考虑到被测对象可能发生的异常超压情况，对仪表的量程选择必须留有足够的余地。一般在被测压力较稳定的情况下，最大工作压力不超过仪表满量程的 2/3；在被测压力波动较大例如测脉动压力时，最大工作压力不应超过仪表满量程的 1/2。为了保证测量准确度，最小工作压力不低于满量程的 1/3。当被测压力变化范围大，最大和最小工作压力不能同时满足上述要求时，选择仪表程应首先满足最大工作压力条件。

2. 仪表精度的选择

主要根据生产允许的最大误差来确定，即要求实际被测压力允许的最大绝对误差应不小于仪表的基本误差。另外，在选择时应坚持节约的原则，只要测量精度能满足生产的要求，就不必追求用过高精度的仪表。

3. 仪表类型的选择

仪表类型的选择主要应考虑的因素包括：

（1）被测介质压力大小。

（2）被测介质的性质。

（3）对仪表输出信号的要求。

（4）使用环境等因素。

4. 压力表的安装

（1）取压口的选择。取压口的选择应能代表被测压力的真实情况。操作时应注意以下几项。

1）在管道或烟道上取压时，取压点要选在被测介质流动的直线管道上。不要选在管道的拐弯、分叉、死角或其他能够形成旋涡的地方。

2）测量流动介质的压力时，取压管与流动方向应该垂直，避免动压头的影响。同时还要注意消除钻孔毛刺。

3）在测量液体介质的水平管道上取压时，宜在水平及以下 45°间取压，可使导压管内不积存气体；在测量气体介质的水平管道上取压时，宜在水平及以上 45°间取压，可使导压管内不积存液体。

（2）导压管的敷设。导压管是传递压力、压差信号的，为了能迅速正确地传递压力和压差，必须做到：

1）导压管粗细长短合适，一般内径为 6~8mm，长度应不大于 50m。

2）导压管敷设时，应保持 1:10~1:20 的坡度，以利于导压管内少量积存的液体或气体排出。测量液体介质时下坡，测量气体介质时上坡。

3）如果被测量介质易冷凝或冻结，必须加装伴热管后再进行保温。

4）当测量液体压力时，在导压管系统的最高处应安装集气瓶。当测量气体压力时，在导压管系统的最低处应设水分离器；当被测介质有可能产生沉淀物析出时，在仪表前应安装沉降器，以便排出沉淀物。

（3）压力、压差计的安装。压力、压差计安装时注意：

1）安装位置应易于检修、观察。

2）尽量避开振动源和热源的影响，必要时应加装隔热板，减小热辐射；测高温流体或蒸汽压力时加装回转冷凝管。

3）测量波动频繁的压力时，可增加阻尼装置。

4）选择适当的密封垫片，特别要注意有些垫片不能与某些介质接触。

5）测量腐蚀介质时，必须采取保护措施，安装隔离罐。

6）在测量液体的较小压力时，若取压管与仪表（测压口）不在同一水平高度，则应考虑液柱静压校正。

5. 压力变送器的零点迁移

用压力变送器测量某点相对于环境大气压力的压差（及表压）时，由于压力变送器的安装位置与测压点不同，导压管内充满了液体，这些液体会使压力变送器测量值和测量点的实际压力值之间存在一个固定的差压。在测压点压力为零时，造成压力变送器测量值不在零点，而是指示正或负的一个指示偏差。为了指示正确，消除这个固定偏差，就把零点进行向下或向上移动，也就是进行"零点迁移"。这个差压值就称为迁移量。如果这个值为正，即称系统为正迁移；如果为负，即系统为负迁移；如果这个值为零时，即为无迁移。

5.5 流速的测量

5.5.1 流速测量原理

流速的测量方法很多，常用的几种方法如下。

（1）机械测速，置于流体中的叶轮的旋转速度与流体的流速成正比。

（2）散热测速的原理是将发热的测速传感器置于被测流体中，利用发热的测速传感器的散热率与流体流速成正比例的特点，通过测定传感器的散热率来获得流体的流速。

（3）动压测压法，对于不可压缩流体有

$$测量流速 \quad u = \sqrt{\frac{2}{\rho} \times (p_0 - p)} \quad (5-29)$$

式中　u——流体速度；

　　　ρ——流体密度；

　　　p_0、p——流体的总压和静压。

只要测得总压 p_0（滞止压力）和静压 p（流体压力）之差以及流体的密度，就可以确定流体速度的大小。对于可压缩的气体有

$$u = \sqrt{\frac{2}{\rho} \times \frac{p_0 - p}{1 - \varepsilon}} \quad (5-30)$$

式中　ε——气体压缩性修正系数。

（4）激光测速法是利用激光多普勒效应测量流体速度。

5.5.2 机械风速仪的测量及结构

机械风速仪的测量的敏感元件是一个轻型叶轮，一般采用金属铝制成。带有径向装置的叶轮按形状可分为翼型和杯型，翼型叶轮的叶片由几片扭成一定角度的铝薄片所组成，杯型叶轮的叶片为铝制的半球形叶片。因气流流动的动压力作用在叶片上，使叶轮产生回转运动，其转速与气流速度成正比，早期的风速仪是将叶轮的转速通过机械传动装置连接到指示或指数设备，以显示其所测流速。现代的风速仪是将叶轮的转速转变成电信号，自动进行显示或记录。

5.5.3 热线风速仪的测量原理及结构

热线风速仪分恒电流式和恒温度式两种。把一个通有电流的带热体置入被测气流中，其散热量与气流速度有关，流速越大，对流换热系数越大，带热体单位时间内的散热量就越多。若通过带热体的电流恒定，则带热体发热功率一定。带热体温度随其周围气流速度的提高而降低，根据带热体的温度测量气流速度，这就是目前普遍使用的恒电流式热线风速仪的工作原理。维持带电体温度恒定，通过带热体的电流势必随其周围气流速度的增大而增大，根据通过带热体的电流测风速，这就是恒温度式热线风速仪的工作原理。

图 5-13(a) 所示的恒电流式热线风速仪测量电路中，当热线感受的流速为零时，测量电桥处于平衡状态，即检流计指向零点，此时，电流表的读数为 I_0。当热线被放置到流场中后，由于热线与流体之间的热交换，热线的温度下降，相应的阻值 R_W 也随之减小，致使电桥失去平衡，检流计偏离零点。当检流计达到稳定状态后，调节与热线串联于同一桥臂上的可变电阻 R_a，直至其增大量等于 R_W 的减少量时，电桥重新恢复平衡，检流计回到零点，电流表也回到原来的读数 I_0（即电流保持不变）。这样，通过测量可变电阻 R_a 的改变量即可得到 R_W 的数值，进而确定被测流速。

图 5-14(b) 所示的恒温度式热线风速仪测量电路中，其工作方式与前述恒流式的不同之处在于，当热线因感应到的流速而出现温度下降时，电阻减小，电桥失去平衡；调节可变电阻 R，使 R 减小以增加电桥的供电电压和工作电流，加大热线的加热功率，促使热线温度回升，阻值 R_W 增大，直至电桥重新恢复平衡，从而通过热线电流的变化来确定风速。

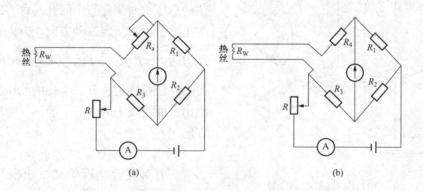

图 5-14 热线风速仪工作原理图
(a) 恒流式热线风速仪；(b) 恒温式热线风速仪

在上述两种热线风速仪中，恒电流式热线风速仪是在变温状态下工作的，测头容易老化，稳定性稍差且测量灵敏度受热惯性的影响，易产生相位滞后。因此，现在的热线风速仪大多采用恒温度式。

5.5.4 L形动压管（毕托管）

毕托管是传统的测量流速的传感器，与差压仪表配合使用可以通过测量被测流体的压力和差压，间接测量被测流体的流速。用毕托管测量流体的流速分布以及流体的平均流速是十分方便的。另外，如果被测流体及其截面是确定的，还可以利用毕托管测量流体的体积流量或质量流量。毕托管至今仍是被广泛应用的流速测量仪表。毕托管有多种形式，其结构各不相同。图 5-15 是一种 L 形毕托管（动压测量管）的结构图。它是一个弯成 90°的同心管，主要由感测头、管身及总压和静压引出管组成。感测头端部呈椭圆形，总压孔位于感测头端部，与内管连通，用来测量总压。在外管表面靠近感测头端部的位置上有一圈小孔，称为静压孔，是用来测量静压的。标准毕托管一般为这种结构形式。标准毕托管测量精度较高，使用时不需要再校正，但是由于这种结构形式的静压孔很小，在测量含尘浓度较高的空气流速时容易被堵塞，因此，标准毕托管主要用于测量清洁空气的流速，或对其他结构形式的毕托管及其他流速仪表进行标定。

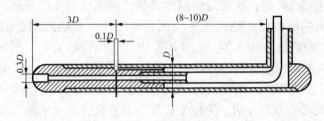

图 5-15 L形毕托管结构图

5.5.5 测速仪

1. 圆柱形三孔测速仪

圆柱形三孔测速仪是一种二元复合测压管，如图 5-16 所示，圆柱形的杆子上，在距端部一定距离（一般大于 $2d$）并垂直于杆子轴线的平面上，有三个孔。中间一个孔用来测定流体的总压，两侧孔与中间孔对称，并相隔一定的角度，用来测定流动方向。方向孔上感受的压力为 $P = P_\infty + \frac{1}{2} P v_\infty^2 (1 - 4\sin^2\theta)$，因此只要事先经过标定，开三个孔的测压管可以同时测出平面流场中的总压、静压、速度的大小和方向。

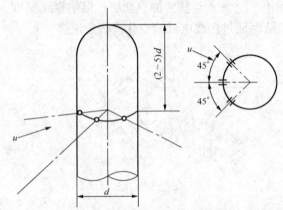

图 5-16 圆柱形三孔复合测压管

2. 三管形测速仪

三管形复合测压管是由三根弯成一定形状的小管焊接在一起组成的，如图 5-17 所示。两侧方向管的斜角要尽可能相等；斜角可以向外斜，也可以向内斜；总压管可以在两方向管之间，也可以在它们上方或下方。

流体经过外斜测压管和中间全压管组成的三管测速仪时，流场近似为圆柱绕流。根据理想流体动力学原理，圆柱绕流的舷点流速为流体流速的两倍，外斜的测压管和全压管之间的压差介于零和 4 倍的流体动压之间，而内斜的测压管和全压管之间的压差则介于零和流体动压之间。

三管形复合测压管的特性和校准曲线与圆柱形三孔复合测压管类似。

图 5-17 三管形复合测压管

5.5.6 流速测量布置技术

测量管道内流体流速时，如果在测量位置上的流体流动已达到典型的紊流速分布，则测出管道中心流速,按照一定公式或图表,便可求得流体平均速度。或者直接测出距离管道内壁 $(0.242 \pm 0.08)R$ (R 为管道内截面半径)处的流速作为流体平均流速。

当管道内流体流动没有达到充分发展的紊流时,则应在截面上多测几点的流速,求得平均流速。中间矩形法是应用最广的一种测点选择方法:将管道截面分成若干个面积相等的小截面,测点选在小截面的某一点上,以该点的流速作为小截面的平均流速,再以各小截面的平均流速的平均值作为管道内流体的平均流速。

5.6 流量的测量

5.6.1 节流法和容积法测流量

1. 节流法测流量原理

(1) 节流式流量计也叫差压式流量计,它是利用流体流经节流装置时产生压力差的原理来实现流量测量的。这种流量计是目前工业中测量气体、液体和蒸汽流量最常用的仪表。差压式流量计主要有节流装置、差压表、显示仪和信号管路四部分组成。

图 5-18 所示为在装有标准孔板的水平管道中,当流体流经孔板时的流束及压力分布情况。当连续流动的流体遇到安插在管道内的节流装置时,由于节流件的截面积比管道的截面积小,形成流体流通面积的突然缩小,在压头作用下流体流的速增大,挤过节流孔,形成流束收缩。在挤过节流孔后,流速又由于流通面积的变大和流束的扩大而降低。与此同时,在节流装置前后的管壁处的流体静压力产生差异,形成静压力差 Δp,$\Delta p = p_1 - p_2$,此即节流现象。也就是节流装置的作用在于造成流束的局部收缩,从而产生压差。并且流过的流量愈大,在节流装置前后所产生的压差也就越大,因

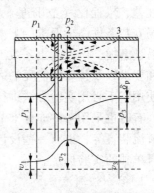

图 5-18 节流装置工作原理图

此可通过测量压差来指示流体流量的大小。管道截面 1、2、3 处流体的绝对压力分别为 p_1、p_2、p_3,各截面流体平均流速分别为 v_1、v_2、v_3。图中点划线所示为管道中心处的静压力,实线为管壁处静压力。以上分析可得如下结论,节流装置造成流束的局部收缩;产生静压力差 Δp;由于局部收缩形成涡流区引起流体能量损失,造成不可恢复的压力损失 $\delta_p = p_1 - p_3$。

(2) 流量方程。根据节流现象及原理,流量方程式以伯努利方程式和流体流动的连续性方程为依据。为简化问题,先假定流体是理想的,求出理想流体的流量基本方程式,然后再考虑到实际流体与理想流体的差别,加以适当的修正,获得适用于实际流体的流量基本方程式。

不可压缩流体的体积流量其基本方程式为

$$q_V = \alpha A_0 \sqrt{\frac{2\Delta p}{\rho}} \quad (\text{m}^3/\text{s}) \tag{5-31}$$

不可压缩流体的质量流量基本方程式为

$$q_m = \alpha A_0 \sqrt{2\rho\Delta p} \quad (\text{kg/s}) \tag{5-32}$$

式中 α——流量系数,与节流件的面积比,取压方式,流体性质有关;

A_0——节流件的开孔面积,m^2;

ρ——流体的密度,kg/m^3;

Δp——节流件前后的压力差，$\Delta p = p_1 - p_2$，Pa。

流量系数与节流装置的形式、取压方式、雷诺数 Re、节流装置开口截面比和管道内壁粗糙度等有关。当节流装置形式和取压方式决定之后，流量系数就取决于雷诺数和开孔截面比。实验表明，在一定形式的节流装置和一定截面比值条件下，当管道中雷诺数大于某一界限值时，流量系数不再随雷诺数变化，而趋向定值。

标准节流装置的流出系数 C 都是在节流元件上游侧已形成典型紊流流速分布的条件下取得的，因此适合测量紊流状态、连续的黏性流体。

2. 测量范围

一般认为，用节流装置测量流量时，其可测最小流量为计算满刻度流量的1/3。

3. 节流装置类型及其使用方法

工业上常用的节流装置是已经标准化了的"标准节流装置"，如标准孔板、喷嘴、文丘里喷嘴和文丘里管等。孔板流量计的特点是具有大量经验性数据，实现了标准化，可以不经实际标定就可以确定其测量不确定度。结构简单，易于复制，通用性强，价格低廉。缺点是线性差，量程比（范围度）小，重复性不高，准确度受诸多因素影响也不高，压损较大，现场安装条件高，要求的上游直管过长（一般至少 $20D \sim 50D$），由于使用条件下容易积污和易被磨损，所以流出系数不稳定。采用标准节流装置进行设计计算时，都有统一标准的规定和要求以及计算所需要的通用化实验数据资料。标准节流装置可以根据计算结果直接制造和使用，不必用实验方法进行标定。

有时也采用一些非标准节流装置，如双重孔板、圆缺孔板、双斜孔板、1/4圆喷嘴、矩形节流装置等，虽有一些设计计算资料可供使用，但尚未达到标准化，故仍需对每台流量计进行单独的实验标定。

4. 容积法测流量

充满一定容积空间里的液体，随流量计内部运动元件的移动而被送出出口，测量这种送出流体的次数就可以求出通过流量计的流体体积。

5.6.2 流量计

1. 涡轮式流量计

涡轮式流量计的结构如图 5-19 所示，管形壳体 1 的内壁上装有导流器 2、3，一方面促使流体沿轴线方向平行流动，另一方面支撑了涡轮的前后轴承。涡轮 4 上装有螺旋桨形的叶片，在流体冲击下旋转。为了测出涡轮的转速，管壁外装有线圈、永久磁铁、放大器等组成的变送器 5。由于涡轮具有一定的铁磁性，当叶片在永久磁铁前扫过时，会引起磁通的变化，因而在线圈两端产生感应电动势，此感应交流电信号的频率与被测流体的体积流量成正比。如将该频率信号送入脉冲计数器即可得到累积总流量，通过涡轮流量计的体积流量 q_V 与变送器输出信号频率 f 的关系为

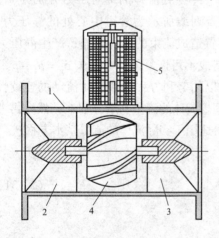

图 5-19 涡轮式流量计的结构
1—壳体；2—入口导流器；3—出口导流器；4—涡轮；5—变送器

$$q_V = f/K \tag{5-33}$$

式中 K——仪表常数,由涡轮流量计结构参数决定。

理想情况下,如仪表常数 K 恒定不变,则 q_V 与 f 呈线性关系。但实际情况是涡轮往往有轴承摩擦力矩、电磁阻力矩、流体对涡轮的黏性摩擦阻力等因素的影响,所以 K 并不严格保持常数。特别是在流量很小的情况下,由于阻力矩的影响相对较大,K 更不稳定。所以最好应用在量程上限的 5% 以上,这时有比较好的线性关系。涡轮流量计具有测量精度高(可以达到 0.5 级以上)、反应迅速、可测脉动流量、耐高压等特点,适用于清洁液体、气体的测量。

2. 电磁流量计

电磁流量计是基于电磁感应原理工作的流量测量仪表,用于测量具有一定导电性液体的体积流量。测量精度不受被测液体的黏度、密度及温度等因素变化的影响,且测量管道中没有任何阻碍液体流动的部件,所以几乎没有压力损失。适当选用测量管中绝缘内衬和测量电极的材料,就可以测量各种腐蚀性(酸、碱、盐)液体流量,尤其在测量含有固体颗粒的液体如泥浆、矿浆等的流量时,更显示出其优越性。

图 5-20 为电磁流量计工作原理图。在磁铁 N-S 极形成的均匀磁场中,垂直于磁场方向有一直径为 D 的管道。管道由不导磁材料制成,管道内表面衬挂绝缘衬里。当导电的液体在导管中流动时,导电液体切割磁力线,于是在和磁场及其流动方向垂直的方向上产生感应电动势,如安装一对电极,则电极间产生和流速成比例的感应电动势 E

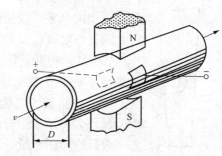

图 5-20 电磁流量计工作原理图

$$E = BDv \tag{5-34}$$

式中 D——管道内径,m;
B——磁场磁感应强度,T;
v——液体在管道中的平均流速,m/s。

由式 (5-34) 可得:$v = E/BD$,则体积流量为

$$q_V = \frac{\pi D^2}{4}v = \frac{\pi DE}{4B} \tag{5-35}$$

从式 (5-35) 可见流体在管道中流过的体积流量和感应电动势成正比。把感应电动势放大接入显示仪表,便可指示相应的流量。

3. 涡街流量计

涡街流量计是利用卡门涡街的原理制作的一种仪表,它是把一个称作漩涡发生体的对称形状的物体(图 5-21)垂直插在管道中,流体绕过漩涡发生体时,在漩

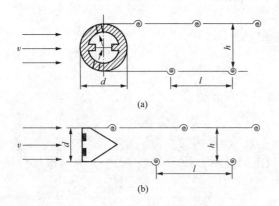

图 5-21 涡街发生的原理图
(a) 圆柱形涡街发生体;(b) 三棱柱形涡街发生体

涡发生体的两侧后方会交替产生漩涡，如图5-20所示，两侧漩涡的旋转方向相反。由于漩涡之间的相互影响，漩涡列一般是不稳定的，只有当两漩涡列之间的距离和同列的两个漩涡之间的距离满足$h/l=0.281$时，非对称的漩涡列才能保持稳定。这种漩涡列被称为卡门涡街。此时漩涡的频率f与流体的流速v及漩涡发生体的宽度d有下述关系

$$f = S_t \frac{v}{d} \tag{5-36}$$

式中　S_t——斯特劳哈尔数。

实验证明，当流体的雷诺数Re在一定范围内，管道内径D和漩涡发生体的宽度d确定时，斯特劳哈尔数S_t为常数，流量计的仪表结构常数K值也随之确定。此时被测流量q_V与涡街频率f的关系为

$$q_V = \frac{f}{K} \tag{5-37}$$

由式（5-37）可知，只要测出涡街频率f就能求得流过流量计流体的体积流量q_V。

涡街流量计有如下特点：涡街频率只与流速有关，在一定雷诺数范围内几乎不受流体压力、温度、黏度、密度变化影响；无零点漂移，测量精度高，误差±1%，重复精度±5%；压力损失小，量程范围为100:1，特别适宜大口径管道的流量测量。

4. 转子流量计

（1）转子流量计的结构形式与工作原理。转子流量计又名浮子流量计，可用于测量液体和气体的流量，一般分为玻璃管转子流量计和金属管转子流量计两类。其工作原理如图5-22所示。这种流量计的本体由一个锥形管和一个位于锥形管内的可动转子（或称浮子）组成，垂直装在测量管道上。当流体在压力作用下自下而上流过锥形管时，转子在流体作用力和自身重力作用下将悬浮在一个平衡位置。

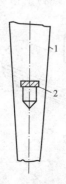

图5-22　转子流量计工作原理

1—锥形管；2—转子

根据不同平衡位置可算得被测流体的流量。其体积流量计算式为

$$q_V = CA\sqrt{\frac{2V_f g(\rho_f - \rho)}{\rho A_f}} \tag{5-38}$$

式中　C——流量系数，与转子形状、尺寸有关；

　　　A——转子与锥形管壁之间环形通道面积；

　　　A_f——转子最大横截面积；

　　　V_f——转子体积；

　　　ρ_f——转子密度；

　　　ρ——流体密度；

　　　g——重力加速度。

由于锥形管的锥角较小，所以A与h近似比例关系，即$A=kh$，式中k为与锥形管锥度有关的比例系数，h为转子在锥形管中的高度。

由此而得到了体积流量与转子高度的关系

$$q_V = Ckh\sqrt{\frac{2V_f g(\rho_f - \rho)}{\rho A_f}} \tag{5-39}$$

实验证明，可以用这个关系式作为按转子高度来刻度流体流量的基本公式。但需说明的是，流量系数 C 与浮子形状和管道的雷诺数有关。当然，对于一定的转子形状来说，只要流体雷诺数大于某一个低限雷诺数时，流量系数就趋于一个常数。这时，体积流量 q_V 就与转子高度 h 上的线性刻度成一一对应关系。

从上述分析中可以看出，它与节流装置的差异在于：①任意稳定情况下，作用在转子上的压差是恒定不变的；②转子与锥形管之间的环形缝隙的面积 A 是随平衡位置的高低而变化，故是变截面。

（2）刻度校正。转子流量计在出厂刻度时所用介质是水或空气，在实际使用时，被测介质可能不同，即使被测介质相同，但由于温度和压力不同，这时介质的密度和黏度就会发生变化，就需对刻度校正。如果原刻度是以水为介质刻度的，当介质温度压力改变时，如果黏度相差不大，则只要对密度 ρ 作校正就可以了，其校正系数 K_1 为

$$K_1 = \sqrt{\frac{(\rho_f - \rho)\rho_0}{(\rho_f - \rho_0)\rho}} \tag{5-40}$$

式中　ρ_0——仪表原刻度时介质密度。

$$q_V = K_1 q_{V_0} \tag{5-41}$$

式中　q_V——校正后被测介质流量；

　　　q_{V_0}——仪表原刻度时的流量值。

如果原标定时所用介质为空气，而当介质温度、压力改变时，根据上述道理，也只用密度校正。由于 $\rho_f \gg \rho_0$，$\rho_f \gg \rho$，所以修正系数简化为

$$K_2 = \sqrt{\frac{\rho_0}{\rho}} \tag{5-42}$$

$$q_V = K_2 q_{V_0} \tag{5-43}$$

5. 超声波流量计

（1）超声波流量计的测量原理，如图 5-23 所示，它利用超声波在流体中的传播特性来测量流体的流速和流量，最常用的方法是测量超声波在顺流与逆流中的传播速度差。两个超声换能器 P_1 和 P_2 分别安装在管道外壁两侧，以一定的倾角对称布置。超声波换能器通常采用锆钛酸铅陶瓷制成。在电路的激励下，换能器产生超声波以一定的入射角射入管壁，在管壁内以横波形式传播，然后折射入流体，并以纵波的形式在流体内传播，最后透过介质，穿过管壁为另一换能器所接收。两个换能器是相同的，通过电子开关控制，可交替作为发射器和接收器。

设流体的流速为 v，管道内径为 D，超声波束与管道轴线的夹角为 θ，超声波在静止的流体中传播速度为 v_0，则超声波在顺流方向传播频率 f_1 为

$$f_1 = \frac{v_0 + v\cos\theta}{D/\sin\theta} = \frac{(v_0 + v\cos\theta)\sin\theta}{D} \tag{5-44}$$

超声波在逆流方向传播频率 f_2 为

$$f_2 = \frac{v_0 - v\cos\theta}{D/\sin\theta} = \frac{(v_0 - v\cos\theta)\sin\theta}{D} \tag{5-45}$$

故顺流与逆流传播频率差为

$$\Delta f = f_1 - f_2 = \frac{v}{D}\sin 2\theta \tag{5-46}$$

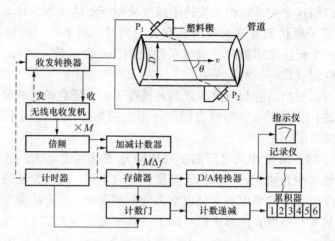

图 5-23 超声波流量计方框图

由此得流体的体积流量 q_V 为

$$q_V = \frac{\pi D^2}{4}v = \frac{\pi D^2}{4} \times \frac{D\Delta f}{\sin 2\theta} = \frac{\pi D^3 \Delta f}{4\sin 2\theta} \tag{5-47}$$

对于一个具体的流量计，式（5-47）中 θ、D 是常数，而 q_V 与 Δf 成正比，故测量频率差 Δf 可算出流体流量。

（2）超声波流量计的使用。超声波流量计可用来测量液体和气体的流量，比较广泛地用于测量大管道液体的流量或流速。它没有插入被测流体管道的部件，故没有压头损失，可以节约能源。

超声波流量计的换能器与流体不接触，对腐蚀很强的流体也同样可准确测量。而且换能器在管外壁安装，故安装和检修时对流体流动和管道都毫无影响。超声波流量计的测量准确度一般为 1%~2%，测量管道液体流速范围一般为 0.5~5m/s。

5.6.3 流量测量的布置技术

1. 节流装置的安装

（1）节流装置中心应与管道中心重合，断面应与管道中心线垂直，并不得装反。

（2）节流装置取压口方位的确定应按下列规定进行。

1) 测量气体时：在管道上部。

2) 测量液体时：在管道的下半部（最好在水平中心线上）。

3) 测量蒸汽时：在管道的上半部（最好在水平中心线上）。

2. 引压管的安装

（1）引压管应按最短距离垂直或倾斜（倾斜度不得小于 1:10）安装。

（2）引压管路中应加装气体、凝液、颗粒收集器和沉降器。

（3）引压管应不受外界热源的影响，并应防止可能发生的冻结。

（4）对于有黏性和有腐蚀性的介质，为了防堵、防腐，应加装隔离罐。

（5）引压管路应保证密封，无渗漏现象。

（6）引压管路上应装有必要的切断、冲洗、灌封液、排污等所需要的阀门。

3. 差压计的安装

保证安装地点的环境条件（如温度、湿度、腐蚀性、振动等）。

5.7 液位的测量

5.7.1 常见测液位方法

1. 直读式测液位

在容器上开一些窗口以便进行观测,或利用连通器原理设置的玻璃管液位计。

2. 压力法测液位

根据流体静力学原理,静止介质内某一点的静压力与介质上方自由空间压力之差与该点上方的介质高度成正比,因此可以利用差压来检测液位。

差压液位计的工作原理是根据流体静力学原理,也就是说容器中的液位的高度 H 正比于液柱的两端 p_1 和 p_2 之间的静压差。如图 5-24 所示,开式容器是通过测量容器内静压与大气压的差值来测量液位,密闭容器通过容器内的静压与上部气压的差值来测量液位。

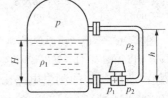

图 5-24 差压变送器测量液位原理图

3. 浮力法测液位

利用漂浮于液面上的浮子随液面变化,或者部分浸没于液体中的物质的浮力随液位变化来检测液位,前者称为恒浮力法,后者称为变浮力法,二者均可用于液位的检测。

浮筒液位计是基于变浮力原理工作的,如图 5-25 所示,浮筒密度大于液体密度,所以沉浸在液体里,液位高低决定了浮筒受到的浮力大小,只要检测出浮筒所浮力的变化,就可以计算液位的高低。

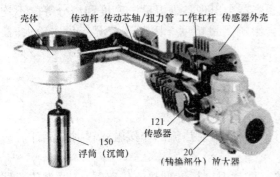

图 5-25 浮筒液位计原理图

浮筒液位计的原理利用浮筒沉浸在液体里,根据浮筒被浸的程度不同,则浮筒所受的浮力不同,只要检测出浮筒所浮力的变化,就可以知道液位的高低。当液位在零位时,扭力管受到浮筒质量所产生的扭力矩(这时扭力矩最大)作用,当液位上升时,浮筒受到的浮力增大,通过杠杆对扭力管产生的力矩减小,扭力管变形减小,在液位最高时,扭角最小,浮筒略有上升,浮力减小,通过杠杆达到扭矩平衡。扭力管扭角的变化量成反比关系,即液位越高,扭角越小。

4. 电容法测液位

把敏感元件做成一定形状的电极置于被测介质中,则电极之间的电气系数(电容),随物位的变化而改变。

电容器的电容增量 $\Delta C = C - C_0 = KH$,可见电容的增量随液位的升高而线性增加。

5. 超声波法测液位

利用超声波在介质中的传播速度及在不同相界面之间的反射特性来检测液位。超声波液位计由超声波换能器和测量电路组成。超声波换能器作为传感器检测液位的变化,并把液位变化转换为电信号。通过测量电路的放大处理,由显示装置指示液位。

超声波换能器交替地作为超声波发射器与接收器,也可以用两个换能器分别作发射器与接收器,它是液位检测传感器。超声波换能器是根据压电晶体的"压电效应"和"逆压电效应"原理实现电能—超声波能的相互转换,其原理如图5-26所示。当外力作用于晶体端面时,在其相对的两个端面上有电荷电现,并且两端面上的电荷的极性相反。如果用导线将晶体两端面电极连接起来,就有电流流动,如图5-26所示。当外力消失时,被中和的电荷又会立即分开,形成与原来方向相反的电流。如果用交变的外力作用于晶体端面上,则产生交变电场。这就是压电效应。反之,若将交变电压加在晶体两个端面的电极上,便会产生逆压电效应,即沿着晶体厚度方向作伸长和压缩交替变化,产生与所加交变电压同频率的机械振动,而向周围介质发射超声波,如图5-26(b)所示。

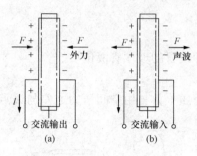

图5-26 压电效应原理图
(a)正压电效应;(b)逆压电效应

超声波液位计的测量电路由控制钟、可调振荡器、计数器、译码指示等部分组成。使用超声波液位计进行测量时,将超声波换能器置于容器的底部(或液体的上空)。当控制钟每发一次方波信号时,就激励换能器发射声脉冲,并将计数器复零,还开始对时间脉冲进行计数,至接收到液面反射波信号后立即停止计数,最后将声脉冲从发射到返回的往返时间的计数换算成液位高度显示出来。

5.7.2 液位测量的布置及误差消除方法

液位检测的特点是敏感元件所接收到的信号一般与被测介质的某一特性参数有关,如介质的密度、介电常数、介质声波传递速度等。当被测介质的温度、组分等改变时,这些参数可能也要变化,从而影响测量精度;另外,大型容器会出现各处温度、密度和组分等的不均匀,引起特性参数在容器内的不均匀,同样也会影响测量精度。因此当工况变化比较大时,必须对有关的参数进行补偿或修正。

5.8 热流量的测量

5.8.1 热流计的分类

热流计可分为测量传导热流的热阻式热流计和测量辐射热流的非接触式辐射热流计。

5.8.2 热阻式热流计

热阻式热流计一般采用热电堆式热流传感器(或称温度梯度型热流传感器)。这类传感器的原理是:当有热流通过热流传感器时,在传感器的热阻层上产生了温度梯度,根据傅里叶定律就可以得到通过传感器的热流密度。

设热流矢量方向是与等温面垂直:

$$q = dQ/ds = -\lambda dT/dX$$

式中 q——热流密度;
dQ——流过的热量,ds 通过等温面上微小面积;
dT/dX——垂直于等温面方向的温度梯度;
λ——材料的导热系数。

如果温度为 T 和 $T+\Delta T$ 的两个等温面平行时:

$$q = -\lambda \Delta T/\Delta X$$

式中 ΔT——两等温面的温差;

ΔX——两等温面之间的距离。

只要知道热阻层的厚度 ΔX，导热系数 λ，通过测到的温差 ΔT 就可以知道通过的热流密度。当用一对热电偶测量温差时，这个温差是与热流密度成正比的，温差的数值也与热电偶产生的电动势的大小成正比例，因此测出温差热电势就可以反映热流密度的大小：

$$q = K_r \cdot E$$

式中　K_r——热流传感器的分辨率，W/（m²·μV）；

E——测头温差热电势。

分辨率 K_r 是热阻式热流计的重要性能参数，其数值的大小反映了热流传感器的灵敏度。K_r 数值越小则热流传感器越灵敏，其倒数被称为热流传感器的灵敏度 K_s（$K_s = 1/K_r$）。

为了提高热流传感器的灵敏度，需要加大传感器的输出信号，因此就需要将众多的热电偶串联起来形成热电堆，这样测量的热阻层两边的温度信号是串联的所有热电偶信号的逐个叠加，信号大小能反映多个信号的平均特性。

热电堆是热阻式热流传感器的核心元件，也是其他辐射式热流传感器的核心元件。

5.8.3　热流计的布置及使用

在使用热流传感器时，除了合理选用仪表的量程范围，允许使用温度、传感器的类型、尺寸内阻等有关参数外，还要注意正确的使用方法，否则会引起较大的误差。

热流传感器的安装有三种方法：埋入式、表面粘贴式和空间辐射式。埋入式和表面粘贴式是热阻式热流传感器常用的两种安装方法。被测物体表面的放热状况与许多因素有关，被测物体的散热热流密度与热流测点的几何位置有关。对于水平安装的有均匀保温层圆形管道，测点应选在能反映管道截面上平均热流密度的位置，一般选在截面上与管道水平中心线夹角约为 45°和 135°处。最好在同截面上选几个有代表性的位置进行测量，与所得到的平均值进行比较，从而得到合适的测试位置。对于垂直平壁面和立管也可作类似的考虑。

（1）热流测头的选用。热流测头应尽量薄，热阻要尽量小，被测物体的热阻应该比测头热阻大得多。被测物体为平面时采用板式测头，被测物体为曲面时采用可挠式测头。可挠式测头弯曲过度也会对其标定系数有一定影响，因此测头弯曲半径不应小于 50mm。另外，辐射系数对热流密度的测量也有影响，所以应采取涂色、贴箔等方法，使测头表面与被测物体表面辐射系数趋于一致。

（2）热流测头的安装。被测物体表面的放热状况与许多因素有关，在自然对流的情况下被测物体放热的大小与热流测点的几何位置有关。对于水平安装的均匀保温层圆形管道，保温层底部散热的热流密度最低，侧面热流密度略高于底部，上部热流密度比下部和侧面均大得多，如图 5-27 所示。这种情况下，测点应选在管道上部表面与水平夹角约

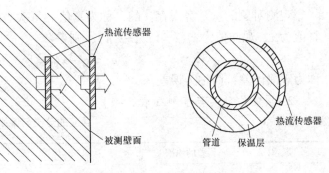

图 5-27　热阻式热流测头的安装

为45°处，此处的热流密度大致等于其截面上的平均值。在保温层局部受冷受热或者受室外气温、风速、日照等因素影响时，热流密度在管道截面上的分布更加复杂，测点应选在能反映管道截面上平均热流密度的位置，最好在同一截面上选几个有代表性的位置进行测量，与所得到的平均值进行比较，从而得到合适的测试位置。对于垂直平壁面和立管也可作类似的考虑，通过测试找出合适的测点位置。至于水平壁面，由于传热状况比较一致，测点位置的选择较为容易。

热流测头表面为等温面，安装时应尽量避开温度异常点。有条件时，应尽量采用埋入式安装测头。测头表面与被测物体表面应接触良好，为此，常用胶液、石膏、黄油等粘贴测头，硅橡胶可挠式测头可以使用双面胶纸，这样不但可以保持良好接触，而且装拆方便。热流测头的安装应尽量避免在外界条件剧烈变化的情况下测量热流密度，不要在风天或太阳直射下测量，不能避免时可采取适当的挡风、遮阳措施。为正确评价保温层的散热状况，有条件时可采用多点测量和累积量测量，取其平均值。使用热流计测量时，一定要热稳定后再读数。

5.8.4 热水热量的测量

以热水为热媒的热源产热量或用户耗热量与热水的质量流量和供回水焓差有关，热水的焓值为其定压比热与温度的乘积。在供回水温差不大时，可以把供回水的定压比热看成是不变的常数，则供热量的计量可用下式表示：

$$Q = km(t_g - t_h)$$

式中　Q——热水的热量，kJ/h；

　　　m——热水的质量流量，kg/h；

　　　t_g、t_h——分别为供回水温度，℃；

　　　k——仪表常数，$k = c_p$。

可见，只要测出供回水温度和热水流量，即可得到热水放出的热量（或冷量）。热水热量计正是基于这个原理测量热水热量的。

热水热量计由流量传感器、温度传感器和积分仪组成。

5.9 误差与数据处理

1. 真值与误差

观测对象的量是客观存在的，称为真值。每次观测所得数值称为观测值。设观测对象的真值为 x，观测值为 $x_i (i = 1, 2, \cdots, n)$，则差数

$$a_i = x_i - x (i = 1, 2, \cdots, n)$$

称为观测误差，简称为误差。

2. 误差的分类与鉴别（表 5-1）

表 5-1　　　　　　　　　　　误差的分类与鉴别

分类	误差的原因	误差的鉴别
系统误差	(1) 仪器结构的不良； (2) 周围环境的转变； (3) 测量方法不完善	(1) 观测值总往一个方向偏差； (2) 误差的大小和符号在重复多次观测中几乎相同； (3) 经过校正和处理可以消除误差

续表

分类	误差的原因	误差的鉴别
随机误差	某些难以控制的偶然因素造成的	观测值变化无常，但在等精度观测下有如下规律（即随机误差服从正态分布）： （1）误差绝对值不会超过一定界限； （2）绝对值小的误差比绝对值大的误差出现的个数要多，近于零的误差出现的个数最多； （3）绝对值相等的正误差与负误差出现的个数几乎相等； （4）误差的算术平均值，随着观测次数的增加而趋近于零
粗大误差	粗枝大叶造成的观测误差或计算误差	（1）观测结果与事实不符； （2）认真操作可以消除误差

3. 观测的准确度与精密度

如果观测的系统误差小，则称观测的准确度高，可以使用更精确的仪器来提高观测的准确度。如果观测的随机误差小，则称观测的精密度高，可以增加观测次数取其平均值来提高观测的精密度。

5.9.1 误差函数的分布规律

随机误差的大小、符号虽然显得杂乱无章，但当进行大量等精度测量时，随机误差服从统计规律。理论和测量实践都证明，测得值 x_i 与随机误差 δ_i 都按一定的概率出现。在大多数情况下，测得值在期望值上出现的概率很大，随着对期望值偏离的增大，出现的概率急剧减小。表现在随机误差上，等于零的随机误差出现的概率最大，随着随机误差绝对值的加大，出现的概率急剧减小。测得值和随机误差的这种统计分布规律，称为正态分布，如图 5-28 所示。

对于正态分布的测得值 x_i，其概率密度函数

$$\varphi(x) = \frac{1}{\sigma\sqrt{2\pi}} e^{-\frac{(x-E_x)^2}{2\sigma^2}} \qquad (5-48)$$

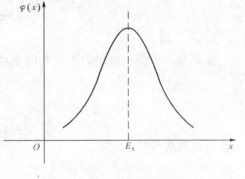

图 5-28 测量值的正态分布曲线

同样，对于正态分布的随机误差 δ_i，其概率密度函数

$$\varphi(\delta) = \frac{1}{\sigma\sqrt{2\pi}} e^{-\frac{\delta^2}{2\sigma^2}} \qquad (5-49)$$

随机误差分布的性质：

（1）有界性：在一定的测量条件下，测量的随机误差总是在一定的、相当窄的范围内变动，绝对值很大的误差出现的概率接近于零。

（2）单峰性：绝对值小的误差出现的概率大，绝对值大的误差出现的概率小，绝对值为零的误差出现的概率比任何其他数值的误差出现的概率都大。

（3）对称性：绝对值相等而符号相反的随机误差出现的概率相同，其分布呈对称性。

（4）抵偿性：在等精度测量条件下，当测量次数不断增加而趋于无穷时，全部随机误差的算术平均值趋于零。

5.9.2 直接测量的平均值、方差、标准误差、有效数字和测量结果表达

1. 直接测量的平均值（最优概值）

观测对象的真值 x 可以用 n 次观测值 $x_1, x_2, \cdots, x_n$ 的算术平均值

$$\bar{x} = \frac{1}{n} \sum_{i=1}^{n} x_i \tag{5-50}$$

近似代替，并用离差

$$v_i = x_i - \bar{x}$$

代替误差 $a_i = x_i - x$，离差与误差有如下关系

$$v_i = a_i - \frac{1}{n} \sum_{i=1}^{n} a_i$$

$$\sum_{i=1}^{n} v_i^2 = \frac{n-1}{n} \sum_{i=1}^{n} a_i^2 \quad \text{（当 } n \text{ 相当大）}$$

2. 方差

方差为测量值 x_i 与真值 x 之差的平方的统计平均值，即

$$\sigma^2 = \frac{1}{n} \sum_{i=1}^{n} (x_i - x)^2 = \frac{1}{n} \sum_{i=1}^{n} a_i^2$$

当观测次数 n 较大时，x 可以用 $\bar{x}$ 近似代替，即

$$\sigma^2 = \frac{1}{n-1} \sum_{i=1}^{n} (x_i - \bar{x})^2 = \frac{1}{n-1} \sum_{i=1}^{n} v_i^2$$

3. 标准差

标准差各个测量值误差平方和的平均值的平方根，即

$$\sigma = \sqrt{\frac{\sum_{i=1}^{n} (x_i - x)^2}{n}}$$

当观测次数较大时

$$\sigma = \sqrt{\frac{\sum_{i=1}^{n} (x_i - \bar{x})^2}{n-1}}$$

4. 有效数字

由于含有误差，所以测量数据及由测量数据计算出来的算术平均值等是近似值。若末位数字是个位，则包含的绝对误差值不大于 0.5，若末位是十位，则包含的绝对误差不大于 5，对于其绝对误差不大于末位数字一半的数，从它左边第一个不为零的数字起，到右面最后一个数字（包括零）止，都称为有效数字。

多余数字的舍入规则："四舍六入五单双，奇进偶不进"，即四舍六入，若为五则看左边一位数是单数还是双数，奇数则进一，偶数则舍去。

已知有效数字求误差：

例如，0.108 0 V 表示有四位有效数字，其测量误差不超过 ±0.000 05 V，即实际电压可能是 0.107 95 ~ 0.108 05 V 之间的任一值。可见，如果知道一个量的有效数字，便可确定它

的误差大小。

有效数字运算规则规定：

加减法运算中只保留各数共有的小数位数。计算时，先将小数位数多的数进行修约处理，使其比小数位数最少的只多一位小数，然后进行计算，计算结果的小数位只取到各数中小数位最少的位数。如：$28.5 + 3.74 + 0.135 = 28.5 + 3.74 + 0.14 = 32.38 \approx 32.4$。

对于乘除法的运算规则，是将各数中有效位数多的数进行修约到比有效位数最少的多一位，然后进行计算，计算结果修约到各数中有效位数最少的位数。

5.9.3 测量结果表达

1. 列出测量数据（表5-2）

表5-2 测量数据

i	1	2	⋯	$n-1$	n
x_i	x_1	x_2	⋯	x_{n-1}	x_n

2. 计算算术平均值

$$\bar{x} = \frac{1}{n}\sum_{i=1}^{n} x_i \tag{5-51}$$

离差

$$v_i = x_i - \bar{x} \tag{5-52}$$

3. 计算标准差

$$\sigma = \sqrt{\frac{1}{n-1}\sum_{i=1}^{n} v_i^2} \tag{5-53}$$

算术平均标准差

$$\sigma_{\bar{x}} = \frac{\sigma}{\sqrt{n}} \tag{5-54}$$

4. 给出最终测量结果表达式

$$x = \bar{x} \pm \sigma_{\bar{x}} \quad （置信度68.3\%）$$
$$x = \bar{x} \pm 2\sigma_{\bar{x}} \quad （置信度95.5\%）$$
$$x = \bar{x} \pm 3\sigma_{\bar{x}} \quad （置信度99.7\%）$$

5.9.4 间接测量最优值、标准误差、误差传播理论、微小误差原则、误差分配

由于某些被测量不能进行直接测量，如散热器的传热系数、热物理中的准则数、空气的焓值等，因而必须进行间接测量。即通过直接测量与被测量有一定函数关系的其他量，并根据函数关系计算出被测量。因此，间接测量的量就是直接测量得到的各个测量量的函数，假定间接被测量 Y 与直接测量的有关量 X_1，X_2，⋯，X_m 有以下的函数关系

$$Y = f(X_1, X_2, \cdots, X_m) \tag{5-55}$$

式中，X_1，X_2，⋯，X_m 为 m 个可直接测量的独立自变量。如果得到了 X_1，X_2，⋯，X_m 的最优概值 X_{1_0}，X_{2_0}，⋯，X_{m_0} 和标准误差 σ_1，σ_2，⋯，σ_m，就可以得到间接测量值的最优概值及其标准误差。

1. 间接测量的最优概值

间接测量值的最优概值 Y_0 可以把各直接测量量的最优概值代到式（5-55）中求得。即

$$Y_0 = f(X_{1_0}, X_{2_0}, \cdots, X_{m_0}) \tag{5-56}$$

式中，X_{1_0}，X_{2_0}，$\cdots$，X_{m_0} 为 m 个可直接测量的独立自变量 X_1，X_2，$\cdots$，X_m 的最优概值，即算术平均值。

2. 间接测量的标准误差

在直接测量中，测量误差就是被测量的误差；而在间接测量中，测量误差是各个测量值的函数。因此，研究间接测量的误差也就是分析各直接测量的误差量是怎样通过已知的函数关系传递到间接测量结果中的、应该怎样估计间接测量值误差的问题。

如果对间接被测量的测量 $\{Y_i\}$ 同直接测量一样定义它的测量列标准误差为

$$\sigma_Y = \sqrt{\frac{\sum_{i=1}^{n} u_i^2}{n-1}} \tag{5-57}$$

式中，$u_i = Y_i - Y_0$ 为间接测量值 Y_i 的剩余误差，则利用式（5-55）的台劳级数展开式可以推得

$$\sigma_Y = \sqrt{\sum_{i=1}^{m} \left(\frac{\partial f}{\partial X_i}\right)^2 \sigma_i^2} \tag{5-58}$$

式中，$\frac{\partial f}{\partial X_i}\sigma_i$ 称为自变量 X_i 的部分误差，记作 D_i，这样，式（5-58）就变为

$$\sigma_Y = \sqrt{D_1^2 + D_2^2 + \cdots + D_m^2} = \sqrt{\sum_{i=1}^{m} D_i^2} \tag{5-59}$$

如果用相对误差来表示，则为

$$\sigma_{0Y} = \frac{\sigma_Y}{Y_0} = \sqrt{\sum_{i=1}^{m} \left(\frac{D_i}{Y_0}\right)^2} = \sqrt{\sum_{i=1}^{m} D_{0i}^2} \tag{5-60}$$

式中 σ_{0Y}——Y 的相对标准误差；

D_{0i}——X_i 的相对部分误差。

式（5-58）~式（5-60）一起被称为误差累积定律或误差传播定律。

3. 间接测量的误差传播理论

设直接测量量为 x_1，x_2，$\cdots$，x_n，间接测量量为 y。它们满足函数关系 $y = f(x_1, x_2, \cdots, x_n)$，并设 x_i 之间彼此独立，x_i 的绝对误差为 Δx_i，y 的绝对误差为 Δy，则

绝对误差传递

$$\Delta y = \sum_{i=1}^{n} \frac{\partial y}{\partial x_i} \Delta x_i \tag{5-61}$$

相对误差传递

$$\gamma_y = \frac{\Delta y}{y} = \sum_{i=1}^{n} \frac{\partial y}{\partial x_i} \times \frac{\Delta x_i}{y} \tag{5-62}$$

4. 间接测量的误差分配

设直接测量量为：x_1，x_2，$\cdots$，x_n，间接测量量为：y。它们满足函数关系：$y = f(x_1, x_2, \cdots, x_n)$，则

间接测量的标准误差

$$\hat{\sigma}_y = \sqrt{\left(\frac{\partial f}{\partial x_1}\right)^2 \left(\frac{\hat{\sigma}_{x_1}}{y}\right)^2 + \left(\frac{\partial f}{\partial x_2}\right)^2 \left(\frac{\hat{\sigma}_{x_2}}{y}\right)^2 + \cdots + \left(\frac{\partial f}{\partial x_n}\right)^2 \hat{\sigma}_{x_n}^2} \tag{5-63}$$

现 $\hat{\sigma}_y$ 已给定，要求确定 $\hat{\sigma}_{x_1}$，$\hat{\sigma}_{x_2}$，$\cdots$，$\hat{\sigma}_{x_n}$。按等作用原则分配误差

$$\frac{\partial f}{\partial x_1}\hat{\sigma}_{x_1} = \frac{\partial f}{\partial x_2}\hat{\sigma}_{x_2} = \cdots = \frac{\partial f}{\partial x_n}\hat{\sigma}_{x_n} \tag{5-64}$$

从而

$$\hat{\sigma}_y = \sqrt{n}\left(\frac{\partial f}{\partial x_i}\right)\hat{\sigma}_{x_i} \quad (i = 1,2,\cdots,n) \tag{5-65}$$

得

$$\hat{\sigma}_{x_i} = \frac{1}{\frac{\partial f}{\partial x_i}} \times \frac{\hat{\sigma}_y}{\sqrt{n}} \tag{5-66}$$

如果各个直接测量值误差满足式（5-66），则所得的函数间接误差不会超过允许误差的给定值。

5. 按微小误差准则处理误差

在误差传播公式（5-59）中，若有某一部分误差 D_k 可以忽略不计，则令

$$\sigma_y \approx \sigma'_y = \sqrt{\sum_{i=1}^{m} D_i^2 - D_k^2} \tag{5-67}$$

这里的 σ'_y 与 σ_y 的第一位有效数字一样（因为误差一般只取两位有效数字，而第一位是可靠数字），只是第二位有效数字有差别，则称 D_k 为微小误差，据此可得

$$\sigma_y - \sigma'_y \leqslant 0.05\sigma_y$$

从而得

$$0.95\sigma_y \leqslant \sigma'_y$$

将上述不等式两边平方有

$$0.9025\sigma_y^2 \leqslant \sigma'^2_y$$

而

$$\sigma'^2_y = \sum_{i=1}^{m} D_i^2 - D_k^2 = \sigma_y^2 - D_k^2$$

因此有

$$0.9025\sigma_y^2 \leqslant \sigma_y^2 - D_k^2$$

$$D_k^2 \leqslant 0.0975\sigma_y^2$$

开方得

$$D_k \leqslant 0.312\sigma_y$$

或

$$D_k < \frac{1}{3}\sigma_y$$

这就是微小误差的条件。所以"微小误差准则"就是：当某个自变量的部分误差小于函数（间接测量值）标准误差的 1/3 时，这个部分误差即可忽略不计。

显然对于所有的数学、物理常数总可以取得它的近似值到足够精度而使微小误差的条件得以满足，即由此引起的部分误差小于 1/3 的函数的标准误差，从而把它忽略掉。

5.9.5 组合测量原理

当某项测量结果需要用多个未知参数表达时，可通过改变测量条件进行多次测量，根据测量与未知参数间的函数关系列出方程组并求解，进而得到未知量。

5.9.6 最小二乘法原理

实际测量所得到的一系列数据中的每一个随机误差 x_i 都相互独立，服从正态分布。如

果测量列 $\{X_i\}$ 为等精度测量，为了求得最优概值 X_0，则必须有

$$\sum_{i=1}^{n} v_i^2 = 最小$$

即在等精度测量中，为了求未知量的最优概值就要使各测量值的残差平方和为最小，这就是最小二乘法原理。

5.9.7 经验公式法

实验中，设测量出自变量和因变量多组对应值为 x_i，y_i，其中 $i = 1, 2, \cdots, n$，它们反映着两个物理量 x，y 的内在关系。把由这些测量值寻找出的函数关系叫经验公式。把由二维数据组寻找经验公式的过程叫拟合。拟合的任务是建立经验公式的函数形式并确定其中的常数。

5.9.8 相关系数

相关系数是描述两个变量 (x, y) 之间线性相关密切程度的指标，用 R 表示。

$$R = \frac{\sum (x_i - \bar{x})(y_i - \bar{y})}{\sqrt{\sum (x_i - \bar{x})^2 \sum (y_i - \bar{y})^2}} \tag{5-68}$$

物理意义：

(1) 当所有的 Y_i 值都落在回归线上，$R = \pm 1$；

(2) 当 Y 与 x 之间完全不存在线性关系时，$R = 0$；

(3) 当 R 的值在 0 与 ± 1 之间时，如果其值与指定置信度下相关系数临界值 $R_{p \cdot f}$ 比较，满足 $|R| > R_{p \cdot f}$，就可以认为这一回归线是有意义的。

5.9.9 回归分析

回归分析是一种处理变量间相关关系的数量统计方法。它主要解决以下几方面的问题：

(1) 确定几个特定的变量之间是否存在相关关系，如果存在，找出它们之间合适的相关关系式。

(2) 根据一个或几个变量的值，预测或控制另一个变量的值，并要知道这种预测或控制可达到的精密度。

(3) 进行因素分析。例如在对于共同影响一个变量的许多变量因素中，找出哪些是主要因素，哪些是次要因素，这些因素间又是什么联系。

5.9.10 显著性检验及分析

显著性检验是指对存在着差异的两个样本平均值之间，或样本平均值与总体真值之间是否存在"显著性差异"的检验。

在实际工作中，往往会遇到对被测标准量进行测定时，所得到的平均值与标准值不完全一致；或者采用两种不同的测量法或不同的测量仪表或不同的测量人员对同一被测量进行测量时，所得的测量平均值有一定的差异。显著性检验就是检验这种差异是由随机误差引起还是由系统误差引起。如果存在"显著性差异"，就认为这种差异是由系统误差引起；否则这

种误差就是由随机误差引起，认为是正常的。

5.9.11 过失误差处理

可采用物理判断法和统计判断法。

对于人为因素或仪器失准而造成的，随时发现随时剔除，这是物理判断法。

统计判断法有很多种，最简单的是拉伊特准则：因大于3倍标准偏差的随机误差出现的可能性很小，当出现大于3倍标准偏差的测量值时，可以认为是坏值而剔除，但测量次数必须大于10次。

拉伊特准则是一种正态分布情况下判别异常值的方法。在要求不甚严格时候，拉伊特准则因其简单而常被采用。然而，当测定值子样容量不很大时，使用拉伊特准则判定粗大误差不太准确。当测量次数 n 较大时，是比较好的方法。一般适用于 $n>10$ 的情况，$n<10$ 时，拉伊特检验法失去判别能力，这时可以应用格拉布斯法。

格拉布斯检验法是在未知总体标准偏差 $\sigma(x)$ 的情况下，对正态样本或接近正态样本异常值进行判别的一种方法，是一种从理论上就很严密，概率意义明确，经实验证明效果较好的判据。具体方法如下：对一系列重复测量中的最大或最小数据，用格拉布斯检验法检验，若残差 $|V_i|_{max}>g(n,a)\sigma_x$，则判断此值为异常数据，应予以剔除。$g(n,a)$ 取决于测量次数 n 和显著性水平 a（相当于犯"弃真"错误的概率系数，若 P_c 为置信概率，则 $a=1-P_c$），a 通常取 0.01（1%）或 0.05（5%）。g 按照重复测量次数及置信概率的取值由表 5-3 给出。

表 5-3　　　　　　　　　g 按照重复测量次数及置信概率的取值

n $1-P_c$	3	4	5	6	7	8	9	10
5%	1.15	1.46	1.67	1.82	1.94	2.03	2.11	2.18
1%	1.15	1.49	1.75	1.94	2.10	2.22	2.32	2.41

5.9.12 系统误差处理方法及消除方法

消除已定系统误差的方法：引入修正值。

消除产生误差的因素，如控制环境条件、提高灵敏度等。

替代法：测量未知量后，记下读数，再测可调的已知量，使仪表指示与上次相同，此时未知量就等于已知量。

正负误差补偿法：适当安排测量方法，对同一量做两次测量，使恒定系差在两次测量中方向相反，取两次读数的算术平均值。

消除线性变化的系统误差可采用对称观测法。

5.9.13 误差的合成定律

1. 随机误差的合成

若测量结果中有 k 个彼此独立的随机误差，各个误差互不相关，各单次测量误差的标准方差分别为 σ_1，σ_2，…，σ_k，则 k 个独立随机误差的综合效应是它们的方和根，即综合后误差的标准差 σ 为

$$\sigma = \sqrt{\sum_{i=1}^{k} \sigma_i^2} \qquad (5-69)$$

在计算综合误差时,经常用极限误差合成。只要测量次数足够多,可按正态分布来处理,极限误差 l_i 为

$$l_i = 3\sigma_i \tag{5-70}$$

合成的极限误差 l 为

$$l = \sqrt{\sum_{i=1}^{k} l_i^2} \tag{5-71}$$

2. 确定的系统误差的合成

(1) 代数合成法。已知各系统误差的分量 ε_1,ε_2,$\cdots$,ε_m 大小及符号,可采用各分量的代数和求得总系统误 ε,即

$$\varepsilon = \varepsilon_1 + \varepsilon_2 + \cdots + \varepsilon_m = \sum_{j=1}^{m} \varepsilon_j \tag{5-72}$$

(2) 绝对值合成法。在测量中只能估计出各系统误差分量 ε_1,ε_2,$\cdots$,ε_m 的数值大小,但不能确定其符号时,可采用最保守的合成方法,绝对值合成法

$$\varepsilon = \pm \left(|\varepsilon_1| + |\varepsilon_2| + |\varepsilon_3| + \cdots |\varepsilon_m| \right) = \sum_{j=1}^{m} |\varepsilon_j| \tag{5-73}$$

对于 $m > 10$ 情况下,绝对值合成法对误差的估计往往偏大。

(3) 方和根合成法。在测量中只能估计出各系统误差分量 ε_1,ε_2,$\cdots$,ε_m 的数值大小,但不能确定其符号时,且测量中系统误差的分量比较多(m 较大,$m > 10$)时,各分量最大值同时出现的概率是不大的,它们之间可以抵消一部分。因此,如果仍按绝对值合成法计算总的系统误差 ε。显然对误差的估计偏大。此种情况可采用方和根合成法,即

$$\varepsilon = \pm \sqrt{\varepsilon_1^2 + \varepsilon_2^2 + \cdots + \varepsilon_m^2} = \pm \sqrt{\sum_{j=1}^{m} \varepsilon_j^2} \tag{5-74}$$

3. 不确定的系统误差的合成

(1) 各系统不确定度 e_p 线性相加,得总的不确定度,即

$$e = \pm \sum_{p=1}^{q} e_p \tag{5-75}$$

此方法比较安全,但误差估计偏大,特别是 q 比较大时,更为突出。所以在 $q < 10$ 时,才能应用此法。当 $q > 10$ 时可用下面的方法。

(2) 方和根合成法,即

$$e = \pm \sqrt{\sum_{p=1}^{q} e_p^2} \tag{5-76}$$

(3) 由系统不确定度 e_p 算出标准差 σ_p,再取方和根合成,即

$$\sigma = \pm \sqrt{\sum_{p=1}^{q} \sigma_p^2} = \sqrt{\sum_{p=1}^{q} (e_p/k_p)^2} \tag{5-77}$$

4. 随机误差与系统误差的合成

设在测量结果中,有 k 个独立的随机误差,用极限误差表示为:l_1,l_2,$\cdots$,l_k,合成的极限误差为

$$l = \sqrt{\sum_{i=1}^{k} l_i^2} \tag{5-78}$$

设在测量结果中，有 m 个确定的系统误差，其值分别为 ε_1，ε_2，…，ε_m，合成误差为

$$\varepsilon = \sum_{j=1}^{m} \varepsilon_j \tag{5-79}$$

设在测量结果中，还有 q 个不确定的系统误差，其不确定度为

$$e = \pm \sqrt{\sum_{p=1}^{q} e_p^2} \tag{5-80}$$

则测量结果的综合误差为

$$\Delta = \varepsilon \pm [e + l] \tag{5-81}$$

复 习 题

1. 在如图 5-29 所示的三次测量结果中，X_0 代表被测量真值，$\bar{x}$ 代表多次测量获得的测定值的平均值，小黑点代表每次测量所得的测定值。图（a）的（　　）误差小，表明（　　）度高，（　　）误差大，表明（　　）度低。图（b）的（　　）误差大，表明（　　）度低，（　　）误差小，表明（　　）度高。图（c）中的 x_k 值明显异于其他测定值，可判定为含有（　　）误差的坏值，在剔除坏值 x_k 后，该测量的（　　）误差和（　　）误差都较小，表明测量（　　）度高。

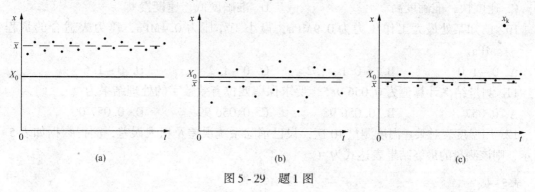

图 5-29　题 1 图

A. 随机，准确，系统，精密，随机，准确，系统，精密，过失，随机，系统，精确
B. 系统，准确，随机，精密，系统，准确，随机，精密，过失，系统，随机，精确
C. 粗大，随机，系统，准确，随机，精密，系统，准确，粗大，随机，系统，精确
D. 系统，准确，随机，精确，系统，准确，随机，精密，粗大，系统，随机，精确

2. 用真空压力表测量容器压力的方法属于（　　）方法。
A. 偏差式测量　　B. 零位式测量　　C. 微差式测量　　D. 间接测量

3. 在压力测量中，压力表零点漂移产生的误差属于（　　），压力表量程选择不当所造成的误差属于（　　）。
A. 系统误差，粗大误差　　　　　　B. 随机误差，粗大误差
C. 系统误差，随机误差　　　　　　D. 随机误差，系统误差

4. 下列仪表已知其稳定度和各环境影响系数，其中（　　）的仪表稳定性最差。

A. $\delta_w = 2\text{mA}/8\text{h}$, $\beta_\theta = 0.5\text{mA}/5℃$　　　B. $\delta_w = 2\text{mA}/4\text{h}$, $\beta_\theta = 2\text{mA}/10℃$

C. $\delta_w = 1\text{mA}/4\text{h}$, $\beta_\theta = 1\text{mA}/10℃$　　　D. $\delta_w = 1\text{mA}/2\text{h}$, $\beta_\theta = 2\text{mA}/5℃$

5. 在仪表的下列特性中不属于静态特性的是（　　）。

　　A. 灵敏度　　　　B. 线性度　　　　C. 时间常数　　　　D. 变差

6. 用于湿球温度计测量空气焓值的方法属于（　　）测量方法。

　　A. 直接测量　　　　　　　　　　B. 间接测量

　　C. 组合测量　　　　　　　　　　D. 动态测量

7. 在下列关于温标的描述中，错误的是（　　）。

　　A. 摄氏、华氏和国际温标都属于经验温标

　　B. 国际温标规定纯水在标准大气压小的冰点为273.15K

　　C. 摄氏温标与国际实用温标数值相差273.15

　　D. 热力学温标是一种理想温标，不可能实现

8. 已知被测温度在40℃左右变化，要求测量绝对误差不超过±0.5℃，应选择（　　）测温仪表。

　　A. 量程0~50℃，精度等级1　　　　B. 量程0~40℃，精度等级1

　　C. 量程0~100℃，精度等级0.5　　　D. 量程-50~50℃，精度等级0.5

9. 微差式测量法比偏差式测量法（　　），比零位式测量法（　　）。

　　A. 速度慢，准确度高　　　　　　B. 准确度高，速度快

　　C. 速度快，准确度高　　　　　　D. 准确度低，速度慢

10. 已知某处最大工作压力为0.9MPa，最小工作压力0.4MPa，压力表适合的量程为（　　）MPa。

　　A. 0~1.0　　　B. -0.1~1.2　　　C. 0~1.2　　　D. 0~1.6

11. 测量结果计算值为0.056 985，要求保留四位有效数字的处理结果为（　　）。

　　A. 0.057　　　B. 0.056 98　　　C. 0.056 99　　　D. 0.057 00

12. 用温度表对某一温度测量10次，设已消除系统误差及粗大误差，测得数据如表5-4所示，则该测量的最终结果表达式为（　　）℃。

表5-4　　　　　　　　　　　题12表

序号	1	2	3	4	5	6	7	8	9	10
测量值x_i/℃	56.23	56.89	56.21	55.97	56.12	56.19	56.26	56.33	56.17	56.35

　　A. 56.27±0.06　　B. 56.27±0.62　　C. 56.27±0.30　　D. 56.27±0.08

13. 已知K型热电偶的热端温度为300℃，冷端温度为20℃。查热电偶分度表得电动势：300℃时为12.209mV，20℃时为0.798mV，280℃时为11.282mV。这样，该热电偶回路内所发出的电动势为（　　）mV。

　　A. 11.382　　　　　　　　　　B. 11.411

　　C. 13.007　　　　　　　　　　D. 12.18

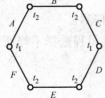

图5-30　题14图

14. 如图5-30所示，热电偶回路的热电动势为（　　）。

　　A. $E = E_{AD}(t_1, t_2)$

B. $E = E_{CE}(t_1, t_2)$

C. $E = E_{AF}(t_1, t_2) + E_{DC}(t_1, t_2)$

D. $E = E_{AF}(t_2, t_1) + E_{DC}(t_2, t_1)$

15. XCT-101型仪表，分度号为K，仪表要求外接电阻为15Ω，仪表内接电阻为200Ω，热电偶测量上限为800℃，$E(800,0)=33.28\text{mV}$，热电偶与仪表之间用补偿导线连接。仪表周围温度为25℃，$E(25,0)=1\text{mV}$。则流过热电偶的电流上限为（　　）mA。

A. 0.15　　　　B. 0.16　　　　C. 2.15　　　　D. 2.29

16. 下列有关电阻温度计的叙述中，（　　）条的内容是不恰当的。

A. 电阻温度计在温度检测时，容易有时间延迟

B. 与热电偶温度计相比，电阻温度计所能测的温度较低

C. 因为电阻体的电阻丝是用较粗的线做成的，所以有较强的耐振性能

D. 测温电阻体和热电偶都是插入保护管使用的，故保护管的构造、材质等必须十分慎重地选定

17. 某铜电阻在20℃时的阻值$R_{20}=16.28\Omega$，其电阻温度系数$\alpha=4.25\times10^{-3}/℃$，该电阻在100℃时的阻值则为（　　）Ω。

A. 0.425　　　B. 16.62　　　C. 21.38　　　D. 21.82

18. 分度号为Cu_{50}的热电阻与显示仪表构成测温回路，若线路电阻因环境温度升高而增加了0.6Ω，则会造成测温误差为（　　）℃。

A. 2.45　　　　B. 2.83　　　　C. -2.45　　　　D. -2.83

19. 辐射温度的定义是（　　）。

A. 当某温度的实际物体的全辐射能量等于温度为T_p的绝对黑体全辐射能量时，温度T_p则称为被测物体的辐射温度

B. 当某温度的实际物体在波长为0.5μm时的辐射能量等于温度T_p的绝对黑体在该波长时的辐射能量时，温度T_p则称为被测物体的辐射温度

C. 当某温度的实际物体的亮度等于温度为T_p的绝对黑体的亮度时，温度T_p则称为被测物体的辐射温度

D. 当某温度的实际物体在两个波长下的亮度比值等于温度为T_p的绝对黑体在同样两个波长下的亮度比值时，温度T_p则称为被测物体的辐射温度

20. 下列关于辐射温度计的说明中，（　　）是错误的。

A. 单色辐射温度计应用了普朗克定律

B. 全辐射高温计按绝对黑体对象进行分度，用它测量辐射率为ε的实际物体温度时，其示值并非真实温度而是被测物体的"辐射温度"

C. 比色辐射温度计应用了维恩位移定律

D. 辐射温度计均匀为非接触式光学高温计

21. 下列措施无助于减少接触式电动测温传感器的动态误差的是（　　）。

A. 减小传感器的体积，减少热容量　　　B. 增设保护套管

C. 选用比热小、导热好的保护套管　　　D. 增大传感器与被测介质的接触面积

22. 在设置测温原件时，与确保测量的准确性无关的技术措施是（　　）。

A. 必须正确选择测温点的位置

B. 应避免热辐射引起的测温误差

C. 高温工作的热电偶应尽可能垂直安装

D. 使用热电偶、热电阻测温时,应防止干扰信号的引入

23. 不能用作电动湿度传感器是( )。

A. 干湿球温度计　　　　　　　　B. 氯化锂电阻式湿度计

C. 电容式湿度计　　　　　　　　D. 毛发式湿度计

24. 当大气压力和风速一定时,被测空气的干湿球温度差直接反映了( )。

A. 空气湿度的大小

B. 空气中水蒸气分压力的大小

C. 同温度下空气的饱和水蒸气压力的大小

D. 湿球温度下饱和水蒸气压力和干球温度下水蒸气分压力之差的大小

25. 湿球温度计的球部应( )。

A. 高于水面 20mm 以上

B. 高于水面 20mm 以上但低于水杯上沿 20mm 以上

C. 高于水面 20mm 以上但与水杯上沿平齐

D. 高于水杯上沿 20mm 以上

26. 毛发式湿度计的精度一般为( )。

A. ±2%　　　　B. ±5%　　　　C. ±10%　　　　D. ±12%

27. 关于氯化锂电阻式湿度计,下述说法错误的是( )。

A. 最高使用温度为 55℃　　　　B. 传感器电阻测量电桥与热电阻测量电桥相同

C. 也包含干球温度传感器　　　　D. 稳定性较差

28. 氯化锂露点式湿度传感器在实际测量时( )。

A. 氯化锂溶液的温度与空气温度相等

B. 氯化锂饱和溶液的温度与空气露点温度相等

C. 氯化锂溶液的饱和水蒸气压力与湿空气水蒸气分压力相等

D. 氯化锂饱和溶液的饱和水蒸气压力与湿空气水蒸气分压力相等

29. 下列电阻式湿度传感器中,其电阻值与相对湿度的关系线性度最差的是( )。

A. 氯化锂电阻式湿度传感器

B. 金属氧化物陶瓷电阻式湿度传感器

C. 高分子电阻式湿度传感器

D. 金属氧化物膜电阻式湿度传感器

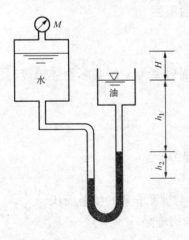

图 5-31　题 30 图

30. 一 U 形管压力计安装于图 5-29 所示系统中,已知水箱与油箱的液面差 $H=1.5m$,U 形管中的水银柱差 $h_2=0.2m$,油的总深 $h_1=5.61m$,油的重度 $\gamma=7.85kN/m^3$。则水箱液面气压为( ) Pa。

A. -17 640　　　　　　　　B. -980

C. 980　　　　　　　　　　D. 3533

31. 如图 5-32 所示的一单管压力计,其管子内径 $d_T=2mm$,盅形容器的内径 $d_w=50mm$。测试时,如果不计盅形

容器内液位降将会引起（　　）的误差。

A. -2.5%　　　　B. -1%　　　　C. -0.4%　　　　D. -0.16%

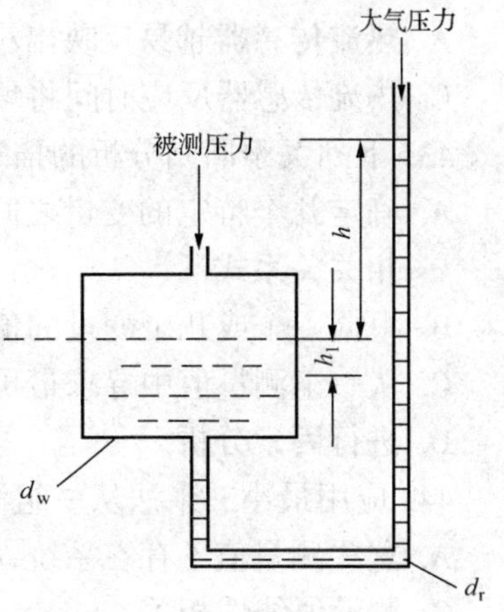

32. 对于液柱式压力计，有人总结出以下几条经验，其中不对的一条是（　　）。

A. 当液柱式压力计的工作液为水时，可在水中加一点红墨水或其他颜色，以便于读数

B. 在精密压力测量中，U形管压力计不能用水作为工作液

C. 在更换倾斜微压计的工作液时，酒精的重度差不了多少，对仪表几乎没有影响

D. 环境温度的变化会影响液柱式压力计的测量误差

33. 斜管式微压计为了改变量程，斜管部分可以任意改变倾斜角 α，但 α 角不能小于（　　）。

A. 5°　　　　B. 10°
C. 15°　　　 D. 20°

图 5-32 题 31 图

34. 有关活塞式压力表的叙述，错误的是（　　）。

A. 活塞式压力计的精度等级可达 0.02

B. 活塞式压力计在校验氧用压力表时应用隔油装置

C. 活塞式压力计不适合于校正真空表

D. 活塞式压力表不适合于校准精密压力表

35. 下列原理中不能用于流速测量的是（　　）。

A. 散热率法　　B. 动压法　　C. 霍尔效应　　D. 激光多普勒效应

36. 不需要借助压力计测量流速的仪表是（　　）。

A. 热电风速仪　B. 毕托管　　C. 圆柱形三孔测速仪　D. 三管型测速仪

37. 需要借助压力计测量流量的流量计是（　　）。

A. 涡街流量计　B. 涡轮流量计　C. 椭圆齿轮流量计　D. 标准节流装置

38. （　　）可以同时测量风速和风向。

A. 机械风速仪　B. 热线风速仪　C. 毕托管　　D. 圆柱形三孔测速仪

39. 某节流装置在设计时，介质的密度为 520kg/m³，而在实际使用时，介质的密度为 480kg/m³。如果设计时，差压变速器输出 100kPa，对应的流量为 50t/h，由此可知在实际使用时对应的流量为（　　）t/h。

A. 42.6　　　　B. 46.2　　　　C. 48.0　　　　D. 50.0

40. 已知通径为 50mm 的涡轮流量变送器，其涡轮上有六片叶片，流量测量范围为 5~50m³/h，校验单上的仪表常数是 37.1 次/L。那么在最大流量时，该仪表内涡轮的转速是（　　）r/s。

A. 85.9　　　　B. 515.3　　　　C. 1545.9　　　　D. 3091.8

41. 下面关于超声波流量计的说法中错误的是（　　）。

A. 它是利用超声波在流体中的传播特性来测量流量和流速的

B. 超声波流量计只能用来测量液体流量

C. 超声波流量计对流体没有阻力损失

D. 超声波流量计对腐蚀性的流体也可以准确测量

42. 热流传感器在其他条件不变,当其厚度增加时,下述中(　　)的结论是不正确的。

A. 热流传感器越易反映出小的稳态热流值　　B. 热流传感器测量精度较高

C. 热流传感器反应时间将增加　　　　　　　D. 其热阻越大

43. 下列关于回归分析的描述中,错误的是(　　)。

A. 确定几个特定的变量之间是否存在相关关系;如果存在的话,找出它们之间合适的相关关系式

B. 根据一个或几个变量的值,预测或控制另一个变量的值

C. 从一组测量值中寻求最可信赖值

D. 进行因素分析

44. 应用最小二乘法从一组测量值中确定最可信赖值的前提条件不包括(　　)。

A. 这些测量值不存在系统误差和粗大误差　　B. 这些测量值相互独立

C. 测量值线性相关　　　　　　　　　　　　D. 测量值服从正态分布

45. (　　)方法不适用于分析两组被测变量之间的关系。

A. 最小二乘法　　　B. 经验公式法　　　C. 回归分析　　　D. 显著性检验

46. 下列关于过失误差的叙述中,错误的是(　　)。

A. 过失误差就是"粗大误差"

B. 大多是由于测量者粗心大意造成的

C. 其数值往往大大地超过同样测量条件下的系统误差和随机误差

D. 可以用最小二乘法消除过失误差的影响

47. 下列措施中无关于消除系统误差的是(　　)。

A. 采用正确的测量方法和原理依据

B. 测量仪器应定期检定、校准

C. 可尽量采用数字显示仪器代替指针式仪器

D. 剔除严重偏离的坏值

48. 某合格测温仪表的精度等级为0.5级,测量中最大示值的绝对误差为1℃,测量范围的下限为负值,且下限的绝对值为测量范围的10%,则该测温仪表的测量下限值是(　　)℃。

A. -5　　　　　B. -10　　　　　C. -15　　　　　D. -20

49. 某铜电阻在20℃时的阻值$R_{20}=16.35\Omega$,其电阻温度系数$a=4.25\times10^{-3}/℃$,则该电阻在100℃时的阻值R_{100}为(　　)Ω。

A. 3.27　　　　B. 16.69　　　　C. 21.47　　　　D. 21.75

50. 不属于光电式露点湿度计测量范围的气体是(　　)。

A. 高压气体　　　　　　　　　　　　B. 低温气体

C. 低湿气体　　　　　　　　　　　　D. 含油烟、油脂的气体

51. 下列关于电容式压力传感器的叙述,错误的是(　　)。

A. 压力的变化改变极板间的相对位置,由此引起相应电容量的变化反映了被测压力的变化

B. 为保证近似线性的工作特性，测量时必须限制动极板的位移量
C. 灵敏度高，动态响应好
D. 定容的变化与压力引起的动极板位移之间的线性关系

52. 热线风速仪的测量原理是（　　）。
   A. 动压法　　　　　　　　　　B. 霍尔效应
   C. 散热率法　　　　　　　　　D. 激光多普勒效应

53. 流体流过节流孔板时，流束在孔板的哪个区域收缩到最小？（　　）
   A. 进口处　　　　　　　　　　B. 进口前一段距离处
   C. 出口处　　　　　　　　　　D. 出口后一段距离处

54. 可用于消除线性变化的累进系统误差的方法是（　　）。
   A. 对称观测法　　　　　　　　B. 半周期偶数观测法
   C. 对置法　　　　　　　　　　D. 交换法

55. 以下关于热阻式热流计的叙述，错误的是（　　）。
   A. 热流测头尽量薄
   B. 热阻尽量小
   C. 被测物体热阻应比测头热阻小得多
   D. 被测物体热阻应比测头热阻大得多

56. 在等精度测量条件下，对某管道压力进行了10次测量，获得如下数据（单位kPa）：475.3，475.7，475.2，475.1，474.8，475.2，475.0，474.9，475.1，475.1。则该测量列平均值的标准误差等于（　　）kPa。
   A. 0.09　　　　B. 0.11　　　　C. 0.25　　　　D. 0.30

复习题答案与提示

1. C。提示：本题的关键是要理解系统误差、随机误差、精密度、正确度和精确度等概念的含义。系统误差的大小和符号具有恒定不变或遵循某一特定规律而变化的性质，故图5-29（a）的系统误差较大而其他两图的系统误差都较小；随机误差的出现完全是随机的，图5-29（b）的随机误差较大而其他两图的随机误差较小。精密度反映随机误差的大小，准确度反映系统误差的影响，精确度是精密度和准确度的综合反映。

2. A。提示：该题的关键是搞清楚这几种测量方法的含义，真空压力表测压属于直接测量，又因为在测量过程中没有用到已知标准量，不可能是零位式测量和微差式测量，所以只能是偏差式测量。

3. A。提示：根据系统误差和粗大（过失）误差的定义可判定，前者为系统误差，后者为粗大误差。

4. D。提示：该题的关键在于理解仪表稳定性的含义，即稳定度和环境影响系数的定义。

5. C。提示：时间常数属于仪表的动态特性。

6. B。提示：根据测量的分类方法和定义，用干湿球温度计能直接测量空气的干球温度和湿球温度，再利用空气焓值与干湿球温度的关系式计算求得空气焓值的测量方法为间接测量方法。注意组合测量方法和间接测量方法的区别。

7. B。提示：国际实用温标规定水的三相点热力学温度为 273.16K，1K 定义为水的三相点热力学温度的 1/273.16。摄氏温标规定纯水在标准大气压小的冰点为 0℃。

8. B。提示：用公式 $\Delta_m = \sigma_j \times L_m/100$ 分别计算四个选项的最大示值误差，结果都满足不超过 ±0.5℃ 的要求，再考虑被测量实际值和满量程的关系，可知 A 最佳。

9. B。提示：偏差式测量法速度快、准确度低，零位式测量法速度慢、准确度高。而微差式测量法兼备偏差式和零位式测量法的优点。

10. C。

11. B。注意有效数字的定义和进位规则"四舍六入五单双，奇进偶不进"。

12. D。提示：有限次测量结果的表达式为：$x = \bar{x} \pm 3\sigma_{\bar{x}}$。式中 $\bar{x} = \frac{1}{n}\sum_{i=1}^{n}x_i$，$\sigma_{\bar{x}} = \frac{\sigma}{\sqrt{n}}$，$\sigma = \sqrt{\frac{1}{n-1}\sum_{i=1}^{n}(x_i - \bar{x})^2}$。经计算，$\bar{x} = 56.27$，$3\sigma_{\bar{x}} = 0.08$。

13. B。提示：根据中间温度定律 $E(t,0) = E(t,t_0) + E(t_0,0)$，有
$E(300,0) = E(300,20) + E(20,0)$
$E(300,20) = E(300,0) - E(20,0) = 12.209 - 0.798 = 11.411$。

14. C。提示：根据中间导体定律，B 和 E 均为中间导体（两端温度相同），所以可以忽略它们对回路电动势 E 的影响。即 $E = E_{AF}(t_1,t_2) + E_{DC}(t_1,t_2)$。

15. A。提示：根据中间温度定律 $E(t,0) = E(t,t_0) + E(t_0,0)$，有
$E(800,25) = E(800,0) - E(25,0) = (33.28 - 1) = 32.28 \text{mV}$
$$I_{max} = \frac{E_{max}}{R} = \frac{32.28}{200+15} = 0.15 \text{mA}$$

16. C。

17. C。提示：根据铜热电阻的特性方程 $R = R_0(1 + \alpha t)$。
$R_{20} = R_0(1 + 4.25 \times 10^{-3} \times 20) = 16.28$，解得 $R_0 = R_{20}/(1 + 4.25 \times 10^{-3} \times 20) = 15$，所以 $R_{100} = 15 \times (1 + 4.25 \times 10^{-3} \times 100) = 21.38\Omega$。

18. B。提示：根据铜热电阻的特性方程 $R = R_0(1 + \alpha t)$，$R + 0.6 = R_0(1 + \alpha t')$，$\Delta t = t' - t = \frac{0.6}{R_0 \alpha} = \frac{0.6}{50 \times 4.25 \times 10^{-3}} = 2.83℃$。

19. A。20. D。21. B。22. C。23. D。24. D。25. D。26. B。

27. B。提示：氯化锂电阻式温度计传感器适用交流电桥测量电阻，不允许用直流电源，以防氯化锂溶液发生电解。

28. D。29. B。

30. D。提示：压力单位换算：$1\text{mmH}_2\text{O} = 9.8\text{Pa}$，$1\text{mmHg} = 133\text{Pa}$，设水箱液面气压为 X Pa，大气压力为 B Pa。根据流体静力学原理有
$X + (1.5 + 5.61 + 0.2) \times 9.18 \times 10^3 = B + 5.61 \times 7.85 \times 10^3 + 0.2 \times 133 \times 10^3$
$X - B = 5.61 \times 7.85 \times 10^3 + 0.2 \times 133 \times 10^3 - (1.5 + 5.61 + 0.2) \times 9.18 \times 10^3 = 3533\text{Pa}$

31. D。提示：$h_1 \frac{\pi d_w^2}{4} = h \frac{\pi d_T^2}{4}$，$h_1 \frac{\pi 50^2}{4} = h \frac{\pi 2^2}{4}$，$\frac{h_1}{h} = \frac{4}{2500} = 0.0016$

相对误差 $\gamma = \dfrac{-h_1}{h_1+h} \times 100\% = \dfrac{-0.0016h}{0.0016h+h} \times 100\% = -0.16\%$。

32. C。 33. C。 34. D。 35. C。 36. A。 37. D。 38. D。

39. C。提示：$M = 0.003\,998\alpha\varepsilon d^2 \sqrt{\rho_1 \Delta P} = C\sqrt{\rho_1 \Delta P}$ (t/h)，$50 = C\sqrt{520 \times 100}$，$C = 0.219$，$M = 0.219 \times \sqrt{480 \times 100} = 48.0$ t/h。

40. B。提示：由涡轮流量计的计算公式 $Q = f/\xi$ 可得：$f = \xi Q = 37.1$ 次/L $\times 50$ m^3/h $= 37.1 \times 50 \times 1000/3600 = 515.3$ r/s。

41. B。 42. B。 43. C。 44. C。 45. A。 46. D。 47. D。

48. D。提示：$1/(H-L) = 0.5\%$，$-L/(H-L) = 0.1$；解得 $L = -20$。

49. C。 50. D。 51. B。 52. C。 53. D。 54. A。 55. C。

56. C。提示：$\bar{x} = \dfrac{1}{n}\sum\limits_{i=1}^{n} 1 = 475.14$

$$\sigma = \sqrt{\dfrac{\sum \delta_i^2}{n-1}} = \sqrt{\dfrac{0.544}{9}} = 0.2458$$

x_i	δ_i	δ_i^2	$\sum \delta_i^2$
475.3	0.16	0.0256	
475.7	0.56	0.3136	
475.2	0.06	0.0036	
475.1	-0.04	0.0016	
474.8	-0.34	0.1156	0.544
475.2	0.06	0.0036	
475	-0.14	0.0196	
474.9	-0.24	0.0576	
475.1	-0.04	0.0016	
475.1	-0.04	0.0016	

第6章 机 械 基 础

考试大纲

6.1 概述：机械设计的一般原则和程序 机械零件的设计准则 许用应力和安全系数

6.2 平面机构的自由度：运动副及其分类 平面机构运动简图 平面机构的自由度及其具有确定运动的条件

6.3 平面连杆机构：铰链四杆机构的基本形式和存在曲柄的条件 铰链四杆机构的演化

6.4 凸轮机构：凸轮机构的基本类型和应用 直动从动件盘形凸轮轮廓曲线的绘制

6.5 螺纹连接：螺纹的主要参数和常用类型 螺旋副的受力分析、效率和自锁 螺纹连接的基本类型 螺纹连接的强度计算 螺纹连接设计时应注意的几个问题

6.6 带传动：带传动工作情况分析 普通V带传动的主要参数和选择计算 带轮的材料和结构 带传动的张紧和维护

6.7 齿轮机构：直齿圆柱齿轮各部分名称和尺寸 渐开线齿轮的正确啮合条件和连续传动条件 轮齿的失效 直齿圆柱齿轮的强度计算 斜齿圆柱齿轮传动的受力分析 齿轮的结构 蜗杆传动的啮合特点和受力分析 蜗杆和蜗轮的材料

6.8 轮系：轮系的基本类型和应用 定轴轮系传动比计算 周转轮系及其传动比计算

6.9 轴：轴的分类结构和材料 轴的计算 轴毂连接的类型

6.10 滚动轴承：滚动轴承的基本类型 滚动轴承的选择计算

6.1 概述

教学提示

可行性、可靠性、经济性、安全性是设计合格机械产品基本原则；保证零件强度、刚度、工作寿命和可靠性是机械设计的基本准则。本节介绍了机械设计的一般原则和程序、机械零件的计算准则、应力类型及特性、不同状态下许用应力的计算方法和安全系数的选取原则等。

本节要求了解机械设计的一般原则和程序、机械设计的基本准则；掌握应力类型及特性；掌握不同状态下许用应力的计算方法和安全系数的选取原则。

6.1.1 机械设计的一般原则和程序

1. 机械设计的一般原则

机械设计的任务是在当前技术发展所能达到的条件下，根据生产及生活需要提出的要求，设计、生产出符合要求的合格机械产品。不管机械产品的类型如何，机械设计的一般原则是：

（1）可行性原则。机械设计的最终目标是使机械产品实现预定的使用功能，因此，产品的设计过程中要围绕方案、结构、工艺、安装、调整、维修等多个方面的可行性进行。这主要靠正确地选择机器的工作原理，正确地设计或选用能够实现功能要求的执行机构、传动机构和原动机，以及合理地配置必要的辅助系统来实现。

（2）可靠性原则。机械产品的可靠性是质量评价的重要参数，其可靠性的高低是用可靠

度来衡量的。机械产品的可靠度 R，是指在规定的使用时间内和预定的环境条件下，机器能够正常工作的概率。

机械产品的可靠性是在用户的使用中才体现出来的，但产品的设计、制造过程对产品将来使用中的可靠性有决定性的影响。作为机械产品的设计者，对提高其可靠性有不可推卸的责任。因此，要从产品的设计方法、材料的选择、产品的制造、安装、调整等多个环节保证产品在规定的使用时间内和预定的环境条件下，达到能够正常工作的概率要求。

（3）经济性原则。机械产品的经济性体现在设计、制造和使用的全过程中，设计产品时就要全面综合地考虑。设计制造的经济性表现为产品的成本低，使用经济性表现为高效率、低能耗，以及较低的管理和维护费用等。

提高设计和制造经济性指标的主要途径有：

1）采用现代设计方法，使设计参数最优化，达到尽可能精确的计算结果，保证足够的可靠性。

2）最大限度地采用标准化、系列化及通用化的零部件。

3）尽可能采用新技术、新工艺、新结构和新材料。

4）合理地组织设计和制造过程。

5）力求改善零件的结构工艺性，使其用料少、易加工、易装配。

提高使用经济性指标的主要途径有：

1）合理地提高机器的机械化和自动化水平，以期提高机器的生产率。

2）选用高效率的传动系统，尽可能减少传动的中间环节，以期降低能源消耗。

3）适当地采用防护及润滑，以延长机器的使用寿命。

4）采用可靠的密封，减少或消除渗漏现象。

（4）安全性原则。安全性原则要求有两层含义：

1）要保证操作人员的安全和操作方便。因此设计时要按照人机工程学观点布置各种按钮、手柄，使操作方式符合人们的心理和习惯。同时，设置完善的安全装置、报警装置、显示装置等。

2）改善操作者及机器的环境。所设计的机器应符合劳动保护法规的要求，降低机器运转时的噪声水平，防止有毒、有害介质的渗漏，对废气和废液进行治理。

2. 机械设计的一般程序

机械设计的主要工作是规划和设计实现预期功能的新机械或改进已有机械的性能。机械设计应满足的基本要求是实现预期的功能、性能好、工作安全可靠、效率高、经济性好、操作简单、维修方便、造型美观等。

机械设计的一般程序见表 6-1。

（1）计划阶段。根据生产或生活中提出的所要设计的新机器，对所设计机器的需求情况作充分的调查研究和分析。通过分析，进一步明确机器所应具有的功能，在此基础上，明确设计任务，最后形成设计任务书。

（2）方案设计阶段。对设计任务书提出的机器功能进行综合分析，提出可供比较评价的多种设计方案，从中选取最佳方案。最后确定出功能参数，作为进一步设计的依据。

（3）技术设计阶段。技术设计阶段包括以下内容：

1）机构运动学设计：根据总体方案，确定原动机的参数，通过运动学的分析与计算，确定各运动构件的运动参数。

2）机器动力学的分析与计算：根据机器的结构和运动参数，分析主要零件上所受的载荷的特性并计算载荷的大小。

3）零件工作能力的初步设计与计算，包括强度、刚度、振动稳定性、寿命等，通过计算或类比的方法决定零部件的基本尺寸。

4）总装配草图和部件装配草图的设计：根据已确定的主要零部件的基本尺寸，对各个零件的外形及结构进行设计。

主要零件的校核：根据装配草图的设计结果，对主要零件的工作能力进行精确校核计算，修改零件的结构及尺寸，直到满足要求为止。

表 6-1　　　　　　　　　　　　机械设计的一般程序

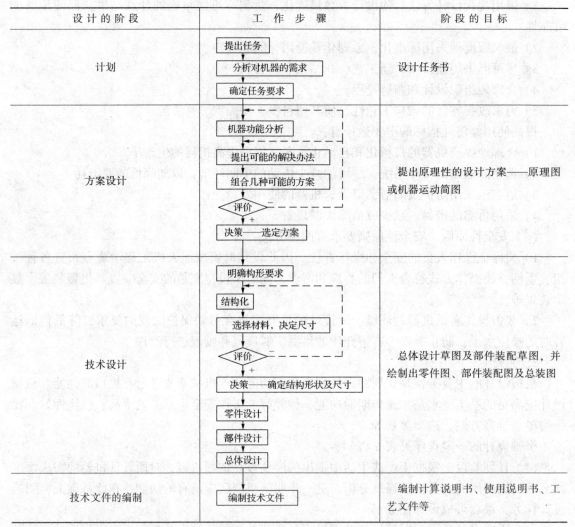

完成设计工作：完成总装配图、部件装配图和零件图的设计及技术文件的编写。

（4）试制、试用与改进阶段。通过样机的试制、试用，可以发现设计、加工、安装、调试及使用中可能出现的问题，对设计进行修改和完善，直至达到设计要求，最后产品才能定型。

3. 机械零件的设计步骤

机械零件的设计大体要经过以下几个步骤：

（1）根据零件的使用要求，选择零件的类型和结构。为此，必须对各种零件的不同用途、优缺点、特性与使用范围等，进行综合对比并正确选用。

（2）根据机器的工作要求，计算作用在零件上的载荷。

（3）根据零件的工作要求及对零件的特殊要求，选择合适的材料。

（4）根据零件可能的失效形式确定计算准则，根据计算准则进行计算，确定出零件的基本尺寸。

（5）根据工艺性及标准化等原则进行零件的结构设计。

（6）详细设计完成后，必要时进行详细地校核计算，以判定结构的合理性。

（7）画出绘制零件的工作图，并编写计算说明书。

6.1.2 机械零件的设计准则

机械零件由于某种原因而不能正常工作的情况称为失效。零件失效形式很多，主要有断裂、胶合、点蚀、塑性变形、过度弹性变形及过度磨损等。在不发生失效的条件下，零件所能安全工作的限度，称为工作能力，而零件所能承受载荷的限度，称为承载能力。

在设计时对零件进行计算所依据的条件称为计算准则，常用的计算准则有：

1. 强度准则

强度准则就是指零件的应力不得超过允许的限度，即

$$\sigma \leqslant [\sigma]$$

式中　$[\sigma]$——许用应力。

2. 刚度准则

刚度是指零件在载荷的作用下，抵抗弹性变形的能力。刚度准则要求零件在载荷作用下的弹性变形 y 在许用值 $[y]$ 之内，其表达式为 $y \leqslant [y]$。

3. 寿命准则

一些零件在工作初期时能满足各种要求，但在工作一段时间以后，会由于种种原因而失效，该零件能够正常工作所累积的时间长度称为零件的工作寿命。影响零件寿命的主要因素有材料腐蚀、磨损和疲劳等。

4. 振动稳定性准则

对于高速运动或刚度较小的机械，在工作时应避免发生共振。振动稳定性准则要求所设计零件的固有频率 f_p 应与其工作时所受激振源的频率 f 错开，即当 $f_p > f$ 时，要求 $f_p > 1.15f$；当 $f_p < f$ 时，要求 $f_p < 0.85f$。

如果不能满足上述条件，则可通过改变零件及系统的刚性，改变支撑的位置，增加或减少辅助支撑等办法来改变固有频率 f_p 值。

5. 可靠性准则

机械系统的可靠性是由零件的可靠性来保证的。对于重要的机械零件要求计算其可靠度 R，并作为可靠性的指标。

如有 N_0 件某种零件，在一定的工作条件下进行试验，经时间 t 后，失效 N_f 件，而有 N_s 件仍能正常地工作，则此零件在该工作环境条件下，工作时间 t 的可靠度 R 可表示为

$$R = \frac{N_s}{N_0} = 1 - \frac{N_f}{N_0}$$

6.1.3 许用应力和安全系数

在理想的平稳工作条件下，作用在零件上的载荷称为名义载荷。然而在机器运转时，零件会受到各种附加载荷，通常引入载荷系数 K（有时只考虑工作情况的影响，则用工作情况系数 K_A）的办法来估计这些因素的影响。载荷系数 K 与名义载荷的乘积，称为计算载荷。按照名义载荷用力学公式求得的应力，称为名义应力。按照计算载荷求得的应力，称为计算应力。

机械零件按强度条件判定的方法：比较危险截面处的计算应力是否小于或等于零件材料的许用应力，即

$$\sigma \leqslant [\sigma], 而 [\sigma] = \frac{\sigma_{\lim}}{S} \tag{6-1a}$$

或

$$\tau \leqslant [\tau], 而 [\tau] = \frac{\tau_{\lim}}{S} \tag{6-1b}$$

式中　$\sigma_{\lim}$、$\tau_{\lim}$——极限正应力和极限切应力；
　　　S——安全系数。

材料的极限应力在简单应力状态下是用实验方法测出的。对于在简单应力状态下工作的零件，可直接按式（6-1）进行计算；对于在复杂应力状态下工作的零件，则应根据材料力学中所述的强度理论确定其强度条件。

许用应力取决于应力的种类、零件材料的极限应力和安全系数等。

为了简便，在以下的论述中只提正应力 σ，若研究切应力 τ 时，将 σ 更换为 τ 即可。

1. 应力的种类

应力按照随时间变化的情况，可分为静应力和变应力。

不随时间变化的应力，称为静应力 [图 6-1(a)]，纯粹的静应力是没有的，但如应力变化缓慢，就可看作是静应力，例如，锅炉的内压力所引起的应力，拧紧螺母所引起的应力等。

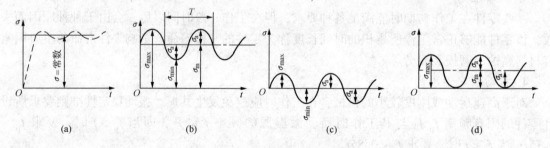

图 6-1　应力的种类

随时间变化的应力，称为变应力。具有周期性的变应力称为循环变应力，图 6-1(b) 所示为非对称循环变应力，图中 T 为应力循环周期。从图 6-1(b) 可知

平均应力

$$\sigma_m = \frac{\sigma_{\max} + \sigma_{\min}}{2} \tag{6-2a}$$

应力幅

$$\sigma_a = \frac{\sigma_{\max} - \sigma_{\min}}{2} \tag{6-2b}$$

应力循环中的最小应力与最大应力之比，可用来表示应力变化的情况，通常称为应力的循环特性，用 γ 表示，即 $\gamma = \dfrac{\sigma_{min}}{\sigma_{max}}$。

当 $\sigma_{max} = -\sigma_{min}$ 时，循环特性 $\gamma = -1$，称为对称循环变应力 [图 6-1(c)]，其 $\sigma_a = \sigma_{max} = -\sigma_{min}$，$\sigma_m = 0$。当 $\sigma_{max} \neq 0$、$\sigma_{min} = 0$ 时，循环特性 $\gamma = 0$，称为脉动循环变应力 [图 6-1(d)]，$\sigma_a = \sigma_m = \dfrac{1}{2}\sigma_{max}$。静应力可看作变应力的特例，其 $\sigma_{max} = \sigma_{min}$，循环特性 $\gamma = +1$。

2. 静应力下的许用应力

静应力下，零件材料主要有两种失效形式：断裂或塑性变形。对于塑性材料，可按不发生塑性变形的条件进行计算。这时应取材料的屈服点 σ_s 作为极限应力，故许用应力为

$$\sigma \leqslant [\sigma] = \dfrac{\sigma_{lim}}{S} = \dfrac{\sigma_s}{S} \tag{6-3}$$

对于用脆性材料制成的零件，应取强度极限 σ_b 作为极限应力，其许用应力为

$$\sigma \leqslant [\sigma] = \dfrac{\sigma_{lim}}{S} = \dfrac{\sigma_b}{S} \tag{6-4}$$

对于金相组织均匀的脆性材料，如淬火后低温回火的高强度钢，还应考虑应力集中的影响。灰铸铁虽属脆性材料，但由于本身有夹渣、气孔及石墨等缺陷的存在，其内部金相组织的不均匀性已远大于外部应力集中的影响，计算时可不考虑应力集中的影响。

3. 变应力下的许用应力

变应力下，零件的主要失效形式是疲劳断裂。疲劳断裂具有以下特征：发生疲劳断裂时的最大应力远比静应力下材料的强度极限低，甚至比屈服点低；无论是脆性材料还是塑性材料，其疲劳断口均表现为无明显塑性变形的脆性突然断裂；疲劳断裂是损伤的积累，它的初期现象是在零件表面或表层形成微裂纹，这种微裂纹随着应力循环次数的增加而逐渐扩展，直至余下的未裂开的截面积不足以承受外载荷时，零件就突然断裂。

疲劳断裂不同于一般静力造成的断裂，它是裂纹扩展到一定程度后，才发生的突然断裂。所以疲劳断裂与应力循环次数（即使用期限或寿命）密切相关。

(1) 疲劳曲线。表示应力 σ 与应力循环次数 N 之间的关系曲线称为疲劳曲线。如图 6-2 所示，横坐标为循环次数 N，纵坐标为断裂时的循环应力 σ，从图中可以看出，应力越小，试件能经受的循环次数就越多。当循环次数 N 超过某一数值 N_0 以后，曲线趋向水平，即可以认为在"无限次"循环时试件将不会断裂（图 6-2）。N_0 称为循环基数，对应于 N_0 的应力称为材料的疲劳极限应力。通常用 σ_{-1} 表示材料在对称循环变应力下的疲劳极限应力。

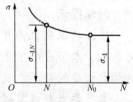

图 6-2 疲劳曲线

疲劳曲线的左半部（$N < N_0$），可近似地用下列方程式表示

$$\sigma_{-1N}^m N = \sigma_{-1}^m N_0 = C \tag{6-5}$$

式中 σ_{-1N}——对应于循环次数 N 的疲劳极限；

C——常数；

m——随应力状态而不同的幂指数，例如弯曲时 $m = 9$。

从式 (6-5) 可求得对应于循环次数的疲劳极限

$$\sigma_{-1N} = \sigma_{-1} \sqrt[m]{\frac{N_0}{N}} \tag{6-6}$$

(2) 许用应力。循环交变应力下，应取材料的疲劳极限作为极限应力。同时还应考虑零件的切口和沟槽等截面突变、绝对尺寸和表面状态等影响，为此引入有效应力集中系数 k_σ、尺寸系数 ε_σ 和表面状态系数 β 等。当应力是对称循环变化时，许用应力为

$$[\sigma_{-1}] = \frac{\varepsilon_\sigma \beta \sigma_{-1}}{k_\sigma S} \tag{6-7}$$

当应力是脉动循环变化时，许用应力为

$$[\sigma_0] = \frac{\varepsilon_\sigma \beta \sigma_0}{k_\sigma S} \tag{6-8}$$

式中　　S——安全系数；

σ_0——材料的脉动循环疲劳极限；

k_σ、ε_σ、β——数值可在材料力学或有关设计手册中查得。

4. 安全系数

安全系数的数值对零件尺寸有很大影响。如果安全系数定得过大，设计出的机器会结构笨重；如定得过小，又可能不够安全。

可参考下述原则来确定安全系数：

(1) 静应力下，塑性材料以屈服点为极限应力。由于塑性材料可以缓和过大的局部应力，故可取 $S = 1.2 \sim 1.5$。对于塑性较差的材料 $\left(\dfrac{\sigma_S}{\sigma_B} > 0.6\right)$ 或铸钢件，可取 $S = 1.5 \sim 2.5$。

(2) 静应力下，脆性材料以强度极限为极限应力。这时可取较大的安全系数。例如，对于高强度钢或铸铁件可取 $S = 3 \sim 4$。

(3) 变应力下，以疲劳极限作为极限应力，可取 $S = 1.3 \sim 1.7$；若材料不够均匀、计算不够精确时可取 $S = 1.7 \sim 2.5$。

6.2　平面机构的自由度

教学提示

能正确识别机构并且能正确判别机构是否具有确定运动是进行机械运动方案分析与设计的基础。本节介绍了平面运动副和构件的分类及表示方法；平面机构运动简图的绘制；平面机构自由度的计算以及应注意的问题；机构具有确定运动的条件等。

本节要求熟练掌握平面运动副和构件的分类及表示方法；正确地识别复合铰链、局部自由度、虚约束；掌握平面机构自由度计算方法；能够正确判别机构是否满足确定运动条件；能够根据实物绘制机构运动简图。

机器是执行机械运动的装置，用来变换或传递能量、物料、信息。凡将其他形式能量变换为机械能的机器称为原动机，如内燃机、电动机（分别将热能和电能变换为机械能）等都是原动机。凡利用机械能去变换或传递能量、物料、信息的机器称为工作机，如发电机（机械能变换为电能）、起重机（传递物料）、金属切削机床（变换物料外形）、录音机（变换和传递信息）等都属于工作机。

所谓机构是将若干可动构件与机架连接起来的组合体，连接后各构件间有确定的相对

运动。

所有构件都在同一个平面或相互平行的平面内运动的机构称为平面机构，否则称为空间机构。

6.2.1 运动副及其分类

如图6-3所示，一个能做平面运动的自由构件具有三个独立运动，分别是沿 x、y 轴的移动和绕某一点 A 的转动。构件相对于参考系所具有的每一个独立运动称为构件的自由度。所以一个做平面运动的自由构件有三个自由度。

机构是由若干构件组成的。机构中每个构件都以一定的方式与其他构件相互连接。这种连接不是固定连接，而是能保持一定相对运动的连接。这种使两构件直接接触并能保持一定相对运动的连接称为运动副。自由构件通过运动副连接后，其运动就受到约束，自由度便随之减少。

两构件组成的运动副，是通过点、线或面的接触来实现。按照接触特性，通常把运动副分为低副和高副两类。

1. 低副

两构件通过面接触组成的运动副称为低副。平面机构中的低副有转动副和移动副两种。每个低副都保留了一个运动，产生两个约束。

（1）转动副。若组成运动副的两构件只能绕某一轴做相对转动，这种运动副称为转动副或称铰链，如图6-4所示。每一个转动副保留了绕轴线的转动，约束了两个直线运动。

（2）移动副。若组成运动副的两个构件只能沿某一方向相对移动，这种运动副称为移动副或滑动副，如图6-5所示。每个移动副保留了一个直线运动，约束了另一个直线运动和绕轴线的转动。

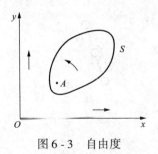

图6-3 自由度

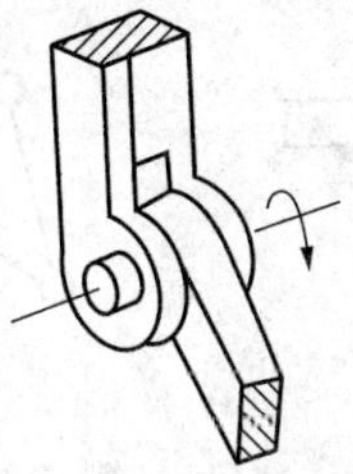

    图6-4 转动副

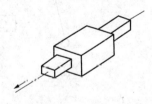

图6-5 移动副

2. 高副

两构件通过点或线接触组成的运动副称为高副，如图6-6所示分别在接触处 A 组成高副。组成平面高副的二构件间相对运动是沿接触处切线 t-t 方向的相对移动和绕 A 点的相对转动。故每个高副保留了 t-t 方向的移动和绕 A 点的转动，约束了垂直于 t-t 方向的运动。

6.2.2 平面机构运动简图

实际构件的外形和结构往往较复杂，在研究机构运动时，为了使问题简化，有必要撇开与运动无关的构件外形和运动副具体构造，仅用简单线条和规定的符号来表示构件和运动副。这种用来表示机构各构件间相对运动关系和连接关系的简化图形，称为机构运动简图。

在机构运动简图中运动副可表示如下：

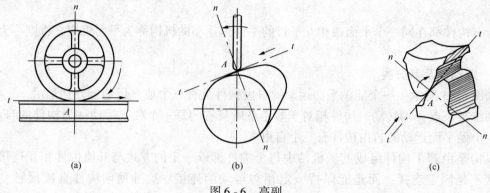

图6-6 高副

图6-7(a)、(b)、(c)所示为两构件组成转动副的表示方法。
图6-7(d)、(e)、(f)所示为两构件组成移动副的表示方法。
图6-7(g)所示为两构件组成高副的表示方法。

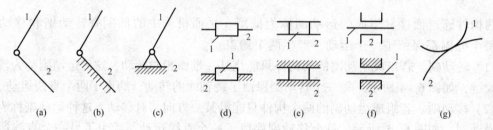

图6-7 平面运动副的表示方法

图6-8为一个构件上有多个运动副的表示方法。

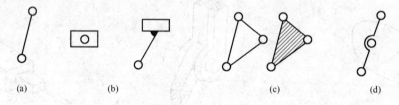

图6-8 构件表示方法

对于机械中常用的构件和零件,有时还可采用习惯性的画法,例如用实线或点划线画出一对节圆表示互相啮合的齿轮;用部分轮廓曲线来表示凸轮等。

机构中的构件分为三类:固定构件(机架)、原动件(主动件)和从动件。

通过机构运动简图可以清楚地表示出机构中可动构件及数目、运动副的类型及数目、原动件的位置及数目、从动件及数目、机架和运动传递的顺序等信息。

机构运动简图的绘制方法:

(1)分析机构运动,搞清运动传递顺序、运动传递方式、构件数目、运动副类型及数目、原动件等。

(2)选择机构中多数构件运动所在平面为投影面及合适的比例尺。

(3)用简单的线条和规定的符号,按运动传递顺序,依次绘制机构运动简图。

6.2.3 机构具有确定运动的条件及平面机构自由度

1. 机构具有确定运动的条件

机构具有确定运动条件是机构原动件的数目等于机构自由度的数目。

2. 平面机构自由度

机构自由度的数目与组成该机构的可动构件数目、运动副的类型及数目有关。

平面机构中每个独立运动的构件具有三个自由度,若机构中有 n 个可动构件(不含机架),则这些自由的构件具有 $3n$ 个自由度。因机构的每个构件要通过运动副与其他构件连接,故其运动受到约束,自由度减少,自由度减少的数目等于运动副引入的约束数目。设机构中低副数为 p_L 个,高副数为 p_H 个,则机构中全部约束数为 $(2p_L+p_H)$ 个。因此这些自由构件的自由度总数减去所有运动副引入的约束数目就是该机构的自由度 F,即

$$F = 3n - (2p_L + p_H) \tag{6-9}$$

这就是平面机构自由度的计算公式。由公式可知,机构自由度 F 取决于活动构件的数目,以及运动副的类型(低副或高副)和数目。

机构自由度就是机构相对于机架所具有的独立运动的数目。

【例 6-1】 计算图 6-9 所示四杆机构的自由度。

解:在该机构中,有三个活动构件,$n=3$;包含四个转动副,$p_L=4$;没有高副,$p_H=0$。所以由式(6-9)得该机构自由度 F,即

$$F = 3n - (2p_L + p_H) = 3 \times 3 - (2 \times 4 + 0) = 1$$

该机构有一个原动件(构件1),原动件数与机构的自由度相等,该机构有确定的相对运动。

3. 计算机构自由度时应注意的问题

应用式(6-9)计算平面机构的自由度时,必须注意先处理好以下三个问题:

(1)复合铰链。两个以上的构件在同一处用转动副相连接就构成复合铰链。如图6-10(a)所示是三个构件汇交成的复合铰链,图6-10(b)是其侧视图。由图6-10(b)可以看出,这三个构件可组成两个转动副。同理,M 个构件在同一处以转动副相连接而构成的复合铰链具有 $(M-1)$ 个转动副。

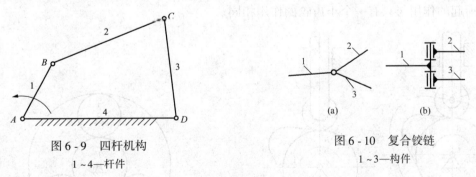

图 6-9 四杆机构
1~4—杆件

图 6-10 复合铰链
1~3—构件

【例 6-2】 计算图 6-11 所示直线机构的自由度。

解:该机构中有七个活动构件,$n=7$;A、B、C、D 四处都是三个构件相连接的复合铰链,各有两个转动副,E、F 处各有一个转动副,故 $p_L=10$,$p_H=0$。由式(6-9)可得

$$F = 3n - (2p_L + p_H) = 3 \times 7 - (2 \times 10 + 0) = 1$$

自由度 F 与机构原动件数相等。当原动件运动时，点 E 将沿 EE' 做直线移动。

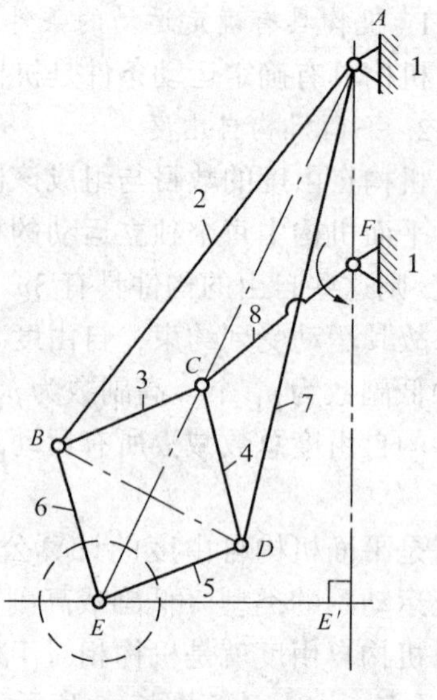

（2）局部自由度。有些机构中，某些构件所产生的局部运动，并不影响其他构件的运动，称这种局部运动为局部自由度（或多余自由度），在计算机构自由度时应予以排除。

【例6-3】 计算图6-12(a)所示滚子从动件凸轮机构的自由度。

解： 如图6-12(a)所示，当原动件凸轮1转动时，通过滚子3驱动构件2以一定运动规律在机架4中往复移动。因此，构件2是从动构件。在该机构中，无论滚子3绕其中心 C 是否转动，都不影响从动件2的运动，故构件3的运动是一个局部自由度，在计算机构自由度时应排除。可设想将滚子3与从动件2焊成一体（转动副 C 也随之消失），变成图6-12（b）所示形式。

故 $n=2$，$p_L=2$，$p_H=1$，由式（6-9）可得

$$F = 3n - (2p_L + p_H) = 3 \times 2 - (2 \times 2 + 1) = 1$$

图6-11 直线机构

（3）虚约束。在运动副引入的约束中，有些约束对机构自由度的影响是重复的，它们对机构运动的限制作用是重复的。这些对机构运动不起限制作用的重复约束称为虚约束或消极约束。在计算机构自由度时应除去不计。

平面机构中的虚约束常出现在下列场合：

1）两个构件之间组成多个移动副，且方向平行时，从运动学角度看只有一个移动副起作用，其余都是虚约束。如图6-20中摆动导杆机构中的滑动副 E、F。

2）两个构件之间组成多个轴线重合的转动副时，只有一个转动副起作用，其余都是虚约束。例如两个轴承支承一根轴只能看作一个转动副。

3）机构中传递运动不起独立作用的对称部分。例如图6-13所示轮系，三个小齿轮对传递运动所起的作用与只有一个小齿轮的作用相同。

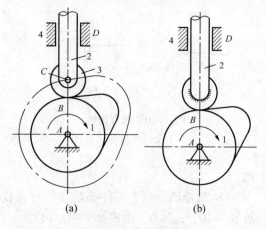

图6-12 局部自由度

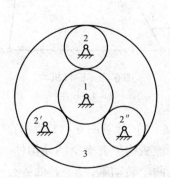

图6-13 对称结构的虚约束

6.3 平面连杆机构

教学提示

平面连杆机构是常用的机构之一。本节介绍了铰链四杆机构的基本类型和特性；曲柄存在的条件；铰链四杆机构的各种演化方法及其运动特性。

本节要求掌握铰链四杆机构的基本类型、铰链四杆机构演化方法；理解铰链四杆机构有曲柄的条件。

平面连杆机构是通过低副（转动副和移动副）连接多个构件而构成的平面机构。

连杆机构的优点：低副是面接触，耐磨损；转动副和移动副的接触表面是圆柱面和平面，制造简便，易于获得较高的制造精度。因此，其在各种机械和仪器中获得广泛使用。

连杆机构的缺点：低副中存在间隙，数目较多的低副会引起运动积累误差；而且设计比较复杂，不易精确地实现复杂的运动规律。

最简单的平面连杆机构是由四个构件通过转动副彼此连接而成的，称为平面铰链四杆机构。它是组成多杆机构的基础。

6.3.1 铰链四杆机构的基本形式和特性

如图 6-14 所示，机构的固定构件 4 称为机架，与机架用转动副相连接的杆 1 和杆 3 称为连架杆，不与机架直接连接的杆 2 称为连杆。连架杆 1 或杆 3，如能绕机架上的转动副中心 A 或 D 做整周转动，则称为曲柄；如仅能在某一角度内摆动，则称为摇杆。

根据两连架杆运动形式的不同，可以将四杆机构分为三种形式：曲柄摇杆机构、双曲柄机构和双摇杆机构。

若两连架杆中，一个为曲柄，另一个为摇杆，则此铰链四杆机构称为曲柄摇杆机构。

图 6-14 铰链四杆机构

若两连架杆均为曲柄，则称为双曲柄机构。

若两连架杆均为摇杆，则称为双摇杆机构。

6.3.2 曲柄存在的条件

从上述铰链四杆机构的三种形式可以看出，其主要的区别是曲柄的数目。

通过转动副连接的两构件若能相对转动 360°则称该转动副为整转副，否则，称为摆动副。显然，具有整转副的铰链四杆机构才可能存在曲柄。铰链四杆机构是否具有整转副，取决于各杆的相对长度。下面通过图 6-15 所示的曲柄摇杆机构来分析铰链四杆机构具有整转副的条件。设：杆 1 为曲柄，杆 2 为连杆，杆 3 为摇杆，杆 4 为机架，各杆长度用 l_1、l_2、l_3、l_4 表示。因杆 1 为曲柄，故杆 1 与杆 4 的夹角 φ 的变化范围为 0°~360°；当摇杆 3 处于左右极限位置时，曲柄与连杆两次共线，

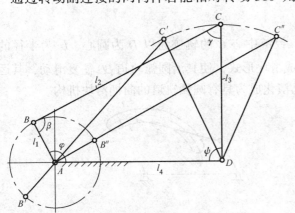

图 6-15 曲柄摇杆机构

故杆 1 与杆 2 的夹角 β 的变化范围也是 $0° \sim 360°$；杆 3 为摇杆，它与相邻两杆的夹角 ψ、γ 的变化范围则小于 $360°$。显然，A、B 为整转副，C、D 是摆动副。为了实现曲柄 1 整周回转，AB 杆必须顺利通过与连杆共线的两个位置 AB' 和 AB''。

当杆 1 处于 AB' 位置时，形成三角形 $AC'D$。根据三角形任意两边之和必大于（极限情况下等于）第三边的定理可得

$$l_4 \leq (l_2 - l_1) + l_3$$

及

$$l_3 \leq (l_2 - l_1) + l_4$$

即

$$l_1 + l_4 \leq l_2 + l_3 \tag{6-10}$$

$$l_1 + l_3 \leq l_2 + l_4 \tag{6-11}$$

当杆 1 处于 AB'' 位置时，形成三角形 $AC''D$。可写出以下关系式

$$l_1 + l_2 \leq l_3 + l_4 \tag{6-12}$$

将式（6-10）~式（6-12）两两相加，并整理后可得

$$l_1 \leq l_2, \quad l_1 \leq l_3, \quad l_1 \leq l_4$$

它说明杆 1 为四杆机构的最短杆，而在杆 2、杆 3、杆 4 中必有一杆为最长杆。

结论：

（1）铰链四杆机构有整转副的条件是：最短杆与最长杆长度之和小于或等于其余两杆长度之和（杆长条件）。

（2）与最短杆相连的转动副是整转副。

因曲柄是连架杆，整转副处于机架上才能形成曲柄。因此，具有整转副的铰链四杆机构是否存在曲柄，还要根据选择哪一个杆为机架来判断：

（1）以最短杆为机架时，可获得双曲柄机构。

（2）以最短杆的邻边为机架时，可获得曲柄摇杆机构。

（3）以最短杆的对边为机架时，可获得双摇杆机构。

如果铰链四杆机构不满足杆长条件，该机构不存在整转副，则无论取哪个构件作机架都只能得到双摇杆机构。

6.3.3 铰链四杆机构的演化

通过改变构件的形状与尺寸、改变运动副的尺寸、变换机架及扩大转动副等途径，还可以得到铰链四杆机构的其他演化形式。

1. 曲柄滑块机构

如图 6-16(a) 所示的曲柄摇杆机构，铰链中心 C 的轨迹为以 D 为圆心、l_3 为半径的圆弧 $\beta\beta$。如图 6-16(b) 所示，将摇杆 3 做成滑块形式，使其沿圆弧轨道 $\beta\beta$ 往复滑动，其运动性质未发生改变，但此时铰链四杆机构已演化成为具有圆弧轨道的曲柄滑块机构。

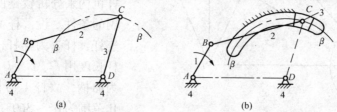

图 6-16 四杆机构演化

若 l_3 增至无穷大,如图 6-17(a)所示,则 C 点轨迹 $\beta\beta$ 变成直线,圆弧轨道演化成为直线轨道,于是铰链四杆机构演化成为具有直线轨道的曲柄滑块机构。图 6-17(a)为偏距为 e 的偏置曲柄滑块机构,当曲柄等速转动时,滑块 C 往复运动的平均速度不同,故可实现急回运动。图 6-17(b) C 点运动轨迹正好通过曲柄转动中心 A,称为对心曲柄滑块机构,当曲柄等速转动时,滑块 C 往复运行的平均速度相等,没有急回运动。

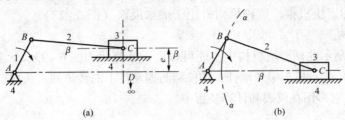

图 6-17 曲柄滑块机构

2. 导杆机构

导杆机构可看成是改变曲柄滑块机构中的机架位置而演化而来的。如图 6-18(a)所示的曲柄滑块机构,若选取杆 1 为机架,即得图 6-18(b)所示导杆机构。杆 4 称为导杆,滑块 3 在导杆 4 上滑动并一起绕 A 点转动。通常取杆 2 为原动件。当 $l_1 < l_2$ 时,杆 2 和杆 4 均可整周回转,称为转动导杆机构(图 6-19);当 $l_1 > l_2$ 时,杆 4 只能往复摆动,称为摆动导杆机构(图 6-20)。

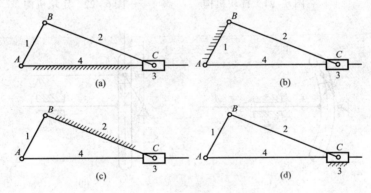

图 6-18 曲柄滑块机构演化

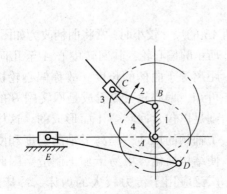

图 6-19 转动导杆机构

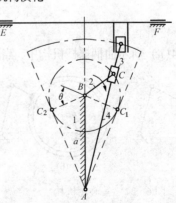

图 6-20 摆动导杆机构

3. 摇块与定块机构

在图6-18(a)所示曲柄滑块机构中，若选取杆2为机架，即可得图6-18(c)所示的摆动滑块机构，也称摇块机构。这种机构广泛应用于液压驱动装置中，例如卡车自动翻转卸料机构（图6-21）。

在图6-18(a)所示曲柄滑块机构中，若选取杆3为机架，即可得图6-18(d)所示固定滑块机构，或称定块机构。这种机构常用于抽水汲筒（图6-22）。

4. 双滑块机构

图6-18(a)所示曲柄滑块机构中，还可以进一步演化为图6-23(a)所示双滑块四杆机构。在图6-23(b)所示机构中从动件3的位移与原动件1的转角的正弦成正比（$s = l_{AB}\sin\varphi$），故称为正弦机构，它多用在仪表和计算装置中。

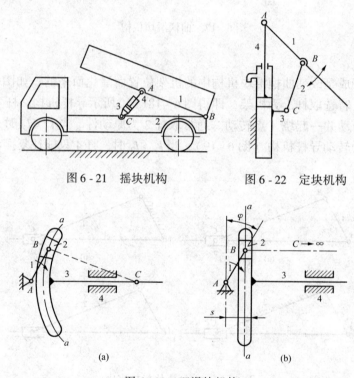

图6-21 摇块机构　　图6-22 定块机构

图6-23 双滑块机构

5. 偏心轮机构

图6-24(a)所示曲柄摇杆机构中，当曲柄 AB 的尺寸较小时，常将曲柄改为如图6-24（b）所示的偏心轮，其回转中心 A 至几何中心 B 的距离等于曲柄的长度，故称偏心轮机构。由图可知，偏心轮可以看成是回转副 B 的半径扩大到足以包含回转副 A 而形成的。这样不仅增大了轴颈的尺寸，提高了轴的强度和刚度，而且使结构简化，更易于加工制造。因此，偏心轮广泛应用于传力较大的剪床、冲床、破碎机、

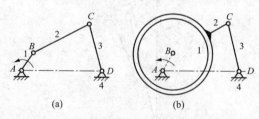

图6-24 偏心轮机构

内燃机等机械中。

6.4 凸轮机构

教学提示

凸轮是一个具有曲线轮廓或凹槽的构件,通过高副接触使从动件获得所期望的运动,广泛用于各种机械和自动控制装置中。本节介绍了凸轮机构的分类和从动件运动常用规律及其特性,各种类型直动从动件平面凸轮轮廓曲线的图解法设计方法。

本节要求能够熟悉凸轮机构的分类和从动件运动常用规律及其特性,正确理解相对运动原理,了解各种类型直动从动件平面凸轮轮廓曲线的图解法设计。

凸轮机构主要由凸轮、从动件和机架三个基本构件组成。

6.4.1 凸轮机构的应用和类型

1. 凸轮机构的应用

凸轮机构广泛应用在各种机械,特别是自动机械和自动控制装置中,如图6-25所示的自动机床进刀机构及图6-26所示的内燃机配气机构。

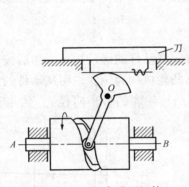
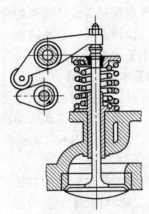

图6-25 机床进刀机构　　图6-26 内燃机配气机构

2. 凸轮机构的分类

(1) 按凸轮的形状分

1) 盘形凸轮。它是凸轮的最基本形式。这种凸轮是一个绕固定轴线转动并且具有变化向径的盘形零件,如图6-27(a)所示。

2) 移动凸轮。当凸轮相对机架做直线运动时,这种凸轮称为移动凸轮,如图6-27(b)所示。

3) 圆柱凸轮。将移动凸轮卷成圆柱体即成为圆柱凸轮,如图6-27(c)所示。

(2) 按从动件的型式分

1) 尖底从动件。如图6-28(a)、(b)所示,尖底与凸轮轮廓保持接触,能实现任意预期的运动规律。但尖底与凸轮是点接触,磨损快,所以仅适用于受力不大的低速凸轮机构。

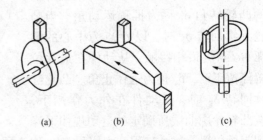

图6-27 按凸轮的形状分类

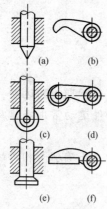

图6-28 按从动件分类

2）滚子从动件。如图6-28(c)、(d)所示，为了克服尖底从动件的缺点，在从动件的尖底处安装一个滚子，即成为滚子从动件。滚子和凸轮轮廓之间为滚动摩擦，磨损小，且可以承受较大载荷，是从动件中最常用的一种形式。

3）平底从动件。如图6-28(e)、(f)所示，这种从动件的平底与凸轮轮廓表面接触。当不考虑摩擦时，凸轮与从动件之间的作用力始终与从动件的平底相垂直，传动效率较高，且接触面间易于形成油膜，利于润滑，故常用于高速凸轮机构。

(3）按从动件的运动形式分

1）直动从动件。如图6-28(a)、(c)、(e)所示，从动件相对机架作往复直线移动。

2）摆动从动件。如图6-28(b)、(d)、(f)所示，从动件绕轴心做往复摆动。

为了使凸轮与从动件始终保持接触，可以利用重力、弹簧力（图6-26）或依靠凸轮凹槽（图6-25）来实现。

凸轮机构的优点是只需设计适当的凸轮轮廓，便可使从动件得到所需的运动规律，并且结构简单、紧凑、设计方便。它的缺点是凸轮轮廓与从动件之间为点接触或线接触，易于磨损，所以通常多用于传力不大的控制机构。

6.4.2 从动件的基本运动规律

设计凸轮机构时，首先应根据工作要求确定从动件的运动规律，然后按照这一运动规律设计凸轮轮廓线。下面以尖底直动从动件盘形凸轮机构为例，说明从动件的运动规律与凸轮轮廓线之间的相互关系。如图6-29所示，以凸轮轮廓的最小向径 r_{min} 为半径所绘的圆称为基圆。

当从动件的尖底与凸轮轮廓的起始点 A 点相接触时，从动件处于上升的起始位置。当凸轮以等角速度 ω_1 顺时针方向回转 δ_t 时，从动件被凸轮轮廓推动，按凸轮轮廓曲线所确定的运动规律由距回转中心最近位置 A 到达最远位置 B'，这个过程称为推程。这时从动件所走过的距离 h 称为升程，而与推程对应的凸轮转角 δ_t 称为推程运动角。当凸轮继续回转 δ_s 时，以 O 点为中心的圆弧 BC 与尖顶相接触，从动件在最远位置停留不动，δ_s 称为远休止角。凸轮继续回转 δ_h 时，从动件在外力作用下，按凸轮轮廓曲线所确定的运动规律下降到起始位置，这个过程称为回程，δ_h 称为回程运动角。当凸轮继续回转时，以 O 点为中心的圆弧 DA 与尖底相接触，从动件在最近位置停留不动，$\delta_{s'}$ 称为近休止角。当凸轮连续回转时，从动件重复上述运动。如果以直角坐标系的纵坐标代表从动件位移 s_2；横坐标代表凸轮

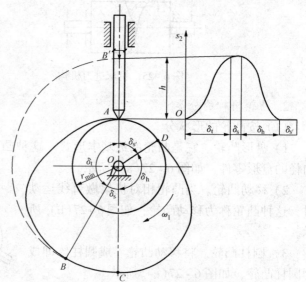

图6-29 从动件位移线图

转角 δ_1，则可以绘出从动件位移 s_2 与凸轮转角 δ_1 之间的关系曲线，如图 6-29 中的位移图，它称为从动件的位移线图。

由以上分析可知，凸轮轮廓曲线形状取决于从动件的位移线图。也就是说，从动件的运动规律不同凸轮的轮廓曲线形状也不同。

下面介绍几种基本运动规律位移曲线的绘制方法，设 s_2 为从动件的位移，h 为行程，δ_t 为推程运动角，δ_1 为凸轮任意时刻转角。

1. 等速运动规律

从动件按等速运动规律运动时，推程的位移方程为

$$s_2 = \frac{h}{\delta_t}\delta_1 \tag{6-13}$$

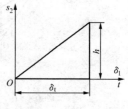

图 6-30 等速运动的位移曲线

位移曲线的绘制方法如图 6-30 所示。

2. 等加速等减速运动规律

在同一个行程中，从动件的前半程做等加速运动，后半程做等减速运动为等加速等减速运动。

从动件按等加速运动规律运动时，推程的位移方程为

$$s_2 = \frac{2h}{\delta_t^2}\delta_1^2 \tag{6-14a}$$

从动件按等减速运动规律运动时，推程的位移方程为

$$s_2 = h - \frac{2h}{\delta_t^2}(\delta_t - \delta_1)^2 \tag{6-14b}$$

由于从动件的位移 s_2 与凸轮转角 δ_1 的平方成正比，所以其位移曲线为一抛物线，位移曲线的绘制方法如图 6-31 所示。

等加速段抛物线可按以下方法作图：在横坐标轴上将长度为 $\delta_t/2$ 的线段分成若干等分（图 6-31 中为 3 等分），得 1、2、3 各点，过这些点作横轴的垂直线，并取 $(1-1') = \frac{1}{9} \times \frac{h}{2} = \frac{h}{18}$，$(2-2') = \frac{4}{9} \times \frac{h}{2} = \frac{2}{9}h$，$(3-3') = \frac{9}{9} \times \frac{h}{2} = \frac{h}{2}$（作图时可在过 O 点的任一斜线 OO' 上，以任意间距截取 9 个等分点，连接直线 9-3″并作其平行线 4-2″和 1-1″，最后由 1″、2″、3″分别向过 1、2、3 点的垂线投影），得到 1′、2′、3′点，将这些点连成光滑曲线便得到前半段等加速运动的位移曲线。如图 6-31 所示，用同样方法可求得等减速段的位移曲线。

3. 简谐运动规律

点在圆周上做匀速运动时，该点在圆直径上的投影所形成的运动称为简谐运动。简谐运动规律的推程位移方程为

$$s_2 = \frac{h}{2}\left[1 - \cos\left(\frac{\pi}{\delta_t}\delta_1\right)\right] \tag{6-15}$$

简谐运动规律的推程位移曲线如图 6-32 所示，其绘制方法如下：

把从动件的行程 h 作为直径画半圆，将此半圆分成若干等分（图 6-32），得 1″、2″、3″、…再把凸轮运动角 δ_t 也分成相应等分，并作垂线 11′、22′、33′、…然后将圆周上的等分点投影到相应的垂直线上得 1′、2′、3′、…点。用光滑曲线连接这些点，即得到从动件的位移线图。

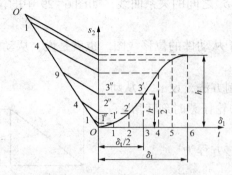
图 6-31 等加速等减速运动

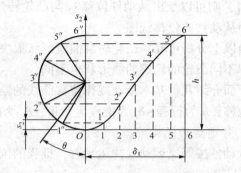
图 6-32 简谐运动

6.4.3 直动从动件盘形凸轮机构的轮廓曲线的绘制

根据工作要求合理地选择凸轮、从动件的类型及从动件的运动规律之后，可根据结构的需要和具体要求，确定凸轮的基圆半径 $r_{\min}$，然后绘制凸轮的轮廓。

1. 凸轮设计基本原理

凸轮机构工作时凸轮是运动的，而绘制凸轮轮廓时却需要凸轮与图纸相对静止。为此，我们在设计凸轮时，可采用"反转法"。根据相对运动原理：如图 6-33(a) 所示，给整个凸轮机构（包括凸轮 1、从动件 2 和机架 3）加上绕凸轮轴心 O 转动的公共角速度，角速度的大小与原凸轮转动的角速度大小相同，但方向相反，即 $-\omega_1$。这样机构中各构件间的相对运动不变，但是，原来运动的凸轮 1 静止了，原来静止的机架 3 转动了，而从动件 2 一方面随机架 3 和导路以角速度 $-\omega_1$ 绕 O 点转动，另一方面又在导路中往复移动，从动件 2 的尖底在"反转"过程中的轨迹，就是凸轮 1 的轮廓曲线。

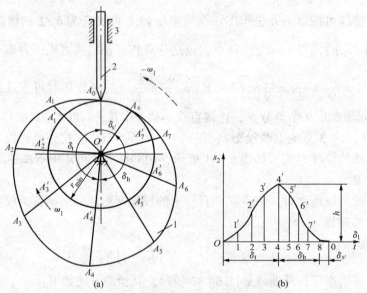

图 6-33 对心尖底直动从动件盘形凸轮机构

在凸轮设计时如何体现"反转法"设计原理呢？就是在设计时，将凸轮机构的推程运动角 δ_t、远休止角 δ_s、回程运动角 δ_h 及近休止角 $\delta_{s'}$，按凸轮转动相反的方向（$-\omega_1$ 方向）顺序布置。

凸轮机构的类型很多，从动件的形式也不同，但凸轮机构设计的基本原理是相同，只是设计不同的凸轮机构时，在局部的处理上略有不同。下面分别介绍几种直动从动件盘形凸轮机构的设计方法。

2. 对心尖底直动从动件盘形凸轮机构

图 6-33(a) 所示为对心尖底直动从动件盘形凸轮机构，该机构的从动件运动方向线通过凸轮的回转中心 O 点。已知从动件位移线图如图 6-33(b) 所示、凸轮的基圆半径 r_{min} 以及凸轮以等角速度 ω 顺时针方向回转，要求绘出此凸轮的轮廓。根据"反转法"原理，作图方法如下：

(1) 以 r_{min} 为半径作基圆，此基圆与导路的交点 A_0 便是从动件尖底的起始位置。

(2) 自 OA_0 沿 ω_1 的相反方向取角度 δ_t、δ_h、$\delta_{s'}$，并将它们各分成与图 6-33(b) 对应的若干等分，在基圆上得 A'_1，A'_2，A'_3，…点。连接 OA'_1，OA'_2，OA'_3，…点，它们便是反转后从动件导路的一系列位置。

(3) 量取各个位移量，即取 $A_1A'_1 = 11'$，$A_2A'_2 = 22'$，$A_3A'_3 = 33'$，…得反转后尖底的一系列位置 A_1，A_2，A_3，…

(4) 将 A_0，A_1，A_2，A_3，…连成光滑的曲线，便得到所要求的凸轮轮廓。

3. 偏置尖底直动从动件盘形凸轮机构

该类型凸轮机构的从动件的运动方向线不通过凸轮的回转中心 O 点（图 6-34），在反转运动中，其导路始终与凸轮中心 O 保持距离 e。因此设计这种凸轮轮廓时，首先以 O 为圆心及偏距 e 为半径作偏距圆相切于从动件导路，其次以 r_{min} 为半径作基圆，基圆与导路的交点 A_0 便是从动件的起始位置。自 OA_0 沿 $-\omega_1$ 的方向取角度 δ_t、δ_h、$\delta_{s'}$，并将它们各分成与图 6-33(b) 对应的若干等分，在基圆上得 A'_1，A'_2，A'_3，…过这些点作偏距圆的切线。它们便是反转后从动件导路的一系列位置。从动件的相应位移应在这些切线上量取，即取 $A_1A'_1 = 11'$，$A_2A'_2 = 22'$，$A_3A'_3 = 33'$，…最后将 A_0，A_1，A_2，A_3，…连成一条光滑曲线，便得到所要求的凸轮轮廓。

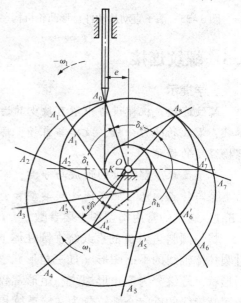

图 6-34 偏置直动从动件盘形凸轮机构

4. 滚子直动从动件盘形凸轮机构

若将图 6-33 中从动件的尖底改为滚子。如图 6-35 所示，则其凸轮轮廓可按下述方法绘制：首先，把滚子中心看作尖底从动件的尖底，按绘制尖底从动件盘形凸轮的方法求出一条轮廓曲线 β_0；再以 β_0 上各点为中心，以滚子半径为半径作一系列圆；最后做这些圆的包络线 β，它便是使用滚子从动件时凸轮的实际廓线，而 β_0 称为此凸轮的理论轮廓。由作图过程可知，滚子从动件凸轮的基圆半径应当在理论轮廓上度量。

5. 平底直动从动件盘形凸轮机构

如图 6-36 所示，在设计这种凸轮廓线时，可将从动件导路中心线与平底的交点 A_0 视为尖底从动件的尖底,按绘制尖底从动件盘形凸轮的方法求出一条理论轮廓曲线。然后再过该曲线上各点作一系列代表从动件平底的直线,这些直线形成了直线族,而此直线族的包络线即为凸轮的实际轮廓曲线。

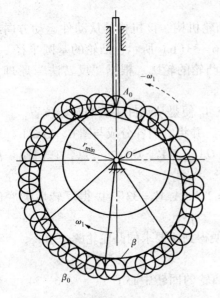

图 6-35　滚子直动从动件盘形凸轮机构

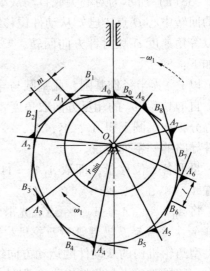

图 6-36　平底直动从动件盘形凸轮机构

6.5　螺纹连接

教学提示

螺纹连接是机械设备中不可缺少的连接方式。本节主要介绍了螺纹的形成、分类和主要参数;螺纹的受力分析、效率与自锁;螺纹连接的基本类型;螺纹连接的强度计算以及提高螺栓强度的措施。

本节要求了解螺纹的形成与分类,掌握螺纹自锁条件;了解各类螺纹连接件及螺纹连接的类型与特点;能按照不同连接类型和受力情况,进行螺纹连接的强度计算。

6.5.1　螺纹的常用类型和主要参数

将一倾斜角为 ψ 的直线绕在圆柱体上便形成一条螺旋线,如图 6-37(a) 所示。取一通过圆柱体轴线的平面图形(如三角形),使它沿着螺旋线运动,便得到螺纹。按照平面图形的形状,螺纹分为三角形螺纹、矩形螺纹、梯形螺纹和锯齿形螺纹等如图 6-37(b) 所示。按照螺旋线的旋向,螺纹分为左旋螺纹和右旋螺纹。按照螺旋线的数目,螺纹还分为单线螺纹和等距排列的多线螺纹。螺纹有内螺纹和外螺纹之分,两者旋合组成螺旋副或称螺纹副。用于连接的螺纹称为连接螺纹;用于传动的螺纹称为传动螺纹,相应的传动称为螺旋传动。按照母体形状,螺纹分为圆柱螺纹和圆锥螺纹。三角形螺纹可以分为普通螺纹和管螺纹,前者用于紧固连接,后者用于紧密连接。

现以圆柱螺纹为例,说明螺纹的主要几何参数(图 6-38)。

(1) 大径 d:与外螺纹牙顶(或内螺纹牙底)相重合的假想圆柱体的直径。

(2) 小径 d_1:与外螺纹牙底(或内螺纹牙顶)相重合的假想圆柱体的直径。

(3) 中径 d_2：也就是一个假想圆柱的直径，在该圆柱母线上的牙厚等于牙间宽。

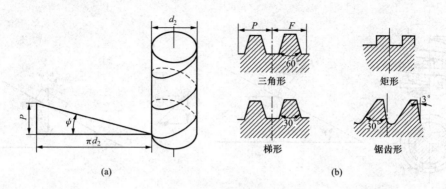

图 6 - 37 螺纹的形成

(4) 螺距 P：相邻两牙在中径线上对应两点间的轴向距离。

(5) 导程 S：同一条螺旋线上的相邻两牙在中径线上对应两点间的轴向距离。设螺旋线数为 n，则 $S = nP$。

(6) 螺纹升角 ψ：在中径 d_2 圆柱上，螺旋线的切线与垂直于螺纹轴线的平面的夹角 [图 6 - 37(a)]。

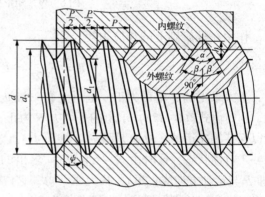

图 6 - 38 圆柱螺纹主要参数

$$\tan\psi = \frac{S}{\pi d_2} = \frac{nP}{\pi d_2}$$

(7) 牙形角 α 和牙侧角 β：轴向截面内螺纹牙形相邻两侧边的夹角称为牙形角。牙形侧边与螺纹轴线的垂线间的夹角称为牙侧角 β，对于对称牙形 $\beta = \frac{\alpha}{2}$。

6.5.2 螺旋副的受力分析、效率和自锁

螺旋副在力矩和轴向载荷作用下的相对运动，可看成作用在中径的水平力推动滑块（重物）沿螺纹运动，如图 6 - 39(a) 所示。将矩形螺纹沿中径 d_2 展开可得一斜面 [图 6 - 39(b)]，图中 F_a 为轴向载荷，F 为作用于中径处的水平推力，F_n 为法向反力；fF_n 为摩擦力，f 为摩擦系数，ρ 为摩擦角。法向反力 F_n 与摩擦力 fF_n 合成为总反力 F_R。

当滑块沿斜面等速上升时，F_a 为阻力，F 为驱动力。因摩擦力方向沿斜面向下，故总反力 F_R 与 F_a 的夹角为 $\psi + \rho$。由力的平衡条件可知，F_R、F 和 F_a 三力组成力多边形 [图 6 - 39(b)]，由图可得

$$F = F_a \tan(\psi + \rho) \tag{6-16a}$$

作用在螺旋副上的相应驱动力矩

$$T = F\frac{d_2}{2} = F_a \frac{d_2}{2}\tan(\psi + \rho) \tag{6-16b}$$

当滑块沿斜面等速下滑时，轴向载荷 F_a 变为驱动力，而 F 变为维持滑块等速运动所需的平衡力 [图 6 - 39 (c)]。可得

$$F = F_a \tan(\psi - \rho) \tag{6-17a}$$

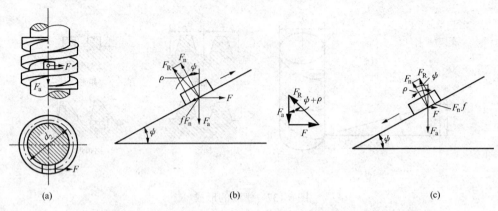

图 6-39 矩形螺纹的受力分析

作用在螺旋副上的相应力矩

$$T = F \frac{d_2}{2} = F_a \frac{d_2}{2} \tan(\psi - \rho) \tag{6-17b}$$

上式求出的 F 值可为正，也可为负。当 $\psi > \rho$ 时，滑块在重力作用下有加速向下滑动趋势。这时由式 (6-17a) 求出的平衡力 F 为正，方向如图 6-39(c) 所示。它阻止滑块加速下滑以保持等速运动，故 F 是阻力（维持力）。当 $\psi < \rho$ 时，滑块不能在重力作用下自行下滑，即处于自锁状态，这时由式 (6-17a) 求出的平衡力 F 为负，其方向与图 6-39(c) 相反（即 F 与运动方向成锐角），F 为驱动力。它说明在自锁条件下，必须施加驱动力 F 才能使滑块等速下滑，故矩形螺纹的自锁条件为 $\psi < \rho$。即螺纹升角小于摩擦角时，其具有自锁特性。

与矩形螺纹分析相同，非矩形螺纹的自锁条件可表示为 $\psi < \rho'$。其中，ρ' 为当量摩擦角，其值为

$$\tan\rho' = f' = \frac{f}{\cos\beta}$$

式中　f'——当量摩擦系数；
　　　β——牙侧角。

为了防止螺母在轴向力作用下自动松开，用于紧固连接的螺纹必须满足自锁条件。

螺旋副的效率是输出功与输入功之比，螺旋转一周，输入功为 $2\pi T$，此时升举滑块（重物）所做的有效功为 $F_a S$，故螺旋副的效率为

$$\eta = \frac{F_a S}{2\pi T} = \frac{\tan\psi}{\tan(\psi + \rho')} \tag{6-18}$$

6.5.3　螺纹连接的基本类型

螺纹连接有以下四种基本类型：

1. 螺栓连接

螺栓连接的结构特点是被连接件的孔不切制螺纹（图 6-40），装拆方便。图 6-40(a) 所示为普通螺栓连接，螺栓与孔之间有间隙。这种连接的优点是加工简便，成本低，故应用广泛。

图 6-40(b) 为铰制孔螺栓连接，其螺杆外径与螺栓孔（由高精度铰刀加工而成）的内径具有同一基本尺寸，并常采用过渡配合。它适用于承受垂直于螺栓轴线的横向载荷。

2. 螺钉连接

螺钉直接旋入被连接件的螺纹孔中，省去了螺母 [图 6-41(a)]，因此结构上比较简单。这种连接常用于一被连接件较厚或为盲孔，且不经常装拆的连接，以免被连接件的螺纹孔磨损后难以修复。

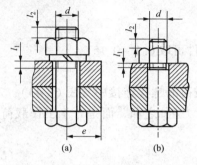

图 6-40 螺栓连接

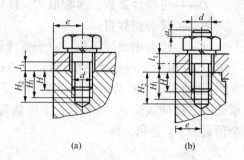

图 6-41 螺钉和双头螺柱连接

3. 双头螺柱连接

双头螺柱多用于较厚的被连接件或为了结构紧凑而采用盲孔的连接 [图 6-41(b)]。双头螺柱连接允许两被连接件多次装拆而不会损坏被连接件。

4. 紧定螺钉连接

紧定螺钉连接（图 6-42）常用来固定两零件的相对位置，并可传递不大的力或转矩。

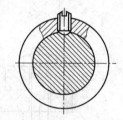

图 6-42 紧定螺钉连接

6.5.4 螺纹连接的强度计算

螺栓的主要失效形式有螺栓杆拉断、螺纹的压溃和剪断、经常装拆时会因磨损而发生滑扣现象。螺栓与螺母的螺纹牙及其他各部分尺寸是根据等强度原则及使用经验确定的。采用标准件时，这些部分都不需要强度计算。

螺栓连接的强度计算主要是确定螺纹小径 d_1；然后按照标准选定螺纹公称直径（大径）d 及螺距 P 等。

（1）松螺栓连接。松螺栓连接装配时不需要把螺母拧紧，在承受工作载荷前，螺栓并不受力。当承受轴向工作载荷 F_a(N) 时，其强度条件为

$$\sigma = \frac{F_a}{\pi d_1^2 / 4} \leqslant [\sigma] \tag{6-19}$$

式中 d_1——螺纹小径，mm；

$[\sigma]$——许用拉应力，MPa。

（2）紧螺栓连接。紧螺栓连接装配时需要将螺母拧紧。设拧紧螺栓时螺杆承受的轴向拉力为 F_a，这时螺栓危险截面（螺纹小径）除受拉应力 σ 外，还受到螺纹力矩 T_1 所引起的扭切应力 τ。按照第四强度理论（最大形变能理论），故螺栓螺纹部分的强度条件为

$$\frac{1.3 F_a}{\pi d_1^2 / 4} \leqslant [\sigma] \tag{6-20}$$

F_a 的大小可根据工作载荷的方向不同而定：

1) 受横向工作载荷的螺栓强度。图 6-43 所示的螺栓连接，靠接合面内的摩擦力来承受

垂直于螺栓轴线的横向工作载荷 F，因此螺栓所需的轴向力（即预紧力）应为

$$F_a = F_0 \geqslant \frac{CF}{mf} \qquad (6-21)$$

式中　F_0——螺栓预紧力；
　　　C——可靠性系数，通常取 $C = 1.1 \sim 1.3$；
　　　m——接合面数目；
　　　f——接合面摩擦系数，对于钢或铸铁被连接件可取 $0.1 \sim 0.15$。

求出 F_a 值后，可按式（6-20）计算螺栓强度。

2）受轴向工作载荷的螺栓强度。在受轴向工作载荷的螺栓连接中（图6-44），螺栓实际承受的总拉伸载荷 F_a 并不等于工作载荷 F_E 与预紧力 F_0 之和。而是等于工作载荷 F_E 与残余预紧力 F_R 之和，即

$$F_a = F_E + F_R \qquad (6-22)$$

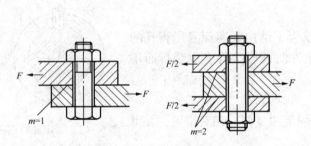
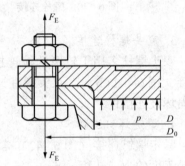

图6-43　受横向载荷的螺栓连接　　　　图6-44　液压缸的螺栓连接

螺栓连接应能保证在工作载荷 F_E 作用下，两个被连接件的接合面不出现缝隙，因此被连接件接合面间的残余预紧力 F_R 应大于零。残余预紧力 F_R 可以依工作载荷 F_E 的类型确定，当工作载荷 F_E 没有变化时，可取 $F_R = (0.2 \sim 0.6)F_E$；当 F_E 有变化时，$F_R = (0.6 \sim 1.0)F_E$；对于有紧密性要求的连接（如压力容器的螺栓连接），$F_R = (1.5 \sim 1.8)F_E$。

在一般计算中，可先根据连接的工作载荷确定残余预紧力 F_R，由式（6-22）求出总拉伸载荷 F_a，然后按式（6-20）计算螺栓强度。

6.5.5　螺纹连接设计时应注意的问题

螺栓连接承受轴向变载荷时，其损坏形式多为螺栓杆部分的疲劳断裂，通常都发生在应力集中较严重之处，即螺栓头部、螺纹收尾部和螺母支承平面所在处的螺纹。根据影响螺栓强度的因素，提高螺栓强度的措施有以下几个方面：

1. 降低螺栓总拉伸载荷 F_a 的变化范围

如螺栓所受轴向工作载荷是变化的，则螺栓总拉伸载荷 F_a 也是变化的。若减小螺栓刚度或增大被连接件刚度都可以减小 F_a 的变化范围，对防止螺栓的疲劳损坏是有利的。

为了减小螺栓刚度，可减小螺栓光杆部分直径或采用空心螺杆，有时也可增加螺栓的长度。为保持被连接件本身的刚度，被连接件的接合面不宜采用软垫片。

2. 改变螺纹牙间的载荷分布

采用普通螺母时，轴向载荷在旋合螺纹各圈间的分布是不均匀的，从螺母支承面算起，

第一圈受载最大，以后各圈递减。所以，采用圈数多的厚螺母，并不能提高连接强度。若采用悬置（受拉）螺母，使载荷分布比较均匀。

3. 减小应力集中

增大过渡处圆角、切制卸载槽，都是使螺栓截面变化均匀，减小应力集中的有效方法。

4. 避免或减小附加应力

为避免在铸件或锻件等未加工表面上安装螺栓所产生的弯曲应力，可采用凸台或沉孔等结构，经加工以后可获得平整的支撑面。

6.6 带传动

教学提示

本节主要介绍带传动的组成、工作原理、特点及应用、工作情况分析（运动分析、力分析、应力分析）、弹性滑动和传动比、普通V带传动的主要参数和选择计算、设计准则及设计方法步骤、带轮的材料和结构、带传动的张紧与维护。

本节要求了解带传动的类型、特点和应用场合；熟悉普通V带结构及其标准，带传动的张紧方法；掌握带传动的工作原理、受力及应力情况、运动特性、失效形式及设计准则、参数选择和设计方法步骤。

带传动是通过中间挠性件（传动带）传递运动和动力的，适用于两轴中心距较大的场合。与齿轮传动相比，它们具有结构简单，成本低等优点。

带传动通常是由主动轮、从动轮和张紧在两轮上的传动带所组成，如图6-45所示。

带传动的工作原理：主动轮通过作用在传动带上的摩擦力使传动带产生运动，传动带通过作用在从动轮上的摩擦力使从动轮产生运动趋势。

6.6.1 带传动的工作情况分析

带传动主要用于两轴平行而且回转方向相同的传动场合，当带的张紧力为规定值时，两带轮轴线间的距离 a 称为中心距。传动带与带轮接触弧所对的中心角称为包角，用 α 表示。包角是带传动的一个重要参数。设 d_1、d_2 分别为小轮、大轮的直径，则带轮的包角

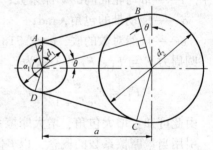

图6-45 带传动简图

$$\alpha = 180° \pm \frac{d_2 - d_1}{a} \times 57.3° \tag{6-23}$$

其中，"+"适用于大轮包角 α_2，"-"适用于小轮包角 α_1。

带长

$$L \approx 2\alpha + \frac{\pi}{2}(d_1 + d_2) + \frac{(d_2 - d_1)^2}{4a} \tag{6-24}$$

1. 带传动的受力分析

传动带必须以一定的初拉力张紧在带轮上。静止时，带两边的拉力都等于初拉力 F_0 [图6-46(a)]；传动时，由于带与轮面间摩擦力的作用，带两边的拉力不再相等 [图6-46(b)]。绕进主动轮的一边，拉力由 F_0 增加到 F_1，称为紧边，F_1 为紧边拉力；而另一边带的拉力由 F_0 减为 F_2，称为松边，F_2 为松边拉力。紧边拉力的增加量 $F_1 - F_0$ 应等于松边拉力的减少量 $F_0 - F_2$，即

$$F_0 = \frac{1}{2}(F_1 + F_2) \tag{6-25}$$

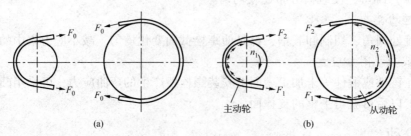

图 6-46 带传动的受力情况

两边拉力之差称为带传动的有效拉力，也就是带所传递的圆周力 F，即

$$F = F_1 - F_2 \tag{6-26}$$

圆周力 $F(\mathrm{N})$、带速 $v(\mathrm{m/s})$ 和传递功率 $P(\mathrm{kW})$ 之间的关系为

$$P = \frac{Fv}{1000} \tag{6-27}$$

当带所传递的圆周力超过带与轮面间的极限摩擦力总和时，带与带轮将发生显著的相对滑动，这种现象称为打滑。经常出现打滑会使带的磨损加剧、传动效率降低，以致使传动失效。紧边拉力 F_1 与松边拉力 F_2 的关系为

$$F_1 = F_2 e^{f\alpha}$$

式中 f——带与轮面间的摩擦系数；
α——传动带的包角，rad；
e——自然对数的底，$e \approx 2.718$。

圆周力 F 与 F_1、F_2 的关系为

$$F_1 = F\frac{e^{f\alpha}}{e^{f\alpha}-1};\quad F_2 = F\frac{1}{e^{f\alpha}-1};\quad F = F_1 - F_2 = F_1\left(1 - \frac{1}{e^{f\alpha}}\right) \tag{6-28}$$

由此可知：增大包角、增大摩擦系数，都可提高带传动所能传递的圆周力。

引用当量摩擦系数的概念，以 f' 代替 f 即可将上式应用于 V 带传动。

2. 带的应力分析

传动时，带上应力由三部分组成：分别由紧边和松边拉力产生的拉应力 σ_1 与 σ_2、离心力产生的拉应力 σ_c、带绕过带轮时因弯曲而产生弯曲应力 σ_b 三部分组成。其值分别为

$$\sigma_1 = \frac{F_1}{A}$$

$$\sigma_2 = \frac{F_2}{A}$$

$$\sigma_c = \frac{qv^2}{A}$$

$$\sigma_b = \frac{2yE}{d}$$

式中 A——带的横截面积，mm^2；
q——带的质量，kg/m；
v——带速，m/s；

y——带的中性层到最外层的距离，mm；
E——带的弹性模量，MPa；
d——带轮直径，mm。

应注意虽然离心力只发生在带做圆周运动的部分，但其引起的拉力却作用于带的全长；弯曲应力与带轮的直径成反比，故小带轮上带的弯曲应力较大。

在传动过程中，带上的应力是变化的。最大应力发生在紧边与小轮的接触处（图6-47），其值为

$$\sigma_{max} = \sigma_1 + \sigma_{b1} + \sigma_c \quad (6-29)$$

3. 带传动的弹性滑动和传动比

由于传动带是挠性的且紧边拉力 F_1 和松边拉力

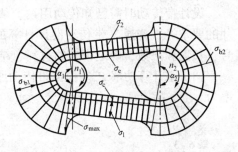

图6-47 带的应力分析

F_2 的不同，传动带会产生弹性变形，这种弹性变形会使带在带轮上产生滑动，由于传动带的弹性变形而产生的滑动称为弹性滑动。弹性滑动和打滑是两个不同的概念。打滑是指由过载引起传动带在带轮上的全面滑动，应当避免。弹性滑动是由拉力差引起的，只要传递圆周力，出现紧边和松边，就一定会发生弹性滑动，所以弹性滑动是不可避免的。

设 d_1、d_2 为主、从动轮的直径；n_1、n_2 为主、从动轮的转速，两轮的圆周速度分别为 v_1、v_2。由于弹性滑动是不可避免的，所以 v_2 总是低于 v_1。传动中由于带的滑动引起的从动轮圆周速度的降低率称为滑动率 ε，即

$$\varepsilon = \frac{v_1 - v_2}{v_1} = \frac{d_1 n_1 - d_2 n_2}{d_1 n_1} \quad (6-30)$$

由此得带传动的传动比

$$i = \frac{n_1}{n_2} = \frac{d_2}{d_1(1-\varepsilon)} \quad (6-31)$$

V带的滑动率 $\varepsilon = 0.01 \sim 0.02$，其值较小，在一般计算中可不予考虑。

6.6.2 普通V带传动的主要参数和选择计算

V带分为普通V带、窄V带、宽V带、大楔角V带、汽车V带等多种类型，其中普通V带应用最广。

1. 普通V带的规格

V带由抗拉体、顶胶、底胶和包布组成，如图6-48所示。

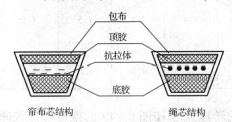

图6-48 V带的结构

当带受纵向弯曲时，在带中保持原长度不变的一条周线称为节线；由全部节线构成的面称为节面，带的节面宽度称为节宽。

普通V带已标准化，按截面尺寸的不同，分为七种型号，见表6-2。

表6-2　　　　　普通V带截面尺寸

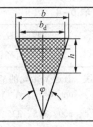

型　号	Y	Z	A	B	C	D	E
顶宽 b	6	10	13	17	22	32	38
节宽 b_d	5.3	8.5	11	14	19	27	32
高度 h	4.0	6.0	8.0	11	14	19	25
楔角 $\varphi/(°)$				40			
每米质量 $q/(kg/m)$	0.04	0.06	0.10	0.17	0.30	0.60	0.87

在 V 带轮上，与所配用 V 带的节面宽度 b_d 相对应的带轮直径称为基准直径 d。V 带在规定的张紧力下，位于带轮基准直径上的周线长度称为基准长度 L_d。

2. 普通 V 带传动的选择计算

设计带传动时需已知传动用途、载荷性质、传递的功率、带轮的转速以及对传动外廓尺寸的要求等。普通 V 带传动设计计算的主要任务是：选择合理的传动参数，确定 V 带的型号、长度和根数，确定带轮的材料、结构和尺寸。设计计算的一般步骤如下：

(1) 求计算功率 P_c。根据带传动所需功率 P，查表 6-3 得工作情况系数 K_A，则计算功率为

$$P_c = K_A P \qquad (6-32)$$

表 6-3　　　　　　　　　　　工作情况系数 K_A

载荷性质	工作机	原动机					
		电动机（交流启动、三角启动、直流并励）、四缸以上的内燃机			电动机（联机交流启动、直流复励或串励）、四缸以下的内燃机		
		每天工作时间/h					
		<10	10~16	>16	<10	10~16	>16
载荷变动很小	液体搅拌机、通风机和鼓风机（≤7.5kW）、离心式水泵和压缩机、轻负荷输送机	1.0	1.1	1.2	1.1	1.2	1.3
载荷变动小	带式输送机（不均匀负荷）、通风机（>7.5kW）、旋转式水泵和压缩机（非离心式）、发电机、金属切削机床、印刷机、旋转筛、锯木机和木工机械	1.1	1.2	1.3	1.2	1.3	1.4
载荷变动较大	制砖机、斗式提升机、往复式水泵和压缩机、起重机、磨粉机、冲剪机床、橡胶机械、振动筛、纺织机械、重载输送机	1.2	1.3	1.4	1.4	1.5	1.6
载荷变动很大	破碎机（旋转式、颚式等）、磨碎机（球磨、棒磨、管磨）	1.3	1.4	1.5	1.5	1.6	1.8

(2) 选普通 V 带型号。根据计算功率 P_c 和小带轮转速 n_1，按图 6-49 的推荐选择普通 V 带的型号。若临近两种型号的交界线时，可按两种型号同时计算，并分析比较决定取舍。

(3) 求大、小带轮基准直径 d_2、d_1。小轮的基准直径 d_1 应大于或等于表 6-4 所示的 $d_{\min}$。若 d_1 过小，则带的弯曲应力将过大而导致带的寿命降低；反之，虽能延长带的寿命，但带传动的外廓尺寸也会随之增大。

表 6-4　　　　　　　　　　普通 V 带轮最小基准直径　　　　　　　　　　（mm）

型号	Y	Z	A	B	C
最小基准直径 $d_{\min}$	20	50	75	125	200

注　普通 V 带轮的基准直径系列是：20、22.4、25、28、31.5、35.5、40、45、50、56、63、67、71、75、80、85、90、95、100、106、112、118、125、132、140、150、160、170、180、200、212、224、236、250、265、280、300、315、335、375、400、425、450、475、500、530、560、600、630、670、710、750、800、900、1000 等。

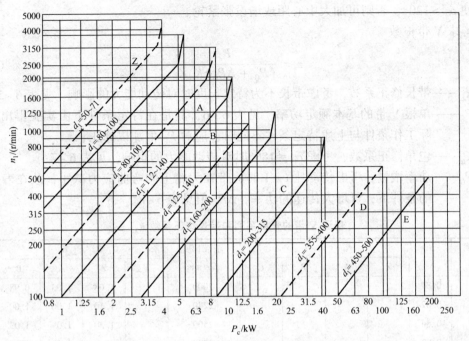

图 6-49 普通 V 带选型图

大轮的基准直径为

$$d_2 = \frac{n_1}{n_2} d_1 (1 - \varepsilon) \tag{6-33}$$

直径 d_1、d_2 还应符合带轮基准直径尺寸系列标准规定，见表 6-4 的注。

（4）验算带速

$$v = \frac{\pi d_1 n_1}{60 \times 1000} \quad \text{m/s} \tag{6-34}$$

带速一般应该在 5~25m/s 范围内。

（5）求 V 带基准长度 L_d 和中心距 a。初步确定中心距

$$0.7(d_1 + d_2) < a_0 < 2(d_1 + d_2) \tag{6-35}$$

可得初定的 V 带基准长度

$$L_0 = 2a_0 + \frac{\pi}{2}(d_1 + d_2) + \frac{(d_2 - d_1)^2}{4a_0} \tag{6-36}$$

根据初定的 L_0，由表 6-5 选取接近的基准长度 L_d，再按下式近似计算所需的中心距

$$a \approx a_0 + \frac{L_d - L_0}{2} \tag{6-37}$$

考虑带传动的安装、调整和 V 带张紧的需要，中心距变动范围为

$$(a - 0.015L_d) \sim (a + 0.03L_d)$$

（6）验算小轮包角

$$\alpha_1 = 180° - \frac{d_2 - d_1}{a} \times 57.3° \tag{6-38}$$

一般应使 $\alpha_1 > 120°$，否则可加大中心距或增设张紧轮。

（7）求 V 带根数

$$z = \frac{P_c}{(P_0 + \Delta P_0) K_\alpha K_L} \tag{6-39}$$

式中　K_L——带长修正系数，考虑带长不为特定长度时对传动能力的影响，见表 6-5；

　　　P_0——单根 V 带的基本额定功率，见表 6-6，其是在特定条件下由实验得出的，实际工作条件与上述特定条件不同时，应对 P_0 值加以修正；

　　　K_α——包角修正系数，考虑 $\alpha_1 \neq 180°$ 时对传动能力的影响，见表 6-7；

　　　ΔP_0——功率增量，考虑传动比 $i \neq 1$ 时，带在大轮上的弯曲应力减小，故在寿命相同的条件下，可增大传递的功率，ΔP_0 值见表 6-8。

表 6-5　　　　　　　　　普通 V 带的长度系列和带长修正系数 K_L

基准长度 L_d/mm	K_L					基准长度 L_d/mm	K_L				
	Y	Z	A	B	C		Y	Z	A	B	C
200	0.81					2000		1.08	1.03	0.98	0.88
224	0.82					2240		1.10	1.06	1.00	0.91
250	0.84					2500		1.30	1.09	1.03	0.93
280	0.87					2800			1.11	1.05	0.95
315	0.89					3150			1.13	1.07	0.97
355	0.92					3550			1.17	1.09	0.99
400	0.96	0.79				4000			1.19	1.13	1.02
450	1.00	0.80				4500				1.15	1.04
500	1.02	0.81				5000				1.18	1.07
560		0.82				5600					1.09
630		0.84	0.81			6300					1.12
710		0.86	0.83			7100					1.15
800		0.90	0.85			8000					1.18
900		0.92	0.87	0.82		9000					1.21
1000		0.94	0.89	0.84		10 000					1.23
1120		0.95	0.91	0.86		11 200					
1250		0.98	0.93	0.88		12 500					
1400		1.01	0.96	0.90		14 000					
1600		1.04	0.99	0.92	0.83	16 000					
1800		1.06	1.01	0.95	0.86						

z 应取整数。为了使每根 V 带受力均匀，V 带根数不宜太多，通常 $z < 10$。

（8）求作用在带轮轴上的压力 F_Q。单根 V 带的初拉力

$$F_0 = \frac{500 P_c}{zv} \left(\frac{2.5}{K_\alpha} - 1 \right) + qv^2 \quad (\text{N}) \tag{6-40}$$

q 为带的单位长度的质量，见表 6-2。作用在轴上的压力

$$F_Q = 2 z F_0 \sin \frac{\alpha_1}{2} \quad (\text{N}) \tag{6-41}$$

表 6-6　　　　　　　　　单根普通 V 带的基本额定功率 P_0
（包角 $\alpha = \pi$、特定基准长度、载荷平稳时）　　　　　　　　　　（kW）

型号	小带轮基准直径 d_1/mm	小带轮转速 n_1/(r/min)															
		100	200	400	800	950	1200	1450	1600	1800	2000	2400	2800	3200	3600	4000	5000	6000
Z	50	0.04	0.06	0.10	0.12	0.14	0.16	0.17	0.19	0.20	0.22	0.26	0.28	0.30	0.32	0.34	0.31	
	56	0.04	0.06	0.12	0.14	0.17	0.19	0.20	0.23	0.25	0.30	0.33	0.35	0.37	0.39	0.41	0.40	
	63	0.05	0.08	0.15	0.18	0.22	0.25	0.27	0.30	0.32	0.37	0.41	0.45	0.47	0.49	0.50	0.48	
	71	0.06	0.09	0.20	0.23	0.27	0.30	0.33	0.36	0.39	0.46	0.50	0.54	0.58	0.61	0.62	0.56	
	80	0.10	0.14	0.22	0.26	0.30	0.35	0.39	0.42	0.44	0.50	0.56	0.61	0.64	0.67	0.66	0.61	
	90	0.10	0.14	0.24	0.28	0.33	0.36	0.40	0.44	0.48	0.54	0.60	0.64	0.68	0.72	0.73	0.56	
A	75	0.15	0.26	0.45	0.51	0.60	0.68	0.73	0.79	0.84	0.92	1.00	1.04	1.08	1.09	1.02	0.80	
	90	0.22	0.39	0.68	0.77	0.93	1.07	1.15	1.25	1.34	1.50	1.64	1.75	1.83	1.87	1.82	1.50	
	100	0.26	0.47	0.83	0.95	1.14	1.32	1.42	1.58	1.66	1.87	2.05	2.19	2.28	2.34	2.25	1.80	
	112	0.31	0.56	1.00	1.15	1.39	1.61	1.74	1.89	2.04	2.30	2.51	2.68	2.78	2.83	2.64	1.96	
	125	0.37	0.67	1.19	1.37	1.66	1.92	2.07	2.26	2.44	2.74	2.98	3.15	3.26	3.28	2.91	1.87	
	140	0.43	0.78	1.41	1.62	1.96	2.28	2.45	2.66	2.87	3.22	3.48	3.65	3.72	3.67	2.99	1.37	
	160	0.51	0.94	1.69	1.95	2.36	2.73	2.54	2.98	3.42	3.80	4.06	4.19	4.17	3.98	2.67	—	
	180	0.59	1.09	1.97	2.27	2.74	3.16	3.40	3.67	4.32	4.54	4.58	4.40	4.00	1.81			
B	125	0.48	0.84	1.44	1.64	1.93	2.19	2.33	2.50	2.64	2.85	2.96	2.94	2.80	2.51	1.09		
	140	0.59	1.05	1.82	2.08	2.47	2.82	3.00	3.23	3.42	3.70	3.85	3.83	3.63	3.24	1.29		
	160	0.74	1.32	2.32	2.66	3.17	3.62	3.86	4.15	4.40	4.75	4.89	4.80	4.46	3.82	0.81		
	180	0.88	1.59	2.81	3.22	3.85	4.39	4.68	5.02	5.30	5.67	5.76	5.52	4.92	3.92	—		
	200	1.02	1.85	3.30	3.77	4.50	5.13	5.46	5.83	6.13	6.47	6.43	5.95	4.98	3.47			
	224	1.19	2.17	3.86	4.42	5.26	5.97	6.33	6.73	7.02	7.25	6.95	6.05	4.47	2.14	—		
	250	1.37	2.50	4.46	5.10	6.04	6.82	7.20	7.63	7.87	7.89	7.14	5.60	5.12	—			
	280	1.58	2.89	5.13	5.85	6.90	7.76	8.13	8.46	8.60	8.22	6.80	4.26	—				
C	200	1.39	2.41	4.07	4.58	5.29	5.84	6.07	6.28	6.34	6.02	5.01	3.23					
	224	1.70	2.99	5.12	5.78	6.71	7.45	7.75	8.00	8.06	7.57	6.08	3.57					
	250	2.03	3.62	6.23	7.04	8.21	9.08	9.38	9.63	9.62	8.75	6.56	2.93					
	280	2.42	4.32	7.52	8.49	9.81	10.72	11.06	11.22	11.04	9.50	6.13						
	315	2.84	5.14	8.92	10.05	11.53	12.46	12.72	12.67	12.14	9.43	4.16	—					
	355	3.36	6.05	10.46	11.73	13.31	14.12	14.19	13.73	12.59	7.98	—						
	400	3.91	7.06	12.10	13.48	15.04	15.53	15.24	14.08	11.95	4.34	—	—					
	450	4.51	8.20	13.80	15.23	16.59	16.47	15.57	13.29	9.64	—							

注　本表摘自 GB/T 13575.1—1992。为了精简篇幅，表中未列出 Y 型、D 型和 E 型的数据，表中分档也较粗。

表 6-7　　　　　　　　　　　　　包角修正系数 K_α

包角 $\alpha_1/(°)$	180	170	160	150	140	130	120	110	100	90
K_α	1.00	0.98	0.95	0.92	0.89	0.86	0.82	0.78	0.74	0.69

表 6-8　　　　　　　　单根普通 V 带额定功率的增量 ΔP_0　　　　　　　　（kW）

型号	小带轮转速 n_1/min	传动比								
		1.00~1.01	1.02~1.04	1.06~1.08	1.09~1.12	1.13~1.18	1.19~1.24	1.25~1.34	1.35~1.51	1.52~1.99	≥2.0
Z	400	0.00	0.00	0.00	0.00	0.00	0.00	0.00	0.01	0.01
	730	0.00	0.00	0.00	0.00	0.00	0.00	0.01	0.01	0.01	0.02
	800	0.00	0.00	0.00	0.00	0.00	0.01	0.01	0.01	0.02	0.02
	980	0.00	0.00	0.00	0.01	0.01	0.01	0.01	0.02	0.02	0.02
	1200	0.00	0.00	0.01	0.01	0.01	0.01	0.02	0.02	0.02	0.03
	1460	0.00	0.00	0.01	0.01	0.01	0.02	0.02	0.02	0.02	0.03
	2800	0.00	0.01	0.02	0.02	0.03	0.03	0.03	0.04	0.04	0.04
A	400	0.00	0.01	0.01	0.02	0.02	0.03	0.03	0.04	0.04	0.05
	730	0.00	0.01	0.02	0.03	0.04	0.05	0.06	0.07	0.08	0.09
	800	0.00	0.01	0.02	0.03	0.04	0.05	0.06	0.08	0.09	0.10
	980	0.00	0.01	0.03	0.04	0.05	0.06	0.07	0.08	0.10	0.11
	1200	0.00	0.02	0.03	0.05	0.07	0.08	0.10	0.11	0.13	0.15
	1460	0.00	0.02	0.04	0.06	0.08	0.09	0.11	0.13	0.15	0.17
	2800	0.00	0.04	0.08	0.11	0.15	0.19	0.23	0.26	0.30	0.34
B	400	0.00	0.01	0.03	0.04	0.06	0.07	0.08	0.10	0.11	0.13
	730	0.00	0.02	0.05	0.07	0.10	0.12	0.15	0.17	0.20	0.22
	800	0.00	0.03	0.06	0.08	0.11	0.14	0.17	0.20	0.23	0.25
	980	0.00	0.03	0.07	0.10	0.13	0.17	0.20	0.23	0.26	0.30
	1200	0.00	0.04	0.08	0.13	0.17	0.21	0.25	0.30	0.34	0.38
	1460	0.00	0.05	0.10	0.15	0.20	0.25	0.31	0.36	0.40	0.46
	2800	0.00	0.10	0.20	0.29	0.39	0.49	0.59	0.69	0.79	0.89
C	400	0.00	0.04	0.08	0.12	0.16	0.20	0.23	0.27	0.31	0.35
	730	0.00	0.07	0.14	0.21	0.27	0.34	0.41	0.48	0.55	0.62
	800	0.00	0.08	0.16	0.23	0.31	0.39	0.47	0.55	0.63	0.71
	980	0.00	0.09	0.19	0.27	0.37	0.47	0.56	0.65	0.74	0.83
	1200	0.00	0.12	0.24	0.35	0.47	0.59	0.70	0.82	0.94	1.06
	1460	0.00	0.14	0.28	0.42	0.58	0.71	0.85	0.99	1.14	1.27
	2800	0.00	0.27	0.55	0.82	1.10	1.37	1.64	1.92	2.19	2.47

6.6.3　带轮的材料和结构

带轮通常用铸铁制造，有时也采用钢或非金属材料（塑料、木材）。铸铁带轮（HT150、HT200）允许的最大圆周速度为 25m/s。速度更高时，可采用铸钢或钢板冲压后焊接。塑料带轮的重量轻、摩擦系数大，常用于机床中。

带轮直径较小时可采用实心式 [图 6-50(a)]；中等直径的带轮可采用腹板式 [图 6-50(b)]；直径大于 350mm 时可采用轮辐式（图 6-51）。

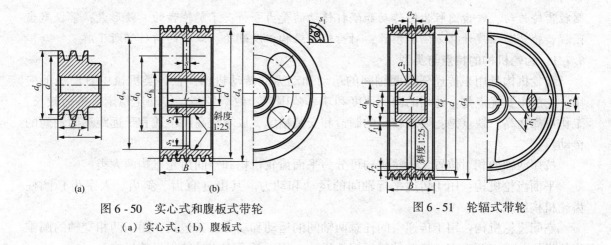

图 6-50 实心式和腹板式带轮　　　　　图 6-51 轮辐式带轮
(a) 实心式；(b) 腹板式

6.6.4　带传动的张紧与维护

带传动是靠带轮与带间的摩擦力来传递运动和动力的，不仅安装时必须把带张紧在带轮上，而且当带工作一段时间后，会因永久伸长而松弛，故还应进行定期维护，以便将带重新张紧。

带传动常用的张紧方法是调节中心距。如用调节螺钉而使装有带轮的电动机沿滑轨2移动[图 6-52(a)]，或用螺杆及调节螺母1使电动机绕轴2摆动[图 6-52(b)]。前者适用于水平或倾斜不大的布置，后者适用于垂直或接近垂直的布置。若中心距不能调节时，可采用具有张紧轮的装置[图 6-52(c)]，它靠重锤1将张紧轮2压在小带轮上，以保持带的自动张紧。

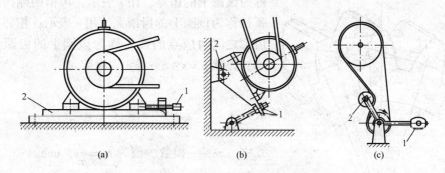

图 6-52　带传动的张紧装置

6.7　齿轮机构

教学提示

直齿与斜齿圆柱齿轮传动是用于传递两平行轴之间的运动和动力的，蜗杆传动是用来传递两垂直交错轴之间的运动和动力的，齿轮机构是机械传动的重要方式。本节重点介绍了直齿圆柱齿轮机构的特点与类型、渐开线直齿圆柱齿轮的参数和几何尺寸计算、正确啮合条件和连续传动条件、失效形式、受力分析、强度计算方法、齿轮结构等以及斜齿圆柱齿轮和蜗杆传动的特点、受力分析方法等。

本节要求熟练掌握直齿圆柱齿轮传动的基本参数、正确啮合条件及几何尺寸计算；直齿圆柱齿轮传动、斜齿圆柱齿轮传动和蜗杆传动的受力分析；了解轮齿的失效形式；掌握直齿圆柱齿轮传动强度计算方法和步骤；对齿轮的结构以及蜗轮、蜗杆的材料有所了解。

6.7.1 齿轮机构的特点与类型

齿轮机构是用于传递任意两轴间的运动和动力的传动机构，在各类机械中有广泛的应用。它的主要优点是：适用的圆周速度和功率范围广；效率较高；传动比稳定；寿命较长；工作可靠性高。缺点是：要求较高的制造和安装精度，成本较高；不适宜于远距离两轴间的传动。

按照两轴的相对位置，齿轮机构可分为平面齿轮机构和空间齿轮机构两大类。

平面齿轮机构：用于传递平行轴间的运动和动力。其由（直齿、斜齿、人字齿）圆柱齿轮机构组成。

空间齿轮机构：用于传递空间任意两轴间的运动和动力。其包括：用于两相交轴的圆锥齿轮机构；用于两垂直相错轴的蜗杆蜗轮机构；用于任意交错轴的斜齿轮机构。

按照齿轮的齿廓曲线形状，齿轮机构可分为渐开线、摆线、圆弧齿轮等。

渐开线齿轮的齿廓是渐开线曲线的一部分。渐开线是由一条直线在一个圆上做纯滚动时，该直线上一点的轨迹。这个圆称为基圆，这条直线称为发生线。

6.7.2 直齿圆柱齿轮各部分名称和尺寸

图 6-53 为直齿圆柱齿轮的一部分。所有轮齿的齿顶所在的圆称为齿顶圆，其半径用 r_a 表示。轮齿之间的空间称为齿槽。所有轮齿的齿槽底部所在的圆称为齿根圆，其半径用 r_f 表示。

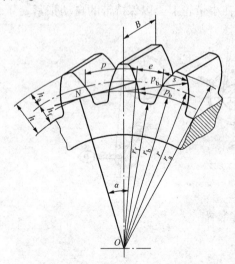

图 6-53 齿轮各部分名称

在半径为 r 的圆周上，轮齿两侧齿廓之间的弧长称为该圆上的齿厚，用 s 表示；齿槽两侧齿廓之间的弧长称为该圆上的齿槽宽，用 e 表示；相邻两齿同侧齿廓之间对应点的弧长称为该圆上的齿距，用 p 表示，显然 $p = s + e$。设 z 为齿数

$$2\pi r = pz$$

故

$$r = \frac{p}{2\pi}z = \frac{mz}{2} \quad (6-42)$$

式中 m——模数，值为 $m = \frac{p}{\pi}$，mm。

该圆上的模数 m，已由国家标准规定为标准值，见表 6-9，齿轮的主要尺寸都与模数 m 成正比，m 越大，则 p 越大，轮齿就越大，轮齿的承载能力也越强。该圆上压力角 α 也规定了标准值 $\alpha = 20°$。这个具有标准模数和压力角的圆称为分度圆。

表 6-9　　　　圆柱齿轮标准模数系列表（GB/T 1357—2008）　　　　（mm）

第一系列	1		1.25		1.5		2		2.5		3		4		5		6		8	10	12	16	20	25	32	40	50
第二系列		1.125		1.375		1.75		2.25		2.75		3.5		4.5		5.5		(6.5)	7	9	11	14	18	22	28	36	45

注　表中优先采用第一系列，可以采用第二系列，尽量不用括号内的数值。

在轮齿上，介于齿顶圆和分度圆之间的部分称为齿顶，其径向高度称为齿顶高，用 h_a 表示。介于齿根圆和分度圆之间的部分称为齿根，其径向高度称为齿根高，用 h_f 表示。齿顶圆与齿根圆之间轮齿的径向高度称为全齿高，用 h 表示，故

$$h = h_a + h_f \tag{6-43}$$

齿顶高和齿根高的标准值可用模数表示为

$$h_a = mh_a^* \tag{6-44}$$

$$h_f = m(h_a^* + c^*) \tag{6-45}$$

其中，h_a^* 和 c^* 分别称为齿顶高系数和顶隙系数，对于圆柱齿轮，其值有正常齿制和短齿制两种，规定见表6-10。

表6-10　　　　　　　　　　齿顶高系数和顶隙系数

系　　数	正常齿制	短齿制
h_a^*	1.0	0.8
c^*	0.25	0.3

顶隙 $c = c^* m$，是指一对齿轮啮合时，一个齿轮的齿顶圆到另一个齿轮的齿根圆的径向间隙。

由此可以推出齿顶圆直径 d_a 和齿根圆直径 d_f 的计算式为

$$d_a = d + 2h_a = (z + 2h_a^*)m \tag{6-46}$$

$$d_f = d - 2h_f = (z - 2h_a^* - 2c^*)m \tag{6-47}$$

齿轮的模数 m、压力角 α、齿顶高系数 h_a^*、顶隙系数 c^* 均为标准值，且分度圆齿厚 s 等于齿槽宽 e 的齿轮称为标准齿轮。因此，对于标准齿轮

$$s = e = \frac{p}{2} = \frac{\pi m}{2} \tag{6-48}$$

渐开线齿轮的基圆直径计算式为

$$d_b = d\cos\alpha \tag{6-49}$$

6.7.3 渐开线直齿圆柱齿轮的正确啮合条件和连续传动条件

1. 正确啮合条件

齿轮传动时两齿廓的接触点称为啮合点，接触点的轨迹称为啮合线。传动中，每一对轮齿仅啮合一小段时间便要分离，由后一对齿接替。如图6-54所示，当前一对齿在啮合线上 K' 点接触时，后一对齿应在啮合线上的另一点 K 接触，这样，前一对齿分离时，后一对齿才能不中断地接替传动。令 K_1 和 K_1' 表示轮1齿廓上的啮合点，K_2 和 K_2' 表示轮2齿廓上啮合点，为了保证前后两对齿能同时在啮合线上接触，轮1相邻两齿同侧齿廓沿法线的距离 $\overline{K_1 K_1'}$ 应与轮2相邻两齿同侧齿廓沿法线的距离 $\overline{K_2 K_2'}$ 相等，即

$$\overline{K_1 K_1'} = \overline{K_2 K_2'}$$

设 m_1、m_2、α_1、α_2 分别为两轮的模数、压力角，则欲使

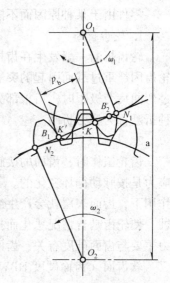

图6-54　渐开线齿轮的正确啮合

一对渐开线齿轮正确啮合，必须使

$$m_1 = m_2 = m \quad (6-50)$$
$$\alpha_1 = \alpha_2 = \alpha \quad (6-51)$$

上式表明一对渐开线齿轮的正确啮合条件是两齿轮的模数和压力角必须分别相等。

一对直齿圆柱齿轮的传动比 i 和标准中心距 a 可分别表示为

$$i = \frac{\omega_1}{\omega_2} = \frac{d_2}{d_1} = \frac{z_2}{z_1}, \quad a = r_1 + r_2 = \frac{m(z_1 + z_2)}{2} \quad (6-52)$$

2. 连续传动条件

为了保证齿轮啮合的连续性，应保证在前一对轮齿尚未脱离啮合时，后一对轮齿已经进入啮合。为此，一对轮齿从开始啮合到脱离啮合，分度圆上对应点所经过的弧线长度即啮合弧（图 6-55 弧 FG 就是啮合弧），要大于一个齿距 p。

啮合弧与齿距之比称为重合度，用 ε 表示，因此，齿轮连续传动的条件是

$$\varepsilon = \frac{啮合弧}{齿距} = \frac{FG}{p} > 1 \quad (6-53)$$

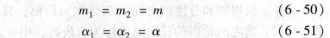

图 6-55 连续传动

重合度越大，表示同时参与啮合的齿轮轮齿对数越多，传递运动就越平稳。

6.7.4 齿轮的失效

齿轮传动除须满足正确、连续、运转平稳的要求外，还必须具有足够的承载能力。按照工作条件，齿轮传动可分为闭式传动和开式传动两种。闭式传动的齿轮被封闭在刚性的箱体内，因而能保证良好的润滑和工作条件，重要的齿轮传动都采用闭式传动。开式传动的齿轮是外露的，不能保证良好的润滑，而且轮齿啮合表面易落入灰尘、杂质等，故齿面易磨损，只用于低速传动。

零件由于某种原因而不能正常工作时称为失效。轮齿的失效形式主要有以下五种：

1. 轮齿折断

轮齿折断一般发生在齿根部分，因为轮齿受力时齿根弯曲应力最大，而且有应力集中。轮齿因严重过载而引起的突然折断，称为过载折断。在载荷的多次重复作用下，弯曲应力超过弯曲疲劳极限时，齿根部分将产生疲劳裂纹，裂纹的逐渐扩展，最终将引起轮齿折断，这种折断称为疲劳折断。

2. 齿面点蚀

齿轮工作时，齿面的接触应力由零增加到最大值，随即由最大值减小到零，即齿面接触应力是按脉动循环变化的。若齿面接触应力超出材料的接触疲劳极限时，在载荷的多次重复作用下，齿面表层就会产生细微的疲劳裂纹，裂纹的蔓延扩展使表面金属剥落而形成疲劳点蚀，使轮齿啮合情况恶化而报废。疲劳点蚀首先出现在靠近节线处的齿面上。齿面抗点蚀能力主要与齿面硬度有关，齿面硬度越高抗点蚀能力越强。

软齿面（齿面硬度 HBW≤350）的闭式齿轮传动常因齿面点蚀而失效。

3. 齿面胶合

在高速重载传动中,常因啮合区温度升高而引起润滑失效,致使两齿面金属直接接触并相互粘连,当两齿面相对运动时,较软的齿面沿滑动方向被撕下而形成沟纹,这种现象称为齿面胶合。在低速重载传动中,由于齿面间的润滑油膜不易形成也可能产生胶合破坏。提高齿面硬度和减小表面粗糙度值能增强抗胶合能力。

4. 齿面磨损

齿面磨损主要是磨粒磨损。由于灰尘、硬屑粒等进入齿面间而引起的磨粒磨损。齿面过度磨损后齿廓显著变形,常导致严重噪声和振动,使传动失效。

5. 齿面塑性变形

在重载下,较软的齿面上可能产生局部的塑性变形,使齿廓失去正确的齿形。这种损坏常在过载严重和起动频繁的传动中遇到。

根据齿轮实际工作情况,小齿轮几何尺寸小,工作频率高且次数多,通常先失效。所以,在选择大小齿轮材料时,一般小齿轮的材料应好于大齿轮的材料;若大小齿轮材料相同时,且均为软齿面(齿面硬度 HBW≤350)时,小齿轮材料热处理后的齿面硬度要高于大齿轮材料硬度20~50HBW;若均为硬齿面(齿面硬度 HBW>350)时,小齿轮齿面硬度应略高。

6.7.5 直齿圆柱齿轮的强度计算

1. 轮齿上的作用力

设一对标准直齿圆柱齿轮按标准中心距安装,其齿廓在 C 点接触[图6-56(a)],如果略去摩擦力,则轮齿间相互作用的总压力为法向力 F_n。如图6-56(b)所示,F_n 可分解为两个分力

圆周力 $$F_t = \frac{2T_1}{d_1} \text{N}$$

径向力 $$F_r = F_t \tan\alpha \text{ N}$$

则法向力 $$F_n = \frac{F_t}{\cos\alpha} \text{N}$$

式中 T_1——小齿轮上的转矩,$T_1 = 9.55 \times 10^6 \dfrac{P}{n_1}$,N·mm;

P——传递的功率,kW;

n_1——小齿轮转速,r/min;

d_1——小齿轮的分度圆直径,mm;

α——压力角。

圆周力 F_t 的方向在主动轮上与其转动方向相反,在从动轮上与其转动方向相同。

径向力 F_r 的方向对两轮都是由作用点指向轮心。

2. 计算载荷

上述的法向力 F_n 为名义载荷。理论上 F_n 应沿齿

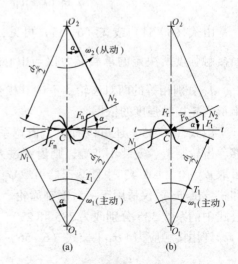

图6-56 直齿轮轮齿上的作用力

宽均匀分布，但由于轴和轴承的变形、传动装置的制造和安装误差等原因，载荷沿齿宽的分布并不是均匀的，会出现载荷集中现象。此外，由于各种原动机和工作机的特性不同、齿轮制造误差以及轮齿变形等原因，还会引起附加动载荷。因此，计算齿轮强度时，通常用计算载荷 KF_n 代替名义载荷 F_n，以考虑载荷集中和附加动载荷的影响。K 为载荷系数。其值可由表 6-11 查取。

表 6-11　　　　　　　　　　　　载荷系数 K

原动机	工作机械的载荷特性		
	均匀	中等冲击	大的冲击
电动机	1~1.2	1.2~1.6	1.6~1.8
多缸内燃机	1.2~1.6	1.6~1.8	1.9~2.1
单缸内燃机	1.6~1.8	1.8~2.0	2.2~2.4

3. 直齿圆柱齿轮传动的齿面接触强度计算

齿轮强度计算是根据齿轮可能出现的失效形式来进行的。在一般闭式齿轮传动中，轮齿的主要失效形式是齿面接触疲劳点蚀和轮齿弯曲疲劳折断。

一对钢制标准齿轮传动的齿面接触强度验算公式如下

$$\sigma_H = 335\sqrt{\frac{(i\pm1)^3 KT_1}{iba^2}} \le [\sigma_H] \quad (\text{MPa}) \tag{6-54}$$

式中　$[\sigma_H]$——许用接触应力，MPa；
　　　i——齿轮的传动比，+用于外啮合，-用于内啮合；
　　　b——齿轮接触的宽度，mm；
　　　a——中心距，mm。

如取齿宽系数 $\psi_a = \dfrac{b}{a}$，则式（6-54）可变换为如下设计公式，该公式可以计算两轮的中心距

$$a \ge (i\pm1)\sqrt[3]{\left(\frac{335}{[\sigma_H]}\right)^2 \frac{KT_1}{\psi_a i}} \quad (\text{mm}) \tag{6-55}$$

由式（6-54）或式（6-55）可见，当一对齿轮的材料、传动比及齿宽系数一定时，齿面接触强度所决定的承载能力仅与中心距 a 或齿轮分度圆直径 $d_1 = \dfrac{2a}{i+1}$ 有关。分度圆直径 d_1、d_2 分别相等的两对齿轮，不论其模数是否相等，其接触强度均相等，模数 m 不能作为衡量齿轮接触强度的依据。

由式（6-55）还可以看出，齿宽系数 ψ_a 值越大，则中心距越小，但若结构的刚性不够，齿轮制造、安装不准确，则齿宽过大容易发生载荷集中现象，使轮齿折断。轻型减速器可取 $\psi_a = 0.2 \sim 0.4$；中型减速器可取 $\psi_a = 0.4 \sim 0.6$；重型减速器可取 $\psi_a = 0.8$。式（6-54）和式（6-55）仅适用于一对钢制齿轮。若配对齿轮材料为钢对铸铁或铸铁对铸铁，则应将公式中的系数 335 分别改为 285 和 250。

许用接触应力 $[\sigma_H]$ 按式（6-56）计算

$$[\sigma_H] = \frac{\sigma_{Hlim}}{S_H} \quad (\text{MPa}) \tag{6-56}$$

式中 σ_{Hlim}——试验齿轮的接触疲劳极限,可按表 6-12 查取;
S_{H}——齿面接触疲劳安全系数,按表 6-13 查取。

表 6-12　　常用的齿轮材料及其力学性能

材料牌号	热处理方式	硬度	接触疲劳极限 σ_{Hlim}/MPa	弯曲疲劳极限 σ_{Flim}/MPa
45	正火	156~217HBW	350~400	280~340
	调质	197~286HBW	550~620	410~480
	表面淬火	40~50HRC	1120~1150	680~700
40Cr	调质	217~286HBW	650~750	560~620
	表面淬火	48~55HRC	1150~1210	700~740
40CrMnMo	调质	229~363HBW	680~710	580~690
	表面淬火	45~50HRC	1130~1150	690~700
35SiMn	调质	207~286HBW	1130~1150	690~700
	表面淬火	45~50HRC	650~760	550~610
40MnB	调质	241~286HBW	680~760	580~610
	表面淬火	45~55HRC	1130~1210	690~720
20CrMnTi	渗氮	>850HV	1000	715
	渗碳淬火回火	56~62HRC	1500	850
20Cr	渗碳淬火回火	56~62HRC	1500	850
ZG310-570	正火	163~197HBW	280~330	210~250
ZG340-640	正火	179~207HBW	310~340	240~270
ZG35SiMn	调质	241~269HBW	590~640	500~520
	表面淬火	45~53HRC	1130~1190	690~720
HT300	时效	187~255HBW	330~390	100~150
QT500-7	正火	170~230HBW	450~540	260~300
QT600-3	正火	190~270HBW	490~580	280~310

表 6-13　　安全系数 S_{H} 和 S_{F}

安全系数	软齿面	硬齿面	重要的传动、渗碳淬火齿轮或铸造齿轮
S_{H}	1.0~1.1	1.1~1.2	1.3
S_{F}	1.3~1.4	1.4~1.6	1.6~2.2

4. 直齿圆柱齿轮传动的轮齿弯曲强度计算

计算弯曲强度时,假定全部载荷仅由一对轮齿承担,且将轮齿看作悬臂梁。显然,当载荷作用于齿顶时,齿根所受的弯曲力矩最大。可得轮齿弯曲强度的计算公式

$$\sigma_{\text{F}} = \frac{2KT_1 Y_{\text{F}}}{bm^2 z_1} \leqslant [\sigma_{\text{F}}] \quad (\text{MPa}) \qquad (6-57)$$

式中 K——载荷系数;

T_1——扭矩,N·mm;
b——齿轮的有效宽度,mm;
m——模数,mm;
z_1——1 齿轮齿数;
Y_F——齿形系数,其值与模数无关,对标准齿轮仅决定于齿数。正常齿制标准齿轮的 Y_F 值,如图 6-57 所示。

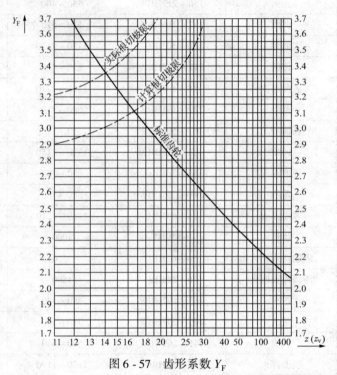

图 6-57 齿形系数 Y_F

通常两齿轮的齿形系数 Y_{F1} 和 Y_{F2} 并不相同,两齿轮材料的许用弯曲应力 $[\sigma_{F1}]$ 和 $[\sigma_{F2}]$ 也不相同,因此应分别验算两个齿轮的弯曲强度。

引入齿宽系数 $\psi_a = \dfrac{b}{a}$,可得轮齿弯曲强度设计公式

$$m \geqslant \sqrt[3]{\dfrac{4KT_1 Y_F}{\psi_a (i \pm 1) z^2 [\sigma_F]}} \quad (\text{mm}) \tag{6-58}$$

其中,$\dfrac{Y_F}{[\sigma_F]}$ 应代入 $\dfrac{Y_{F1}}{[\sigma_{F1}]}$ 和 $\dfrac{Y_{F2}}{[\sigma_{F2}]}$ 中的较大者。算得的模数应按表 6-9 圆整为标准模数。传递动力的齿轮,其模数不宜小于 1.5mm。

在满足弯曲强度的条件下可适当地选取较多的齿数,因齿数增多可使传动平稳;在中心距一定时,齿数增多则模数减小,顶圆尺寸也随之减小,有利于节省材料和加工工时。

许用弯曲应力 $[\sigma_F]$ 按式 (6-59) 计算

$$[\sigma_F] = \dfrac{\sigma_{Flim}}{S_F} \quad (\text{MPa}) \tag{6-59}$$

式中 σ_{Flim}——试验齿轮的弯曲疲劳极限,可按表6-12查取,该表系用各种材料的齿轮在单侧工作时测得的,对于长期双侧工作的齿轮传动,因齿根弯曲应力为对称循环变应力,故应将表中数据乘以0.7;

S_F——轮齿弯曲疲劳安全系数,按表6-13查取。

齿轮传动设计时,应首先按主要失效形式进行设计计算,确定其主要尺寸,然后对其他失效形式进行必要的校核。软齿面(HBW≤350)闭式传动常因齿面点蚀而失效,故通常先按齿面接触强度设计式(6-55)确定传动的几何尺寸,然后按式(6-57)验算轮齿弯曲强度。硬齿面闭式齿轮传动抗点蚀能力较强,故可先按弯曲强度设计式(6-58)确定模数,然后按式(6-54)验算齿面接触强度。

6.7.6 斜齿圆柱齿轮传动及其受力分析

斜齿圆柱齿轮的轮齿与其轴线倾斜一定角度,其也适用于两平行轴间的运动和动力的传递。

(1) 斜齿圆柱齿轮传动的特点。斜齿圆柱齿轮较直齿圆柱齿轮重合度大,运转平稳,承载能力较强,噪声小,适用于高速传动。但工作中会产生轴向力,需使用可承受轴向载荷的轴承。

(2) 斜齿轮传动的正确啮合条件。斜齿轮参数有法面参数和端面参数。相互啮合的一对斜齿轮的法面模数和法面压力角要分别相等且等于标准值,即 $m_{n1}=m_{n2}=m$,$\alpha_{n1}=\alpha_{n2}=\alpha$。并且,外啮合传动两轮的螺旋角 β 大小相等但螺旋线旋向相反,即 $\beta_1=-\beta_2$;内啮合传动两轮的螺旋角 β 大小相等且螺旋线旋向相同,即 $\beta_1=\beta_2$。

(3) 斜齿轮的分度圆直径与中心距。

斜齿轮的分度圆直径 $d=m_t z=\dfrac{m_n z}{\cos\beta}$,$m_t$ 为端面模数,m_n 为法面模数。

斜齿轮传动的中心距 $a=\dfrac{d_1+d_2}{2}=\dfrac{m_n(z_1+z_2)}{2\cos\beta}$。可见斜齿轮可以通过调整螺旋角 β 而获得所需要的中心距。

(4) 斜齿轮传动的受力分析。图6-58为斜齿轮轮齿受力情况,从图6-58(a)可以看出,轮齿所受总法向力 F_n 可分解为圆周力 F_t、径向力 F_r 和轴向力 F_a,其数值的计算公式可由图6-58(b)导出。

$$F_t=\frac{2T_1}{d_1},\quad F_r=\frac{F_t\tan\alpha_n}{\cos\beta},\quad F_a=F_t\tan\beta$$

各分力的方向如下:圆周力 F_t 的方向在主动轮上与其转动方向相反,在从动轮上与其转动方向相同;径向力 F_r 的方向对两轮都是指向各自的轴心;轴向力 F_a 的方向需根据斜齿轮螺旋线旋向和齿轮转动方向而定。具体判断方法如下:左(右)旋齿轮用左(右)手法则,四指指向齿轮转动的方向,拇指指向即为齿轮轴向力的方向。例如当主动轮的轮齿为右旋,回转方向为顺时针时,F_a 的方向如图6-58所示。

6.7.7 齿轮的结构

直径较小的钢制齿轮,当齿根圆直径与轴径接近时,可将齿轮与轴做成一体,称为齿轮轴(图6-59)。如果齿轮的直径比轴的直径大得多,则应该把齿轮与轴分开制造。

顶圆直径 $d_a<500$mm 的齿轮可以是锻造或铸造的,通常采用图6-60(a)所示的腹板式结构,直径较小的齿轮也可做成实心式[图6-60(b)]。

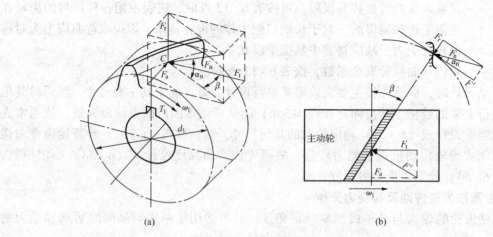

图 6-58 斜齿圆柱齿轮的作用力

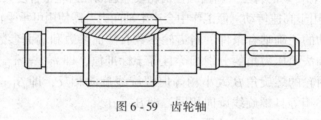

图 6-59 齿轮轴

顶圆直径 d_a >400mm 的齿轮常用是铸铁或铸钢制成，通常采用图 6-61 所示的轮辐式结构。

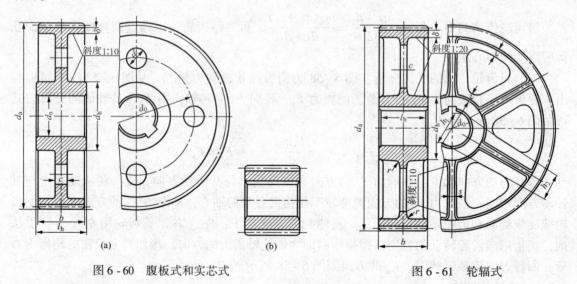

图 6-60 腹板式和实芯式　　　　图 6-61 轮辐式

6.7.8 蜗杆传动

1. 蜗杆传动的特点和受力分析

（1）蜗杆传动的特点。蜗杆传动是由蜗杆和蜗轮组成的（图 6-62），它用于传递交错轴之间的回转运动和动力，通常两轴交错角为 90°。一般蜗杆是主动件，蜗轮是从动件。蜗杆传动广泛应用于各种机器和仪器中。

蜗杆传动的主要优点是能得到很大的传动比、结构紧凑、传动平稳和噪声较小等。在分度机构中传动比 i 可达1000；在动力传动中，通常 $i=8\sim80$。其主要缺点是传动效率较低；齿面间滑动摩擦较大，齿面易产生磨损和胶合；为了减摩耐磨，蜗轮齿圈常需用青铜等耐磨材料制造，故成本较高。

按蜗杆形状可分为圆柱蜗杆和环面蜗杆。

圆柱蜗杆按其螺旋面的形状又分为阿基米德蜗杆（ZA 蜗杆）和渐开线蜗杆（ZI 蜗杆）等。

（2）几何参数与传动比计算。

蜗杆分度圆直径：$d_1 = qm$，其中 q 为蜗杆直径系数，m 为模数。

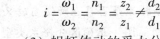

图 6-62　蜗杆与蜗轮

蜗轮分度圆直径：
$$d_2 = mz_2$$

蜗杆传动中心距：
$$a = \frac{1}{2}(d_1 + d_2) = \frac{m}{2}(q + z_2)$$

蜗杆传动传动比：
$$i = \frac{\omega_1}{\omega_2} = \frac{n_1}{n_2} = \frac{z_2}{z_1} \neq \frac{d_2}{d_1}$$

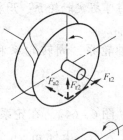

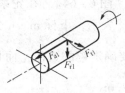

图 6-63　蜗杆蜗轮的作用力

（3）蜗杆传动的受力分析。蜗杆蜗轮齿面上的法向力 F_n 可分解为三个相互垂直的分力：圆周力 F_t、轴向力 F_a 和径向力 F_r，如图 6-63 所示。

各个力的方向确定：蜗杆圆周力 F_{t1} 的方向与其转向相反，蜗轮圆周力 F_{t2} 的方向与其转向相同；径向力 F_{r1}、F_{r2} 分别指向各自的轴心；蜗杆轴向力 F_{a1} 的方向需用左（右）手法则判定方法：左（右）旋蜗杆用左（右）手，拇指伸直，四指握拳，令四指弯曲方向与蜗杆转动方向一致，则拇指的指向，即是蜗杆所受轴向力的方向。各个力的大小：蜗杆圆周力 F_{t1} 等于蜗轮轴向力 F_{a2}，蜗杆轴向力 F_{a1} 等于蜗轮圆周力 F_{t2}，蜗杆径向力 F_{r1} 等于蜗轮径向力 F_{r2}，而彼此的方向相反，即

$$F_{t1} = F_{a2} = \frac{2T_1}{d_1};\qquad F_{a1} = F_{t2} = \frac{2T_2}{d_2};\qquad F_{r1} = F_{r2} = F_{t2}\tan\alpha$$

式中　T_1、T_2——作用在蜗杆和蜗轮上的转矩，$T_2 = T_1 i \eta$；

　　　η——蜗杆传动的效率。

2. 蜗杆和蜗轮的材料

蜗杆传动的主要失效形式有胶合、点蚀和磨损等。蜗杆传动时齿面间有较大的相对滑动，产生热量，使润滑油温度升高而变稀，润滑条件变差，增大了因胶合而导致失效的可能性。在闭式传动中，如果不能及时散热，往往因胶合而影响蜗杆传动的承载能力。

由于蜗杆传动的特点，蜗杆和蜗轮的材料不仅要求有足够的强度，而更重要的是要有良好的减摩耐磨性能和抗胶合的能力。因此常采用青铜做蜗轮的齿圈，与淬硬磨削的钢质蜗杆相配。

蜗杆的常用材料：一般采用碳素钢或合金钢制造，要求齿面光洁并具有较高硬度。对于高速重载的蜗杆常用20Cr，20CrMnTi（渗碳淬火到56~62HRC）或40Cr、42SiMn，45（表面淬火到45~55HRC）等，并磨削。一般蜗杆可采用40、45等碳素钢调质处理（硬度为220~250HBW）。在低速传动中，蜗杆可不经热处理，也可采用铸铁。

蜗轮材料的选择，通常根据其相对滑动速度 v 的大小：在重要的高速蜗杆传动中，滑动速度 $v<25\text{m/s}$ 时，蜗轮常用10-1锡青铜（$ZCuSn_{10}P_1$）制造，它的抗胶合和耐摩擦性能好；易于切削加工，但材料价格较贵。在滑动速度 $v<12\text{m/s}$ 的蜗杆传动中，可采用含锡量低的5-5-5锡青铜（$ZCuSn_5Pb_5Zn_5$）。在滑动速度 $v<6\text{m/s}$ 的传动中，可采用10-3铝青铜（$ZCuAl_{10}Fe_3$），其有足够的强度，铸造性能好、耐冲击、价廉，但切削性能差、抗胶合能力不如锡青铜。在速度较低（$v<2\text{m/s}$）的传动中，还可用球墨铸铁或灰铸铁。蜗轮也可用尼龙或增强尼龙材料制成。

6.8 轮系

教学提示

轮系传动比的计算是本节的重点，周转轮系传动比的计算是难点，正确理解相对运动原理是掌握周转轮系传动比计算的关键。能够正确区分轮系类型是计算轮系传动比的基础，区分轮系类型的最重要环节是要能够正确判断轮系是否存在既做自转又做公转的行星轮。

本节要求能够看懂轮系传动的运动简图，正确区分轮系类型，熟练掌握定轴轮系、周转轮系传动比的计算方法。

由一系列齿轮组成的传动系统称为轮系。轮系可以分为定轴轮系、周转轮系和混合轮系。

6.8.1 定轴轮系及其传动比

若轮系中每个齿轮均绕固定轴线转动，这种轮系称为定轴轮系（图6-64）。在轮系中，输入轴与输出轴的角速度（或转速）之比称为轮系的传动比，用 i_{mn} 表示，下标 m、n 分别为输入轴和输出轴的代号，即 $i_{mn}=\dfrac{\omega_m}{\omega_n}=\dfrac{n_m}{n_n}$。计算轮系传动比不仅要确定它的数值，而且要确定两轮的相对转动方向，这样才能完整表达输入轴与输出轴间的关系。

定轴轮系各轮的相对转向可以通过逐对齿轮标注箭头的方法来确定。各种类型齿轮机构的标注箭头规则如图6-64所示。外啮合齿轮两轮转向相反如图6-64(a)所示，内啮合齿轮两轮转向相同如图6-64(b)所示；圆锥齿轮两轮转向用相对或相背的箭头表示，如图6-64(c)所示。

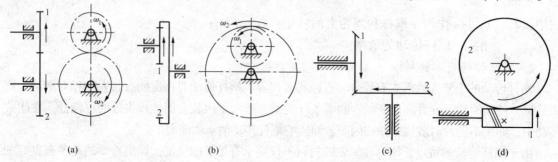

图6-64 定轴轮系

蜗轮的旋转方向如图 6-64（d）所示，采用左（右）手法则：左（右）旋蜗杆用左（右）手；拇指伸直，四指握拳，令四指弯曲方向与蜗杆转动方向一致，则拇指的指向，即是蜗杆所受轴向力的方向，蜗轮所受圆周向力的方向与拇指的指向相反，故蜗轮沿拇指的相反方向转动。例如图 6-64（d）所示为右旋蜗杆传动，当蜗杆转动方向为箭头朝上时，蜗轮为逆时针方向旋转。

定轴轮系传动比数值的计算，以图 6-65 所示轮系为例说明如下：令 z_1, z_2, z_3, …表示各轮的齿数，n_1, n_2, n_3, …表示各轮的转速。由前节所述可知，一对互相啮合齿轮的传动比等于其齿数反比，故输入轴与输出轴的传动比数值为

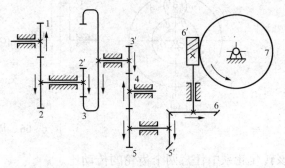

图 6-65 定轴轮系传动比数值计算

$$i_{17} = \frac{\omega_1}{\omega_7} = \frac{n_1}{n_7} = \frac{n_1}{n_2} \frac{n_{2'}}{n_3} \frac{n_{3'}}{n_4} \frac{n_4}{n_5} \frac{n_{5'}}{n_6} \frac{n_{6'}}{n_7}$$

$$= i_{12} i_{2'3} i_{3'4} i_{45} i_{5'6} i_{6'7} = \frac{z_2 z_3 z_4 z_5 z_6 z_7}{z_1 z_{2'} z_{3'} z_4 z_{5'} z_{6'}} \tag{6-60}$$

式（6-60）表明，定轴轮系传动比的数值等于组成该轮系的各对相互啮合齿轮传动比的连乘积，也等于各对相互啮合齿轮中所有从动轮齿数的乘积与所有主动轮齿数乘积之比。

输入与输出轴相对转动方向则由图中箭头表示。

两平行输入与输出轴之间转动方向也可用"+"表示转向相同，用"-"表示转向相反。

6.8.2 周转轮系及其传动比

轮系中至少有一个齿轮既绕自己的几何轴线转动，又绕另一几何轴线转动的轮系，称为周转轮系。

1. 周转轮系的组成

在图 6-66(a)、(b)、(c) 所示的周转轮系中，齿轮 2 是既做自转又做公转的齿轮称为行星轮；支撑行星轮做自转和公转的构件 H 称为行星架或转臂；轴线位置固定的齿轮 1 和 3 则称为中心轮或太阳轮。基本周转轮系由行星轮、支撑它的行星架和与行星轮相啮合的两个（有时只有一个）中心轮构成。

2. 周转轮系传动比的计算

周转轮系中，由于行星轮的运动不仅仅是绕固定轴线的简单转动，所以其传动比不能直接用求解定轴轮系传动比的方法来计算。但是，如果能使行星架 H 变为静止不动，并保持周转轮系中各个构件之间的相对运动不变，则周转轮系就可转化成为一个假想的定轴轮系，便可由式（6-60）列出该假想定轴轮系传动比的计算式，从而求出周转轮系的传动比。

在图 6-66(a)、(b) 所示的周转轮系中，设 n_H 为行星架 H 的转速。根据相对运动原理，当给整个周转轮系加上一个绕轴线 O_H、大小为 n_H、而方向与 n_H 相反的公共转速（$-n_H$）后，行星架 H 便静止不动了，而各构件间的相对运动并不改变。这样，轮系中所有的齿轮都是绕固定轴转动，原来的周转轮系便成了定轴轮系 [图 6-66(d)]，这一定轴轮系称为原来周转轮系的转化轮系。

既然周转轮系的转化轮系是一个定轴轮系，就可应用求解定轴轮系传动比的方法，求出

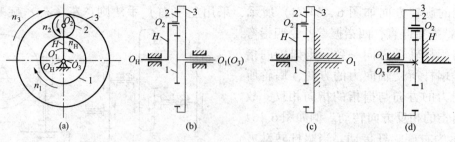

图 6-66 周转轮系

该转化轮系中任意两个齿轮的传动比。

根据定轴轮系传动比定义，图 6-66(d) 中转化轮系中齿轮 1 与齿轮 3 的传动比为

$$i_{13}^H = \frac{n_1^H}{n_3^H} = \frac{n_1 - n_H}{n_3 - n_H} = -\frac{z_2 z_3}{z_1 z_2} = -\frac{z_3}{z_1}$$

上式中齿数比前的符号，表示在平行轴转化轮系中，齿轮 1 与齿轮 3 的转向关系。

应注意区分 i_{13} 和 i_{13}^H，前者是周转轮系中齿轮 1 和齿轮 3 真实的传动比；而后者是假想的转化轮系中齿轮 1 和齿轮 3 的传动比。这种运用相对运动的原理，将周转轮系转化成假想的定轴轮系，然后计算其传动比的方法，称为相对运动法或反转法。

6.9 轴

教学提示

轴是重要的非标准零件，轴的功用主要是支承旋转零件（如凸轮、齿轮、链轮和带轮等），并传递扭矩和转动。联轴器是机械传动中常用的轴毂连接部件。本节介绍了轴的分类和材料选择，轴的结构设计，轴的强度计算和轴上零件的固定方法以及几种典型联轴器工作原理、性能和结构特点。

本节要求能结合实际判明轴的类型，这是设计轴时应首先明确的问题，在此基础上掌握轴的材料选择，轴的结构设计，常用的轴毂连接方法。轴的结构和尺寸是由轴上安装的零件和支承它的轴承的结构和尺寸决定的。要求熟悉和掌握轴的结构设计方法，并利用工程力学的有关知识，进行轴的强度计算。了解常用联轴器的特点和应用。

6.9.1 轴的分类

轴是机器中的重要零件之一，用来支承旋转的机械零件，如齿轮、凸轮、带轮等。根据承受载荷的不同，轴可分为转轴、传动轴和心轴三种。转轴既传递转矩又承受弯矩，如齿轮减速器中的轴（图 6-67）；传动轴只传递转矩而不承受弯矩或弯矩很小，如汽车的传动轴（图 6-68）；心轴只承受弯矩而不传递转矩，如铁路车辆的轴（图 6-69）。

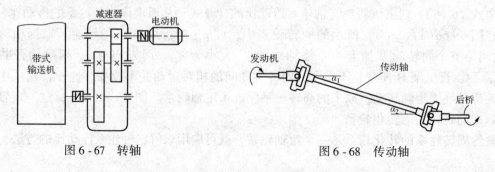

图 6-67 转轴　　　　图 6-68 传动轴

按轴线的形状轴还可分为直轴（图6-70）、曲轴（图6-71）和挠性钢丝轴（图6-72）。曲轴常用于往复式机械中。挠性钢丝轴是由几层紧贴在一起的钢丝层构成的，可以把转矩和旋转运动灵活地传到任何位置，常用于振捣器等设备中。

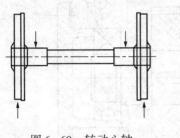

图6-69 转动心轴

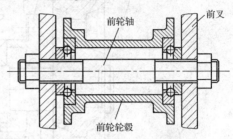

图6-70 直轴

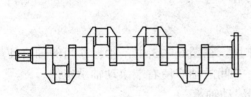

图6-71 曲轴

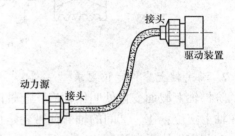

图6-72 挠性钢丝轴

轴的设计，主要是根据工作要求并考虑制造工艺等因素，选用合适的材料，进行结构设计，经过强度和刚度计算，定出轴的结构形状和尺寸，必要时还要考虑振动稳定性。

6.9.2 轴的材料

轴的材料常采用碳素钢和合金钢。

35、45、50等优质碳素钢因具有较高的综合力学性能，应用较多，其中以45钢用得最为广泛。为了改善其力学性能，常进行正火或调质处理。不重要或受力较小的轴，则可采用Q235、Q275等碳素结构钢。

轴的毛坯一般用圆钢或锻件，有时也可采用铸钢或球墨铸铁。例如，用球墨铸铁制造曲轴、凸轮轴，具有成本低廉、吸振性较好、对应力集中的敏感性较低、强度较好等优点。

6.9.3 轴的结构

轴的结构设计就是使轴的各部分具有合理的形状和尺寸。其主要要求是：轴应便于加工，轴上零件要易于装拆（制造安装要求）；轴和轴上零件要有准确的工作位置（定位要求）；各零件要牢固而可靠地相对固定（固定要求）；改善受力状况，减小应力集中（受力要求）。

下面逐项讨论这些要求，并结合如图6-73所示的单级齿轮减速器的高速轴加以说明。

1. 满足制造安装要求

为便于轴上零件的装拆，一般常将轴做成阶梯形。对于剖分式箱体中的轴，它的直径从轴两端逐渐向中间增大。为使轴上零件易于安装，轴端及各轴段的端部应有倒角。

轴上需磨削的轴段，应有砂轮越程槽（图6-73中⑥与⑦的交界处）；需车制螺纹的轴段，应有退刀槽。

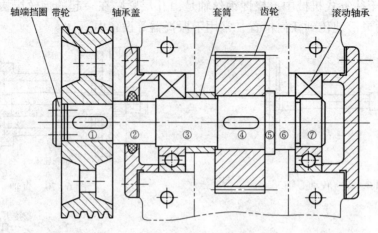

图 6-73　轴的结构

2. 满足轴上零件定位要求

阶梯轴上截面变化处叫作轴肩，起轴向定位作用。在图 6-73 中，④、⑤间的轴肩使齿轮在轴上定位；①、②间的轴肩使带轮定位；⑥、⑦间的轴肩使右端滚动轴承定位。

有些零件依靠套筒定位，如图 6-73 中的左端滚动轴承。

3. 满足轴上零件固定要求

轴上零件的轴向固定，常有轴肩、套筒、螺母或轴端挡圈（又称压板）等形式。在图 6-73 中，齿轮能实现轴向双向固定。齿轮受轴向力时，向右是通过④、⑤间的轴肩，并由⑥、⑦间的轴肩顶在滚动轴承内圈上；向左则通过套筒顶在滚动轴承内圈上。无法采用套筒或套筒太长，可采用圆螺母加以固定。带轮的轴向固定是靠①、②间的轴肩以及轴端挡圈。

4. 满足改善轴的受力状况，减小应力集中的要求

（1）合理布置轴上的零件，可以改善轴的受力状况，使轴上的最大弯矩或扭矩减小。

（2）为减小应力集中，要精心设计轴的结构。合金钢对应力集中比较敏感，尤需加以注意。零件截面发生突然变化的地方，都会产生应力集中。因此对阶梯轴来说，在截面尺寸变化处应采用圆角过渡，圆角半径不宜过小，并尽量避免在轴上（特别是应力大的部位）开横孔、切口或凹槽。必须开横孔时，孔边要倒圆。在重要的结构中，可采用卸载槽、过渡肩环或凹切圆角增大轴肩圆角半径，以减小局部应力。在轮毂上做出卸载槽，也能减小过盈配合处的局部应力。

6.9.4　轴的强度计算

轴的强度计算应根据轴的承载情况，采用相应的计算方法。常见的轴的强度计算方法有以下两种：

1. 按扭转强度计算

这种方法适用于只承受转矩的传动轴的精确计算，也可用于既受弯矩又受扭矩的转轴的近似计算。对于只传递转矩的圆截面轴，其强度条件为

$$\tau = \frac{T}{W_T} = \frac{9.55 \times 10^6 P}{0.2 d^3 n} \leq [\tau] \tag{6-61}$$

式中 τ——轴的扭切应力，MPa；

T——转矩，N·mm；

W_T——抗扭截面系数，mm³，对圆截面轴 $W_T = \frac{\pi d^3}{16} \approx 0.2 d^3$；

P——传递的功率，kW；

n——轴的转速，r/min；

d——轴的直径，mm；

$[\tau]$——允许扭切应力，MPa。

对于既传递转矩又承受弯矩的转轴，也可用上式初步估算轴的直径，但必须把轴的许用扭切应力 $[\tau]$ 适当降低（见表 6-14），以补偿弯矩对轴的影响。设计公式为

$$d \geq \sqrt[3]{\frac{9.55 \times 10^6}{0.2[\tau]}} \sqrt[3]{\frac{P}{n}} \geq C \sqrt[3]{\frac{P}{n}} \tag{6-62}$$

式中 C——由轴的材料和承载情况确定的常数，见表 6-14。

表 6-14   常用材料的 $[\tau]$ 值和 C 值

轴的材料	Q235，20	35	45	40Cr，35SiMn
$[\tau]$/MPa	12~20	20~30	30~40	40~52
C	160~135	135~118	118~107	107~98

注　当作用在轴上的弯矩比传递的转矩小或只传递转矩时，C 取较小值；否则取较大值。

应用式（6-62）求出的 d 值，一般作为轴的最小直径。

2. 按弯扭合成强度计算

按弯扭合成强度计算时，首先要设计该轴的结构图，当零件在轴上布置好后，轴上各部分尺寸、外载荷和支承反力的作用位置即可确定。由此可作轴的受力分析及绘制弯矩图和转矩图。这时就可按弯扭合成强度计算轴的直径。

按弯扭合成强度计算轴的直径的一般步骤如下：

（1）设计该轴的结构图，确定轴的各部分尺寸及外载荷和支撑反力的作用位置。

（2）将外载荷分解到水平面和垂直面内。求垂直面和水平面支承反力 F_V、F_H。

（3）作垂直面弯矩 M_V 图和水平面弯矩 M_H 图。

（4）作合成弯矩 M 图，$M = \sqrt{M_H^2 + M_V^2}$。

（5）作转矩 T 图。

（6）弯扭合成，作当量弯矩 M_e 图，$M_e = \sqrt{M^2 + (\alpha T)^2}$。

其中，α 为根据转矩性质而定的折合系数。对恒定不变的转矩，$\alpha = \frac{[\sigma_{-1b}]}{[\sigma_{+1b}]} \approx 0.3$；当转矩脉动变化时，$\alpha = \frac{[\sigma_{-1b}]}{[\sigma_{0b}]} \approx 0.6$；对于频繁正反转的轴，转矩可视作对称循环，$\alpha = 1$。若

转矩的变化规律不清楚，一般也按脉动循环处理。$[\sigma_{-1b}]$、$[\sigma_{0b}]$、$[\sigma_{+1b}]$为分别为对称循环、脉动循环及静应力状态下的许用弯曲应力，见表 6 - 15。

表 6 - 15 轴的许用弯曲应力 (MPa)

材料	σ_B	$[\sigma_{+1b}]$	$[\sigma_{0b}]$	$[\sigma_{-1b}]$
碳素钢	400	130	70	40
	500	170	75	45
	600	200	95	55
	700	230	110	65
合金钢	800	270	130	75
	900	300	140	80
	1000	330	150	90
铸钢	400	100	50	30
	500	120	70	40

（7）计算危险截面轴的直径。

$$d \geq \sqrt[3]{\frac{M_e}{0.1[\sigma_{-1b}]}} \quad (\text{mm}) \tag{6-63}$$

其中，M_e 的单位为 N·mm；$[\sigma_{-1b}]$ 的单位为 MPa。

有键槽的轴截面，应将计算出的轴径加大 4% 左右。若计算出的轴径大于结构设计初步估算的轴径，则表明结构图中轴的强度不够，必须修改结构设计；若计算出的轴径小于结构设计的估算轴径，且相差不很大，一般就以结构设计的轴径为准。

6.9.5 轴毂连接类型

联轴器和离合器主要用于轴与轴之间的连接，使它们一起回转并传递转矩。用联轴器连接的两根轴，只有在机器停车后，经过拆卸才能把它们分离。

联轴器分刚性和弹性两大类。刚性联轴器由刚性传力件组成，又可分为固定式和可移式两类。固定式刚性联轴器不能补偿两轴的相对位移；可移式刚性联轴器能补偿两轴的相对位移。弹性联轴器包含有弹性元件，能补偿两轴的相对位移，并具有吸收振动和缓和冲击的能力。

联轴器已标准化了。一般可先依据机器的工作条件选定合适的类型，然后按照转矩、转速和轴端直径选所需的型号和尺寸。必要时还应对其中某些零件进行验算。

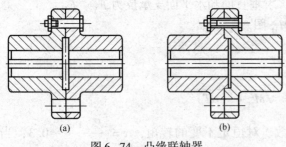

图 6 - 74 凸缘联轴器

1. 固定式刚性联轴器

固定式刚性联轴器中应用最广的是凸缘联轴器。如图 6 - 74 所示，它是用螺栓连接两个半联轴器的凸缘，以实现两轴连接的。螺栓可以用普通螺栓，也可以用铰制孔用螺栓。这种联轴器有两种结构形式：图6-74(a)是普通的凸缘联轴器，通常靠铰制孔螺栓来实现两轴对中和连接；图6-74(b)采用普通螺栓连接，用有对中榫的凸缘联轴器，靠凸肩和凹槽来实现两轴对中。

2. 可移式刚性联轴器

由于制造、安装误差或工作时零件的变形等原因，被连接的两轴会存在中心偏差，因此就会出现两轴间的轴向位移 x、径向位移 y、角位移 α，以及由这些位移组合的综合位移。如果联轴器没有适应这种相对位移的能力，就会在联轴器、轴和轴承中产生附加载荷，甚至引起强烈振动。

可移式刚性联轴器的组成零件间构成动连接，具有某一方向或几个方向的活动度，因此能补偿两轴的相对位移。常用的可移式刚性联轴器有以下几种：

(1) 齿式联轴器。齿式联轴器是由两个有内齿的外壳3和两个有外齿的套筒4所组成[图6-75(a)]。套筒与轴用键相连，两个外壳用螺栓2连成一体，外壳与套筒之间设有密封圈1。内齿轮齿数和外齿轮齿数相等，工作时靠啮合的轮齿传递转矩。由于轮齿间留有

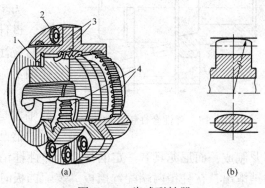

图6-75 齿式联轴器

较大的间隙且外齿轮的齿顶制成球形[图6-75(b)]，所以能补偿两轴的不对中和偏斜。

(2) 滑块联轴器。滑块联轴器是由两个端面开有径向凹槽的半联轴器1、3和两端各有凸块的中间滑块2所组成（图6-76）。中间滑块两端面上的凸块相互垂直，分别嵌装在两个半联轴器的凹槽中，构成移动副。如果两轴线不对中或偏斜，转动时滑块将在凹槽内滑动，所以凹槽和滑块的工作面间要加润滑剂。若两轴不对中，当转速较高时，由于滑块的偏心将会产生较大的离心力和磨损，并给轴和轴承带来附加动载荷，因此它只适用于低速，轴的转速一般不超过300r/min。

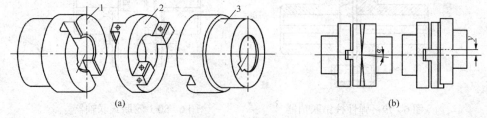

图6-76 滑块联轴器

(3) 万向联轴器。图6-77所示为以十字轴为中间件的万向联轴器。十字轴的四端用铰链分别与轴1、轴2上的叉形接头相连。因此，当一轴的位置固定后，另一轴可以在任意方向偏斜 α 角，角度 α 可达 $40°\sim45°$。但是，单个万向联轴器两轴的瞬时角速度并不是时时相等的，即当主动轴1以等角速度回转时，从动轴2作变角速度转动，从而引起动载荷，对使用不利。

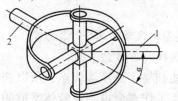

图6-77 万向联轴器示意图

为了克服单个万向联轴器的上述缺点，机器中常将万向

联轴器成对使用,如图 6-68 所示。这种由两个万向联轴器组成的装置称为双万向联轴器。对于连接相交或平行二轴的双万向联轴器,欲使主、从动轴的角速度相等,必须满足两个条件:①主动轴、从动轴与中间件的夹角必须相等,即 $\alpha_1 = \alpha_2$;②中间件两端的叉面必须位于同一平面内。

3. 弹性联轴器

(1) 弹性套柱销联轴器。弹性套柱销联轴器结构上和凸缘联轴器很近似,但是两个半联轴器的连接不用螺栓,而是用带橡胶弹性套的柱销,如图 6-78 所示。为了更换橡胶套时简便而不必将联轴器从轴上拆移,设计中应注意留出距离 A;为了补偿轴向位移,安装时应注意留出相应的间隙 c。弹性套柱销联轴器在高速轴上应用得十分广泛。

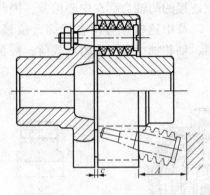

图 6-78 弹性套柱销联轴器

(2) 弹性柱销联轴器。如图 6-79 所示,弹性柱销联轴器是利用若干非金属材料制成的柱销置于两个半联轴器凸缘的孔中,以实现两轴的连接。柱销通常用尼龙制成,而尼龙具有一定的弹性。弹性柱销联轴器的结构简单,更换柱销方便。为了防止柱销滑出,在柱销两端配置挡板。装配挡板时应注意留出间隙。

(3) 轮胎式联轴器。轮胎式联轴器的结构如图 6-80 所示,中间为橡胶制成的轮胎环,用止退垫板与半联轴器连接。它的结构简单可靠,易于变形,因此它允许的相对位移较大,角位移可达 5°~12°,轴向位移可达 $0.02D$,径向位移可达 $0.01D$,D 为联轴器外径。其适用于启动频繁、正反转运转、有冲击振动、两轴间有较大相对位移、潮湿多尘之处。

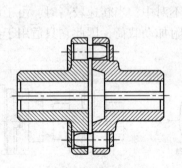

图 6-79 弹性柱销联轴器

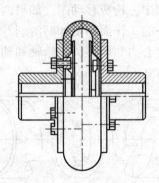

图 6-80 轮胎式联轴器

6.10 滚动轴承

教学提示

轴承是用来支承轴的部件。本节介绍了滚动轴承的结构、类型、代号及选择计算方法。

本节要求重点掌握常用滚动轴承的类型与特点、代号及选择计算方法。

滚动轴承具有摩擦阻力小、起动灵敏、效率高、润滑简便和易于更换等优点,所以获得广泛应用。它的缺点是抗冲击能力较差,高速运转时有噪声,工作寿命也不及液体摩擦的滑动轴承。

滚动轴承一般是由内圈 1、外圈 2、滚动体 3 和保持架 4 组成（图 6-81）。内圈装在轴颈上，外圈装在机座或零件的轴承孔内。内外圈上有滚道，当内外圈相对旋转时，滚动体沿着滚道滚动。保持架的作用是把滚动体均匀地隔开。

滚动体与内外圈的材料应具有较高的硬度和接触疲劳强度、良好的耐磨性和冲击韧性。一般用含铬合金钢制造，经热处理后硬度可达 61～65HRC，工作表面须经磨削和抛光。保持架一般用低碳钢板冲压制成，高速轴承的保持架多采用有色金属或塑料。

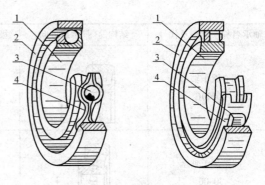

图 6-81 滚动轴承的构造

6.10.1 滚动轴承的分类

滚动轴承通常按其承受载荷的方向（或接触角）和滚动体的形状分类。

滚动体与外圈接触处的法线与垂直于轴承轴心线的平面之间的夹角称为公称接触角，简称接触角。接触角是滚动轴承的一个主要参数，轴承的受力分析和承载能力等都与接触角有关。接触角越大，轴承承受轴向载荷的能力也越强。表 6-16 列出各类轴承的公称接触角。

按照承受载荷的方向或公称接触角的不同，滚动轴承可分为：①向心轴承，主要用于承受径向载荷，其公称接触角 α 为 0°～45°；②推力轴承，主要用于承受轴向载荷，其公称接触角 α 为 45°～90°。

按照滚动体形状可分为球轴承和滚子轴承。滚子又分为圆柱滚子、圆锥滚子、球面滚子和滚针等。

我国机械工业中常用滚动轴承的类型和特性，见表 6-17。

表 6-16　　　　　　　　　各类轴承的公称接触角

轴承种类	向 心 轴 承		推 力 轴 承	
	径向接触	角接触	角接触	轴向接触
公称接触角 α	α = 0°	0° < α ≤ 45°	45° < α < 90°	α = 90°
图例（以球轴承为例）				

表 6-17　　　　　　　　　滚动轴承的主要类型和特性

轴承名称、类型及代号	结构简图/承载方向	极限转速	允许角偏差	主要特性和应用
调心球轴承 10000		中	2°～3°	主要承受径向载荷，同时也能承受少量的轴向载荷。因为外圆滚道表面是以轴承中点为中心的球面，故能调心

续表

轴承名称、类型及代号	结构简图/承载方向	极限转速	允许角偏差	主要特性和应用
调心滚子轴承 20000C	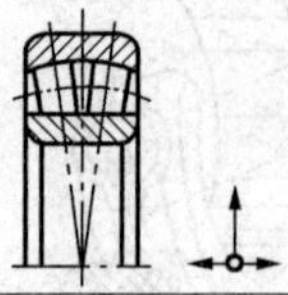	低	0.5°~2°	能承受很大的径向载荷和少量轴向载荷，承载能力大，具有调心性能
圆锥滚子轴承 30000	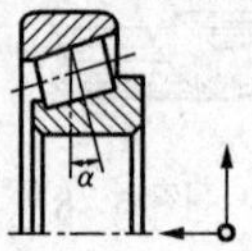	中	2′	能同时承受较大的径向、轴向联合载荷，因系线接触，承载能力大于"7"类轴承。内外圈可分离，装拆方便，成对使用
推力球轴承 50000	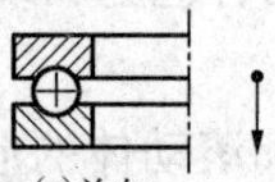 (a)单向 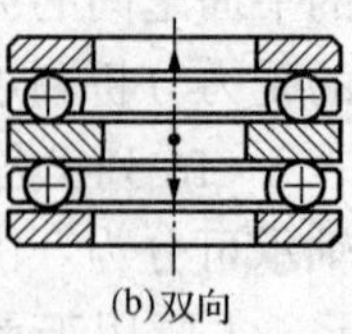 (b)双向	低	不允许	$\alpha=90°$，只能承受轴向载荷，而且载荷作用线必须与轴线相重合，不允许有角偏差。有两种类型 单向——承受单向推力 双向——承受双向推力 高速时，因滚动体离心力大，球与保持架摩擦发热严重，寿命较低，可用于轴向载荷大、转速不高之处
深沟球轴承 60000	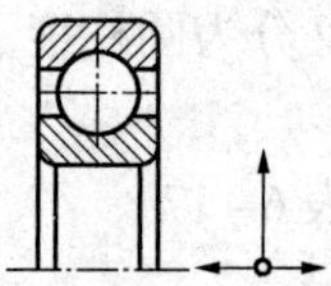	高	8′~16′	主要承受径向载荷，同时也可承受一定量的轴向载荷。当转速很高而轴向载荷不太大时，可代替推力球轴承承受纯轴向载荷 当承受纯径向载荷时，$\alpha=0°$
角接触球轴承 70000C（$\alpha=15°$） 70000AC（$\alpha=25°$） 70000B（$\alpha=40°$）	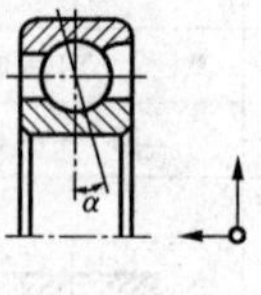	较高	2′~10′	能同时承受径向、轴向联合载荷，公称接触角越大，轴向承载能力也越大，公称接触角α有15°、25°、40°三种。通常成对使用，可以分装于两个支点或同装于一个支点上
推力圆柱滚子轴承 80000	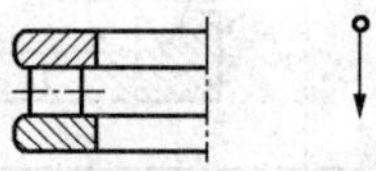	低	不允许	能承受很大的单向轴向载荷
圆柱滚子轴承 N0000	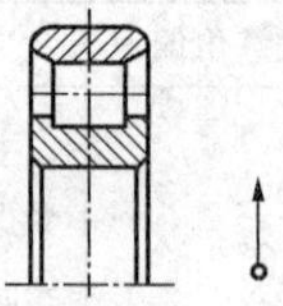	较高	2′~4′	能承受较大的径向载荷，不能承受轴向载荷。因系线接触，内外圈只允许有极小的相对偏转。 除左图所示外圈无挡边（N）结构外，还有内圈无挡边（NU）、外圈单挡边（NF）、内圈单挡边（NJ）等结构形式

续表

轴承名称、类型及代号	结构简图/承载方向	极限转速	允许角偏差	主要特性和应用
滚针轴承 （a）NA0000 （b）RNA0000	(a) (b)	低	不允许	只能承受径向载荷，承载能力大，径向尺寸特小。一般无保持架，因而滚针间有摩擦，轴承极限转速低。这类轴承不允许有角偏差。 左图结构特点是：有保持架，图（a）带内圈，图（b）不带内圈

6.10.2 滚动轴承的代号

滚动轴承的类型较多，各类轴承的结构、尺寸、公差等级和技术要求又不同，为便于生产和选用，国家标准规定了滚动轴承的代号。

我国滚动轴承的代号由基本代号、前置代号和后置代号组成，其排列顺序见表6-18。

表6-18　　　　　　　　　　滚动轴承代号的排列顺序

前置代号	基 本 代 号			后置代号
□	×（□）	× ×	×	□或加×
成套轴承部件代号	类型代号	尺寸系列代号	内径代号	内部结构、公差等级等
		宽（高）度系列代号　直径系列代号		

注　□—字母；×—数字。

1. 基本代号

表示轴承的基本类型、结构和尺寸，是轴承代号的基础。其由轴承类型代号、尺寸系列代号和内径代号构成。

基本代号左起第一位为类型代号，用数字或字母表示，见表6-19第一栏。

基本代号左起第二、三位为尺寸系列代号，由宽（高）系列代号和直径系列代号组成，见表6-19。

表6-19　　　　　　　　　　向心轴承和推力轴承的常用尺寸系列代号

直径系列代号		向 心 轴 承			推 力 轴 承	
		宽度系列代号			高度系列代号	
		（0）	1	2	1	2
		窄	正常	宽	正常	
		尺寸系列代号				
0	特轻	（0）0	10	20	10	—
1		（0）1	11	21	11	
2	轻	（0）2	12	22	12	22
3	中	（0）3	13	23	13	23
4	重	（0）4	—	24	14	24

注　1. 宽度系列代号为零时，不标出。
　　2. 在GB/T 272—1993规定的个别类型中，宽度系列代号"1"和"2"可以省略。
　　3. 特轻、轻、中、重为旧标准相应直径系列的名称；窄、正常、宽为旧标准相应宽（高）度系列的名称。

基本代号左起第四、五位为内径代号,表示轴承公称内径尺寸,按表6-20规定。

表6-20　　　　　　　　　　轴承的内径代号

内径代号	00	01	02	03	04~99
轴承内径尺寸/mm	10	12	15	17	数字×5

注　内径小于10mm和大于495mm的轴承内径代号另有规定。

2. 前置代号

用字母表示成套轴承的分部件。前置代号的含义参考国家相关标准。

3. 后置代号

用字母加数字表示,与基本代号空半个汉字距离或用符号"-""/"分隔。后置代号的顺序见表6-21。

表6-21　　　　　　　　　　轴承后置代号排列顺序

后置代号(组)	1	2	3	4	5	6	7	8
含义	内部结构	密封与防尘,套圈变形	保持架及其材料	轴承材料	公差等级	游隙	配置	其他

公差等级代号列于表6-22中。

表6-22　　　　　　　　　　公差等级代号

代　号	省略	/P6	/P6x	/P5	/P4	/P2
公差等级符合标准规定的	0级	6级	6x级	5级	4级	2级
示例	6203	6203/P6	30210/P6x	6203/P5	6203/P4	6203/P2

注　公差等级中0级最低,向右依次增高,2级最高。

例：试说明滚动轴承代号62302和7215 B/P5的含义。

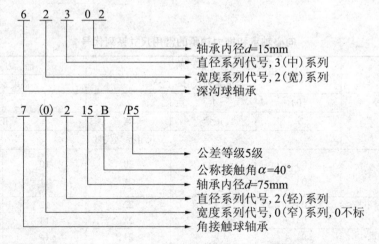

6.10.3　滚动轴承的选择计算

滚动轴承的主要失效形式是疲劳点蚀和永久变形,会引起滚动轴承不能正常工作。

1. 轴承寿命

轴承的一个套圈或滚动体的材料出现第一个疲劳裂纹扩展迹象前，一个套圈相对另一个套圈转动的总转数，或在某一转速下的工作小时数，称为轴承的寿命。

轴承的可靠性与寿命之间的关系密切。可靠性常用可靠度评价。一组相同轴承能达到或超过规定寿命的百分率，称为轴承寿命的可靠度。

一组同一型号轴承在同一条件下运转，其可靠度为90%时，能达到或超过的寿命称为基本额定寿命，记作 L，单位为百万转，即 10^6 r 或 L_h 单位为"h"（小时）。

当一套轴承在某一载荷作用下进入运转并且基本额定寿命恰好为一百万转时，轴承所承受的这一载荷，称之为基本额定动载荷，用 C 表示。基本额定动载荷 C 通常是通过试验获得的。对于向心轴承，它是在纯径向载荷下进行寿命试验的，所以其基本额定动载荷通称为径向基本额定动载荷，记作 C_r；对于推力轴承，它是在纯轴向载荷下进行试验的，故称之为轴向基本额定动载荷，记作 C_a。滚动轴承的基本额定寿命 $L(10^6 \text{r})$ 与基本额定动载荷 C（N）、当量动载荷 P（N）间的关系为

$$L_h = \frac{10^6}{60n}\left(\frac{f_t C}{f_P P}\right)^\varepsilon \quad \text{或} \quad C = \frac{f_P P}{f_t}\left(\frac{60n}{10^6}L_h\right)^{1/\varepsilon} \tag{6-64}$$

其中，ε 为寿命指数，对于球轴承 $\varepsilon=3$，对于滚子轴承 $\varepsilon=\frac{10}{3}$。C 为基本额定动载荷，对向心轴承为 C_r，对推力轴承为 C_a。C_r、C_a 可在滚动轴承产品样本或手册中查得。

考虑到轴承在温度高于100℃工作时，基本额定动载荷 C 有所降低，故引进温度系数 f_t（$f_t \leq 1$），对 C 值予以修正。f_t 可查表6-23。考虑到工作中的冲击和振动会使轴承寿命降低，为此又引进载荷系数 f_P。f_P 值可查表6-24。

表6-23　　　　　　　　　　　　温度系数 f_t

轴承工作温度/℃	100	125	150	200	250	300
温度系数 f_t	1	0.95	0.90	0.80	0.70	0.60

表6-24　　　　　　　　　　　　载荷系数 f_P

载荷性质	无冲击或轻微冲击	中等冲击	强烈冲击
载荷系数 f_P	1.0~1.2	1.2~1.8	1.8~3.0

P 称为当量动载荷。P 为一恒定径向（或轴向）载荷，在该载荷作用下，滚动轴承具有与实际载荷作用下相同的寿命。

2. 当量动载荷的计算

滚动轴承的基本额定动载荷是在特定的试验条件下获得的。对向心轴承是指承受纯径向载荷；对推力轴承是指承受纯的轴向载荷。如果作用在轴上的实际载荷是既有径向载荷又有轴向载荷，则必须将实际载荷换算成与试验条件相似的载荷后，才能和基本额定动载荷进行比较。换算后的载荷是一种假想的载荷，故称为当量动载荷。当量动载荷的计算公式为

$$P = XF_r + YF_a \tag{6-65}$$

式中　F_r、F_a——轴承的径向载荷及轴向载荷，N；
　　　X、Y——径向动载荷系数及轴向动载荷系数。

对于向心轴承，当 $F_a/F_r > e$ 时，可由表 6-25 查出 X 和 Y 的数值；当 $F_a/F_r < e$ 时，轴向力的影响可以忽略不计（这时表中 $Y = 0$，$X = 1$）。e 值列于轴承标准中，其值与轴承类型和 F_a/C_{0r} 比值有关（C_{0r} 是轴承的径向额定静载荷）。

表 6-25　　　　　　　　　　向心轴承当量动载荷的 X、Y 值

轴承类型		$\dfrac{F_a}{C_{0r}}$	e	$F_a/F_r > e$		$F_a/F_r \leq e$	
				X	Y	X	Y
深沟球轴承		0.014	0.19	0.56	2.30	1	0
		0.028	0.22		1.99		
		0.056	0.26		1.71		
		0.084	0.28		1.55		
		0.11	0.30		1.45		
		0.17	0.34		1.31		
		0.28	0.38		1.15		
		0.42	0.42		1.04		
		0.56	0.44		1.00		
角接触球轴承（单列）	$\alpha = 15°$	0.015	0.38	0.44	1.47	1	0
		0.029	0.40		1.40		
		0.056	0.43		1.30		
		0.087	0.46		1.23		
		0.12	0.47		1.19		
		0.17	0.50		1.12		
		0.29	0.55		1.02		
		0.44	0.56		1.00		
		0.58	0.56		1.00		
	$\alpha = 25°$	—	0.68	0.41	0.87	1	0
	$\alpha = 40°$	—	1.14	0.35	0.57	1	0
圆锥滚子轴承（单列）		—	$1.5\tan\alpha$	0.4	$0.4\cot\alpha$	1	0
调心球轴承（双列）		—	$1.5\tan\alpha$	0.65	$0.65\tan\alpha$	1	$0.42\tan\alpha$

向心轴承只承受径向载荷时

$$P = F_r \tag{6-66}$$

推力轴承（$\alpha = 90°$）只能承受轴向载荷，其轴向当量动载荷为

$$P = F_a \tag{6-67}$$

复 习 题

1. 零件中的应力 σ 与许用应力 $[\sigma]$ 之间应满足的关系是（　　）。
A. $\sigma \geq [\sigma]$　　　B. $\sigma = [\sigma]$　　　C. $\sigma \leq [\sigma]$　　　D. $\sigma \neq [\sigma]$

2. 材料的极限应力为 $\sigma_{\lim}$，材料的屈服极限为 σ_S，材料的强度极限为 σ_B，对于塑性材料的极限应力应取（　　）。
A. $\sigma_{\lim} = \sigma_S$　　　B. $\sigma_{\lim} > \sigma_S$　　　C. $\sigma_{\lim} = \sigma_B$　　　D. $\sigma_{\lim} > \sigma_B$

3. 有80件某种零件，经 t 时间后，失效6件，其余仍能正常地工作，则此零件的可靠度 R 为（　　）。

　　A. 0.075　　　　　　B. 0.75　　　　　　C. 0.925　　　　　　D. 0.25

4. 变应力的循环特性 γ 的表示方法是（　　）。

　　A. $\gamma = \sigma_{max} + \sigma_{min}$　　B. $\gamma = \sigma_{max} - \sigma_{min}$　　C. $\gamma = \dfrac{\sigma_{max}}{\sigma_{min}}$　　D. $\gamma = \dfrac{\sigma_{min}}{\sigma_{max}}$

5. 对称循环变应力满足的关系是（　　）。

　　A. $\sigma_a = \sigma_m$　　B. $\sigma_{max} = -\sigma_{min}$　　C. $\sigma_{max} = \sigma_{min}$　　D. $\sigma_{min} = 0$

6. 两构件通过（　　）接触组成的运动副称为低副。

　　A. 点　　　　　　　　B. 线　　　　　　　　C. 面　　　　　　　　D. 体

7. 两构件通过转动副连接，则两构件间（　　）。

　　A. 保留一个移动，约束一个移动和一个转动

　　B. 保留一个转动，约束两个移动

　　C. 保留一个转动和一个移动，约束另一个移动

　　D. 保留一个移动，约束两个转动

8. 两构件通过滑动副连接，则两构件间（　　）。

　　A. 保留一个移动，约束一个移动和一个转动

　　B. 保留一个转动，约束两个移动

　　C. 保留一个转动和一个移动，约束另一个移动

　　D. 保留一个移动，约束两个转动

9. 平面运动副可分为（　　）。

　　A. 移动副和转动副　　　　　　　　B. 螺旋副与齿轮副

　　C. 高副和低副　　　　　　　　　　D. 移动副和齿轮副

10. 下面（　　）运动副属于高副。

　　A. 螺旋副　　　　　　B. 转动副　　　　　　C. 移动副　　　　　　D. 齿轮副

11. 4个构件汇交而成的复合铰链，可构成（　　）个转动副。

　　A. 5　　　　　　　　B. 4　　　　　　　　C. 3　　　　　　　　D. 2

12. 计算机构自由度时，若出现局部自由度，对其处理的方法是（　　）。

　　A. 计入构件数　　B. 计入运动副数　　C. "焊死"　　D. 去除

13. 计算机构自由度时，若出现虚约束，对其处理的方法是（　　）。

　　A. 计入构件数　　B. 计入运动副数　　C. "焊死"　　D. 去除

14. 如图6-82所示机构中，构成复合铰链处是（　　）。

　　A. B 或 C　　　　　　　　　　　　B. D, H

　　C. F　　　　　　　　　　　　　　D. A, G

15. 如图6-82所示机构中，构成局部自由度处是（　　）。

　　A. B 或 C　　　　　　　　　　　　B. D, H

　　C. F　　　　　　　　　　　　　　D. A, G

16. 如图6-82所示机构中，构成虚约束处是（　　）。

　　A. B 或 C　　　　　　　　　　　　B. D, H

C. F　　　　　　　　　　　　　　　D. A，G

17. 如图 6-82 所示机构中，可动构件的数目是（　　）。
A. 9　　　　　　　　　　　　　　B. 8
C. 7　　　　　　　　　　　　　　D. 6

18. 如图 6-82 所示机构中，低副的数目是（　　）。
A. 11　　　　　　　　　　　　　B. 10
C. 9　　　　　　　　　　　　　　D. 8

19. 如图 6-82 所示机构中，高副的数目是（　　）。
A. 0　　　　　　　　　　　　　　B. 1
C. 2　　　　　　　　　　　　　　D. 3

20. 如图 6-82 所示机构中，机构自由度的数目是（　　）。
A. 0　　　B. 1　　　C. 2　　　D. 3

21. 如图 6-82 所示机构中，该机构（　　）确定运动的条件，各构件间（　　）确定的相对运动。
A. 满足，具有　　B. 不满足，具有　　C. 不满足，无　　D. 满足，无

22. 如图 6-83 所示机构中，机构自由度的数目是（　　）。
A. 0　　　B. 1　　　C. 2　　　D. 3

23. 如图 6-84 所示机构中，机构自由度的数目是（　　）。
A. 0　　　B. 1　　　C. 2　　　D. 3

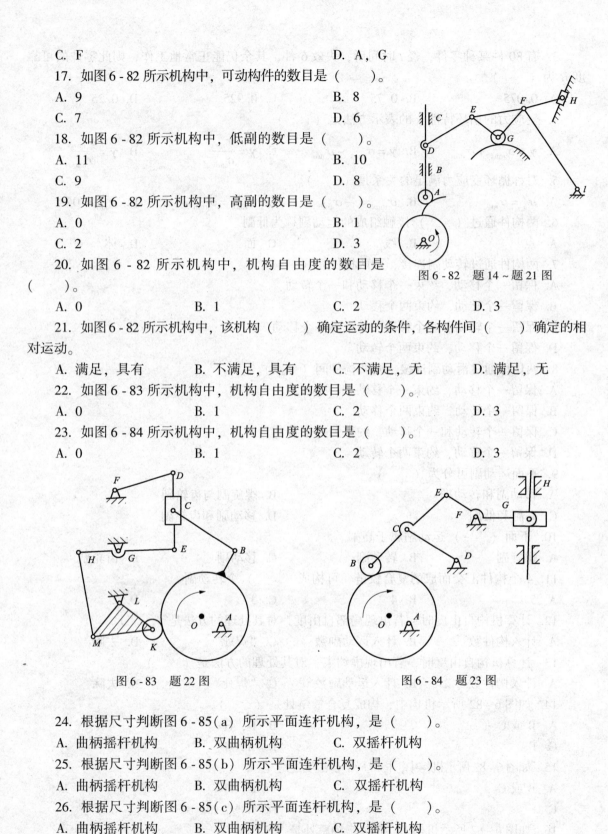

图 6-82　题 14~题 21 图

图 6-83　题 22 图　　　　图 6-84　题 23 图

24. 根据尺寸判断图 6-85(a) 所示平面连杆机构，是（　　）。
A. 曲柄摇杆机构　　B. 双曲柄机构　　C. 双摇杆机构

25. 根据尺寸判断图 6-85(b) 所示平面连杆机构，是（　　）。
A. 曲柄摇杆机构　　B. 双曲柄机构　　C. 双摇杆机构

26. 根据尺寸判断图 6-85(c) 所示平面连杆机构，是（　　）。
A. 曲柄摇杆机构　　B. 双曲柄机构　　C. 双摇杆机构

27. 根据尺寸判断图 6-85(d) 所示平面连杆机构，是（　　）。

382

A. 曲柄摇杆机构　　B. 双曲柄机构　　C. 双摇杆机构

图 6-85　题 24～题 27 图

28. 图 6-86 所示平面连杆机构中，已知 $L_{AB}=60\text{mm}$，$L_{BC}=80\text{mm}$，$L_{CD}=100\text{mm}$，$L_{AD}=110\text{mm}$，则其运动副为摆动副的是（　　）。

A. A，B　　　　　B. B，C　　　　　C. C，D
D. A，D　　　　　E. A，B，C，D

29. 图 6-86 所示平面连杆机构中，已知 $L_{AB}=60\text{mm}$，$L_{BC}=80\text{mm}$，$L_{CD}=100\text{mm}$，$L_{AD}=110\text{mm}$，则其运动副为整转副的是（　　）。

A. A，B　　　　　B. B，C　　　　　C. C，D
D. A，D　　　　　E. A，B，C，D

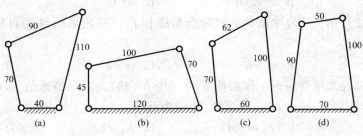

图 6-86　题 28、题 29 图

30. 凸轮机构中从动件运动规律为等加速等减速运动规律是其指在（　　）的运动规律。

A. 在推程做等加速，回程做等减速　　B. 前半程做等加速，后半程等减速
C. 在回程做等加速，推程做等减速　　D. 前半程做等减速，后半程等加速

31. "反转法"是将（　　）沿凸轮转动相反的方向转动。

A. 凸轮　　　B. 从动件　　　C. 机架　　　D. 整个机构

32. 图 6-87 为一偏置直动从动件盘形凸轮机构，已知 AB 段为凸轮的推程廓线，试在图上标注推程运动角 δ_t 及升程 h。

33. 滚子从动件盘形凸轮机构的基圆半径，是在（　　）轮廓线上度量的。

A. 理论　　　B. 实际

34. 滚子从动件盘形凸轮机构的实际轮廓线是理论轮廓线的（　　）曲线。

A. 不等距　　　B. 等距

35. 平底从动件盘形凸轮机构的实际轮廓线是理论轮廓线的（　　）曲线。

A. 不等距　　　B. 等距

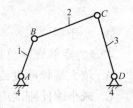

图 6-87　题 32 图

36. ψ 为斜面倾角，ρ 为摩擦角，当 $\psi>\rho$ 时，要维持滑块沿斜面等速下滑，水平力 F 为（　　）。

A. 摩擦力　　　B. 驱动力　　　C. 阻力

37. ψ 为斜面倾角，ρ 为摩擦角，当 $\psi<\rho$ 时，要维持滑块沿斜面等速下滑，水平力 F 为

(   )。
    A. 摩擦力   B. 驱动力   C. 阻力

38. ψ 为螺纹升角，ρ 为摩擦角，ρ' 为当量摩擦角，三角形螺纹的自锁条件可表示为（   ）。
    A. $\psi < \rho$ B. $\psi > \rho$ C. $\psi < \rho'$ D. $\psi > \rho'$

39. 用普通螺栓来承受横向工作载荷 F 时（图6-43），当摩擦系数 $f = 0.15$、可靠性系数 $C = 1.2$、接合面数目 $m = 1$ 时，预紧力 F_0 应为（   ）。
    A. $F_0 \leq 8F$ B. $F_0 \leq 10F$ C. $F_0 \geq 8F$ D. $F_0 \geq 6F$

40. 在受轴向工作载荷的螺栓连接中，F_0 为预紧力，F_E 为工作载荷，F_R 为残余预紧力，F_a 为螺栓实际承受的总拉伸载荷，则 $F_a =$（   ）。
    A. $F_a = F_E$ B. $F_a = F_E + F_R$ C. $F_a = F_E + F_0$ D. $F_a = F_0$

41. 螺栓在轴向工作载荷 F_E 作用下，为保证连接可靠、有效，残余预紧力 F_R 应始终（   ）。
    A. 小于零   B. 等于零   C. 大于零

42. 为降低螺栓总拉伸载荷 F_a 的变化范围，可以（   ）。
    A. 增大螺栓刚度或增大被连接件刚度   B. 减小螺栓刚度或增大被连接件刚度
    C. 减小螺栓刚度或减小被连接件刚度   D. 增大螺栓刚度或减小被连接件刚度

43. 为改善螺纹牙间的载荷分布，可采用圈数多的厚螺母，其可以提高连接强度（   ）。
    A. 正确   B. 错误

44. 为减小螺栓上的应力集中，可（   ）过渡处的圆角半径。
    A. 增大   B. 减小

45. 在铸件或锻件等未加工表面上安装螺栓时，需要有（   ）。
    A. 垫片   B. 凸台或沉孔

46. 适用于连接用的螺纹是（   ）。
    A. 锯齿形螺纹   B. 梯形螺纹   C. 三角形螺纹   D. 矩形螺纹

47. 若要提高螺纹连接的自锁性能，可以（   ）。
    A. 采用牙形角大的螺纹   B. 增大螺纹升角
    C. 采用多头螺纹   D. 增大螺纹螺距

48. 若要提高非矩形螺纹的传动效率，可以（   ）。
    A. 采用多头螺纹   B. 增大螺纹升角
    C. 采用牙形角小的螺纹   D. 增大螺纹螺距

49. 下列防松方法中，属于摩擦防松的方法是（   ）。
    A. 开口销防松   B. 双螺母防松   C. 胶黏剂防松   D. 止动垫圈防松

50. 采用铰制孔螺栓承受横向载荷时，螺栓杆受到（   ）作用。
    A. 扭转和弯曲   B. 拉伸和剪切   C. 剪切和挤压   D. 弯曲和挤压

51. 带传动是靠（   ）使带轮产生运动的。
    A. 初拉力   B. 圆周力   C. 摩擦力   D. 紧边拉力

52. 当带所需传递的圆周力（   ）带与轮面间的极限摩擦力总和时，带与带轮将发生

(   )。

    A. 小于，弹性滑动   B. 大于，弹性滑动   C. 小于，打滑   D. 大于，打滑

53. 当带传动的结构参数相同时，V 带传动的传动功率（   ）平带传动的传动功率。

    A. 小于   B. 等于   C. 大于

54. 带传动中，带离心力产生的拉应力，分布在带（   ）。

    A. 做圆周运动的部分   B. 整个带长上   C. 做直线运动的部分

55. 带在大带轮处的弯曲应力（   ）在小带轮处的弯曲应力。

    A. 小于   B. 等于   C. 大于

56. 带上最大应力发生在（   ）的接触处。

    A. 松边与大轮   B. 松边与小轮   C. 紧边与大轮   D. 紧边与小轮

57. 弹性滑动是由（   ）引起的，弹性滑动是（   ）避免的。

    A. 拉力差，可以   B. 拉力差，无法   C. 摩擦力，可以   D. 摩擦力，无法

58. 当带绕过主动轮时，带的速度（   ）于主动轮的圆周速度；当带绕过从动轮时，带的速度（   ）于从动轮的圆周速度。

    A. 落后，超前   B. 落后，落后   C. 超前，超前   D. 超前，落后

59. V 带传动的计算功率为 $P_c = 6.2$ kW，小带轮转速 $n = 1250$ r/m，则应选取（   ）型带。

    A. Z   B. A   C. B   D. C

60. 带传动的主要失效形式之一是带的（   ）。

    A. 疲劳破坏   B. 松弛   C. 弹性滑动   D. 颤抖

61. 在 V 带传动中，小轮包角应大于或等于（   ）。

    A. 90°   B. 100°   C. 120°   D. 150°

62. 已知：$m_1 = 2.5$，$\alpha_1 = 15°$；$m_2 = 2.5$，$\alpha_2 = 20°$；$m_3 = 2$，$\alpha_3 = 15°$；$m_4 = 2.5$，$\alpha_4 = 20°$，四个齿轮参数，能够正确啮合的一对齿轮是齿轮（   ）。

    A. 1 和 2   B. 1 和 3   C. 1 和 4   D. 2 和 4

63. 已知一正常齿制标准直齿圆柱齿轮 $m = 3$ mm，$z = 19$，试计算该齿轮的分度圆直径 d、齿顶高 h_a、齿根高 h_f、顶隙 c、齿顶圆直径 d_a、齿根圆直径 d_f、基圆圆直径 d_b、齿距 p、齿厚 s 和齿槽宽 e。

64. 软齿面闭式齿轮传动通常按（   ）设计确定尺寸，然后验算（   ）。

    A. 轮齿弯曲强度，齿面接触强度   B. 齿面接触强度，轮齿弯曲强度

65. 硬齿面闭式齿轮传动通常按（   ）设计确定尺寸，然后验算（   ）。

    A. 轮齿弯曲强度，齿面接触强度   B. 齿面接触强度，轮齿弯曲强度

66. 标准直齿圆柱齿轮的齿数 $z = 19$，齿形系数 Y_F 为（   ）。

    A. 2.90   B. 2.95   C. 3.00   D. 3.2

67. 齿轮设计中，在满足弯曲强度的条件下，可选择（   ）的齿数，对传动有利。

    A. 较多   B. 较少

68. 斜齿圆柱齿轮的圆周力 F_t 的方向在主动轮上与运动方向（   ），在从动轮上与运动方向（   ）。

    A. 相同，相反   B. 相反，相同   C. 相同，相同   D. 相反，相反

69. 一对平行轴外啮合斜齿圆柱齿轮的轮齿的旋向应（　　）。
   A. 相同　　　　　　　　　　　　B. 相反

70. 蜗轮蜗杆传动中，蜗轮轮齿的旋向与蜗杆轮齿的旋向应（　　）。
   A. 相同　　　　　　　　　　　　B. 相反

71. 一对正常齿标准直齿圆柱齿轮传动，$m=4$mm，$z_1=22$，$z_2=80$，标准中心距 a 为（　　）mm。
   A. 408　　　　B. 204　　　　C. 102　　　　D. 306

72. 一对渐开线外啮合斜齿圆柱齿轮的正确啮合条件是（　　）。
   A. $m_{n1}=m_{n2}=m$，$\alpha_{n1}=\alpha_{n2}=\alpha$，$\beta_1=-\beta_2$
   B. $m_{n1}=m_{n2}=m$，$\alpha_{n1}=\alpha_{n2}=\alpha$，$\beta_1=\beta_2$
   C. $m_1=m_2=m$，$\alpha_1=\alpha_2=\alpha$

73. 一对斜齿圆柱齿轮，轮齿上的作用力关系，正确的是（　　）。
   A. $F_{t1}=F_{t2}$，$F_{a1}=F_{a2}$，$F_{r1}=F_{r2}$　　　B. $F_{t1}=F_{t2}$，$F_{r1}=F_{r2}$
   C. $F_{t1}=F_{a2}$，$F_{a1}=F_{t2}$，$F_{r1}=F_{r2}$　　　D. $F_{t1}=F_{t2}$，$F_{a1}=F_{a2}$

74. 一对蜗轮蜗杆传动轮齿上的作用力关系，正确的是（　　）。
   A. $F_{t1}=F_{t2}$，$F_{a1}=F_{a2}$，$F_{r1}=F_{r2}$　　　B. $F_{t1}=F_{r2}$，$F_{a1}=F_{a2}$，$F_{r1}=F_{t2}$
   C. $F_{t1}=F_{a2}$，$F_{a1}=F_{t2}$，$F_{r1}=F_{r2}$　　　D. $F_{t1}=F_{a2}$，$F_{a1}=F_{r2}$，$F_{a2}=F_{r1}$

75. 圆柱齿轮传动中，小齿轮的宽度应（　　）大齿轮的宽度。
   A. 小于　　　　B. 等于　　　　C. 大于　　　　D. 无要求

76. 在图6-88所示的双级蜗杆传动中，蜗杆1的转向如图所示，则蜗轮3的转向为（　　）。
   A. 顺时针　　　　　　　　　　　B. 逆时针

77. 在图6-89所示的轮系中，已知 $z_1=15$，$z_2=25$，$z_{2'}=15$，$z_3=30$，$z_{3'}=15$，$z_4=30$，$z_{4'}=2$，$z_5=60$，若 $n_1=500$r/min，求齿轮5转速的大小和方向。

78. 在图6-90所示的轮系中，已知各轮的齿数为 $z_1=20$，$z_2=30$，$z_{2'}=50$，$z_3=80$，$n_1=50$r/min，求 n_H 的大小和方向。

79. 在图6-91所示的轮系中，已知各轮的齿数为 $z_1=30$，$z_2=25$，$z_{2'}=20$，$z_3=75$，$n_1=200$r/min（箭头向上），$n_3=50$r/min（箭头向下）求 n_H 的大小和方向。

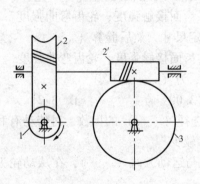

图6-88　题76图

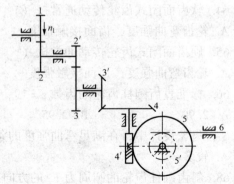

图6-89　题77图

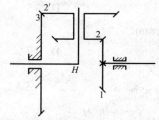

图 6-90　题 78 图

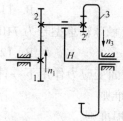

图 6-91　题 79 图

80. 既传递转矩又承受弯矩的轴为（　　）。
   A. 心轴　　　　　　　B. 转轴　　　　　　　C. 传动轴

81. 只承受弯矩而不传递转矩的轴为（　　）。
   A. 心轴　　　　　　　B. 转轴　　　　　　　C. 传动轴

82. 只传递转矩而不承受弯矩或弯矩很小的轴为（　　）。
   A. 心轴　　　　　　　B. 转轴　　　　　　　C. 传动轴

83. 已知一传动轴传递的功率为 37kW，转速 $n=900\text{r/min}$，若轴上的扭切应力不许超过 40MPa，该轴的直径为（　　）mm。

84. 在运转中实现两轴的分离与结合，可采用（　　）。
   A. 离合器　　　　B. 联轴器　　　　C. 刚性联轴器　　　　D. 弹性联轴器

85. 连接载荷平稳，不发生相对位移，运转稳定且较好对中的两轴，可采用（　　）联轴器。
   A. 滑块　　　　　B. 刚性凸缘　　　　C. 齿轮　　　　　D. 弹性套柱销

86. 用于连接距离较大且有角度变化的两轴，宜采用（　　）联轴器。
   A. 滑块　　　　　B. 万向　　　　　　C. 齿轮　　　　　D. 双万向

87. 用于承受径向载荷的轴承为（　　）。
   A. 角接触球轴承　　B. 推力轴承　　　　C. 向心轴承　　　D. 深沟球轴承

88. 主要用于承受轴向载荷的轴承为（　　）。
   A. 圆柱滚子轴承　　B. 推力轴承　　　　C. 向心轴承　　　D. 滚针轴承

89. 选用深沟球轴承，已知转速 $n=2900\text{r/min}$，要求使用寿命 $L_h=5000\text{h}$，当量动载荷 $P=2360\text{N}$，工作中有轻微冲击，常温下工作，试求该轴承的基本额定动载荷 C。

90. 滚动轴承的基本额定寿命是指（　　）。
   A. 在额定动载荷作用下，轴承所能达到的寿命
   B. 在额定工况和额定动载荷作用下，轴承所能达到的寿命
   C. 在额定工况和额定动载荷作用下，90% 轴承所能达到的寿命
   D. 同一批同型号的轴承在相同条件下进行实验中，90% 轴承所能达到的寿命

91. 滚动轴承额定寿命与额定动载荷之间的关系为 $L_h = \dfrac{10^6}{60n}\left(\dfrac{f_t C}{f_p P}\right)^\varepsilon$，其中 P 是轴承的（　　）。
   A. 基本额定动载荷　　B. 当量动载荷　　C. 径向载荷　　　D. 当量载荷

92. 深沟球轴承型号为 61115，其内径等于（　　）mm。

A. 15　　　　　　B. 115　　　　　　C. 60　　　　　　D. 75

93. 角接触球轴承型号为 7102，其内径等于（　　）mm。

A. 10　　　　　　B. 12　　　　　　C. 15　　　　　　D. 17

94. 在弯曲变应力作用下零件的设计准则是（　　）。

A. 刚度准则　　　　　　　　　　　　B. 强度准则

C. 抗磨损准则　　　　　　　　　　　D. 振动稳定性准则

95. 平面机构具有确定运动的充分必要条件为（　　）。

A. 自由度大于零　　　　　　　　　　B. 原动件大于零

C. 原动件数大于自由度数　　　　　　D. 原动件数等于自由度数，且大于零

96. 在铰链四杆机构中，若最短杆与最长杆长度之和小于其他两杆长度之和，为了得到双摇杆机构，应（　　）。

A. 以最短杆为机架　　　　　　　　　B. 以最短杆的相邻杆为机架

C. 以最短杆的对面杆为机架　　　　　D. 以最长杆为机架

97. 凸轮机构中，极易磨损的从动件是（　　）。

A. 尖顶从动件　　　　　　　　　　　B. 滚子从动件

C. 平底从动件　　　　　　　　　　　D. 球面底从动件

98. 已知：某松螺栓连接，所受最大载荷 F_Q = 15 000N，载荷很少变动，螺栓材料的许用应力 $[\sigma]$ =140MPa，则该螺栓的最小直径 d_1 为（　　）。

A. 13.32mm　　　　B. 10mm　　　　C. 11.68mm　　　　D. 16mm

99. V 带传动中，最大有效拉力与下列什么因素无关？（　　）

A. V 带的初拉力　　　　　　　　　　B. 小带轮上的包角

C. 小带轮的直径　　　　　　　　　　D. 带与带轮之间的摩擦因素

100. 有四个渐开线直齿圆柱齿轮，其参数分别为：齿轮 1 的 m_1 = 2.5mm，α_1 = 15°，齿轮 2 的 m_2 = 2.5mm，α_2 = 20°，齿轮 3 的 m_3 = 2mm，α_2 = 15°，齿轮 4 的 m_4 = 2.5mm，α_4 = 20°。则能够正确啮合的一对齿轮是（　　）。

A. 齿轮 1 和齿轮 2　　B. 齿轮 1 和齿轮 3　　C. 齿轮 1 和齿轮 4　　D. 齿轮 2 和齿轮 4

101. 装在轴上的零件，下列各组方法中，都能够实现轴向定位的是（　　）。

A. 套筒、普通平键、弹性挡圈　　　　B. 轴肩、紧定螺钉、轴端挡圈

C. 套筒、花键、轴肩　　　　　　　　D. 导向平键、螺母、过盈配合

102. 下列滚动轴承中，通常需成对使用的轴承型号是（　　）。

A. N307　　　　　B. 6207　　　　　C. 30207　　　　　D. 51307

复习题答案与提示

1. C。提示：零件工作时实际所承受的应力 σ，应小于或等于许用应力 $[\sigma]$。

2. A。提示：材料的极限应力 σ_{lim}，对于塑性材料应取屈服极限 σ_S，对于脆性材料应取强度极限 σ_B。

3. C。提示：零件可靠度可表示为 $R = \dfrac{N_S}{N_0} = 1 - \dfrac{N_F}{N_0} = 1 - \dfrac{6}{80} = 0.925$。

4. D。提示：变应力的循环特性 γ 的表示方法是 σ_{min} 与 σ_{max} 的比值，即 $\gamma = \dfrac{\sigma_{min}}{\sigma_{max}}$。

5. B。提示：对称循环变应力的循环特性 $\gamma = -1$，即 $\sigma_{max} = -\sigma_{min}$。

6. C。提示：两构件通过面接触组成的运动副称为低副。

7. B。提示：两构件通过转动副连接，则两构件间保留一个转动，约束两个移动。

8. A。提示：两构件通过滑动副连接，则两构件间保留一个移动，约束另一个移动和一个转动。

9. C。提示：平面运动副按其接触情况分类，可分为高副和低副。

10. D。提示：在所列出的运动副中只有齿轮副属于高副。

11. C。提示：4 个构件汇交而成的复合铰链可构成 3 个转动副。

12. C。提示：计算机构自由度时，对局部自由度的处理方法是先将其"焊死"后，再确定机构的构件数及运动副数目。

13. D。提示：计算机构自由度时，对虚约束的处理方法是先将其去除后，再确定机构的构件数及运动副数目。

14. C。提示：在图 6-82 所示机构中，在 F 处构成复合铰链。

15. D。提示：在图 6-82 所示机构中，在 A、G 处构成局部自由度。

16. A。提示：在图 6-82 所示机构中，在 B 或 C 处构成虚约束。

17. C。提示：在图 6-82 所示机构中，去除局部自由度后，可动构件的数目是 7。

18. C。提示：焊死局部自由度 A 和 G、去除虚约束 B 或 C 并考虑 F 处复合铰链后，低副的数目是 9 个。

19. C。提示：在图 6-82 所示机构中，A、G 两处为高副，高副的数目为 2。

20. B。提示：根据机构自由度计算公式 $F = 3n - 2p_L - p_H = 3 \times 7 - 2 \times 9 - 2 = 1$，故该机构自由度的数目是 1。

21. A。提示：因为机构自由度数目等于原动件数目，满足运动确定条件，故该机构具有确定的相对运动。

22. B。提示：焊死局部自由度滚子，则 $n = 8$，$p_L = 11$，$p_H = 1$，根据机构自由度计算公式 $F = 3n - 2p_L - p_H = 3 \times 8 - 2 \times 11 - 1 = 1$，故该机构自由度的数目是 1。

23. B。提示：焊死局部自由度滚子，并去除虚约束，则 $n = 6$，$p_L = 8$，$p_H = 1$，根据机构自由度计算公式 $F = 3n - 2p_L - p_H = 3 \times 6 - 2 \times 8 - 1 = 1$，故该机构自由度的数目是 1。

24. B。提示：因为 40 + 110 < 70 + 90，满足杆长条件，且最短杆为机架，故为双曲柄机构。

25. A。提示：因为 45 + 120 < 70 + 100，满足杆长条件，且最短杆为连架杆，故为曲柄摇杆机构。

26. C。提示：因为 60 + 100 > 62 + 700，不满足杆长条件，故为双摇杆机构。

27. C。提示：因为 50 + 100 < 70 + 90，满足杆长条件，且最短杆为连杆，故为双摇杆机构。

28. C。提示：因为 60 + 110 < 80 + 100，满足杆长条件，摆动副应为不与最短杆相邻的转动副 C、D。

29. A。提示：同上题，整转副应为与最短杆相邻的转动副 A、B。

30. B。
31. D。提示："反转法"原理是在整个机构上叠加了一个与凸轮转动相反方向的转动。

32. 如图 6 - 92 所示。

33. A。34. B。35. A。

36. C。提示：当 $\psi > \rho$ 时，滑块在重力作用下有加速向下滑动的趋势，平衡力 F 为正，它阻止滑块加速下滑以保持等速运动，故 F 是阻力（支持力）。

37. B。提示：当 $\psi < \rho$ 时，滑块不能在重力作用下自行下滑，即处于自锁状态，平衡力 F 为负，其方向相反，F 为驱动力，即欲维持滑块等速下滑，必须施加于滑块上的驱动力。

38. C。提示：三角形螺纹的自锁条件为螺纹升角小于材料的当量摩擦角，即 $\psi < \rho'$。

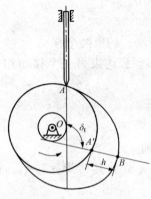

图 6 - 92 题 32 解图

39. C。提示：普通螺栓是靠结合面间的摩擦力来承受横向工作载荷，所以螺栓的轴向力 F_a 等于螺栓的预紧力 F_0 为 $F_a = F_0 \geqslant \dfrac{CF}{mf} = \dfrac{1.2F}{1 \times 0.15} = 8F$。

40. B。提示：受轴向工作载荷的螺栓连接，螺栓实际承受的总拉伸载荷 F_a 应等于工作载荷 F_E 与部分预紧力（即残余预紧力 F_R）之和。

41. C。

42. B。提示：为提高螺栓连接的强度，降低螺栓总拉伸载荷 F_a 的变化范围，应减小螺栓刚度或增大被连接件刚度。

43. B。提示：采用圈数多的厚螺母，不能够改善螺纹牙间的载荷分布，即对提高连接强度效果不明显。

44. A。提示：为减小螺栓上的应力集中，可适当增大螺栓上过渡处的圆角半径。

45. B。提示：在铸件或锻件等未加工表面上安装螺栓时，必须要有已加工过的凸台或沉孔，否则螺栓上会产生附加载荷，仅使用垫片是错误的。

46. C。提示：对连接用螺纹的基本要求是其应具有可靠的自锁性，所以适用于连接用的螺纹是三角形螺纹。

47. A。提示：非矩形螺纹的自锁条件为：$\psi < \rho'$。当量摩擦角 ρ' 越大，自锁越可靠。而 $\tan\rho' = f' = \dfrac{f}{\cos\beta}$，$\beta = \dfrac{\alpha}{2}$，$\alpha$ 为牙形角，所以要提高螺纹连接的自锁性能，应采用牙形角大的螺纹。

48. C。提示：与 47 题分析相反，若要提高螺纹的传动效率，应采用牙形角小的螺纹。

49. B。提示：在所列的防松方法中，只有双螺母防松属于摩擦防松方法。

50. C。

51. C。提示：根据带传动的工作原理，带传动是靠摩擦力使带轮产生运动的。

52. D。提示：当带所传递的圆周力大于带与轮面间的极限摩擦力总和时，带与带轮将发生打滑，打滑是带传动的主要失效形式。

53. C。

54. B。提示：带传动中，传动带做圆周运动的部分会产生离心力，而离心力产生的拉力作用在传动带的整个带上，所以离心拉应力分布在传动带的整个带长上。

55. A。提示：传动带的弯曲应力与带轮的直径成反比，所以传动带在大带轮处的弯曲应力小于在小带轮处的弯曲应力。

56. D。提示：传动带上最大应力发生在紧边与小轮的接触处。

57. B。提示：弹性滑动是由拉力差引起的，传动带要传递动力就会有拉力差，所以弹性滑动是无法避免的。

58. A。提示：由于有弹性滑动，当带绕过主动轮时，传动带的速度会落后于主动轮的圆周速度；当带绕过从动轮时，传动带的速度超前于从动轮的圆周速度。

59. B。提示：根据计算功率 P_c 和小带轮转速 n，查图 6-49 可以确定应选取的带型为 A 形带。

60. A。提示：带传动的主要失效形式之一是传动带的疲劳破坏。

61. C。

62. D。提示：根据正确啮合条件，要使一对齿轮能够正确啮合，应保证其模数和压力角分别相等，所以能够正确啮合的一对齿轮是 2 和 4。

63. $d = 57\text{mm}$、$h_a = 3\text{mm}$、$h_f = 3.75\text{mm}$、$c = 0.75\text{mm}$、$d_a = 63\text{mm}$、$d_f = 49.5\text{mm}$、$d_b = 53.6\text{mm}$、$p = 9.42\text{mm}$、$s = 4.71\text{mm}$，$e = 4.71\text{mm}$。

64. B。提示：因为软齿面闭式齿轮传动的主要失效形式是点蚀，所以通常按齿面接触强度设计，确定齿轮的几何尺寸（分度圆直径 d 或中心距 a），然后验算轮齿弯曲强度（σ_F）。

65. A。提示：因为硬齿面闭式齿轮传动的主要失效形式是轮齿的折断，所以通常按轮齿弯曲强度设计，确定齿轮的主要参数（模数 m），然后验算齿面接触强度（σ_H）。

66. B。提示：标准直齿圆柱齿轮的齿形系数 Y_F，应根据其齿数查图 6-57 获得。

67. A。提示：齿轮设计中，在满足弯曲强度的条件下，可选择较多的齿数，可以提高齿轮传动的平稳性，对传动有利。

68. B。

69. B。提示：平行轴外啮合斜齿圆柱齿轮相互啮合时，其接触点处轮齿的齿向应相同，所以两轮轮齿的旋向应相反。

70. A。提示：蜗轮蜗杆传动中，蜗轮蜗杆的轴线相互垂直，且其接触点处轮齿的齿向应相同，所以蜗轮轮齿的旋向与蜗杆轮齿的旋向应同。

71. B。提示：一对正常齿标准直齿圆柱齿轮传动中心距 $a = \frac{1}{2}(z_1 + z_2)$。

72. A。提示：外啮合斜齿圆柱齿轮的正确啮合条件是其法面模数和法面压力角分别相等且螺旋角大小相等但旋向相反。

73. A。提示：斜齿圆柱齿轮，轮齿上的作用力关系为两轮的圆周力 F_t、轴向力 F_a 及径向力 F_r 分别相等。

74. C。提示：蜗轮蜗杆传动轮齿上的作用力关系是蜗杆的轴向力等于蜗轮的圆周力，蜗杆的圆周力等于蜗轮的轴向力，而径向力相等。

75. C。提示：齿轮设计中小齿轮宽度应大于大齿轮宽度 5~10mm。

76. B。提示：从图 6-88 可以看出蜗轮 2 轮齿是右旋，所以可以判断蜗杆也是右旋的，故用右手法则判断蜗轮 2 的转向为由下（外）向上（内）转动。蜗杆 2' 是左旋的，故用左手法则判断蜗轮 3 的转向为逆时针。

77. 提示：（$n_5 = 2.5$ r/m，顺时针）$\dfrac{n_1}{n_5} = \dfrac{z_2}{z_1}\dfrac{z_3}{z_2'}\dfrac{z_4}{z_3'}\dfrac{z_5}{z_4'} = \dfrac{25 \times 30 \times 30 \times 60}{15 \times 15 \times 15 \times 2} = 200$，$n_5 = \dfrac{n_1}{200} = \dfrac{500}{200}$ r/m $= 2.5$ r/m；齿轮 5 的方向可以画箭头确定。

78. 提示：在转化轮系中有 $i_{13}^H = \dfrac{n_1^H}{n_3^H} = \dfrac{n_1 - n_H}{n_3 - n_H} = -\dfrac{z_2}{z_1}\dfrac{z_3}{z_2'} = -\dfrac{30 \times 80}{20 \times 50}$，故 $n_H = 14.71$ r/min。又因 n_H 为正，故系杆 H 转向与齿轮 1 的转向相同。

79. 提示：在转化轮系中有 $i_{13}^H = \dfrac{n_1^H}{n_3^H} = \dfrac{n_1 - n_H}{n_3 - n_H} = -\dfrac{z_2}{z_1}\dfrac{z_3}{z_2'} = -\dfrac{25 \times 75}{30 \times 20}$，并将 n_1 和 n_3 的数值代入，并注意代入相反的符号，故 $n_H = 10.61$ r/min，因为 n_H 的符号与 n_1 同号，故系杆 H 转向与齿轮 1 的转向相同。

80. B。 81. A。 82. C。

83. $d \geqslant \sqrt[3]{\dfrac{9.55 \times 10^6 \times P}{0.2 \times n \times [\tau]}} = \sqrt[3]{\dfrac{9.55 \times 10^6 \times 37}{0.2 \times 900 \times 40}}$ mm $= 36.61$ mm。

84. A。提示：实现运动中的两轴的结合与分离应使用离合器。

85. B。提示：满足该条件时，可选择刚性凸缘联轴器。

86. D。提示：连接大距离和大角度的两轴宜采用双万向联轴器。

87. C。提示：主要用于承受径向载荷的轴承为向心轴承。

88. B。提示：主要用于承受轴向载荷的轴承为推力轴承。

89. 提示：根据已知条件取 $f_P = 1.1$，$f_t = 1$，$C = \dfrac{f_P P}{f_t}\left(\dfrac{60n}{10^6}L_h\right)^{\frac{1}{3}} = \dfrac{1.1 \times 2360}{1} \times \left(\dfrac{60 \times 2900}{10^6} \times 5000\right)^{\frac{1}{3}}$ N $= 24\,782$ N。

90. D。

91. B。提示：L_h 是滚动轴承的寿命，C 是基本额定动载荷，P 是当量动载荷。

92. D。提示：内径代号大于 03 的滚动轴承，其内径为内径代号的数值乘 5mm。

93. C。提示：内径代号小于 03 的滚动轴承，其内径为特殊数值，需单独记忆。

94. B。 95. D。

96. C。提示：以最短杆为机架，可获得双曲柄机构；以最短杆的相邻杆为机架，可获得曲柄摇杆机构。

97. A。

98. C。提示：$d_1 = \sqrt{\dfrac{4F_Q}{\pi[\sigma]}} = \sqrt{\dfrac{4 \times 15\,000}{\pi \times 140}}$ mm $= 11.68$ mm。

99. C。

100. D。提示：根据齿轮机构正确啮合条件要求，一对相互啮合齿轮的模数和压力角应分别相等。

101. B。提示：轴上零件的轴向固定，常用轴肩、套筒、螺母和轴端挡圈等形式。

102. C。提示：圆锥滚子轴承需成对使用，型号是 3 开头。

模拟试题（一）

1. 使用公式 $Q = \Delta U + W$ 计算系统与外界交换热量和做功时，要求系统满足过程为（　　）。

   A. 任意过程　　　　　　　　　　　　B. 可逆过程

   C. 准静态过程　　　　　　　　　　　D. 边界上无功耗散过程

2. 热力过程中的热量和功都是过程量，其具有特性为（　　）。

   A. 只要过程路线确定，不论可逆是与否，Q 和 W 均为定值

   B. 只要初终位置确定，即可计算 Q 和 W

   C. 一般过程中 $Q = W$

   D. 循环过程中 $\oint \delta Q = \oint \delta W$

3. 如果湿空气的总压力为 0.1MPa，水蒸气分压力为 2.3kPa，则湿空气的含湿量约为（　　）。

   A. 5g/kg（a）　　　B. 10g/kg（a）　　　C. 15g/kg（a）　　　D. 20g/kg（a）

4. 混合气体的分压力定律（道尔顿定律）表明，组成混合气体的各部分理想气体的参数满足关系为（　　）。

   A. $p = p_1 + p_2 + \cdots + p_n$　　　　　　B. $V = V_1 + V_2 + \cdots + V_n$

   C. $p_i = g_i p$　　　　　　　　　　　　　　D. $V_i = g_i V$

5. 活塞式压气机留余隙的主要目的是（　　）。

   A. 减小压缩制气过程耗功　　　　　　B. 运行平稳和安全

   C. 增加产气量　　　　　　　　　　　D. 避免高温

6. 工质进行 1-2 过程中，做功 50kJ 和吸热 15kJ；如恢复初态时吸热 50kJ，则做功为（　　）。

   A. 5kJ　　　　　　B. 15kJ　　　　　　C. 30kJ　　　　　　D. 45kJ

7. 热力学第二定律的克劳修斯表述为：不可能把热从低温物体传到高温物体而不引起其他变化，下述中不正确的解释或理解是（　　）。

   A. 只要有一点外加作用力，就可使热量不断地从低温物体传到高温物体

   B. 要把热从低温物体传到高温物体需要外部施加作用

   C. 热从高温物体传到低温物体而不引起其他变化是可能的

   D. 热量传递过程中的"其他变化"是指一切外部作用或影响或痕迹

8. 同样温度和总压力下湿空气中脱除水蒸气时，其密度会（　　）。

   A. 不变　　　　　　B. 减小　　　　　　C. 增大　　　　　　D. 不定

9. 设空气进入喷管的初始压力为 $p_1 = 1.2$MPa，初始温度为 $T_1 = 350$K，背压为 0.1MPa，空气 $R = 287$J/(kg·K)，采用渐缩喷管时可以达到的最大流速为（　　）。

A. 343m/s   B. 597m/s   C. 650m/s   D. 725m/s

10. 氨吸收式制冷循环中，用于制冷和吸收的分别是（　　）。
   A. 水为制冷剂、氨水为吸收剂　　　　B. 水为制冷剂、氨为吸收剂
   C. 氨为制冷剂、水为吸收剂　　　　　D. 氨为制冷剂、氨水为吸收剂

11. 在一维稳态常物性无内热源的导热过程中，可以得出与热导率（导热系数）无关的温度分布通解，$t = ax + b$，其具有的特性为（　　）。
   A. 温度梯度与热导率（导热系数）成反比
   B. 导热过程与材料传导性能无关
   C. 热量计算与热导率无关
   D. 边界条件不受物体物性性质影响

12. 壁面添加肋片散热过程中，肋的高度未达到一定高度时，随着肋片高度增加，散热量也增大。当肋高度超过某个数值时，随着肋片高度增加，会出现（　　）。
   A. 肋片平均温度趋于饱和，效率趋于定值
   B. 肋片上及根部过余温度 q 下降，效率下降
   C. 稳态过程散热量保持不变
   D. 肋片效率 h_f 下降

13. 通过多种措施改善壁面及流体热力特性，可以增强泡态沸腾换热，下列措施中使用最少的措施是（　　）。
   A. 表面粗糙处理　　　　　　　　　　B. 采用螺纹表面
   C. 加入其他相溶成分形成多组分溶液　D. 表面机械加工形成微孔结构

14. 常物性有内热源 $[q_V = c(\text{W/m}^3)]$ 二维稳态导热过程，在均匀网格步长下，如题14图所示，其内节点差分方程可得为（　　）。

   A. $t_P = \dfrac{1}{4}\left(t_1 + t_2 + t_3 + t_4 + \dfrac{q_V}{\lambda}\right)$

   B. $t_P = \dfrac{1}{4}(t_1 + t_2 + t_3 + t_4) + \dfrac{q_V \Delta x^2}{4\lambda}$

   C. $t_P = \dfrac{1}{4}(t_1 + t_2 + t_3 + t_4) + q_V \Delta x^2$

   D. $t_P = \dfrac{1}{4}(t_1 + t_2 + t_3 + t_4)$

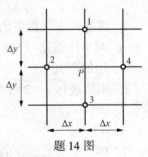

题14图

15. 对流换热过程使用准则数及关联式来描述换热过程不正确的说法是（　　）。
   A. 自然对流换热采用 Nu、Gr、Pr 描述
   B. 受迫对流换热采用准则数 Nu、Re、Pr 描述
   C. 湍流过程可以采用 $St = Pr^{-\frac{2}{3}} C_f / 2$ 描述
   D. 一般对流换热过程可以采用 $Nu = f(Re, Gr, Pr, Fo, Bi)$ 描述

16. 单向流体外掠管束换热中，管束的排列、管径、排数以及雷诺数的大小均对表面传热系数（对流换热系数）有影响，下列说法中不一定正确的是（　　）。
   A. Re 数增大，表面换热系数增大
   B. 在小雷诺数下，叉排管束表面传热系数远远大于顺排管束

C. 管径和管间距减小，表面传热系数增大
D. 后排管子的表面传热系数比前排高

17. 如果要增强蒸汽凝结换热，常见措施中较少采用的是（　　）。
   A. 增加凝结面积　　　　　　　　B. 促进形成珠状凝结
   C. 清除不凝性气体　　　　　　　D. 改善凝结表面几何形状

18. "根据黑体单色辐射的普朗克定律，固体表面的辐射随波长的变化是连续的。因此，任何温度下都会辐射出所有波长的热辐射。" 这种说法（　　）。
   A. 正确　　　　　　　　　　　　B. 不正确
   C. 与表面是否透明有关　　　　　D. 需要附加其他条件

19. 如题19图所示，二维表面（假设垂直于纸面为无限长）a 对 b 辐射的角系数 $X_{a,b}$ 和 c 对 b 的角系数 $X_{c,b}$ 之间的关系为（　　）。
   A. $X_{a,b} = X_{c,b}$　　　　　　B. $X_{a,b} < X_{c,b}$
   C. $X_{a,b} > X_{c,b}$　　　　　　D. 不确定

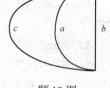

题19图

20. 采用 ε-NTU 法进行有相变的换热器计算，若 NTU 相同，则逆流和顺流效能 ε（　　）。
   A. 不相等　　　　　　　　　　　B. 相等
   C. 不确定　　　　　　　　　　　D. 与无相变时相同

21. 变径管道系统如题21图所示，细管直径 $d_A = 0.2$m，粗管直径 $d_B = 0.3$m。水在管中流动时，A 点的压强 $p_A = 60$kPa，B 点压强 $p_B = 40$kPa，A 点的流速 $v_A = 4$m/s，A、B 两点高差 2m，试确定水流方向及两断面间的水头损失（　　）。
   A. $A \to B$, 0.5m　　　　　　　B. $A \to B$, 0.7m
   C. $B \to A$, 0.5m　　　　　　　D. $B \to A$, 0.7m

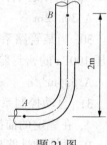

题21图

22. 某输油管模型试验，模型和原型采用同温度的同一种流体，模型与原型的几何比例为1:4，则模型油管的流量应为原型油管流量的（　　）。
   A. $\dfrac{1}{2}$　　B. $\dfrac{1}{4}$　　C. $\dfrac{1}{6}$　　D. $\dfrac{1}{8}$

23. 尼古拉兹实验表明，在紊流过渡区，沿程阻力系数 λ（　　）。
   A. 仅与雷诺数 Re 有关
   B. 与 Re 无关
   C. 既与 Re 有关，又与壁面粗糙度 K 有关
   D. 既与 Re 有关，又与壁面相对粗糙度 K/d 有关

24. 三条支管串联的管路，其总阻抗为 S，三段支管的阻抗分别为 S_1、S_2、S_3，则下面的关系式正确的是（　　）。
   A. $S = S_1 + S_2 + S_3$
   B. $\dfrac{1}{S} = \dfrac{1}{S_1} + \dfrac{1}{S_2} + \dfrac{1}{S_3}$
   C. $\dfrac{1}{S} = \dfrac{1}{\sqrt{S_1}} + \dfrac{1}{\sqrt{S_2}} + \dfrac{1}{\sqrt{S_3}}$
   D. $\dfrac{1}{\sqrt{S}} = \dfrac{1}{\sqrt{S_1}} + \dfrac{1}{\sqrt{S_2}} + \dfrac{1}{\sqrt{S_3}}$

25. 某新建室内体育场馆由圆形风口送风，风口 $d_0 = 0.5$m，距比赛区为 45m，要求比赛区质量平均风速不超过 0.2m/s，则选取风口时，风口送风量不应超过（　　）。（紊流系数 $\alpha = 0.08$）

　　A. $0.25 \text{m}^3/\text{s}$　　　　B. $0.5 \text{m}^3/\text{s}$　　　　C. $0.75 \text{m}^3/\text{s}$　　　　D. $1.25 \text{m}^3/\text{s}$

26. 强度为 Q 的源流位于 x 轴原点左侧，强度为 Q 的汇流位于 x 轴原点右侧，距原点距离均为 a，则流函数为（　　）。

A. $\psi = \dfrac{Q}{2\pi}\arctan\dfrac{y}{x-a} + \dfrac{Q}{2\pi}\arctan\dfrac{y}{x+a}$　　　　B. $\psi = \dfrac{Q}{2\pi}\arctan\dfrac{y}{x+a} - \dfrac{Q}{2\pi}\arctan\dfrac{y}{x-a}$

C. $\psi = \dfrac{Q}{2\pi}\arctan\dfrac{y-a}{x} + \dfrac{Q}{2\pi}\arctan\dfrac{y+a}{x}$　　　　D. $\psi = \dfrac{Q}{2\pi}\arctan\dfrac{y+a}{x} - \dfrac{Q}{2\pi}\arctan\dfrac{y-a}{x}$

27. 已知：空气的绝热系数 $k = 1.4$，气体常数 $R = 287\text{J}/(\text{kg}\cdot\text{K})$，则 $15℃$ 空气中的音速为（　　）。

　　A. 300m/s　　　　B. 310m/s　　　　C. 340m/s　　　　D. 350m/s

28. 喷管中空气流的速度为 500m/s，温度为 300K，密度为 2kg/m^3，若要进一步加速气流，喷管断面面积需（　　）。

　　A. 缩小　　　　B. 扩大　　　　C. 不变　　　　D. 不定

29. 某水泵往高处水池抽水，已知水泵的轴线标高 122m，吸水面标高 120m，水池液面标高 150m，吸入管段阻力 0.9m，压出管段阻力 1.81m，则所需的扬程（　　）。

　　A. 30.12m　　　　B. 28.72m　　　　C. 30.71m　　　　D. 32.71m

30. 当某管路系统风量为 $400\text{m}^3/\text{h}$ 时，系统阻力为 200Pa；当使用该系统将空气送入有正压 100Pa 的密封舱时，其阻力为 500Pa，则此时流量为（　　）。

　　A. $534\text{m}^3/\text{h}$　　　　B. $534\text{m}^3/\text{h}$　　　　C. $534\text{m}^3/\text{h}$　　　　D. $534\text{m}^3/\text{h}$

31. 自动控制系统的基本性能要求是（　　）。

A. 在稳定的前提下，动态调节时间短、快速性和平稳性好，稳态误差小

B. 系统的性能指标不要相互制约

C. 系统为线性系统，性能指标为恒定值

D. 系统动态响应快速性、准确性和动态稳定性都达到最优

32. 水温自动控制系统中，冷水在热交换器中由通入的蒸汽加热，从而得到一定温度的热水。系统中，除了对水温进行检测并形成反馈外，增加了对冷水流量变化的测量，并配以适当的前馈控制，那么该系统能够应对的扰动量为（　　）。

　　A. 蒸汽流量的变化　　　　　　　　　　B. 蒸汽温度的变化

　　C. 热水温度的变化　　　　　　　　　　D. 冷水流量的变化

33. 惯性环节的微分方程为 $Tc'(t) + c(t) = r(t)$，其中 T 为时间常数，则其传递函数 $G(s)$ 为（　　）。

　　A. $\dfrac{1}{Ts+1}$　　　　B. $Ts+1$　　　　C. $\dfrac{1}{T+s}$　　　　D. $T+s$

34. 对自动控制系统中被控对象的放大系数不正确的描述是（　　）。

A. 放大系数为被控对象输出量的增量的稳态值与输入量增量的比值

B. 放大系数既表征被控对象静态特性参数，也表征动态特性参数

C. 放大系数决定确定输入信号下对稳定值的影响
D. 放大系数是被控对象的三大特征参数之一

35. PI 控制作用的两个参数及作用是（　　）。
A. 比例度和积分时间常数，比例作用是及时的、快速的，而积分作用是缓慢的、渐进的
B. 调节度和系统时间常数，调节作用是及时的、快速的，而系统时间作用是缓慢的、渐进的
C. 反馈量和时间常数，反馈量作用是及时的、快速的，而反馈时间作用是缓慢的、渐进的
D. 偏差量和滞后时间常数，偏差作用是及时的、快速的，而滞后作用是缓慢的、渐进的

36. 典型二阶系统的特征方程为 $s^2 + 2\xi\omega_n s + \omega_n^2 = 0$，则（　　）。
A. 当 $\xi \geq 1$ 为过阻尼状态　　　　　　B. 当 $\xi = 0$ 和 $\xi = 1$ 为临界阻尼状态
C. 当 $0 < \xi < 1$ 为欠阻尼状态　　　　　D. 当 $\xi < 0$ 为无阻尼状态

37. 闭环系统的传递函数分为 $G(s) = 4s^3 + (3 + K^2)s^2 + K$，其中 K 为常数，根据劳斯稳定判断（　　）。
A. 不论 K 取何值，系统不稳定　　　　　B. 不论 K 取何值，系统稳定
C. 只有 K 大于零，系统稳定　　　　　　D. 只有 K 小于零，系统稳定

38. 减小闭环控制系统稳态误差的方法有（　　）。
A. 提高开环增益　　　　　　　　　　　B. 降低开环增益
C. 增加微分环节和降低开环增益　　　　D. 减少微分环节和降低开环增益

39. 系统的时域性能指标包括稳态性能指标和动态性能指标（　　）。
A. 稳态性能指标为稳态误差，动态性能指标有相位裕度、幅值裕度
B. 稳态性能指标为稳态误差，动态性能指标有上升时间、峰值时间、调节时间和超调量
C. 稳态性能指标为平稳性，动态性能指标为快速性
D. 稳态性能指标为位置误差系数，动态性能指标有速度误差系数、加速度误差系数

40. 下列不属于测量系统基本环节的是（　　）。
A. 传感器　　　　B. 传输通道　　　　C. 变换器　　　　D. 平衡电桥

41. 制作热电阻的材料必须满足一定的技术要求，以下叙述中错误的是（　　）。
A. 电阻值与温度值之间有接近线性的关系
B. 较大的电阻温度系数
C. 较小的电阻率
D. 稳定的物理、化学性质

42. 下列湿度计中无须进行温度补偿的是（　　）。
A. 氯化锂电阻湿度计　　　　　　　　　B. 氯化锂露点湿度计
C. NIO 陶瓷湿度计　　　　　　　　　　D. $TiO_2 - V_2O_5$ 陶瓷湿度计

43. 需要与弹性元件结合使用的压力传感器是（　　）。
A. 电阻应变式压力传感器　　　　　　　B. 压电式压力传感器

C. 电容式压力传感器　　　　　　　　　D. 电感式压力传感器

44. 不需要借助压力计测量流速的仪表是（　　）。
A. 机械式风速仪　　　　　　　　　　　B. L 型动压管
C. 圆柱形三孔测速仪　　　　　　　　　D. 三管型测速仪

45. 下列关于电磁流量计的叙述，错误的是（　　）。
A. 是一种测量导电性流体流量的仪表
B. 不能测量含有固体颗粒的液体
C. 利用法拉第电磁感应原理
D. 可以测量腐蚀性液体

46. 以下液位测量仪表中，不受被测液体密度影响的是（　　）。
A. 浮筒式液位计　　B. 压差式液位计　　C. 电容式液位计　　D. 超声波液位计

47. 在压力测量中，压力表零点漂移产生的误差属于（　　）。
A. 系统误差　　　　B. 随机误差　　　　C. 过失误差　　　　D. 人为误差

48. 均方根偏差与精密度之间的关系，表述正确的是（　　）。
A. 均方根偏差越大，精密度越高
B. 均方根偏差越大，精密度越低
C. 均方根偏差越大，精密度可能越高也可能越低
D. 均方根偏差与精密度没有关系

49. 对塑性材料制成的机械零件进行静强度计算时，其极限应力应取为（　　）。
A. σ_0　　　　　　B. σ_{-1}　　　　　　C. σ_s　　　　　　D. σ_b

50. 由 m 个构件所组成的复合铰链包含转动副的个数为（　　）。
A. $m+1$　　　　　　B. m　　　　　　　C. $m-1$　　　　　　D. 1

51. 如平面四杆机构存在急回运动特性，则其行程速比系数 K（　　）。
A. $K=0$　　　　　　B. $K>1$　　　　　　C. $K=1$　　　　　　D. $K<1$

52. 在滚子从动件凸轮机构中，对于外凸凸轮的理论轮廓曲线，为使凸轮的实际轮廓曲线完整做出，不会出现变尖或交叉现象，必须满足（　　）。
A. 滚子半径不等于理论轮廓曲线最小曲率半径
B. 滚子半径小于理论轮廓曲线最小曲率半径
C. 滚子半径等于理论轮廓曲线最小曲率半径
D. 滚子半径大于理论轮廓曲线最小曲率半径

53. 若要提高螺纹连接的自锁性能，可以（　　）。
A. 采用牙型角小的螺纹　　　　　　　　B. 增大螺纹升角
C. 采用单头螺纹　　　　　　　　　　　D. 增大螺纹螺距

54. V 带传动采用张紧轮张紧时，张紧轮应布置在（　　）。
A. 紧边内侧靠近大带轮　　　　　　　　B. 紧边外侧靠近小带轮
C. 松边内侧靠近大带轮　　　　　　　　D. 松边外侧靠近小带轮

55. 在蜗杆传动中，比较理想的蜗杆与蜗轮的材料组合是（　　）。
A. 钢与青铜　　　　B. 钢与铸铁　　　　C. 铜与钢　　　　　D. 钢与钢

56. 转轴受到的弯曲应力性质为（　　）。

A. 静应力 B. 脉动循环变应力
C. 对称循环变应力 D. 非对称循环变应力

57. 在下列滚动轴承中，通常需要成对使用的型号是（　　）。
A. N307　　　　B. 30207　　　　C. 51307　　　　D. 6207

58. 采用地下水作为暖通空调系统的冷源时，地下水使用过后（　　）。
A. 必须全部回灌 B. 必须全部回灌并不得造成污染
C. 视具体情况尽可能回灌 D. 若技术上有难度可以不回灌

59. 下列关于资质资格管理的叙述中错误的是（　　）。
A. 发包方将建设工程勘察设计业务发包给具备相应资质等级的单位
B. 未经注册的建设工程勘察设计人员不得从事建设工程勘察设计工作
C. 注册执业人员只能受聘于一个建设工程勘察设计单位
D. 建设工程勘察设计单位不允许个人以本单位名义承揽建设工程勘察设计任务

60. 下列在厂房和仓库内设置各类其他用途房间的限制中说法正确的是（　　）。
A. 甲、乙类厂房内不宜设置休息室
B. 甲、乙类厂房内严禁设置员工宿舍
C. 仓库内严禁设置员工宿舍
D. 办公室严禁设置在甲、乙类仓库内，但可以贴邻建造

模拟试题（一）答案

1. A。提示：热力学第一定律能量方程 $Q = \Delta U + W$ 适用于各种工质的任意过程。

2. D。提示：功和热量都是过程量，当系统状态发生变化时，才有功和热量的传递，并且功和热量的大小不仅与过程的初、终状态有关，还与过程的性质有关。由热力学第一定律，功和热量的能量方程为 $Q = \Delta U + W$。当系统经历一循环过程，因为内能是状态参数，有 $\oint dU = 0$，则 $\oint \delta Q = \oint \delta W$。

3. C。提示：湿空气的含湿量 d 是指含有 1kg 干空气的湿空气中所混有的水蒸气质量，计算公式为

$$d = 622 \times \frac{p_v}{B - p_v}$$

其中 B 为湿空气的总压力，p_v 为水蒸气分压力，代入数值计算，得 $d \approx 15\text{g/kg(a)}$。

4. A。提示：体积为 V 的容器中盛有压力为 P、温度为 T 的混合气体，若将每一种组成气体分离出来后，且具有与混合气体相同的温度和体积时，给予容器壁的压力称为组成气体的分压力，用 p_i 表示，根据道尔顿分压定律，组成混合气体的各部分理想气体的参数满足关系为分压力 p_i 之和等于混合气体的总压力 p，即

$$p = p_1 + p_2 + \cdots + p_n$$

5. B。提示：实际的活塞式压气机，为了运转平稳和安全，避免活塞与气缸盖撞击以及便于安排进气阀和排气阀等，活塞顶面与缸盖之间必须留有一定的空隙，称为余隙（余隙容积）。

6. B。提示：由热力学第一定律 $Q = \Delta U + W$，工质进行 1 – 2 过程中，$\Delta U_{(1-2)} = Q_1 - W_1 = 15\text{kJ} - 50\text{kJ} = -35\text{kJ}$，如恢复初态，$\Delta U_{(2-1)} = -\Delta U_{(1-2)} = 35\text{kJ}$，已知 Q_2 为 50kJ，则 $W_2 = Q_2 - U_{(2-1)} = 50\text{kJ} - 35\text{kJ} = 15\text{kJ}$。

7. A。提示：热力学第二定律的克劳修斯表述"不可能把热从低温物体传到高温物体而不引起其他变化"是指要把热量不断从低温物体传到高温物体是需要外部持续施加作用的。

8. C。提示：湿空气的密度即每立方米湿空气中含干空气和水蒸气质量的总和。在同样温度和总压力下湿空气中脱除水蒸气时，水蒸气的分压力减小，干空气的分压力增加，由于干空气的密度会比湿空气的密度大，故脱除水蒸气则使湿空气的密度增大。

9. A。提示：空气为双原子气体，k 取 1.4，临界压力比 $\beta = 0.528$，则临界压力 $p_c = \beta p_1 = 0.63\text{MPa}$，大于背压 0.1MPa，故采用渐缩喷管时出口压力 $p_2 = p_c$，此时可以达到的最大流速为临界流速 $c_c = \sqrt{\dfrac{2k}{k+1}RT_1} = 343\text{m/s}$。

10. C。提示：吸收式制冷是利用制冷剂液体汽化吸热实现制冷，它是直接利用热能驱动，以消耗热能为补偿，将热量从低温物体转移到高温物体中去。吸收式制冷采用的工质是两种沸点相差较大的物质组成的二元溶液，其中沸点低的物质为制冷剂，沸点高的物质为吸收剂。氨吸收式制冷循环中，氨用作制冷剂、水为吸收剂。

11. D。提示：无论是哪种导热形式，都遵循傅里叶定律：①热流密度为定值，温度梯度绝对值与热导率成反比；②导热过程，热流密度与热导率（导热系数）有关，热导率体现材料的传导性能；③导热量计算用傅里叶定律，与热导率有关。因此 A、B、C 答案都不对。稳态常物性无内热源导热问题，无论哪种边界条件，并不受物体物性性质的影响，因此 D 答案对。

12. D。提示：肋片效率的定义是肋片的实际散热量与肋片为肋基温度时的理想散热量的比值，也就是肋片的平均过余温度与肋基过余温度的比值。当肋基温度、环境温度稳定时，肋基过余温度为定值。肋高增加，肋片平均温度下降，肋片的平均过余温度也下降，肋片效率下降。

13. C。提示：沸腾换热过程，在热力循环中只是其中的一个过程，A、B 和 D 方法为单纯改善泡态沸腾换热方法，C 答案属于改变沸腾液体的性质，这种方法也会对整个热力循环产生影响，一般很少采用。

14. B。提示：根据热平衡，建立 P 节点方程

$$\lambda \frac{t_1 - t_P}{\Delta y}\Delta x + \lambda \frac{t_2 - t_P}{\Delta x}\Delta y + \lambda \frac{t_3 - t_P}{\Delta y}\Delta x + \lambda \frac{t_4 - t_P}{\Delta y}\Delta x + q_V \Delta x \Delta y = 0$$

均匀网格 $\Delta x = \Delta y$

整理 P 节点方程得到

$$t_P = \frac{1}{4}(t_1 + t_2 + t_3 + t_4) + \frac{q_V \Delta x^2}{4\lambda}$$

15. D。提示：Bi 和 Fo 数是与导热相关的准则数，与对流换热无关，因此 D 不正确。

16. C。提示：单向流体外掠管束换热中，流体的混乱程度增加，表面传热系数会增大。Re 增加，流体混乱程度增加，表面传热系数增加，A 正确。在小雷诺数下，叉排管束增加流体混乱程度大于顺排，叉排管束更有利于增加表面传热系数，B 正确。管束后排管子的流

体混乱程度高于前排管子，后排管子的表面传热系数比前排高，D 正确。在小雷诺数时，流体混乱程度小，当管径和管间距减小，流体混乱程度明显增加，表面传热系数增大；雷诺数大时，流体混乱程度大，管径和管间距减小，流体混乱程度没有明显增加，表面传热系数并不一定增加，因此 C 说法不一定正确。

17. A。提示：有蒸汽凝结的换热问题，一般壁面一侧单向流体换热，另一侧为沸腾换热。一般单向流体换热的表面传热系数比沸腾换热表面传热系数小，为提高传热系数，增加单向流体侧的换热面积有利，增加沸腾侧的凝结面积对传热系数提高作用不大。提高蒸汽凝结换热的表面传热系数的最主要方法有促进形成珠状凝结、清除不凝性气体和改善凝结表面几何形状，因此选 A。

18. B。提示：黑体单色（光谱）辐射的普朗克定律，揭示了黑体辐射光谱的变化规律，黑体的单色（光谱）辐射力与波长和温度有关，黑体固体表面的辐射随波长的变化是连续的，但温度不同，辐射的波长范围不同，温度高，辐射的波长在短波范围，温度低，辐射的波长在长波的范围，因此并不是在任何温度下都会辐射出所有波长的热辐射。

19. C。提示：根据图形写出

$$A_a X_{a,b} = A_b X_{b,a}, \quad X_{b,a} = 1, \quad A_a X_{a,b} = A_b$$
$$A_c X_{c,b} = A_b X_{b,c}, \quad X_{b,c} = 1, \quad A_c X_{c,b} = A_b$$

则 $A_a X_{a,b} = A_c X_{c,b}$，又 $A_a < A_c$，所以 $X_{a,b} > X_{c,b}$。

20. B。提示：采用 ε - NTU 法进行有相变的换热器计算，无论顺流还是逆流，效能 ε 与 NTU 的关系式皆为

$$\varepsilon = 1 - e^{-NTU}$$

当 NTU 相等，则逆流和顺流效能 ε 必然相等。

21. B。提示：由连续方程 $v_A A_A = v_B A_B$，$v_B = 1.78\text{m/s}$，根据能量定理，阻力做功沿程总水头下降。A、B 两断面的总水头分别为：$H_A = Z_A + \dfrac{p_A}{\rho g} + \dfrac{v_A^2}{2g} = 6.94\text{m}$，$H_B = Z_B + \dfrac{p_B}{\rho g} + \dfrac{v_B^2}{2g} = 6.24\text{m}$，$H_A - H_B = 0.7\text{m}$，故流向为 A 到 B，水头损失为 0.7m。

22. B。提示：有压管流影响流动的主要作用力是黏性力，故选择雷诺准则用于此模型试验。$Re_n = Re_m$，$\dfrac{v_n l_n}{\nu_n} = \dfrac{v_m l_m}{\nu_m}$；因为同温度的同一种流体，有 $\nu_n = \nu_m$；几何比尺 $\dfrac{l_m}{l_n} = \dfrac{1}{4}$，则 $\dfrac{v_m}{v_n} = \dfrac{4}{1}$；所以 $\dfrac{Q_m}{Q_n} = \dfrac{v_m A_m}{v_n A_n} = 4 \times \left(\dfrac{1}{4}\right)^2 = \dfrac{1}{4}$。

23. D。提示：根据沿程阻力系数 λ 变化的特征，有五个阻力区。其中，层流区、临界区和紊流过渡区内，λ 仅与 Re 有关；紊流过渡区内，λ 既与 Re 有关，又与壁面相对粗糙度有关；紊流粗糙区内，λ 仅与相对粗糙度有关，即管道一定，λ 为常数。注意，壁面对阻力的影响是相对粗糙度而不是粗糙度。

24. A。提示：串联管路是由简单管路首尾相连组合而成。由此，串联管路的计算原则为：若无分流或汇流，则流量相等，阻力相加，总阻抗等于各管段阻抗的和。

25. D。提示：这是一个圆断面射流的问题，比赛区显然是在射流的主体段，则主体段质量平均流速公式为 $\dfrac{v_2}{v_0} = \dfrac{0.23}{\dfrac{aS}{d_0} + 0.147}$，代入已知数据得 $v_0 = 6.39\text{m/s}$，故风口送风量 $Q_0 =$

$1.254\text{m}^3/\text{s}$。

26. B。提示：这是理想流体动力学的平面不可压有势流问题，有势流具有可叠加性。位于 x 轴上在原点左侧的源流的流函数 $\psi_1 = \dfrac{Q}{2\pi}\arctan\dfrac{y}{x+a}$；同样，右侧的汇流的流函数为 $\psi_2 = \dfrac{-Q}{2\pi}\arctan\dfrac{y}{x-a}$；则共同作用的流场的流函数为 $\psi = \psi_1 + \psi_2$。

27. C。提示：音速与温度的关系式为 $c = \sqrt{kRT} = \sqrt{1.4 \times 287 \times (273+15)}\text{m/s} = 340\text{m/s}$。

28. B。提示：温度为 300K 时的音速 $c = \sqrt{kRT} = \sqrt{1.4 \times 287 \times 300}\text{m/s} = 347\text{m/s}$，$M = \dfrac{v}{c} = 1.44 > 1$，故气流为超音速流动，由流速与断面的关系式 $\dfrac{\text{d}A}{A} = (M^2 - 1)\dfrac{\text{d}v}{v}$ 可知，在超音速时，速度与断面积的变化同号。要加速气流，则喷管断面积需扩大。

29. D。提示：泵向开式水箱供水，上下水箱压力相同（大气压），上下水箱流速很小忽略不计，则泵的扬程 $H = H_Z + h_1$，即为几何扬水高度和管路系统流动阻力之和。$H = 150\text{m} - 120\text{m} + 0.9\text{m} + 1.81\text{m} = 32.71\text{m}$。

30. B。提示：系统不变则系统的阻抗不变，$\Delta p_1 = S_1 Q_1^2$，该系统用于密封舱时，有 $\Delta p_2 = 100 + S_1 Q_2^2$，联立两式且 $\Delta p_1 = 200$，$\Delta p_2 = 500$，则 $Q_2 = 565.7\text{m}^3/\text{h}$。

31. A。提示：对自动控制系统最基本的要求是必须稳定的，稳态误差越小越好，动态过程的过渡过程时间（又称调整时间）越短越好，振荡幅度越小越好，快速性和平稳性好。

32. D。提示：热交换器是被控对象，实际热水温度为被控量，给定量（希望温度）在控制器中设定；冷水流量是干扰量。

33. A。提示：惯性环节的微分方程为 $T\dfrac{\text{d}c(t)}{\text{d}t} + c(t) = r(t)$，惯性环节的传递函数为 $G(s) = \dfrac{1}{Ts+1}$。

34. B。提示：被控对象的特性参数有放大系数 K、滞后时间 τ 和时间常数 T。放大系数 K 是表征被控对象静态特性的参数，为被控对象重新稳定后的输出变化量与输入变化量的比值。被控对象的放大系数 K 越大，被控变量对这个量的变化就越灵敏，但稳定性差。

35. A。提示：表示 PI 控制作用的参数有比例系数 K_p 和积分时间常数 T_I。比例作用是及时的、快速的，而积分作用是缓慢的、渐进的。

36. C。提示：当 $0 < \xi < 1$ 时，称为欠阻尼状态；当 $\xi = 1$ 时，称为临界阻尼状态；当 $\xi > 1$ 时，称为过阻尼状态；当 $\xi = 0$ 时，称为无阻尼状态。

37. A。提示：根据劳斯稳定判据可知，该系统稳定的必要条件为 a_0、a_1、a_2、a_3 均大于零，且 $a_1 a_2 > a_0 a_3$。本题中，$a_0 = 4$，$a_1 = 3 + K^2$，$a_2 = 0$，$a_3 = K$，因此不论 K 取何值，系统均不稳定。

38. A。提示：稳态误差与系统的开环增益成反比。

39. B。提示：时域指标包括稳态指标和动态指标。稳态指标是衡量系统稳态精度即稳态误差的指标。也可用稳态位置误差系数、稳态速度误差系数、稳态加速度误差系数来表征。

40. D。提示：测量系统都是由若干具有一定基本功能的测量环节组成的。测量系统中的测量设备一般由传感器、变换器或变送器、传输通道和显示装置组成。

41. C。提示：制作热电阻的材料必须满足一定的技术要求，一般来说要求材料的电阻值与温度值之间有接近线性的关系、较大的电阻温度系数、足够大的电阻率和稳定的物理、化学性质。

42. A。提示：氯化锂的吸湿量与空气的相对湿度成一定函数关系，随着空气相对湿度的变化，氯化锂吸湿量也随之变化。氯化锂电阻湿度传感器就是根据这个道理制成的。

43. A。提示：应变式压力传感器是一种传感装置，是利用弹性敏感元件和应变计将被测压力转换为相应电阻值变化的压力传感器，按弹性敏感元件结构的不同，应变式压力传感器大致可分为应变管式、膜片式、应变梁式和组合式4种。

44. A。提示：机械风速仪测量的敏感元件是一个轻型叶轮，其转速与气流速度成正比，其他三种都是通过测量动压值间接计算流速。

45. B。提示：电磁流量计是基于电磁感应原理工作的流量测量仪表，用于测量具有一定导电性液体的体积流量。测量精度不受被测液体的黏度、密度及温度等因素变化的影响，且测量管道中没有任何阻碍液体流动的部件，所以几乎没有压力损失。适当选用测量管中绝缘内衬和测量电极的材料，就可以测量各种腐蚀性（酸、碱、盐）液体流量，尤其在测量含有固体颗粒的液体如泥浆、矿浆等的流量时，更显示出其优越性。

46. D。提示：超声波液位计通过测量液面反射超声波的时间测量液位，与液体的密度无直接关系。

47. A。提示：由于仪表结构不良引起的测量误差属于系统误差。

48. B。提示：精密度表示同一被测量在相同条件下，使用同一仪表、由同一操作者进行多次重复测量所得测量值彼此之间接近的程度，也就是说，它表示测量重复性的好坏。

49. C。提示：对于塑性材料制成的零件，应按照不发生塑性变形的条件进行计算，取材料的屈服应力 σs 为极限应力。

50. C。提示：m 个构件所组成的复合铰链包含的转动副个数为 $m-1$ 个。

51. B。提示：当机构具有急回特性时，通常用行程速比系数 K 来衡量急回特性的相对程度。又因 K 值的大小取决于极位夹角 θ，θ 角越大，K 值越大，急回运动特征越明显；反之，则越不明显。当 $\theta=0$ 时，$K=1$，机构无急回运动特性。故 $K>1$ 时，机构必有急回特性。

52. B。提示：为防止凸轮机构的实际轮廓曲线出现变尖或交叉现象，滚子半径应小于理论轮廓曲线最小曲率半径。

53. C。提示：螺纹连接的自锁性能与螺纹升角 ψ 大小有关，螺纹升角 ψ 越小，其自锁性能越好。根据螺纹升角公式 $\tan\psi = \dfrac{nP}{\pi d_2}$（其中：$n$—螺纹头数，$P$—螺距，$d_2$—螺纹中径）可知，减少螺纹头数或减小螺距或增大中径，均可减小螺纹升角 ψ，从而提高螺纹的自锁性能。

54. D。提示：张紧轮安排在松边外侧靠近小带轮处可以增大小带轮的包角。

55. A。提示：蜗杆和蜗轮的材料不仅要求有足够的强度，而更重要的是要有良好的减摩耐磨性能和抗胶合的能力。因此常采用青铜作蜗轮的齿圈，与经过淬火、磨削后的钢质蜗杆相配。

56. C。提示：转轴上的弯曲应力性质为对称循环变应力。
57. B。提示：圆锥滚子轴承需成对使用，型号是3开头。
58. B。提示：《民用建筑供暖通风与空气调节设计规范》（GB 50736—2012）中：

7.5.2　凡与被冷却空气直接接触的水质均应符合卫生要求。空气冷却采用天然冷源时，应符合下列规定：

1. 水的温度、硬度等符合使用要求；
2. 地表水使用过后的回水予以再利用；
3. 使用过后的地下水应全部回灌到同一含水层，并不得造成污染。

地下水的回灌可以防止地面沉降，全部回灌并不得造成污染是对水资源保护必须采取的措施。为保证地下水不被污染，地下水宜采用与空气间接接触的冷却方式。

59. B。提示：在《建设工程勘察设计管理条例》第二章资质资格管理中：

第八条　建设工程勘察、设计单位应当在其资质等级许可的范围内承揽建设工程勘察、设计业务。

禁止建设工程勘察、设计单位超越其资质等级许可的范围或者以其他建设工程勘察、设计单位的名义承揽建设工程勘察、设计业务。禁止建设工程勘察、设计单位允许其他单位或者个人以本单位的名义承揽建设工程勘察、设计业务。

第九条　国家对从事建设工程勘察、设计活动的专业技术人员，实行执业资格注册管理制度。

未经注册的建设工程勘察、设计人员，不得以注册执业人员的名义从事建设工程勘察、设计活动。

第十条　建设工程勘察、设计注册执业人员和其他专业技术人员只能受聘于一个建设工程勘察、设计单位；未受聘于建设工程勘察、设计单位的，不得从事建设工程的勘察、设计活动。

60. B。提示：在《建筑设计防火规范》（GB 50016—2014）第三章厂房和仓库中：

3.3.5　员工宿舍严禁设置在厂房内。

办公室、休息室等不应设置在甲、乙类厂房内，确需贴邻本厂房时，其耐火等级不应低于二级，并应采用耐火极限不低于3.00h的防爆墙与厂房分隔，且应设置独立的安全出口。

办公室、休息室设置在丙类厂房内时，应采用耐火极限不低于2.50h的防火墙和1.00h的楼板与其他部位分隔，并应至少设置1个独立的安全出口。如隔墙上需开设相互连通的门时，应采用乙级防火门。

3.3.9　员工宿舍严禁设置在仓库内。

办公室、休息室等严禁设置在甲、乙类仓库内，也不应贴邻。

办公室、休息室设置在丙、丁类仓库内时，应采用耐火极限不低于2.50h的防火墙和1.00h的楼板与其他部位分隔，并应设置独立的安全出口。隔墙上需开设相互连通的门时，应采用乙级防火门。

模拟试题（二）

1. 状态参数是描述系统工质状态的宏观物理量，下列参数组中全部是状态参数的是（　　）。
   A. p, v, T, pu^2, pgz
   B. Q, W, T, v, p
   C. T, H, U, S, p
   D. z, p, v, T, H

2. 对于热泵循环，输入功 W，可以在高温环境放出热量 Q_1，在低温环境得到热量 Q_2，下列关系中不可能存在的是（　　）。
   A. $Q_2 = W$
   B. $Q_1 > W > Q_2$
   C. $Q_1 > Q_2 > W$
   D. $Q_2 > Q_1 > W$

3. 多股流体绝热混合，计算流体出口参数时，下列哪个过程应考虑流速的影响？（　　）
   A. 超音速流动
   B. 不可压缩低速流动
   C. 各股流体速度不大，温度不同
   D. 流动过程可简化为可逆过程

4. 如果将常温常压下的甲烷气体作为理想气体，其定值比热容比 $k = c_p/c_V$ 为（　　）。
   A. 1.33
   B. 1.40
   C. 1.50
   D. 1.67

5. 压气机压缩制气过程有三种典型过程，即等温过程、绝热过程和多变过程，在同样初始条件和达到同样压缩比的条件下，三者耗功量之间的正确关系为（　　）。
   A. $w_{等温} = w_{多变} = w_{绝热}$
   B. $w_{等温} > w_{多变} > w_{绝热}$
   C. $w_{等温} < w_{多变} < w_{绝热}$
   D. 不确定

6. 进行逆卡诺循环时，制冷系数或供热系数均可以大于1，即制冷量 Q_2 或供热量 Q_1 都可以大于输入功 W，下列说法正确的是（　　）。
   A. 功中含有较多的热量
   B. 功的能量品位比热量高
   C. 热量或冷量可以由其温度换算
   D. 当温差为零时可以得到无限多的热量或冷量

7. 夏季皮肤感觉潮湿时，可能因为空气中（　　）。
   A. 空气压力低
   B. 空气压力高
   C. 相对湿度大
   D. 空气温度高

8. 某喷管内空气初始流速 20m/s 和温度 115℃，出口温度为 85℃，空气定压比热容 c_p = 1004.5J/(kg·K)，则出口流速为（　　）。
   A. 238m/s
   B. 242m/s
   C. 246m/s
   D. 252m/s

9. 将蒸汽动力循环与热能利用进行联合工作组成热电联合循环，系统可以实现（　　）。
   A. 热功效率 $\eta_{max} = 1$
   B. 热能利用率 $K_{max} = 1$

C. $\eta_{热功效率} + K_{热能利用率} = 1$　　　　D. 热能利用率 K 不变

10. 采用溴化锂吸收式制冷循环过程中，制冷剂和吸收剂分别是（　　）。

A. 水为制冷剂，溴化锂溶液为吸收剂

B. 溴化锂为制冷剂，水为吸收剂

C. 溴化锂为制冷剂，溴化锂溶液为吸收剂

D. 溴化锂溶液为制冷剂和吸收剂

11. 下列导热过程傅里叶定律表述中，不正确的是（　　）。

A. 热流密度 q 与传热面积成正比

B. 导热量 Q 与温度梯度成正比

C. 热流密度 q 与传热面积无关

D. 导热量 Q 与导热距离成反比

12. 外径为 25mm 和内径为 20mm 的蒸汽管道进行保温计算时，如果保温材料热导率为 0.12W/(m·K)，外部表面总传热系数为 12W/(m²·K)，则热绝缘临界直径为（　　）。

A. 25mm　　　　B. 20mm　　　　C. 12.5mm　　　　D. 10mm

13. 采用集总参数法计算物体非稳态导热过程时，下列用以分析和计算物体的特征长度的方法中，错误的是（　　）。

A. 对于无限长柱体 $L = R/2$，对于圆球体 $L = R/3$，R 为半径

B. 对于无限大平板 $L = \delta$，δ 为平板厚度的一半

C. 对于不规则物体 $L = V(体积)/F(散热面积)$

D. 对于普通圆柱 $L = R$，R 为半径

14. 常物性无内热源二维稳态导热过程，在均匀网格步长下，如题 14 图所示的拐角节点处于第三类边界条件时，其差分格式为（　　）。

A. $t_1 = \dfrac{1}{3}(t_2 + t_3 + t_f)$

B. $t_1 = \dfrac{1}{2}(t_2 + t_3) + \dfrac{h}{\lambda} t_f$

C. $t_1 = \dfrac{1}{2}(t_2 + t_3) + \dfrac{h \Delta x}{\lambda} t_f$

D. $2\left(1 + \dfrac{h \Delta x}{\lambda}\right) t_1 = t_2 + t_3 + 2 \dfrac{h \Delta x}{\lambda} t_f$

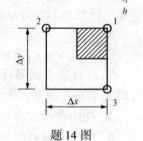

题 14 图

15. 流体外掠平板形成边界层，下列关于边界层厚度及流动状态表述中，不正确的说法是（　　）。

A. 边界层内依次出现层流和湍流

B. 随着板长度增加，边界层厚度趋于定值

C. 边界层厚度与来流速度及板面粗糙度有关

D. 当流动长度较大时，紊流边界层中靠近板为层流底层

16. 根据单相流体管内受迫流动换热特性，下列入口段的表面传热系数与充分发展段的表面传热系数的关系中，正确的是（　　）。

A. $h_{入口} > h_{充分发展}$

B. $\bar{h}_{入口} < \bar{h}_{充分发展}$

C. $\bar{h}_{入口} > \bar{h}_{充分发展}$

D. 不确定

17. 在沸腾换热过程中，产生的气泡不断脱离表面，形成强烈的对流换热，其中产生的气泡能够存在并能继续长大的条件（   ）。

A. 只要满足 $R_{min} > \dfrac{2\sigma T_s}{r\rho_v (t_w - t_s)}$

B. 只要满足 $(p_v - p_l) \geq 2\sigma/R$

C. 只要壁面温度 $t_w \gg$ 流体饱和温度 t_s

D. 壁面处有汽化核心

18. 太阳能集热器或太阳灶的表面常做成黑颜色的主要原因是（   ）。

A. 黑色表面的辐射率较大，$\varepsilon \approx 1$

B. 太阳能中的最大辐射率处于可见光波长范围

C. 黑色表面可以最大限度吸收红外线辐射能

D. 黑色表面有利于辐射换热

19. 气体辐射换热过程中，一般常忽略不计的因素是（   ）。

A. 辐射换热波段

B. 气体成分

C. 容积几何特征

D. 气体分子的散射和衍射

20. 套管式换热器中进行饱和水蒸气凝结为饱和水，加热循环水过程。蒸汽的饱和温度115℃，流量1800kg/h，潜热2230 kJ/kg；水入口温度45℃，出口温度65℃。设传热系数为125W/(m²·K)，则该换热器所需的换热面积为（   ）。

A. 150m²　　　　B. 125m²　　　　C. 100m²　　　　D. 75m²

21. 如题21图所示，水箱里的水经收缩管流出。水位 H 保持不变，A 点处（   ）。

A. 当地加速度为零，迁移加速度也为零

B. 当地加速度为零，迁移加速度不为零

C. 当地加速度不为零，迁移加速度为零

D. 当地加速度不为零，迁移加速度也不为零

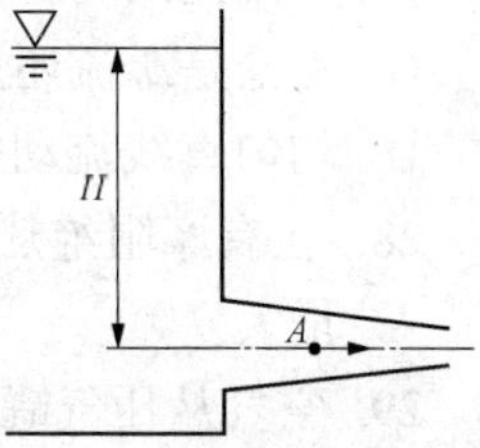

题21图

22. 某溢水堰模型设计比例为1∶36，在模型上测得流速0.8m/s，则实际流速为（   ）。

A. 4.8m/s　　　　B. 4.5m/s　　　　C. 4m/s　　　　D. 3.6m/s

23. 变直径圆管，前段直径 $d_1 = 30$mm，雷诺数为3000，后段直径变为 $d_1 = 60$mm，则后段圆管中的雷诺数为（   ）。

A. 1000　　　　B. 1500　　　　C. 2000　　　　D. 3000

24. 如题24图所示虹吸管，C 点前的管长 $l = 15$m，管径 $d = 200$mm，流速为 $v = 2$m/s，进口阻力系数 $\zeta_1 = 1.0$，转弯的阻力系数 $\zeta_2 = 0.2$，沿程阻力系数 $\lambda = 0.025$，管顶 C 点的允许真空度 $h_v = 7$m，则最大允许安装高度为（   ）。

A. 6.13m B. 6.17m C. 6.34m D. 6.56m

25. 如题 25 图所示，某设备的冷却水系统从河水中取水，已知河水水面与管道系统出水口的高差 $Z=4$m，管道直径 $d=200$mm，管长 $L=200$m，沿程阻力系数为 $\lambda=0.02$，局部阻力系数 $\sum\zeta=50$，流量要求为 $Q=200$m³/h，则水泵应提供的总扬程为（　　）。

A. 4m B. 11.18m C. 15.18m D. 24.18m

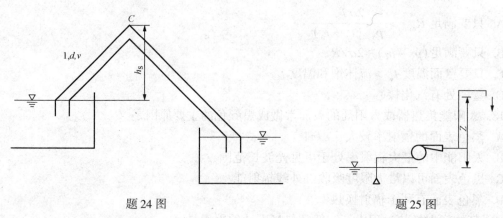

题 24 图　　　　　　　　　　　　题 25 图

26. 在速度为 $v=2$m/s 的水平直线流中，在 x 轴下方 5 个单位处放一强度为 3 的汇流，则此流动的流函数为（　　）。

A. $\psi=2y-\dfrac{3}{2\pi}\arctan\dfrac{y+5}{x}$　　　B. $\psi=2y+\dfrac{3}{2\pi}\arctan\dfrac{y+5}{x}$

C. $\psi=2x-\dfrac{3}{2\pi}\arctan\dfrac{y-5}{x}$　　　D. $\psi=2x+\dfrac{3}{2\pi}\arctan\dfrac{y-5}{x}$

27. 下列说法中错误的是（　　）。

A. 平面无旋流动既存在流函数也存在势函数

B. 环流是圆周运动，不属于无旋流动

C. 无论是源流还是汇流均不存在旋转角速度

D. 均匀直线流动中，流速为常数

28. 在有摩阻绝热气流流动中，滞止压强 p_0 的沿程变化情况为（　　）。

A. 增大　　　B. 降低　　　C. 不变　　　D. 不定

29. 空气从压气罐口通过一拉伐尔喷管输出，已知喷管出口压强 $p=14$kN/m²，马赫数 $M=2.8$，压气罐中温度 $t_0=20$℃，空气的比热容比 $k=1.4$，则压气罐的压强为（　　）。

A. 180kN/m²　　B. 280kN/m²　　C. 380kN/m²　　D. 480kN/m²

30. 已知有一离心水泵，流量 $Q=0.88$m³/s，吸入管径 $D=0.6$m，泵的允许吸入真空度 $[H_s]=3.5$m，吸入段的阻力为 0.6m 水柱，水面为大气压，则水泵的最大安装高度为（　　）。

A. 2.01m　　B. 2.41m　　C. 2.81m　　D. 3.21m

31. 由温度控制器、温度传感器、热交换器、流量计等组成的控制系统，其中被控对象是（　　）。

A. 温度控制器　　B. 温度传感器　　C. 热交换器　　D. 流量计

32. 下列概念中错误的是（　　）。
A. 闭环控制系统的精度通常比开环系统高
B. 开环系统不存在稳定性问题
C. 反馈可能引起系统振荡
D. 闭环系统总是稳定的

33. 关于拉氏变换，下列不成立的是（　　）。
A. $L[f'(t)] = s \cdot F(s) - f(0)$
B. 零初始条件下，$L\left[\int f(t)\,\mathrm{d}t\right] = \dfrac{1}{s} \cdot F(s)$
C. $L[e^{at} \cdot f(t)] = F(s-a)$
D. $\lim\limits_{t \to \infty} f(t) = \lim\limits_{s \to 0} F(s)$

34. 由开环传递函数 $G(s)$ 和反馈传递函数 $H(s)$ 组成的基本负反馈系统的传递函数为（　　）。

A. $\dfrac{G(s)}{1 - G(s)H(s)}$　　B. $\dfrac{1}{1 - G(s)H(s)}$　　C. $\dfrac{G(s)}{1 + G(s)H(s)}$　　D. $\dfrac{1}{1 + G(s)H(s)}$

35. 对于室温对象——空调房间，减少空调使用寿命的因素之一是（　　）。
A. 对象的滞后时间增大　　　　　　B. 对象的时间常数增大
C. 对象的传递系数增大　　　　　　D. 对象的调节周期增大

36. 设系统的传递函数为 $\dfrac{4}{6s^2 + 10s + 8}$，则该系统的（　　）。

A. 增益 $K = \dfrac{1}{2}$，阻尼比 $\xi = \dfrac{5\sqrt{3}}{12}$，无阻尼自然频率 $\omega_n = \dfrac{2}{\sqrt{3}}$

B. 增益 $K = \dfrac{2}{3}$，阻尼比 $\xi = \dfrac{5}{3}$，无阻尼自然频率 $\omega_n = \dfrac{4}{3}$

C. 增益 $K = \dfrac{1}{2}$，阻尼比 $\xi = \dfrac{3}{4}$，无阻尼自然频率 $\omega_n = \dfrac{5}{4}$

D. 增益 $K = 1$，阻尼比 $\xi = \dfrac{3}{3}$，无阻尼自然频率 $\omega_n = \dfrac{5}{2}$

37. 二阶欠阻尼系统质量指标与系统参数关系是（　　）。
A. 衰减系数不变，最大偏差减小，衰减比增大
B. 衰减系数增大，最大偏差增大，衰减比减小，调节时间增大
C. 衰减系数减小，最大偏差增大，衰减比减小，调节时间增大
D. 衰减系数减小，最大偏差减小，衰减比减小，调节时间减小

38. 下列方程是系统的特征方程，系统不稳定的是（　　）。
A. $3s^2 + 4s + 5 = 0$　　　　　　B. $3s^3 + 2s^2 + s + 0.5 = 0$
C. $9s^3 + 6s^2 + 1 = 0$　　　　　D. $2s^2 + s + |a_3| = 0$　　$(a_3 \neq 0)$

39. 单位反馈系统的开环传递函数为 $G(s) = \dfrac{20}{s^2(s+4)}$，当参考输入 $u(t) = 4 + 6t + 3t^2$ 时，稳态加速度误差系数为（　　）。

A. $K_a = 0$ B. $K_a = \infty$ C. $K_a = 5$ D. $K_a = 20$

40. 某压力表测量范围为 1～10MPa，精度等级为 0.5 级，其标尺按最小分格为仪表允许误差刻度，则可分为(　　)格。

A. 240 B. 220 C. 200 D. 180

41. 如题 41 图所示，用热电偶测量金属壁面温度有两种方案（a）和（b），当热电偶具有相同的参考端温度 t_0 时，问在壁温相等的两种情况下，仪表的示值是否一样？若一样，是采用了哪个定律？(　　)

A. 一样，中间导体定律

B. 一样，中间温度定律

C. 不一样

D. 无法判断

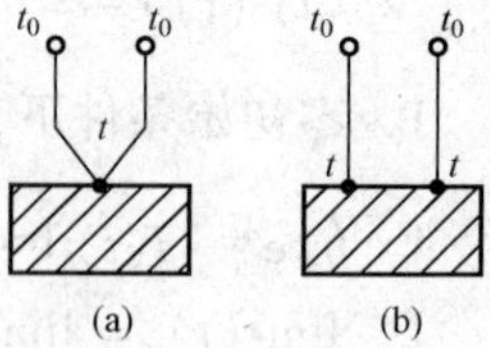

题41图

42. 氯化锂电阻湿度计使用组合传感器，是为了(　　)。

A. 提高测量精度 B. 提高测量灵敏度
C. 增加测量范围 D. 提高测量稳定性

43. 下列弹性膜片中，不能用作弹性式压力表弹性元件的是(　　)。

A. 弹簧管 B. 波纹管 C. 金属膜片 D. 塑料膜片

44. 某内径为 400mm 的圆形管道，采用中间矩形法布置测点测量其管道内的温度分布情况。若将管道截面四等分，则最外侧的测点距离管道壁面为(　　)mm。

A. 374.2 B. 367.6 C. 25.8 D. 32.4

45. 流体流过管径为 D 的节流孔板时，流速在(　　)区域达到最大。

A. 进口断面处 B. 进口断面前 $D/2$ 处
C. 出口断面处 D. 出口断面后 $D/2$ 处

46. 以下关于压差式液位计的叙述，正确的是(　　)。

A. 利用了动压差原理 B. 液位高度与液柱静压力成正比
C. 液位高度与液柱静压力成反比 D. 不受液体密度的影响

47. 以下关于热阻式热流计的叙述，错误的是(　　)。

A. 传感器有平板式和可挠式

B. 可测量固体传导热流

C. 可与热电偶配合使用测量导热系数

D. 传感器将热流密度转为电流信号输出

48. 下列属于引起系统误差的因素是(　　)。

A. 仪表内部存在有摩擦和间隙等不规则变化

B. 仪表指针零点偏移

C. 测量过程中外界环境条件的无规则变化

D. 测量时不定的读数误差

49. 在机械零件的强度条件式中，常用到的"计算载荷"一般为(　　)。

A. 小于名义载荷

B. 大于静载荷而小于动载荷

C. 接近于名义载荷

D. 大于名义载荷而接近于实际载荷

50. 由 m 个构件所组成的复合铰链包含的转动副的个数为（　　）。
A. 1　　　　　　B. $m-1$　　　　　　C. m　　　　　　D. $m+1$

51. 已知某平面铰链四杆机构各杆长度分别为 110、70、55、210，则通过转换机架，可能构成的机构形式为（　　）。
A. 曲柄摇杆机构　　　　　　B. 双摇杆机构
C. 双曲柄机构　　　　　　　D. A、C 均可

52. 不宜采用凸轮机构的工作场合是（　　）。
A. 需实现特殊的运动轨迹　　B. 需实现预定的运动规律
C. 传力较大　　　　　　　　D. 多轴联动控制

53. 普通螺纹连接的强度计算，主要是计算（　　）。
A. 螺杆螺纹部分的拉伸强度
B. 螺纹根部的弯曲强度
C. 螺纹工作表面的挤压强度
D. 螺纹的剪切强度

54. V带传动工作时，传递的圆周力为 F_t，初始拉力为 F_0，则下列紧边拉力 F_1、松边拉力为 F_2 的计算公式中正确的是（　　）。
A. $F_1 = F_0 + F_t$，$F_2 = F_0 - F_t$
B. $F_1 = F_0 - F_t$，$F_2 = F_0 + F_t$
C. $F_1 = F_0 + \dfrac{F_t}{2}$，$F_2 = F_0 - \dfrac{F_t}{2}$
D. $F_1 = F_0 - \dfrac{F_t}{2}$，$F_2 = F_0 + \dfrac{F_t}{2}$

55. 对于具有良好润滑、防尘的闭式软齿面齿轮传动，工作时最有可能出现的失效形式是（　　）。
A. 轮齿折断　　　　　　　　B. 齿面疲劳点蚀
C. 磨料性磨损　　　　　　　D. 齿面胶合

56. 增大轴肩过渡处的圆角半径，其主要优点是（　　）。
A. 使轴上零件的轴向定位比较可靠
B. 降低轴应力集中的影响
C. 使轴的加工方便
D. 使轴上零件安装方便

57. 代号为 6318 的滚动轴承，其内径尺寸 d 是（　　）mm。
A. 90　　　　　　B. 40　　　　　　C. 18　　　　　　D. 8

58. 绿色建筑评价指标体系一共由（　　）。
A. 三类指标组成　　　　　　B. 四类指标组成
C. 五类指标组成　　　　　　D. 六类指标组成

59. 建筑设计单位对设计文件所涉及的设备、材料，除特殊需求的外（　　）。
A. 不得指定生产商或供应商
B. 按建设方意愿可以指定生产商或供应商
C. 经建设方、监理方的同意可以指定生产商或供应商
D. 可以按建设方要求的品牌进行设计

60. 城镇燃气管道的设计压力等级一共分为(   )级。
A. 4   B. 5   C. 6   D. 7

模拟试题（二）答案

1. C。提示：在热力学中，常用的状态参数有压力（p）、温度（T）、比体积（v）、内能（U）、焓（H）和熵（S）等。

2. D。提示：对于热泵循环向高温环境放出的热量等于输入的功和在低温环境得到的热量之和。

3. A。提示：通常流体进口的速度将影响出口状态的参数，只有当进口的速度不是很大的情况下才可以忽略。

4. A。提示：甲烷为多原子理想气体，其定值比热容 $k = c_p/c_V \approx 9/7$。

5. C。提示：从同一初态压缩到同样预定压力的三种压气过程，定温过程的耗功量最省，绝热过程最差，多变过程介于两者之间。

6. B。提示：功的能量品位比热量高，功全部可以转变为有用能，而热量是中低品势能，它转变为有用能的部分取决于温度的高低。

7. C。提示：相对湿度是湿空气的绝对湿度与同温度下饱和空气的饱和绝对湿度的比值，它反映湿空气中水蒸气含量接近饱和的程度，即直接反映了湿空气的干湿程度。相对湿度大，则表明空气中水蒸气数量多，空气潮湿。

8. C。提示：利用公式 $\frac{1}{2}(c_2^2 - c_1^2) = h_1 - h_2$ 和 $h = c_p t$，得出出口速度计算公式为 $c_2 = \sqrt{c_1^2 + 2(h_1 - h_2)} = \sqrt{c_1^2 + 2c_p(t_1 - t_2)}$，将数值代入得出口速度约为 246m/s。

9. B。提示：热功效率是循环中转换的功量与循环中工质吸热量的比值，热能利用率 K 是循环中所利用的能量与外热源提供的总能量的比值。

热电联合循环中的蒸汽动力循环得到的功量与乏汽的热量均得到了利用，并且两者之和可以等于循环中工质的吸热量，因此系统可能实现最高的热能利用率 $K = 1$。

10. A。提示：吸收式制冷循环中，沸点低的物质作为制冷剂，沸点高的作为吸收剂。水的沸点低于溴化锂的沸点（1265℃），溴化锂吸收式制冷循环，其中水用作制冷剂、溴化锂为吸收剂。

11. A。提示：一维导热中，傅里叶定律的表达式为 $q = -\lambda \frac{dt}{dx}$ 或 $\Phi = -\lambda A \frac{dt}{dx}$。

热流密度是单位面积的热流量，在傅里叶定律表述中，与温度梯度成正比，与传热面积无关。

12. B。提示：$d_c = \frac{2\lambda_{ins}}{h_{out}} = \frac{2 \times 0.12}{12}\text{m} = 0.02\text{m} = 20\text{mm}$。

13. D。提示：采用集总参数法计算公式为 $\theta = \theta_0 e^{-Bi_V Fo_V}$，此公式中的 Bi_V 和 Fo_V 中的特征长度 L 的确定：不规则物体 $L = V(\text{体积})/F(\text{散热面积})$；对于无限长柱体 $L = V/F = R/2$，对于圆球体 $L = V/F = R/3$；对于无限大平板 $L = \delta$，δ 为平板厚度的一半。

14. D。提示：列节点 1 的热平衡方程

$$\lambda\frac{t_2-t_1}{\Delta x}\frac{\Delta y}{2}+\lambda\frac{t_3-t_1}{\Delta y}\frac{\Delta x}{2}+h(t_\mathrm{f}-t_1)\left(\frac{\Delta x}{2}+\frac{\Delta y}{2}\right)=0$$

$\Delta x=\Delta y$，整理上式得

$$2\left(1+\frac{h\Delta x}{\lambda}\right)t_1=t_2+t_3+2\frac{h\Delta x}{\lambda}t_\mathrm{f}$$

15. B。提示：根据边界层的特性，随着板长度增加，边界层厚度增加，当流动长度较大时，边界层内可以出现湍流边界层。

16. C。提示：如题 16 解图所示。

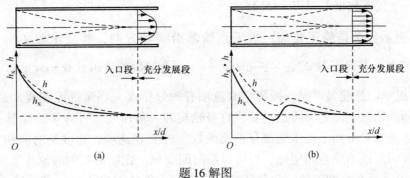

题 16 解图
(a) 管内层流；(b) 管内紊流

17. B。提示：产生的气泡能够存在而不消失的条件 $(p_\mathrm{v}-p_l)=2\sigma/R$，能继续长大 $(p_\mathrm{v}-p_l)>2\sigma/R$。

18. B。提示：太阳光中有 43% 的能是可见光，太阳能中的最大辐射率也处于可见光波长范围。

19. D。提示：气体辐射具有选择性，容积特性，多原子气体或不对称的双原子气体具有辐射特性，一般忽略气体分子的散射和衍射。

20. A。提示：$\varphi=Mr=\dfrac{1800}{3600}\times2230\mathrm{kW}=1115\mathrm{kW}$

$$\Delta t_\mathrm{m}=\frac{(115-45)-(115-65)}{\ln\dfrac{115-45}{115-65}}\text{℃}=59.44\text{℃}$$

$$\varphi=kA\Delta t_\mathrm{m},\quad A=\frac{\varphi}{k\Delta t_\mathrm{m}}=\frac{1115\times10^3}{125\times59.44}\mathrm{m}^2=150\mathrm{m}^2$$

21. B。提示：水位 H 不变，则流动为稳定流，各点的流速不随时间变化，所以，当地加速度为零。但是，因为是收缩管，各点的速度沿程有变化，故迁移加速度不为零。

22. A。提示：重力流取弗诺德数相同，$Fr_\mathrm{n}=Fr_\mathrm{m}$，$\dfrac{v_\mathrm{n}^2}{gl_\mathrm{n}}=\dfrac{v_\mathrm{m}^2}{gl_\mathrm{m}}$，有 $\lambda_v=\sqrt{\lambda_l}=\sqrt{36}=6$，故 $v_\mathrm{n}=\lambda_v v_\mathrm{m}=4.8\mathrm{m/s}$。

23. B。提示：由连续方程有 $\dfrac{v_2}{v_1}=\left(\dfrac{d_1}{d_2}\right)^2$，$\dfrac{Re_2}{Re_1}=\dfrac{\dfrac{v_2 d_2}{v}}{\dfrac{v_1 d_1}{v}}=\dfrac{d_1}{d_2}=\dfrac{1}{2}$，故 $Re_2=1500$。

24. B。提示：取上游液面和 C 点后断面列伯努利方程，$0 = h_s + \dfrac{p_c}{\gamma} + \dfrac{v^2}{2g} + \lambda \dfrac{l}{d}\dfrac{v^2}{2g} +$
$(\zeta_1 + \zeta_2)\dfrac{v^2}{2g}$，$C$ 点真空度 $\dfrac{p_c}{\gamma} = -7$，$h_s = 7 - \left(1 + \lambda\dfrac{l}{d} + \zeta_1 + \zeta_2\right)\dfrac{v^2}{2g} = 6.17\text{m}$。

25. C。提示：直接利用管路计算（或取液面和出水口列伯努利方程），泵的扬程用来克服流动阻力和提升水的位置水头，$H = Z + SQ^2$，$Q = \dfrac{200\text{m}^3}{3600\text{s}} = 0.056\text{m}^3/\text{s}$，$S = \dfrac{8\left(\lambda\dfrac{l}{d} + \Sigma\zeta\right)}{\pi^2 d^4 g}$，代入数据可得 $H = 15.18\text{m}$。

26. A。提示：这是势流叠加，水平直线流沿 x 轴方向，其流函数 $\psi_1 = 2y$；汇点在 $(0, -5)$ 的点汇，其流函数 $\psi_2 = -\dfrac{3}{2\pi}\arctan\dfrac{y-5}{x}$，叠加后的流函数 $\psi = \psi_1 + \psi_2$。

27. B。提示：此题欠严谨。按题意 B 选项有明显错误，环流是无旋流，是否无旋流不在乎质点运动的轨迹，而是看质点是否绕自身轴旋转，角速度是否为零。这里 A 也有问题，无旋流存在势函数，平面不可压缩流存在流函数。对于 D 选项，速度是时间和空间的函数，均匀直线流表明流速不随空间变化，但可以随时间变化，比如活塞中的流体流速。

28. B。提示：在有摩阻的绝热气流中，各断面上滞止温度不变，即总能量一定，但因摩阻消耗一部分机械能转化为热能，故滞止压强 p_0 沿程降低。

29. C。提示：压气罐的压强可看作滞止压强 p_0，由滞止压强与断面压强的绝热过程关系式，$\dfrac{p_0}{p} = \left(1 + \dfrac{k-1}{2}M^2\right)^{\frac{k}{k-1}}$，可得压气罐压强 $p_0 = 380\text{km/m}^2$。

30. B。提示：吸入口流速 $v_s = \dfrac{4Q}{\pi D^2} = 3.11\text{m/s}$，则最大安装高度 $[H_g] \leq [H_s] - \left(\dfrac{v_s^2}{2g} + \Sigma h_s\right)$，$\Sigma h_s = 0.6\text{m}$，得最大安装高度为 2.41m。

31. C。提示：热交换器是被控对象，温度传感器检测实际热水温度（被控量），为给定量（希望温度）在温度控制器中设定；流量计检测冷水流量，冷水流量是干扰量。

32. D。提示：闭环控制系统的优点是具有自动修正输出量偏差的能力，抗干扰性能好，控制精度高；缺点是结构复杂，如设计不好，系统有可能不稳定。

33. D。提示：A 项成立，为微分定理，$L[f'(t)] = s \cdot F(s) - f(0)$。

B 项成立，积分定理在零初始条件下有：$L\left[\int f(t)\text{d}t\right] = \dfrac{1}{s} \cdot F(s)$。

C 项成立，为虚位移定理，$L[e^{at} \cdot f(t)] = F(s-a)$。

D 项不成立，终值定理为 $\lim\limits_{t \to \infty} f(t) = f(\infty) = \lim\limits_{s \to 0} s \cdot F(s)$。

34. C。提示：由题意可得系统结构图如题 34 解图所示，为反馈连接，则其传递函数为

$$\dfrac{C(s)}{R(s)} = \dfrac{G(s)}{1 + G(s)H(s)}$$

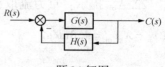

题 34 解图

35. C。提示：室温对象—空调房间的特性参数 τ、T、K 对调节品质有影响。因存在着对象的滞后时间 τ，所以会使室温调节品质恶化。当 τ 越大时，调节振幅即动态偏差增大。当 τ 增大时，调节周期可加大，减少了振动次数，延长了使用寿命。

对象的时间常数 T 越大时，室温上升速度小，所以振幅可减小。这对调节有利，且 T 大时可使调节周期加大，对减少磨损也有利。

当对象的传递系数大时，调节过程的动差和静差均增大，调节周期将缩短，振动次数会增加，寿命也会缩短。

36. A。提示：$\dfrac{4}{6s^2+10s+8} = \dfrac{\frac{2}{3}}{s^2+\frac{5}{3}s+\frac{4}{3}} = \dfrac{K\omega_n^2}{s^2+2\xi\omega_n s+\omega_n^2}$，则增益 $K=\dfrac{1}{2}$，$2\xi\omega_n=\dfrac{5}{3}$，$\omega_n^2=\dfrac{4}{3}$，求得 $\omega_n=\dfrac{2}{\sqrt{3}}$，$\xi=\dfrac{5\sqrt{3}}{12}$。

37. C。提示：衰减系数即阻尼比 ξ，当 ξ 减小时，超调量即最大偏差增大，衰减比 $n=e^{2\pi\xi/\sqrt{1-\xi^2}}$ 减小，调节时间 $t_s \approx 3/\xi\omega_n$ 增大。

38. C。提示：二阶系统的特征方程为 $a_0 s^2+a_1 s+a_2=0$，稳定条件是各项系数的符号必须相同。则 A、D 项均为稳定。

三阶系统的特征方程为 $a_0 s^3+a_1 s^2+a_2 s+a_3=0$，稳定条件是 a_0、a_1、a_2、a_3 均大于零且 $a_1 a_2 > a_0 a_3$。

C 项 $a_1 a_2 = 1 \times 2 > a_0 a_3 = 3 \times 0.5$，为稳定。

B 项 $a_1=0$，因此不稳定。

39. C。提示：稳态加速度误差系数

$$K_a = \lim_{s \to 0} s^2 G(s) H(s) = \lim_{s \to 0} s^2 G(s) = \lim_{s \to 0} s^2 \times \dfrac{20}{s^2(s+4)} = 5。$$

40. C。提示：根据精度等级的定义可知，仪表允许误差/量程 = 0.5%，仪表分格数 = 量程/仪表允许误差 = 100/0.5 = 200。

41. A。提示：根据中间导体定律，在热回路中接入第三种导体，只要与第三种导体相连接的两端温度相同，接入第三种导体后，对热电偶回路中的总电动势没有影响。

42. C。提示：氯化锂电阻湿度计的单片侧头的感湿范围比较窄，一般只有 10%～20%，为了克服这一缺点，采用多片感湿元件组合成宽量程的氯化锂电阻湿度计。

43. D。提示：膜片是一种沿外缘固定的片状形测压弹性元件，当膜片的位移很小时，它们之间有良好的线性关系，塑料膜片不具备这一特征。

44. C。提示：中间矩形法即测点选测在小截面的某点上，以该点温度作为小截面的平均温度，再以各平均温度的平均值作为管道的平均温度。第 i 个测点半径 $r_{2i-1} = R\sqrt{\dfrac{2i-1}{2i}}$，$r_7 = R\sqrt{\dfrac{7}{8}} = 400\sqrt{\dfrac{7}{8}} = 374.2$，则距离壁面为 400mm － 374.2mm = 25.8mm。

45. D。提示：节流孔板的作用，就是在管道的适当地方将孔径变小，当液体经过缩口，流束会变细或收缩。流束的最小横断面出现在实际缩口的下游，称为缩流断面。在缩流断面处，流速是最大的，流速的增加伴随着缩流断面处压力的大大降低。

46. B。提示：根据流体静力学原理，静止介质内某一点的静压力与介质上方自由空间压力之差与该点上方的介质高度成正比，因此可以利用压差来检测液位。

47. D。提示：热阻式热流传感器的测温方式有热电偶（热电堆）和热电阻（或热敏电阻）两种，它们分别将热流密度转为电压（热电动势）和电阻信号。

48. B。提示：系统误差的特点是测量结果向一个方向偏离，其数值按一定规律变化，具有重复性、单向性。零点偏移具有这些特性。

49. D。50. B。

51. B。提示：当最短杆与最长杆长度之和大于其余两杆长度之和时，无论选任何杆为机架，均为双摇杆机构。

52. C。53. A。54. C。55. B。56. B。57. A。

58. A。提示：见《绿色建筑评价标准》(GB/T 50378—2014)，六大指标：①节地与室外环境；②节能与能源利用；③节水与水资源利用；④节材与材料资源利用；⑤室内环境质量；⑥运营管理（住宅建筑）、全生命周期综合性能（公共建筑）。各大指标中的具体指标分为控制项、一般项和优选项三类。

59. A。提示：《建筑法》第五十七条　建筑设计单位对设计文件选用的建筑材料、建筑构配件和设备，不得指定生产厂、供应商。

60. D。提示：参见《城镇燃气设计规范》(GB 50028—2006)，7个等级分别为高压(A、B)、次高压(A、B)、中压(A、B)、低压管道。

参考文献

[1] 朱明善,刘颖,林兆庄,等. 工程热力学 [M]. 北京:清华大学出版社,1995.
[2] 曾丹苓,敖越,朱克雄,等. 工程热力学 [M]. 2版. 北京:高等教育出版社,1996.
[3] 廉乐明,李力能,吴家正,等. 工程热力学 [M]. 4版. 北京:中国建筑工业出版社,1999.
[4] 崔峨,陈树铭. 工程热力学习题集 [M]. 北京:高等教育出版社,1985.
[5] 严家騄. 工程热力学 [M]. 2版. 北京:高等教育出版社,1989.
[6] 王补宣. 热工基础 [M]. 北京:人民教育出版社,1981.
[7] 蒋汉文. 热工学 [M]. 北京:高等教育出版社,1984.
[8] 何雅玲. 工程热力学精要分析及典型题精解 [M]. 西安:西安交通大学出版社,2000.
[9] 章熙民,任泽霈. 传热学 [M]. 4版. 北京:中国建筑工业出版社,2001.
[10] 王秋旺. 传热学重点难点及典型题精解 [M]. 西安:西安交通大学出版社,2001.
[11] 蔡增基,龙天渝. 流体力学泵与风机 [M]. 4版. 北京:中国建筑工业出版社,1999.
[12] 刘鹤年. 水力学 [M]. 北京:中国建筑工业出版社,1998.
[13] 屠大燕. 流体力学与流体机械 [M]. 北京:中国建筑工业出版社,1994.
[14] 李玉柱,苑明顺. 流体力学 [M]. 北京:高等教育出版社,1998.
[15] 邹伯敏. 自动控制理论 [M]. 北京:机械工业出版社,1999.
[16] 孙虎章. 自动控制原理 [M]. 北京:中央广播电视大学出版社,1984.
[17] 施俊良. 室温自动调节原理与应用 [M]. 北京:中国建筑工业出版社,1983.
[18] 刘耀浩. 空调与供热的自动化 [M]. 天津:天津大学出版社,1993.
[19] 刘耀浩. 建筑环境与设备的自动化 [M]. 天津:天津大学出版社,2002.
[20] 张子慧. 供热、空调自动控制与仪表 [M]. 西安:陕西人民教育出版社,1991.
[21] 王寒栋. 制冷空调测控技术 [M]. 北京:机械工业出版社,2004.
[22] 李金川,郑智慧. 空调制冷自控系统运行与管理 [M]. 北京:中国建材工业出版社,2002.
[23] 杨京燕. 自动控制理论自学同步训练习题精解 [M]. 北京:中国电力出版社,2004.
[24] 方修睦. 建筑环境测试技术 [M]. 北京:中国建筑工业出版社,2002.
[25] 郭绍霞. 热工测量技术 [M]. 北京:中国电力出版社,1997.
[26] 陈刚. 建筑环境测量 [M]. 北京:机械工业出版社,2005.
[27] 刘常满. 热工检测技术 [M]. 北京:中国计量出版社,2005.
[28] 刘耀浩. 建筑环境设备测试技术 [M]. 天津:天津大学出版社,2005.
[29] 徐大中,糜振虎. 热工测量与实验数据整理 [M]. 上海:上海交通大学出版社,1991.
[30] 杨可桢,程光蕴. 机械设计基础 [M]. 4版. 北京:高等教育出版社,2003.
[31] 孙桓,陈作模. 机械原理 [M]. 6版. 北京:高等教育出版社,2003.
[32] 濮良贵,纪名刚. 机械设计 [M]. 7版. 北京:高等教育出版社,2003.
[33] 张子慧. 热工测量与自动控制 [M]. 北京:中国建筑工业出版社,1996.
[34] 裴清清. 全国勘察设计注册公用设备工程师基础考试复习题集(暖通空调专业)[M]. 北京:中国建筑工业出版社,2004.